高等学校“十三五”重点规划

电子信息与自动化系列

电路分析基础

（第2版）

主　编　席志红

内 容 简 介

本书主要以教授电路基本概念、定理和分析、解决问题的方法为目的，采取先直流后交流、先单相后三相、先单频后多频、先稳态后动态的编写顺序，由浅入深、逐层深入地介绍了直流电路、正弦电路、谐振电路、周期非正弦电路、动态电路、复频域分析、双口网络、非线性电路。并提供了 Multisim 计算机辅助电路仿真分析软件在电路分析中的应用介绍以及部分仿真分析实例。

本书可作为大学本科电类工科专业以及相近专业的教材，也可供工程技术人员参考和自学使用。

图书在版编目(CIP)数据

电路分析基础 / 席志红主编. —2 版. —哈尔滨：哈尔滨工程大学出版社，2021.8(2024.7 重印)
ISBN 978-7-5661-3126-3

Ⅰ. ①电… Ⅱ. ①席… Ⅲ. ①电路分析 Ⅳ. ①TM133

中国版本图书馆 CIP 数据核字(2021)第 121529 号

电路分析基础(第 2 版)
DIANLU FENXI JICHU(DI 2 BAN)

责任编辑 马佳佳
封面设计 刘长友

出版发行 哈尔滨工程大学出版社
社　　址 哈尔滨市南岗区南通大街 145 号
邮政编码 150001
发行电话 0451-82519328
传　　真 0451-82519699
经　　销 新华书店
印　　刷 哈尔滨午阳印刷有限公司
开　　本 787 mm×1 092 mm　1/16
印　　张 25.75
字　　数 655 千字
版　　次 2021 年 8 月第 2 版
印　　次 2024 年 7 月第 4 次印刷
定　　价 52.00 元
http://www.hrbeupress.com
E-mail:heupress@hrbeu.edu.cn

编　委　会

前　　言

本书是根据教育部高等学校电子信息科学与电气信息类基础课程教学指导分委员会制定的“电路理论基础课程教学基本要求”，在上一版《电路分析基础》教材（哈尔滨工程大学出版社，2016 年）的基础上修订而成。

本书对上一版中的错误及不足之处进行了改正，并对每小节后的思考与练习，以及各章的习题，在云端提供了参考答案，用微信扫描书中所附二维码，可以观看云端资料。另外，配合本书的学习，还建有线上互动学习平台，其中有 MOOC 学习资源，多媒体学习课件，各章、节的自检自测题目集以及各类教学文档等。线上学习平台网址为：https://www.xueyinonline.com/detail/217722950。

本书的设计学时为 56 ~ 64 学时，适合于“电路”“电路基础”等基础课程的教学。内容以电信号的处理与利用为教学目的，内容更倾向于电子信息工程、通信工程、自动控制、仪器仪表、机器人工程等电类工科专业。本书对所附例题与习题进行了递进式梳理，使题目的难度、深度与广度逐级加强。在每章的主要小节后都配有一定数量的思考与练习，供学生加深对本节内容的理解，牢固掌握本节所学分析方法。本书各级题目的设计更适合于学生的自主探索式学习。

本书编写及修订（含各类题目参考答案的提供）工作分工如下：第 1 章、第 3 章由刘庆玲副教授负责；第 2 章由项建弘副教授负责；第 4 章由席志红教授负责；第 5 章、第 7 章由王霖郁副教授负责；第 6 章、第 8 章及附录 B 与附录 C 由王伞讲师负责；第 9 章第 1 节至第 7 节由付永庆教授编写，第 8 节至第 10 节由项建弘编写，修订与解答由席志红教授与项建弘副教授负责；第 10 章由康维新教授负责；第 11 章及附录 A 由黄丽莲教授负责。由付永庆教授主编的《电路基础》（高等教育出版社，2008 年）为本书的编写奠定了良好的基础。付永庆教授也为上一版《电路分析基础》的出版做出了很大贡献。

与本书配套的线上学习平台由北京超星尔雅教育科技有限公司负责制作，线上学习资源的编写与组织由席志红教授负责，运行与维护由项建弘副教授负责，参加 MOOC 视频录制的有李万臣教授、王红茹副教授、黄丽莲教授、项建弘副教授、席志红教授。

上一版《电路分析基础》投入使用至今已有 5 年，这期间各位同人与同学们提供了很多宝贵意见，在此一并表示感谢！限于编者水平有限，本次出版的第 2 版中仍难免有不足之处，恳请各位读者批评指正。

编　者

2021 年 6 月于哈尔滨

目　　录

第 1 章　电路模型和电路定律 …… 1
1.1　电路与电路模型 …… 1
1.2　电流与电压及其参考方向 …… 3
1.3　电功率和能量 …… 6
1.4　基尔霍夫定律 …… 8
1.5　电路元件 …… 11
本章习题 …… 35
第 2 章　电阻电路的等效变换和化简 …… 39
2.1　等效电路的概念 …… 39
2.2　电阻的串联和并联 …… 40
2.3　电阻的星形和三角形连接及其等效互换 …… 45
2.4　电源的串联和并联 …… 49
2.5　含源电阻电路的等效变换 …… 50
2.6　简单电阻电路的分析 …… 56
本章习题 …… 60
第 3 章　网络分析方法和网络定理 …… 64
3.1　支路电流法 …… 64
3.2　回路电流法* …… 67
3.3　节点电压法 …… 72
3.4　叠加定理 …… 81
3.5　替代代理 …… 86
3.6　戴维南定理与诺顿定理 …… 87
3.7　特勒根定理* …… 94
3.8　特勒根定理的应用·互易定理* …… 98
本章习题 …… 102
第 4 章　正弦稳态交流电路 …… 106
4.1　正弦量及其相量表示法 …… 106
4.2　基尔霍夫定律和电路元件方程的相量形式 …… 113
4.3　复阻抗与复导纳 …… 120
4.4　正弦稳态电路相量分析 …… 125
4.5　正弦电路的功率 …… 138
4.6　最大功率传输 …… 148
本章习题 …… 150
第 5 章　互感电路 …… 154
5.1　互感系数和耦合系数 …… 154

5.2　互感电压及同名端 …… 156
5.3　互感元件的连接和去耦等效电路 …… 163
5.4　具有互感的正弦电路的分析 …… 167
5.5　变压器原理 …… 172
本章习题 …… 177
第6章　三相电路 …… 179
6.1　对称三相电源 …… 179
6.2　对称三相电路的计算 …… 183
6.3　不对称三相电路的概念 …… 189
6.4　三相电路的功率及其测量 …… 192
本章习题 …… 196
第7章　谐振电路 …… 199
7.1　串联谐振 …… 199
7.2　串联电路的谐振曲线和通频带 …… 202
7.3　并联电路的谐振 …… 206
7.4　互感耦合电路的谐振 …… 211
本章习题 …… 216
第8章　非正弦周期电路 …… 218
8.1　周期函数的傅里叶级数展开式 …… 218
8.2　非正弦周期电压和电流的有效值 …… 223
8.3　非正弦周期电路的平均功率 …… 225
8.4　线性电路对非正弦周期激励的稳态响应 …… 226
8.5　滤波电路的概念 …… 230
本章习题 …… 233
第9章　电路暂态过程时域分析 …… 234
9.1　动态电路的换路与初始条件 …… 234
9.2　任意一阶电路的全响应·零输入响应·零状态响应 …… 238
9.3　恒定输入激励下一阶电路的全响应 …… 242
9.4　正弦输入激励下一阶电路的全响应 …… 247
9.5　三要素法 …… 249
9.6　阶跃响应和冲激响应 …… 258
9.7　卷积积分 …… 267
9.8　电容电压和电感电流的跃变* …… 270
9.9　RLC 串联二阶电路的零输入响应 …… 274
9.10　RLC 串联二阶电路对恒定输入的响应* …… 283
本章习题 …… 287
第10章　暂态电路的复频域分析法 …… 292
10.1　拉普拉斯变换及性质 …… 292
10.2　拉普拉斯反变换的部分分式展开法 …… 298
10.3　电路定律及模型的运算形式 …… 301

10.4　拉普拉斯变换的运算法 …… 306
10.5　网络函数与网络特性* …… 311
本章习题 …… 314
第11章　双口网络 …… 318
11.1　双口网络概述 …… 318
11.2　双口网络的方程及参数 …… 319
11.3　双口网络的互联 …… 331
11.4　双口网络的开路阻抗和短路阻抗 …… 338
11.5　对称双口网络的特性阻抗 …… 340
11.6　线性无源双口网络的等效电路 …… 342
11.7　回转器 …… 345
11.8　负阻抗变换器 …… 347
本章习题 …… 349
附录A　非线性电路 …… 351
A.1　非线性电阻元件及其约束关系 …… 351
A.2　非线性电阻元件的串联与并联 …… 353
A.3　非线性电阻电路的图解分析法 …… 354
A.4　非线性电阻电路及其解的存在唯一性 …… 355
A.5　小信号分析法 …… 356
A.6　分段线性化方法 …… 358
A.7　一阶分段线性电路 …… 361
A.8　非线性振荡电路 …… 363
A.9　混沌现象与混沌电路 …… 364
本章习题 …… 366
附录B　电阻、电容、电感元件值的国家标准和标识 …… 369
B.1　电阻元件值的国家标准和电阻器色码 …… 369
B.2　电容元件值的国家标准和电容器色码 …… 370
B.3　电感元件值的国家标准和电感线圈色码 …… 372
B.4　常用贴片电阻封装及标识 …… 373
B.5　常用贴片电容封装及标识 …… 377
B.6　常用贴片电感封装及标识 …… 379
附录C　Multisim 10应用简介 …… 381
C.1　Multisim 10仿真软件简介 …… 381
C.2　Multisim创建仿真电路的基本操作 …… 388
C.3　Multisim电路分析方法及实例 …… 391
参考文献 …… 399

第1章　电路模型和电路定律

本章主要介绍有关电路的基本知识,具体内容包括电路的基本概念、电压与电流的参考方向、电功率、电压和电流在电路中分布需服从的基本规律——基尔霍夫定律,以及常用的基本电路元件。

1.1　电路与电路模型

1.1.1　电路

一个实际的电路(electric circuit),是为实现某一功能由一些电的设备和器件相互连接组成的总体。用两根导线(wire)把一个小灯泡和一节干电池(cell)连接起来便构成了一个最简单的实际电路,如图1－1(a)所示,其原理如图1－1(b)所示。

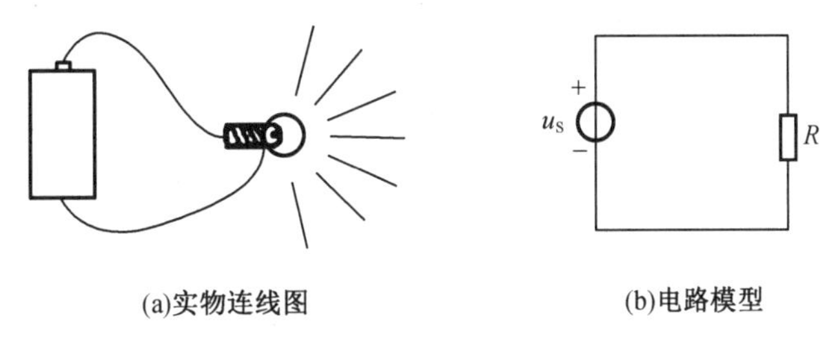

图1－1　简单的实际电路

实际电路的作用大致有两种:一种用于实现电能的传输、分配以及转换,例如电力系统、照明系统等;另一种用于产生、变换和处理某种电信号(signal),例如通风系统、信号放大电路等。

实际电路的组成有简单的,也有复杂的。无论简单还是复杂,一个实际电路一定要包含以下三个基本的部分:

(1)产生并提供电能的设备或器件,如电池、发电机等,是将其他形式的能量转变为电能,为电路提供能源,称为电源(source);

(2)吸收或消耗电能的设备或器件,如灯泡、电炉、扬声器(喇叭)等,是将电能转变为其他形式的能量,称为负载(load);

(3)连接导线,用来连接各种电路设备或器件使之形成一个完整的电路,并在其中引导电流(current),传输能量。

此外,为了安全和方便,电路中可能有各种控制和保护设备或装置,如开关、继电器和熔断器等。

研究和分析各种电路问题也就是研究和分析发生在电路中的各种物理过程和电磁现

象(electromagnetic phenomena)。每一种实际的电路设备或器件都可能同时产生几种电磁现象。为了方便,通常会把实际电路用足以反映其电磁性质的一些理想电路元件(circuit element)的组合代替,构成电路模型(circuit model)。理想电路元件则指具有某种特定的只反映一种电磁性质的假想元件,即在一定条件下的理想化模型。例如,将电路中能够将电能转换成热能、光能等形式的能量且不能再逆转回来的物理过程的电路器件用电阻元件(resistor)来表示。这样一来,像各种电阻器、电炉、电灯等实际的电路器件都可以用电阻元件这一理想电路元件来代替,像干电池、蓄电池等对外提供一定电压(voltage)的电路器件可用一个保持一定电压的理想电压源(source)元件来代替。

当电路工作时,因存在电压和电流,在电路周围会产生电场和磁场。而电场和磁场都具有能量,为描述这些电磁性质,我们把反映电场储能性质的电路器件用电容元件(capacitor)来表示,把反映磁场储能性质的电路器件用电感元件(inductor)来表示。

因电路中的能量损耗、电场储能和磁场储能均呈连续分布特性,故当组成实际电路的元件及连接导线的最大尺寸可以和沿电路周围空间传播的电磁波波长(与电路工作频率相对应的波长)相比较时可发现,电路参数的分布性会影响电路性能。我们把能反映电磁波沿电路分布规律的电路元件称为分布参数元件(distributed element),把由它们组成的电路称为分布参数电路;反之,当电路的尺寸远远小于电路的工作波长时,电路参数的分布性对电路性能的影响就不明显。因此,可把理想电路元件的电磁过程看成是集中在其内部进行的,即认为电磁波通过该元件所需的时间可以忽略。这意味着,在任一时刻,流出二端元件一端的电流一定等于流入其另一端的电流。我们把这样的元件称为集中参数元件(lumped element),由它们及其组合构成的电路称为集中参数电路(lumped circuit)。本书主要讨论集中参数电路。

1.1.2 电路模型

用理想的电路元件及其组合来代替实际的电路,便可构成与之相对应的电路模型。例如对图1-1(a)所示的实际电路,如果用电阻元件 R 代替小灯泡,用电压源 u_S 代替干电池,用线段代替连接导线(导线电阻忽略不计),就可以得到与之对应的电路模型,如图1-1(b)所示。这种由理想电路元件组成、反映实际电路连接关系的电路模型图,又叫电路图(circuit diagram),通常简称为电路(circuit)。本书中所说的电路,即本书所研究和分析的对象,均指这种电路(模型),而不是实际电路。

1.1.3 概念和术语

结构比较复杂的电路又称(电)网络(network)。电路和网络在本书中没有严格的区别,可以通用。关于电路或网络有一些常用的概念或术语,现分别简单介绍如下。

1. 支路和节点

网络中由一个元件或多个元件组成的一段电路称为支路(branch),两条或两条以上支路的连接点称为节点(node)。按照这样的定义,在图1-2所示的网络中,共有五条支路和 A、B、C、D 四个节点。

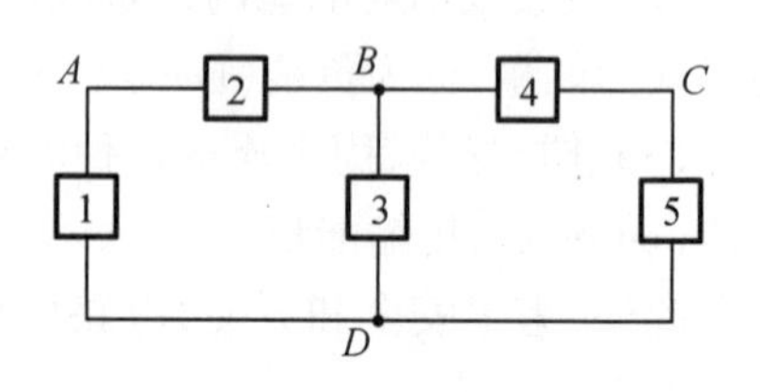

图1-2 简单网络图

应该指出,支路和节点的定义不是唯一的。有时为了简化电路,也可以定义多个二端元件为一条支路。若按这种定义,把图 1 -2 中的 1,2 支路和 4,5 支路各看作为一条支路后,则电路将有三条支路和 B、D 两个节点。

2. 回路

网络中由若干条支路组成的闭合路径(path)称为回路(loop)。图 1 -2 所示的电路共有三个不同的回路,分别是 $ABDA$、$ABCDA$ 和 $BCDB$。

3. 平面网络

如果将一个网络展开在平面上,经过适当地调整可以使其所有支路均互不交叉,则称该网络为平面网络(planar network),否则为非平面网络。显然,图 1 -2 所示网络是一个平面网络。可以证明,四个及少于四个节点(节点的定义为前者)的网络均为平面网络。

4. 网孔

在平面网络中,内部或外部不含支路(没有被支路穿过)的回路被称为网孔(mesh)。网孔是一种特殊的回路。图 1 -2 网络所含的三个回路都是网孔,其中 $ABDA$ 和 $BCDB$ 称为内网孔;$ABCDA$ 称为外网孔。此外,只对平面网络才有网孔的概念;对非平面网络,只有回路的概念而没有网孔的概念。

1.2　电流与电压及其参考方向

描述电路性能的物理量统称为电路变量,如电荷 q、磁链 ψ、电流 i、电压 u、功率 p 和能量 w 等。其中常用的是电压和电流。

1.2.1　电流及其参考方向

电荷的有序运动形成电流。习惯上把正电荷运动的方向规定为电流的方向。一般情况下,电流可用单位时间内通过载流导体横截面的电荷量来表示,即

$$i(t) = \frac{\mathrm{d}q}{\mathrm{d}t} \tag{1-1}$$

式中,电荷 q 的单位是库仑(C);时间 t 的单位是秒(s);电流 $i(t)$(简记 i,以下均同)的单位是安培(A)。

实际计算中,还可以使用电流的分数或倍数单位,如 $1\ \mathrm{A} = 10^3\ \mathrm{mA} = 10^6\ \mu\mathrm{A}$,或者 $1\ \mathrm{kA} = 10^3\ \mathrm{A}$ 等。

电流的大小和方向都会直接影响电路的工作状态,因此在研究和分析电路时二者要同时给出或同时确定,否则就不能完整、准确地描述电流。流经电路中某一具体支路的电流,其实际方向只有两种可能,非此即彼,这给实际电路分析中判定电流的真实方向带来了一定的困难。为了便于分析,要事先指定一个电流方向,当然这一方向不一定是电流的实际方向。我们把这一事先任意指定的电流方向称为电流的参考方向(reference direction)。

指定参考方向后,电流的数值将有正负之分。当电流的实际方向与参考方向一致时,电流为正值;反之,电流为负值。例如对图 1 -3 所示的一段电路,假设电流的实际方向是由 A 流向 B,如图中虚线箭头所示,大小为 2 A。则当指定的参考方向如图 1 -3(a)时,电流 $i = 2$ A;如指定的参考方向如图 1 -3(b)所示,则电流 $i = -2$ A。显然,在引入参考方向之后,电流是一个代数量。在指定参考方向下,根据电流数值的正或负,就可以确定电流的实

际方向。参考方向的选取是任意的,选取不同,只影响其值的正负号,不影响问题的实际结论。电流的参考方向一般就直接标在其所在的支路上,如图1-3所示。

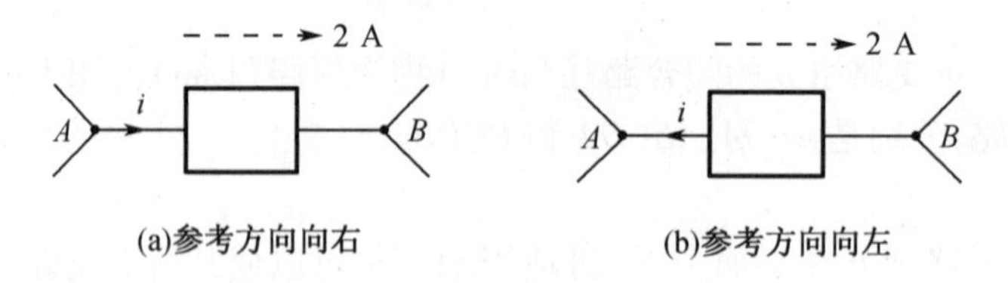

图1-3 电流参考方向示意图

1.2.2 电压及其参考方向

电位的数值是相对于选定的参考点的。电位参考点是规定其电位能为零的点,可以任意指定,通常会选取电路中接地或接机壳的公共端为参考点。电位用字母 v 表示,如 A 点的电位就用 v_A 来表示。当 A 点的电位高于参考点时,$v_A>0$;反之,则 $v_A<0$。电路中某点的电位随参考点选取的不同而不同。但参考点一旦确定,电路中各点的电位都是唯一的确定值。电位的这一性质称为电位的单值性。

电路中某两点之间的电位之差,称为这两点之间的电压,用字母 u 来表示。如图1-3(a)所示,A、B 两点之间的电压为 $u=v_A-v_B$。

图1-4中假定 A 点的电位高于 B 点的电位,分别用"+""-"极性符号来加以标记。在电源以外的电路中,正电荷总是在电场力的作用下由高电位端移向低电位端。因此,习惯上就把这一方向规定为电压的方向,即在电场力的作用下正电荷移动的方向,也就是由高电位端指向低电位端的方向(所以电压又称电位降)。随着电荷的移动,正电荷所具有的电位能在减少,减少的能量则被这段电路所吸收。因此,电路中某两点之间的电压也可以说成是单位正电荷在电场力的作用下由一点移到另一点的过程中所失去的电位能,即

$$u=v_A-v_B=\frac{\mathrm{d}w}{\mathrm{d}q} \tag{1-2}$$

式中,$\mathrm{d}w$ 为电荷 $\mathrm{d}q$ 在由 A 点移到 B 点的过程中所失去的总电位能。

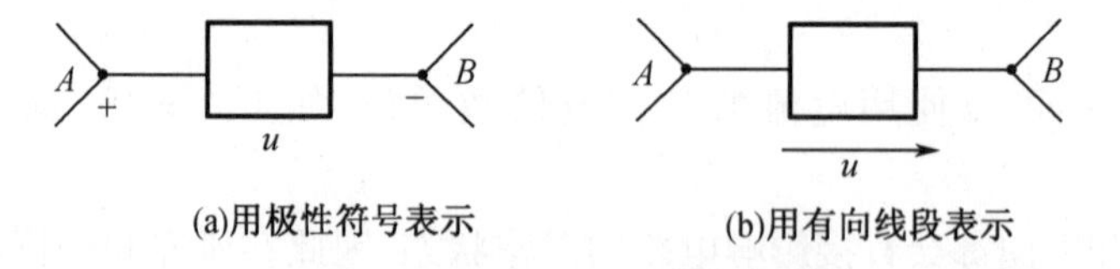

图1-4 电压参考方向示意图

电位和电压的单位相同。当电位能的单位为焦耳(J),电荷的单位为库仑(C)时,电压的单位为伏特(V)。实际计算中,还可以使用电压的分数或倍数单位,如 $1\ \mathrm{V}=10^3\ \mathrm{mV}=10^6\ \mu\mathrm{V}$,或者 $1\ \mathrm{kV}=10^3\ \mathrm{V}$ 等。

与电流相似,电路中某两点之间的电压的实际方向也有两种可能。为分析方便,可以指定其中任一方向为电压的参考方向,同时把电压看作代数量。当电压的实际方向与参考方向一致时,电压值为正,反之为负。指定参考方向之后,同样可以根据电压数值的正、负来确定电压的实际方向。

在电路中，电压的参考方向一般用“+”“-”极性来加以标示，称其为参考极性(reference polarity)，如图 1-4(a)所示，此时电压的参考方向即为由“+”指向“-”的方向；电压的参考方向也可以在两点之间的电路旁用箭头标示，如图 1-4(b)所示。

电压的参考方向还可以用双下标来表示，如 u_{AB} 表示电压参考方向为由 A 指向 B。显然 u_{AB} 与 u_{BA} 是不同的，虽然它们都表示 A 和 B 两点间的电压，但由于参考方向不同，两者之间相差一个负号，即 $u_{AB}=-u_{BA}$。

电位和电压是两个既有联系又有区别的概念。电位是对电路中某点而言的，其值与参考点的选取有关；电压则是对电路中某两点而言的，其值与参考点的选取无关。有时提到电路中某点的电压，实际上是指该点与参考点之间的电压。此时，它与该点的电位是一致的。

电流和电压的参考方向在电路分析中起着十分重要的作用。在对任何具体电路进行实际分析之前，都应先指定各有关电流和电压的参考方向，否则分析将无法进行。原则上，电流与电压的参考方向可以各自独立地任意指定；参考方向选取不同，只影响其值的正、负，不影响问题的实际结论。习惯上，同一段电路的电流和电压常常选取相互一致的参考方向，如图 1-5 所示，我们称这样选取的参考方向为关联参考方向。若两者方向选取不一致，则称为非关联参考方向。

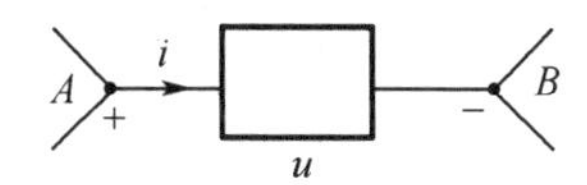

图 1-5　关联参考方向

这里需强调一下，今后我们在谈到电流和电压的方向时，如无特别声明，指的都是图中标示的参考方向，而不是其实际方向。初学者必须特别注意并逐步适应这一点。

本节思考与练习

1.2 节
思考与练习
参考答案

1-2-1　描述电路性能的物理量都有哪些?

1-2-2　参考方向的概念是什么? 参考方向的选取，是否会影响电路变量的真实方向?

1-2-3　某段支路的电流的参考方向已确定，在关联参考方向下，其电压的参考方向是确定的吗?

1-2-4　题 1-2-4 图中方框代表一段电路，参考方向已给定，求电路中电压和电流的实际方向。已知：$u_1=6$ V，$i_1=2$ A；$u_2=6$ V，$i_2=-20$ mA。

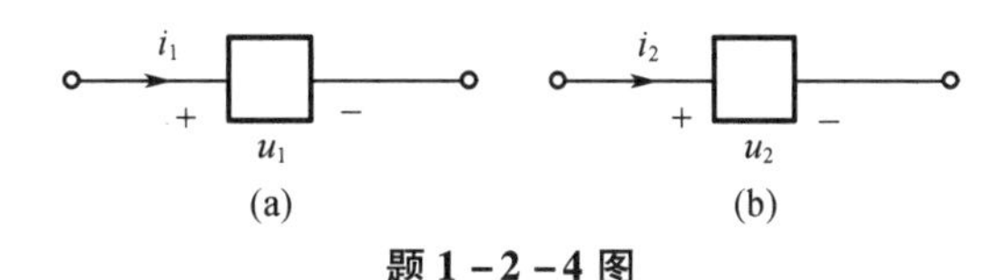

题 1-2-4 图

1-2-5　题 1-2-5 图中各方框代表一段电路，在图示参考方向下，求出各段电路电压、电流的实际方向。已知：$u_3=-6$ V，$i_3=3$ A；$u_4=-6$ V，$i_4=-0.5$ A。

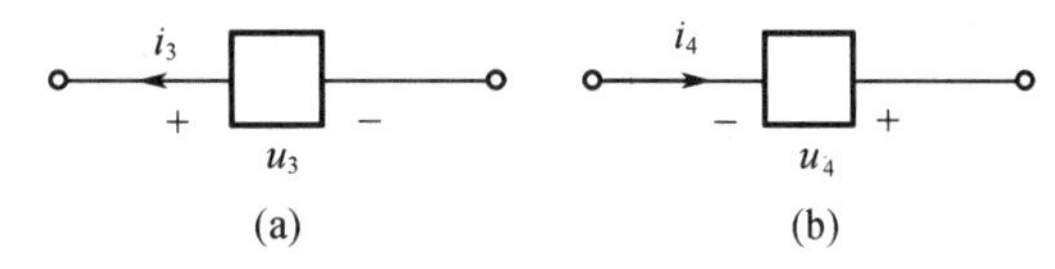

题 1-2-5 图

1.3 电功率和能量

1.3.1 电功率

根据 1.2 节关于电压的讨论可知,正电荷在电场力的作用下通过一段电路,电压、电流取关联参考方向,图 1-6 所失去的电位能可表示为

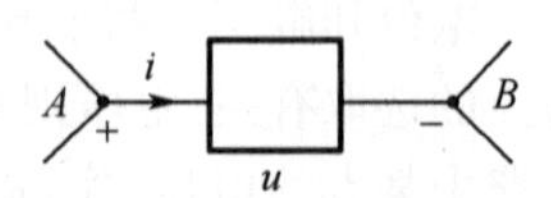

图 1-6 一段电路

$$dw = u dq$$

显然,正电荷失去的能量完全被这段电路吸收。因此,由能量对时间的变化率可得到这段电路所吸收的电功率为

$$p = \frac{dw}{dt} = u\frac{dq}{dt} = ui \tag{1-3}$$

式(1-3)说明,在关联参考方向下,一段电路所吸收的功率为其电压和电流的直接乘积。

当电压和电流的参考方向为非关联方向时,此段电路吸收的功率为

$$p = -ui$$

式中,负号与 u、i 中的任一变量相结合,相当于将该变量的方向倒过来,于是两变量仍相当于取关联参考方向。

以上两式所计算的功率是以吸收为前提的。若计算结果 $p>0$,则表明该段电路的确是吸收功率的;若计算结果 $p<0$,则表明该段电路实际上是发出功率的。

一段电路功率的计算若以发出为前提,则计算公式正好与上述相反,为

$$p' = \begin{cases} -ui(\text{关联参考方向}) \\ ui(\text{非关联参考方向}) \end{cases}$$

若计算结果 $p'>0$,则表明该段电路的确是发出功率的;若计算结果 $p'<0$,则表明该段电路实际是吸收功率的。

功率的单位是瓦特(W),1 瓦特相当于 1 焦耳/秒(J/s)。实际计算中,还可以使用功率的分数或倍数单位,如 $1\ W = 10^3\ mW = 10^6\ \mu W$,或者 $1\ kW = 10^3\ W$ 等。

1.3.2 能量

在时间区间 $t_0 \sim t_1$ 内,通过对式(1-3)求积分,可得到参考方向如图 1-6 所示的一段电路吸收的能量为

$$w = \int_{t_0}^{t_1} p(\xi)d\xi = \int_{t_0}^{t_1} u(\xi)i(\xi)d\xi \tag{1-4}$$

若 $w>0$,则表明该电路从外电路吸收能量,即消耗电能;若 $w<0$,则表明该电路向外电路提供能量,即发出电能;显然,当 $w=0$ 时,该电路既不消耗电能也不发出电能。

能量的单位是焦耳(J)。工程上常用瓦秒或千瓦时(kW·h)作为电能的单位,1 千瓦时又被称为 1 度电。

例 1-1 图 1-7 中 $u=2$ V,$i=3$ A,求该电路吸收的功率和在 5 s 内消耗的能量。

解　因该电路采用关联参考方向，故吸收的功率为

$$p=ui=2\times3\ \mathrm{W}=6\ \mathrm{W}$$

电路消耗的能量为

$$w=\int_{t_0}^{t_1}p\mathrm{d}t=\int_0^5 6\mathrm{d}t=(6\times5)\ \mathrm{J}=30\ \mathrm{J}$$

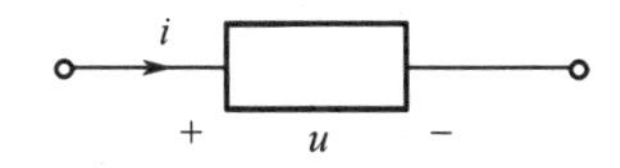

图 1－7　例 1－1 图

例 1－2　图 1－8 中，$t\geqslant0$ 时，$u=4\mathrm{e}^{-t}$ V，$i=5\mathrm{e}^{-t}$ A，$t<0$ 时，$u=i=0$。求该电路发出的功率和在初始工作的 2 s 内所提供的能量。

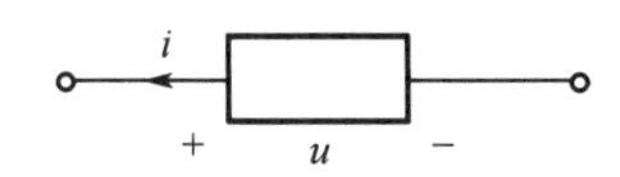

图 1－8　例 1－2 图

解　因该电路采用非关联参考方向，故 $t\geqslant0$ 时电路发出的功率为

$$p=ui=(4\mathrm{e}^{-t}\times5\mathrm{e}^{-t})\ \mathrm{W}=20\mathrm{e}^{-2t}\ \mathrm{W}$$

在初始工作期间内电路所提供的能量为

$$w=\int_{t_0}^{t_1}p\mathrm{d}t=\int_0^2 20\mathrm{e}^{-2t}\mathrm{d}t=20\times\frac{\mathrm{e}^{-2t}}{-2}\bigg|_0^2\mathrm{J}=10\times(1-\mathrm{e}^{-4})\mathrm{J}\approx0.981\ 7\ \mathrm{J}$$

若对上例按关联参考方向计算，则 $t\geqslant0$ 时电路吸收的功率为

$$p=-ui=(-4\mathrm{e}^{-t}\times5\mathrm{e}^{-t})\ \mathrm{W}=-20\mathrm{e}^{-2t}\ \mathrm{W}$$

因 $p<0$，电路实际为发出功率。由此可见，不论以吸收还是发出为前提进行计算，最后的结果都是一样的。

例 1－3　根据实验数据（Williams 1988），典型雷电的平均放电电流是 2×10^4 A，持续期是 0.1 s，云与大地之间的电压为 5×10^8 V，求一次典型的雷电放电传送到大地的总电荷及其释放的总能量。

解　雷电放电传送到大地的总电荷为

$$Q=\int_0^{0.1}i\mathrm{d}t=\int_0^{0.1}2\times10^4\mathrm{d}t\ \mathrm{C}=2\times10^3\ \mathrm{C}$$

释放的总能量为

$$w=\int_0^{0.1}ui\mathrm{d}t=\int_0^{0.1}(5\times10^8)\times(2\times10^4)\mathrm{d}t=10^{12}\ \mathrm{J}=1\ \mathrm{TJ}$$

本节思考与练习

1.3 节
思考与练习
参考答案

1－3－1　请写出电功率和能量的表达式。

1－3－2　一段电路中，电功率实际是吸收还是发出，与参考方向的选取是否有关？

1－3－3　计算题 1－3－3 图中各段电路吸收的功率，并说明实际是吸收还是发出。已知 $u_1=6$ V，$i_1=2$ A；$u_2=6$ V，$i_2=-20$ mA；$u_3=-6$ V，$i_3=3$ A；$u_4=-6$ V，$i_4=-0.5$ A。

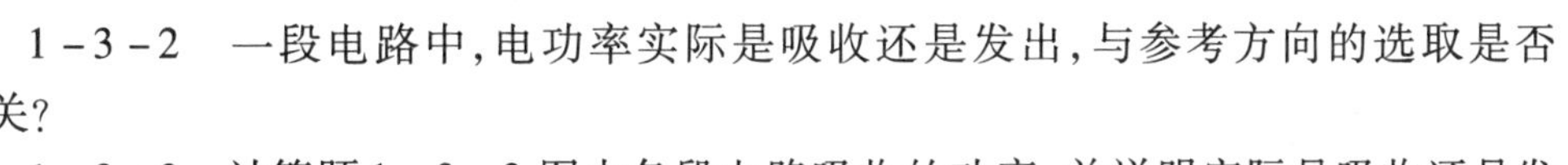

题 1－3－3 图

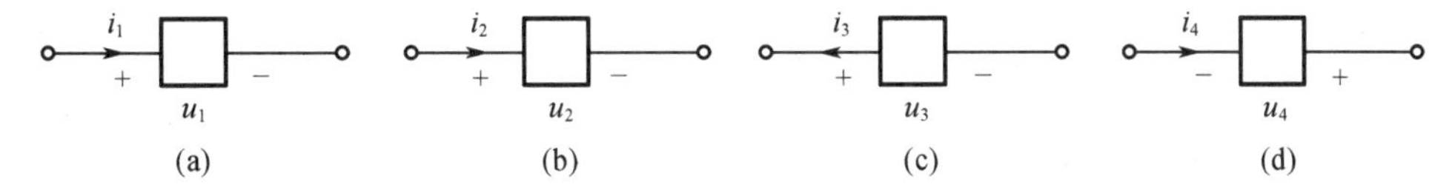

1-3-4　在题 1-3-4 图所示电路中,已知元件 A 的电压 $u_1=10\ \text{V}$,吸收功率 $p_1=20\ \text{W}$;元件 B 的电压 $u_2=20\ \text{V}$,求元件 B 的功率。

1-3-5　题 1-3-5 图中每一方框都代表着一个电路元件,在图示参考方向下求得各元件电流、电压分别为:$i_1=5\ \text{A}$,$i_2=3\ \text{A}$,$i_3=-2\ \text{A}$;$u_1=6\ \text{V}$,$u_2=1\ \text{V}$,$u_3=5\ \text{V}$,$u_4=-8\ \text{V}$,$u_5=-3\ \text{V}$。计算各元件吸收的功率,并验证所得答案是否满足功率守恒关系。

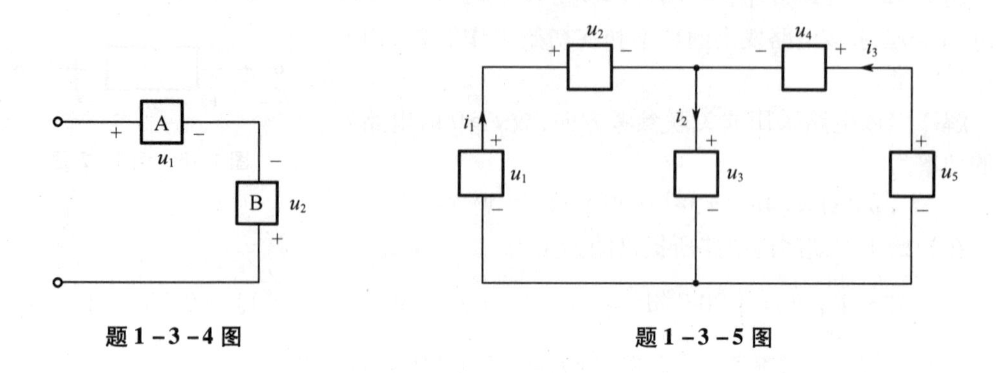

题 1-3-4 图　　　　题 1-3-5 图

1.4　基尔霍夫定律

在集中参数电路中,各元件的电流和电压受到两个方面的约束:一是元件本身的特性所形成的约束,即元件特有的电压电流关系(VCR);二是元件相互之间的连接所构成的约束。基尔霍夫定律(Kirchhoff's Laws)就反映了这方面的约束关系。

基尔霍夫定律是集中参数电路的最基本定律,是分析各种电路问题的基础。本书逐步介绍的各种分析方法和网络定理都是以基尔霍夫定律为基础推导得出的。

基尔霍夫定律由电流定律和电压定律两部分组成,前者揭示了电路中各支路电流应服从的分布规律,后者揭示了电路中各支路电压应服从的分布规律。

1.4.1　基尔霍夫电流定律

基尔霍夫电流定律(Kirchhoff's Current Law,KCL)又称基尔霍夫第一定律。该定律指出:对于任一电路中的任一节点,在任一时刻,流出该节点的所有支路电流的代数和等于零。其数学表达式为

$$\sum i=0 \tag{1-5}$$

在具体应用 KCL 之前,要先指定各电流的参考方向,根据其参考方向决定取和过程中的电流的正和负。若规定流出节点的电流为正,则流入节点的电流为负(当然也可以做相反的规定)。例如对于图 1-9 所示的电路,各支路电流的参考方向已经设定。

将 KCL 应用于节点②,可得

$$-i_3-i_4+i_5=0$$

该式称为节点电流方程,它反映了汇集于节点②的各支路电流之间的约束关系。给定其中任意两个电流,第三个电流便可随之确定。这说明汇集于某节点的所有支路电流中有一个是不独立的,可由其余电流来决定。

如果把流出和流入节点的电流分别写在方程的两边，则上式可以改写成

$$i_5 = i_3 + i_4$$

此式表明，流出节点②的电流之和等于流入该节点的电流之和。因此，KCL 也可以理解为：在任一时刻，流出电路某节点的电流之和等于流入该节点的电流之和，即

$$\sum i_o = \sum i_i \qquad (1-6)$$

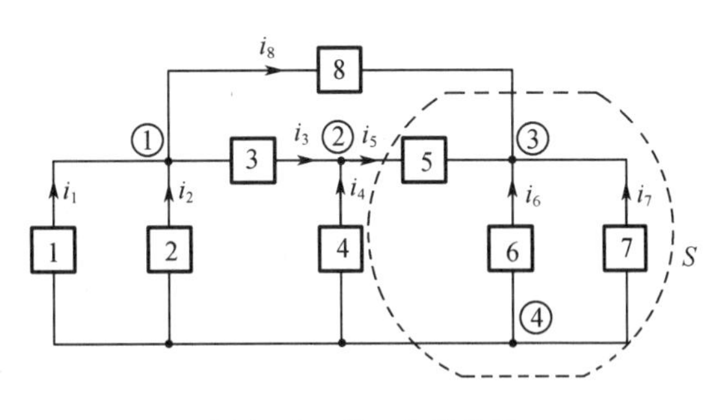

图 1-9　某一电路的图

KCL 通常应用于节点，但对包围若干个节点的闭合面也是适用的。例如对图 1-9 中虚线所示的闭合面 S，若设穿出闭合面的电流为正，穿入闭合面的电流为负（也可以做相反的假设），应用 KCL 可得

$$i_1 + i_2 + i_4 - i_5 - i_8 = 0$$

事实上，只要将闭合面内包围的③④两个节点处的节点电流方程

$$-i_5 - i_6 - i_7 - i_8 = 0$$

$$i_1 + i_2 + i_4 + i_6 + i_7 = 0$$

相加，便可得到上面的结果。这说明，穿过一个闭合面的各支路电流的代数和总是等于零，也可以说成穿出某闭合面的电流之和等于穿入该闭合面的电流之和。如对上述闭合面 S 应用 KCL 也可以写成

$$i_1 + i_2 + i_4 = i_5 + i_8$$

KCL 反映了电流的连续性，是电荷守恒性的体现。有关电荷守恒性可从电荷与电流间存在的积分关系获得解释。

需要指出的是，基尔霍夫电流定律与元件的性质无关，即 KCL 方程的具体形式仅与节点与支路的连接关系和支路电流的参考方向有关。

1.4.2　基尔霍夫电压定律

基尔霍夫电压定律（Kirchhoff's Voltage Law，KVL），又称基尔霍夫第二定律。该定律指出：对于任一电路中的任一回路，在任一时刻，沿该回路绕行一周途经各元件或支路电压之代数和等于零。其数学表达式为

$$\sum u = 0 \qquad (1-7)$$

在具体应用 KVL 之前，需先任意指定一个回路的绕行方向，并要指定各支路电压的参考方向，然后根据各电压方向与回路方向是否一致来决定取和过程中的电压的正和负。若元件或支路电压参考方向与回路绕行方向相同就取正号，相反则取负号。如对图 1-10 的回路 Ⅰ 应用 KVL 可得

$$-u_1 + u_2 + u_3 = 0$$

该回路电压方程反映了构成回路 Ⅰ 的各元件电压之间的约束关系。若给定其中的任意两个电压，第三个电压可随之确定。这说明构成回路的电压中有一个是不独立的，可以由其余的电压来确定。

KVL 通常应用于回路，但对于一段不闭合电路（或一条路径）也可以应用。例如对

图1-11所示的一段电路,由于在节点①②之间并无支路相连而没有形成回路。

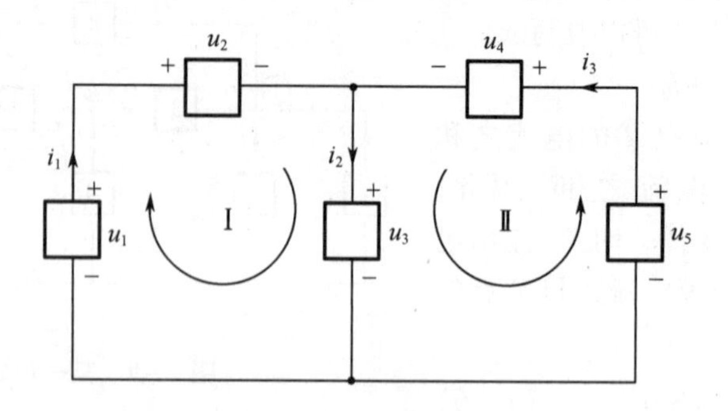

图1-10 说明KVL电路图

但可以设想在①②之间有一条支路(该支路实际上是开路)如图1-11中虚线所示,并设其电压为u_{12},于是按图中所示的回路方向应用KVL,可得

$$u_{12}+u_2+u_3-u_1=0$$

由此可进一步求得①②之间的电压为

$$u_{12}=u_1-u_2-u_3$$

该式说明,电路中任意两点之间的电压等于由起点到终点沿途各电压的代数和,电压方向与路径方向(由起点到终点的方向)一致时为正,相反时为负。显然,计算结果与路径选择无关。

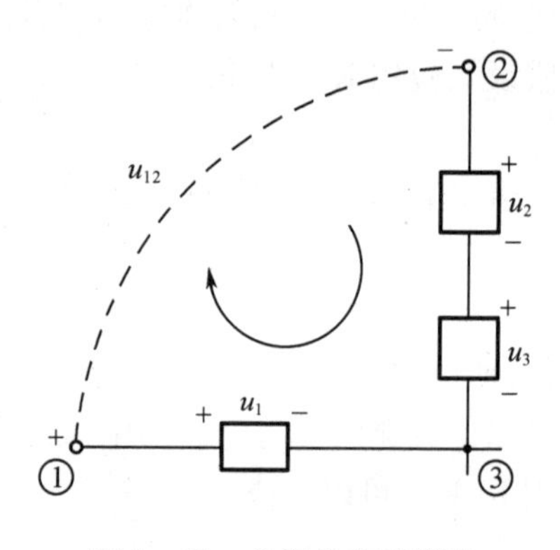

图1-11 非闭合电路的图

1.4节
思考与练习
参考答案

本节思考与练习

1-4-1 请分别写出基尔霍夫电压定律和基尔霍夫电流定律的数学表达式,并注明式中各量。

1-4-2 基尔霍夫定律的表达式中,变量都改成有效值,等式是否成立?

1-4-3 检查题1-4-3图中电路是否满足基尔霍夫定律。

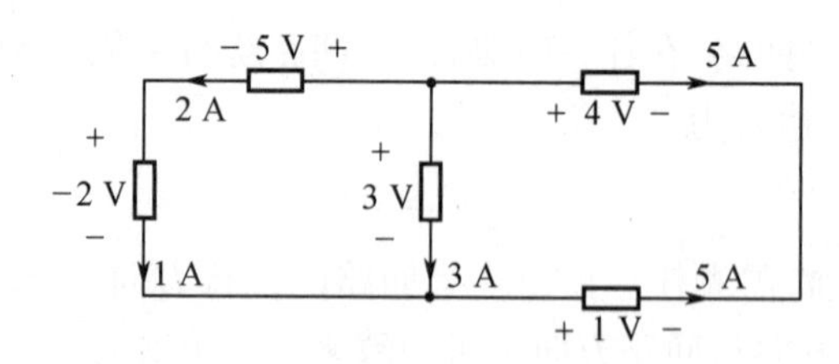

题1-4-3图

1-4-4 利用基尔霍夫定律,求出题1-4-4图中的u_1、i_2、i_3和i_4。

1-4-5 利用基尔霍夫定律,求出题1-4-5图中的u_1、u_2和i_3。

1-4-6 利用KCL和KVL求解题1-4-6图中的电压u。

1-4-7 如题1-4-7图所示,$i_1=5$ A,$i_2=10\sin 20t$ A,$u_C=5\cos 20t$ V,求i_L和u_{bd}。

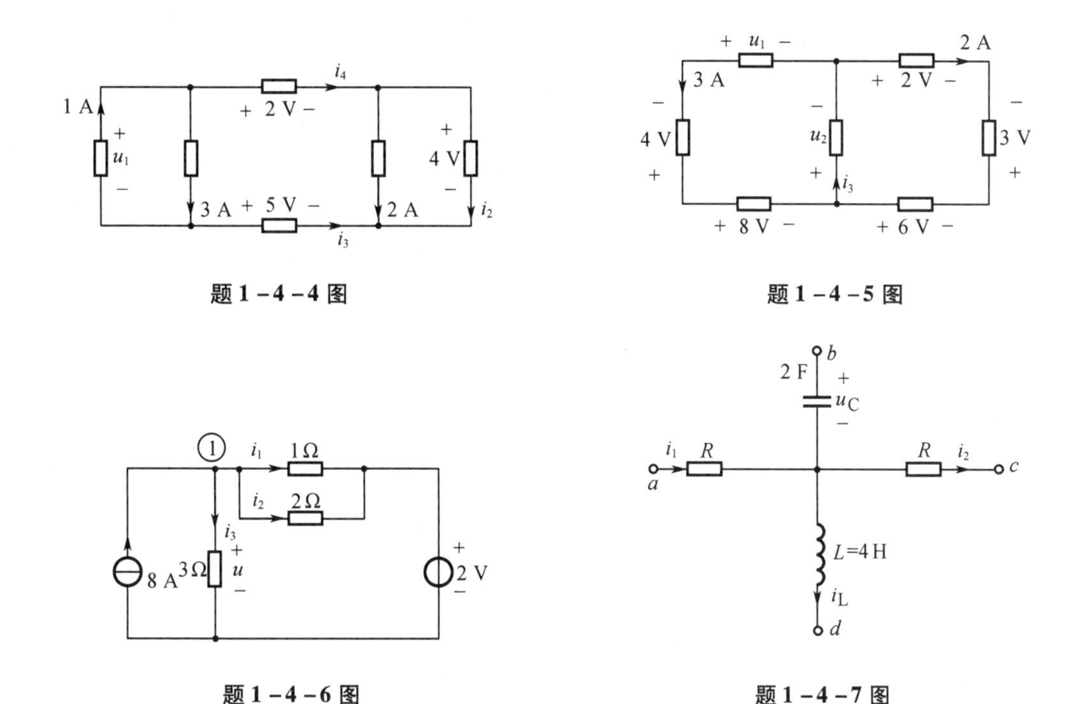

题 1 −4 −4 图

题 1 −4 −5 图

题 1 −4 −6 图

题 1 −4 −7 图

1 −4 −8　如题 1 −4 −8 图所示,已知 1 A 电流源吸收的功率为 1 W,求电阻 R。

1 −4 −9　如题 1 −4 −9 图所示,求电压 u_{ab}。

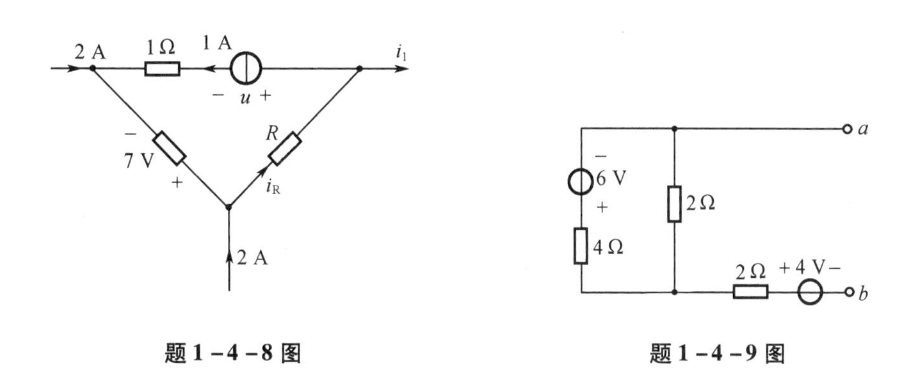

题 1 −4 −8 图

题 1 −4 −9 图

1.5　电路元件

电路元件是组成电路的最基本单元,其特性总可以用与其端子有关的电路变量,即电压和电流间的数学关系来描述。在电路中,每种元件都有特定的表示符号和独有特性。

任意电路或电网络都是由若干电路元件的互相连接而生成,所以要研究和分析一个电路的性能,应从其电路元件的研究开始。

人们习惯采用理想化模型来表示实际电路元件,其原因是这样便于描述它们的特性和分析由它们组成的电路的参数及性能。从制造和生产的角度看,理想化模型越简单越好,但是也会引入某些误差,毕竟理想化模型不是真实元件本身。

为了精确描述实际电路元件的特性,对电路元件的建模总是以对真实元件的深入理解为基础并以获得可预测其性能的数学模型为目标。只有以实际元件的理想化模型为基础建立电路模型,其电路方程的正确性和电路性能的可预见性才能得以保证。

本节将介绍一些常用的电路元件,它们都是理想化的,所以都具有在结构上或功能上不可再分的特点。

1.5.1 开关

开关是一种广泛用于电路之中的基本电路元件,部分常用的开关实物图如图 1-12 所示。

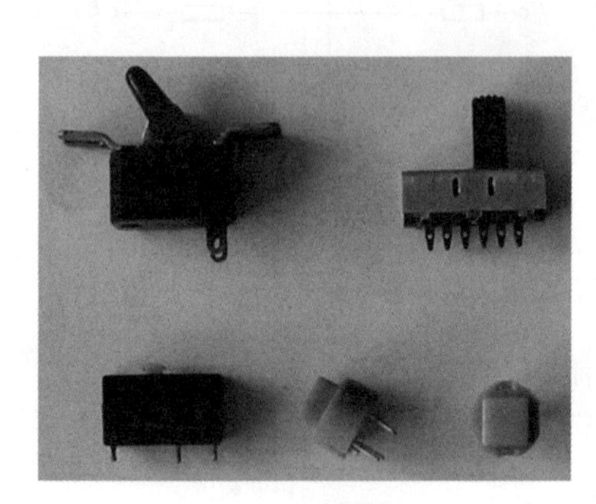

(a)小型开关

(b)空气隔离开关

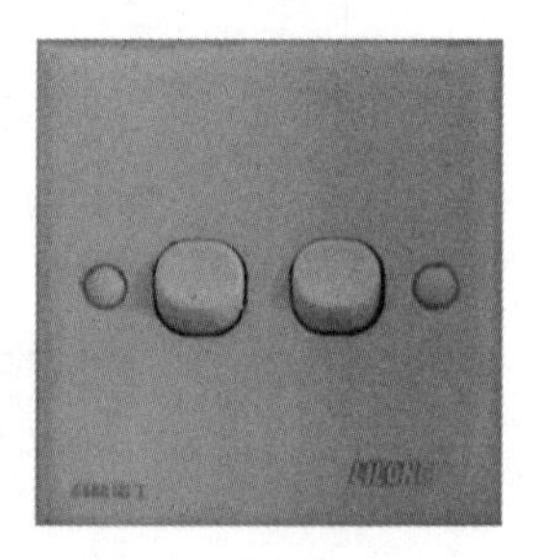

(c)墙壁开关

图 1-12 开关实物图

开关的种类很多,但都是基于断开(open)和闭合(closed)这两种不同的状态来工作的。在理想情况下,处于断开状态的开关起分断电路的作用;而处于闭合状态的开关起接通电路的作用。考虑到本书的需要,本节仅对单刀单掷(SPST)开关和单刀双掷(SPDT)开关进行简要介绍。

理想化 SPST 和 SPDT 开关的电路符号由图 1-13 和图 1-14 给出。

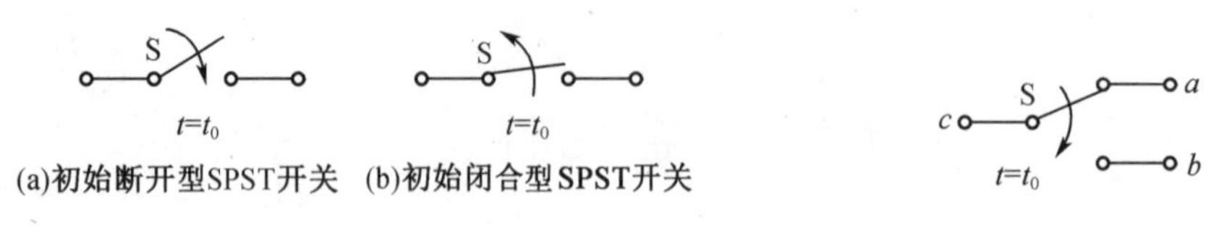

(a)初始断开型SPST开关 (b)初始闭合型SPST开关

图 1-13 SPST 开关 **图 1-14 SPDT 开关**

其中,图 1-13(a)和图 1-13(b)分别表示初始断开型 SPST 开关和初始闭合型 SPST 开关,符号内标记 $t=t_0$ 是指开关发生状态切换的时刻,开关是理想化的,故状态切换过程不需要时间。这就意味着在 $t<t_0$ 时 SPST 开关处于切换前的初始状态,而在 $t>t_0$ 时 SPST 开关处于切换后的新状态。图 1-14 中的 SPDT 开关相当于两个 SPST 开关,即一个初始闭合型 SPST 开关接于 c 和 a 两端,而另一个初始断开型 SPST 开关接于 c 和 b 两端。在 $t=t_0$ 时,两个开关要同时发生切换，并且状态切换过程不需要时间。

图 1－15 为使用 SPST 开关的一个具体应用例子。该电路在时间 t 为 3 s 时开关 S_2 切换为断开，在时间 t 为 5 s 时开关 S_1 切换为闭合。

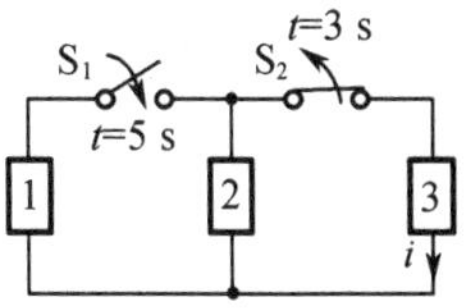

图 1－15　SPST 开关的应用例图

1.5.2　电阻元件

电阻元件是电路中应用最广的元件。许多实际的电路器件如电阻器、电热器、电灯泡、扬声器等都可以用电阻元件来表示。

电阻元件(resistor)是实际电阻器的理想化模型，简称电阻。电阻元件的精确定义是：电特性可以用 $u-i$ 平面上的一条确定曲线来表示的二端电路元件，称为电阻元件。在 $u-i$ 平面上反映电阻元件特性的曲线称为电阻元件的伏安特性曲线，简称伏安特性(Volt-Ampere characteristic)。如果伏安特性是一条通过 $u-i$ 平面坐标原点的直线，则称对应的电阻元件为线性电阻元件(linear resistor)；否则为非线性电阻元件(non-linear resistor)。图 1－16(a)所示曲线对应的是线性电阻元件，图 1－16(b)所示的两条特性曲线对应的都是非线性电阻元件。本节主要讨论线性电阻元件，非线性电阻元件将在附录 A 中讨论。

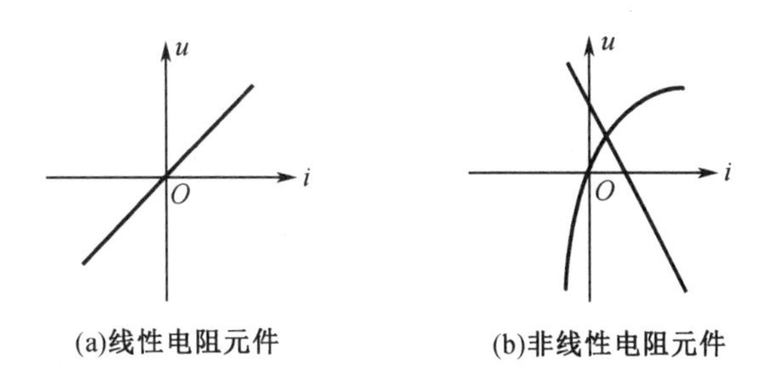

(a)线性电阻元件　　(b)非线性电阻元件

图 1－16　电阻元件的特性曲线

线性电阻元件的电路符号如图 1－17 所示。在关联参考方向下，线性电阻元件的伏安特性，即电压电流关系(voltage current relation, VCR)满足欧姆定律(Ohm's Law)，即

$$u = Ri \tag{1-8}$$

或

$$i = Gu \tag{1-9}$$

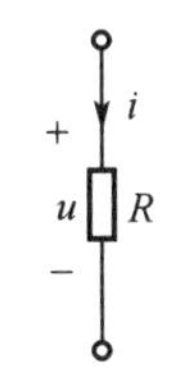

图 1－17　线性电阻元件的电路符号

式中，R、G 在一般情况下均为不变的正实常数，与 u、i 无关，且 $G=\frac{1}{R}$。R 反映了元件对电流的阻碍能力，称为元件的电阻(resistance)，单位为欧姆(Ohm)，用字母 Ω 表示；电压一定时，R 越大，电流越小。G 反映了元件对电流的传导能力，称为元件的电导(conductance)，单位为西门子(Siemens)，用字母 S 表示；电压一定时，G 越大，电流越大。R 和 G 都是电阻元件的参数，它们从不同的角度反映了电阻元件的特性。

当 $R=0$ 时，由式(1－8)可知，无论 i 为何值(只要为有限值)，将恒有 $u=0$，此时电阻元件的伏安特性将与 i 轴重合，如图 1－18(a)所示，这种情况下电阻元件的作用相当于短路(short circuit)。任何一个元件或一段电路的两端电压为零且电流任意时，便可视为短路。同理，当 $G=0$(或 $R\to\infty$)时，由式(1－9)可知，无论 u 为何值(只要为有限值)，将恒有

$i=0$,此时元件的伏安特性将与 u 轴重合,如图 1-18(b)所示,这种情况下电阻元件的作用相当于断路或开路(open circuit)。任何元件或一段电路,只要流经其中的电流为零且两端电压为任意值,便可视为开路。短路和开路是以后经常用到的两个重要概念。

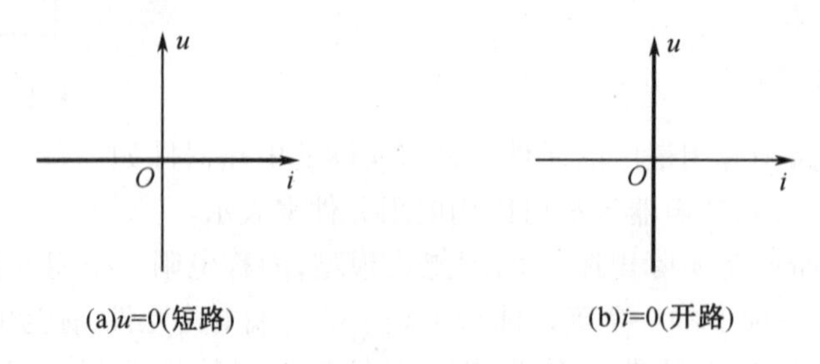

(a)u=0(短路)　　(b)i=0(开路)

图 1-18　极端情况下电阻元件的伏安特性

由线性电阻元件的伏安关系可知,任何时刻线性电阻元件的电压(或电流)完全由同一时刻的电流(或电压)所决定,而与该时刻以前的电流(或电压)无关。因此,电阻元件是一种瞬时元件。

当电压、电流取关联参考方向时,线性电阻元件吸收的瞬时功率为

$$p = ui = Ri^2 = \frac{u^2}{R} = Gu^2 = \frac{i^2}{G} \tag{1-10}$$

即电阻元件吸收的功率与电流或电压的平方成正比。因此,当 R 或 G 为正值时,将恒有 $p \geqslant 0$。这说明正值电阻是纯粹的耗能元件(dissipative element)。此外,由式(1-10)还可以看出,当电流一定时,阻值越大,电阻吸收的功率越大;而当电压一定时,阻值越大,电阻吸收的功率越小。

线性电阻元件在时间区间 $t_0 \sim t$ 内吸收的电能为

$$w = \int_{t_0}^{t} u(\xi)i(\xi)\mathrm{d}\xi = \int_{t_0}^{t} Ri^2(\xi)\mathrm{d}\xi = \int_{t_0}^{t} Gu^2(\xi)\mathrm{d}\xi \tag{1-11}$$

这些电能将被转换成热能消耗掉。

在关联参考方向下,正值电阻元件的伏安特性在 $u-i$ 平面的第一、三象限。如果一个线性电阻元件的伏安特性在 $u-i$ 平面的第二、四象限,则此元件的电阻为负值,负值电阻元件吸收的功率由式(1-10)知将小于零,说明它实际上是发出电能的。要想获得这种元件,不像获得正值电阻元件那么容易,一般需经过特殊的设计。

图 1-19 和图 1-20 为一些实际电阻器的实物图。

(a)碳膜、金属膜和碳质电阻

(b)表贴电阻

(c)电阻阵列器件

图 1-19　电阻元件的实物图

(a)电位器

(b)微调电阻器

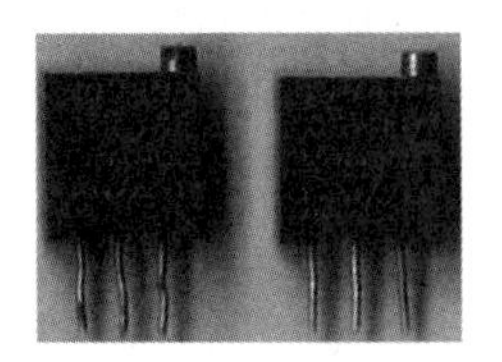
(c)多圈电位器

图1-20 可变电阻器的实物图

由于实际电阻器通过电流后会因消耗功率而发热,而影响制造材料的电阻率,所以,任何实际电阻器都带有非线性因素。但在一定的条件下,实际电阻器的伏安特性可近似为一条直线,因此,用线性电阻元件作为它们的理想化模型是符合实际情况的。

今后,为了叙述方便,将把线性电阻元件简称为电阻。这样,"电阻"这个术语及其相应的表示符号 R,既用来表示一个电阻元件,也用来表示该元件的参数。

1.5.3 电容元件

实际电容器是由非导电材料(介质)隔开的两个金属极板制成的一个二端电路元件。当在其极板间加以电压后,等量的正、负电荷会分别聚集在它的两个极板上并在介质中建立电场,因电场本身具有能量,所以会形成相应的电场能储存在电容器中。

电容元件(capacitor)是实际电容器的理想化模型。它反映了电压引起电荷聚集和电场能量储存这一物理现象。

电容元件的定义是:电特性可以用 $q-u$ 平面上的一条确定曲线来表示的二端电路元件,称为电容元件。在 $q-u$ 平面上表示电容元件特性的曲线称为电容元件的库伏特性曲线,简称库伏特性(Coulomb-Volt characteristic)。如果库伏特性是一条通过 $q-u$ 平面坐标原点的直线,如图1-21所示,则称其对应的电容元件为线性电容元件,否则为非线性电容元件。本书仅介绍线性电容元件。

线性电容元件的电路符号如图1-22所示。

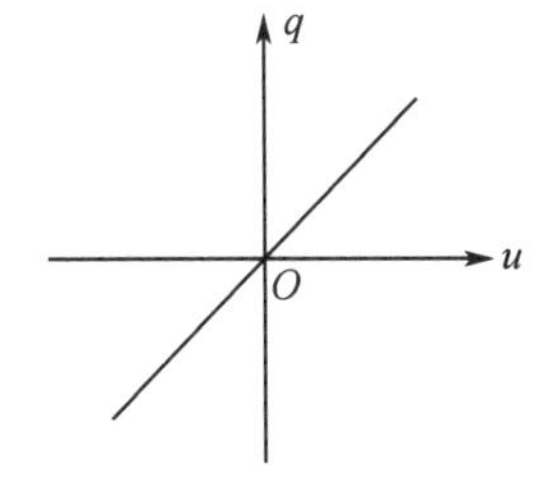

图1-21 电容元件的库伏特性曲线

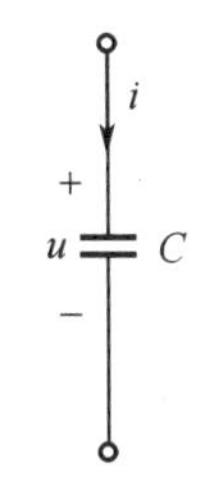

图1-22 线性电容元件的电路符号

两个极板上的电荷与电压呈线性关系,即

$$q = Cu \tag{1-12}$$

式中,C 在一般情况下为一个不变的正实常数,与 q、u 无关,称为电容元件的电容(capacitance)。当电荷的单位为库仑(C),电压的单位为伏特(V)时,电容的单位为法拉,简称法(F)。用法拉作为实际电容器的单位通常显得太大,工程中常用毫法(mF)、微法

(μF)和皮法(pF)作为电容的单位。它们之间的换算关系如下:

$$1\ \text{mF}=10^{-3}\ \text{F},\qquad 1\ \mu\text{F}=10^{-6}\ \text{F},\qquad 1\ \text{pF}=10^{-12}\ \text{F}$$

若加在电容两端的电压随时间变化,则电容两极板上存储的电荷也随之变化。电荷增加的过程称为充电(charge),电荷减少的过程称为放电(discharge)。在充放电的过程中,必有电流产生。当取电流与电压的方向一致即两者为关联参考方向时,将有

$$i=\frac{\mathrm{d}q}{\mathrm{d}t}=\frac{\mathrm{d}(Cu)}{\mathrm{d}t}$$

即

$$i=C\frac{\mathrm{d}u}{\mathrm{d}t} \tag{1-13}$$

这就是线性电容元件的伏安关系。该式说明,线性电容元件的电流与其电压的变化率成正比(而与电压的大小无关),电压变化越快,电流越大;当电压恒定不变时,电流为零,此时电容元件相当于开路。鉴于电容元件电流和电压所具有的上述动态关系,称电容元件是一种动态元件(dynamic element)。

式(1-13)是用电压来表示电流的,是一种导数关系。如果用电流来表示电压,则电容元件的伏安关系又可以写成如下的积分形式,即

$$\begin{aligned}u(t)&=\frac{1}{C}\int_{-\infty}^{t}i(\xi)\mathrm{d}\xi=\frac{1}{C}\int_{-\infty}^{t_0}i(\xi)\mathrm{d}\xi+\frac{1}{C}\int_{t_0}^{t}i(\xi)\mathrm{d}\xi\\&=u(t_0)+\frac{1}{C}\int_{t_0}^{t}i(\xi)\mathrm{d}\xi\end{aligned} \tag{1-14}$$

式中,t_0 为积分过程中的某个指定时刻,称为初始时刻。则

$$u(t_0)=\frac{1}{C}\int_{-\infty}^{t_0}i(\xi)\mathrm{d}\xi$$

式中,$u(t_0)$ 是 t_0 时刻的电容电压,称为电容的初始电压(initial voltage)。

式(1-14)表明,任一时刻电容的电压是由该时刻以前各时刻的电流对时间的积分决定的,它不仅与该时刻的电流有关,而且与该时刻以前所有时刻的电流均有关。这说明,电容元件对其电流的全部"历史"具有记忆功能。所以电容元件是一种记忆元件(memory element)。相比之下,电阻元件就不具有记忆功能,故其是一种无记忆元件。

如果取初始时刻 $t_0=0$,则式(1-14)可以写成

$$u(t)=u(0)+\frac{1}{C}\int_{0}^{t}i(\xi)\mathrm{d}\xi \tag{1-15}$$

若 $u(0)=0$,则上式又可简化成

$$u(t)=\frac{1}{C}\int_{0}^{t}i(\xi)\mathrm{d}\xi$$

电容元件还是一种储能元件(energy storing element)。它能把从电路中吸收的能量以电场能的形式储存起来,而不是像电阻元件那样消耗掉。在适当的时候,储存的电场能还会以某种方式释放出来;但释放的能量绝不会超过它所吸收并储存的能量,即电容元件本身既不消耗能量,也不会产生新的能量。因此,它是无源元件(passive element)。

在关联参考方向下,电容元件吸收的功率为

$$p=ui=uC\frac{\mathrm{d}u}{\mathrm{d}t}$$

电容元件在某时刻所储有的电场能,也就是它在过去所有时刻从外界吸收的能量为

$$w_C(t)=\int_{-\infty}^{t}u(\xi)i(\xi)\mathrm{d}\xi=\int_{-\infty}^{t}Cu(\xi)\frac{\mathrm{d}u(\xi)}{\mathrm{d}\xi}\mathrm{d}\xi=C\int_{u(-\infty)}^{u(t)}u(\xi)\mathrm{d}u(\xi)$$

$$=\frac{1}{2}Cu^2(t)-\frac{1}{2}Cu^2(-\infty)$$

上述积分在由对时间的积分转化为对电压的积分的同时,积分的上、下限也随之转化为 $u(t)$ 和 $u(-\infty)$。因 $u(-\infty)$ 为储能之初的电容电压,故应有 $u(-\infty)=0$。于是,电容元件在某时刻所储有的电场能为

$$w_C(t)=\frac{1}{2}Cu^2(t) \tag{1-16}$$

该式说明,电容元件在某时刻所储有的电场能仅与该时刻电压的平方成正比,而与以往电压的变化情况以及此时电流的大小甚至有无均无关。

由式(1-16)还可以推出,若电容电流在时间区间$(-\infty,t]$内为有限值(无论连续与否),则电容电压作为时间变量 t 的函数就一定在该区间内连续。这意味着,在电容电流为有限值的前提下,电容电压不发生跃变。这是线性电容元件具有的一个非常重要的性质。数学上可以表示为

$$u(t_0^+)=u(t_0^-)\quad \text{或者}\quad q(t_0^+)=q(t_0^-) \tag{1-17}$$

式中,t_0^- 和 t_0^+ 分别代表任意时刻 t_0 的左、右极限。

例 1-4　已知某电容元件的电压、电流取关联参考方向,如图 1-23(a)所示,$C=1\ \mu\text{F}$,若加在其上的电压 u 的波形如图 1-23(b)所示,试画出其电流 i 的波形,并计算在 $t_1=4$ ms 和 $t_2=5$ ms 时电容元件的电场能。

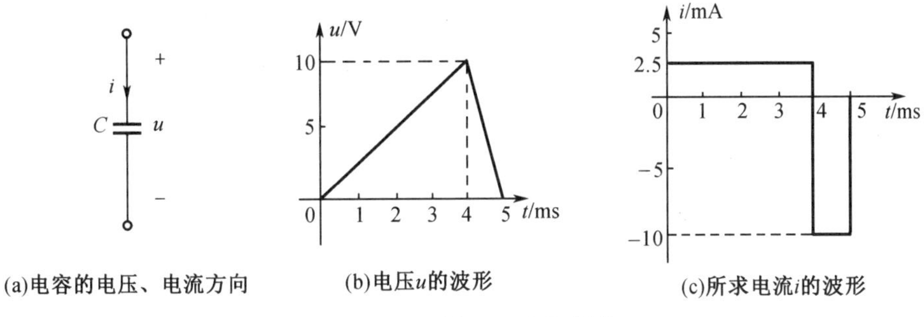

(a)电容的电压、电流方向　(b)电压u的波形　(c)所求电流i的波形

图 1-23　例 1-4 图和解答

解　电容的电流为

$$i=C\frac{\mathrm{d}u}{\mathrm{d}t}$$

由图 1-23(b) 知,电容电压关于时间的变化率可分段求得如下:

$$\frac{\mathrm{d}u}{\mathrm{d}t}=\begin{cases}\dfrac{10-0}{4\times10^{-3}}\ \text{V/s}=2.5\times10^3\ \text{V/s} & (0<t<4\ \text{ms})\\ \dfrac{0-10}{(5-4)\times10^{-3}}\ \text{V/s}=-10\times10^3\ \text{V/s} & (4\ \text{ms}<t<5\ \text{ms})\end{cases}$$

故

$$i=C\frac{\mathrm{d}u}{\mathrm{d}t}=10^{-6}\frac{\mathrm{d}u}{\mathrm{d}t}=\begin{cases}2.5\ \text{mA} & (0<t<4\ \text{ms})\\ -10\ \text{mA} & (4\ \text{ms}<t<5\ \text{ms})\end{cases}$$

其波形如图 1-23(c)所示。

电容的储能为

$$w_C(t) = \frac{1}{2}Cu^2(t)$$

由图1-23(b)可知

$$u(t_1) = 10\ \text{V} \qquad u(t_2) = 0$$

故

$$w_C(t_1) = \frac{1}{2}Cu^2(t_1) = \frac{1}{2} \times 10^{-6} \times 10^2\ \text{J} = 5 \times 10^{-5}\ \text{J}$$

$$w_C(t_2) = \frac{1}{2}Cu^2(t_2) = 0$$

例1-5 已知n个初始电荷为零的电容并联如图1-24(a)所示,试确定其等效电路(图1-24(b))中的总电容C_p。

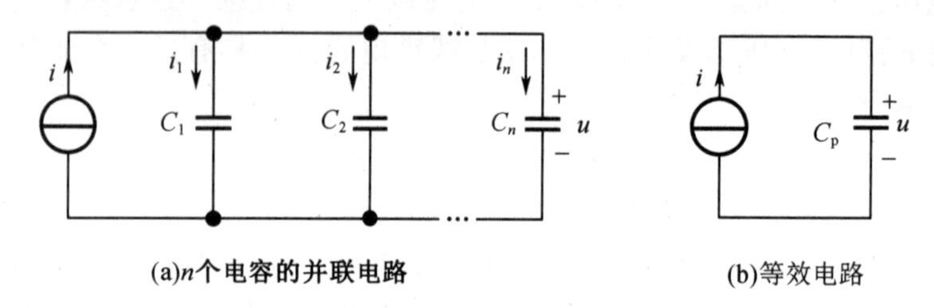

图1-24 例1-5图

解 n个电容并联后的总电荷量为

$$q = q_1 + q_2 + \cdots + q_n = \sum_{k=1}^{n} q_k$$

代入电容元件的荷-压关系$q = Cu$,得

$$q = \sum_{k=1}^{n} C_k u = (\sum_{k=1}^{n} C_k)u \tag{1-18}$$

对等效电容可列出荷-压关系为

$$q = C_p u \tag{1-19}$$

比较式(1-18)和式(1-19),得

$$C_p = \sum_{k=1}^{n} C_k$$

例1-6 已知n个电容串联如图1-25(a)所示,试确定其等效电路(图1-25(b))中的总电容C_S。

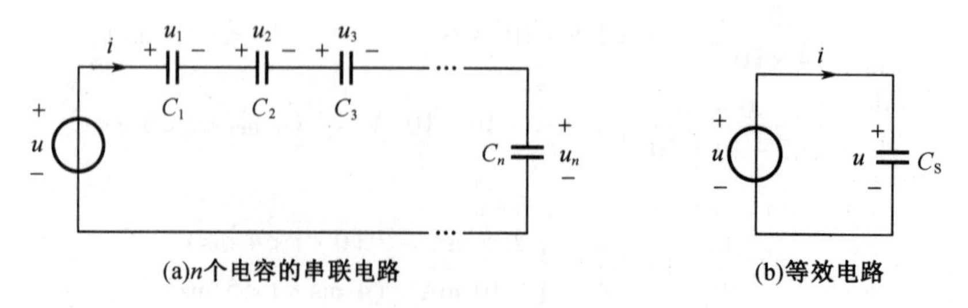

图1-25 例1-6图

解　因 n 个电容串联,列 KVL 方程,得

$$u = u_1 + u_2 + \cdots + u_n \tag{1-20}$$

利用电容、电压、电流的积分关系得

$$u_k = \frac{1}{C_k}\int_{t_0}^{t} i(\xi)\mathrm{d}\xi + u_k(t_0)$$

得

$$\begin{aligned} u &= \frac{1}{C_1}\int_{t_0}^{t} i(\xi)\mathrm{d}\xi + u_1(t_0) + \cdots + \frac{1}{C_n}\int_{t_0}^{t} i(\xi)\mathrm{d}\xi + u_n(t_0) \\ &= \left(\frac{1}{C_1} + \frac{1}{C_2} + \cdots + \frac{1}{C_n}\right)\int_{t_0}^{t} i(\xi)\mathrm{d}\xi + \sum_{k=1}^{n} u_k(t_0) \\ &= \sum_{k=1}^{n} \frac{1}{C_k}\int_{t_0}^{t} i(\xi)\mathrm{d}\xi + \sum_{k=1}^{n} u_k(t_0) \end{aligned} \tag{1-21}$$

在式(1-20)中,令 $t = t_0$,得

$$u(t_0) = u_1(t_0) + u_2(t_0) + \cdots + u_n(t_0) = \sum_{k=1}^{n} u_k(t_0)$$

代入式(1-21),有

$$u = \left(\sum_{k=1}^{n} \frac{1}{C_k}\right)\int_{t_0}^{t} i(\xi)\mathrm{d}\xi + u(t_0) \tag{1-22}$$

对等效电路列 KVL 方程,得

$$u = \frac{1}{C_S}\int_{t_0}^{t} i(\xi)\mathrm{d}\xi + u(t_0) \tag{1-23}$$

比较式(1-22)和式(1-23),得

$$\frac{1}{C_S} = \sum_{k=1}^{n} \frac{1}{C_k}$$

因此,串联总电容为

$$C_S = \frac{1}{\sum_{k=1}^{n} \frac{1}{C_k}}$$

需要注意的是,因制造电容器的电介质或多或少都存在着电荷泄漏现象,所以实际电容器除有储能作用外,也会消耗一部分能量。此时,描述实际电容器的特性需要使用电容元件和电阻元件的组合。因电容器耗能与所加电压直接相关,故工程上考虑电容器耗能影响的常用电路模型为阻容并联结构。

电容器的种类繁多,依使用电介质的不同可分为云母电容、瓷片电容、陶瓷电容、涤纶电容、独石电容、玻璃釉电容、金属膜电容、电解电容等。图 1-26 为部分小型分立电容器的实物图。

要了解电容元件的标称值、容差和色码等相关规定,可见附录 B。为了叙述方便,线性电容元件简称为电容,用符号 C 表示,它既用来表示一个电容元件,也用来表示这一元件的参数。

图1-26　电容元件实物图

1.5.4　电感元件

实际中,电感器是一个用导线绕制而成的线圈。当其通有电流 i 时,在其周围会产生磁通 Φ 和磁链 ψ (线圈为 N 匝时 $\psi = \sum_{k=1}^{N} \Phi_k$)并形成磁场。因磁场本身具有能量,所以也会形成相应的磁场能储存在线圈中。

实际电感器具有的一个重要特性是:当由电流引起的自感磁链 ψ 随时间变化时,在其两端将会产生感应电压。

电感元件(inductor)是实际电感器的理想化模型。它反映了电流产生磁场和磁场能量储存这一物理现象。

电感元件的定义:电特性可以用 $\psi - i$ 平面上的一条确定曲线来表示的二端电路元件,称为电感元件。在 $\psi - i$ 平面上表示电感元件特性的曲线称为电感元件的韦安特性曲线,简称韦安特性(Weber-Ampere characteristic)。如果韦安特性是一条通过 $\psi - i$ 平面坐标原点的直线,如图1-27所示,则称其对应的电感元件为线性电感元件,否则为非线性电感元件。本书仅介绍线性电感元件。

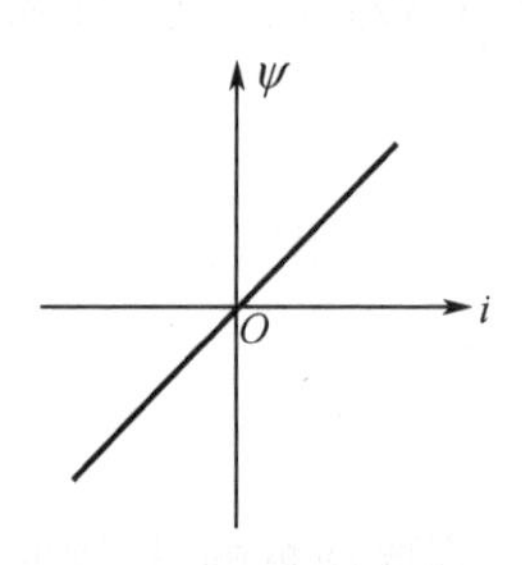

图1-27　电感元件的韦安特性曲线

线性电感元件的电路符号如图1-28(a)所示。通过其中的电流与其产生的磁链呈线性关系,即

$$\psi = Li \tag{1-24}$$

式中,L 在一般情况下为一个不变的正实常数,与 ψ、i 无关,称为电感元件的电感(inductance)。当磁链的单位为韦伯(Wb),电流的单位为安培(A)时,电感的单位为亨利,简称亨(H)。因电感较小,也常用毫亨(mH)和微亨(μH)作为单位。它们之间

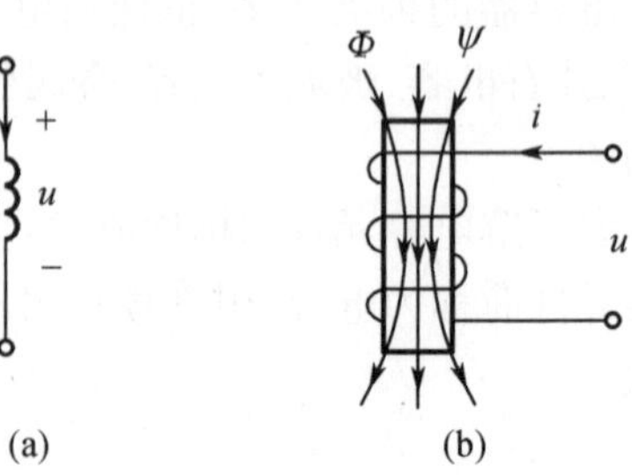

图1-28　线性电感元件的电路符号及原理示意图

的换算关系为

$$1\ \text{mH}=10^{-3}\ \text{H},\quad 1\ \mu\text{H}=10^{-6}\ \text{H}$$

可以把电感元件看作由无阻导线绕制而成的空芯线圈，如图1-28(b)所示。当在线圈中通以电流 i 时，线圈中产生磁通 Φ 并形成磁链 ψ。如果电流是变化的，磁链 $\psi=Li$ 也将随之变化。根据法拉第电磁感应定律(Law of Electromagnetic Induction)，磁链的变化将在线圈两端引起感应电压(induced voltage)，而且在电流与磁通或磁链的方向满足右手螺旋定则，且感应电压和电流方向一致的前提下，将有

$$u=\frac{\mathrm{d}\psi}{\mathrm{d}t}=\frac{\mathrm{d}(Li)}{\mathrm{d}t}$$

即

$$u = L\frac{\mathrm{d}i}{\mathrm{d}t} \tag{1-25}$$

这就是线性电感元件的伏安关系。该式说明，线性电感元件的电压与其电流的变化率成正比(而与电流的大小无关)，电流变化越快，电压越高；当电流恒定不变时，电压为零，此时电感元件相当于短路。由于电感元件的电压和电流之间是一种动态关系，故电感元件也是一种动态元件。

式(1-25)用电流来表示电压，是一种导数关系。如果反过来用电压来表示电流，则电感元件的伏安关系又可以写成如下的积分形式，即

$$\begin{aligned} i(t) &= \frac{1}{L}\int_{-\infty}^{t}u(\xi)\,\mathrm{d}\xi = \frac{1}{L}\int_{-\infty}^{t_0}u(\xi)\,\mathrm{d}\xi + \frac{1}{L}\int_{t_0}^{t}u(\xi)\,\mathrm{d}\xi \\ &= i(t_0) + \frac{1}{L}\int_{t_0}^{t}u(\xi)\,\mathrm{d}\xi \end{aligned} \tag{1-26}$$

式中，t_0 是积分过程中的某个指定时刻，称为初始时刻。

$$i(t_0) = \frac{1}{L}\int_{-\infty}^{t_0}u(\xi)\,\mathrm{d}\xi$$

是 t_0 时刻的电感电流，称为电感的初始电流(initial current)。

式(1-26)表明，任一时刻电感的电流不仅与该时刻的电压有关，而且与该时刻以前所有时刻的电压均有关。这说明电感元件对其电压的全部"历史"具有记忆功能，所以电感元件也是一种记忆元件。

如果取初始时刻 $t_0=0$，则式(1-26)可以写成

$$i(t) = i(0) + \frac{1}{L}\int_{0}^{t}u(\xi)\,\mathrm{d}\xi \tag{1-27}$$

若 $i(0)=0$，则上式还可进一步简化为

$$i(t) = \frac{1}{L}\int_{0}^{t}u(\xi)\,\mathrm{d}\xi$$

电感元件和电容元件一样，也是一种储能元件。它能把从电路中吸收的能量以磁场能的形式储存起来，而不是消耗掉。在适当的时候，储存的磁场能也会以某种方式释放出来，但释放出来的能量不会超过它所吸收并储存的能量，即电感元件本身既不消耗能量，也不会产生新的能量。因此，它是一种无源元件。

在关联参考方向下，电感元件吸收的功率为

$$p = ui = Li\frac{\mathrm{d}i}{\mathrm{d}t}$$

电感元件在某时刻所储存的磁场能,也就是它在过去所有时刻从外界吸收的能量为

$$w_{\rm L}(t) = \int_{-\infty}^{t} u(\xi)i(\xi)\mathrm{d}\xi = \int_{-\infty}^{t} Li(\xi)\frac{\mathrm{d}i(\xi)}{\mathrm{d}\xi}\mathrm{d}\xi = L\int_{i(-\infty)}^{i(t)} i(\xi)\mathrm{d}i(\xi)$$
$$= \frac{1}{2}Li^2(t) - \frac{1}{2}Li^2(-\infty)$$

上述积分在由对时间积分转化为对电流积分的同时,积分的上、下限也随之转化为 $i(t)$ 和 $i(-\infty)$。因 $i(-\infty)$ 为储能之初的电感电流,故应有 $i(-\infty)=0$。于是,电感元件在某时刻所储存的磁场能为

$$w_{\rm L}(t) = \frac{1}{2}Li^2(t) \tag{1-28}$$

这说明电感元件在某时刻所储存的磁场能仅与该时刻的电流的平方成正比,而和以往电流的变化情况以及此时电压的大小甚至有无均无关。

由式(1-26)还可以推出,若电感电压在时间区间$(-\infty,t]$内为有限值(无论连续与否),则电感电流作为时间变量 t 的函数就一定在该区间内连续。这意味着,在电感电压为有限值的前提下,电感电流不发生跃变。这是线性电感元件具有的一个非常重要的性质。数学上可以表示为

$$\psi(t_0^+) = \psi(t_0^-) \quad \text{或者} \quad i(t_0^+) = i(t_0^-) \tag{1-29}$$

式中,t_0^- 和 t_0^+ 分别代表任意时刻 t_0 的左、右极限。

例1-7 已知某电感元件的电感 $L=2$ mH,若流经其中的电流 i 的波形如图1-29(a)所示,电压 u 与电流 i 的方向一致,试画出其电压 u 的波形,并计算在 $t_1=0.5$ ms 和 $t_2=1$ ms 时电感元件的储能。

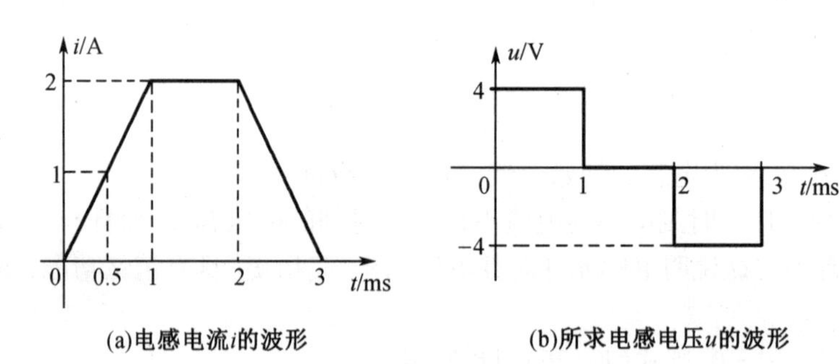

(a)电感电流i的波形　　(b)所求电感电压u的波形

图1-29　例1-7图和解答

解　由图1-29(a)可得电流 i 的表达式为

$$i=\begin{cases} 2\,000t\ \text{A} & (0 \leqslant t \leqslant 1\ \text{ms}) \\ 2\ \text{A} & (1\ \text{ms} < t < 2\ \text{ms}) \\ 6-2\,000t\ \text{A} & (2\ \text{ms} \leqslant t \leqslant 3\ \text{ms}) \end{cases}$$

故

$$u = L\frac{\mathrm{d}i}{\mathrm{d}t} = 2\times10^{-3}\frac{\mathrm{d}i}{\mathrm{d}t}\ \text{V} = \begin{cases} 4\ \text{V} & (0 \leqslant t \leqslant 1\ \text{ms}) \\ 0 & (1\ \text{ms} < t < 2\text{ms}) \\ -4\ \text{V} & (2\ \text{ms} \leqslant t \leqslant 3\ \text{ms}) \end{cases}$$

其波形如图1-29(b)所示。

由图1-29(a)可知，电流在 $t_1=0.5$ ms 和 $t_2=1$ ms 时的值分别为

$$i(t_1)=1\text{ A},\quad i(t_2)=2\text{ A}$$

故在这两个时刻电感的储能分别为

$$w_L(t_1)=\frac{1}{2}Li^2(t_1)=\frac{1}{2}\times 2\times 10^{-3}\times 1^2\text{ J}=10^{-3}\text{ J}$$

$$w_L(t_2)=\frac{1}{2}Li^2(t_2)=\frac{1}{2}\times 2\times 10^{-3}\times 2^2\text{ J}=4\times 10^{-3}\text{ J}$$

例1-8　已知 n 个初始电流为零的电感串联如图1-30(a)所示，试确定其等效电感 L_S(图1-30(b))。

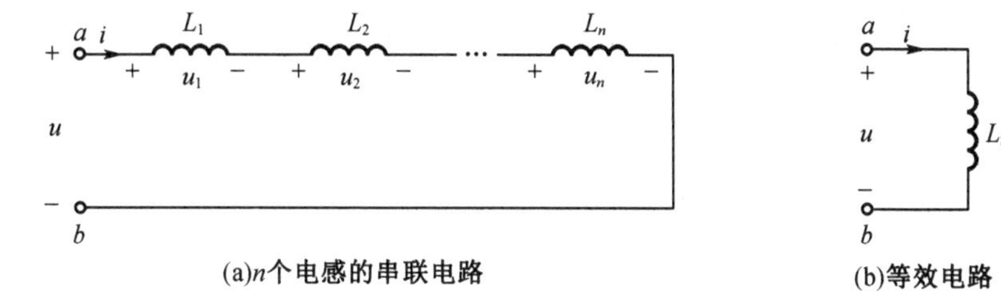

(a)n个电感的串联电路　　(b)等效电路

图1-30　例1-8图

解　n 个电感串联总磁链为

$$\psi=\psi_1+\psi_2+\cdots+\psi_n=\sum_{k=1}^{n}\psi_k$$

代入电感元件的链-流关系 $\psi=Li$，得

$$\psi=\sum_{k=1}^{n}L_k i=\left(\sum_{k=1}^{n}L_k\right)i \tag{1-30}$$

对等效电感可列出链-流关系为

$$\psi=L_S i \tag{1-31}$$

比较式(1-30)和式(1-31)可得到

$$L_S=\sum_{k=1}^{n}L_k$$

例1-9　已知 n 个电感并联如图1-31(a)所示，试确定其等效电感 L_p(图1-31(b))。

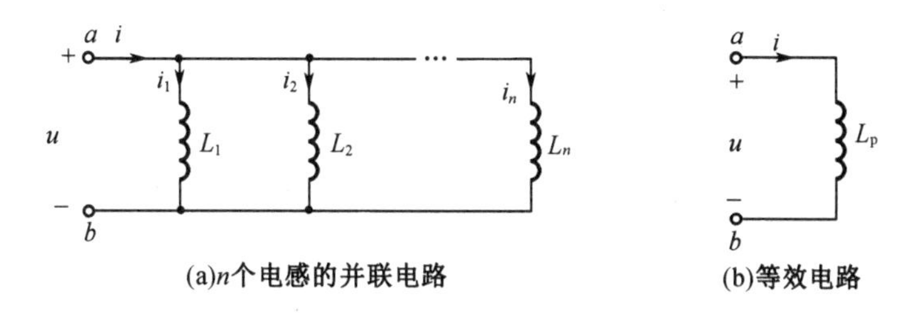

(a)n个电感的并联电路　　(b)等效电路

图1-31　例1-9图

解　因 n 个电感并联，列KCL方程，得

$$i = \sum_{k=1}^{n} i_k \tag{1-32}$$

利用电感电压与电流的积分关系,得

$$i_k = \frac{1}{L_k}\int_{t_0}^{t} u(\xi)\mathrm{d}\xi + i_k(t_0)$$

得

$$i = \sum_{k=1}^{n} \frac{1}{L_k}\int_{t_0}^{t} u(\xi)\mathrm{d}\xi + \sum_{k=1}^{n} i_k(t_0) \tag{1-33}$$

对等效电感列元件方程,得

$$i = \frac{1}{L_\mathrm{p}}\int_{t_0}^{t} u(\xi)\mathrm{d}\xi + i(t_0) \tag{1-34}$$

比较式(1-33)与式(1-34)得

$$\frac{1}{L_\mathrm{p}} = \sum_{k=1}^{n} \frac{1}{L_k}$$

和

$$i(t_0) = \sum_{k=1}^{n} i_k(t_0)$$

因此,并联总电感为

$$L_\mathrm{p} = \frac{1}{\sum_{k=1}^{n} \frac{1}{L_k}} \tag{1-35}$$

需要指出,制造电感线圈的导线存在电阻,实际电感器绝非是理想化的,它也会消耗一部分能量。为了反映电感线圈绕线电阻的影响,工程上常用一个小电阻与电感元件串联作为实际电感器的模型。

实际电感器的品种繁多,依使用导磁材料的不同可分为空芯线圈、磁芯线圈和铁芯线圈等。图1-32为部分小型分立电感器的实物图。

图1-32 电感器的实物图

要了解电感元件的标称值、容差和色码等相关规定,可见附录B。为了叙述方便,线性电感元件简称为电感,用符号 L 表示,它既用来表示电感元件,也用来表示这一元件的参数。

1.5.5 独立电源

实际电源是一种能将非电能量转换成电能并以电压或电流的形式对外部电路提供电能的二端电路元件。

实际电源因其提供的电压或电流是否受到外部电路变量的控制可分为独立电源和受

控电源两种。本节仅讨论独立电源,受控电源将在下一节讨论。

独立电源又可分独立电压源(independent voltage source)和独立电流源(independent current source)两种,它们分别是实际电压源和实际电流源的理想化模型。

在电路理论中,把独立电压源定义为在任何情况下都能对外部提供按给定规律变化的确定电压的一个有源二端元件,简称为电压源。

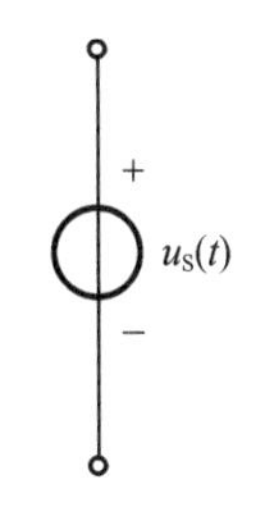

图 1 – 33　电压源的电路符号

电压源的电路符号如图 1 – 33 所示,其端电压用 $u_S(t)$ 表示,"+""−"号表示电压的极性。电压源与外电路相接如图 1 – 34(a)所示。

电压源的端电压可以是任意时间函数。当 $u_S(t)$ 为恒定值时,称其为恒定电压源或直流电压源;反之,称其为时变电压源。

电压源最显著的特点是,其端电压 $u_S(t)$ 只按给定规律变化,而与外电路无关。这意味着,电压源的电流可以是任意的,并且仅由外电路来确定。电压源的上述特性可用 $u-i$ 平面上平行于电流轴的直线来表示,如图 1 – 34(b)所示。

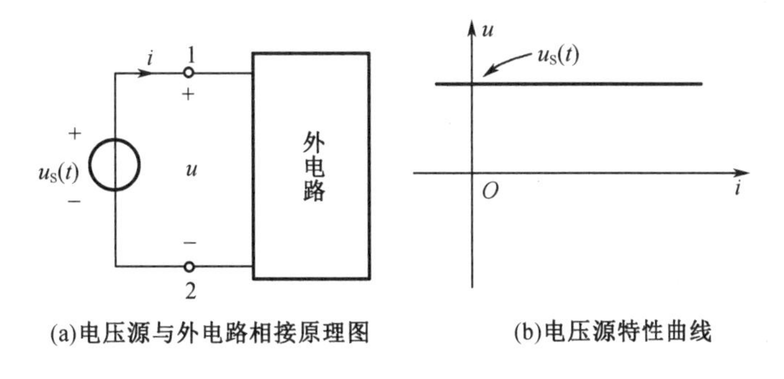

(a)电压源与外电路相接原理图　　(b)电压源特性曲线

图 1 – 34　电压源与外电路相接及特性

由伏安特性可知,电压源应归属于非线性电阻元件,因为对任何一个非零值的电压源而言,其 $u-i$ 特性曲线都不会经过原点。

当电压源的电压和电流取非关联参考方向时,如图 1 – 34(a)所示,它发出的功率为

$$p = ui = u_S(t)i(t) \tag{1-36}$$

同时,这也是外电路吸收的功率。

由式(1 – 36)可知,当电压源的电流取负值(因由外电路决定这是可能的)时,其功率 $p<0$,这说明电压源在一定的条件下也会消耗功率。

一个电压源在端电压 $u_S(t)=0$ 的特殊情况下,因其 $u-i$ 特性曲线与横轴重叠,其特性相当于一个取零值的电阻元件,即相当于短路。

在电路理论中,把独立电流源定义为在任何情况下都能对外部提供按给定规律变化的确定电流的一个有源二端元件,简称为电流源。

电流源的电路符号如图 1 – 35 所示,其端电流用 $i_S(t)$ 表示,箭头表示电流的方向。电流源与外电路相接如图 1 – 36(a)所示。

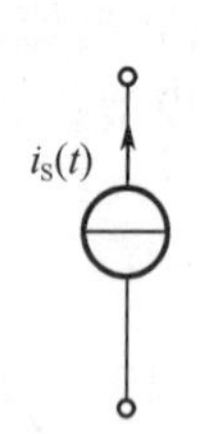

图 1－35　电流源的电路符号

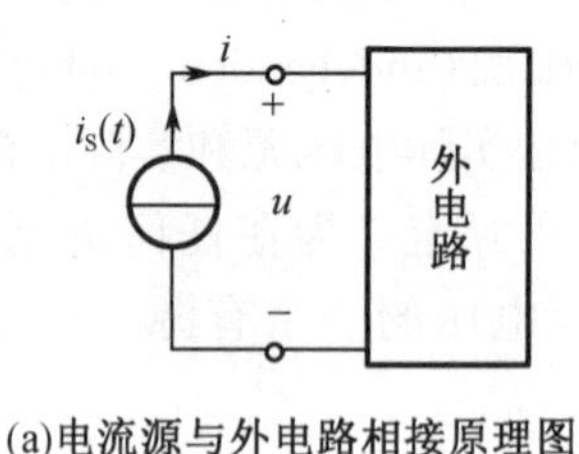

(a)电流源与外电路相接原理图

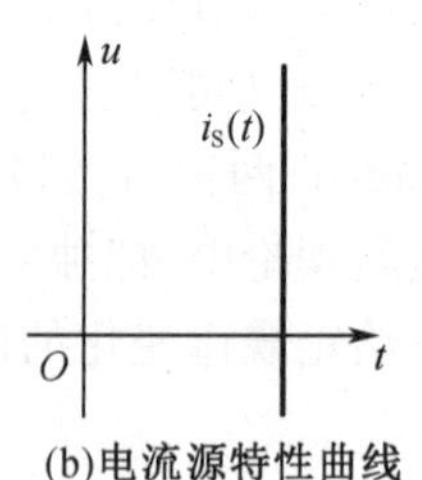

(b)电流源特性曲线

图 1－36　电流源与外电路相接及特性

电流源的端电流可以是任意时间函数。当 $i_S(t)$ 为恒定值时，称其为恒定电流源或直流电流源；否则，称其为时变电流源。

电流源最显著的特点是，其端电流 $i_S(t)$ 只按给定规律变化，与外电路无关。这意味着电流源的电压可以是任意的，并且仅由外电路来确定。电流源的上述特性可用 $u-i$ 平面上垂直于电流轴的直线来表示，如图 1－36(b)所示。

由伏安特性可知，电流源应归属于非线性电阻元件，因为对任何一个非零值的电流源而言，其 $u-i$ 特性曲线都不会经过原点。

当电流源的电压和电流取非关联参考方向时，如图 1－36(a)所示，它发出的功率为

$$p = ui = u(t)i_S(t) \tag{1-37}$$

同时，这也是外电路吸收的功率。

由式(1－37)可知，当电流源的电压取负值(因由外电路决定这是可能的)时，其功率 $p<0$，这说明电流源在一定的条件下也会消耗功率。

一个电流源在端电流 $i_S(t)=0$ 的特殊情况下，因其 $u-i$ 特性曲线与纵轴重叠，其特性相当于一个取∞值的电阻元件，即相当于开路。

实际电源的种类很多，例如，化学电池、燃料电池、机械电池、太阳能电池、发电机、直流稳定电源和信号源等。图 1－37 为部分实际电源的实物图。

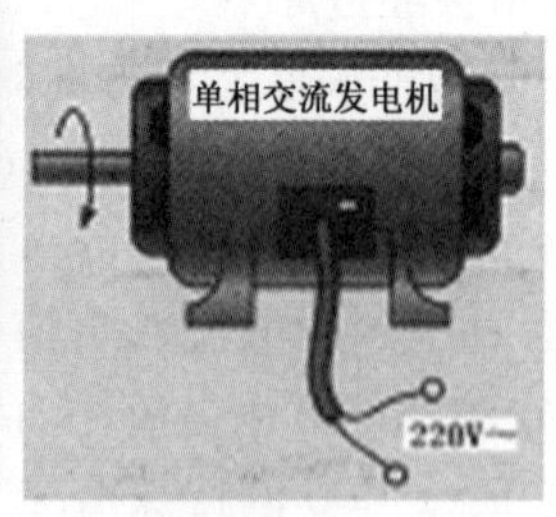

图 1－37　电源的实物图

实际电压源的特性与理想化的电压源模型会有一些误差。工程上常用电压源与电阻的串联电路作为实际电压源的模型，该电阻被称为电压源的内阻。

实际电流源，其特性与理想化的电流源模型会有一些误差。工程上常用电流源与电阻的并联电路作为实际电流源的模型，该电阻被称为电流源的旁路电阻。

1.5.6　受控源

与独立电源不同,受控源是一个受非本身所在支路电压或电流控制的非独立电压源或电流源。它具有两条支路,一条为被控量所在支路,另一条为控制量所在支路。

因源的形式(电压源或电流源)和控制量(电压或电流)的不同,受控源可分为四种不同的类型,即电压控制电压源(voltage-controlled voltage source,VCVS)、电压控制电流源(voltage-controlled current source,VCCS)、电流控制电压源(current-controlled voltage source,CCVS)和电流控制电流源(current-controlled current source,CCCS)。受控源的电路符号如图 1－38 所示。

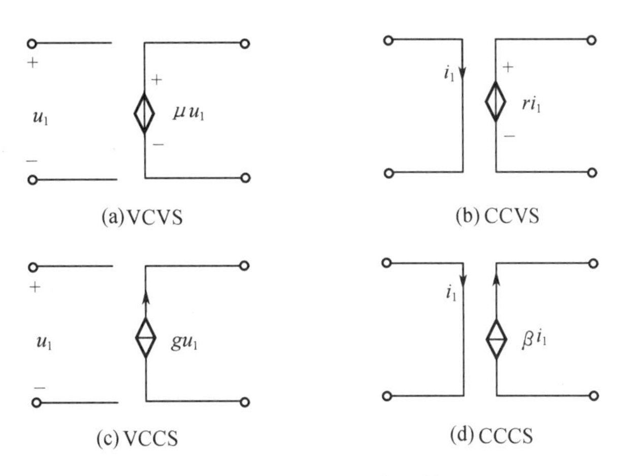

图 1－38　受控源的电路符号

为区别于独立电源,受控源一律采用菱形符号表示其电源部分。图中,u_1 和 i_1 分别表示控制电压和电流,μ、r、g 和 β 分别是有关控制系数,其中 μ 和 β 均无量纲,分别称为转移电压比和转移电流比,r 和 g 分别称为转移电阻和转移电导。当受控源的控制系数为常数时,称为线性受控源。本书仅考虑线性受控源,故以下省略“线性”二字,直接称之为受控源。

因受控源不需要控制量为其工作提供能量,所以其控制支路不是开路就是短路,即 VCVS 和 VCCS 的控制支路为开路、CCVS 和 CCCS 的控制支路为短路。

受控源作为一种电源元件,除受控性质不能脱离控制支路而独立存在之外,它的其他特性与独立电源没有区别。但需注意的是,受控源毕竟不是独立电源,它在电路中并不能单独地起独立电源的作用,也就是说,在一个没有独立电源存在的电路中受控源是不能工作的。

受控源可用于描述双极型晶体三极管、场效应晶体管、运算放大器等实际电子器件的工作特性。例如,可用 VCVS 表示运算放大器模型、VCCS 表示场效应三极管模型和 CCCS 表示双极型三极管模型。

图 1－39 为一个使用受控源为晶体三极管建模的例子。在低频小信号的条件下,图 1－39(a)中的双极型三极管,可用图 1－39(b)中的 VCCS 和电阻 r_{be} 组成的三极管模型表示。这里,控制量为 u_{be},转移电导为 g_m,受控源用于表示晶体三极管的特性,即

$$i_c = g_m u_{be}$$

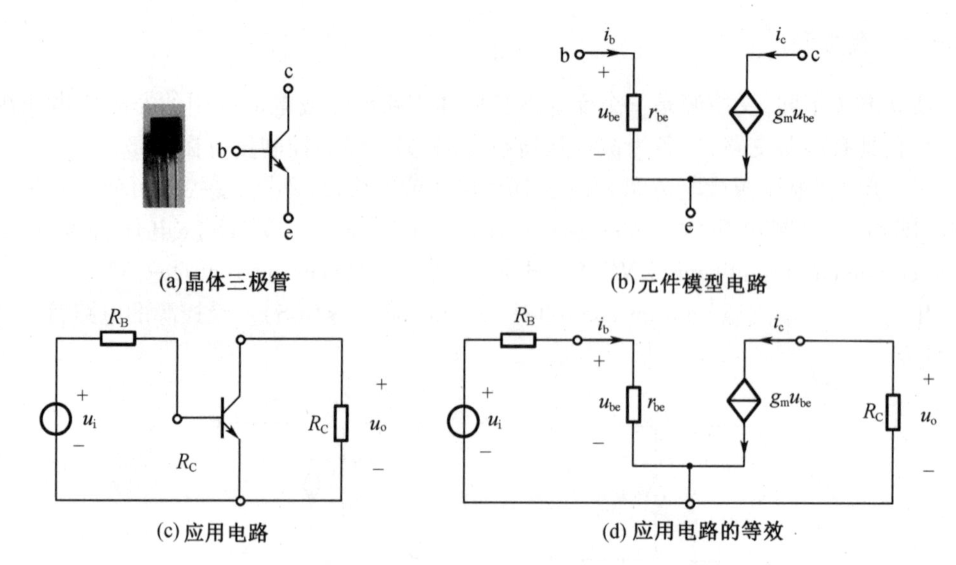

(a)晶体三极管　(b)元件模型电路　(c)应用电路　(d)应用电路的等效

图1-39　用受控源为晶体三极管建模的例子

图1-39(c)和图1-39(d)给出了晶体三极管模型的具体应用。这里,图1-39(d)为用晶体三极管模型取代图1-39(c)中的晶体三极管后得到的。图1-39(c)中的晶体三极管放大器的电压增益定义为

$$A = \frac{u_o}{u_i}$$

该增益可由对图1-39(d)的分析计算得出。

1.5.7　运算放大器

运算放大器(operational amplifier)是一种具有高增益的直接耦合差动输入放大器(differential input amplifier)。它是线性电路中用途广泛的电路构造模块之一。它在电子电路中所起到的作用可与微处理器的作用相比较。因运算放大器的优良性能以及广泛的用途,它已经对电子工业乃至模拟集成电路制造业产生了巨大的影响。运算放大器作为一种能实现模拟信号放大和数学运算的电路模块,尽管其内部结构千差万别,但其输入和输出特性都有着相类似的性质与特点。因此,本节将只讨论运算放大器的外部特性,即它的输入与输出之间存在的关系。

运算放大器的电路符号如图1-40所示。

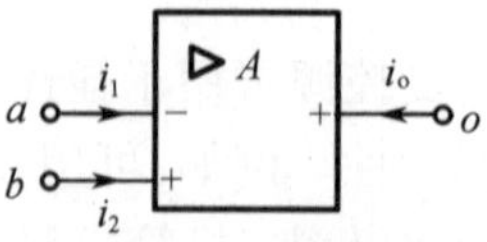

运算放大器有两个输入端和一个输出端。其中 a 为反相输入端(inverting input node);b 为正相输入端(noninverting input node);o 为输出端(noninverting output node)。在电路符号内部的"A"为运算放大器的开环电压增益(open-loop voltage gain),"▷"符号代表信号放大器件及信号由输入至输出的传输方向。必须指出,运算放大器的电路符号中并未包括为保证其正常工作而必须由外部加入工作电源的端子。因此,对现有运算放大器的三个端子直接建立KCL方程是不能成立的。也就是说,一般地总有

图1-40　运算放大器的电路符号

$$i_1 + i_2 + i_o \neq 0$$

上述问题在实际中可以采取引入公共地线的办法来解决。

当运算放大器采取如图 1-41(a)所示的差动输入(differential input)接线时,它的输入与输出电压关系通常用图 1-41(b)给出的曲线来描述,它是忽略了非线性影响的实际差动输入运算放大器的输入-输出特性曲线。图中,E 为运算放大器线性工作区内的最大正值差动输入电压;u_{sat}为正值饱和输出电压(saturation output voltage)。

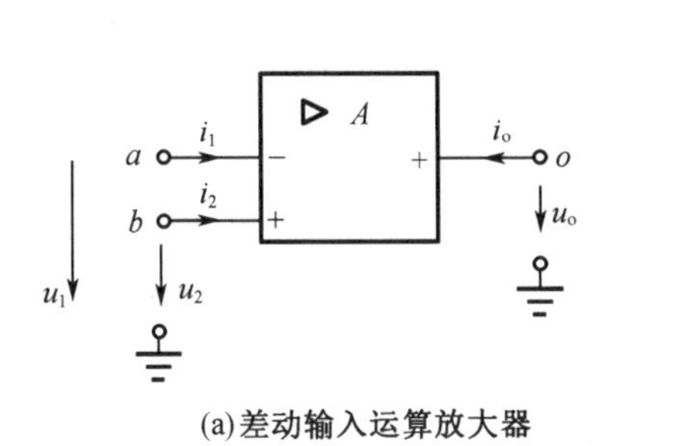

(a)差动输入运算放大器

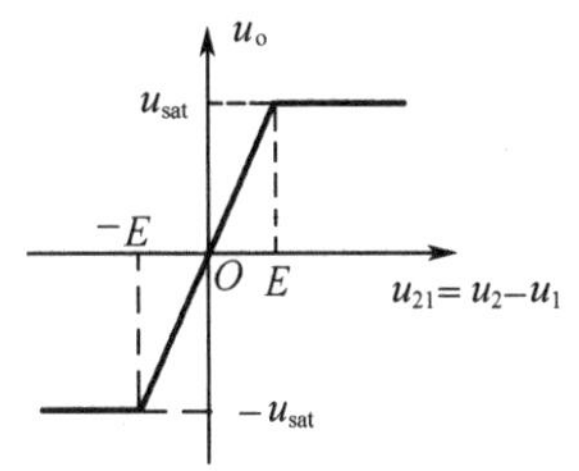

(b)输入输出曲线

图 1-41 差动输入运算放大器的输入输出关系

实际差动输入运算放大器的等效电路模型可用图 1-42 给出,R_i 是输入电阻,R_o 为输出电阻。

显然,当差动输入电压 u_{21}处于线性工作区内时,运算放大器的输出电压 u_o 可用下式表示,即

$$u_o = R_o i_o + A(u_2 - u_1) \qquad (1-38)$$

式中,$(u_2 - u_1) = u_{21}$, 并且满足$|u_{21}| < E$。

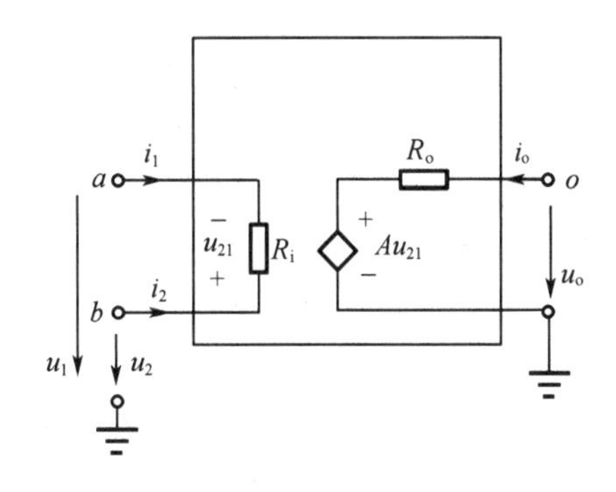

图 1-42 非理想化的差动输入运算放大器的等效电路

由式(1-38)可见,运算放大器的输出端电流将对输出电压 u_o 产生影响。实际运算放大器的 R_i 很大($10^5 \sim 10^7\ \Omega$),而且 R_o 总是很小($1 \sim 100\ \Omega$), 因此上述影响实际是微不足道的。令 $R_i \to \infty$ 及 $R_o \to 0$,则可取得理想化的差动输入运算放大器的等效电路如图 1-43 所示。

此时,理想化差动输入运算放大器的输入输出关系可表示为

$$u_o = \begin{cases} A(u_2 - u_1) & (|u_2 - u_1| < E) \\ u_{sat} & (u_2 - u_1 \geqslant E) \\ -u_{sat} & (u_2 - u_1 \leqslant -E) \end{cases}$$

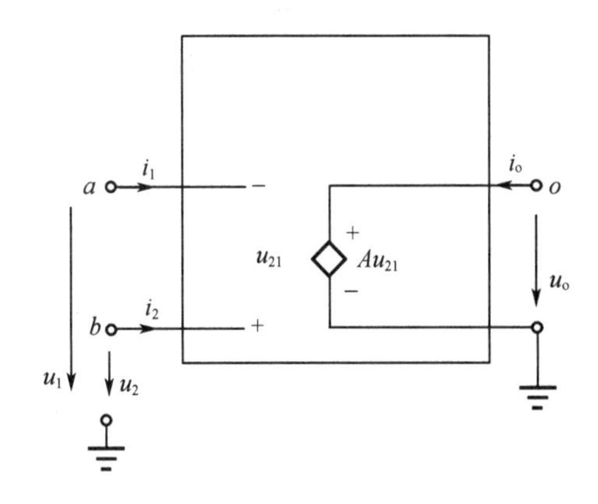

图 1-43 理想化的差动输入运算放大器的等效电路

需要指出的是,上述运算放大器的理想化模型是在满足一定的工程误差的条件下给出的,并且也并没有规定 $A \to \infty$ 。

由图 1-43 可见,理想化的运算放大器相当于一个压控压源,即是一个有源元件。它的输入端电流 $i_1 = i_2 = 0$,这种情况我们称之为“虚断”(virtual open circuit)。

另外,由于实际运算放大器的开环电压增益 A 很大,几乎相当于 $A\to\infty$,因此,对确定的输出电压 u_o,意味着 $u_{21}=u_2-u_1=\frac{u_o}{A}\leqslant\frac{u_{sat}}{A}\to 0$,也就是说,差动输入端之间的输入电压近似为0,即 $u_2\approx u_1$,这种情况我们称之为"虚短"(virtual short circuit)。有关"虚断"和"虚短"的概念在含运算放大器电路的分析中非常有用,需要格外注意。

运算放大器除了差动输入接法之外,还有单端输入接法。图1-44为两种不同的运算放大器单端输入接法,其中图1-44(a)给出的为反相输入运算放大器电路,而图1-44(b)给出的为同相输入运算放大器电路。

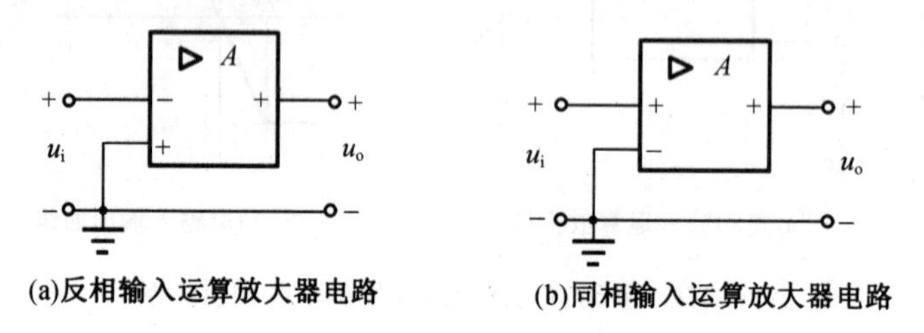

图1-44 运算放大器的单端输入接法

根据理想化运算放大器的输入、输出关系,容易推出采用单端输入接法的运算放大器的输入与输出电压之间的关系为:

反相输入时
$$u_o=-Au_i \tag{1-39}$$
同相输入时
$$u_o=Au_i \tag{1-40}$$
下面给出几个运算放大器的实际应用电路。

1. 比例器电路

图1-45(a)给出的是运算放大器用作比例器时的电路,它的理想化等效电路如图1-45(b)所示。

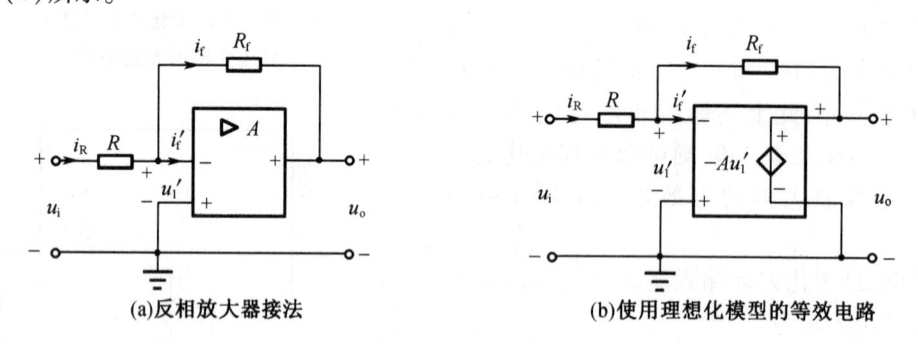

图1-45 比例器电路

实际上,比例器电路就是由运算放大器组成的简单反相放大器(inverting amplifier)。

由"虚断"的概念可知,$i_1'=0$,因此有 $i_R=i_f$,即
$$\frac{u_i-u_1'}{R}=\frac{u_1'-u_o}{R_f}$$
再由"虚短"的概念,可知 $u_1'=0$,因此有

$$\frac{u_i}{R} = -\frac{u_o}{R_f}$$

即

$$\frac{u_o}{u_i} = -\frac{R_f}{R} \tag{1-41}$$

由式(1－41)可见,该简单反相放大器的闭环电压增益为 $-\frac{R_f}{R}$。若选择不同的 R_f 与 R 值,则可得到不同的 u_o 与 u_i 的比值。因此,我们称该电路为比例器。又因为当 $R_f = R$ 时,有 $u_o = -u_i$,输出电压 u_o 恰好等于反相的输入电压 u_i,所以,又被称为倒相器。

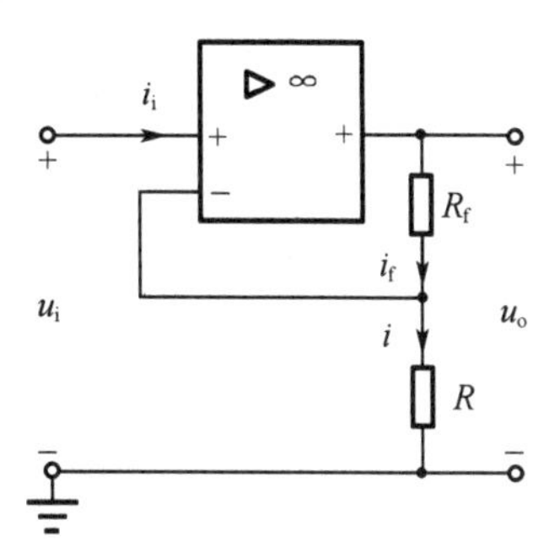

图 1－46　同相放大器电路

2. 同相放大器

图 1－46 所示的为把运算放大器用作同相放大的电路,故称之为同相放大器(noninverting amplifier)。

图 1－46 中,采用符号"∞"代替开环放大倍数 A,是因为图中我们假定 $A\to\infty$ 的缘故。此时的电路符号代表着理想运算放大器。

根据"虚断"和"虚短"的概念,显然有 $i_f = i_R$,进一步可写出

$$\frac{u_o - u_i}{R_f} = \frac{u_i}{R}$$

因此

$$u_o = \frac{R_f}{R}u_i + u_i = \frac{R_f + R}{R}u_i \tag{1-42}$$

令

$$K = \frac{R_f + R}{R}$$

则得到

$$u_o = Ku_i$$

由上式可见,同相放大器的电压增益 $K \geqslant 1$,其特性相当于一个压控压源元件。

当取 $R_f = 0$ 和 $R\to\infty$ 时,则有

$$K = \frac{R_f + R}{R} \to 1$$

因此

$$u_o = u_i$$

因 $i_i = 0$,所以它相当于一级隔离缓冲电路,并且闭环电压增益为 1,其电路如图 1－47 所示。

3. 加法器

图 1－48 所示的为一加法器电路(adder),它可以实现加法运算。

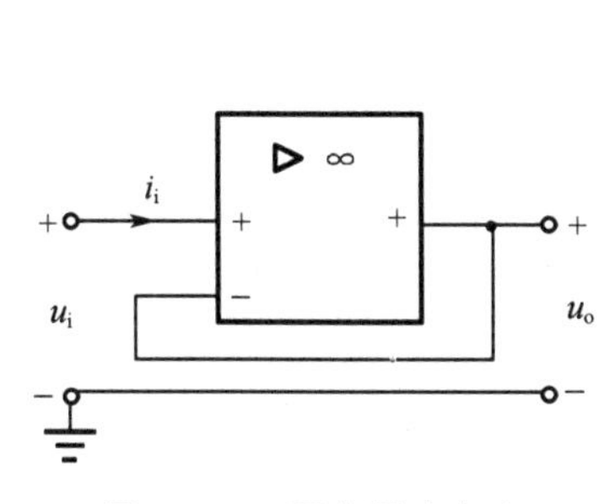

图 1－47　隔离缓冲电路

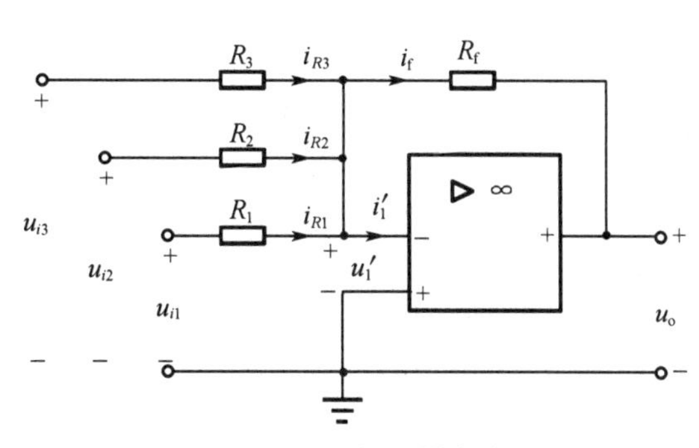

图 1－48　加法器电路

因 $i_1'=0$ 及 $u_1'=0$,故知

$$i_{R1}+i_{R2}+i_{R3}=i_{\mathrm{f}}$$

即

$$\frac{u_{i1}}{R_1}+\frac{u_{i2}}{R_2}+\frac{u_{i3}}{R_3}=-\frac{u_{\mathrm{o}}}{R_{\mathrm{f}}}$$

因此

$$u_{\mathrm{o}}=-R_{\mathrm{f}}\left(\frac{u_{i1}}{R_1}+\frac{u_{i2}}{R_2}+\frac{u_{i3}}{R_3}\right)$$

若取 $R_1=R_2=R_3=R_{\mathrm{f}}$,则得

$$u_{\mathrm{o}}=-(u_{i1}+u_{i2}+u_{i3}) \tag{1-43}$$

式中,负号表示输入电压与输出电压之间的反相关系。

运算放大器种类繁多,如高电压的、高增益的、高输入阻抗的、大功率的、低电压的、低噪声的、快摆率的、宽动态范围的、光隔离的、程控增益的运算放大器和单片运算放大器阵列等。图1-49给出了部分常用运算放大器的实物图片。

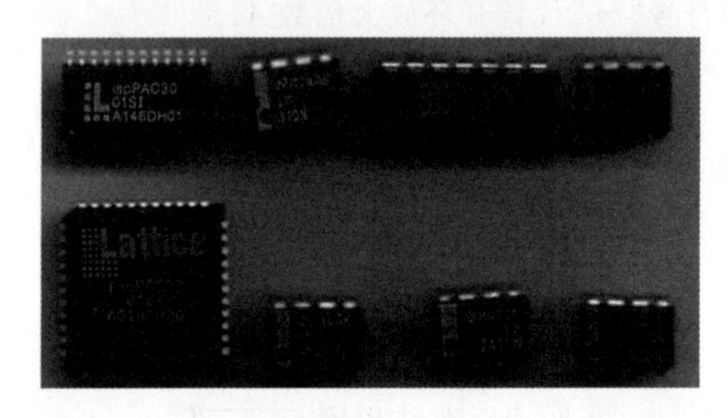

图1-49　部分常用运算放大器芯片的实物图

1.5节
思考与练习
参考答案

本节思考与练习

1-5-1　欧姆定律的表达式是什么?根据电压和电流的参考方向的选取不同,列写欧姆定律时,要注意什么?

1-5-2　已知题1-5-2图中 $R_1=5\ \Omega$,$R_2=10\ \Omega$,$u_1=10\ \mathrm{V}$,求 u_2。

1-5-3　如题1-5-3图所示,已知某电阻的电导值 $G=0.2\ \mathrm{S}$, 其上的电压 $u=10\cos 100t\ \mathrm{V}$,求其电流 i 和吸收的功率 p。

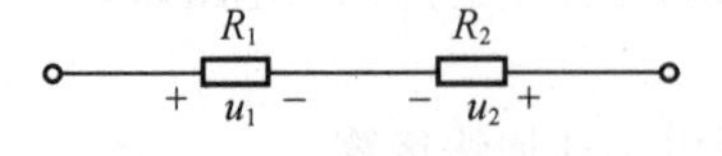

题1-5-2图

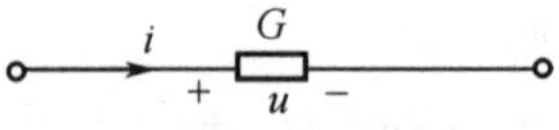

题1-5-3图

1-5-4　某元件的电压和电流参考方向如题1-5-4图所示, 并按图中表格取值, 判断该元件是否为线性元件?

1-5-5　在题1-5-5图中,分别在开关S闭合或断开的情况下,求 A 点电位。

1-5-6　请写出电容元件的电压与电流的关系式。(注意参考方向的标注)

1-5-7　请写出电容元件的功率和能量的表达式。

1-5-8　若两个电容分别串联和并联,其对外等效的总电容分别是多少?

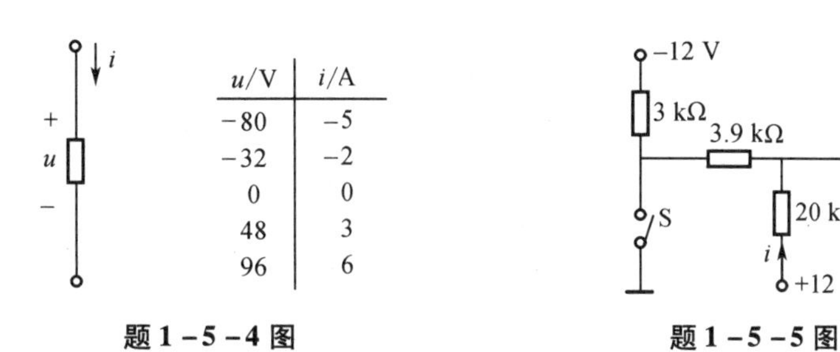

u/V	i/A
-80	-5
-32	-2
0	0
48	3
96	6

题 1-5-4 图　　**题 1-5-5 图**

1-5-9　如题 1-5-9 图，已知电容 $C=1\ \mu\text{F}$，电压 $u=\sqrt{2}\cos 1\ 000t$ V，求电流 i。

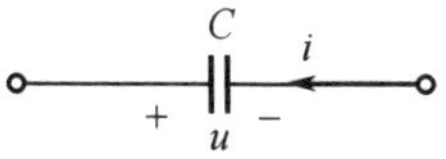

1-5-10　已知电容 $C=10\ \mu\text{F}$，其上的电压、电流参考方向如题 1-5-10 图(a)所示，电压 u 的波形如题 1-5-10 图(b)所示，求电流 i 以及电容吸收的功率 p 的波形。

题 1-5-9 图

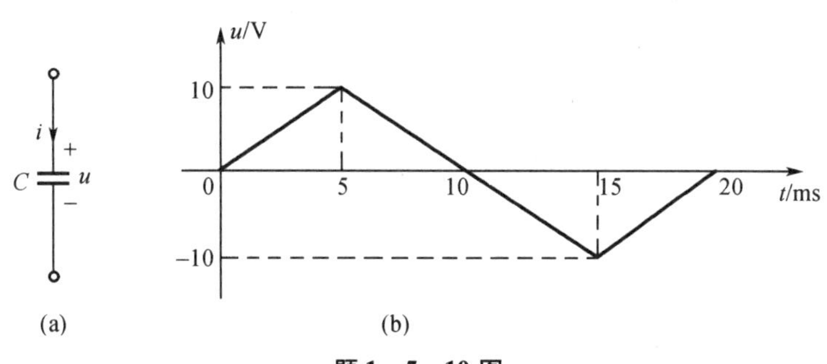

题 1-5-10 图

1-5-11　如题 1-5-11 图所示为一个 2 μF 的电容上所加电压 u 的波形，求：(1)电容电流 i；(2)电容电荷 q；(3)电容的功率 p。

1-5-12　电感元件根据其电参量特性，可归纳为哪四个特性？

1-5-13　请写出电感元件的电压与电流的关系式。(注意参考方向的标注)

1-5-14　请写出电感元件的功率和能量的表达式。

1-5-15　若两个电感元件分别串联和并联，其对外等效的总电感分别是多少？

1-5-16　已知电感 $L=2$ H，其上的电压、电流参考方向如题 1-5-16 图(a)所示，电压 u 的波形如题 1-5-16 图(b)所示，若其初始电流 $i(0)=0$，求电流 i 的波形及 $t=1$ s、2 s、3 s 时电感的储能。

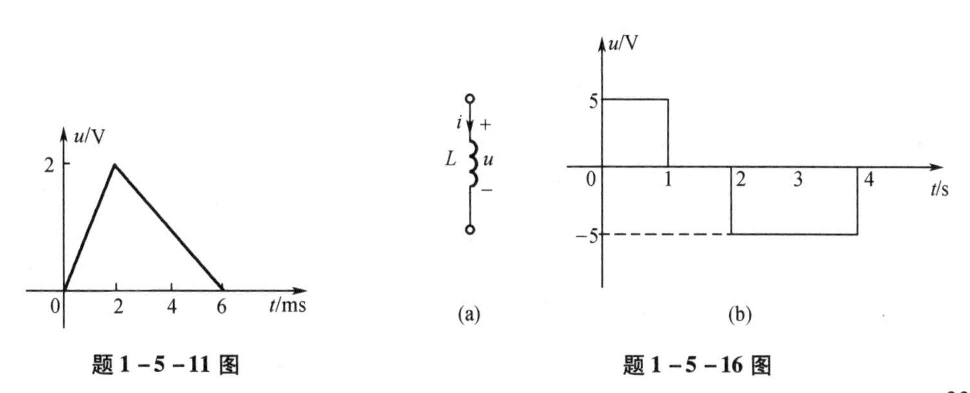

题 1-5-11 图　　**题 1-5-16 图**

1-5-17　2 H电感的电压波形如题1-5-17图所示,若已知 $i_L(0)=2$ A,试定性画出电感电流的波形。

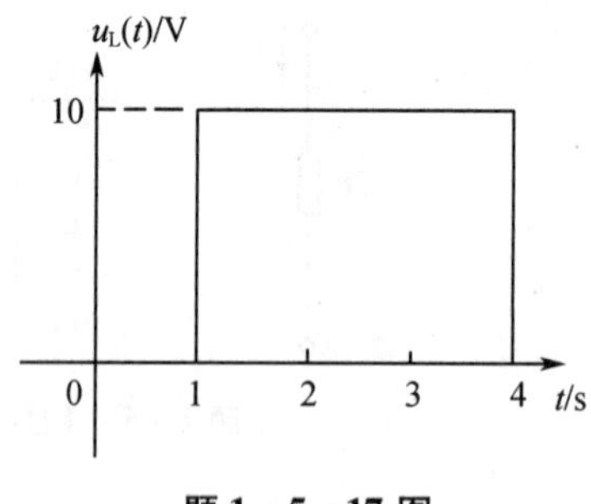

题1-5-17图

1-5-18　独立电压源可对外提供确定的电压,其电流由什么因素确定?

1-5-19　独立电流源可对外提供确定的电流,其端电压由什么因素确定?

1-5-20　独立电源都是对外提供功率的吗?请写出不同参考方向下,独立电源的电功率表达式,并标明是提供功率还是吸收功率。

1-5-21　电路如题1-5-21图所示,求每一个电流源发出的功率。

1-5-22　求题1-5-22图中标出的电压和电流。

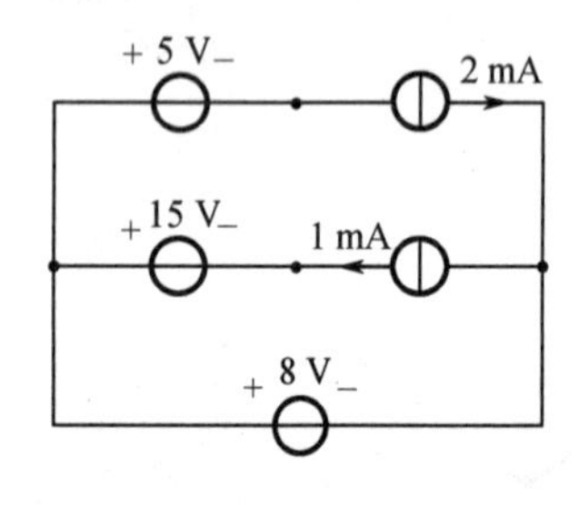

题1-5-21图

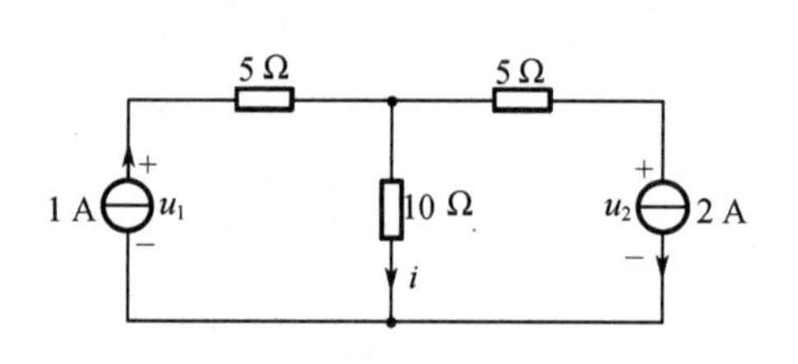

题1-5-22图

1-5-23　如题1-5-23图所示,若1 A电流源输出的电功率为50 W,求 i_0 的值。

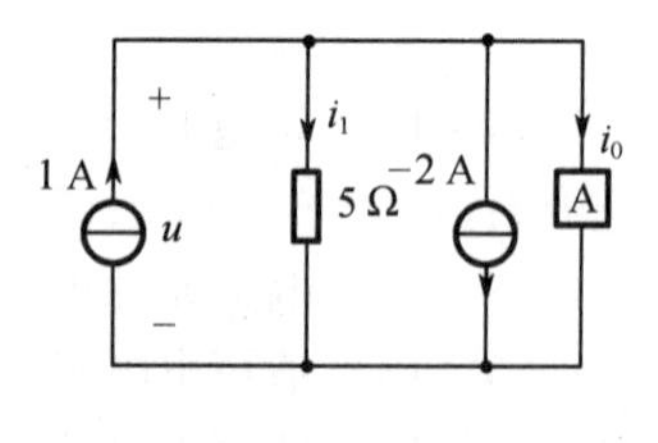

题1-5-23图

1-5-24　受控源根据其控制量的不同,可分为哪四类?控制量在电路中是否可以不标注?

1-5-25　题1-5-25图所示电路的SPST开关在 $t=3$ s时打开,求电流在 $t=2$ s和4 s时的值。

1-5-26　题1-5-26图所示电路的SPDT开关在 $t=2$ s时由 a 点合向 b 点,求电流 i 在 $t=1$ s和3 s时的值。

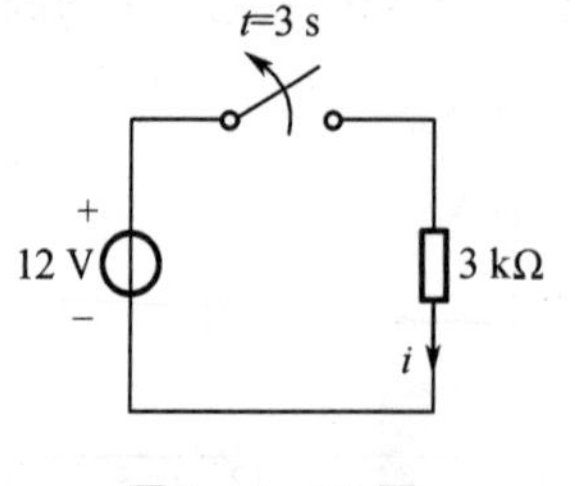

题1-5-25图

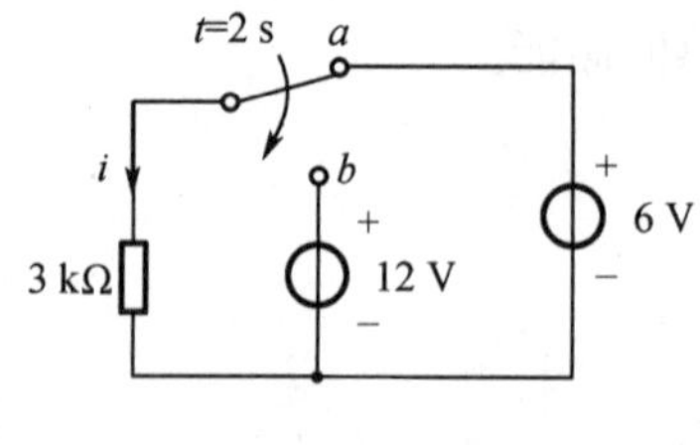

题1-5-26图

1-5-27　电路如题1-5-27图所示,已知 $u=10$ V,求 u_S。

1-5-28　题1-5-28图是三极管共集电极的电路。参考图1-39(a)和图1-39(b),试用受控源和线性电阻 r_{be},画出元件的模型电路。

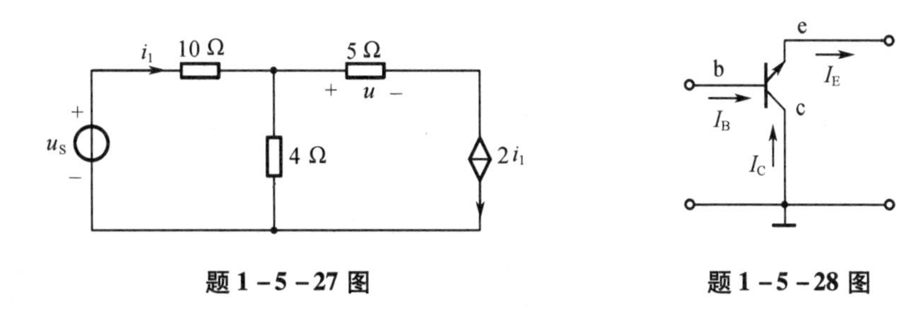

题 1 −5 −27 图　　　　题 1 −5 −28 图

1 −5 −29　求题 1 −5 −29 图中受控源的功率。

1 −5 −30　含受控源电路如题 1 −5 −30 图所示,求电阻 R 上的电压。

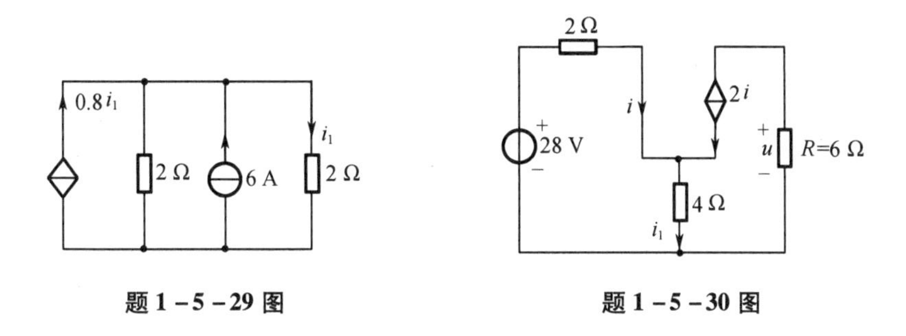

题 1 −5 −29 图　　　　题 1 −5 −30 图

1 −5 −31　对于差动输入运算放大器,请画出它的电路模型和输入输出关系曲线。

1 −5 −32　理想运算放大器的非线性应用的条件有哪些?

1 −5 −33　理想运算放大器的线性应用有哪些? 请列举出几个。

1 −5 −34　题 1 −5 −34 图中运算放大器为理想化模型,求 u_o/i_S 的值并指出 u_o 的性质。

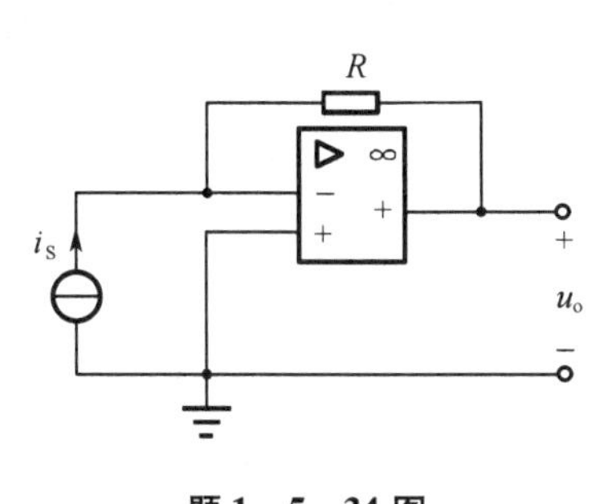

题 1 −5 −34 图

本章习题

1 −1　题 1 −1 图中每个方框都代表一个电路元件或若干电路元件的组合,问此电路共有几条支路? 几个节点? 几个网孔?

第 1 章
习题参考答案

1 −2　已知题 1 −2 图中某些元件的电压或电流,求元件 a 和元件 b 各自消耗的功率。

1 −3　求题 1 −3 图中标出的电压和电流。

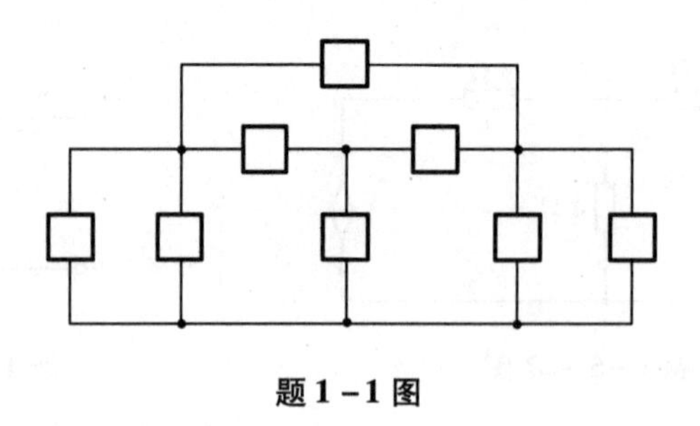

题1-1图

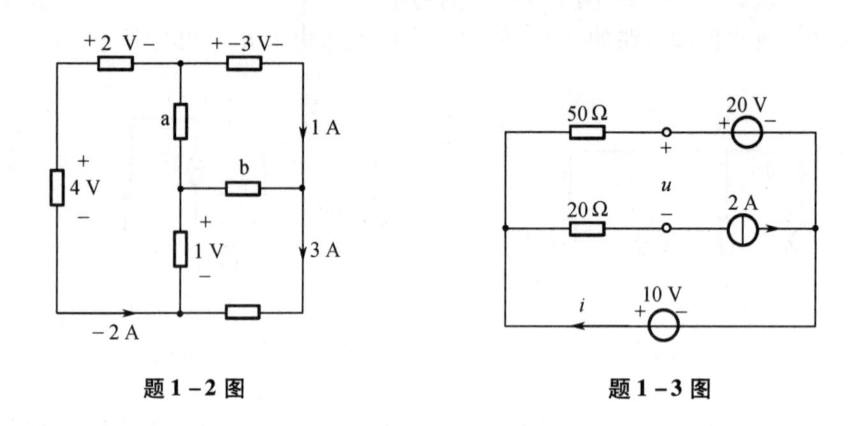

题1-2图　　　　题1-3图

1-4　电路如题1-4图所示,已知 $u=10\ \mathrm{V}$,求 u_S。

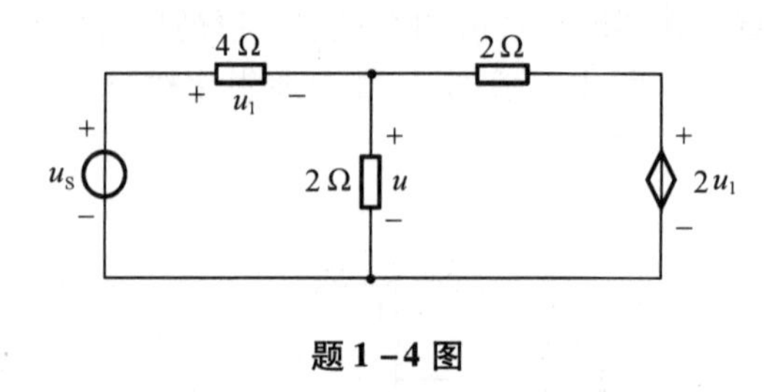

题1-4图

1-5　电路如题1-5图所示,用KCL和KVL求电流 i。

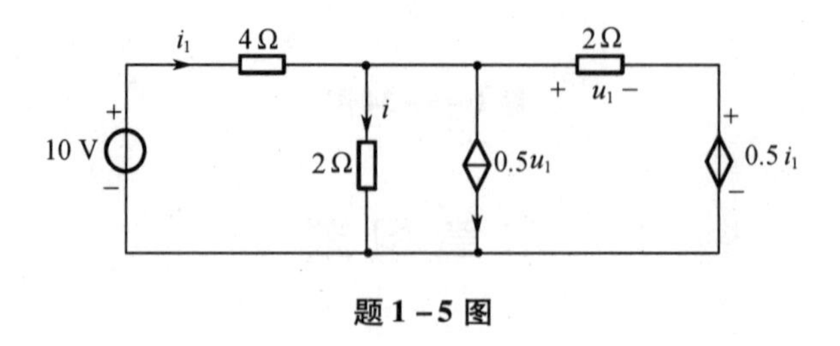

题1-5图

1-6　电路如题1-6图所示,若 $i_1=i_2=1\ \mathrm{A}$,求电阻 R。

1-7　求题1-7图中的电压 u_{ab}。

1-8　如题1-8图所示,已知受控电流源两端电压 $u_{2i}=4\ \mathrm{V}$,求各电流源提供的功率。

1-9　试求题1-9图中的电压 u_{ab} 及控制量 i_1。

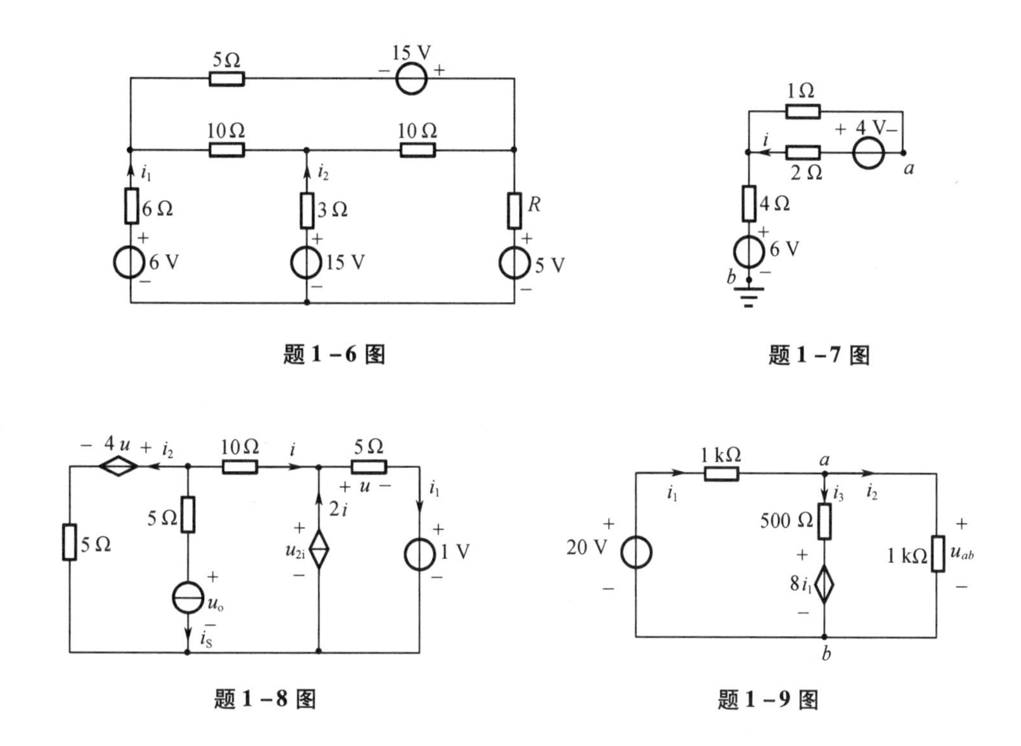

题 1－6 图　　　　题 1－7 图

题 1－8 图　　　　题 1－9 图

1－10　求题 1－10 图中的电压 u。

1－11　电路如题 1－11 图所示，若 $i_S = I_m \cos \omega t$，$u_S = U_m e^{-at}$，求电流源电压和电压源电流。

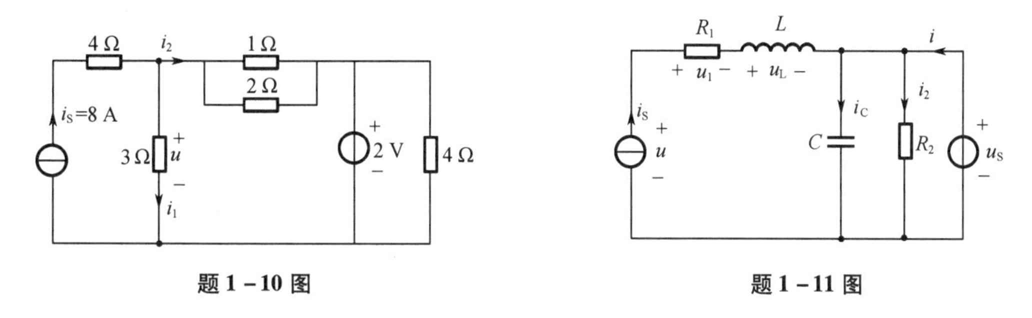

题 1－10 图　　　　题 1－11 图

1－12　电路如题 1－12 图所示，用 KCL 和 KVL 求图中电流 i。

1－13　若已知显像管行偏转线圈中的行扫描电流如题 1－13 图所示，现已知线圈电感为 0.01 H，电阻忽略不计，试求电感线圈所加电压的波形。

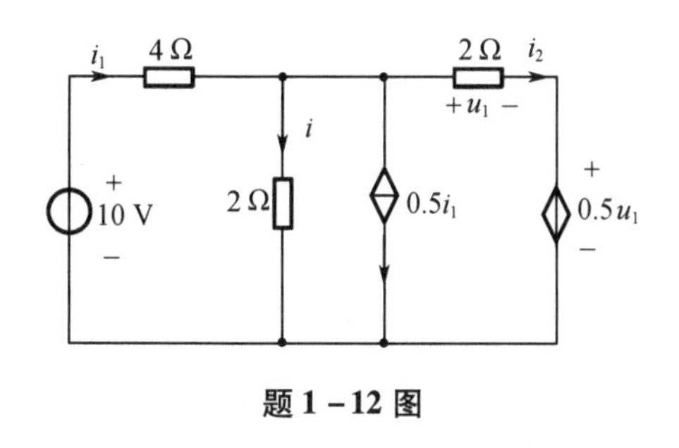

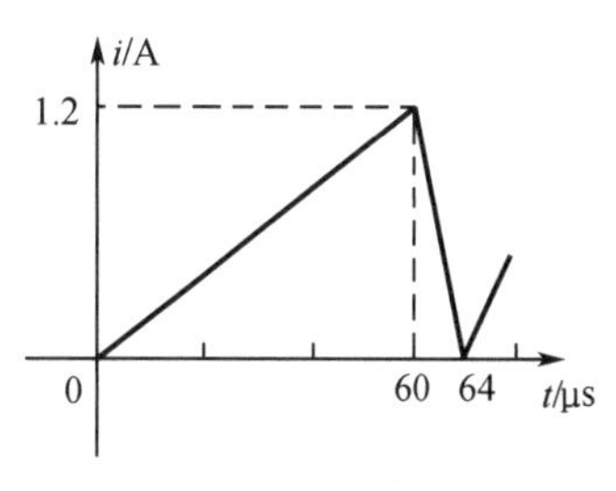

题 1－12 图　　　　题 1－13 图

1－14　电路如题1－14图所示,试求电流 i_1 和 u_{ab}。

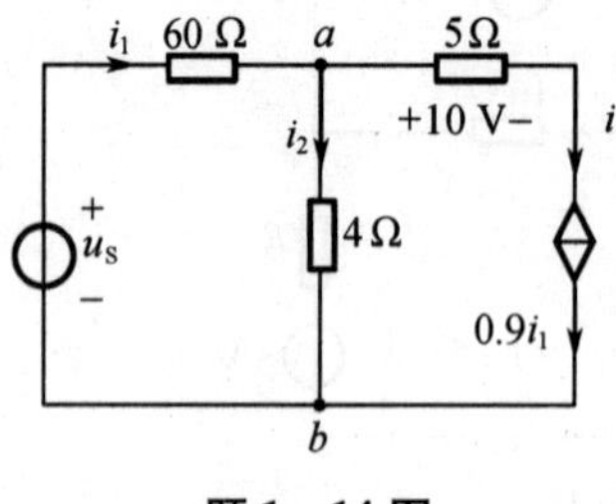

题1－14图

第2章　电阻电路的等效变换和化简

完全由线性电阻和电源元件(包括受控源)构成的电路称为线性电阻电路,简称电阻电路(resistance circuit)。因为电阻是瞬时元件,所以电阻电路是瞬时电路。在这种电路中,各处的电压、电流与电源完全同步变化,分析起来比较简单。

本章主要阐述结构比较简单的电阻电路的分析方法。在介绍电路等效概念的基础上,分析电阻串并联、星形连接与三角形连接、电源串并联、含源电阻电路的等效变换。通过等效变换可以使分析过程得到简化,这是分析简单电阻电路的常用方法。

2.1　等效电路的概念

在对电路进行分析的时候,可以把电路的某一部分(例如图2-1(a)中虚线框内由几个电阻构成的电路)用一个较为简单的电路(如图2-1(b)中的电阻R)来代换,使整个电路得到简化,进一步分析就更加方便了。这种代换是有条件的,其条件是代换前后被代换部分端钮间的电压和电流(如图2-1中的u与i)保持不变。此时代换前与代换后的部分电路在整个电路中的效果是相同的,这就是"等效"(equivalence)的概念。

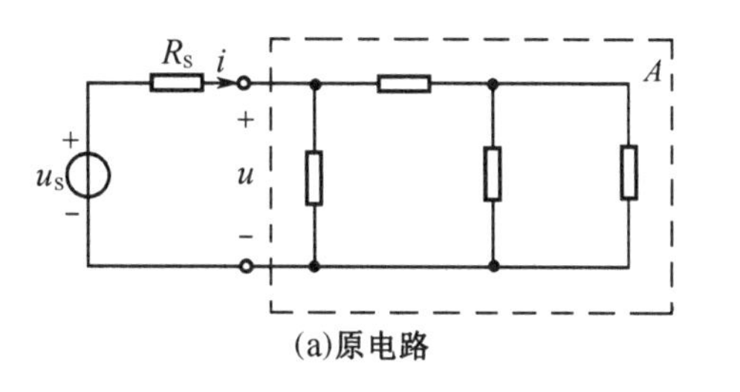

(a)原电路

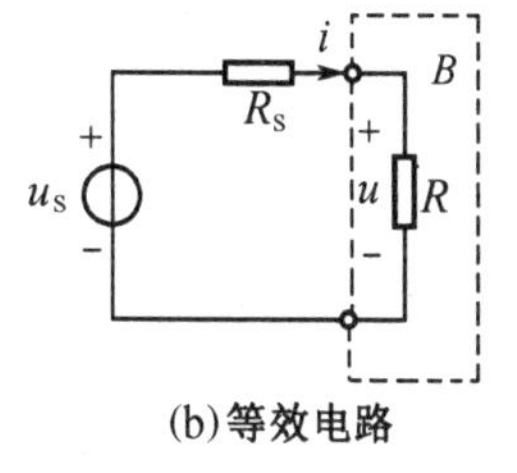

(b)等效电路

图2-1　等效电阻

一般地,如果将电路的一部分(如图2-1(a)中的A)代之以另一部分(如图2-1(b)中的B),电路其余部分(如图2-2中的N)各处的电流和电压(包括端钮间的电压和电流)均保持不变,我们就称这两部分电路(如图2-2中的A与B)相互等效。将电路的一部分用与之等效的另一部分代换,称为等效代换或等效变换。两部分电路要等效时需满足的条件称为等效条件。

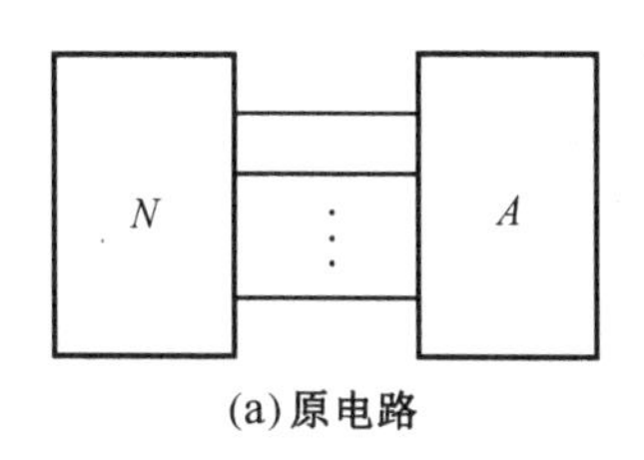

(a)原电路

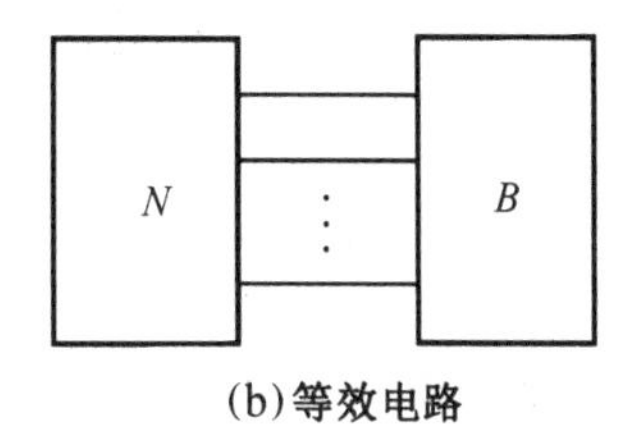

(b)等效电路

图2-2　等效变换

需要强调的是,电流和电压保持不变的部分是等效电路(equivalent circuit)以外的部分,这就是“等效对外”的概念。至于等效电路内部,两者结构显然是不同的,各处的电流和电压也没有相互对应的关系,也就没有什么约束条件可言了。

2.2 电阻的串联和并联

电路元件的串联(series)和并联(parallel)是电路中的两种最基本的连接方式。

2.2.1 电阻的串联

在形式上,如果各电路元件依次首尾相接,连成一串,称为串联。实质上,串联各元件流过的是同一个电流。

图2-3(a)所示为 n 个电阻相串联的电路。在这一电路中,根据KVL及电阻元件的VCR,可得

$$u=u_1+u_2+\cdots+u_n=R_1i+R_2i+\cdots+R_ni=(R_1+R_2+\cdots+R_n)i$$

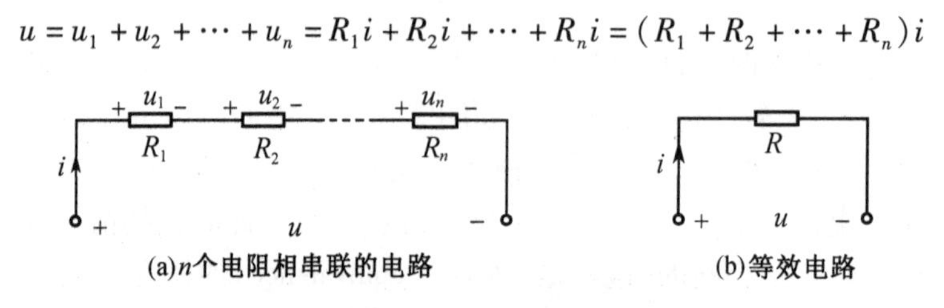

图2-3 电阻的串联

此时,若用一个电阻 R 代替这 n 个相互串联的电阻,如图2-3(b)所示,且使

$$R=R_1+R_2+\cdots+R_n \tag{2-1}$$

显然电路两端的电压和电流不会改变。我们把这时的电阻 R 称为串联电阻的等效电阻。式(2-1)说明,几个电阻相串联,可以等效成一个电阻,且等效电阻的阻值等于被串联的各个电阻的阻值之和。串联等效电阻的阻值将大于其中任一串联电阻的阻值。

电阻串联时,各个电阻(如第 k 个电阻 R_k)上的电压和总电压的关系为

$$u_k=R_ki=\frac{R_k}{R}u \qquad (k=1,2,\cdots,n) \tag{2-2}$$

即各个电阻的电压与该电阻的阻值成正比,或者说总电压是根据各个串联电阻的阻值进行分配的,阻值大的电阻上分得的电压也大。式(2-2)称为串联分压公式,其比例系数 $\frac{R_k}{R}$ 又称为分压比,R 为串联等效电阻。

特别说明,如果 n 个相同的电阻 R 相串联,则其等效电阻 $R_{eq}=nR$;每个电阻上的分压均相等,为

$$u_k=\frac{u}{n} \qquad (k=1,2,\cdots,n)$$

2.2.2 电阻的并联

在形式上,如果各电路元件首尾两端分别接在一起,连成一排,则称为并联。实质上,

并联各元件两端所加的是同一个电压。

图2-4(a)所示为n个电阻相并联的电路。在这一电路中,如果各电阻的参数均用电导G表示,根据KCL及电阻元件的VCR,可得

$$i = i_1 + i_2 + \cdots + i_n = G_1 u + G_2 u + \cdots + G_n u = (G_1 + G_2 + \cdots + G_n) u$$

此时,若用一个电阻代换这n个被并联的电阻,如图2-4(b)所示,且使该电阻的电导

$$G = G_1 + G_2 + \cdots + G_n \tag{2-3}$$

显然电路两端的电压和电流也不会改变。我们把这时的电导G称为并联电阻的等效电导。式(2-3)说明,几个电阻相并联时,可以等效为一个电阻,且该等效电阻的电导值等于相互并联的各个电阻的电导值之和。显然,并联等效电阻的电导值将大于任一并联电阻的电导值。

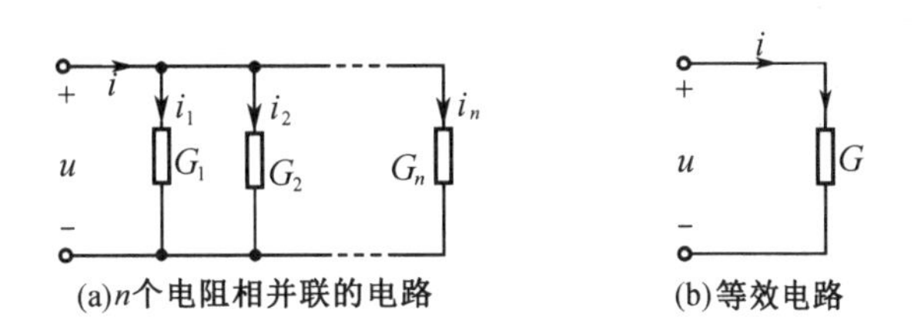

图2-4　电阻的并联

电阻并联时,各个电阻(如第k个电阻的电导为G_k)中的电流与总电流的关系为

$$i_k = G_k u = \frac{G_k}{G} i \qquad (k = 1,2,\cdots,n) \tag{2-4}$$

即各个电阻中的电流与该电阻的电导值成正比,或者说总电流是根据各个并联电阻的电导值进行分配的,电导值大的电阻上分得的电流也大。式(2-4)称为并联分流公式,其比例系数$\frac{G_k}{G}$又称为分流比,G为并联等效电导。

特别说明,如果n个相同的电阻相并联,每个电阻的电导均为g,则其等效电阻的电导为$G = ng$;每个电阻的分流均相等,为

$$i_k = \frac{i}{n} \qquad (k = 1,2,\cdots,n)$$

以上电阻并联导出的关系都是用电导G作为电阻元件的参数的,这样得出的式(2-3)和式(2-4)比较简单。如果用电阻R作为各并联电阻和等效电阻的参数,则由式(2-3)可得

$$\frac{1}{R} = \frac{1}{R_1} + \frac{1}{R_2} + \cdots + \frac{1}{R_n}$$

从而进一步导出

$$R = \frac{1}{\frac{1}{R_1} + \frac{1}{R_2} + \cdots + \frac{1}{R_n}} \tag{2-5}$$

式中,$R_1, R_2, \cdots, R_n$为n个被并联的电阻的阻值;R为其等效电阻的阻值。

显然,并联等效电阻的阻值将小于任一并联电阻的阻值。如果n个相同的电阻r相并联,则其等效电阻为$R = \frac{r}{n}$。

在电路分析中,经常遇到两个电阻相并联的情形,如图2-5所示。此时,其并联等效电阻由式(2-5)推导得

$$R = \frac{R_1 R_2}{R_1 + R_2} \tag{2-6}$$

两电阻的分流由式(2-4)分别推导得

$$\begin{cases} i_1 = \dfrac{R_2}{R_1+R_2}i \\ i_2 = \dfrac{R_1}{R_1+R_2}i \end{cases} \tag{2-7}$$

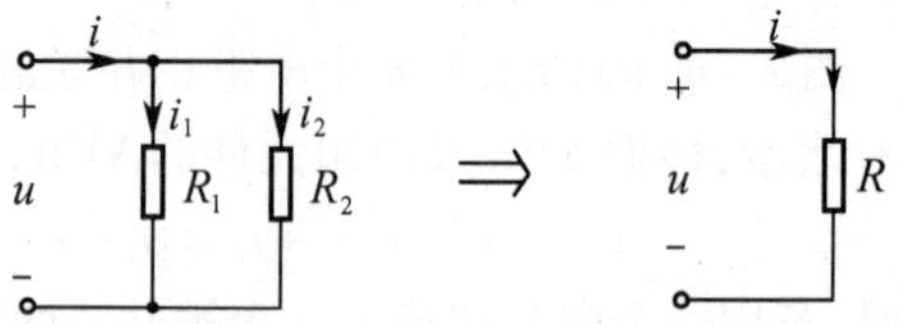

图 2-5　两个电阻相并联

2.2.3　电阻的串并联

如果相互连接的各个电阻之间既有串联又有并联,则称为电阻的串并联(series-parallel)或混联。对于这种电路,可根据其串并联关系逐次对电路进行等效变换或化简,最终等效成一个电阻。如图 2-6 所示电路,R_3 与 R_4 串联后再与 R_2 并联,最后又与 R_1 串联,故其等效电阻为

$$R = R_1 + \frac{(R_3+R_4)R_2}{R_3+R_4+R_2}$$

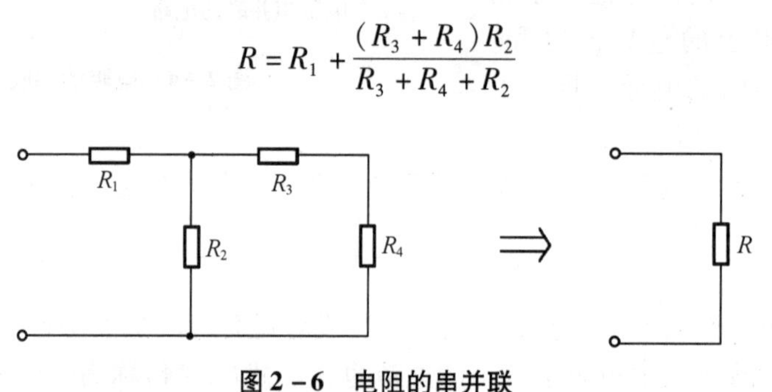

图 2-6　电阻的串并联

对于电阻混联电路,可以通过等效变换或化简并结合分压或分流关系进行分析。

例 2-1　在图 2-7(a)电路中,已知 $R_1 = R_2 = 3\ \Omega$,$R_3 = 2\ \Omega$, $R_4 = 4\ \Omega$,$u_S = 6\ \text{V}$,求各支路电流及电阻 R_2 和 R_4 上的电压。

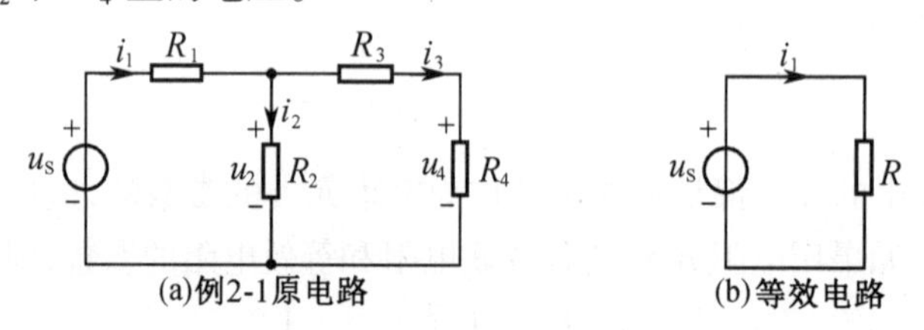

(a)例2-1原电路　(b)等效电路

图 2-7　例 2-1 图

解　将电源以外的部分根据电阻串并联关系等效化简为一个电阻,如图 2-7(b)所示,得

$$R = R_1 + \frac{R_2(R_3+R_4)}{R_2+R_3+R_4} = 3 + \frac{3\times(2+4)}{3+2+4}\ \Omega = 5\ \Omega$$

设电源提供的电流为 i_1,方向如图 2-7 所示,则

$$i_1 = \frac{u_S}{R} = \frac{6}{5}\ \text{A} = 1.2\ \text{A}$$

回到原电路进一步求其他各支路电流和所求电压。设各支路电流及所求电压方向如图 2-7(a)中所示,根据分流公式,可求得

$$i_2 = \frac{R_3+R_4}{R_2+R_3+R_4}i_1 = \frac{6}{9}\times 1.2\ \text{A} = 0.8\ \text{A}$$

$$i_3 = \frac{R_2}{R_2 + R_3 + R_4} i_1 = \frac{3}{9} \times 1.2 \text{ A} = 0.4 \text{ A}$$

进一步可求得

$$u_2 = R_2 i_2 = 3 \times 0.8 \text{ V} = 2.4 \text{ V}$$
$$u_4 = R_4 i_3 = 4 \times 0.4 \text{ V} = 1.6 \text{ V}$$

u_4 也可通过 u_2 用分压公式求得

$$u_4 = \frac{R_4}{R_3 + R_4} u_2 = \frac{4}{2 + 4} \times 2.4 \text{ V} = 1.6 \text{ V}$$

由以上例题可以看出,对于电阻串并联电路的分析,大体可分为两个过程。首先从远离电源端开始逐次对电阻进行等效化简以便求得总的等效电阻(或等效电导),从而根据欧姆定律求出电源提供的总电流(或总电压);这一过程是“从后往前”,好比把电路图逐步“卷起”。然后再用分流公式或分压公式求得各支路电流或电压;这一过程是“从前往后”,好比把电路图逐步“展开”。整个过程就是反复运用本节导出的各种等效变换关系和分压、分流公式。

本节思考与练习

2.2 节
思考与练习
参考答案

2-2-1　求下列题 2-2-1 图中二端电阻网络的等效电阻 R_{ab}。

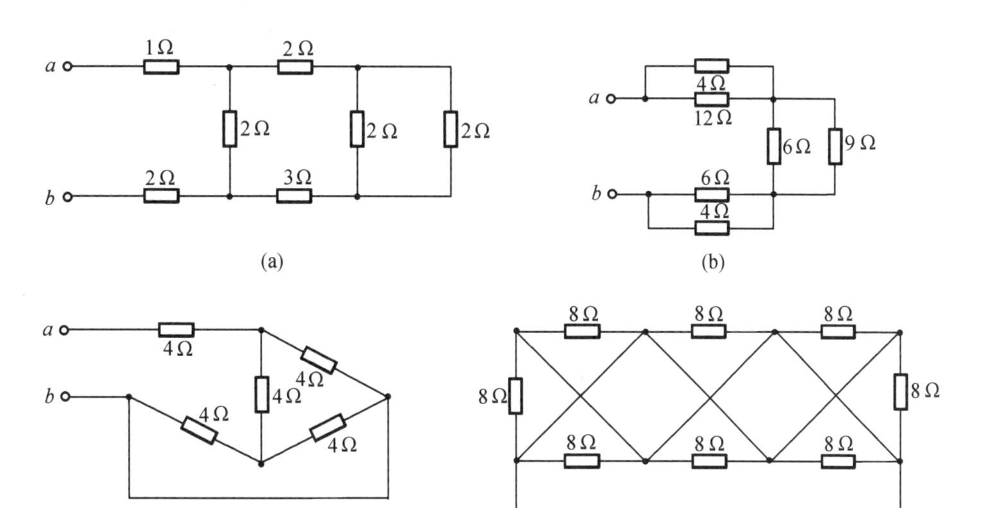

题 2-2-1 图

2-2-2　求题 2-2-2 图所示电路的等效电阻 R_{ab}。

2-2-3　电路如题 2-2-3 图所示,求电流 i。

2-2-4　如题 2-2-4 图所示电路中,已知 $R_1 = R_2 = 500\ \Omega, u_S = 10\ \text{V}$。(1)求题 2-2-4 图(a)中 R_2 上的电压 u_o。(2)现用电压表来测 R_2 上的电压,如题 2-2-4 图(b)所示。若电压表的内阻 $R_V = 1\ \text{k}\Omega$,求电压表的读数;若改用 $R_V = 10\ \text{k}\Omega$ 的电压表来测,电压表的读数又为多少?

2-2-5　求题 2-2-5 图所示电路中的电压 u_o。

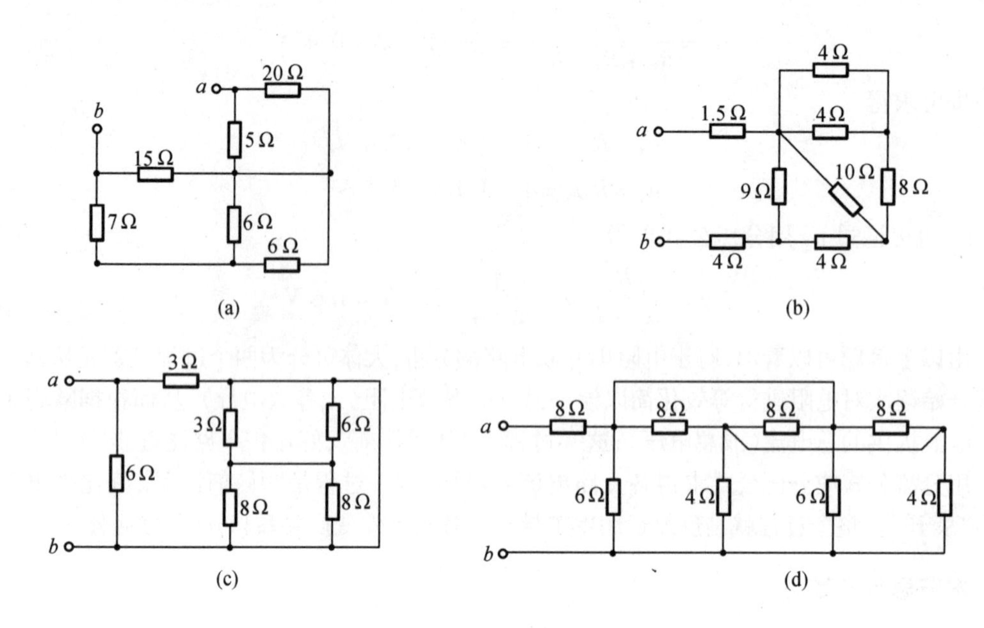

题 2－2－2 图

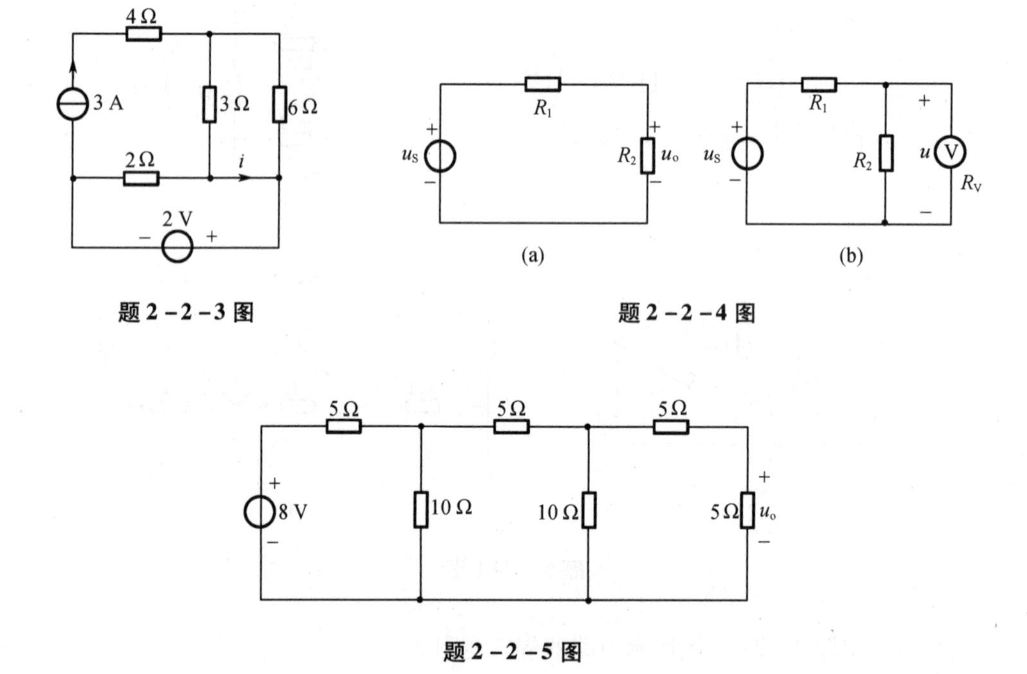

题 2－2－3 图

题 2－2－4 图

题 2－2－5 图

2.3　电阻的星形和三角形连接及其等效互换

在电路中，各电路元件之间的相互连接，有时既非串联，也非并联。如对图 2－8(a) 所示的桥形电路(又称电桥(bridge)，是测量中常用的一种电路，各电阻之间的连接就是如此。在这一电路中，R_1、R_3、R_5 三个元件互相连接成一个三角形，三角形的三个顶点就是电路中的三个节点，这种连接叫作三角形连接或△连接(delta connection)；R_1、R_2、R_5 三个元件的各一端连在一起形成一个节点，另一端分别接在电路的三个节点之上，这种连接被称为星形连接或 Y 连接(star connection)。对于这种电路，就无法用串并联关系对其进行等效化简。但如果把 R_1、R_3、R_5 构成的△连接等效变换成 Y 连接，或将由 R_1、R_2、R_5 构成的 Y 连接等效变换成△连接，分别如图 2－8(b)、图 2－8(c) 所示，就可以进一步通过串并联关系对其进行等效化简。

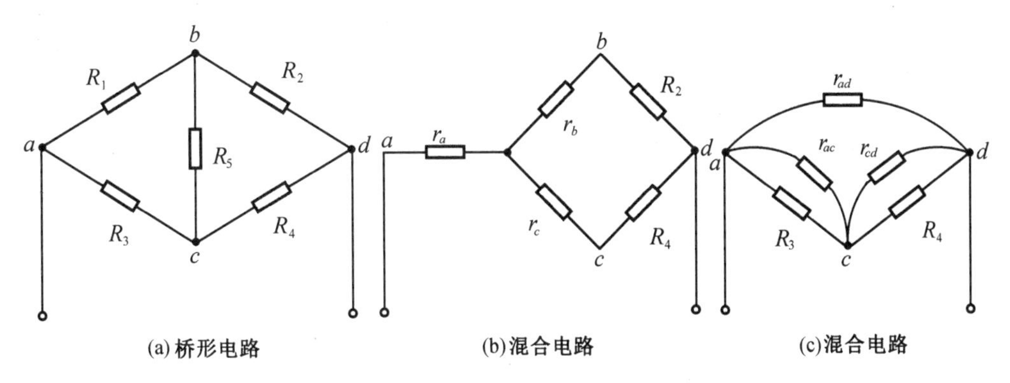

图 2－8　电阻的星形和三角形连接

电阻的△连接和 Y 连接都是通过三个端子与外部相连的。图 2－9(a)、图 2－9(b) 分别将它们单独画出。图中①②③为其与外部电路相连的三个端子，通常就是电路中的三个节点。当这两种连接的电阻之间满足一定关系时，它们在端子①②③的外特性就会完全相同。此时，两者之间是相互等效的。那么两者电阻之间究竟应当满足什么关系才能等效呢？

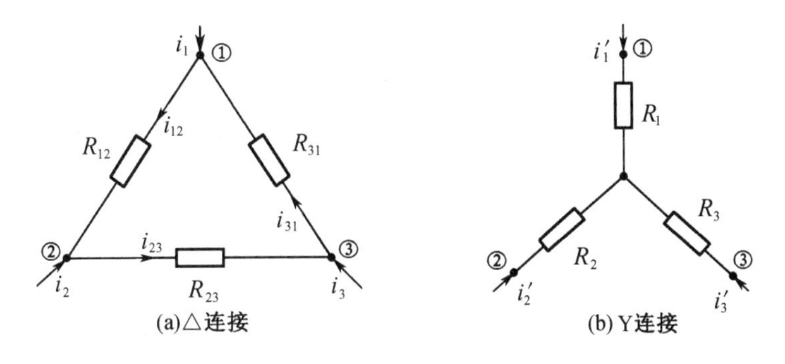

图 2－9　电阻的△连接和 Y 连接

根据等效的概念，当两者等效时，两者以外电路的电压、电流应保持不变。具体到

图2-9，当两种连接的对应端子之间分别具有相同的电压 u_{12}、u_{23}、u_{31} 时，流入对应端子的电流也应分别相等，即应有 $i_1=i_1'$，$i_2=i_2'$，$i_3=i_3'$。由此可以导出两者之间相互等效应满足的关系，具体过程如下。

对图2-9(a)所示的△连接，流入三个端子的电流分别为

$$\begin{cases} i_1 = i_{12} - i_{31} = \dfrac{u_{12}}{R_{12}} - \dfrac{u_{31}}{R_{31}} \\ i_2 = i_{23} - i_{12} = \dfrac{u_{23}}{R_{23}} - \dfrac{u_{12}}{R_{12}} \\ i_3 = i_{31} - i_{23} = \dfrac{u_{31}}{R_{31}} - \dfrac{u_{23}}{R_{23}} \end{cases} \tag{2-8}$$

对图2-9(b)所示的Y连接，由KCL和KVL可列出端子电流和电压之间的如下方程：

$$\begin{cases} i_1' + i_2' + i_3' = 0 \\ R_1 i_1' - R_2 i_2' = u_{12} \\ R_2 i_2' - R_3 i_3' = u_{23} \end{cases}$$

联立解之可求得三个端子的电流分别为

$$\begin{cases} i_1' = \dfrac{R_3 u_{12} + R_2(u_{12} + u_{23})}{R_1R_2 + R_2R_3 + R_3R_1} = \dfrac{R_3 u_{12} - R_2 u_{31}}{R_1R_2 + R_2R_3 + R_3R_1} \\ i_2' = \dfrac{R_1 u_{23} - R_3 u_{12}}{R_1R_2 + R_2R_3 + R_3R_1} \\ i_3' = \dfrac{R_2 u_{31} - R_1 u_{23}}{R_1R_2 + R_2R_3 + R_3R_1} \end{cases} \tag{2-9}$$

当两种连接相互等效时，由 $i_1=i_1'$，$i_2=i_2'$，$i_3=i_3'$，并将式(2-8)与式(2-9)两相比较，可得

$$\begin{cases} \dfrac{1}{R_{12}} = \dfrac{R_3}{R_1R_2 + R_2R_3 + R_3R_1} \\ \dfrac{1}{R_{23}} = \dfrac{R_1}{R_1R_2 + R_2R_3 + R_3R_1} \\ \dfrac{1}{R_{31}} = \dfrac{R_2}{R_1R_2 + R_2R_3 + R_3R_1} \end{cases}$$

这就是两种连接相互等效时，电阻之间应当满足的关系，也就是两者相互等效的条件。由此可进一步解得

$$\begin{cases} R_{12} = \dfrac{R_1R_2 + R_2R_3 + R_3R_1}{R_3} = R_1 + R_2 + \dfrac{R_1R_2}{R_3} \\ R_{23} = \dfrac{R_1R_2 + R_2R_3 + R_3R_1}{R_1} = R_2 + R_3 + \dfrac{R_2R_3}{R_1} \\ R_{31} = \dfrac{R_1R_2 + R_2R_3 + R_3R_1}{R_2} = R_3 + R_1 + \dfrac{R_3R_1}{R_2} \end{cases} \tag{2-10}$$

或者反过来求得

$$\begin{cases} R_1 = \dfrac{R_{31}R_{12}}{R_{12}+R_{23}+R_{31}} \\ R_2 = \dfrac{R_{12}R_{23}}{R_{12}+R_{23}+R_{31}} \\ R_3 = \dfrac{R_{23}R_{31}}{R_{12}+R_{23}+R_{31}} \end{cases} \tag{2-11}$$

当已知 Y 连接的三个电阻,欲求等效成△连接的三个电阻时,可用式(2-10)计算。反过来,若已知△连接的三个电阻,欲求等效成 Y 连接的三个电阻时,可用式(2-11)计算。

为了便于记忆,可将两种连接套画在一起,如图 2-10 所示,并将以上等效互换公式归纳为

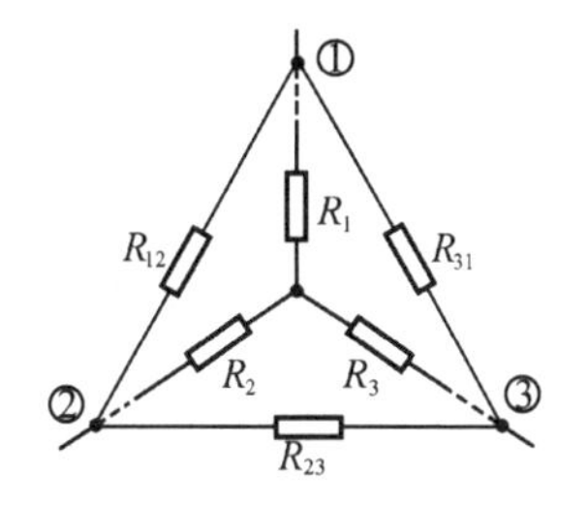

图 2-10　△连接和 Y 连接的等效变换

$$\triangle\text{电阻(如 }R_{12}\text{)} = \frac{\text{Y 电阻两两乘积之和}}{\text{相对的 Y 电阻(如 }R_3\text{)}}$$

$$\text{Y 电阻(如 }R_1\text{)} = \frac{\text{相邻两△电阻之积(如 }R_{31}R_{12}\text{)}}{\text{△三电阻之和}}$$

因此,当一种连接的三个电阻相等时,等效成另一种连接的三个电阻也相等,且关系为

$$R_{\triangle} = 3R_{\mathrm{Y}} \quad \text{或} \quad R_{\mathrm{Y}} = \frac{1}{3}R_{\triangle}$$

例 2-2　图 2-11(a)所示桥形电路的等效电阻 R_{ab}。

解　将电桥下边的△形(由三个 3 Ω 电阻组成)等效变换成 Y 形,如图 2-11(b)所示;此时 Y 形三个电阻均为 1 Ω。进一步由串并联关系可求得

$$R_{ab} = \left[\frac{(5+1)(2+1)}{(5+1)+(2+1)}+1\right]\ \Omega = (2+1)\ \Omega = 3\ \Omega$$

在该例中,既可选下边的△形也可选上边的△形进行变换,同时还可选左边的 Y 形或右边的 Y 形进行等效变换。但比较之下,只有选下边的△形最为简便。若选上边的△形则最麻烦,因为其三个电阻各不相同,变换后的三个电阻也都不一样,必须分别进行计算。

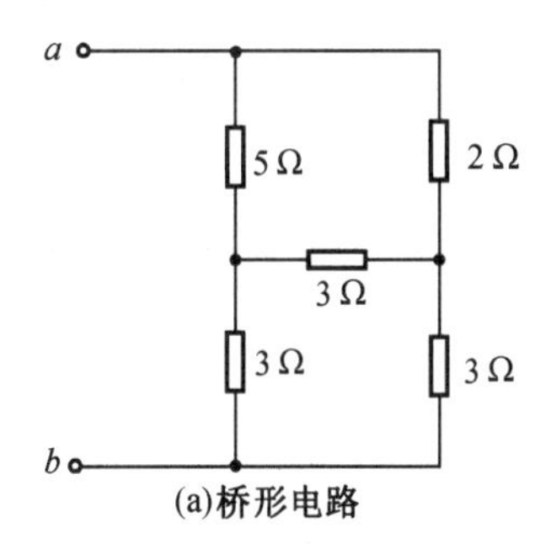

(a)桥形电路

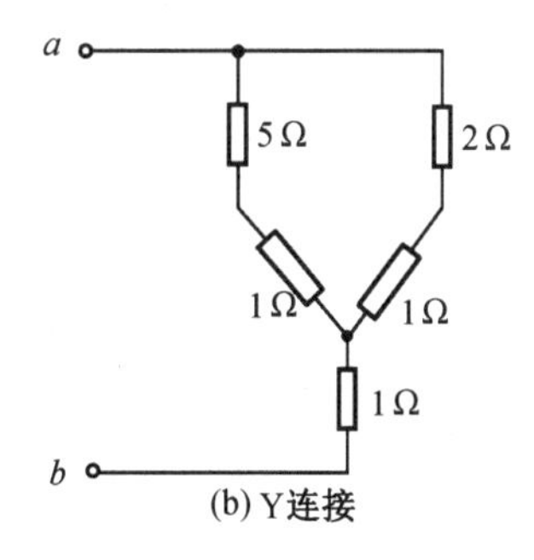

(b) Y连接

图 2-11　例 2-2 图

本节思考与练习

2-3-1　求题 2-3-1 图所示各电阻网络的等效电阻 R_{ab}。

2-3-2　求题 2-3-2 图所示电路的等效电阻 R_{ab}。

2-3-3　求题 2-3-3 图所示电路中的电流 i_1 和 i_2。

**2.3 节
思考与练习
参考答案**

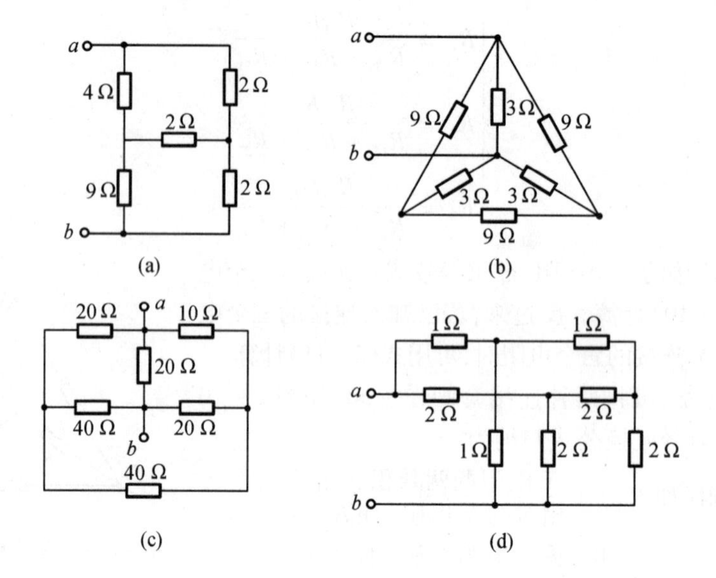

题 2-3-1 图

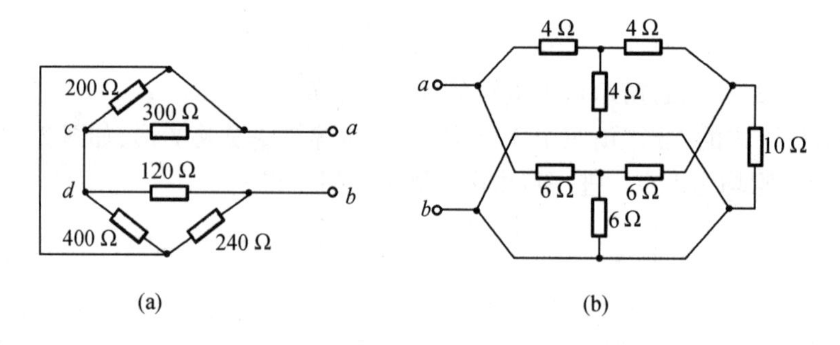

题 2-3-2 图

2-3-4　题2-3-4图中虚线框内部分是由桥 T 电路构成的衰减器。试证明当 $R_1=R_2=R$ 时，$R_{ab}=R$ 且 $u_o=0.5u_i$。

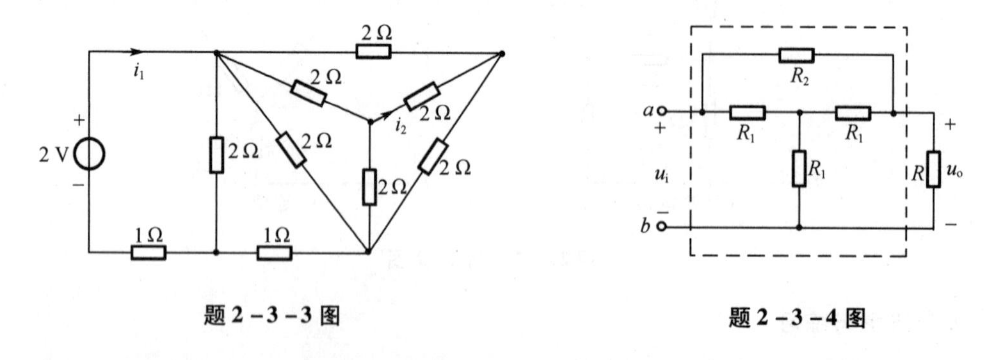

题 2-3-3 图　　　　**题 2-3-4 图**

2-3-5　求题2-3-5图所示电路中的电压 u。

2-3-6　求题2-3-6图所示电路中20 Ω电阻吸收的功率。

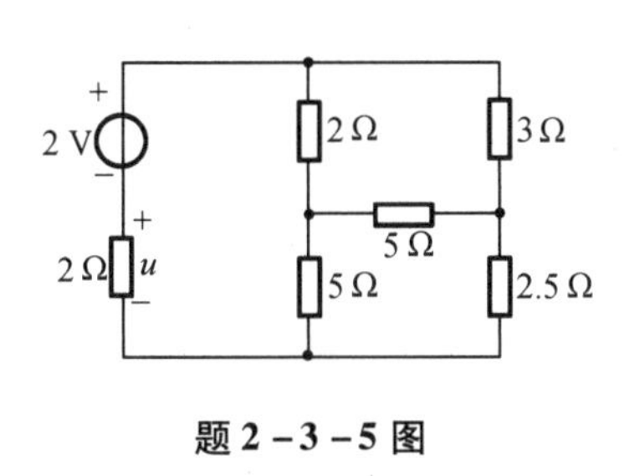

题 2-3-5 图

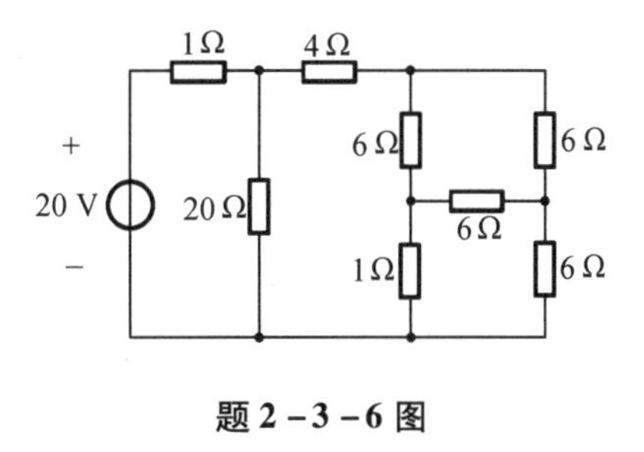

题 2-3-6 图

2.4　电源的串联和并联

在电路中,多个理想电源元件也可以进行串联和并联。如果能将它们等效成一个电源,这样的简化对分析电路是有帮助的。

2.4.1　电源的串联

图 2-12(a)为三个电压源相串联,根据 KVL,其串联总电压

$$u = u_{S1} - u_{S2} + u_{S3}$$

若用一个 $u_S = u_{S1} - u_{S2} + u_{S3}$ 的电压源代换这三个串联的电压源,如图 2-12(b)所示,则对外电路显然是等效的。由此可知:

几个电压源相串联可以等效为一个电压源,等效电压源的电压为相互串联各电压源电压的代数和,其中方向与等效电源一致者为正,相反为负。

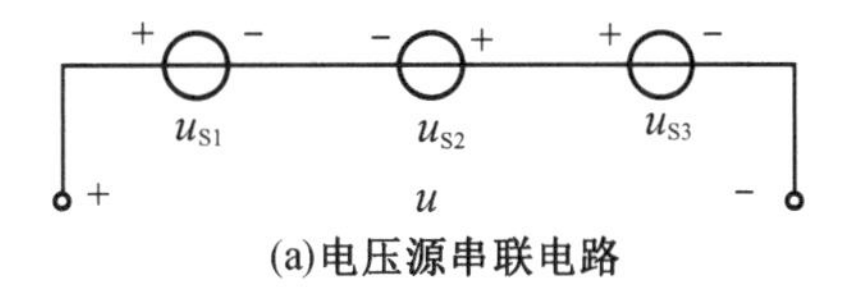

(a)电压源串联电路

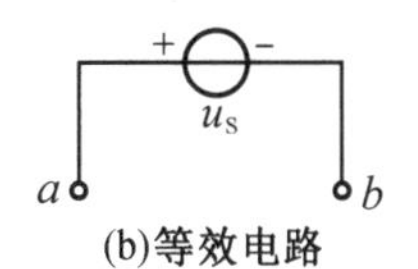

(b)等效电路

图 2-12　电压源的串联

2.4.2　电源的并联

图 2-13(a)为三个电流源相并联,根据 KCL,其并联总电流

$$i = i_{S1} - i_{S2} + i_{S3}$$

若用一个 $i_S = i_{S1} - i_{S2} + i_{S3}$ 的电流源代换这三个并联的电流源,如图 2-13(b)所示,则对外电路显然也是等效的。由此可知:几个电流源相并联可以等效为一个电流源,等效电流源的电流为相互并联各电流源电流的代数和,其中方向与等效电源一致者为正,相反为负。

2.4.3　注意事项

只有极性一致且电压相等的电压源才允许并联,否则将违反 KVL。几个这样的电压源相并联可以等效为一个同样的电压源。但此时各个电压源所分别提供的电流无法确定,只有这一并联组合对外提供的总电流可以确定(通过外电路)。

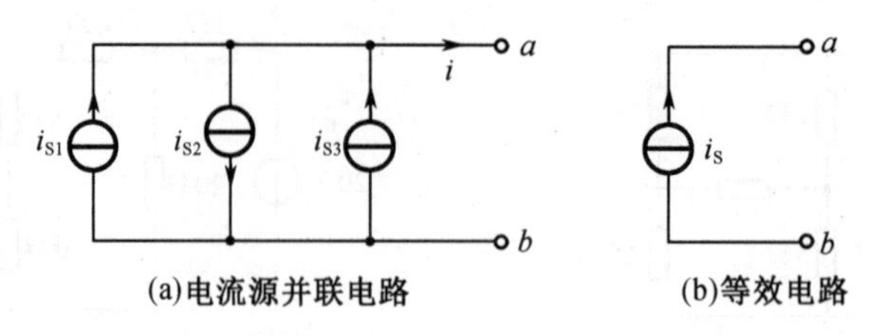

(a)电流源并联电路　　(b)等效电路

图 2－13　电流源的并联

只有方向一致且电流相等的电流源才允许串联,否则将违反 KCL。几个这样的电流源相串联可以等效为一个同样的电流源。但此时各个电流源所分别提供的电压无法确定,只有这一串联组合对外提供的总电压可以确定(通过外电路)。

此外,电压源和任何元件相并联,对外都可等效为该电压源,如图 2－14(a)所示;电流源和任何元件相串联,对外可等效为该电流源,如图 2－14(b)所示。等效后的电源和原来的电源并不一样,例如它们提供的功率一般是不同的,但其对 a、b 两端以外的电路(如图 2－14 中网络 N)的作用效果是相同的。这体现了"对外等效"这一概念。

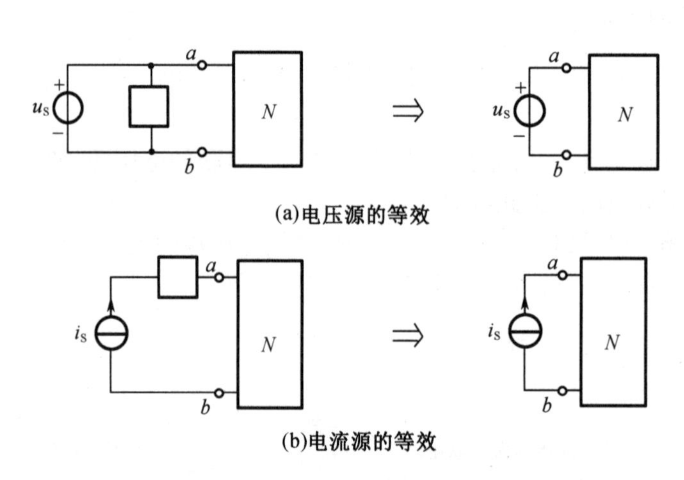

(a)电压源的等效

(b)电流源的等效

图 2－14　电压源和电流源的等效

2.5　含源电阻电路的等效变换

对图 2－15(a)所示的由几个电压源和电阻相串联的电路,根据 KVL,有

$$u = u_{S1} - R_1 i - u_{S2} - R_2 i = (u_{S1} - u_{S2}) - (R_1 + R_2) i \triangleq u_S - Ri$$

这一结果表明,该串联组合可以等效为一个电压源与一个电阻相串联的电路,如图 2－15(b)所示。图中

$$u_S = u_{S1} - u_{S2} \quad R = R_1 + R_2$$

即等效电压源的电压为被串联各电压源电压的代数和,等效电阻为被串联各电阻之和。

对图 2－16(a)所示的由几个电流源和电阻相并联的电路,根据 KCL,有

$$i = i_{S1} - G_1 u - i_{S2} - G_2 u = (i_{S1} - i_{S2}) - (G_1 + G_2) u \triangleq i_S - Gu$$

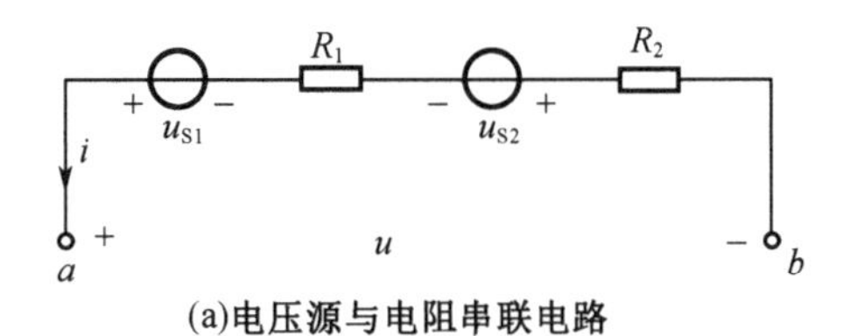

(a)电压源与电阻串联电路

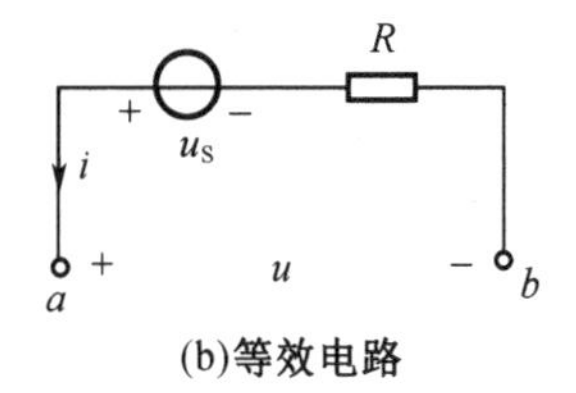

(b)等效电路

图2-15　电压源和电阻串联的等效

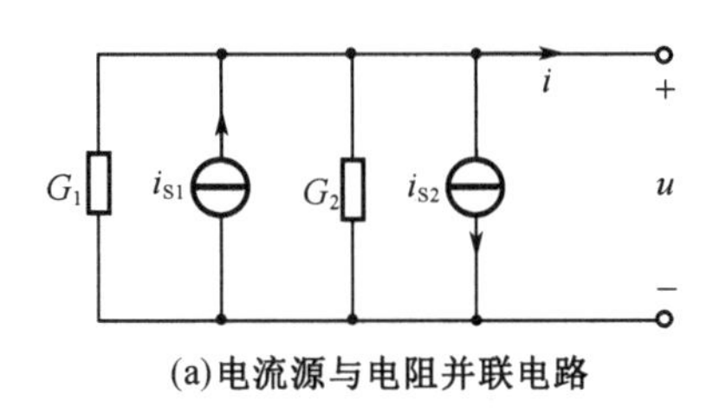

(a)电流源与电阻并联电路

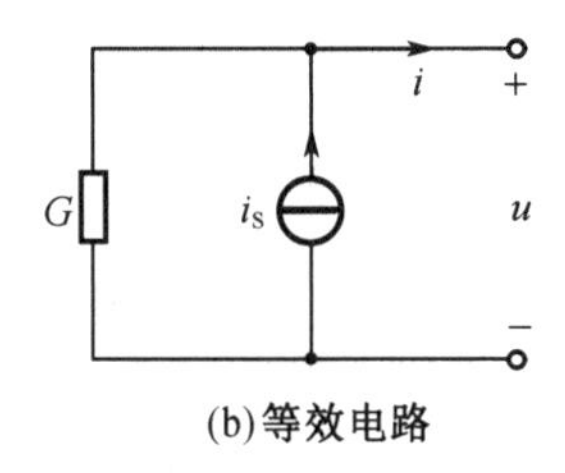

(b)等效电路

图2-16　电流源和电阻并联的等效

这一结果说明，该并联组合可以等效为一个电流源与一个电阻相并联的电路，如图2-16(b)所示。图中

$$i_S = i_{S1} - i_{S2} \quad G = G_1 + G_2$$

即等效电流源的电流为被并联各电流源电流的代数和，等效电阻的电导值为各并联电阻的电导值之和。

如图2-17所示，电压源-电阻串联组合(又称有伴电压源)和电流源-电阻(导)并联组合(又称有伴电流源)相互之间是可以进行等效互换的。其等效互换的条件推导如下。

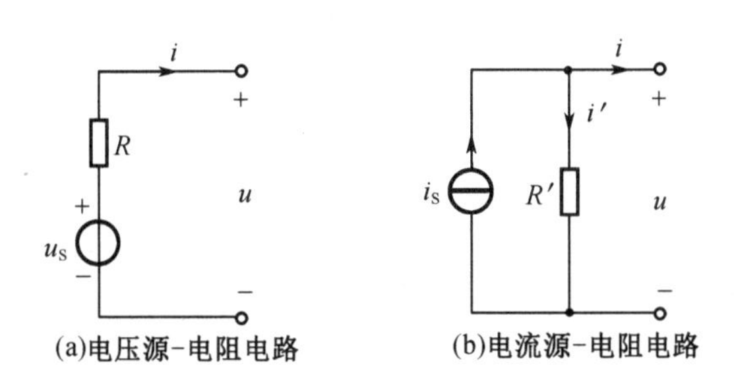

(a)电压源-电阻电路　(b)电流源-电阻电路

图2-17　有伴电源的相互转换

对图2-17(a)所示的电压源-电阻串联组合，在图示参考方向下，其对外的电压、电流关系为

$$u = u_S - Ri$$

而对图2-17(b)所示的电流源-电阻并联组合，在同样参考方向下，其对外的电压、电流关系为

$$u = R'i' = R'(i_S - i) = R'i_S - R'i$$

若两者等效，则其对外的电压、电流关系应一致，比较以上两式，可得

$$\begin{cases} R = R' \\ u_S = R' i_S \end{cases} \tag{2-12}$$

或

$$\begin{cases} R' = R \\ i_S = \dfrac{u_S}{R} \end{cases} \tag{2-13}$$

式(2－12)是由并联组合的参数求得其等效的串联组合的参数;式(2－13)则相反,是由串联组合的参数求得其等效的并联组合的参数。相互等效时,两种组合中的电阻是相等的,可以统一用R来表示。它们对外的电压、电流关系,称为其外特性(external characteristic)。图2－18画出了含源支路(不论是图2－17中的哪一种形式)的外特性,是一条与u、i两轴分别相交的直线。

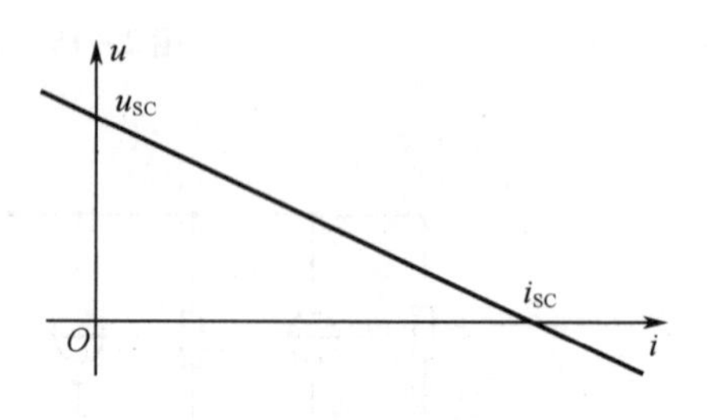

图2－18　含源支路的外特性曲线

直线与u轴的交点是在$i=0$处,即对外开路时的电压,称为开路电压(open-circuit voltage),用u_{OC}表示。在电压源－电阻串联组合中,$u_{OC}=u_S$;在电流源－电阻并联组合中,$u_{OC}=Ri_S$。直线与i轴的交点在$u=0$处,即对外短路时的电流,称为短路电流(short-circuit current),用i_{SC}表示;在电压源－电阻串联组合中,$i_{SC}=u_S/R$,而在电流源－电阻并联组合中,$i_{SC}=i_S$。综合以上,不管是哪种组合,均有

$$u_{OC} = R i_{SC}$$

从而有

$$R = \frac{u_{OC}}{i_{SC}} \tag{2-14}$$

即含源支路的电阻等于其开路电压与短路电流的比值。图2－18的外特性曲线还说明,含源支路对外提供的电压是随着外电路取用电流的增大而减小的,其减小速率的绝对值等于含源支路的电阻。

实际电源对外提供的电压随负载的加重即负载取用电流的增大而减小,其外特性与图2－18所示外特性曲线一致。所以实际电源的电路模型可以用图2－17中的两种形式之一来表示。图2－11中的电阻就是实际电源的等效内阻,它等于实际电源的开路电压和短路电流之比。当然,实际电源一般来说是不允许直接短路的。

要注意的是,在电压源－电阻串联组合与电流源－电阻并联组合之间进行等效互换时,要特别注意电源方向的对应关系,如图2－17所示。此外,单独的电压源和电流源之间不能进行等效互换。

例2－3　利用等效变换将图2－19(a)中a、b两端以左的电路化成最简形式,并求通过右边2 Ω电阻的电流i。

解　先将图2－19(a)最左边的两条电压源和电阻串联支路等效成电流源和电阻并联电路,得图2－19(b);再将图2－19(b)左边的电流源和电阻并联电路等效为一个电流源和一个电阻,得图2－19(c);再将图2－19(c)的电流源－电阻并联电路等效为电压源－电阻串联电路,得图2－19(d);最后等效成图2－19(e)的最简形式,为一个1 V的电压源和一个3 Ω电阻串联组成。

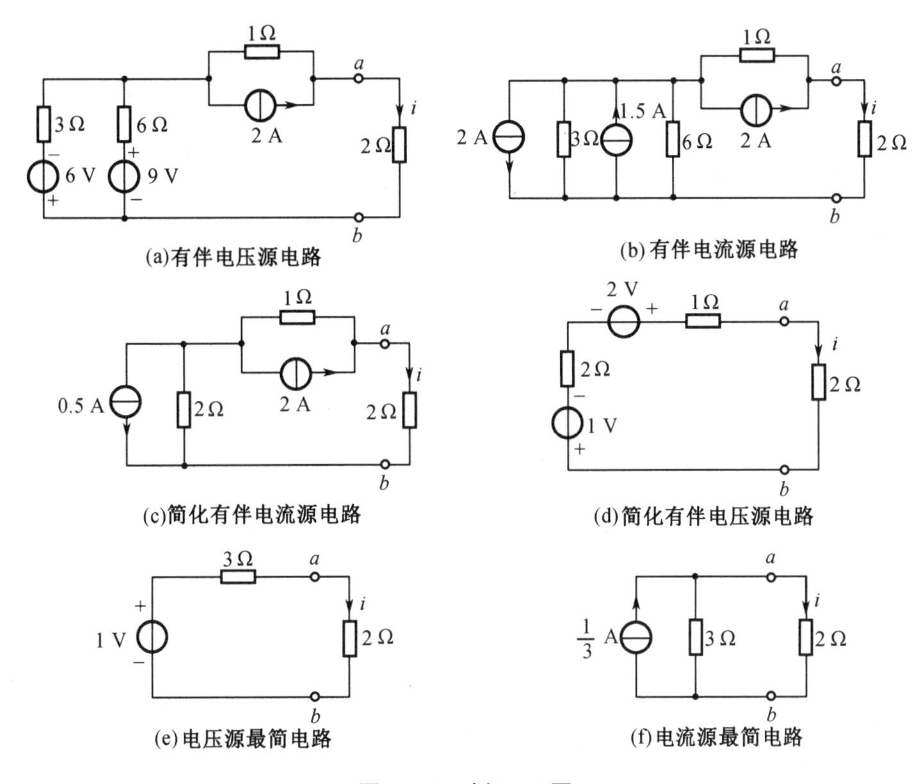

图 2－19　例 2－3 图

由图 2－19(e)求得

$$i=\frac{1}{3+2}\text{ A}=0.2\text{ A}$$

当然,也可最后简化为图 2－19(f),即一个电流源$\left(\frac{1}{3}\text{ A}\right)$和一个电阻(3 Ω)相并联,并用分流公式求得

$$i=\frac{3}{3+2}\times\frac{1}{3}\text{ A}=0.2\text{ A}$$

由例 2－3 可以看出,对于含有独立源的任意两端电阻网络,最终总可以等效化简为一个电压源和一个电阻相串联的电路,或一个电流源和一个电阻相并联的电路。

对于不含独立源的两端电阻网络,如果网络中也不含受控源,如图 2－20(a)所示,则由本书 2.2 节和 2.3 节可知,通过电阻的串并联关系或△－Y 等效变换,其最终能够等效成一个电阻。如果网络中含有线性受控源,如图 2－20(b)所示,则无法通过上述变换直接化简。但可以证明,无论网络内部如何复杂,网络两端的电压和电流总是成正比的,此时两端网络的作用相当于一个 $R=\frac{u}{i}$的电阻。所以,只要能找到网络两端的电压和电流之间的关系,就可以通过其比值求得两端网络的等效电阻。由于网络内部没有激励,所以两端的电压和电流需由外加电源产生,因此又称这种求等效电阻的方法为外加电源法。

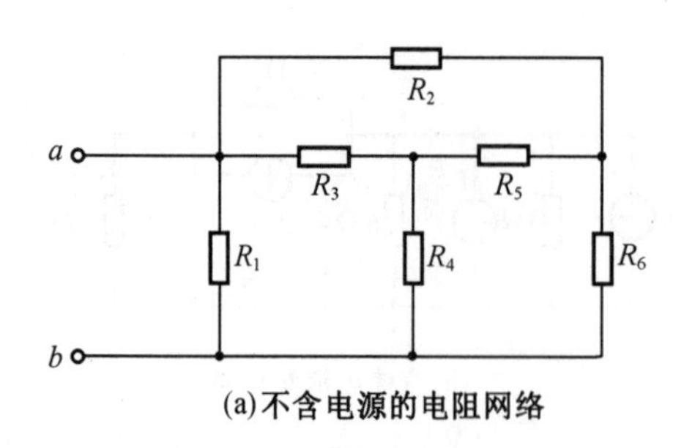

(a)不含电源的电阻网络

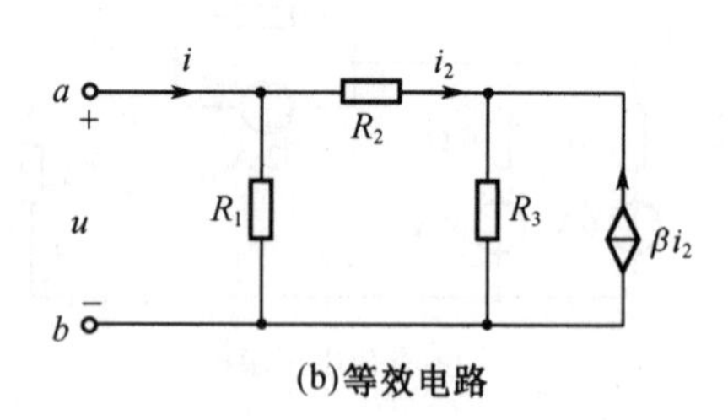

(b)等效电路

图 2-20 二端电阻网络

例 2-4 求图 2-21 含受控源电阻电路的等效电阻。

解 设想在 a、b 端加一电源(可以是电压源,也可以是电流源),则在 a、b 两端将产生电压和电流。设其方向如图 2-21 所示,有

$$u = R_1 i + R_2(i - \beta i) = R_1 i + R_2(1 - \beta)i$$

故
$$R = \frac{u}{i} = R_1 + (1 - \beta)R_2$$

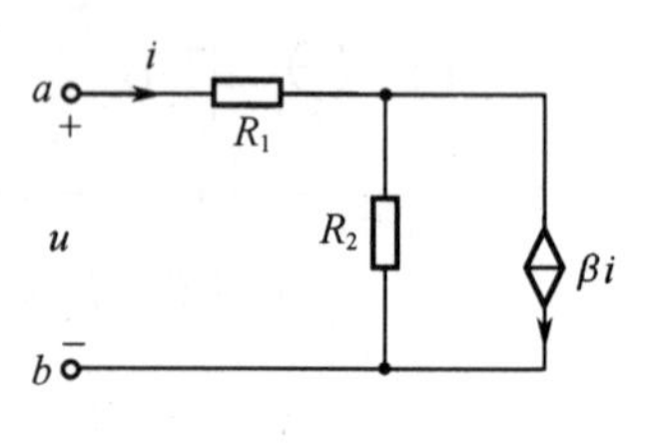

图 2-21 例 2-4 图

在该例中,如取 $R_1 = R_2 = 5\ \Omega$,当 β 分别取值 1、2、3 时,其等效电阻 R 的数值将分别等于 5 Ω、0 Ω 和 −5 Ω。这说明,含有受控源的二端电阻网络,其等效电阻可以为正值,也可以为零或负值。当等效电阻为负值时,网络将对外发出功率。这是因为受控源是有源元件,它可以发出功率。

从理论上讲,用外加电源法求等效电阻适用于所有不含独立源的二端电阻网络,而不仅仅是适用于含受控源的网络。万用表测电阻的 Ω 挡就是根据这一原理制成的。不过对不含受控源的电阻网络,通常都是根据电阻的连接关系求值。

2.5 节
思考与练习
参考答案

本节思考与练习

2-5-1 将题 2-5-1 图所示电路化为最简等效电路。

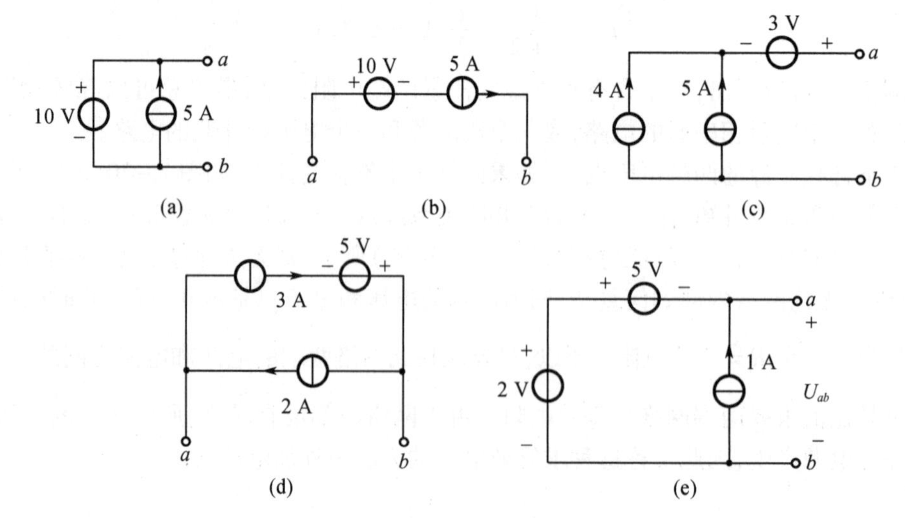

题 2-5-1 图

2 -5 -2　求题 2 -5 -2 图所示电路输出端电压 U_{ab}。

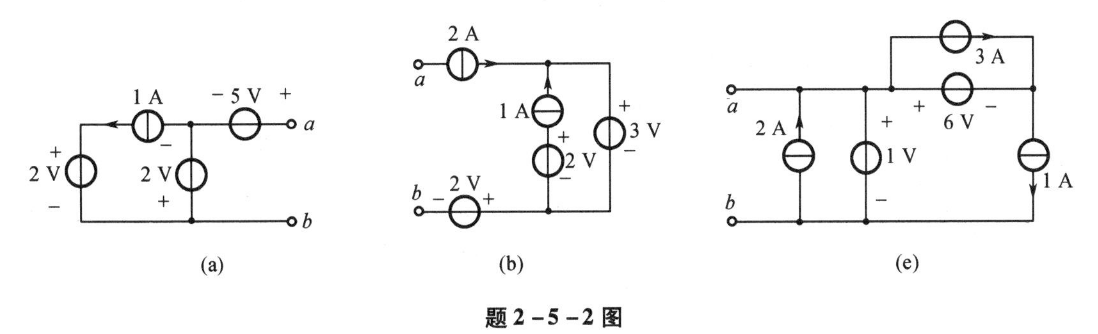

题 2 -5 -2 图

2 -5 -3　通过等效变换化简下列含源电路。

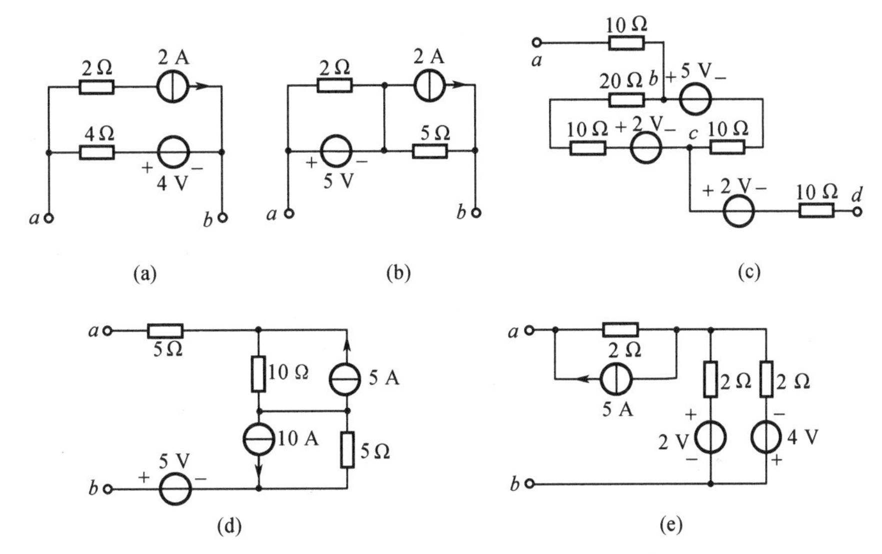

题 2 -5 -3 图

2 -5 -4　题 2 -5 -4 图(b)为题 2 -5 -4 图(a)经等效化简后的电路。已知题 2 -5 -4 图(a)中 $R_1=12\ \Omega$,$R_2=6\ \Omega$,$u_{S1}=12$ V,$u_{S2}=6$ V。求:(1)求题 2 -5 -4 图(b)中的 R 和 i_S;(2)若 $R_3=2\ \Omega$,分别求题 2 -5 -4 图(a)中 R_1、R_2 和题 2 -5 -4 图(b)中 R 消耗的功率,看 R_1、R_2 消耗的功率之和与 R 消耗的功率是否相等,从中体会“等效对外”的概念。

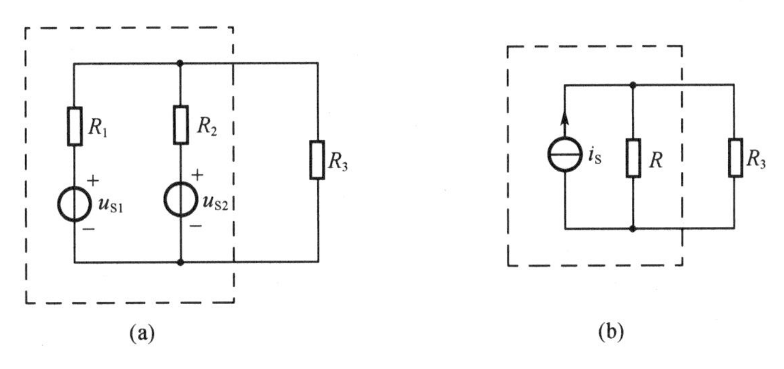

题 2 -5 -4 图

2-5-5　求题2-5-5图中各电路的等效电阻R_{ab}。

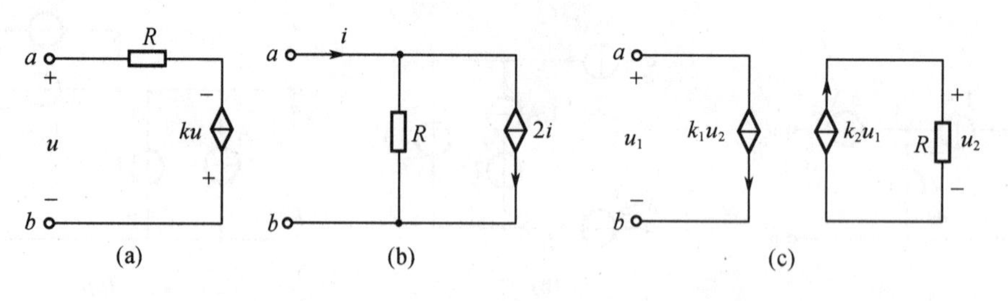

题2-5-5图

2-5-6　求题2-5-6图中各电路的等效电阻R_{ab}。

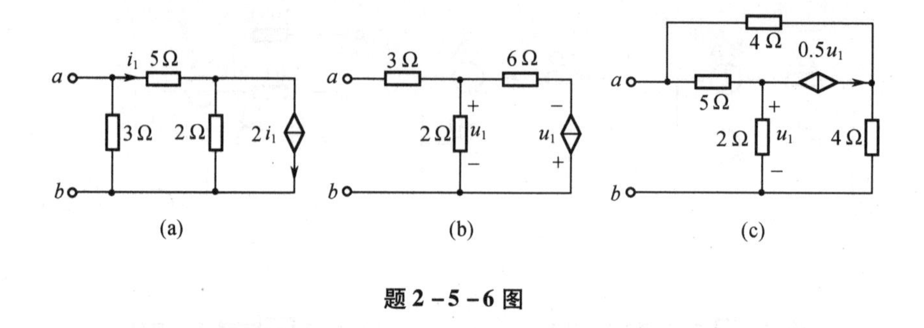

题2-5-6图

2.6　简单电阻电路的分析

简单电路是指单电源电路(只含一个独立源的电路)、单回路电路(只有一个回路的电路)或单节偶(node pair)电路(只有两个节点的电路)。简单电路因电路结构简单,分析起来比较容易。

对单电源电路,可以利用等效化简法对电路进行分析,即把电源以外的部分通过等效变换使其简化,再做进一步分析。例2-1就是这么做的,下面再举两例。

例2-5　求图2-22(a)所示电路中通过电源的电流i。

解　图2-22(a)电路中包含一个电桥,按一般情况,应先将电桥的一部分进行△-Y等效变换,化成串并联电路,再进一步化简。现将电桥的上边△连接等效成Y连接,如图2-22(b)所示,则

$$R_1=\frac{4\times4}{4+4+2}\ \Omega=1.6\ \Omega$$

$$R_2=R_3=\frac{4\times2}{4+4+2}\ \Omega=0.8\ \Omega$$

进一步由串并联关系等效为图2-22(c)时,得

$$R=\left(5+1.6+\frac{6+0.8}{2}\right)\ \Omega=10\ \Omega$$

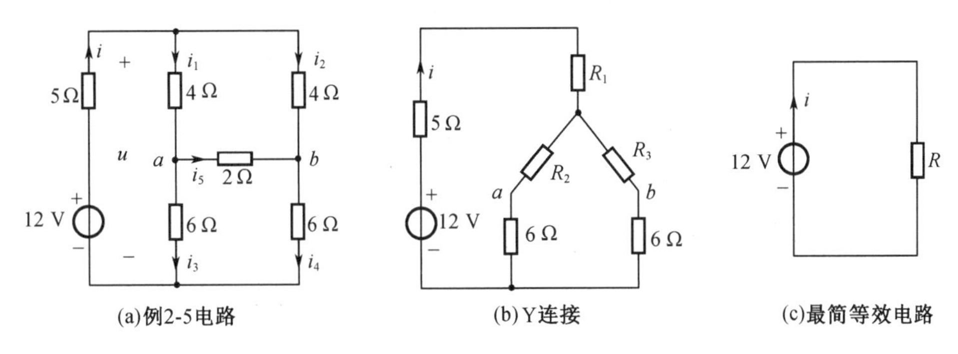

(a)例2-5电路　(b)Y连接　(c)最简等效电路

图 2－22　例 2－5 图

故所求电流为

$$i=\frac{12}{R}=\frac{12}{10}\ \text{A}=1.2\ \text{A}$$

以上是对该例的最一般的分析过程。

如果对图 2－22(a)中的电桥做进一步考察,可以发现此电桥的结构和参数是左右对称的。当在电桥两端加一电压 u 时,流经左、右两电阻的电流会因为对称而相等,即有 $i_1=i_2$ 和 $i_3=i_4$,从而有 $u_{ab}=6i_3-6i_4(=4i_2-4i_1)=0$,而此时流经中间桥路的电流也将因 $u_{ab}=0$ 而为零,即 $i_5=0$,这种情况称作电桥平衡(bridge balance)。电桥平衡时,因 $u_{ab}=0$ 可将中间桥路视为短路,如图 2－23(a)所示;同时,因 $i_5=0$ 又可将中间桥路视为开路,如图 2－23(b)所示。这样一来,就不必进行△－Y 等效变换而直接得到简化的串并联关系,分析过程就简单多了。电桥平衡时,无论将中间桥路看成短路还是看成开路,得到的结果都是一样的。如对上例即图 2－22 两电路,图 2－23(a)的等效电阻为

$$R'=\left(\frac{4}{2}+\frac{6}{2}\right)\ \Omega=5\ \Omega$$

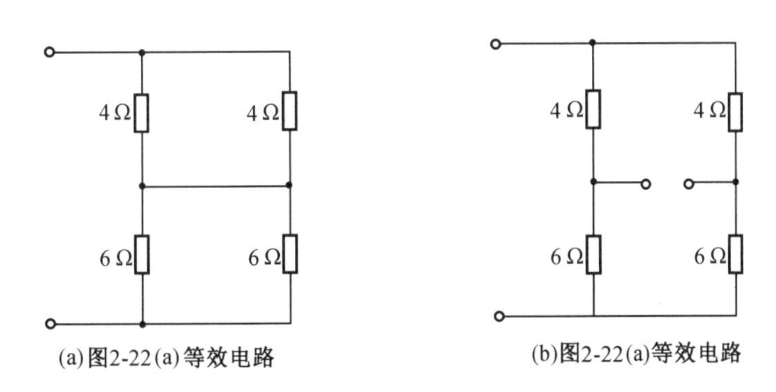

(a)图2-22(a)等效电路　(b)图2-22(a)等效电路

图 2－23　图 2－22 的等效电阻

图 2－23(b)的等效电阻为

$$R''=\frac{4+6}{2}\ \Omega=5\ \Omega$$

由以上两式可知,结果是一样的。

事实上,在一般情况下,对图 2－24 所示的电桥,四个桥臂电阻 R_1、R_2、R_3、R_4 只要满足

以下关系

$$R_1R_4 = R_2R_3 \quad 或 \quad \frac{R_1}{R_2} = \frac{R_3}{R_4} \tag{2-15}$$

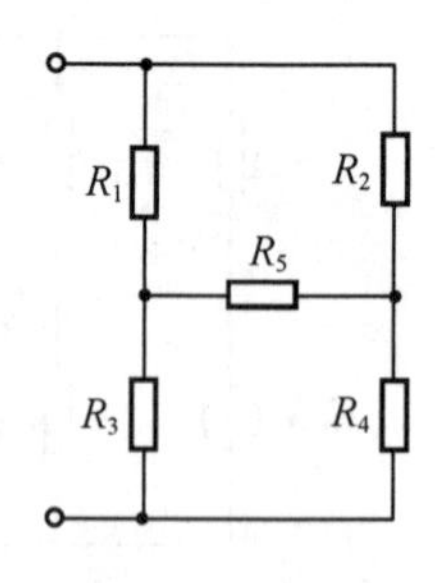

图 2-24 电桥

即相对桥臂电阻的乘积相等,或相邻桥臂电阻的比值相等,电桥就达到平衡。在这一条件下,桥路电阻 R_5 既可做开路也可做短路处理,使分析简化。因此,今后如果遇到电桥,应先由式(2-15)判断电桥是否平衡。若平衡则不必做△-Y变换;若不满足平衡条件,再进一步选择合适的△或Y进行等效变换。

例 2-6 电路如图 2-25(a)所示,求电流 i。

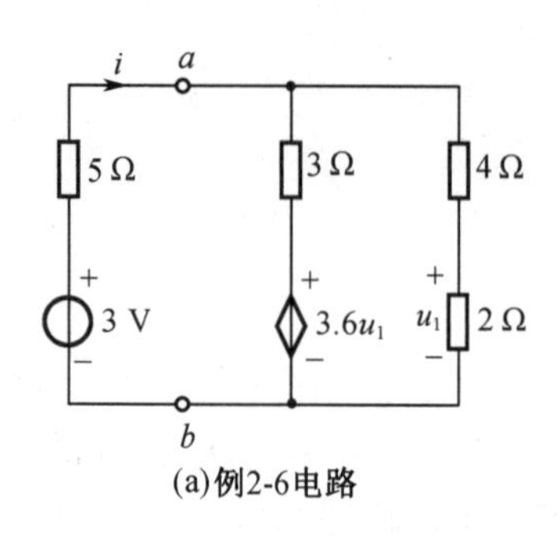

(a)例2-6电路

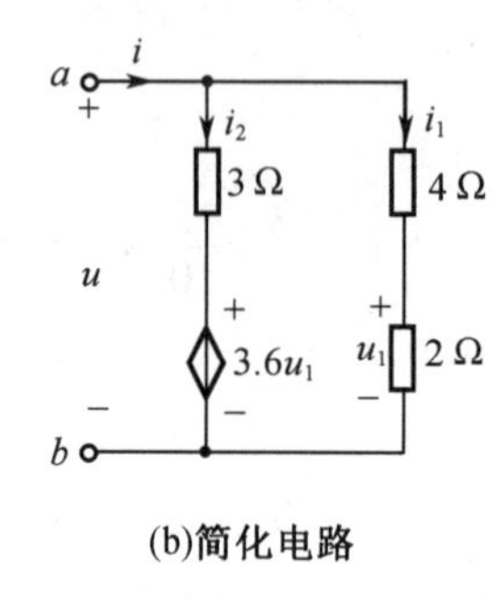

(b)简化电路

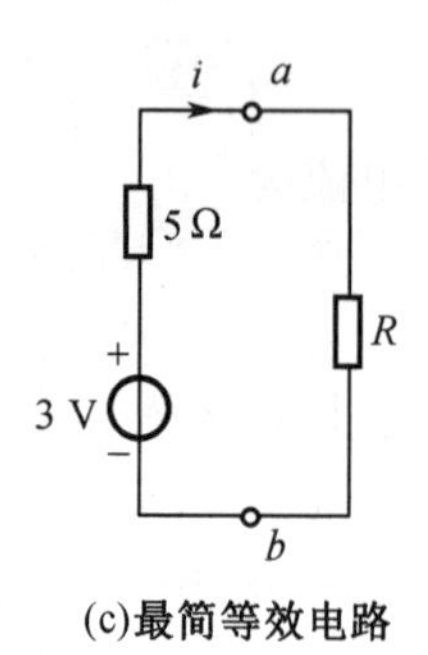

(c)最简等效电路

图 2-25 例 2-6 图

解 可将图 2-25 中 a、b 两端以右的含有受控源的电阻电路(单独画出,如图 2-25(b))等效成一个电阻,最终将电路简化为图 2-25(c)。由图 2-25(b)(设外加电源后各支路电流和 a、b 两端电压如图所示)有

$$i_1 = \frac{u_1}{2} = 0.5u_1 \qquad u = 4i_1 + u_1 = 3u_1$$

$$i_2 = \frac{u - 3.6u_1}{3} = -0.2u_1 \qquad i = i_1 + i_2 = 0.3u_1$$

故

$$R = \frac{u}{i} = \frac{3u_1}{0.3u_1} = 10\ \Omega$$

于是由图 2-25(c)可求得

$$i = \frac{3}{5+R} = \frac{3}{5+10}\ \text{A} = 0.2\ \text{A}$$

单回路电路因为只有一个回路,可由 KVL 列出回路电压方程,求出回路电流,进一步便可求得其他变量。

例 2-7 求图 2-26 电路中的电压 u_1 和 u_2 及两电源的功率。

解 设流经回路的电流为 i,方向如图 2-26 所示。由 KVL,有

$$2i + 3i + 5i = 3 - 5$$

故

$$i = -0.2\ \text{A}$$

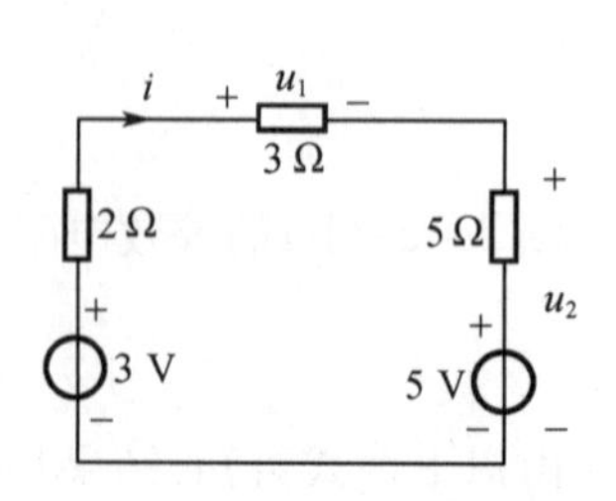

图 2-26 例 2-7 图

于是

$$u_1=3i=3\times(-0.2)\ \text{V}=-0.6\ \text{V}$$

$$u_2=5i+5=[5\times(-0.2)+5]\ \text{V}=4\ \text{V}$$

3 V 电源的功率为

$$p_1=-3i=-3\times(-0.2)\ \text{W}=0.6\ \text{W}$$

$p_1>0$ 说明该电源吸收 0.6 W 功率。5 V 电源的功率为

$$p_2=5i=5\times(-0.2)\ \text{W}=-1\ \text{W}$$

$p_2<0$ 说明该电源发出 1 W 功率。

单节偶电路因为只有两个节点，可由 KCL 列出一个节点的电流方程，求出节偶电压（即两节点之间电压），进一步便可求得其他数值。

例 2-8　求图 2-27 电路中的电流 i_1 和 i_2 及两独立源的功率。

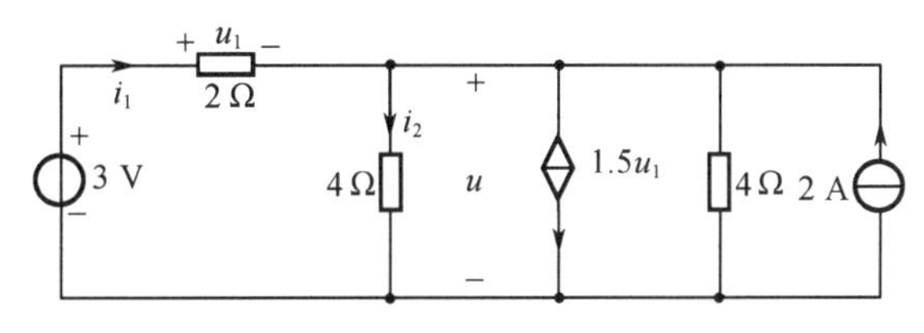

图 2-27　例 2-8 图

解　设节偶电压为 u，方向如图 2-27 所示。则由 KCL 可得

$$\frac{u}{4}+1.5u_1+\frac{u}{4}=\frac{u_1}{2}+2$$

且

$$u_1=3-u$$

将以上两式联立，可求得

$$u=2\ \text{V}$$

进一步可求得

$$i_1=\frac{3-u}{2}=\frac{3-2}{2}\ \text{A}=0.5\ \text{A}$$

$$i_2=\frac{u}{4}=\frac{2}{4}\ \text{A}=0.5\ \text{A}$$

独立电压源的功率为

$$p_1=-3i_1=-3\times0.5\ \text{W}=-1.5\ \text{W}$$

即电压源发出 1.5 W 功率。

独立电流源的功率为

$$p_2=-2u=-2\times2\ \text{W}=-4\ \text{W}$$

即电流源发出 4 W 功率。

本节思考与练习

2.6 节
思考与练习
参考答案

2-6-1　求题 2-6-1 图所示电路的等效电阻 R_{ab}。

2-6-2　如题 2-6-2 图所示，已知 $R_1=R_2=R_3=R_4=R_5=R_6=1\ \Omega$，求等效电阻 R_{ab}。

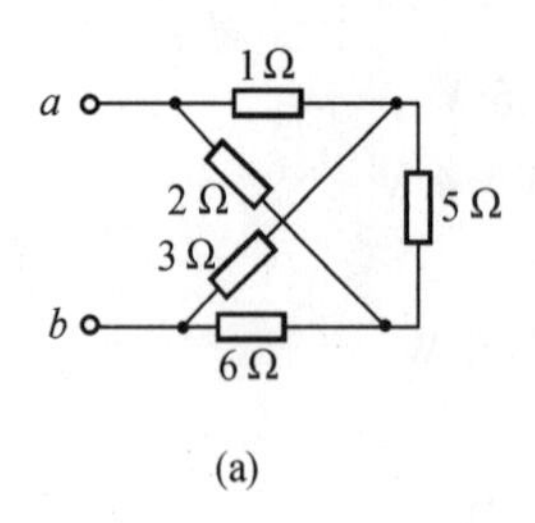

(a)

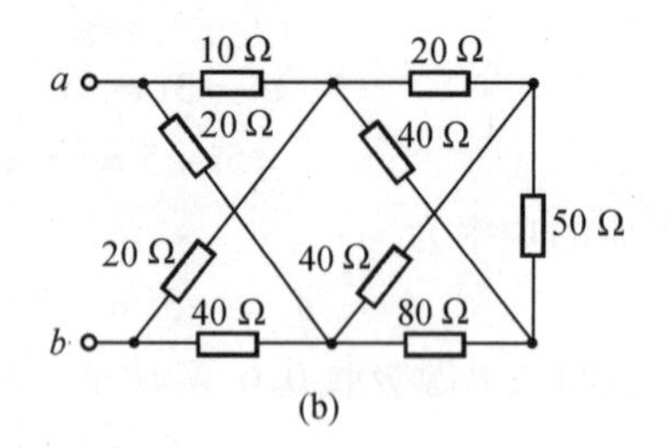

(b)

题 2-6-1 图

2-6-3　电路如题 2-6-3 图所示,求电流 i。

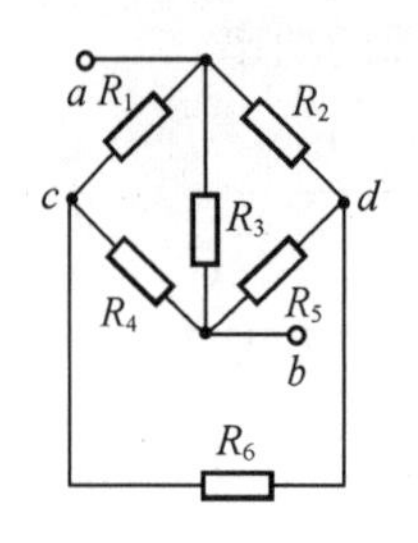

题 2-6-2 图

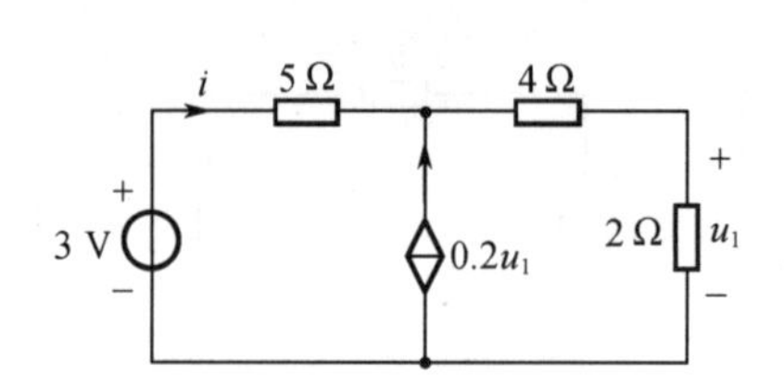

题 2-6-3 图

2-6-4　如题 2-6-4 图所示,已知 $R_1=R_3=R_4$,$R_2=2R_1$,CCVS 的电压 $u_C=4R_1i_1$,$u_S=4$ V,求 u_{ab}。

2-6-5　求题 2-6-5 图所示电路中的电压 u。

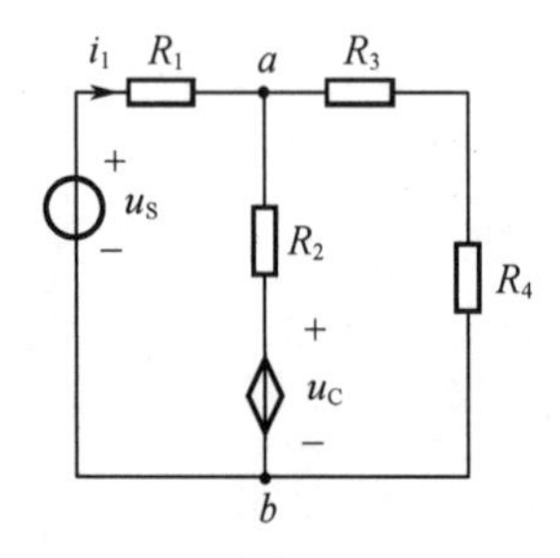

题 2-6-4 图

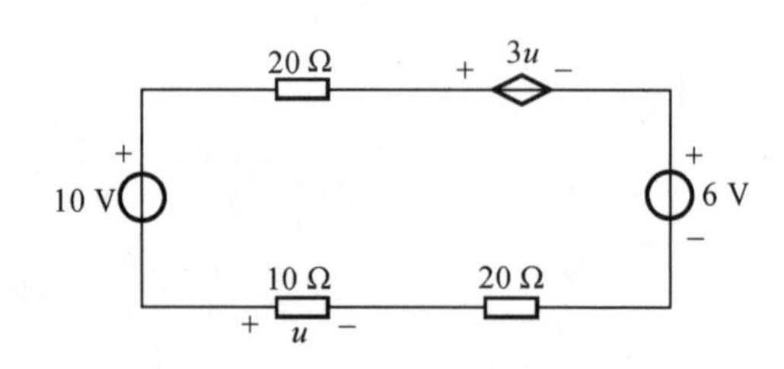

题 2-6-5 图

本章习题

第 2 章
习题参考答案

2-1　如题 2-1 图所示正方体电阻网络,设各边电阻均为 10 Ω,分别求等效边电阻 R_{AB},等效面电阻 R_{AC},等效体电阻 R_{AG}。

2-2　题 2-2 图所示为重复性网络,求此电路的输入电阻 R。

2-3　求题 2-3 图所示各图中二端电阻网络的等效电阻 R_{ab}。

2-4　求题 2-4 图所示电路中的电阻 R 吸收的功率。

2-5　求题 2-5 图所示电路中的电压 u。

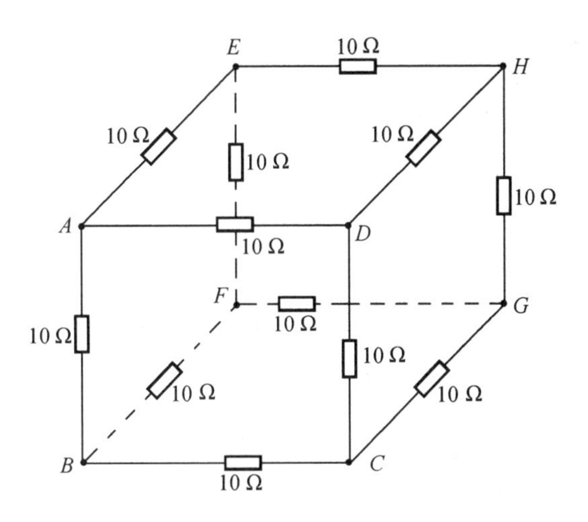

题 2－1 图

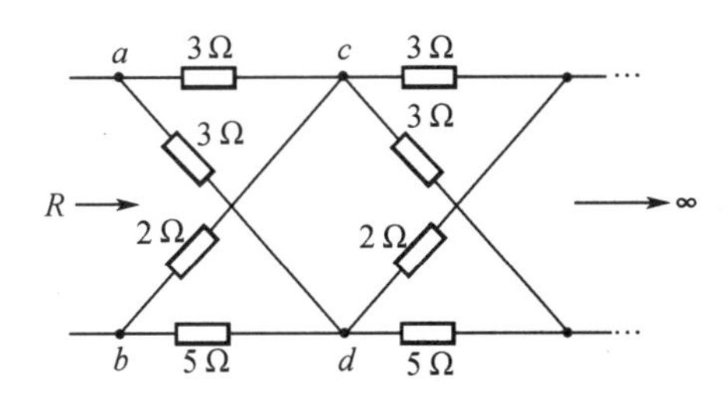

题 2－2 图

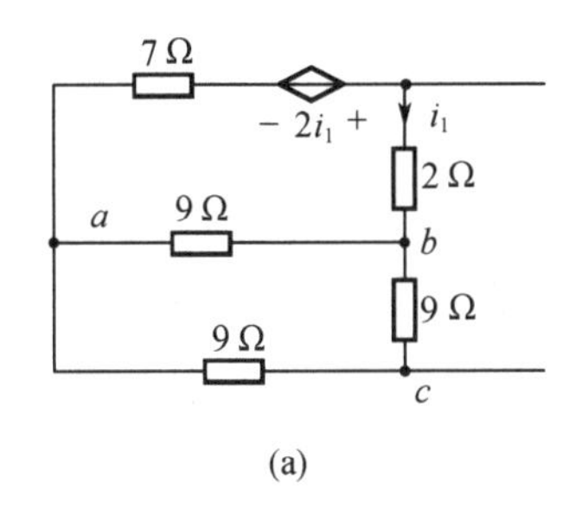

(a)

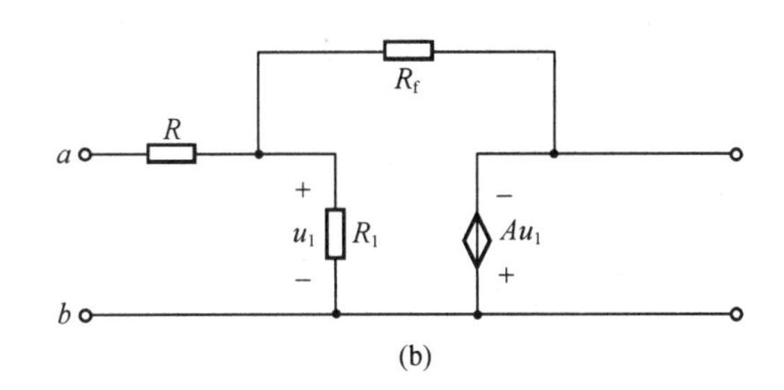

(b)

题 2－3 图

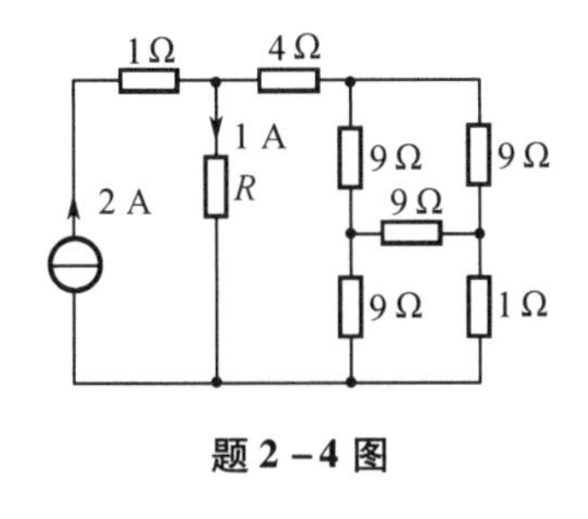

题 2－4 图

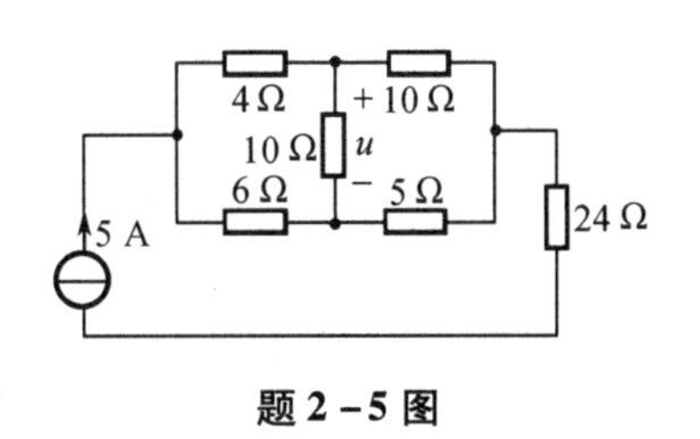

题 2－5 图

2－6　求题 2－6 图所示电路中的电流 i。

2－7　求题 2－7 图所示电路中的电流 i。

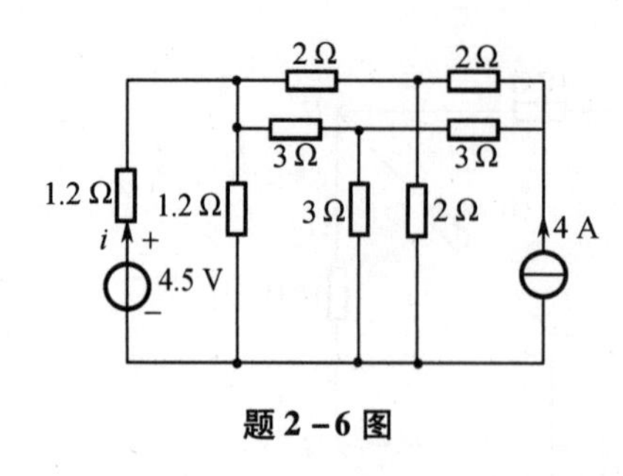

题 2 - 6 图

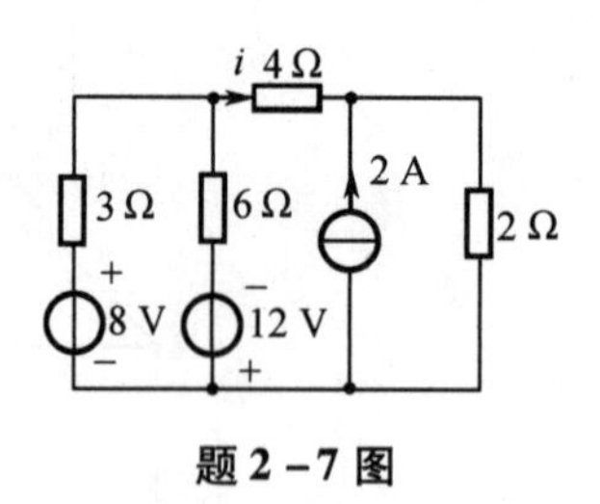

题 2 - 7 图

2 - 8　求题 2 - 8 图所示电路中的电压 u_{ab}。

2 - 9　求题 2 - 9 图所示电路中的电压 u_{ab}。

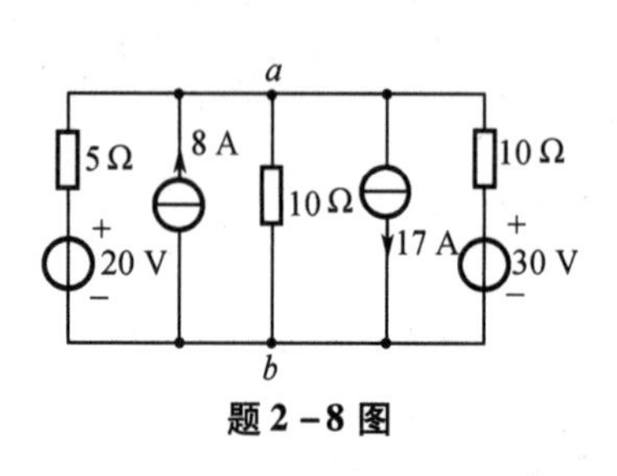

题 2 - 8 图

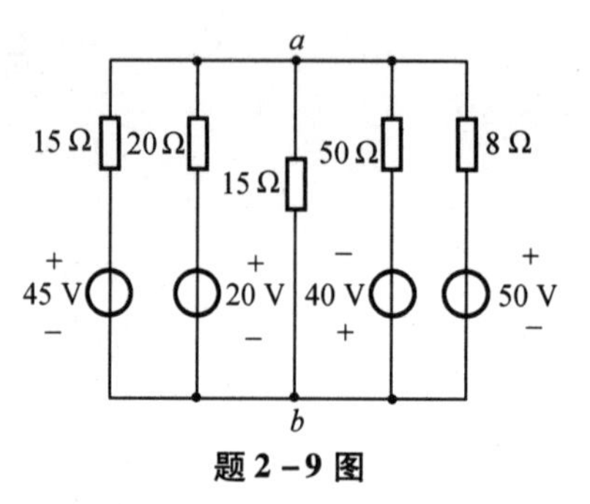

题 2 - 9 图

2 - 10　求题 2 - 10 图所示电路中的电流 i。

2 - 11　求题 2 - 11 图所示电路中的电流 i。

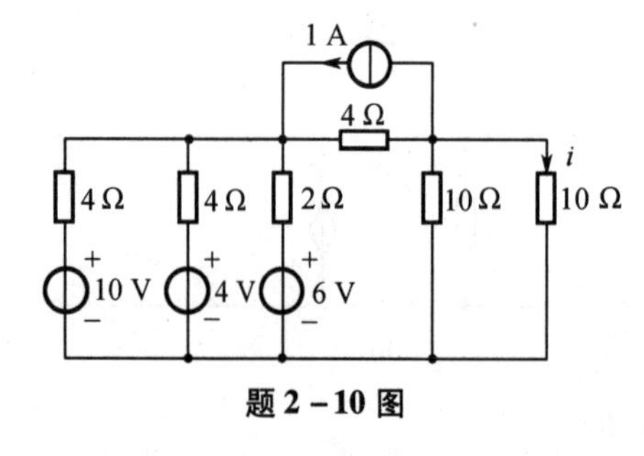

题 2 - 10 图

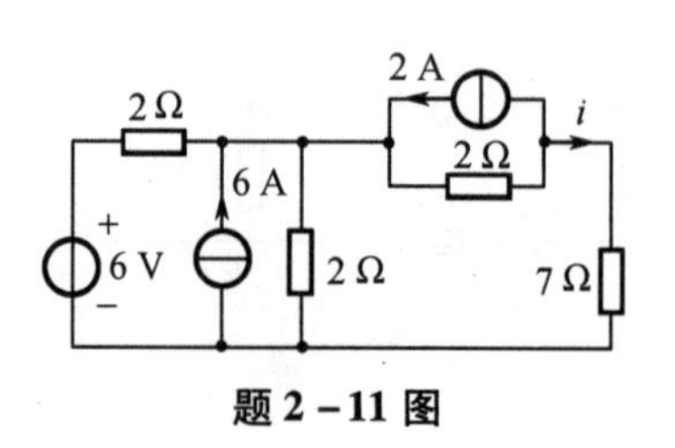

题 2 - 11 图

2 - 12　求题 2 - 12 图所示电路中的电流 i。

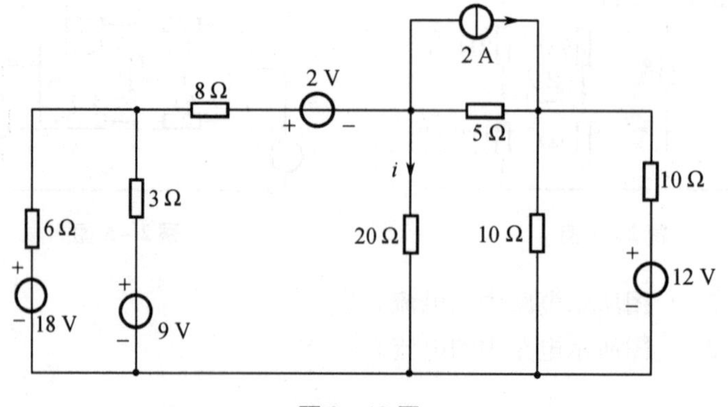

题 2 - 12 图

2－13　求题 2－13 图所示电路中的电流 i。

2－14　求题 2－14 图所示电路中的电压 u。

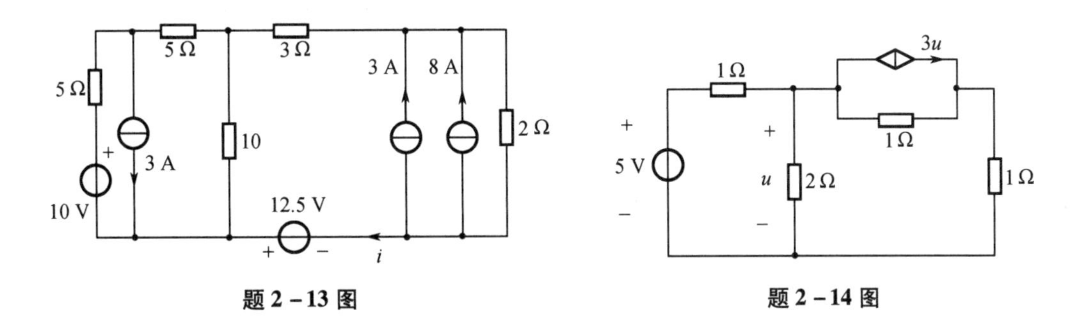

题 2－13 图　　　　题 2－14 图

2－15　求题 2－15 图所示电路中的电流 i。

2－16　求题 2－16 图所示电路中各元件所吸收的功率。

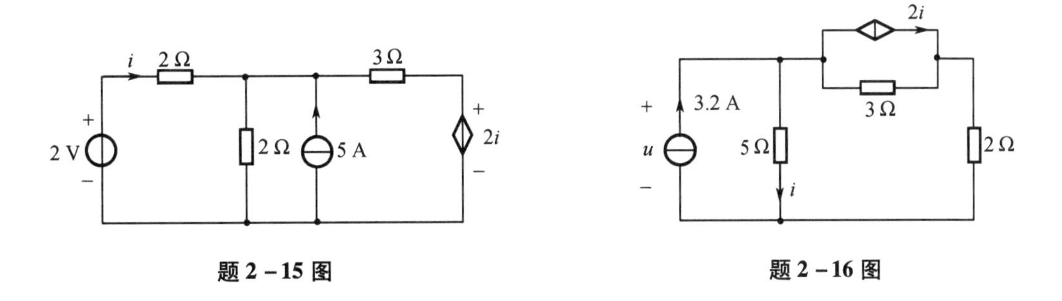

题 2－15 图　　　　题 2－16 图

第3章　网络分析方法和网络定理

本章将系统地以线性电阻电路为例，介绍几种分析电路的常用方法，以及反映网络性质的一些常见网络定理。其内容主要包括支路电流法、回路电流法、节点电压法、叠加定理、替代定理、戴维南定理和诺顿定理，此外也涉及特勒根定理和互易定理。

3.1　支路电流法

各种电路分析方法的介绍和网络定理的导出都是通过线性电阻电路进行的，但其适用范围并非只限于线性电路，有的也可用于非线性电路。由于线性电阻电路的分析方法可以不同，但是解答是唯一的，所以，对于一个具体的电路，尽管不同的方法进行分析得出的结论都是一样的，但如果选取的方法得当，就可使分析过程避繁就简，事半功倍。

归于一般性，不管用什么方法对电路进行分析，都需要有一个选取网络变量、建立网络方程并计算求解的过程。整个分析过程都有一定的步骤。各种分析方法都具有一定的系统性和普遍性，即各种方法所建立起来的网络方程都有一定的格式和规律。掌握其特点和规律在运用时会很方便。

以支路电流为网络变量列写方程求解的分析方法，称为支路电流法（branch current method），简称支路法。方程的建立依据就是KCL、KVL以及元件的VCR。以图3－1所示的电路为例，电路共有4个节点、6条支路。设各支路电流分别为$i_1, i_2, \cdots, i_6$，方向如图所示。在①②③④这4个节点处分别应用KCL，可以列出4个节点电流方程，即

$$-i_1+i_2+i_3=0$$

$$i_1+i_4-i_6=0$$

$$-i_2-i_4+i_5=0$$

$$-i_3-i_5+i_6=0$$

由于每一支路均与两个节点相连，且每一支路电流必然流出其中一个节点而流入另一个节点，因此在对所有节点列出的KCL方程中，每一支路电流必然出现两次，且一次为正、一次为负。若将以上4个方程相加，必然得出等号两边均为零的结果。这说明以上4个方程并非相互独立。若去掉其中任意一个（例如上述方程的最后一个），余下的三个便都是独立的了。也就是说，对图3－1电路，由KCL可以列出3个独立的节点电流方程。要确定6个未知电流，还需要3个方程，可以运用KVL列出。

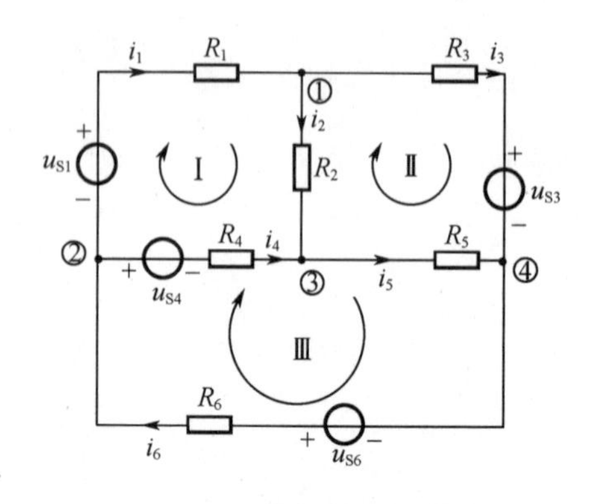

图3－1　支路法示例电路图

图3－1所示电路中，共有7个不同的回路，

应用 KVL 可以列出 7 个方程,但进一步验证会发现,在所有这些方程中,只有 3 个是独立的,例如按网孔Ⅰ、Ⅱ、Ⅲ列出的 3 个方程就是独立的,分别为

$$R_1i_1+R_2i_2-R_4i_4=u_{S1}+u_{S4}$$

$$-R_2i_2+R_3i_3-R_5i_5=-u_{S3}$$

$$R_4i_4+R_5i_5+R_6i_6=u_{S6}-u_{S4}$$

将以上 3 个独立的 KVL 方程和前面 4 个方程中的任意 3 个独立的 KCL 方程共 6 个方程联立,便可求出 6 条支路电流。这就是支路电流法。

从以上支路方程的建立过程可以看出,支路法的关键是列出数目足够的独立方程。一般情况下,对于具有 b 条支路、n_t 个节点的电路,需列出 b 个方程。由 KCL 可列出 $n=n_t-1$ 个独立的节点电流方程,由 KVL 可列出余下的 $l=b-n=b-n_t+1$ 个独立的回路电压方程。其中前 n 个方程很容易获得,后 l 个方程要保证其独立性必须注意回路的选取。能够列出一组相互独立的 KVL 方程的回路称为独立回路(可以证明总共有 $l=b-n_t+1$ 个独立回路)。为保证所取回路均为独立回路,可使所取的每个回路至少包含一条其他回路所没有的新支路。对于平面网络,网孔就是一组独立回路。选网孔作为一组独立回路既方便又直观。

综上所述,用支路法分析电路问题的步骤可归纳如下:

(1)设定各支路电流方向;

(2)由 KCL 列出 $n=n_t-1$ 个独立的节点电流方程;

(3)由 KVL 列出余下的 $l=b-n_t+1$ 个独立的回路电压方程;

(4)将以上所得 b 个方程联立求解,求出各支路电流。

例 3-1　在图 3-2 所示电路中,已知 $R_1=2\ \Omega$,$R_2=R_3=10\ \Omega$,$u_{S1}=5\ \text{V}$,$u_{S2}=4\ \text{V}$,$u_{S3}=8\ \text{V}$。求各支路电流。

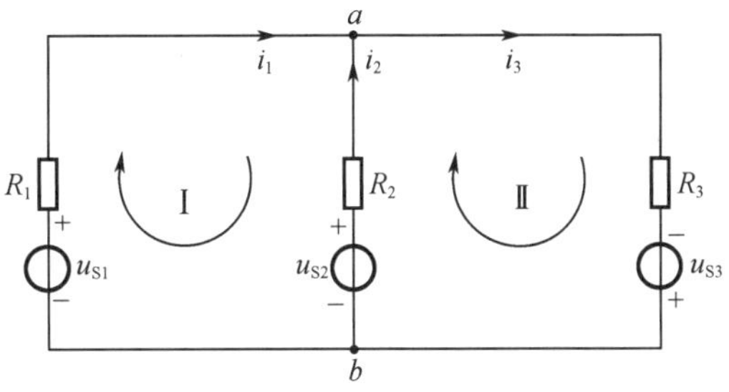

图 3-2　例 3-1 图

解　设各支路电流分别为 i_1、i_2、i_3,方向如图 3-2 所示。将 KCL 应用于节点 a,可列出

$$i_1+i_2-i_3=0$$

将 KVL 分别应用于回路Ⅰ和回路Ⅱ,可列出

$$R_1i_1-R_2i_2=u_{S1}-u_{S2}$$

$$R_2i_2+R_3i_3=u_{S2}+u_{S3}$$

将各元件数值代入上述方程,经整理,得

$$\begin{cases}i_1+i_2-i_3=0\\2i_1-10i_2=1\\10i_2+10i_3=12\end{cases}$$

联立方程组,求解得

$$\begin{cases}i_1=1\ \text{A}\\i_2=0.1\ \text{A}\\i_3=1.1\ \text{A}\end{cases}$$

需要说明的是支路法的缺点,当电路结构较为复杂时,支路法未知变量多,联立的方程数目多,求解过程将会较烦琐。

3.1节
思考与练习
参考答案

本节思考与练习

3-1-1　电路及参数如题3-1-1图所示,用支路法分别求S打开和闭合两种情况下各支路电流。

3-1-2　用支路法求题3-1-2图所示电路的各支路电流。

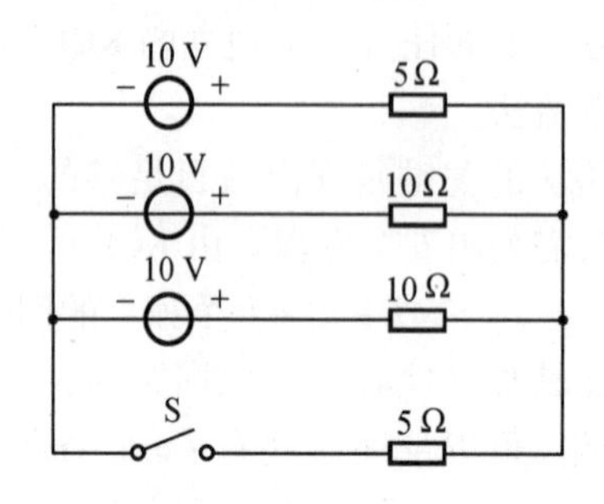

题3-1-1图

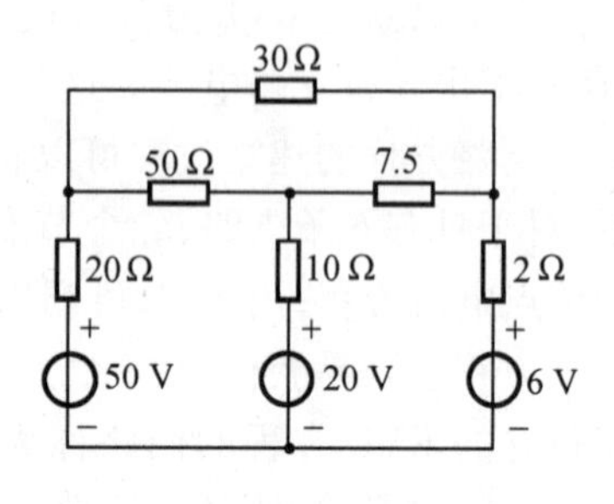

题3-1-2图

3-1-3　用支路法求题3-1-3图所示的各支路电流。

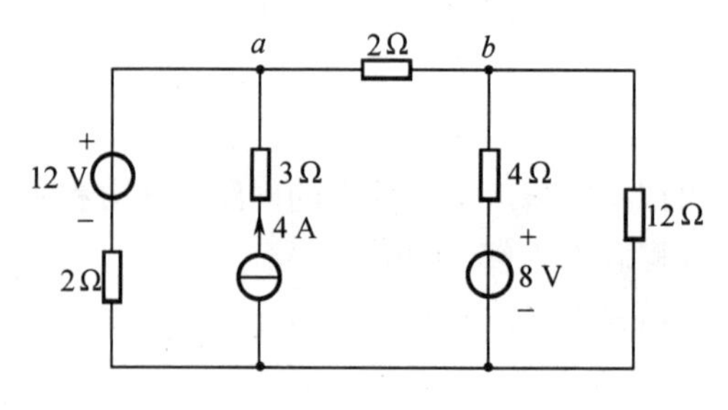

题3-1-3图

3-1-4　试用支路分析法求题3-1-4图中的u和i_x。

3-1-5　用支路分析法求题3-1-5图所示电路中的电流I_1和I_2,并计算两电阻吸收的功率和两独立源发出的功率。

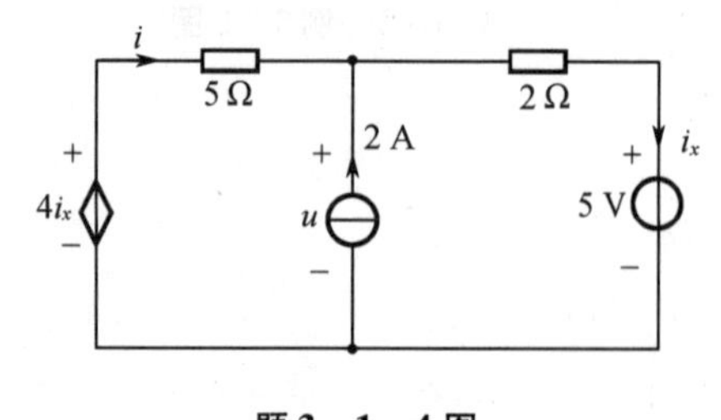

题3-1-4图

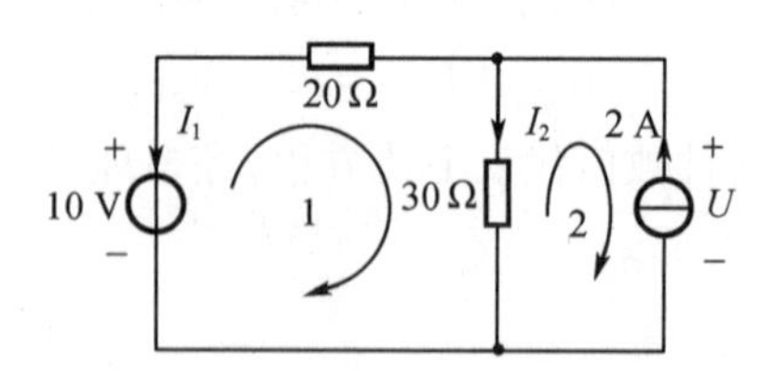

题3-1-5图

3.2 回路电流法*

对于具有 b 条支路的网络，它共有 b 个支路电流。进一步验证可以发现，所有这些支路电流不用一次性全部求出。如对图 3-1 所示电路，事实上只要先求出 i_1、i_3 和 i_6，进一步便可由这 3 个电流求出余下的 3 个电流(i_2,i_4,i_5)。从理论上讲，在具有 n_t 个节点的网络中，可以得到 $n=n_t-1$ 个独立的节点电流方程，其中每个方程所包含的电流总有一个可以用其余的电流来表示，即总有一个是不独立的。这样，一共就有 n 个电流是不独立的。换句话说，在总共 b 个支路电流中，只有 $l=b-n=b-n_t+1$ 个电流是独立的。这一独立的电流变量数刚好与网络的独立回路数相吻合。因此我们有理由猜想，网络的独立电流变量是否与独立回路有某种联系。

对于任一回路，可以假设沿回路边界有一假想电流在流动，我们称这一假想电流为回路电流(loop current)。如图 3-3 中的 i_{l1}、i_{l2} 和 i_{l3} 均为这样的回路电流。由于各回路电流均同时出入各个节点，所以在各个节点处必有 $\sum i=0$，即回路电流自动满足 KCL，或者说回路电流不受 KCL 约束。

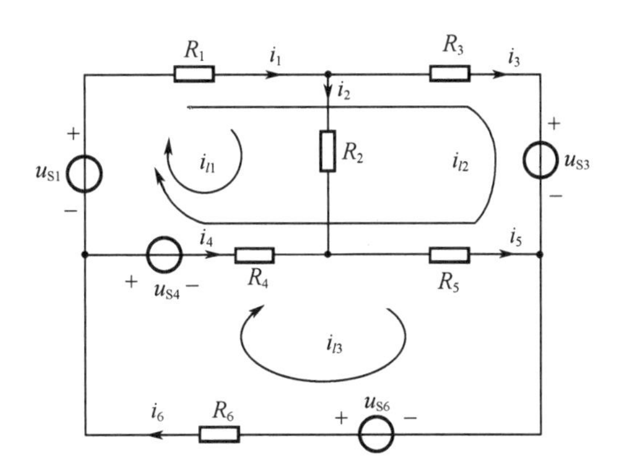

图 3-3 回路法示例电路图

任何一组独立回路的回路电流均可作为网络的一组独立电流变量。因为首先它不受 KCL 约束，是独立的；其次，所有的支路电流均可由这组回路电流来表示，因而是完整的。例如在图 3-3 中，i_{l1}、i_{l2}、i_{l3} 便是一组独立回路的回路电流，各支路电流 i_1，i_2，…，i_6 可以分别用这组回路电流表示为

$$i_1=i_{l1}+i_{l2},\qquad i_2=i_{l1},\qquad i_3=i_{l2}$$

$$i_4=i_{l3}-i_{l1}-i_{l2},\qquad i_5=i_{l3}-i_{l2},\qquad i_6=i_{l3}$$

以任一组独立回路的回路电流为网络变量列方程求解的分析方法，称为回路电流法，简称回路法或回路分析(loop analysis)。这种方法的方程建立不能用 KCL(因回路电流不受 KCL 约束)，只能用 KVL。以图 3-3 电路为例，方程的建立过程如下。

首先选取一组独立回路，并设各回路电流分别为 i_{l1}、i_{l2} 和 i_{l3}，方向如图 3-3 所示。将 KVL 应用于回路 l_1(回路绕行方向与回路电流方向一致)，可得

$$R_1i_1+R_2i_2-R_4i_4=u_{S1}+u_{S4}$$

将各支路电流均用回路电流表示，代入上面方程，得

$$R_1(i_{l1}+i_{l2})+R_2i_{l1}-R_4(i_{l3}-i_{l1}-i_{l2})=u_{S1}+u_{S4}$$

整理后，得

$$(R_1+R_2+R_4)i_{l1}+(R_1+R_4)i_{l2}-R_4i_{l3}=u_{S1}+u_{S4} \tag{3-1}$$

再将 KVL 分别应用于回路 l_2 和 l_3，经过与上面同样的过程，可得

$$(R_1+R_4)i_{l1}+(R_1+R_3+R_4+R_5)i_{l2}-(R_4+R_5)i_{l3}=u_{S1}-u_{S3}+u_{S4} \tag{3-2}$$

$$-R_4 i_{l1} - (R_4 + R_5) i_{l2} + (R_4 + R_5 + R_6) i_{l3} = u_{S6} - u_{S4} \tag{3-3}$$

式(3-1)、式(3-2)、式(3-3)这3个方程就是以回路电流 i_{l1}、i_{l2} 和 i_{l3} 为变量由KVL列出的,称为回路电流方程或回路方程。3个方程联立便可求得各回路电流,进一步由支路电流和回路电流的关系便可求得各支路电流。这就是回路电流法。

若将以上回路方程左边各回路电流的系数连同前面的正、负号统一用 R_{kj} 表示,方程右边电压源电压的代数和统一用 u_{Slk} 表示,并将其独立回路数设为 l,则回路方程可以写成如下的一般形式,即

$$\begin{cases} R_{11} i_{l1} + R_{12} i_{l2} + \cdots + R_{1l} i_{ll} = u_{Sl1} \\ R_{21} i_{l1} + R_{22} i_{l2} + \cdots + R_{2l} i_{ll} = u_{Sl2} \\ \vdots \\ R_{l1} i_{l1} + R_{l2} i_{l2} + \cdots + R_{ll} i_{ll} = u_{Sll} \end{cases} \tag{3-4}$$

式(3-4)中各个方程分别对应于各个独立回路。其中第 k 个方程中 i_{lk} 的系数 R_{kk}($k=1,2,\cdots,l$)称为回路 k 的自电阻(self resistance),它等于构成回路 k 的各支路电阻之和,在回路绕行方向与回路电流方向一致的前提下,自电阻总是正的(如图3-3电路中 $R_{11}=R_1+R_2+R_4$ 等);i_{lj} 的系数 R_{kj}($k,j=1,2,\cdots,l$ 且 $k\neq j$)称为回路 j 与回路 k 之间的互电阻(mutual resistance),它等于两回路的公共支路电阻之和,当两回路电流在公共电阻上方向一致时为正,相反时为负。若网络不含受控源,式(3-4)方程左边的系数将具有对称性,即有 $R_{kj}=R_{jk}$(如图3-3电路中 $R_{12}=R_{21}=R_1+R_4$,$R_{23}=R_{32}=-(R_4+R_5)$ 等)。方程的右边 $u_{Slk}=$($k=1,2,\cdots,l$)为构成回路 k 的所有电压源电压的代数和,其中电源电压方向与回路 k 的绕行方向(即回路电流 i_{lk} 的方向)一致时为负,相反时为正(如图3-3电路中 $u_{Sl2}=u_{S1}-u_{S3}+u_{S4}$ 等)。

回路法以独立回路的回路电流为网络变量,列出的方程只有 l(为 $b-n_t+1$)个,比支路法少 n(为 n_t-1)个。

对平面网络,全部网孔就是一组独立回路。若选网孔作为网络的一组独立回路,则回路电流又叫网孔电流(mesh current),回路方程又叫网孔方程,故此时的分析方法又称网孔法或网孔分析(mesh analysis)。显然,网孔法是回路法的一种特殊情况;网孔方程的特点和规律与一般的回路方程是完全一样的。

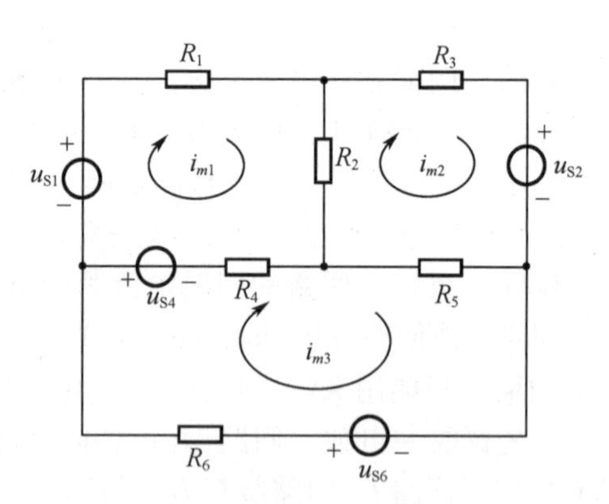

图3-4 网孔法示例电路图

仍以图3-3电路为例,为方便,重新画出如图3-4所示。以图中三个网孔为一组独立回路,并设三个网孔电流 i_{m1}、i_{m2}、i_{m3} 方向一致(均为顺时针方向)。按一般回路方程的规律,可直接列出此时三个网孔方程分别为

$$\begin{cases} (R_1 + R_2 + R_4) i_{m1} - R_2 i_{m2} - R_4 i_{m3} = u_{S1} + u_{S4} \\ -R_2 i_{m1} + (R_2 + R_3 + R_5) i_{m2} - R_5 i_{m3} = -u_{S3} \\ -R_4 i_{m1} - R_5 i_{m2} + (R_4 + R_5 + R_6) i_{m3} = u_{S6} - u_{S4} \end{cases}$$

在各网孔电流方向一致(均为顺时针或均为逆时针方向)的前提下,由于邻近两网孔电

流在通过公共电阻时方向总是相反的,因此其互电阻均为负,列写方程时更加方便。

综上所述,可将回路(网孔)法解题步骤归纳如下:

(1)选取一组独立回路(网孔),设出回路(网孔)电流方向;

(2)以回路(网孔)电流方向为回路(网孔)绕行方向,由 KVL 按式(3-4)的形式列出回路(网孔)方程;

(3)解方程,求出各回路(网孔)电流;

(4)根据题意:由回路(网孔)电流进一步求得所求(例如各支路电流等)。

例 3-2　电路及参数同例 3-1,用回路法求各支路电流。

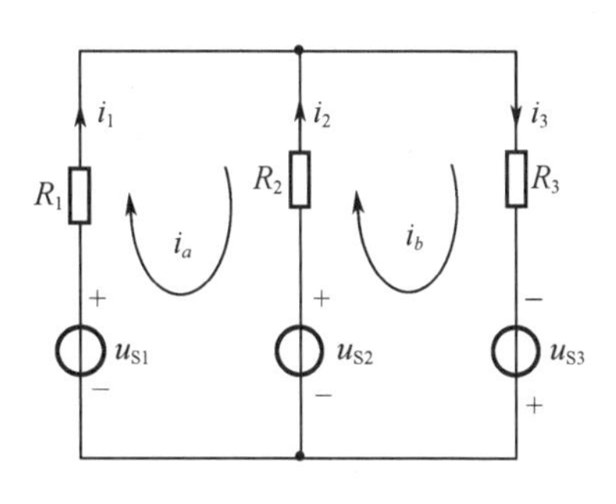

图 3-5　例 3-2 图

解　将电路重新画出如图 3-5 所示。取网孔为独立回路,设回路电流为 i_a 和 i_b,方向如图所示,可得回路方程

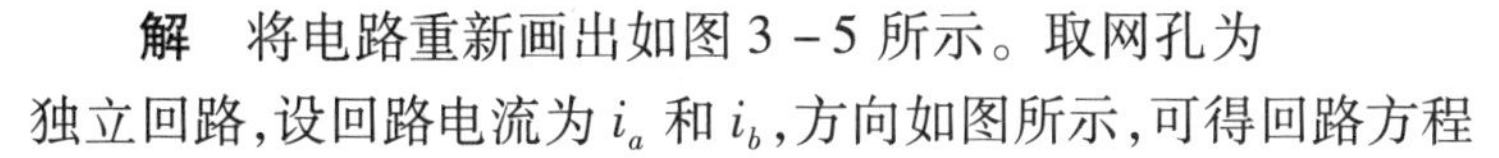

$$\begin{cases}(R_1 + R_2)i_a - R_2 i_b = u_{S1} - u_{S2} \\ -R_2 i_a + (R_2 + R_3)i_b = u_{S2} + u_{S3}\end{cases}$$

代入数值并整理,得

$$\begin{cases}12i_a - 10i_b = 1 \\ -10i_a + 20i_b = 12\end{cases}$$

解之,得

$$\begin{cases}i_a = 1\ \text{A} \\ i_b = 1.1\ \text{A}\end{cases}$$

设各支路电流分别为 i_1、i_2、i_3,方向如图所示,则

$$\begin{cases}i_1 = i_a = 1\ \text{A} \\ i_2 = i_b - i_a = 0.1\ \text{A} \\ i_3 = i_b = 1.1\ \text{A}\end{cases}$$

选取网孔作为平面网络的一组独立回路的方法既方便又直观,故常被采用。但网孔只是众多组独立回路中的一组。实际上,独立回路的选取多种多样,且不受平面网络的限制,因此一般的回路法比网孔法具有更大的灵活性。如图 3-6 所示电路,其中间支路含有一个电流源。

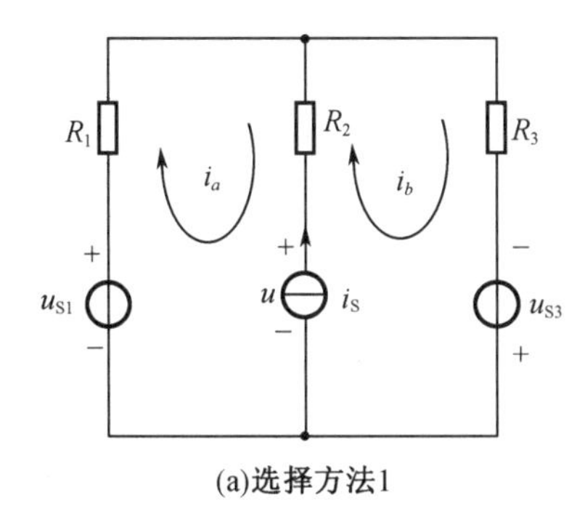

(a)选择方法1

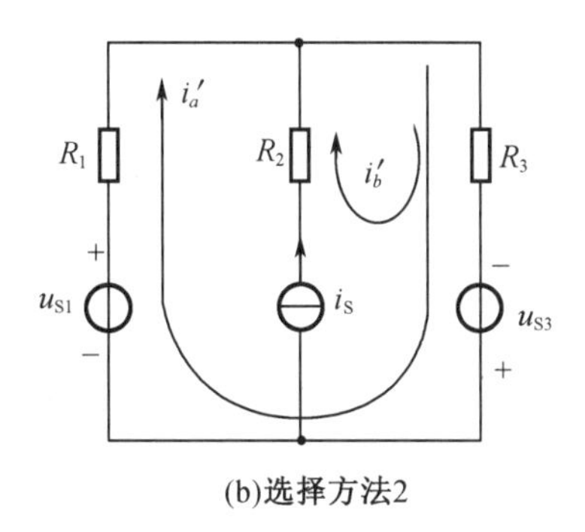

(b)选择方法2

图 3-6　同一电路不同回路的选取

当选网孔作为一组独立回路并设网孔电流 i_a、i_b 的方向如图 3 -6(a)时,由 KVL 对两回路列出的方程必须考虑电流源的电压,设其为 u,方向如图 3 -6(a)所示,将有

$$(R_1+R_2)i_a-R_2i_b+u=u_{S1} \tag{3-5}$$

$$-R_2i_a+(R_2+R_3)i_b-u=u_{S3} \tag{3-6}$$

在这两个方程中,除 i_a、i_b 之外,还有 u 这个变量,故尚需补充一个方程才能求得其解。补充的方程即为两网孔电流与电流源支路电流(即电流源电流)之间的关系,即

$$i_b-i_a=i_S \tag{3-7}$$

将以上 3 个方程联立,便可解得两个网孔电流。

事实上,若将式(3 -5)、式(3 -6)相加,便可消去电流源电压 u,得到下面的方程

$$R_1i_a+R_3i_b=u_{S1}+u_{S3} \tag{3-8}$$

而这一方程正是以两个网孔电流为变量由外回路列出的 KVL 方程,它避开了电流源支路,也就免去了考虑电流源电压的麻烦。由式(3 -7)、式(3 -8)两式联立,便可直接解得两个网孔电流。

如果不取网孔作为一组独立回路,而是像图 3 -6(b)那样选取独立回路,并设两回路电流分别为 i'_a和 i'_b,方向如图,则由回路 a 可列 KVL 方程为

$$(R_1+R_3)i'_a+R_3i'_b=u_{S1}+u_{S3}$$

回路 b 的回路电流恰好就是电流源电流,即有

$$i'_b=i_S$$

此时就不必再由回路 b 列写 KVL 方程了,将以上两个方程联立(实际上相当于一个方程),便可求得各回路电流。

总之,对于含有电流源支路的网络,如按一般情况列写回路或网孔方程,要注意不要漏掉电流源的电压;考虑电流源的电压之后,还要补充一个方程,补充的方程即为电流源电流与回路或网孔电流的关系;也可以在列 KVL 方程时避开电流源支路,免得考虑电流源电压。对于这种问题,最简便的处理办法是灵活适当选取独立回路,使电流源电流正好是某个独立回路的回路电流,即不要把电流源支路作为两个或两个以上独立回路的公共支路。

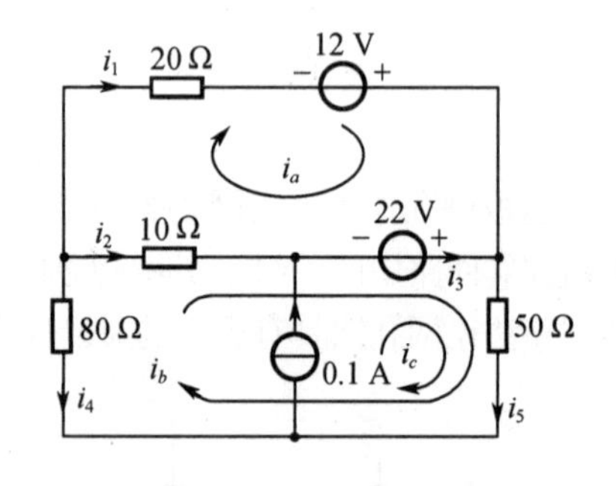

图 3 -7 例 3 -3 图

例 3 -3 电路和参数如图 3 -7 所示,求各未知支路的电流。

解 选取独立回路如图 3 -7 所示,设各回路电流分别为 i_a、i_b 和 i_c,则有

$$\begin{cases}30i_a-10i_b=-10\\-10i_a+140i_b+50i_c=22\\i_c=0.1\end{cases}$$

联立解得

$$\begin{cases}i_a=-0.3\ \text{A}\\i_b=0.1\ \text{A}\\i_c=0.1\ \text{A}\end{cases}$$

设各未知支路电流 $i_1, i_2, \cdots, i_5$ 方向如图所示，则

$$i_1 = i_a = -0.3\ \mathrm{A}$$

$$i_2 = i_b - i_a = 0.1 - (-0.3) = 0.4\ \mathrm{A}$$

$$i_3 = i_b + i_c - i_a = 0.1 + 0.1 - (-0.3) = 0.5\ \mathrm{A}$$

$$i_4 = -i_b = -0.1\ \mathrm{A}$$

$$i_5 = i_b + i_c = 0.1 + 0.1 = 0.2\ \mathrm{A}$$

在该例的解题过程中，3 个回路方程实际上相当于 2 个方程，解起来比较简单。如果选 3 个网孔作为一组独立回路，即使在列 KVL 方程时避开电流源支路，仍要 3 个方程联立，解起来比上面麻烦，读者不妨一试。

本节思考与练习

3.2 节
思考与练习
参考答案

以下图中电阻单位为 Ω，电流单位为 A，电压单位为 V。

3－2－1　用回路法解题 3－2－1 图中各支路电流。

3－2－2　用回路法求题 3－2－2 图所示电路中各电源的功率。

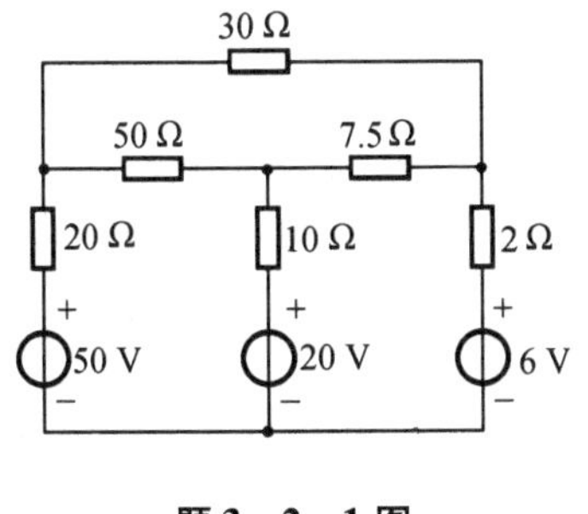

题 3－2－1 图

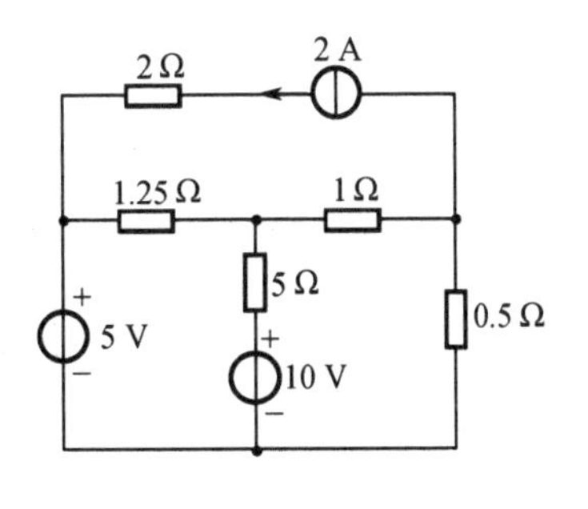

题 3－2－2 图

3－2－3　列写题 3－2－3 图所示电路的回路方程。若给出 $R_1 = 10\ \mathrm{k\Omega}$，$R_2 = R_3 = 4\ \mathrm{k\Omega}$，$R_4 = 2\ \mathrm{k\Omega}$，$u_S = 70\ \mathrm{V}$，$i_S = 1.6\ \mathrm{mA}$，求各支路电流。

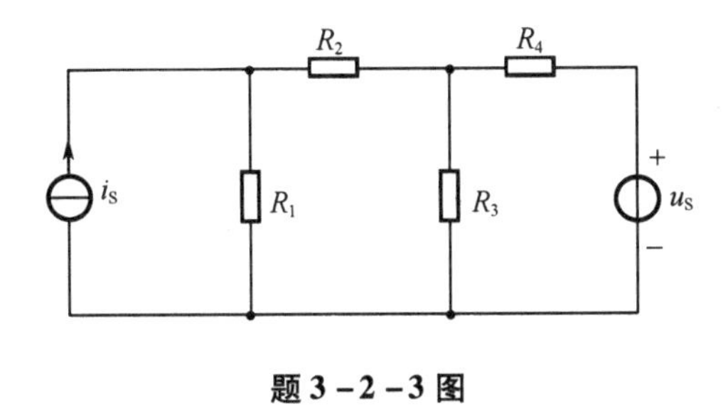

题 3－2－3 图

3－2－4　列写题 3－2－4 图所示电路的回路方程。

3－2－5　用回路法求题 3－2－5 图所示电路中的 i_1 和 i_2。

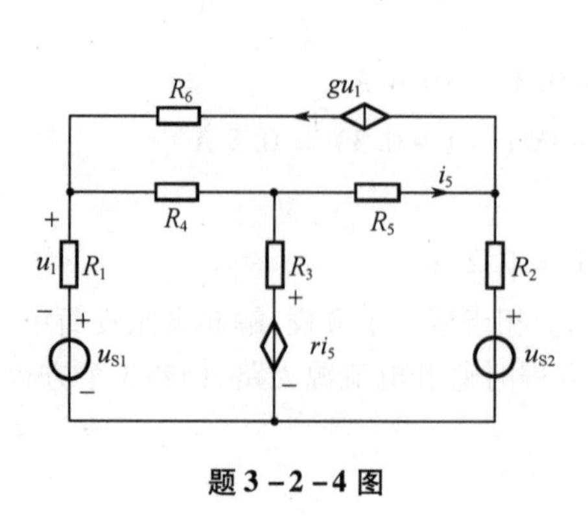

题3-2-4图

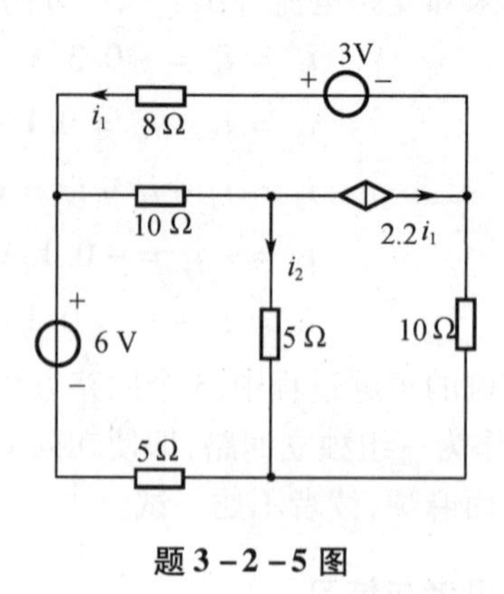

题3-2-5图

3.3 节点电压法

如果把网络的任一节点选作参考节点(reference node),其余各个节点便都是独立节点。各独立节点与参考节点之间的电压称为节点电压(nodal voltage)。各节点电压的方向都是指向参考点的(即参考点为各节点电压的“-”极端)。

由于各条支路均终接在两个节点之上,因此各支路电压均可由与之相连的两个节点电压之差来表示;与此同时,由各支路构成的任何回路必满足 $\sum u=0$(因为当回路中各条支路的电压均用与之关联的节点电压表示时,每个节点电压均会在方程中出现两次,且一正一负),即节点电压自动满足KVL,或者说节点电压不受KVL约束,因而是独立的。以上两点说明,节点电压可以作为网络的一组独立电压变量。

以一组独立节点的节点电压为网络变量列方程求解的分析方法,称为节点电压法,简称节点法或节点分析(node analysis)。用这种方法建立方程时不能用KVL(因节点电压不受KVL约束)而只能用KCL。下面以图3-8所示电路为例,说明方程的建立过程。

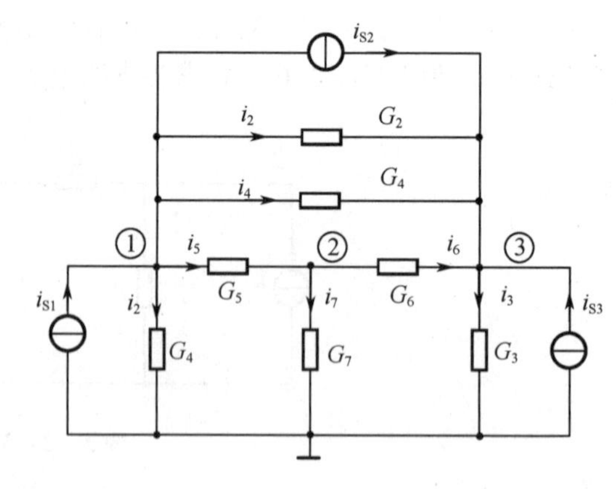

图3-8 节点法示例电路图

首先指定参考点,并对其余各独立节点进行编号(或命名),如图3-8所示,设 $u_{①}$、$u_{②}$、$u_{③}$分别为节点①②③的节点电压。此时,各电阻支路的电流(方向如图)便可通过支路电压与节点电压的关系用节点电压表示为

$$i_1 = G_1 u_{①}$$
$$i_2 = G_2(u_{①} - u_{③})$$
$$i_3 = G_3 u_{③}$$
$$i_4 = G_4(u_{①} - u_{③})$$
$$i_5 = G_5(u_{①} - u_{②})$$
$$i_6 = G_6(u_{②} - u_{③})$$
$$i_7 = G_7 u_{②}$$

将 KCL 应用于节点①,可得

$$i_1 - i_{S1} + i_{S2} + i_2 + i_4 + i_5 = 0$$

把电阻支路的电流与节点电压的关系代入上面方程,得

$$G_1 u_{①} - i_{S1} + i_{S2} + G_2(u_{①} - u_{③}) + G_4(u_{①} - u_{③}) + G_5(u_{①} - u_{②}) = 0$$

整理后,得

$$(G_1 + G_2 + G_4 + G_5)u_{①} - G_5 u_{②} - (G_2 + G_4)u_{③} = i_{S1} - i_{S2} \tag{3-9}$$

再将 KCL 分别应用于节点②和节点③,经过与上同样的过程,可得

$$-G_5 u_{①} + (G_5 + G_6 + G_7)u_{②} - G_6 u_{③} = 0 \tag{3-10}$$

$$-(G_2 + G_4)u_{①} - G_6 u_{②} + (G_2 + G_3 + G_4 + G_6)u_{③} = i_{S2} + i_{S3} \tag{3-11}$$

式(3-9)、式(3-10)和式(3-11)这 3 个方程就是以节点电压 $u_{①}$、$u_{②}$、$u_{③}$为变量由 KCL 列出的,称为节点电压方程或节点方程。3 个方程联立便可求得各节点电压,进一步由支路电流与节点电压的关系便可求得各支路电流。这就是节点电压法。

如果将以上节点方程左边各节点电压的系数连同前面的正、负号统一用 G_{kj}表示,方程右边电流源电流的代数和统一用 i_{Sk}表示,并设其独立节点数为 n,那么节点方程便可以写成如下的一般形式,即

$$\begin{cases} G_{11}u_{①} + G_{12}u_{②} + \cdots + G_{1n}u_{ⓝ} = i_{S①} \\ G_{21}u_{①} + G_{22}u_{②} + \cdots + G_{2n}u_{ⓝ} = i_{S②} \\ \qquad\qquad \vdots \\ G_{n1}u_{①} + G_{n2}u_{②} + \cdots + G_{nn}u_{ⓝ} = i_{Sⓝ} \end{cases} \tag{3-12}$$

式(3-12)中各个方程分别对应于各个独立节点。其中,第 k 个方程中 $u_{ⓚ}$的系数 $G_{kk}(k=1,2,\cdots,n)$称为节点 k 的自电导(self conductance),它等于连接于节点 k 的各支路电导之和,恒为正(如图 3-8 电路中 $G_{22} = G_5 + G_6 + G_7$ 等);$u_{①}$的系数 $G_{kj}(k,j=1,2,\cdots,n$ 且 $k \neq j)$称为节点 j 与节点 k 之间的互电导(mutual conductance),它等于连接于两节点间公共支路的电导之和,因此系数 $G_{kj}(k,j=1,2,\cdots,n$ 且 $k \neq j)$恒为负。若网络不含受控源,式(3-12)方程左边的系数将具有对称性,即有 $G_{kj} = G_{jk}$(如图 3-8 电路中 $G_{13} = G_{31} = -(G_2 + G_4)$ 等)。方程的右边($i_{Sk}(k=1,2,\cdots,n)$)为注入节点 k 的电流源电流的代数和,其中电流方向指向节点 k 的为正,反之为负(如图 3-8 电路中 $i_{S①} = i_{S1} - i_{S2}$等)。

节点法以独立节点的节点电压为网络变量,列出的方程只有 n(为 $n_t - 1$)个,比支路法少 l(为 $b - n_t + 1$)个,所以,方程组求解将会相对简单。

如果电路中含有电压源-电阻串联支路,且各电阻的参数不是 G 而是 R,如图 3-9 电路所示,则在列写节点方程时,只要注意到电压源-电阻串联组合可以等效成电流源-电

阻并联组合(事实上图3-9电路和图3-8电路是等效的),且各支路电阻的倒数就是其电导,就可以按式(3-12)的规律直接列出其节点方程如下:

$$\begin{cases}\left(\dfrac{1}{R_1}+\dfrac{1}{R_2}+\dfrac{1}{R_4}+\dfrac{1}{R_5}\right)u_{①}-\dfrac{1}{R_5}u_{②}-\left(\dfrac{1}{R_2}+\dfrac{1}{R_4}\right)u_{③}=\dfrac{u_{S1}}{R_1}-\dfrac{u_{S2}}{R_2}\\ -\dfrac{1}{R_5}u_{①}+\left(\dfrac{1}{R_5}+\dfrac{1}{R_6}+\dfrac{1}{R_7}\right)u_{②}-\dfrac{1}{R_6}u_{③}=0\\ -\left(\dfrac{1}{R_2}+\dfrac{1}{R_4}\right)u_{①}-\dfrac{1}{R_6}u_{②}+\left(\dfrac{1}{R_2}+\dfrac{1}{R_3}+\dfrac{1}{R_4}+\dfrac{1}{R_6}\right)u_{③}=\dfrac{u_{S2}}{R_2}+\dfrac{u_{S3}}{R_3}\end{cases}$$

以上方程右边的各项就是由电压源-电阻串联组合等效成电流源-电阻并联组合时各等效电流源的电流。要特别注意的是,它们并不是各含源支路的支路电流。例如,R_2、u_{S2}支路的电路如图3-9所示,VCR方程为

$$R_2 i_2 - u_{S2} = u_{①} - u_{③}$$

故该支路的支路电流为

$$i_2 = \frac{u_{①} - u_{③} + u_{S2}}{R_2}$$

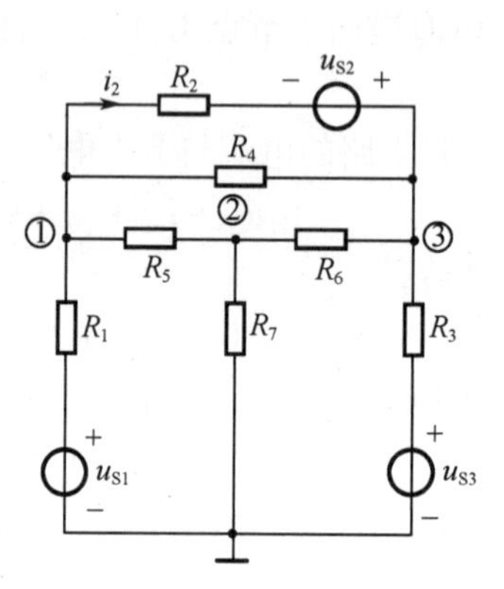

图3-9　节点法示例电路图

综上所述,可将节点法的解题步骤归纳如下:

(1)指定参考节点,并对其余各独立节点进行编号或命名;

(2)由KCL按式(3-12)的形式列出节点方程;

(3)解方程求得各节点电压;

(4)根据题意,由各节点电压进一步求出所求各量(例如各支路电流等)。

例3-4　电路如图3-10所示,已知$R_1=R_2=R_3=2\ \Omega$,$R_4=4\ \Omega$,$R_5=5\ \Omega$,$u_{S1}=10\ \text{V}$,$u_{S2}=2\ \text{V}$,$i_S=3\ \text{A}$。用节点法求各支路电流。

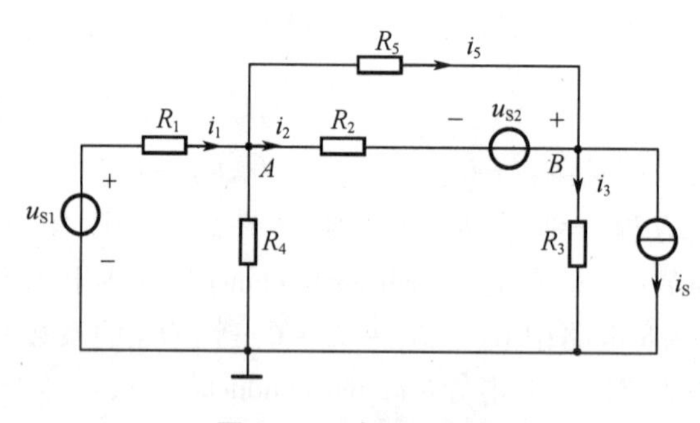

图3-10　例3-4图

解　设参考点如图所示,两独立节点分别为A和B。其节点方程可列出如下方程:

$$\begin{cases}\left(\dfrac{1}{R_1}+\dfrac{1}{R_2}+\dfrac{1}{R_4}+\dfrac{1}{R_5}\right)u_A-\left(\dfrac{1}{R_2}+\dfrac{1}{R_5}\right)u_B=\dfrac{u_{S1}}{R_1}-\dfrac{u_{S2}}{R_2}\\ -\left(\dfrac{1}{R_2}+\dfrac{1}{R_5}\right)u_A+\left(\dfrac{1}{R_2}+\dfrac{1}{R_3}+\dfrac{1}{R_5}\right)u_B=\dfrac{u_{S2}}{R_2}-i_S\end{cases}$$

代入数值并整理,得

$$\begin{cases}1.45u_A-0.7u_B=4\\-0.7u_A+1.2u_B=-2\end{cases}$$

解之，得

$$\begin{cases}u_A=2.72\ \text{V}\\u_B=-0.08\ \text{V}\end{cases}$$

令各支路电流方向如图3－10所示，则

$$i_1=\frac{u_{S1}-u_A}{R_1}=\frac{10-2.72}{2}=3.64\ \text{A}$$

$$i_2=\frac{u_A+u_{S2}-u_B}{R_2}=\frac{2.72+2-(-0.08)}{2}=2.4\ \text{A}$$

$$i_3=\frac{u_B}{R_3}=\frac{-0.08}{2}=-0.04\ \text{A}$$

$$i_4=\frac{u_A}{R_4}=\frac{2.72}{4}=0.68\ \text{A}$$

$$i_5=\frac{u_A-u_B}{R_5}=\frac{2.72-(-0.08)}{5}\ \text{A}=0.56\ \text{A}$$

如果电路中含有无伴电压源（即只有一电压源而没有与之串联的电阻）支路或称纯压源支路，则因该支路不能等效变换成电流源，且该支路电流不能用节点电压来表示，所以就无法按式(3－12)直接列出其节点方程。遇到这种情况，一般的处理方法就是将纯压源支路的电流作为未知量。以图3－11电路为例，图中电路共三个节点，如选节点③为参考点，并设纯压源 u_{S1} 支路电流为 i，方向如图，则在节点①和②由KCL列出的方程应为

$$\left(\frac{1}{R_1}+\frac{1}{R_2}\right)u_{n1}-\frac{1}{R_2}u_{n2}+i=\frac{u_{S2}}{R_2}-i_{S1} \tag{3-13}$$

$$-\frac{1}{R_2}u_{n1}+\left(\frac{1}{R_2}+\frac{1}{R_2}\right)u_{n2}-i=i_{S2}-\frac{u_{S2}}{R_2} \tag{3-14}$$

以上两式中若去掉方程左边的第3项（即电流 i 项）就是不考虑纯压源 u_{S1} 支路时的节点方程。考虑了这一支路之后，两方程中就出现了这一项。由于方程中多了一个未知量，因此需要补充一个方程，这个方程就是纯压源支路电压即 u_{S1} 与节点电压的关系为

$$u_{n1}-u_{n2}=u_{S1} \tag{3-15}$$

将以上三个方程联立，就可以求出各节点电压。

对于图3－11电路，还有另外一种较为简便的处理方法，就是在选参考点时稍加注意，选取纯压源支路的一端为参考点（而不是任选一点为参考点），例如选取节点②为参考点。此时节点①的节点电压就是电压源 u_{S1} 的电压，即有

$$u_{n1}=u_{S1} \tag{3-16}$$

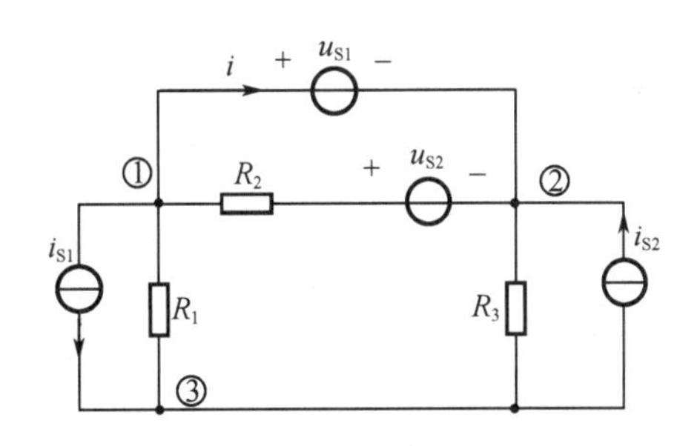

图3－11　参考点的选取

在节点①就不必再列KCL方程了，只需在节点③按式(3－13)的形式列出方程就可以了，其方程为

$$-\frac{1}{R_1}u_{n1}+\left(\frac{1}{R_1}+\frac{1}{R_3}\right)u_{n3}=i_{S1}-i_{S2} \tag{3-17}$$

式(3-16)、式(3-17)联立,就可求出两节点电压。以上两个方程实际上相当于一个方程。这种处理方法较之前一种处理方法要简单得多。

如果电路含有几个纯电压源支路,当这些支路有公共端时,选择公共端为参考点最为方便。否则就需将以上两种处理方法结合使用。

例3-5 电路和参数如图3-12所示,用节点法求各支路的电流。

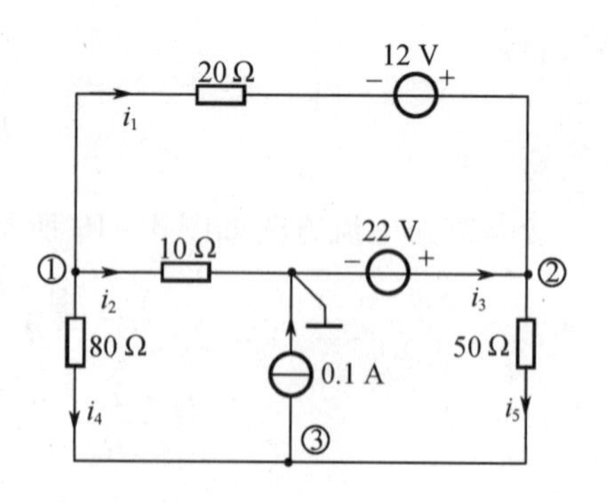

图3-12 例3-5图

解 选取参考点并将其余各节点编号如图3-12中所示,则节点②的电压为

$$u_{n2}=22\text{ V}$$

由节点①和③可列出节点方程为

$$\begin{cases}\left(\frac{1}{10}+\frac{1}{20}+\frac{1}{80}\right)u_{n1}-\frac{1}{20}u_{n2}-\frac{1}{80}u_{n3}=-\frac{12}{20}\\ -\frac{1}{80}u_{n1}-\frac{1}{50}u_{n2}+\left(\frac{1}{80}+\frac{1}{50}\right)u_{n3}=-0.1\end{cases}$$

整理得

$$\begin{cases}13u_{n1}-u_{n3}=40\\ -5u_{n1}+13u_{n3}=136\end{cases}$$

解得

$$\begin{cases}u_{n1}=4\text{ V}\\ u_{n3}=12\text{ V}\end{cases}$$

设各支路电流如图3-12所示,则

$$i_1=\frac{u_{n1}-u_{n2}+12}{20}=\frac{4-22+12}{20}=-0.3\text{ A}$$

$$i_2=\frac{u_{n1}}{10}=\frac{4}{10}=0.4\text{ A}$$

$$i_4=\frac{u_{n1}-u_{n3}}{80}=\frac{4-12}{80}=-0.1\text{ A}$$

$$i_5=\frac{u_{n2}-u_{n3}}{50}=\frac{22-12}{50}=0.2\text{ A}$$

而纯压源支路电流 i_3 无法由节点电压求出,只能由KCL计算,为

$$i_3=i_5-i_1=0.2-(-0.3)=0.5\text{ A}$$

以上求得的结果与用回路法求得的结果是一样的。

该例若选节点③为参考点,需增设纯压源支路电流 i_3 为未知变量,列出的联立方程应为4个。

若电路中含有电流源与电阻串联支路,如图3-8中电流源 i_{S2} 串联一个电阻,则因该支路电流仍为 i_{S2},与串联电阻无关,所以按KCL列出的节点方程仍是原来的方程,与电流源串联的电阻在方程中不会出现。这就是说,遇到这种情况,只要把与电流源串联的电阻不加考虑(就当作没有这一电阻),按式(3-12)直接列出其节点方程就可以了。

当电路中有受控源时，建立节点电压方程应遵循以下原则：首先将受控源视作独立源，按各种分析方法的规律列出其相应的方程。在这一过程中，由于受控源的控制量一般并非网络变量，故每有一个受控源，就会增加一个变量（即受控源的控制量），就需补充一个方程，补充的方程就是控制量与网络变量之间的关系。将以上所得方程联立，便可得到分析结果。

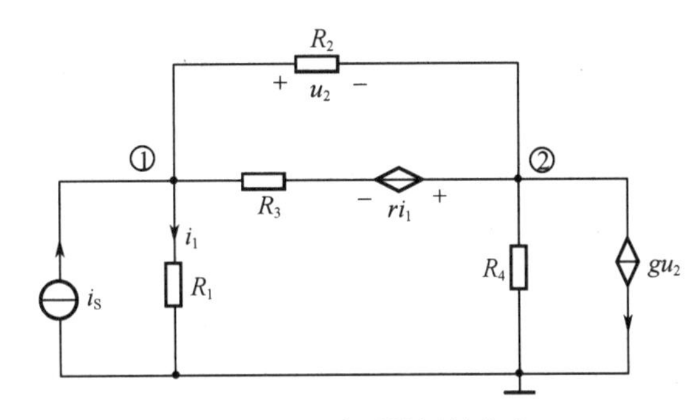

图 3－13　含受控源的电路

例如对图 3－13 所示的含受控源电路，欲用节点法对其进行分析。在选定参考点之后，首先将受控源视作独立源，按式（3－12）可对其节点①②列出如下两个方程：

$$\begin{cases}\left(\dfrac{1}{R_1}+\dfrac{1}{R_2}+\dfrac{1}{R_3}\right)u_{n1}-\left(\dfrac{1}{R_2}+\dfrac{1}{R_3}\right)u_{n2}=i_S-\dfrac{ri_1}{R_3}\\[2ex]-\left(\dfrac{1}{R_2}+\dfrac{1}{R_3}\right)u_{n1}+\left(\dfrac{1}{R_2}+\dfrac{1}{R_3}+\dfrac{1}{R_4}\right)u_{n2}=\dfrac{ri_1}{R_3}-gu_2\end{cases}$$

在以上两个方程中，由于两受控源的控制量 i_1 和 u_2 并非网络变量 u_{n1} 和 u_{n2}，因此尚需补充两个方程，即用网络变量 u_{n1} 和 u_{n2} 来表示这两个控制量，有

$$\begin{cases}i_1=\dfrac{u_{n1}}{R_1}\\[2ex]u_2=u_{n1}-u_{n2}\end{cases}$$

将以上四个方程联立，便可解得结果。经过整理，将控制量消掉，便可得到以两个节点电压 u_{n1} 和 u_{n2} 为变量的如下两个节点方程：

$$\begin{cases}\left(\dfrac{1}{R_1}+\dfrac{1}{R_2}+\dfrac{1}{R_3}+\dfrac{r}{R_1R_3}\right)u_{n1}-\left(\dfrac{1}{R_2}+\dfrac{1}{R_3}\right)u_{n2}=i_S\\[2ex]-\left(\dfrac{1}{R_2}+\dfrac{1}{R_3}+\dfrac{r}{R_1R_3}-g\right)u_{n1}+\left(\dfrac{1}{R_2}+\dfrac{1}{R_3}+\dfrac{1}{R_4}-g\right)u_{n2}=0\end{cases}$$

注意：以上方程中 $G_{12}\neq G_{21}$。

一般来说，当电路中含有受控源（图 3－14）时，其节点方程的系数便失去了对称性，即 $G_{kj}\neq G_{jk}$。

综上所述，对含受控源电路进行分析时，可归纳为以下几步：

（1）视受控源为独立源，按式（3－12）列出其相应的方程；

（2）对每一受控源，应补充一个方程，补充的方程即为该受控源的控制量与相应的网络变量之间的关系；

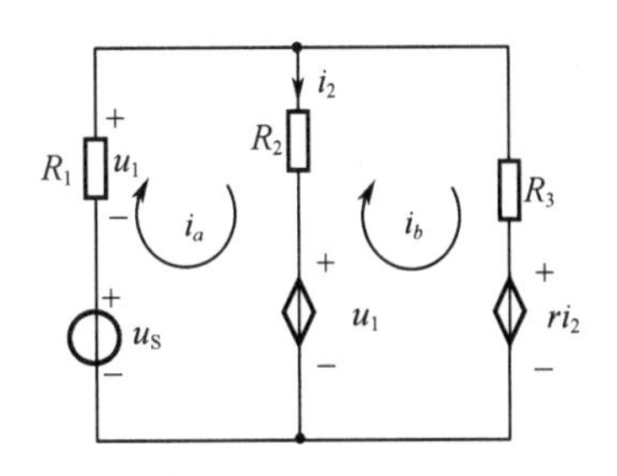

图 3－14　含受控源的电路

（3）将以上方程联立，解出网络变量；

（4）进一步根据题意求出所求。

例 3－6　电路及参数如图 3－15 所示，试用节点法和回路法求各支路电流。

解　如图选取参考点（请读者分析原因），根据节点法，可有方程组为

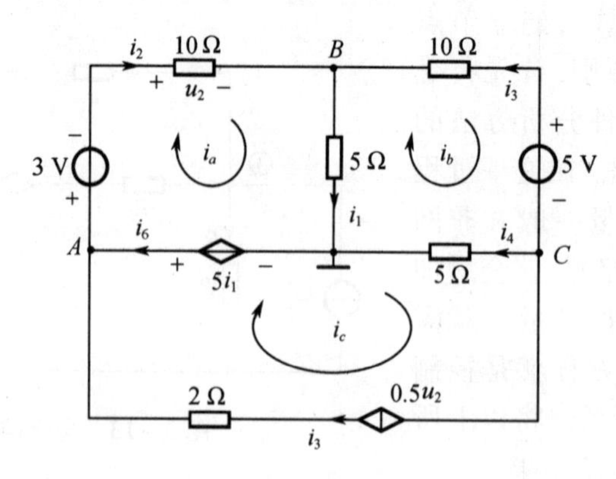

图3-15　例3-6图

$$\begin{cases} u_A = 5i_1 \\ -\frac{1}{10}u_A + \left(\frac{1}{10} + \frac{1}{5} + \frac{1}{10}\right)u_B - \frac{1}{10}u_C = \frac{5}{10} - \frac{3}{10} \\ -\frac{1}{10}u_B + \left(\frac{1}{10} + \frac{1}{5}\right)u_C = -\frac{5}{10} - 0.5u_2 \end{cases}$$

且补充方程为

$$\begin{cases} i_1 = \frac{u_B}{5} \\ u_2 = u_A - 3 - u_B \end{cases}$$

将以上各式整理,得

$$\begin{cases} u_A = u_B \\ -u_A + 4u_B - u_C = 2 \\ 5u_A - 6u_B + 3u_C = 10 \end{cases}$$

将以上各式化简,整理得

$$\begin{cases} 3u_B - u_C = 2 \\ -u_B + 3u_C = 10 \end{cases}$$

解之,得

$$u_A = u_B = 2\ \text{V} \qquad u_C = 4\ \text{V}$$

设各支路电流方向如图3-15所示,则

$$i_1 = \frac{u_B}{5} = \frac{2}{5}\ \text{A} = 0.4\ \text{A}$$

$$i_2 = \frac{u_A - 3 - u_B}{10} = \frac{2 - 3 - 2}{10}\ \text{A} = -0.3\ \text{A}$$

$$i_3 = \frac{u_C + 5 - u_B}{10} = \frac{4 + 5 - 2}{10}\ \text{A} = -0.7\ \text{A}$$

$$i_4 = \frac{u_C}{5} = \frac{4}{5}\ \text{A} = 0.8\ \text{A}$$

$$i_5 = 0.5u_2 = 0.5(u_A - 3 - u_B) = -1.5\ \text{A}$$

$$i_6 = i_2 - i_5 = -0.3 - (-1.5) = 1.2\ \text{A}$$

在该例的分析过程中，当把受控源视作独立源时，因有纯压源支路和电流源－电阻串联支路，所以在运用节点法时，参考点的选取并非随意，而且与受控流源串联的 2 Ω 电阻不能列入方程之中。在遇到类似的问题时，请仔细认真看清电路，并合理运用节点法列写方程。

本节思考与练习

3.3 节
思考与练习
参考答案

3－3－1　如题 3－3－1 图所示，列写电路的节点方程并求各支路电流。

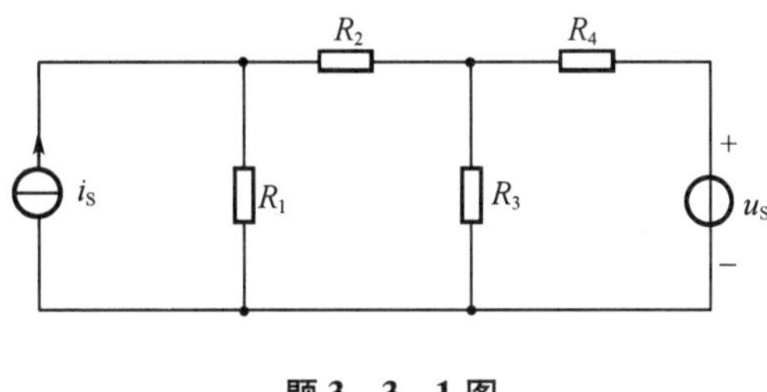

题 3－3－1 图

3－3－2　如题 3－3－2 图所示，用节点法求各支路电流（当 S 闭合时）。

3－3－3　如题 3－3－3 图所示，用节点法求各支路电流。

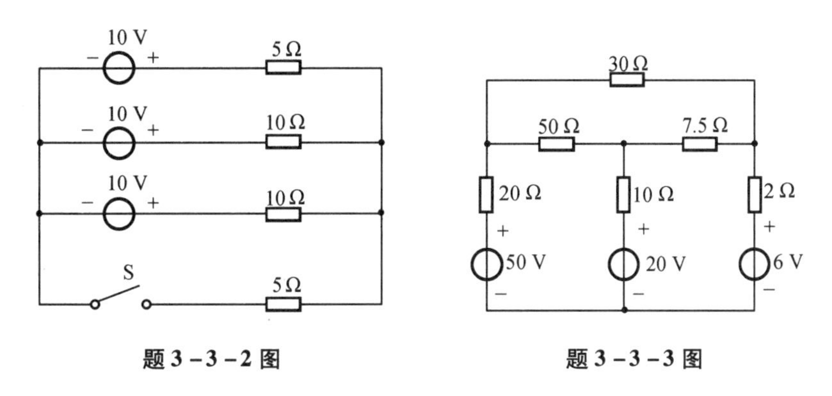

题 3－3－2 图　　　　**题 3－3－3 图**

3－3－4　列写如题 3－3－4 图所示电路的节点方程（参考点已指定）。

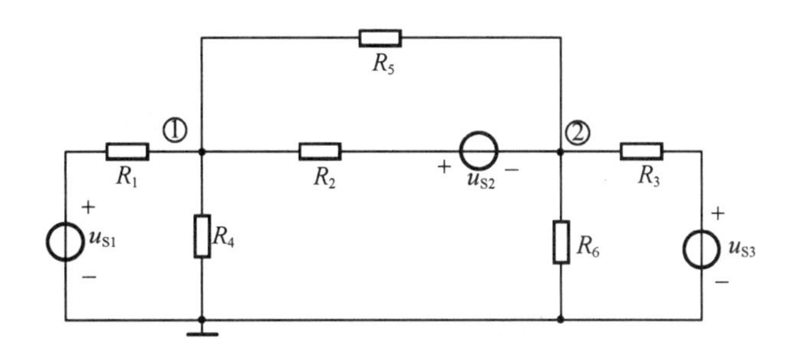

题 3－3－4 图

3－3－5　列写如题 3－3－5 图所示电路的节点方程（参考点已指定）。

3-3-6　列写如题3-3-6图所示的节点电压方程。

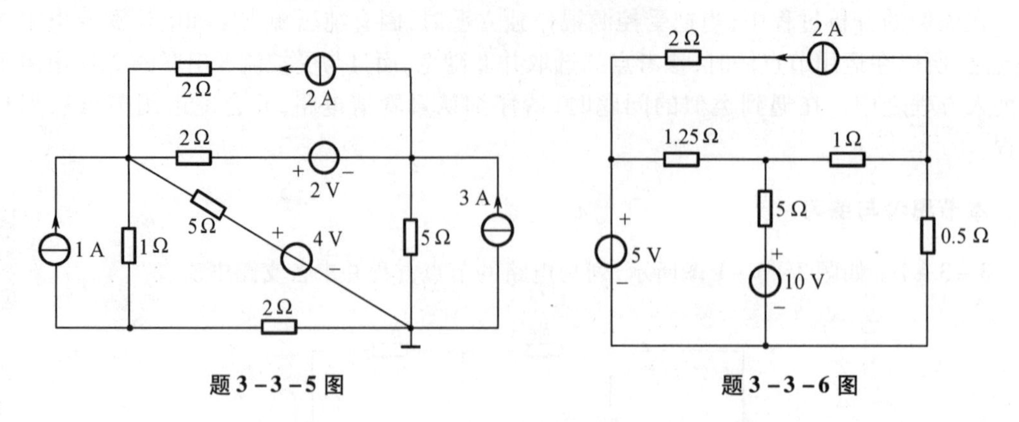

题3-3-5图　　　　题3-3-6图

3-3-7　题3-3-7图示电路为一单节偶电路,各条支路均为电阻和电压源串联支路。试用节点法证明其节偶电压为

$$u=\frac{\sum_{k=1}^{n}\frac{u_{Sk}}{R_k}}{\sum_{k=1}^{n}\frac{1}{R_k}}$$

注:式中分子为各支路等效电流源电流的代数和,分母为各支路电导之和。此式又称弥尔曼定理。

3-3-8　用节点法求题3-3-8图所示电路中的电流 i_1 和 i_2。

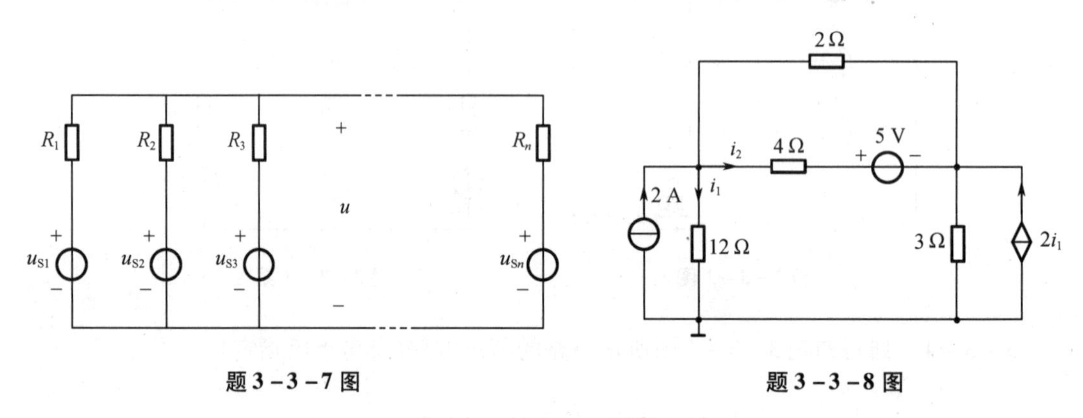

题3-3-7图　　　　题3-3-8图

3-3-9　电路如题3-3-9图所示,已知此电路的节点电压方程为$\begin{cases}5U_1-3U_2=2\\-U_1+5U_2=0\end{cases}$,试求受控源的系数 g。

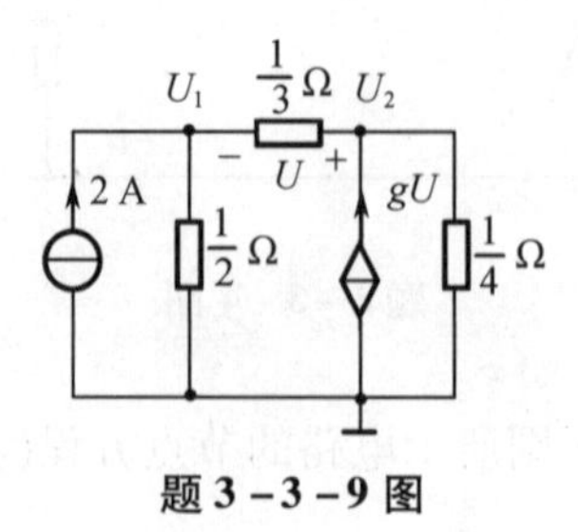

题3-3-9图

3.4　叠加定理

由线性元件和独立源构成的电路称为线性电路(linear circuit)。不管选用电路中电压还是电流作为变量来列写电路方程,最终得到的是一组线性方程。由线性代数知识可知,方程的解具有可加性和齐次性。这个性质反映到电路分析中,就是响应(电路中的电压或电流)和激励(独立源)之间满足可加性(additivity property)和齐次性(homogeneity property)。这也是线性电路的一个显著特点。如在图 3-16 所示的电路中,有两个独立源(即激励),现在欲求其支路电流 i_2(称为响应)。

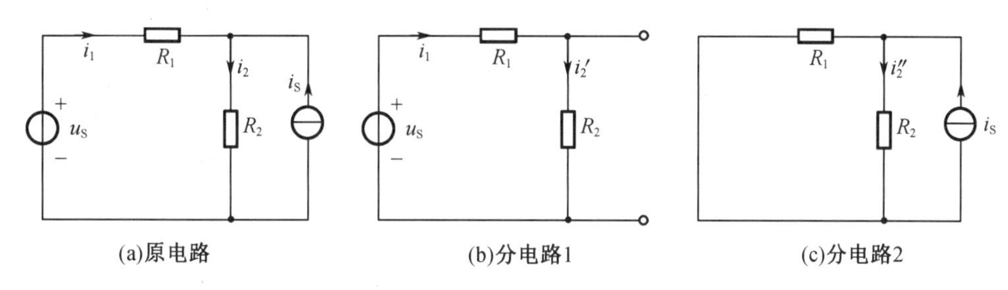

图 3-16　叠加定理示例电路图

由 KCL 和 KVL 列出方程

$$\begin{cases} i_1 = i_2 - i_S \\ R_1 i_1 + R_2 i_2 = u_S \end{cases}$$

并求得

$$i_2 = \frac{1}{R_1 + R_2} u_S + \frac{R_1}{R_1 + R_2} i_S$$

若将该响应中两项的系数分别用 k_1 和 k_2 表示,则结果可简化为

$$i_2 = k_1 u_S + k_2 i_S$$

这一结果说明,响应 i_2 由两个分量组成,其中第一个分量 $k_1 u_S$ 是在 $i_S = 0$ 即电流源不存在或不作用而电压源单独作用时的结果,第二个分量 $k_2 i_S$ 则是在 $u_S = 0$ 即电压源不存在或不作用而电流源单独作用时的结果。这一结论正是线性电路叠加性的体现。

线性电路的叠加性可由叠加定理(Superposition Theorem)叙述如下。

在线性电路中,电路某处的电流或电压(即响应)等于各独立源(即激励)分别单独作用时在该处产生的电流或电压的代数和,写成数学表达式为

$$x = \sum_{j=1}^{n} k_j e_j \tag{3-18}$$

式中,x 为电路的响应,可以是电路中任何一处的电流或电压;e 为电路的激励,可以是独立电压源的电压,也可以是独立电流源的电流;k 为常数,由网络结构和元件参数决定。

叠加定理的重要意义在于,各个激励对电路的作用是可以分开来考虑和计算的。这就为我们分析电路问题提供了依据和方便。

利用叠加定理分析线性电路问题常称叠加法。各个激励分别作用时的电路称为相应

激励下的分电路。某电源不作用时,该电源应置零。对电压源而言,该电源处应代之以短路;对电流源而言,该电源处应代之以开路。下面通过例题说明叠加法的应用,并从中总结出应用叠加法时应注意的问题。

例3-7 用叠加法求图3-17(a)电路中的电流i,并求6 Ω电阻吸收的功率。

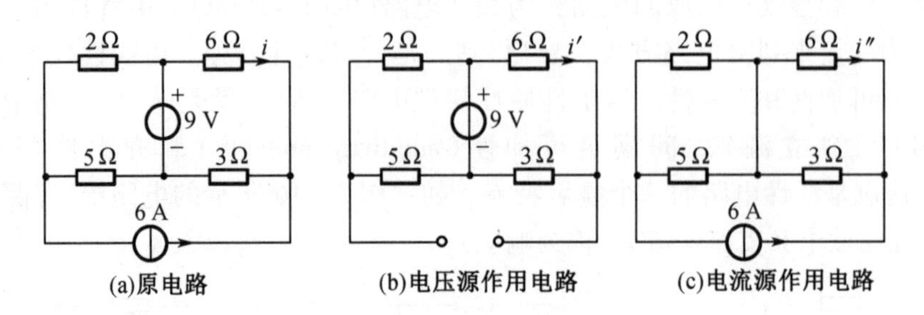

图3-17 例3-6图

解 当9 V电压源单独作用时,电流源处开路,由图3-17(b)可求得

$$i' = \frac{9}{6+3} = 1\ \text{A}$$

当6 A电流源单独作用时,电压源处短路,由图3-17(c)应用分流公式可求得

$$i'' = \frac{3}{6+3} \times 6 = 2\ \text{A}$$

故

$$i = i' - i'' = 1 - 2 = -1\ \text{A}$$

此处电流i取i'与i''的代数和。

6 Ω电阻吸收的功率为

$$p = 6i^2 = 6 \times (-1)^2 = 6\ \text{W}$$

在该例中,两电源各自单独作用的6 Ω电阻吸收的功率分别是

$$p' = 6(i')^2 = 6 \times 1^2 = 6\ \text{W}$$

$$p'' = 6(i'')^2 = 6 \times 2^2 = 24\ \text{W}$$

所以

$$p \neq p' + p''$$

这说明,功率不能像电流或电压那样进行叠加,这是因为功率与电流或电压之间不是线性关系。

例3-8 用叠加法求图3-18(a)电路中电流源的电压u。

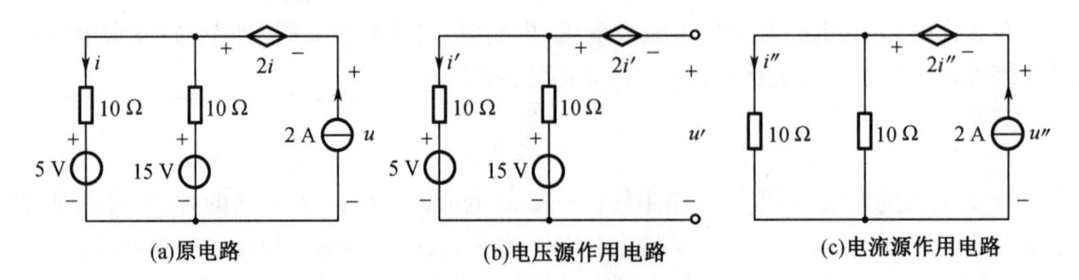

图3-18 例3-8图

解 将原电路分做两个分电路考虑，其中图3－18(b)是两个电压源单独作用，而电流源不作用所得到的电路，图3－18(c)是电流源单独作用，而电压源不作用所得到的电路。在用叠加定理分析含有受控源电路时，受控源仍保留在电路中，其控制量和受控源之间的控制关系不变，只不过控制量不再是原电路中的i，而分别是图3－18(b)和图3－18(c)中的i'和i''。

由图3－18(b)得到

$$i'=\frac{15-5}{10+10}=0.5\ \text{A}$$

$$u'=-2i'+10i'+5=8\times0.5+5=9\ \text{V}$$

在图3－18(c)中，只电流源作用，两个电压源均不作用，此时

$$i''=\frac{2}{2}=1\ \text{A}$$

$$u''=-2i''+10i''=8\times1=8\ \text{V}$$

故
$$u=u'+u''=9+8=17\ \text{V}$$

例3－9 图3－19所示电路中N为不含独立源的线性电阻网络，若$u_S=10\ \text{V}$，$i_S=2\ \text{A}$时，$i=3\ \text{A}$；若$u_S=0$，$i_S=3\ \text{A}$时，$i=1.2\ \text{A}$。求$u_S=20\ \text{V}$，$i_S=5\ \text{A}$时的电流i。

解 电路中u_S与i_S为两个激励，i为响应，根据叠加定理，有

$$i=k_1u_S+k_2i_S$$

将题中给的两个条件代入，得

$$\begin{cases}10k_1+2k_2=3\\3k_2=1.2\end{cases}$$

解之，得

$$k_1=0.22,k_2=0.4$$

将k_1、k_2之值及$u_S=20\ \text{V}$，$i_S=5\ \text{A}$代入，可得

$$i=0.22\times20+0.4\times5=6.4\ \text{A}$$

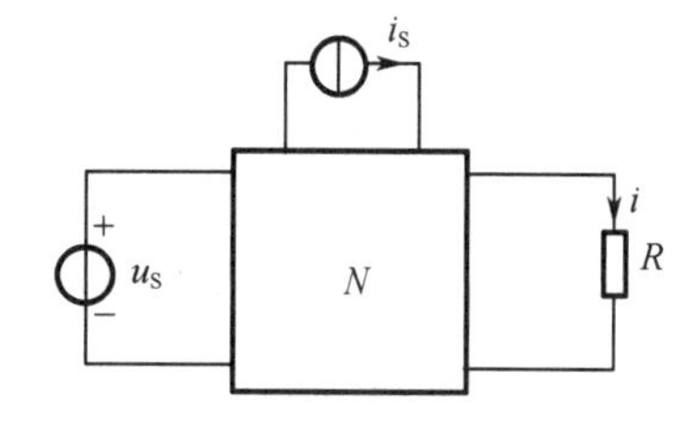

图3－19 例3－9图

总结以上各例，可将应用叠加法时应注意的问题归纳如下：

(1)叠加定理适用于线性电路中的电流或电压；叠加为取代数和，要根据各分电路中所求电流或电压与原电路中所求电流或电压的方向是否一致来决定取和过程中的“＋”或“－”。

(2)在各分电路中，不作用的电源应置零，即电压源处视为短路，电流源处视为开路。

(3)各独立源作用情况可以逐个考虑，也可以分组考虑。

(4)受控源不是激励，各独立源分别作用时，受控源应始终保留在电路中。

(5)功率不能通过叠加来计算。

线性电路的齐次性可由齐性定理(Homogeneity Theorem)或称齐性原理叙述如下：在线性电路中，当所有的激励(电压源和电流源)都同时增大或缩小若干倍时，响应(电流或电压)也将增大或缩小同样的倍数。显然，当电路中只有一个激励时，响应将与激励成正比。对例3－8的电路，如电流源电流由2 A增至4 A，其他均不变，则两电压源作用的结果不变，仍为

$$u'=9\ \text{V}$$

而电流源单独作用的结果，根据齐性原理，响应将随激励的加倍而加倍，变为

$$u''=8\times\frac{4}{2}=16\ \text{V}$$

于是
$$u=u'+u''=9+16=25\ \text{V}$$

应用齐性原理分析梯形电路很方便,请看例题。

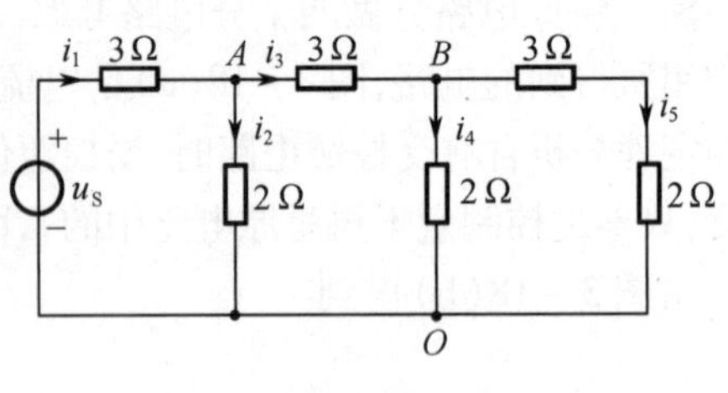

图 3-20 例 3-10 图

例 3-10 求图 3-20 电路中各支路电流。已知 $u_S=10$ V。

解 设各支路电流如图所示,先假定 $i'_5=1$ A,由后向前可逐步推得

$$u'_{BO}=(3+2)i'_5=5\times1=5\ \text{V}$$

$$i'_4=\frac{u'_{BO}}{2}=\frac{5}{2}=2.5\ \text{A}$$

$$i'_3=i'_4+i'_5=2.5+1=3.5\ \text{A}$$

$$u'_{AO}=3i'_5+u'_{BO}=3\times3.5+5=15.5\ \text{V}$$

$$i'_2=\frac{u'_{AO}}{2}=\frac{15.5}{2}=7.75\ \text{A}$$

$$i'_1=i'_2+i'_3=7.75+3.5=11.25\ \text{A}$$

$$u'_S=3i'_1+u'_{AO}=3\times11.25+15.5=49.25\ \text{V}$$

现今 $u_S=10$ V,是 u'_S 的 $k=\frac{10}{49.25}\approx0.203$,根据齐性原理,各支路电流也应为以上按假定推出的结果的 k 倍,即

$$i_1=ki'_1=0.203\times11.25\approx2.28\ \text{A}$$

$$i_2=ki'_2=0.203\times7.75\approx1.57\ \text{A}$$

$$i_3=ki'_3=0.203\times3.5\approx0.71\ \text{A}$$

$$i_4=ki'_4=0.203\times2.5\approx0.51\ \text{A}$$

$$i_5=ki'_5=0.203\ \text{A}$$

以上的推算过程是由梯形电路的末端(即远离电源的一端)由后往前进行推算的,所以称为"倒推法"。推算过程中为了方便,设末端电流 $i'_5=1$ A,最后再按齐性原理将结果予以修正。所以又称这种方法为"单位电流法"。

3.4 节
思考与练习
参考答案

本节思考与练习

3-4-1 试用叠加法求题 3-4-1 图中电压源的电流和电流源的电压。

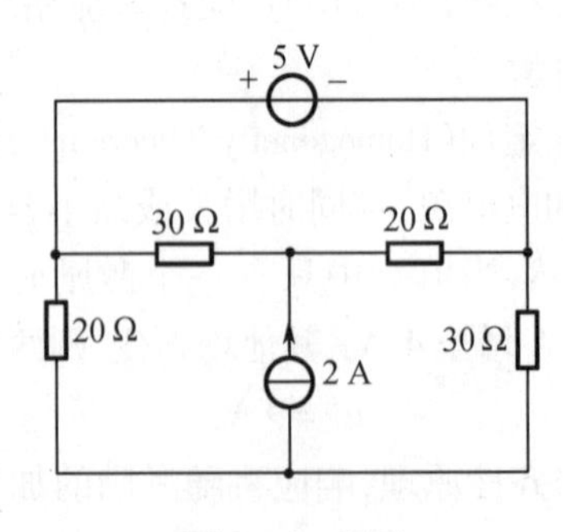

题 3-4-1 图

3 -4 -2　题 3 -4 -2 图中 N 为不含独立源的线性电阻网络。已知:当 $u_{S1}=2$ V,$u_{S2}=3$ V 时,响应电流 $i=2$ A;而当 $u_{S1}=-2$ V,$u_{S2}=1$ V 时,电流 $i=0$。求当 $u_{S1}=u_{S2}=5$ V 时的电流 i。

3 -4 -3　用叠加法求题 3 -4 -3 图所示电路中的电压 u。

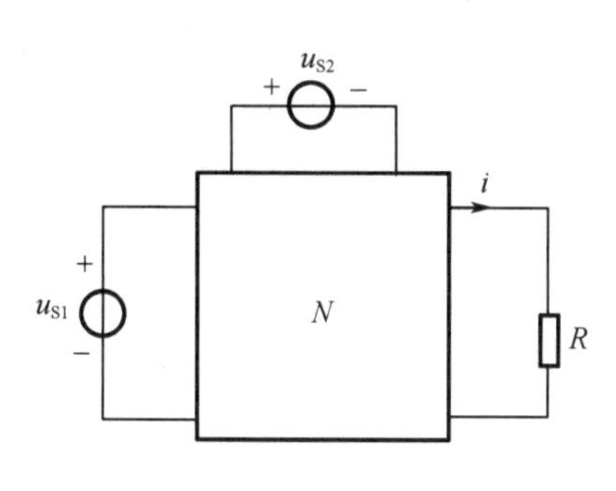

题 3 -4 -2 图

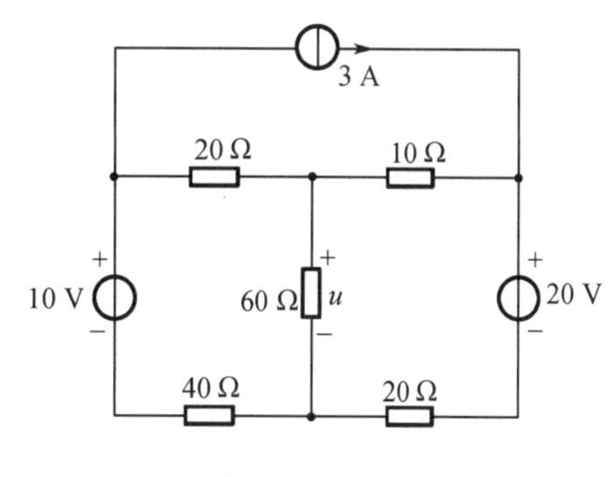

题 3 -4 -3 图

3 -4 -4　用叠加法求题 3 -4 -4 图所示电路中的电压 u 和电流 i。

3 -4 -5　用叠加法求题 3 -4 -5 图所示电路中的电流 i。

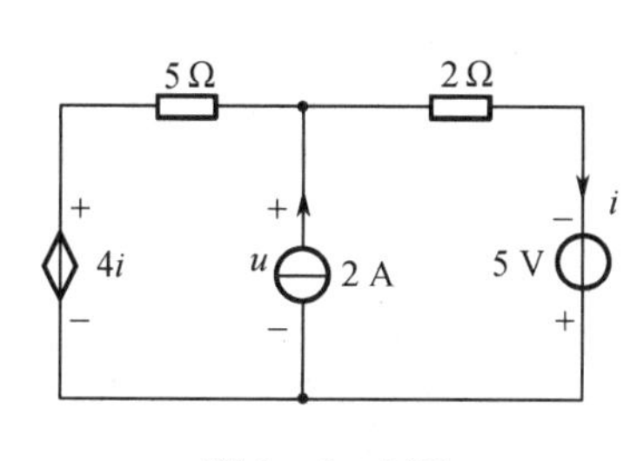

题 3 -4 -4 图

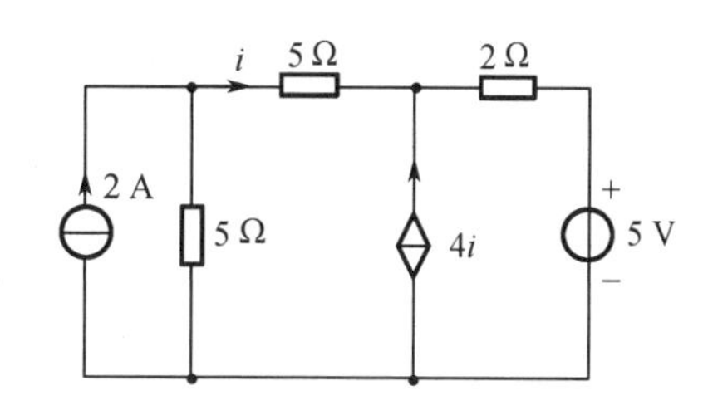

题 3 -4 -5 图

3 -4 -6　用叠加定理求题 3 -4 -6 图所示电路中的电流 i。

3 -4 -7　试用倒推法求题 3 -4 -7 图所示电路中各支路电流。

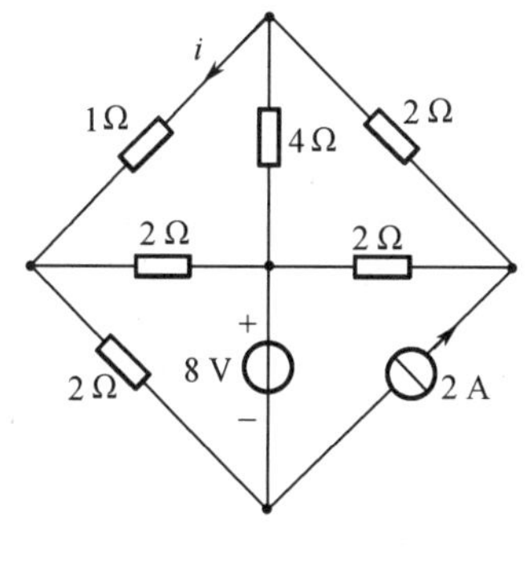

题 3 -4 -6 图

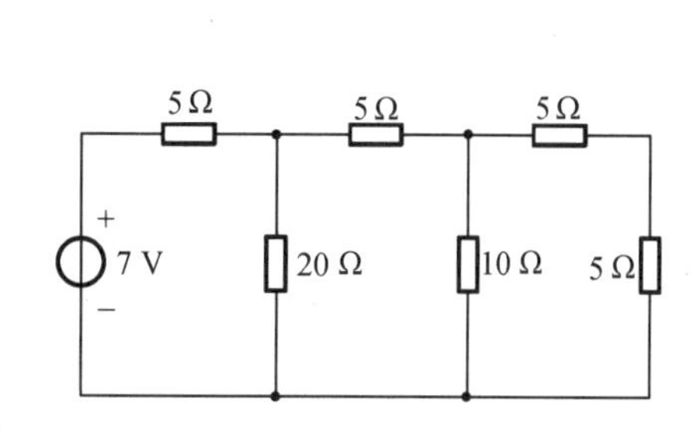

题 3 -4 -7 图

3.5 替代定理

替代定理(Substitution Theorem)的内容为:在一个任意的电路中,若某一支路(设其为第 k 支路)的电压和电流分别为 u_k 和 i_k,则不论该支路是如何构成的,总可以用一个源电压 $u_S = u_k$ 的电压源或者用一个源电流 $i_S = i_k$ 的电流源来替代,替代后电路中各支路的电压和电流均保持原电路中的数值不变。替代定理的上述内容也可用图 3-21(a)来表述。图中 N 为除支路 k 之外电路的其余部分。

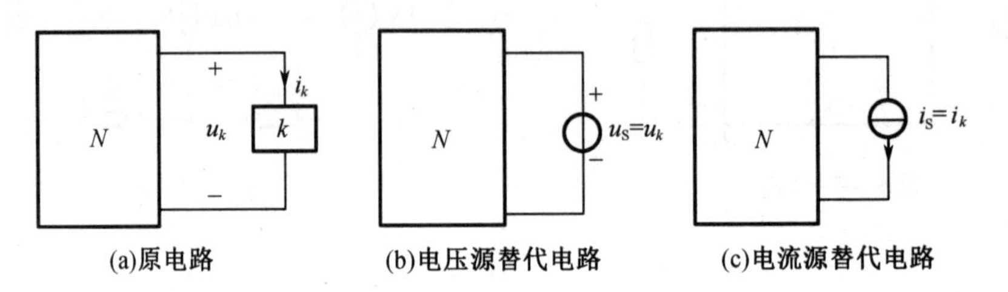

(a)原电路　(b)电压源替代电路　(c)电流源替代电路

图 3-21　替代定理示例电路图

替代定理的证明比较简单。当用一个 $u_S = u_k$ 的电压源替代支路 k(图 3-21(b))之后,新电路与原电路在结构上完全相同,所以两者的 KCL 和 KVL 方程完全相同。而且除支路 k 之外,电路的其余部分并未改变,因此其中各支路的约束关系(即支路方程)也都未变,只有支路 k 有所差异,但该支路的电压并未变动,而其电流又不受本支路的约束(因为该支路为电压源)。假如在替代前后原电路和新电路都具有唯一解,那么原电路的全部支路电压和支路电流,必然也能满足新电路的全部约束关系,也就是说原电路的解就是新电路的解。以上就是用电压源 $u_S = u_k$ 替代支路 k 时定理的证明。至于用电流源 $i_S = i_k$ 替代支路 k 的情形(图 3-21(c)),也可做与上类似的证明。

例 3-11　用图 3-22 的电路来验证替代定理,图 3-22(a)为原电路,图 3-22(b)、图 3-22(c)是将 2 Ω 电阻支路分别用电压源和电流源替代后的电路。

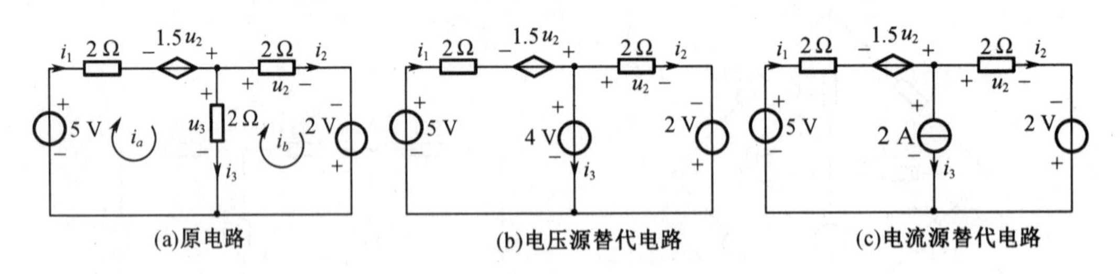

(a)原电路　(b)电压源替代电路　(c)电流源替代电路

图 3-22　例 3-11 图

解　在图 3-22(a)所示电路中,可以进一步求得 $i_a = 5\ \text{A}, i_b = 3\ \text{A}, u_3 = 2i_3 = 4\ \text{V}$。

现在来验证替代定理:首先将 2 Ω 电阻支路用电压源替代,电压源的电压为 $u_S = u_3 = 4\ \text{V}$,得到如图 3-22(b)所示电路,由此图很容易求得

$$u_2 = 4 + 2 = 6\ \text{V}$$

$$i_2 = \frac{u_2}{2} = 3\ \text{A}$$

$$i_1 = \frac{5 - 4 + 1.5u_2}{2} = 5\ \text{A}$$

而

$$i_3 = i_1 - i_2 = 5 - 3 = 2\ \text{A}$$

与原电路图 3 - 22(a)中各支路电流一致。

其次,将 2 Ω 电阻支路用电流源替代,电流源的电流为 $i_S = i_3 = 2$ A,得电路图 3 - 22(c),由此图根据 KCL 和 KVL(经由外回路)可列出如下方程:

$$i_1 = i_2 + 2$$

$$2i_1 + 2i_2 = 5 + 2 + 1.5u_2$$

而

$$u_2 = 2i_2$$

将以上三个方程联立,便可解得

$$i_1 = 5\ \text{A} \qquad i_2 = 3\ \text{A}$$

而 i_3 就是电流源电流,即

$$i_3 = 2\ \text{A}$$

以上的计算结果表明,图 3 - 22 中三个电路中各支路电流一致(从而各支路电压也一致),这就验证了替代定理。

替代定理不仅适用于线性电路,也适用于非线性电路。被替代的支路可以是任何元件构成的,甚至可以是一个二端网络(二端网络最终可等效为一条含源或无源支路)。对于含有受控源的电路,如果某支路包含该支路以外的受控源的控制量,而这一控制量又不是该支路的支路电压或支路电流,则该支路不能被替代。如图 3 - 22 中的 2 Ω 电阻和 2 V 电压源相串联的支路就不能被替代。因为如果这一支路被替代,电路中受控源的控制量 u_2 就消失了,这是不允许的。

需要指出,这里讨论的替代和第 2 章中讨论的等效不是一个概念。这里是指替代前后电路中各支路的电压和电流均保持原电路中的数值不变,而第 2 章中讨论的等效是指端口对外的 $u - i$ 关系等效。

替代定理除了可用来分析电路以外,还可用来证明一些其他的网络定理。如下节将要讨论的戴维南定理和诺顿定理,其证明就用到了替代定理。

3.6　戴维南定理与诺顿定理

从第 2 章我们已经知道,一个不含独立源的二端电阻网络(即使其中含有受控源),最终可以等效为一个电阻;而含有独立源的二端电阻网络,通过等效变换和等效化简,最终可以等效为一个电压源和一个电阻相串联的电路或一个电流源和一个电阻相并联的电路。如何直接确定这两种等效电路中电压源(或电流源)与电阻的参数(而不是通过等效变换和等效化简最终得到)就是本节所要解决的问题。

3.6.1　戴维南定理

图 3 - 23(a)中,N_S 为一个含有独立源的线性二端电阻网络(以后就简称为线性含源二

端网络),右边的小方框是与 N_S 相连的外电路,它可以是任意一条支路,也可以是任意一个二端网络。如果外电路断开,如图3-23(b)所示,由于 N_S 内部含有独立源,此时在 a、b 两端会有电压,称这一电压为 N_S 的开路电压,用 u_{OC} 表示。若把 N_S 中所有的独立源均置零,即把 N_S 中的独立电压源用短路代替,独立电流源用开路代替,得到的二端网络用 N_0 表示,如图3-23(c)所示,这样 N_0 就是一个线性无源二端网络,因此 N_0 可以等效成一个电阻,用 R_0 表示。

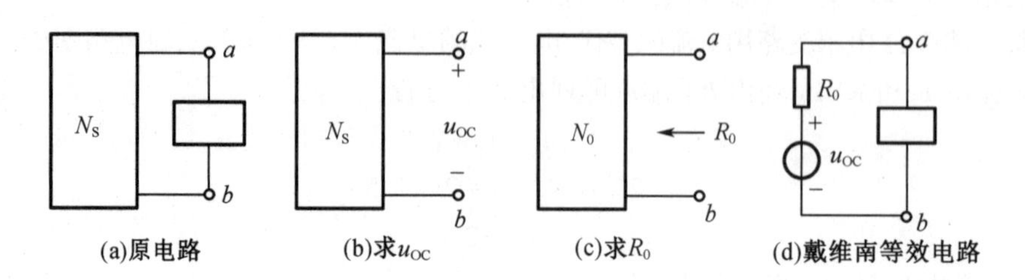

图3-23 戴维南定理等效电路

戴维南定理(Thevenin's Theorem)指出:一个含有独立源的线性二端电阻网络,对外可以等效为一个电压源和一个电阻相串联的电路。此电压源的电压等于该二端网络的开路电压,电阻则等于该二端网络中所有独立源均置零时的等效电阻。根据戴维南定理,图3-23(a)所示电路可等效为图3-23(d)所示电路。图中取代 N_S 的 u_{OC} 与 R_0 的串联组合称为 N_S 的戴维南等效电路,u_{OC} 与 R_0 则称为戴维南等效电路的参数。用戴维南等效电路取代 N_S 之后,外电路中的电压和电流均将保持不变。这又一次体现了"对外等效"的概念。

要证明戴维南定理,只要证明图3-24(a)中的 N_S 与图3-24(b)中的 u_{OC} 与 R_0 的串联组合对外电路的电压、电流关系一致即可。这可以用替代定理和叠加定理来证明。将图3-24(a)中的外电路视为一条任意的支路,并设其支路电压和电流分别为 u 和 i,如图3-24(b)所示。根据替代定理,可以用一个源电流 $i_S=i$ 的电流源替代该支路而不影响电路各处的电压和电流,替代后的电路如图3-24(c)所示。再应用叠加定理,将电路中的全部独立源分为两组,一组是 N_S 内部所有的独立源一起作用而外部电流源不作用,得分电路如图3-24(d)所示,显然此时有

$$u' = u_{OC}$$

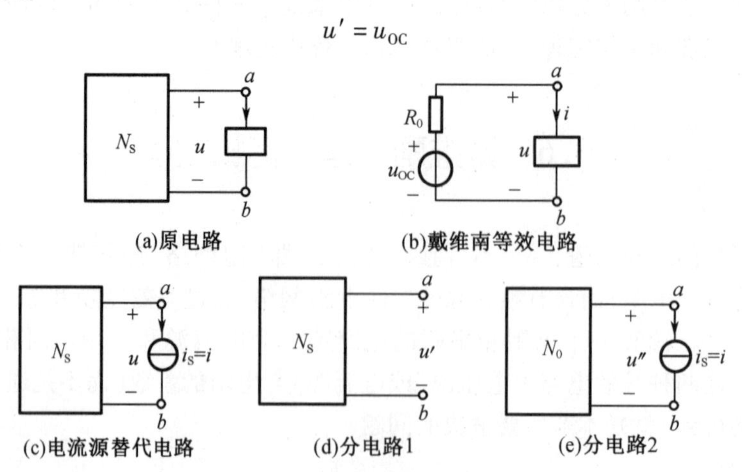

图3-24 戴维南定理的证明示例电路图

另一个方法是将 N_S 内部所有的独立源均不作用（均置零），只有外部电流源单独作用，得分电路如图 3－24(e)；此时二端网络 N_0 可等效为一个电阻 R_0，故有

$$u'' = -R_0 i$$

根据叠加定理，可得

$$u = u' + u'' = u_{OC} - R_0 i$$

这就是含有独立源的线性二端电阻网络 N_S 对外的电压、电流关系。这一关系与图 3－24(b)的 u_{OC} 与 R_0 串联组合对外的电压、电流关系完全一致。于是戴维南定理得到了证明。

应用戴维南定理，可以把一个任意复杂的含源二端电阻网络等效成一个电压源和一个电阻的串联组合，使电路得到简化，为进一步分析电路提供了方便。等效化简的关键就是确定含源二端电阻网络的等效参数 u_{OC} 与 R_0。

例 3－12　求图 3－25(a)电路的戴维南等效电路。

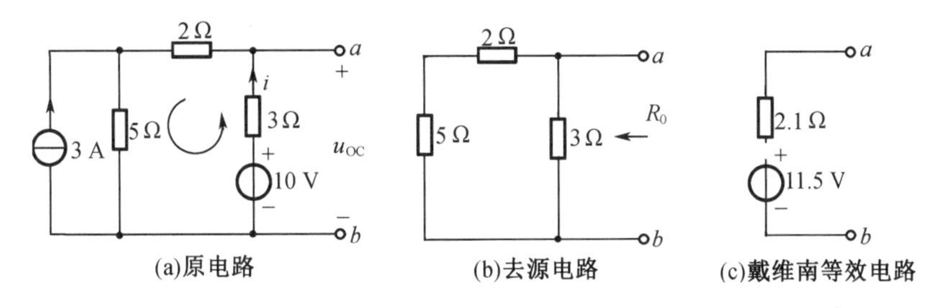

图 3－25　例 3－12 图

解　(1)先求该电路的开路电压 u_{OC}

设开路电压 u_{OC} 和电流 i 的方向如图 3－25(a)所示。因 a、b 端开路，按图中回路方向可列出方程：

$$(3+2)i + 5(i+3) = 10$$

解得

$$i = -0.5 \text{ A}$$

故

$$u_{OC} = 10 - 3i = 10 - 3 \times (-0.5) = 11.5 \text{ V}$$

(2)求其等效电阻 R_0

将电路中所有独立源均置零，即用短路替代电压源，用开路替代电流源，得电路如图 3－25(b)所示。由此求得

$$R_0 = \frac{3 \times (2+5)}{3 + (2+5)} = 2.1\ \Omega$$

由此可得图 3－25(a)电路的戴维南等效电路如图 3－25(c)所示。

若要求电路中某一支路的电压或电流，可以先把该支路以外的电路视为含源二端网络，应用戴维南定理将其等效化简，再做进一步分析。

若电路中除某一电阻变化之外，其余部分均保持不变，欲求该电阻取不同数值时，流经其中的电流及其消耗的功率，这类问题用戴维南定理分析最为方便。

例 3－13　求图 3－26(a)电路中当 $R = 1\ \Omega$、$2\ \Omega$、$4\ \Omega$、$6\ \Omega$、$8\ \Omega$ 时流经其中的电流及 R

消耗的功率。

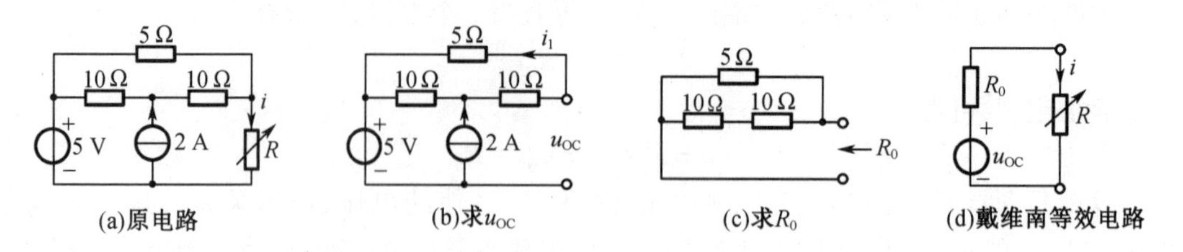

图 3-26　例 3-12 图

解　(1)将 R 支路移去,得电路如图 3-26(b)所示,设其开路电压的方向如图所示。由分流公式可求得流经 5 Ω 电阻的电流

$$i_1=\frac{10}{10+(10+5)}\times 2=0.8\ \text{A}$$

故
$$u_{OC}=5i_1+5=5\times 0.8+5=9\ \text{V}$$

(2)将图 3-26(b)中电压源处短路,电流源处开路,得电路如图 3-26(c)所示,则

$$R_0=\frac{5\times(10+10)}{5+(10+10)}=4\ \Omega$$

(3)由以上两步可得图 3-26(a)电路经戴维南等效化简后的电路如图 3-26(d)所示。由该电路可求得通过 R 的电流及其消耗的功率的表达式分别为

$$i=\frac{u_{OC}}{R_0+R}$$

$$p=Ri^2=\frac{Ru_{OC}^2}{(R_0+R)^2}$$

把 $R_0=4\ \Omega$,$u_{OC}=9\ \text{V}$,$R=1\ \Omega$、$2\ \Omega$、$4\ \Omega$、$6\ \Omega$、$8\ \Omega$ 分别代入,可得所求的电流和功率,结果见表 3-1。

表 3-1　例 3-13 表

R/Ω	1	2	4	6	8
i/A	1.8	1.5	1.125	0.9	0.75
p/W	3.24	4.50	5.062 5	4.86	4.50

从例 3-13 可以看出,随着电阻值的增加,流经电阻的电流逐渐减小;但电阻消耗的功率却是先增大而后又减小,在 $R=R_0=4\ \Omega$ 时,功率最大。这是因为,当 $R=0$ 时,电阻短路,其电压为零,功率自然为零;而当 $R\to\infty$ 时,电阻开路,其电流为零,功率自然也为零;于是在这两个极端之间,功率必有最大值。其最大值的发生条件可由例中的功率来表达。

令
$$\frac{\text{d}p}{\text{d}R}=0$$

求得
$$R=R_0$$

上述结论是一般性的,可叙述为:当负载电阻(R)与给定的含源二端电阻网络(或具有内阻的电源)的内阻(R_0)相等即 $R=R_0$ 时,负载可由给定网络(或电源)获取最大功率。这在工程上称作功率“匹配”(match)。有时把这一结论称作最大功率传输定理。在功率匹配

的情况下，负载吸收的最大功率为

$$p_{m}=\frac{u_{OC}^{2}}{4R_{0}}$$

与内阻消耗的功率相等，所以此时负载只获得（等效）电源发出功率的一半。

例 3－14　电路及参数如图 3－27（a）所示，求 R 为何值时可以获得最大功率？最大功率为多少？

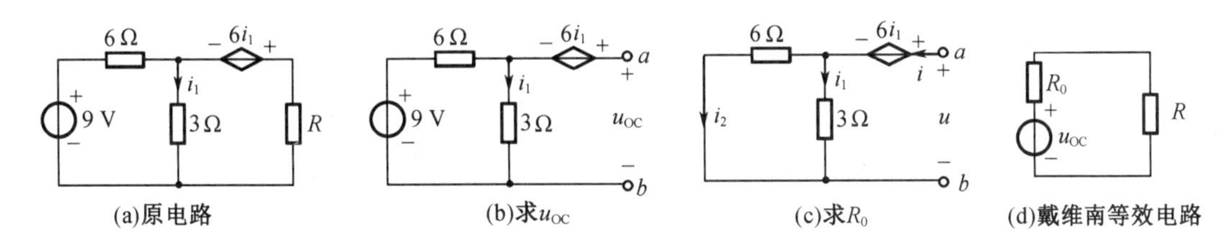

图 3－27　例 3－13 图

解　（1）将电阻 R 移去，得图 3－27（b），设开路电压 u_{OC} 方向如图所示，由于 a、b 端开路，有

$$i_{1}=\frac{9}{6+3}=1\ \text{A}$$

$$u_{OC}=6i_{1}+3i_{1}=9i_{1}=9\ \text{V}$$

（2）将 9 V 电压源处短路，得电路如图 3－27（c）所示，因含有受控源，可用外加电源法求其等效电阻 R_0。设外加电源之后在 a、b 端的电压和电流方向如图所示，则有

$$u=6i_{1}+3i_{1}=9i_{1}$$

$$i=i_{1}+i_{2}=i_{1}+\frac{3i_{1}}{6}=1.5i_{1}$$

从而

$$R_{0}=\frac{u}{i}=\frac{9i_{1}}{1.5i_{1}}=6\ \Omega$$

（3）由以上两步可得图 3－27（a）电路经戴维南等效化简后的电路如图 3－27（d）所示，当 $R=R_0=6\ \Omega$ 时，电阻 R 可获最大功率，且最大功率为

$$p_{m}=\frac{u_{OC}^{2}}{4R_{0}}=\frac{9^{2}}{4\times6}=3.375\ \text{W}$$

当网络含有受控源时，要注意受控源与控制量之间的不可分割性。如对例 3－14，在应用戴维南定理时，不允许将受控源与电阻 R 一起移去，因为这样做将使受控源与控制量割裂开来，且在化简后的等效电路中（受控源和电阻串联支路原样保留），由于控制支路的消失而使受控源没有了控制量，从而失去了意义。

3.6.2　诺顿定理

一个线性含源二端电阻网络既然可以等效成一个电压源和一个电阻的串联组合，即可以等效成一个电流源和一个电阻的并联组合。这就引出了诺顿定理（Norton's Theorem）。

诺顿定理指出：一个含有独立源的线性二端电阻网络，可以等效成一个电流源和一个电阻相并联的电路。此电流源的电流即为该二端网络的短路电流，电阻则为该二端网络中所有独立源均置零时的等效电阻。诺顿定理可通过图3-28来说明。仍用N_S表示含源二端网络,如图3-28(a)所示;用i_{SC}表示N_S二端对外短路时的电流,如图3-28(b)所示;则根据诺顿定理,图3-28(a)电路可等效为图3-28(d)电路,图中取代N_S的i_{SC}与R_0的并联组合称为N_S的诺顿等效电路,i_{SC}和R_0则为诺顿等效电路的参数。

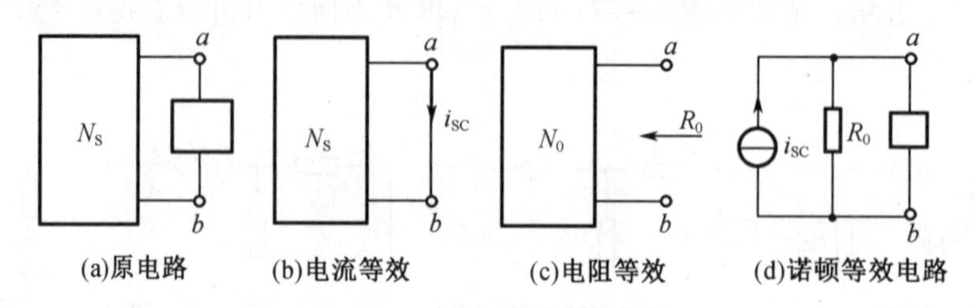

图3-28 诺顿定理等效电路

要证明诺顿定理,可以像证明戴维南定理那样用替代定理(将外电路用电压源替代)和叠加定理,也可以直接由戴维南定理通过等效变换来证明。这里不再赘述。

诺顿定理在应用时应该注意的问题与戴维南定理一样,只是在求其等效参数时需求短路电流而不是开路电压。两种等效电路共有三个参数:u_{OC}、i_{SC}和R_0,而且三者关系为$u_{OC}=R_0 i_{SC}$。故只要求出其中的任意两个,便可由上述关系求出第三个。例如可以通过u_{OC}和i_{SC}求得$R_0\left(即\dfrac{u_{OC}}{i_{SC}}\right)$。

例3-15 用诺顿定理求图3-29(a)电路中的电流i。

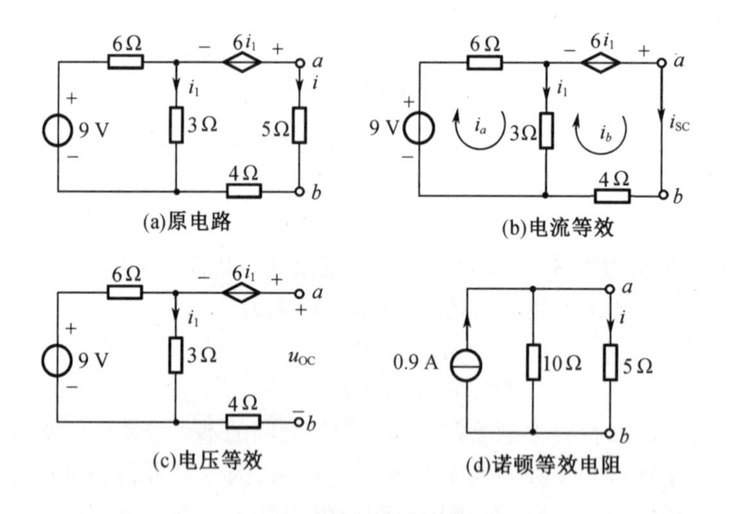

图3-29 例3-15图

解 (1)移去5 Ω电阻,将a、b短路,设短路电流为i_{SC},如图3-29(b)所示。可用节点法或网孔法求出i_{SC}。现用网孔法:设两网孔电流i_a、i_b方向如图所示,可列出方程

$$\begin{cases}9i_a-3i_b=9\\-3i_a+7i_b=6i_1\\i_1=i_a-i_b\end{cases}$$

将以上三个方程联立解得

$$i_b = 0.9\ \text{A}$$

故

$$i_{SC} = i_b = 0.9\ \text{A}$$

(2)用开路电压和短路电流求 R_0(也可用外加电源法求):将 a、b 开路,得电路如图 3-29(c)所示。由于 a、b 开路,因此

$$i_1 = \frac{9}{6+3} = 1\ \text{A}$$

$$u_{OC} = 6i_1 + 3i_1 = 9i_1 = 9\ \text{V}$$

于是可求得

$$R_0 = \frac{u_{OC}}{i_{SC}} = \frac{9}{0.9} = 10\ \Omega$$

(3)由以上两步可得图 3-29(a)电路经诺顿等效化简后的电路如图 3-29(d)所示,由该电路根据分流公式可求得

$$i = \frac{10}{10+5} \times 0.9 = 0.6\ \text{A}$$

戴维南定理和诺顿定理可以统称为含源二端网络定理,有时也称为等效电源定理(Theorem of Equivalent Source)或等效发电机原理。

本节思考与练习

3.6 节
思考与练习
参考答案

3-6-1　求题 3-6-1 图电路的戴维南等效电路。

3-6-2　求题 3-6-2 图电路的戴维南等效电路。

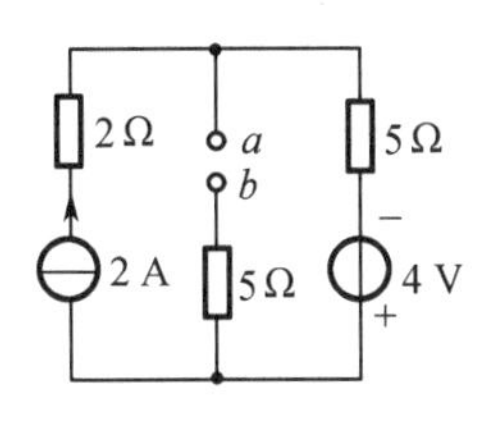

题 3-6-1 图

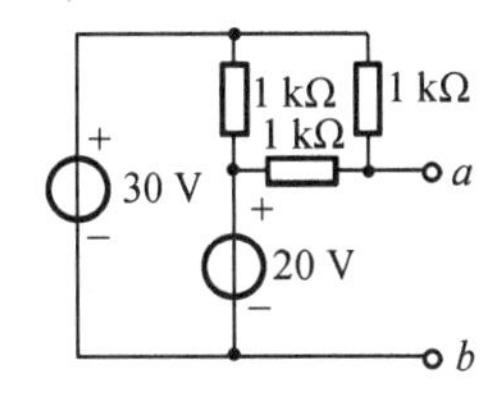

题 3-6-2 图

3-6-3　电路如题 3-6-3 图所示。(1)求 $R = 10\ \Omega$ 时的电流 i;(2)若 $i = 1$ A,则 R 应为何值?(3) R 为何值时可获得最大功率?最大功率为多少?

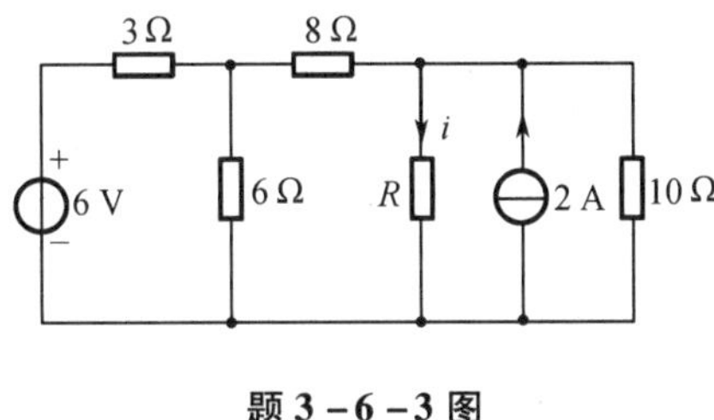

题 3-6-3 图

3-6-4　用戴维南定理求题 3-6-4 图电路中的电流 i。

3-6-5　分别用戴维南定理和诺顿定理求题 3-6-5 图电路中的电压 u。

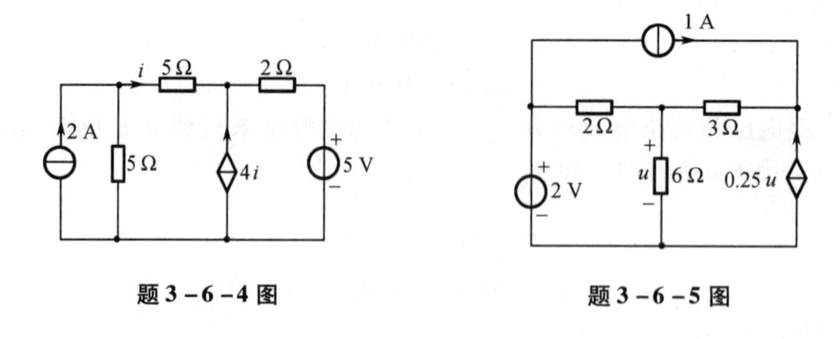

题 3-6-4 图　　　　题 3-6-5 图

3.7　特勒根定理*

特勒根定理(Tellegen's Theorem)和基尔霍夫定律一样,都与电路元件的性质无关,是在电路理论中具有普遍意义的网络定理,它适用于一切集中参数电路。

在讨论特勒根定理时,为方便起见,本节将要介绍电路(或网络)的拓扑图(topology graph),它只反映电路的几何结构或称网络的拓扑性质,即各支路之间的连接关系,而不管支路的具体构成。电路的拓扑图仅由一些圆点和线段组成。每个圆点代表电路的一个节点,每条线段代表电路的一条支路,这样得到的一个与电路相对应的、抽象化了的图形就称为电路的拓扑图,简称为电路的图(graph)。例如对图 3-30(a)所示的电路,可以得到其拓扑图如图 3-30(b)所示。在这个电路的图中,可参照相应电路中各支路电压、电流一致的参考方向,规定各支路的参考方向。标明各支路参考方向的图称为有向图(oriented graph)。标有支路参考方向的图 3-30(b)就是有向图。

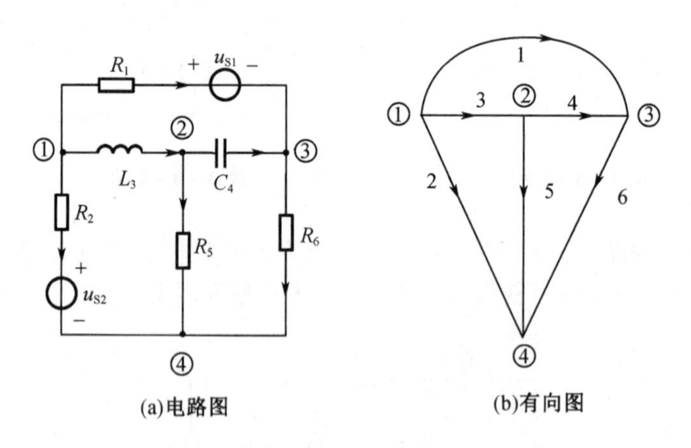

(a)电路图　　(b)有向图

图 3-30　电路图及其有向图

特勒根定理有两种表述形式,分别称为特勒根定理 1 和特勒根定理 2。

特勒根定理 1 的内容是:对一个具有 b 条支路的任意网络,若用 u_k 和 $i_k(k=1,2,\cdots,b)$ 分别表示各条支路的电压和电流,且假设每条支路的电压和电流方向一致,则在任意时刻均有

$$\sum_{k=1}^{b} u_k i_k = 0 \tag{3-19}$$

这一定理可通过图 3 - 30 所示电路来证明,过程如下。

以节点④为参考节点,令 u_{n1}、u_{n2}、u_{n3} 分别表示节点①②③的节点电压,按 KVL 可得出各支路电压与节点电压之间的关系为

$$\begin{cases} u_1 = u_{n1} - u_{n3} \\ u_2 = u_{n1} \\ u_3 = u_{n1} - u_{n2} \\ u_4 = u_{n2} - u_{n3} \\ u_5 = u_{n2} \\ u_6 = u_{n3} \end{cases}$$

而

$$\sum_{k=1}^{6} u_k i_k = u_1 i_1 + u_2 i_2 + u_3 i_3 + u_4 i_4 + u_5 i_5 + u_6 i_6 \tag{3-20}$$

把支路电压用节点电压表示后,代入式(3 - 20),并整理可得

$$\sum_{k=1}^{b} u_k i_k = (u_{n1} - u_{n3}) i_1 + u_{n1} i_2 + (u_{n1} - u_{n2}) i_3 + (u_{n2} - u_{n3}) i_4 + u_{n2} i_5 + u_{n3} i_6$$

或

$$\sum_{k=1}^{b} u_k i_k = u_{n1}(i_1 + i_2 + i_3) + u_{n2}(-i_3 + i_4 + i_5) + u_{n3}(-i_1 - i_4 + i_6) \tag{3-21}$$

对节点①②③应用 KCL,得

$$\begin{cases} i_1 + i_2 + i_3 = 0 \\ -i_3 + i_4 + i_5 = 0 \\ -i_1 - i_4 + i_6 = 0 \end{cases} \tag{3-22}$$

将式(3 - 22)代入式(3 - 21),便可得到

$$\sum_{k=1}^{b} u_k i_k = 0$$

特勒根定理 1 较容易理解。式(3 - 19)中的各项分别表示网络中各支路吸收的功率;这一定理实质上是功率守恒的体现,即各支路吸收的功率总和为零,或者说各支路吸收和发出的功率相互平衡。正因如此,有时又称该定理为功率定理(Power Theorem)。

特勒根定理 2 的内容是:如果两个网络 N 和 $\hat{N}$ 具有完全相同的几何结构,每个网络的支路电压和电流分别用 u_k、i_k 和 $\hat{u}_k$、$\hat{i}_k$($k=1,2,\cdots,b$)表示,且假设每条支路的电压和电流参考方向一致,则在任何时刻均有

$$\sum_{k=1}^{b} u_k \hat{i}_k = 0 \tag{3-23}$$

$$\sum_{k=1}^{b} \hat{u}_k i_k = 0 \tag{3-24}$$

这一定理的证明与上一定理的证明一样简单。关键的一点是,N 和 $\hat{N}$ 这两个网络的几何结构相同,即二者的有向图完全相同。只要注意到这一点,其具体的证明过程与特勒根

定理1完全相同,这里不再赘述。

应该指出的是,式(3-23)与式(3-24)中的各项是一个网络中的支路电压与另一网络中对应的支路电流的乘积,虽然也具有功率的量纲,但并无实际的物理意义,它并不代表任何一条实际支路的功率。因此又称特勒根定理2为似功率定理(Quasi-Power Theorem)。

这里所说的两个网络对各条具体支路的构成没有任何限制,只要它们的结构相同。当然,所谓的两个网络也可以理解为同一网络的两种不同的工作状态(例如在两个不同时刻的状态)。这就极大地扩展了特勒根定理2的适用范围,常可用来巧妙地解决一些电路问题。

可以用图3-31所示的两个网络来验证特勒根定理。图中已标明各支路电流的方向,支路电压的方向与支路电流的方向一致。通过分析可求出各个网络的支路电压和支流电流,列表3-2如下。

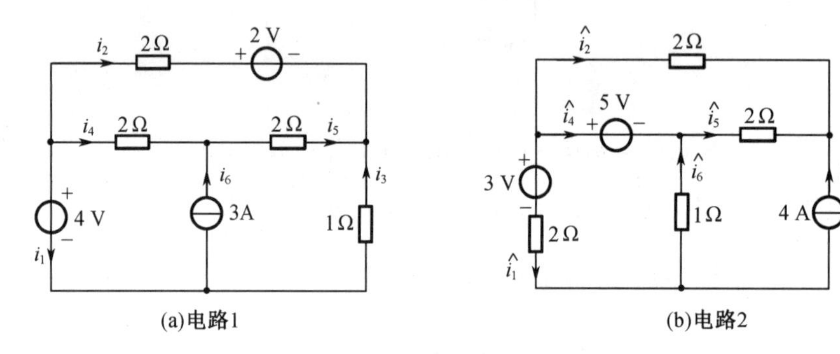

图3-31 特勒根定理的验证电路

表3-2 图3-31支路电压电流

k	1	2	3	4	5	6
u_k/V	4	2	-2	-2	4	-6
i_k/A	1	0	-2	-1	2	3
$\hat{u}_k$/V	7	-1.5	-8.5	5	-6.5	-2
$\hat{i}$/A	2	-0.75	4	-1.25	-3.25	-2

则有

$$\sum_{k=1}^{6} u_k i_k = 4 + 0 + 4 + 2 + 8 - 18 = 0$$

$$\sum_{k=1}^{6} \hat{u}_k \hat{i}_k = 14 + 1.125 - 34 - 6.25 + 21.125 + 4 = 0$$

这就验证了特勒根定理1。同时有

$$\sum_{k=1}^{6} u_k \hat{i}_k = 8 - 1.5 - 8 + 2.5 - 13 + 12 = 0$$

$$\sum_{k=1}^{6} \hat{u}_k i_k = 7 + 0 + 17 - 5 - 13 - 6 = 0$$

这就验证了特勒根定理2。

例3-16 图3-32(a)中N_R为线性无源电阻网络。当$u_S=8$ V,$R_1=R_2=2$ Ω时,测得$i_1=2$ A,$u_2=2$ V;当$u_S=9$ V,$R_1=1.4$ Ω,$R_2=0.8$ Ω时,测得$i_1=3$ A,求此时u_2之值。

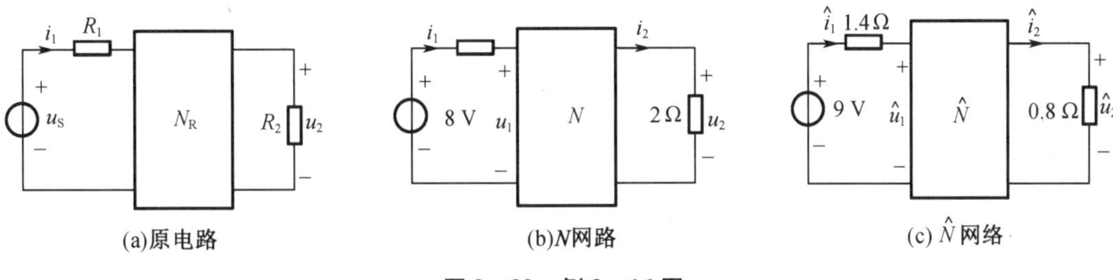

图 3－32　例 3－16 图

解　将两次不同的情况视作两个网络 N 和 $\hat{N}$,分别如图 3－32(b)和 3－32(c)所示,显然它们的几何结构完全相同。设 N_R 中各支路电压和电流方向一致,根据特勒根定理 2,应有

$$\sum_{k=1}^{b} u_k \hat{i}_k = -u_1 \hat{i}_1 + u_2 \hat{i}_2 + \sum_{k=3}^{b} u_k \hat{i}_k = 0 \tag{3-25}$$

及

$$\sum_{k=1}^{b} \hat{u}_k i_k = -\hat{u}_1 i_1 + \hat{u}_2 i_2 + \sum_{k=3}^{b} \hat{u}_k i_k = 0 \tag{3-26}$$

设 N_R 中各支路电阻为 R_k,则有

$$u_k = R_k i_k \qquad \hat{u}_k = R_k \hat{i}_k (k = 3,4,\cdots,b)$$

从而有

$$\sum_{k=3}^{b} u_k \hat{i}_k = \sum_{k=3}^{b} R_k i_k \hat{i}_k = \sum_{k=3}^{b} \hat{u}_k i_k \tag{3-27}$$

将式(3－25)、式(3－26)、式(3－27)三个方程联立,可得

$$-u_1 \hat{i}_1 + u_2 \hat{i}_2 = -\hat{u}_1 i_1 + \hat{u}_2 i_2 \tag{3-28}$$

由已知条件可知

$$i_1 = 2\ \text{A};\quad u_1 = 8 - 2i_1 = 4\ \text{V};\quad u_2 = 2\ \text{V};\quad i_2 = \frac{u_2}{2} = 1\ \text{A}$$

$$\hat{i}_1 = 3\ \text{A};\quad \hat{u}_1 = 9 - 1.4\hat{i}_1 = 4.8\ \text{V};\quad \hat{i}_2 = \frac{\hat{u}_2}{0.8}$$

将以上数据分别代入式(3－28),可得

$$-4 \times 3 + 2 \times \frac{\hat{u}_2}{0.8} = -4.8 \times 2 + \hat{u}_2$$

由此解得

$$\hat{u}_2 = 1.6\ \text{V}$$

特勒根定理除了可以用于计算之外,还可以用来证明其他网络定理(如下节的互易定理)。

本节思考与练习

3.7 节
思考与练习
参考答案

3－7－1　题 3－7－1 图中 N_R 为线性无源电阻网络,将其分别如题 3－7－1 图(a)和题 3－7－1 图(b)所示接入电路中,测得题 3－7－1 图(a)中电压 u_1＝1 V,电流 i_2＝0.5 A;题 3－7－1 图(b)中电流 $\hat{i}_2$＝0.3 A。求题 3－7－1 图(b)中的电流 $\hat{i}_1$。

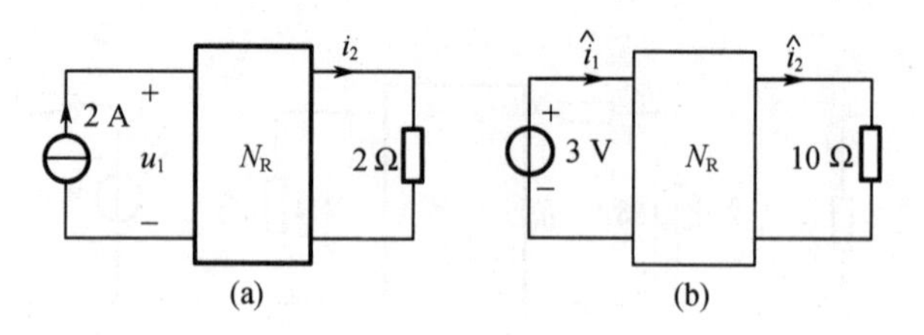

题 3-7-1 图

3-7-2　题 3-7-2 图中 N_R 为线性无源电阻网络,将其分别接入题 3-7-2 图(a)和题 3-7-2 图(b)电路之中,若测得题 3-7-2 图(a)中的电流 $i_2=0.1$ A,求题 3-7-2 图(b)中的电流 $\hat{i}_1$。

3-7-3　题 3-7-3 图所示电路,N_S 为有源网络,当 $U_S=1$ V,$I_S=1$ A 时,$U=6$ V;当 $U_S=2$ V,$I_S=1$ A 时,$U=7$ V;当 $U_S=1$ V,$I_S=2$ A 时,$U=8$ V;问 U_S 为何值时,$I_S=2$ A 且 $U=10$ V。

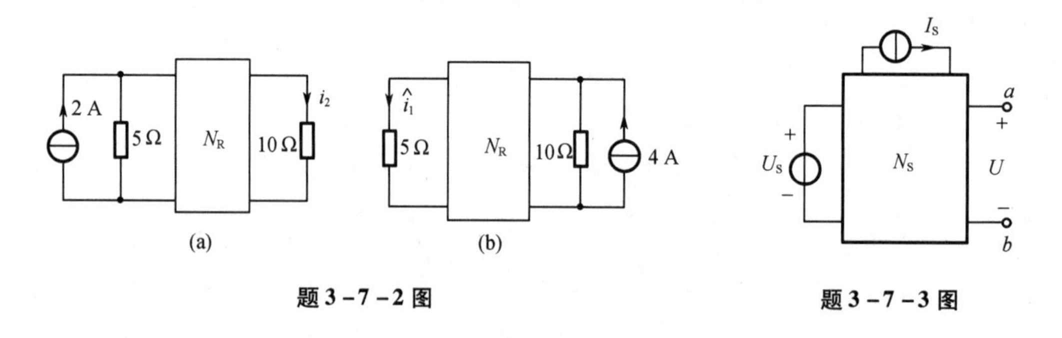

题 3-7-2 图　　题 3-7-3 图

3.8　特勒根定理的应用·互易定理*

对图 3-33 中的两个电路,很容易求得图 3-33(a)中的电流 i_1 与图 3-33(b)中的电流 i_2 相等,均为 0.5 A。这两个电路的区别只是激励和响应互换了位置,其他没有区别。这一现象涉及线性电路的另一性质——互易性(reciprocity),反映这一性质的定理称为互易定理(Reciprocity Theorem)。

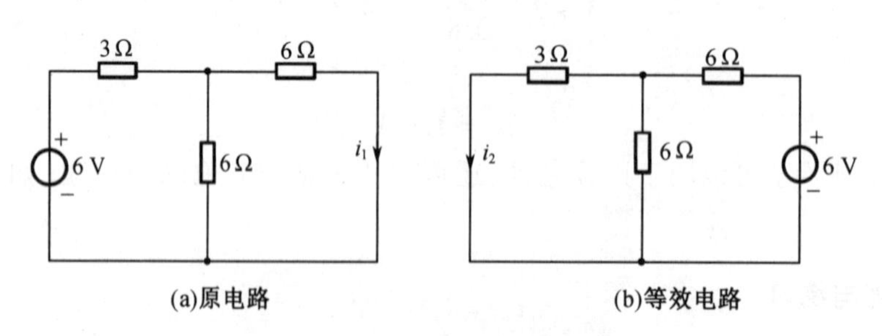

图 3-33　互易定理示例电路

图 3-33 电路可以一般地表示成图 3-34。图中 N_R 是一个对外具有两对端钮的线性

纯电阻网络,其中的一对端钮用来接激励,另一对端钮用来测响应。互易定理指出,对单一激励作用下的线性无源电阻网络,当激励和响应互换位置时,若激励的数值相等,则响应的数值也相等。根据激励与响应的不同情况,互易定理具体有以下三种形式。

(1)激励为电压源,响应为短路电流,如图 3-35 所示。此时若 $\hat{u}_S = u_S$,则 $\hat{i}_1 = i_2$。

(2)激励为电流源,响应为开路电压,如图 3-36 所示。此时若 $\hat{i}_S = i_S$,则 $\hat{u}_1 = u_2$。

(3)激励分别为电压源和电流源,响应分别为开路电压和短路电流,如图 3-37 所示。此时若在数值上 $\hat{i}_S = u_S$,则 $\hat{i}_1 = u_2$。

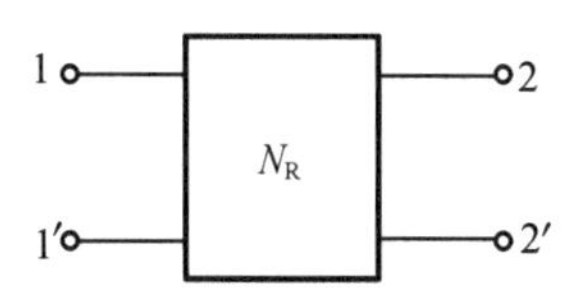

图 3-34　具有两对端钮的线性无源电阻网络

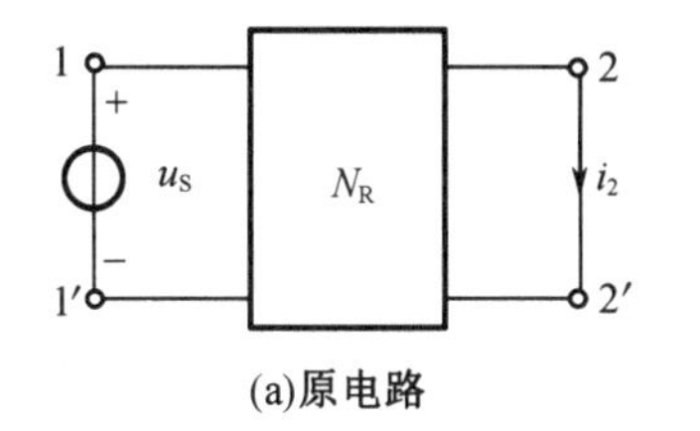

(a)原电路

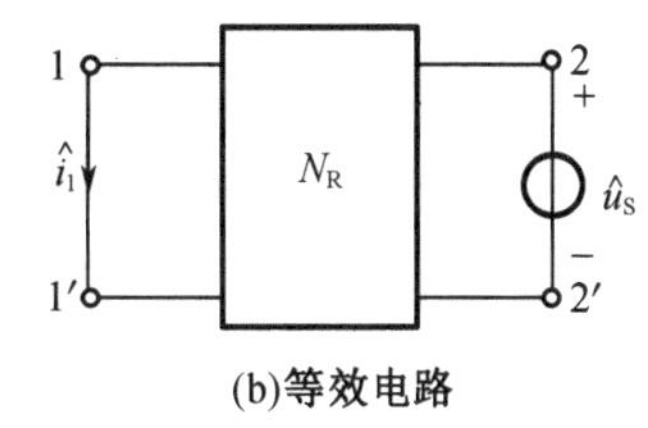

(b)等效电路

图 3-35　激励为电压源,响应为短路时的电路

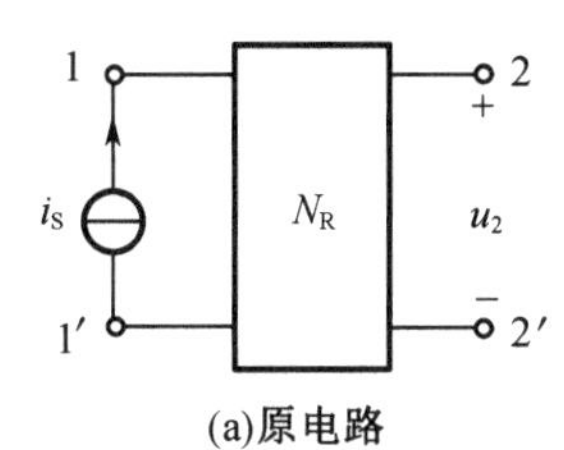

(a)原电路

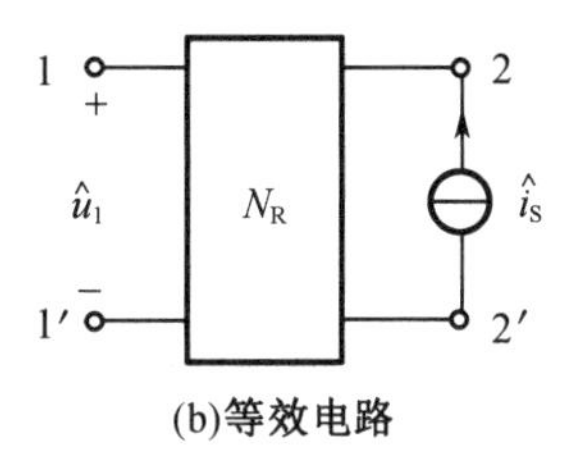

(b)等效电路

图 3-36　激励为电流源,响应为开路时的电路

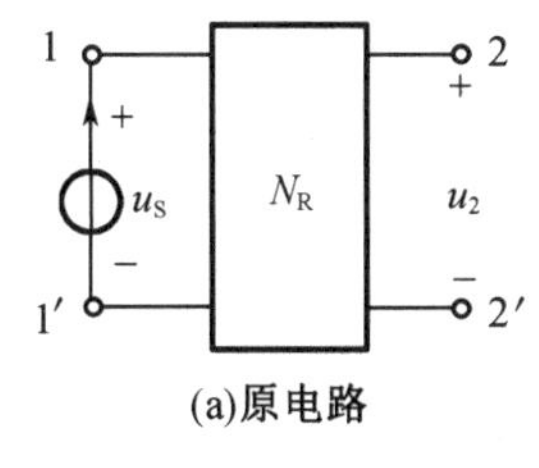

(a)原电路

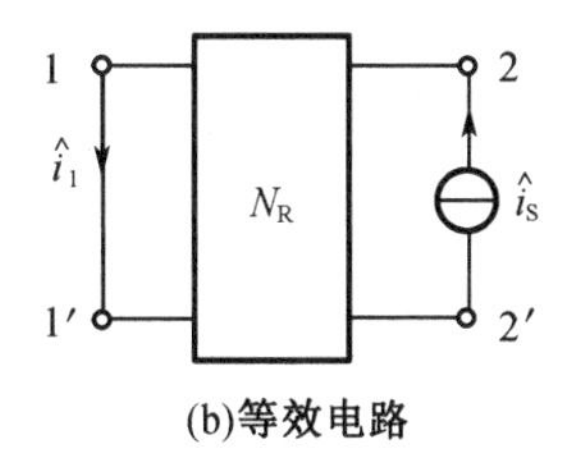

(b)等效电路

图 3-37　激励分别为电压源和电流源,响应分别为开路和短路的电路

可以用特勒根定理 2 来证明互易定理。把 1—1′端接激励、2—2′端测响应的电路视作网络 N,把 2—2′端接激励、1—1′端测响应的电路视作网络 $\hat{N}$,分别如图 3-38(a)、图 3-38(b)所示(至于激励和响应各是什么暂不考虑)。根据特勒根定理 2,应有

$$\begin{cases} u_1\hat{i}_1 + u_2\hat{i}_2 + \sum_{k=3}^{b} u_k\hat{i}_k = 0 \\ \hat{u}_1 i_1 + \hat{u}_2 i_2 + \sum_{k=3}^{b} \hat{u}_k i_k = 0 \end{cases}$$

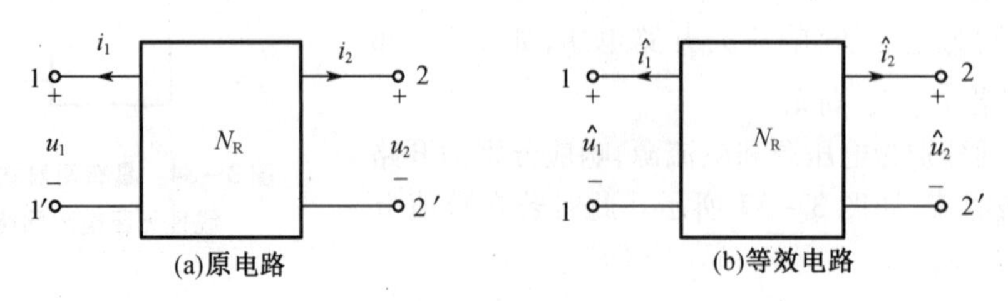

图3-38 互易定理示例电路

以上两式中的第三项对应于 N_R 中各支路。设 N_R 中各支路电阻为 R_k,则有

$$u_k = R_k i_k,\quad \hat{u}_k = R_k\hat{i}_k \quad (k = 3,4,\cdots,b)$$

将它们分别代入以上两式,得

$$\begin{cases} u_1\hat{i}_1 + u_2\hat{i}_2 + \sum_{k=3}^{b} R_k i_k\hat{i}_k = 0 \\ \hat{u}_1 i_1 + \hat{u}_2 i_2 + \sum_{k=3}^{b} R_k\hat{i}_k i_k = 0 \end{cases}$$

从而得

$$u_1\hat{i}_1 + u_2\hat{i}_2 = \hat{u}_1 i_1 + \hat{u}_2 i_2 \tag{3-29}$$

对图3-38所示的两个电路,有 $u_1 = u_S, \hat{u}_2 = \hat{u}_S, u_2 = \hat{u}_1 = 0$。把它们代入式(3-29),得

$$u_S\hat{i}_1 = \hat{u}_S i_2 \qquad 或 \qquad \frac{i_2}{u_S} = \frac{\hat{i}_1}{\hat{u}_S}$$

此时若 $\hat{u}_S = u_S$,则 $\hat{i}_1 = i_2$。这就证明了互易定理的第一种形式。

对图3-36所示的两个电路,有 $i_1 = -i_S, \hat{i}_2 = -\hat{i}_S, i_2 = \hat{i}_1 = 0$。把它们代入式(3-29),得

$$u_2\hat{i}_S = \hat{u}_1 i_S \qquad 或 \qquad \frac{u_2}{i_S} = \frac{\hat{u}_1}{\hat{i}_S}$$

此时若在数值上 $\hat{i}_S = i_S$,则 $\hat{u}_1 = u_2$。这就证明了互易定理的第二种形式。

对图3-37所示的两个电路,有 $u_1 = u_S, \hat{i}_2 = -\hat{i}_S, i_2 = \hat{u}_1 = 0$。把它们代入式(3-29),得

$$u_S\hat{i}_1 - u_2\hat{i}_S = 0$$

$$u_S\hat{i}_1 = u_2\hat{i}_S \qquad 或 \qquad \frac{u_2}{u_S} = \frac{\hat{i}_1}{\hat{i}_S}$$

此时若在数值上 $\hat{i}_S = u_S$,则 $\hat{i}_1 = u_2$。这就证明了互易定理的第三种形式。

在互易定理的三种形式中,尽管激励和响应各不相同,但有一个共同的特点,即若把激励置零,则在激励与响应互换位置前后,电路保持不变。在满足这一条件的前提下,互易定理可以归纳为:对一个仅含单一激励的线性电阻网络,响应与激励的比值在它们互换位置

前后保持不变。

例 3－17　在图 3－39 所示的电路中，N_R 为线性纯电阻网络。已知图 3－39（a）中的 $u_1=2\ \text{V}$，$u_2=1\ \text{V}$，求图 3－39（b）中的 u。

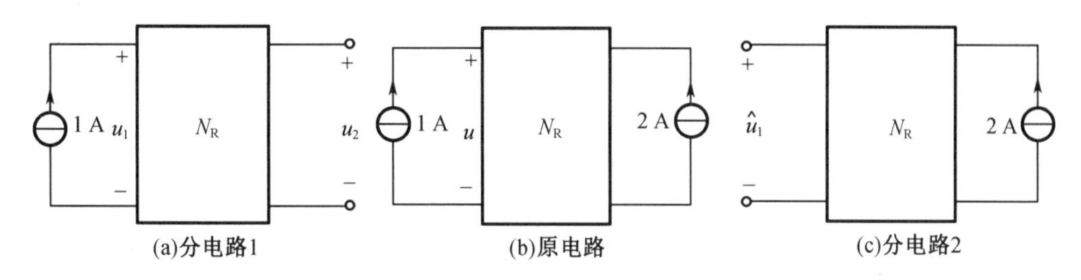

图 3－39　例 3－17 图

解　令图 3－39（b）中的两个激励分别单独作用，得两个分电路分别如图 3－39（a）和图 3－39（c）所示。把互易定理应用于图 3－39（a）、图 3－39（c），得

$$\frac{\hat{u}_1}{2}=\frac{u_2}{1}$$

从而得

$$\hat{u}_1=2u_2=2\times 1=2\ \text{V}$$

再由叠加定理，可求得

$$u=u_1+\hat{u}_1=2+2=4\ \text{V}$$

本节思考与练习

3.8 节
思考与练习
参考答案

3－8－1　题 3－8－1 图所示电路中 N_R 为同一线性无源电阻网络，若已知题 3－8－1 图（a）中的电流 $i_2=0.5\ \text{A}$，求题 3－8－1 图（b）中的电压 $\hat{u}_1$。

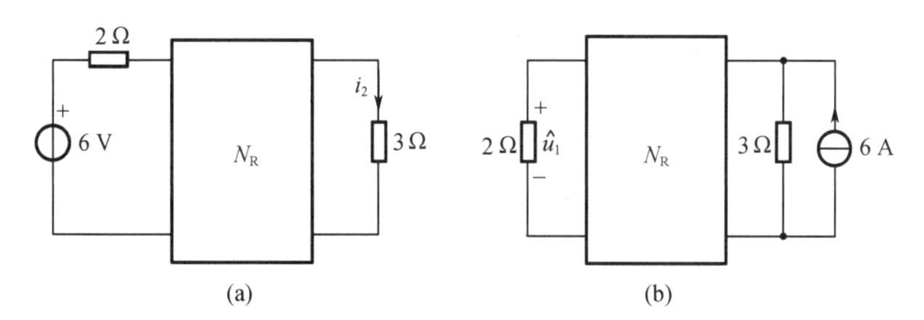

题 3－8－1 图

3－8－2　题 3－8－2 图所示电路中，已知 $R_5=10\ \Omega$，其余四个电阻的阻值均未知。现如图进行两次测试：在题 3－8－2 图（a）中，测得 $u_2=0.6u_S$，$u_4=0.3u_S$；在题 3－8－2 图（b）中，测得 $u'_4=0.5u'_S$，$u'_2=0.2u'_S$。若 $u'_S=u_S$，求四个未知电阻之值。

3－8－3　题 3－8－3 图所示电路中，N_R 为线性无源电阻网络。已知题 3－8－3 图（a）中的电流 $i_1=1\ \text{A}$，$i_2=0.5\ \text{A}$。分别求题 3－8－3 图（b）中的电流 i'_1 和题 3－8－3 图（c）中的电流 i''_1。

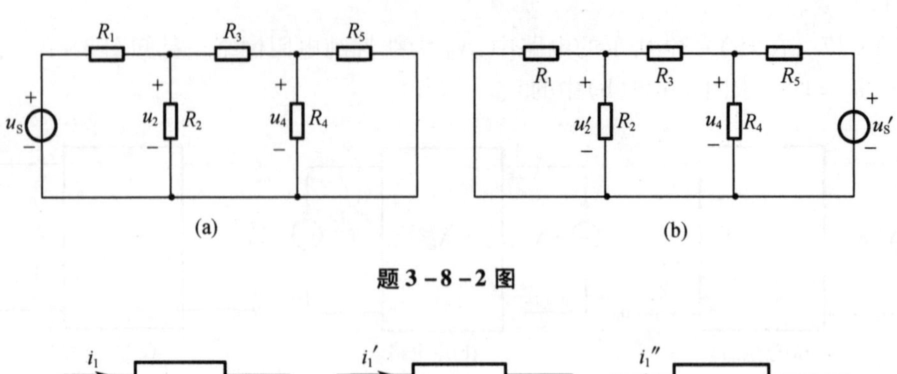

题3-8-2图

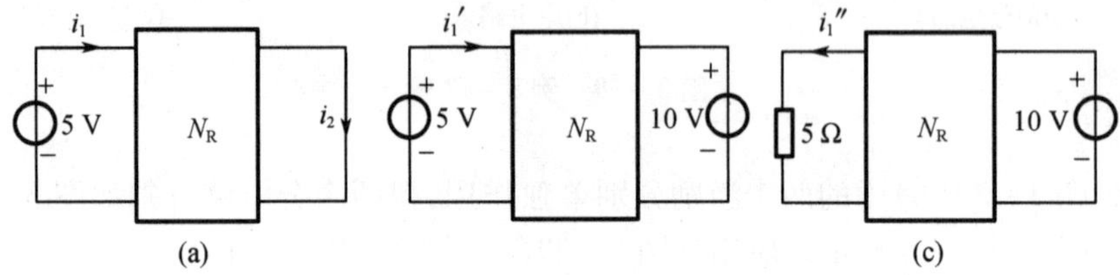

题3-8-3图

3-8-4　题3-8-4图中N为互易网络,试根据图中条件计算题3-8-4图(b)中的电流$\hat{i}_1$。

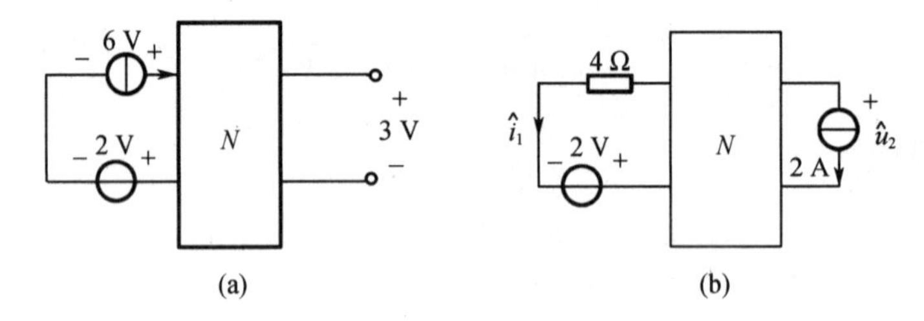

题3-8-4图

本章习题

第3章
习题参考答案

3-1　用节点法列写题3-1图的节点电压方程。

3-2　用节点法求题3-2图所示电路中各电源的功率。

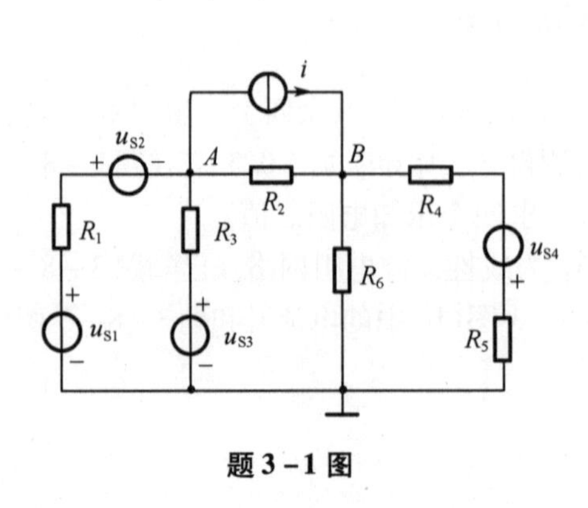

题3-1图

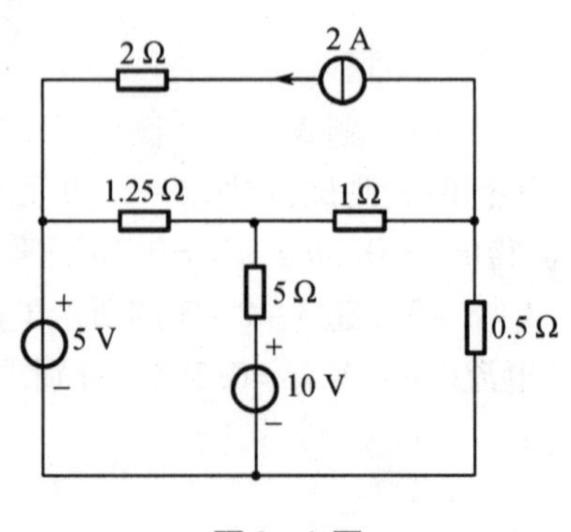

题3-2图

3－3　用节点法求题 3－3 图所示电路中各支路电流和电流源电压。

3－4　列写题 3－4 图节点方程。

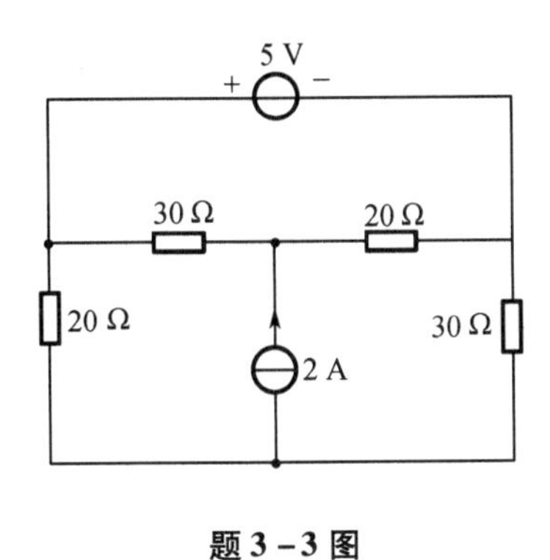

题 3－3 图

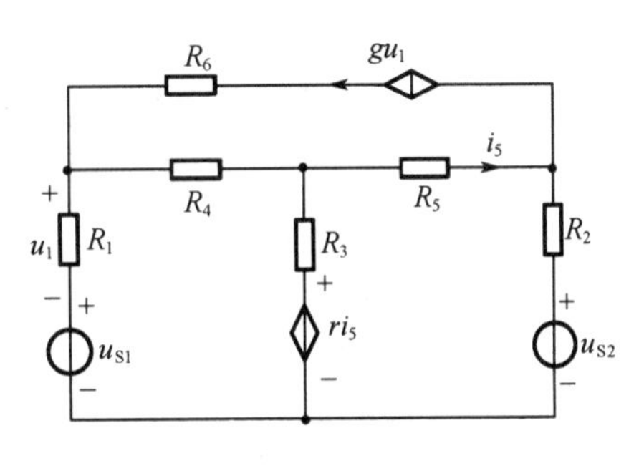

题 3－4 图

3－5　用节点法求题 3－5 图所示电路中各支路电流。

3－6　戴维南定理求题 3－6 图所示电路中的电流 i。

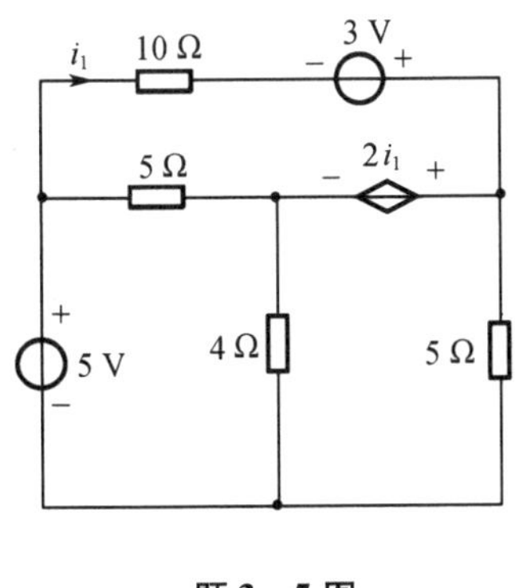

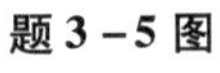

题 3－5 图

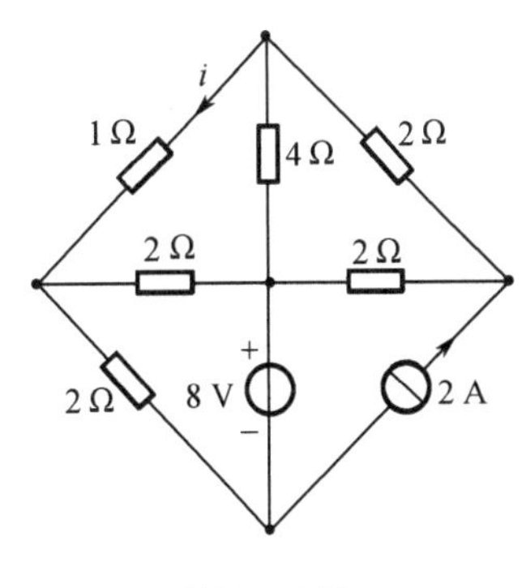

题 3－6 图

3－7　求题 3－7 图电路的戴维南等效电路。

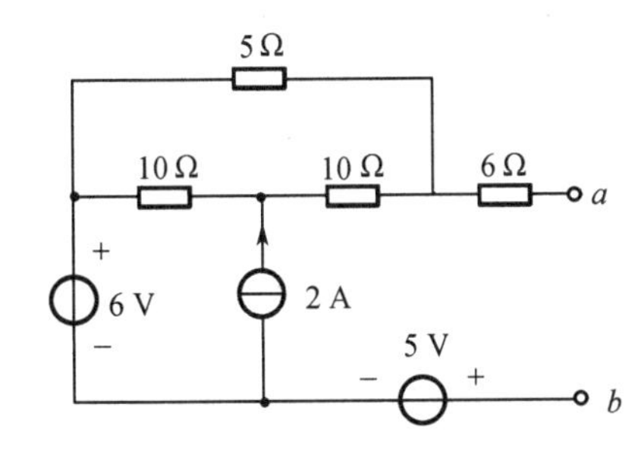

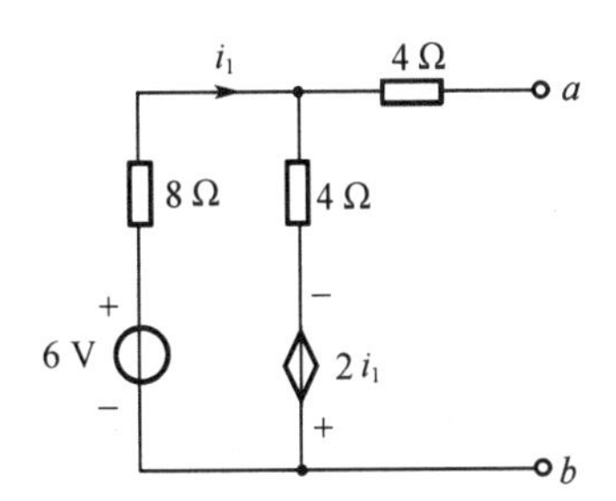

题 3－7 图

3－8　题 3－8 图中 N_S 为含有独立源的线性电阻网络，当 $u_S=2$ V，$i_S=0$ 时，$u=5$ V；当 $u_S=0$，$i_S=2$ A 时，$u=6$ V；而当 $u_S=2$ V，$i_S=2$ A 时，$u=7$ V，求当 $u_S=4$ V，$i_S=3$ A 时，u 为多少？

3-9　电路如题 3-9 图所示。(1)求 R 分别为 3 Ω、7 Ω、21 Ω、93 Ω 时流经其中的电流 i;(2) R 为何值时可获得最大功率,并求此最大功率。

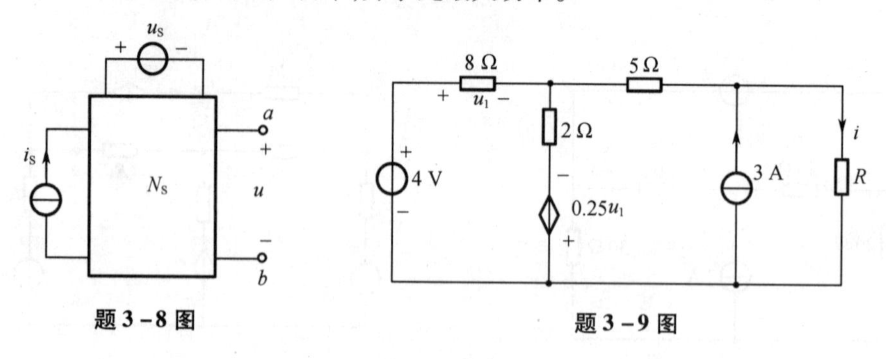

题 3-8 图　　　　题 3-9 图

3-10　电路如题 3-10 图所示,试用诺顿定理求图中的电流 i_L。

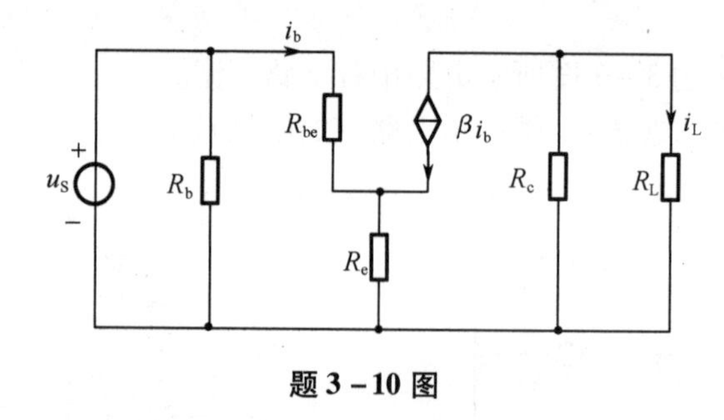

题 3-10 图

3-11　已知节点电压方程如下,请根据已知方程画出电路图。

$$\begin{cases} u_a\left(\dfrac{1}{R_1}+\dfrac{1}{R_2}+\dfrac{1}{R_4}\right)-\dfrac{1}{R_4}u_b-\dfrac{1}{R_2}u_c=\beta i_2+\dfrac{u_{S1}}{R_1}+\dfrac{u_{S2}}{R_2} \\ u_b=\mu u_3 \\ u_c\left(\dfrac{1}{R_2}+\dfrac{1}{R_3}+\dfrac{1}{R_5}\right)-\dfrac{1}{R_2}u_a-\dfrac{1}{R_5}u_b=i_s-\dfrac{u_{S2}}{R_2}+\dfrac{u_{S3}}{R_3} \\ i_2R_2=u_a-u_c-u_{S2} \\ u_3=u_c-u_{S3} \end{cases}$$

3-12　题 3-12 图所示电路中,$R_L=0,\infty$,分别求电流 I;R_L 为何值时,R_L 吸收功率最大,此时功率为多少?

3-13　电路如题 3-13 图所示,求 R 为何值时可获最大功率?最大功率为多少?

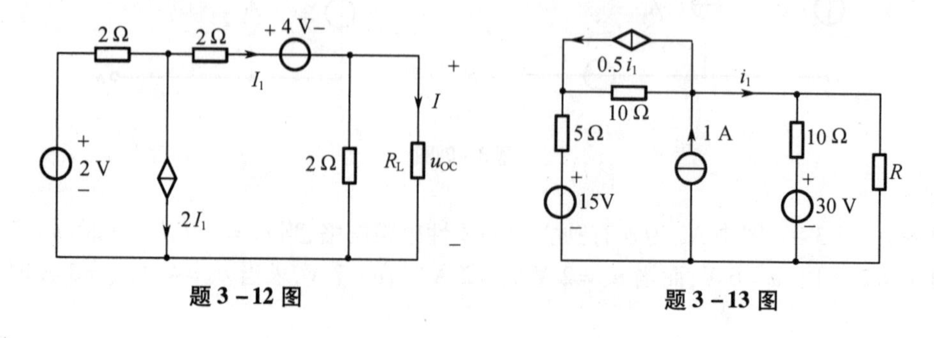

题 3-12 图　　　　题 3-13 图

3 - 14　测绘某实际电源外特性的电路如题 3 - 14 图(a)所示,测得其外特性如题 3 - 14 图(b)所示。求 $R=5.5\ \Omega$ 时电源的输出电压 u。

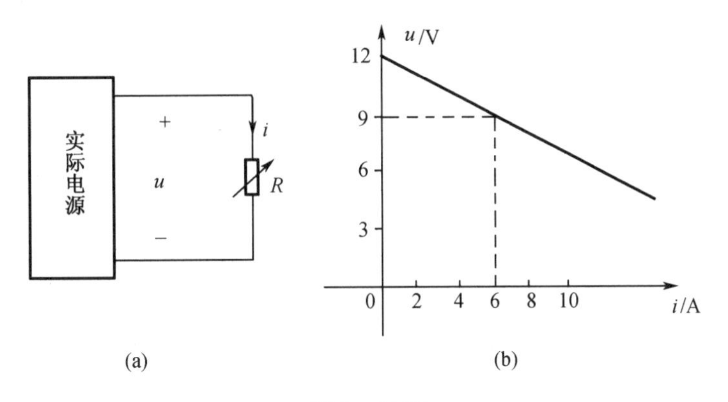

题 3 - 14 图

3 - 15　题 3 - 15 图中 N_S 为含有独立源的线性两端电阻网络。已知:当 $R=0$ 时,电流 $i=3$ A;而当 $R=10\ \Omega$ 时,电流 $i=1$ A。求 $R=20\ \Omega$ 时电流 i 为何值?

3 - 16　电路及参数如题 3 - 16 图所示,求 R 为何值时可以获得最大功率?最大功率是多少?

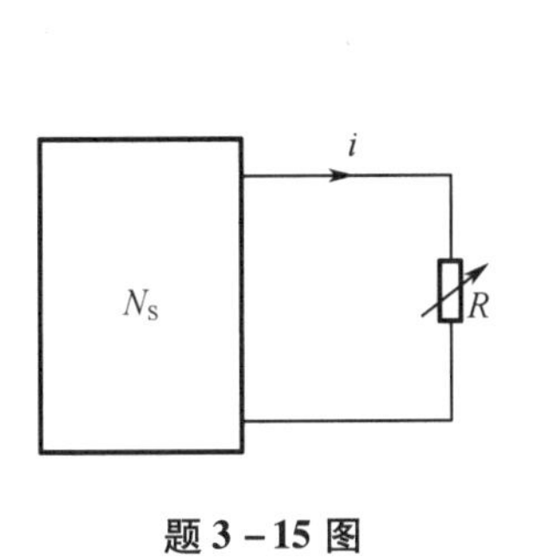

题 3 - 15 图

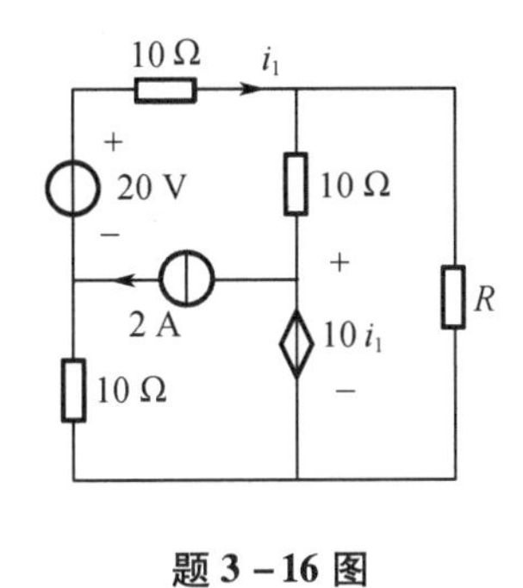

题 3 - 16 图

第4章　正弦稳态交流电路

正弦电路指由正弦电源(或信号源)激励的电路。因为正弦函数是随时间呈正负交替变化的,所以又称正弦交流电路。正弦交流电是工业生产及社会生活中最普遍的供电和用电方式,另外正弦信号也是电子电路常见的基本激励形式。本章只研究单一频率正弦激励作用下的线性电路的稳态响应规律及能量分配。所谓稳态响应是指电路响应的稳定状态,即响应规律的统计特征不随时间变化,这种状态称为正弦稳态,这种状态下的电路就是正弦稳态电路。

如前所述,由于正弦交流电路的应用十分普遍,所以理解并熟练掌握这一类电路最基本的分析、计算方法十分重要。

4.1　正弦量及其相量表示法

4.1.1　正弦量的基本概念

电路中按正弦规律周期变化的电压或电流统称为正弦量,图4-1(b)为一个正弦函数的波形图,若其代表一个电流(或电压)时,波形的正半周表示其实际方向与参考方向相同,负半周表示其实际方向与参考方向相反,所有交流电路中标明的电压、电流方向均为参考方向。图4-1(a)是电路图中所标记的参考方向。

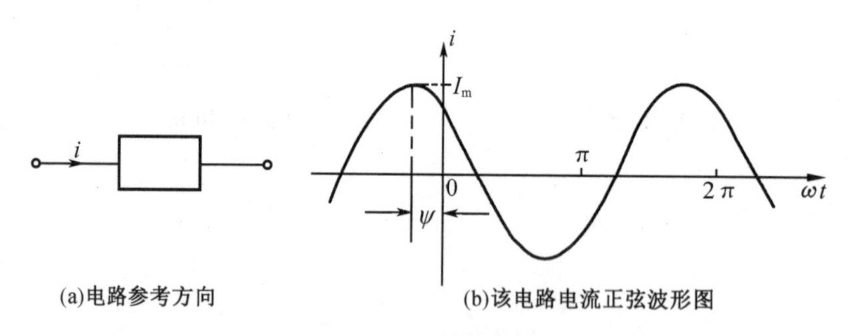

图4-1　正弦电流波形

图4-1(b)所示的正弦电流,其函数表达式既可以写为 $i(t)=I_m\sin\left(\omega t+\psi+\frac{\pi}{2}\right)$,也可以写为

$$i(t)=I_m\cos(\omega t+\psi) \tag{4-1}$$

本书中一律采用余弦函数来表示正弦量。

在式(4-1)中,i 表示电流在 t 时刻的值,称为电流的瞬时值(instantaneous value),用小写字母表示。I_m 称为幅值(amplitude),ω 是正弦量的角频率,ψ 称为初相位。I_m、ω、ψ 是表

述正弦量的三个基本要素。

1. 幅值与有效值

幅值是正弦量在变化过程中所能达到的最大值，它反映了正弦量的强弱。工程上常用有效值取代幅值来计量正弦量。有效值是根据电流流过电阻时的热效应而计算得来的。

如果周期电流或电压在一个周期内产生的热效应和一个直流量在相同的时间里产生的热效应相等，则将这一直流量的电压或电流称为周期量的有效值。如周期电流 i 的有效值 I 定义为

$$I = \sqrt{\frac{1}{T}\int_0^T i^2 \mathrm{d}t} \tag{4-2}$$

如果这个周期量是按正弦规律变化的，即 $i = I_m\cos(\omega t + \psi)$，则该电流有效值为

$$I = \sqrt{\frac{1}{T}\int_0^T I_m^2\cos^2(\omega t + \psi)\mathrm{d}t} = \frac{I_m}{\sqrt{2}} = 0.707I_m \tag{4-3}$$

由式(4-3)可知，正弦量的有效值为其幅值的$\frac{1}{\sqrt{2}}$倍。这一关系同样适用于正弦的电压。民用交流电的电压为220 V或110 V，均指正弦交流电的有效值，日常生活中各种交流电气设备所标明的电压、电流额定值也是指有效值；一般交流仪表的读数也是有效值。但用于各种电路器件和电气设备绝缘水平的耐压值，则是指它所能承受的最大电压，此时应按最大值考虑。

2. 周期、频率与角频率

正弦量变化一周所需要的时间称为周期，一般用 T 表示，T 的标准单位为秒(s)，正弦量每秒钟变化的周期数称为频率，一般用 f 表示，f 的标准单位为赫兹(Hz)。在我国和其他大多数国家都采用50 Hz作为电力标准频率，有些国家(如美国、日本等)采用60 Hz。这种频率在工业上广泛应用，习惯上也称之为工频。由于正(余)弦量变化一个周期所对应的角度为 2π 弧度，其频率也可以换算为角频率，角频率一般以 ω 表示，其单位为弧度/秒(rad/s)。周期 T、频率 f、角频率 ω 三者的关系为

$$f = \frac{1}{T},\quad \omega = 2\pi f = \frac{2\pi}{T}$$

3. 相位与相位差

式(4-1)中的$(\omega t + \psi)$称为正弦电流的相位(phase)或相角。ψ 是正弦电流在 $t=0$ 时的相位，故称为初相位，简称初相。由于在 $t=0$ 时有 $i(0) = I_m\cos\psi$，因此初相决定了正弦电流 $t=0$ 时刻的初始值。初相 ψ 的单位为弧度或度，通常在 $|\psi| \leq \pi$ 的主值范围内取值。显然，ψ 的大小与计时起点(即 t 的零点)的选择有关。在波形图中，初相 ψ 等于正弦量离计时起点最近的一个最大值点所对应的相角的相反值。

例4-1　用示波器观测到某正弦电压的波形如图4-2所示，示波器横轴表示时间，刻度为每格2 ms，纵轴表示被测量的幅度，刻度为每格2 V，当将计时起点选定在网格线左起第一条纵线时，试写出该正弦电压的瞬时值表达式。如果将计时起点选定在网格线左起第三条纵线时，该正弦电压的瞬时值表达式有什么变化?

解　将计时起点选定在网格线左起第一条纵线时，重绘波形图如图4-3所示。

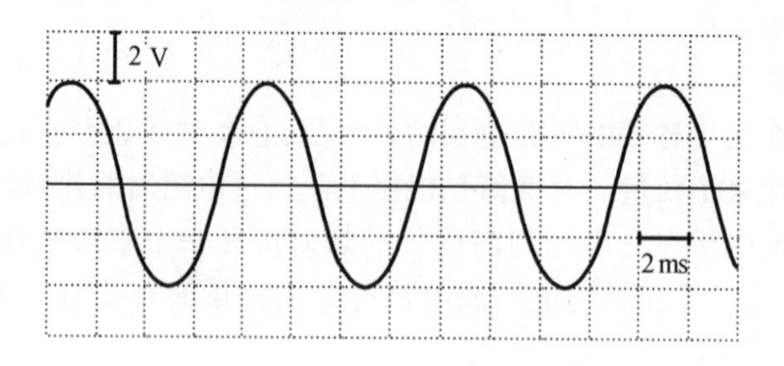

图 4－2　例 4－1 图

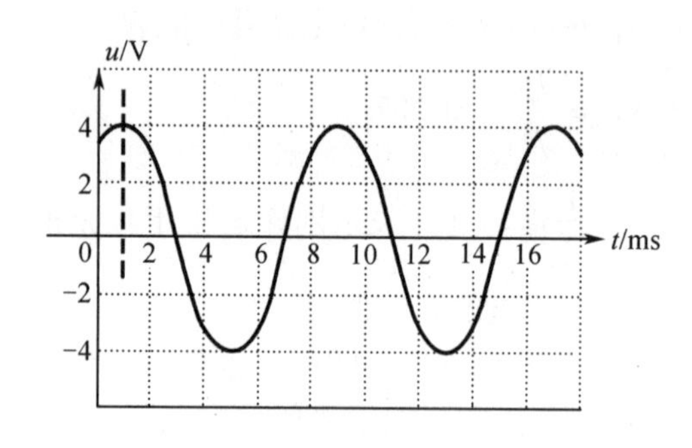

图 4－3　波形图 1

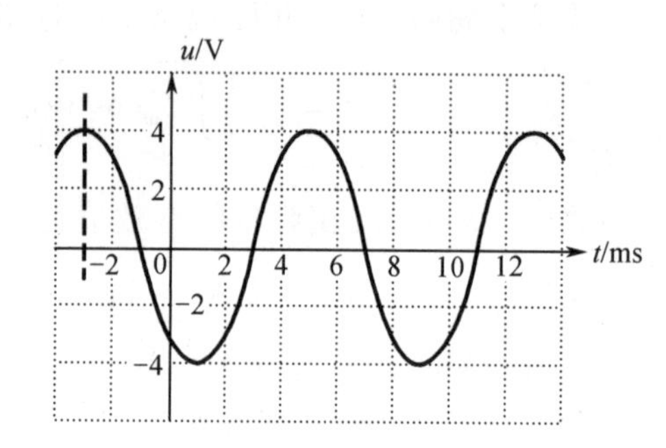

图 4－4　波形图 2

从图 4－3 可以看出，电压的幅值为 $U_{\mathrm{m}}=4\ \mathrm{V}$，周期 $T=8\ \mathrm{ms}$，则其角频率为 $\omega=\dfrac{2\pi}{T}=785\ \mathrm{rad/s}$，离计时起点最近的最大值点所对应的相角为$\dfrac{\pi}{4}$，可知初相 $\psi=-\dfrac{\pi}{4}=-45°$，其瞬时函数式为

$$u=U_{\mathrm{m}}\cos(\omega t+\psi)=4\cos(785t-45°)$$

如果将计时起点选定在网格线左起第三条纵线，重绘波形图如图 4－4 所示。则该正弦电压的幅值、角频率都不会改变，但离计时起点最近的最大值点所对应的相角为 $-\dfrac{3\pi}{4}$，初相 $\psi=\dfrac{3\pi}{4}=135°$，其瞬时函数式变为

$$u=U_{\mathrm{m}}\cos(\omega t+\psi)=4\cos(785t+135°)$$

可以看出，对于同一个正弦规律变化的波形，当计时起点选择不同时，瞬时函数表达式仅体现在初相不同。

由于正弦量的函数值是随时间变化的，当对两个或多个正弦量进行比较与评判时，应当如何比较呢？我们以两个同频率正弦量的比较来说明问题。

图 4－5(a)、图 4－5(b)、图 4－5(c)分别表示了两个同频率正弦电流相对步调不同时的三种不同情况。两个电流的幅值大小一目了然，只需分析二者的相位关系。

假设两个正弦电流的函数式为

$$i_1=I_{1\mathrm{m}}\cos(\omega t+\psi_1)$$
$$i_2=I_{2\mathrm{m}}\cos(\omega t+\psi_2)$$

若用 φ 表示 i_1 与 i_2 之间的相位差，则

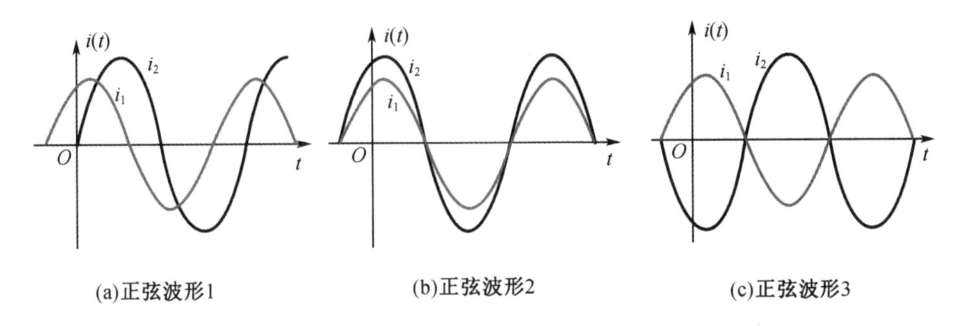

图 4－5　正弦波相位比较

$$\varphi = (\omega t + \psi_1) - (\omega t + \psi_2) = \psi_1 - \psi_2 \tag{4-4}$$

式(4－4)表明,同频率的两个正弦量的相位差即为其初相之差,是一个与时间无关的常数。

如图 4－5(a)所示波形,i_1与i_2的相位差$\varphi>0$,即随着时间进程,电流i_1的变化总是在i_2之前φ角度,我们将这种情况称为i_1超前于i_2;反之如果以i_1为基准考虑问题,i_2与i_1的相位差为$\varphi' = -\varphi, \varphi'<0$,这时也可以说$i_2$滞后于$i_1$。如果相位差是$\varphi = \pm\frac{\pi}{2}$,两个电流的波形恰好相差 1/4 个周期,这种特殊情况称为正交。

如图 4－5(b)所示,两个电流i_1和i_2完全同步,此时相位差$\varphi=0$,将这种情况称为同相。

如图 4－5(c)所示,i_1与i_2两个电流波形是倒相的,相位差$|\varphi|=\pi$,这种情况称为反相或倒相。

对于不同频率的正弦量,其相位差是随时间不断变化的,此时再衡量两个正弦量变化的相对步调已经没有意义。本书不讨论不同频率正弦量的比较。

4.1.2　正弦量的相量表示及相量法

1. 相量分析基础

4.1.1 节中所使用的波形图和瞬时函数式都能够完整清晰地表述正弦量,但是在正弦电路的分析计算中这两种表示形式都比较难于应用。以图 4－6(a)、图 4－6(b)所示的 RLC 元件简单串并联电路为例来探讨正弦交流电路的求解问题。设电路激励为正弦量,瞬时函数式为$u_S = U_m\cos(\omega t+\psi)$。

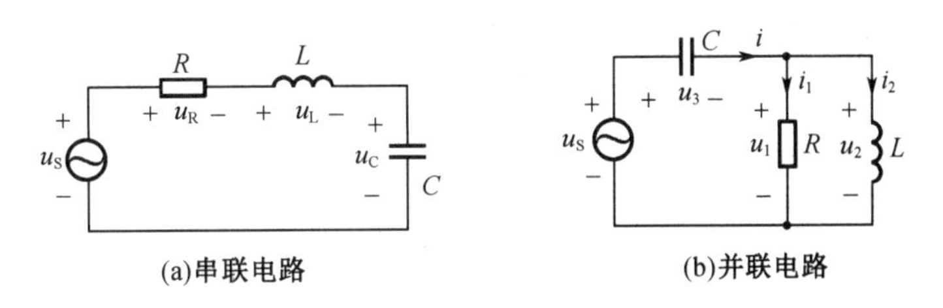

图 4－6　正弦激励下的 RLC 串并联电路

图 4－6(a)电路的 KVL 方程为$u_S = u_R + u_L + u_C$,各元件伏安关系为$u_R = iR, u_L = L\frac{\mathrm{d}i}{\mathrm{d}t}$,

$u_C = \frac{1}{C}\int i\mathrm{d}t$。将元件 VCR 代入电路 KVL 方程,有

$$Ri + L\frac{\mathrm{d}i}{\mathrm{d}t} + \frac{1}{C}\int i\mathrm{d}t = U_m\cos(\omega t + \psi) \quad (4-5)$$

图 4－6(b)电路的 KCL 及 KVL 方程组为

$$\begin{cases} i = i_1 + i_2 \\ u_3 + u_2 = u_S \\ u_1 = u_2 \end{cases}$$

将元件 VCR 代入方程组有

$$\begin{cases} i = i_1 + i_2 \\ \frac{1}{C}\int i\mathrm{d}t + L\frac{\mathrm{d}i_2}{\mathrm{d}t} = u_S \\ Ri_1 = L\frac{\mathrm{d}i_2}{\mathrm{d}t} \end{cases} \quad (4-6)$$

为便于求解,将方程组消元,变换为

$$L\frac{\mathrm{d}i_2}{\mathrm{d}t} + \frac{L}{RC}\int \mathrm{d}i_2 + \frac{1}{C}\int i_2\mathrm{d}t = U_m\cos(\omega t + \psi)$$

或

$$L\frac{\mathrm{d}^2 i_2}{\mathrm{d}t^2} + \frac{L}{RC}\frac{\mathrm{d}i_2}{\mathrm{d}t} + \frac{1}{C}i_2 = \frac{\mathrm{d}}{\mathrm{d}t}[U_m\cos(\omega t + \psi)] \quad (4-7)$$

另有

$$i_1 = \frac{L}{R}\frac{\mathrm{d}i_2}{\mathrm{d}t} \quad i = i_1 + i_2$$

可见,式(4－5)、式(4－7)所示微分方程求解比直流电路的一次线性方程组困难很多。关于这种微分方程的求解,将在第 9 章详细探讨。同时,由数学理论可知,上述微分方程中的变量 i 或 i_L 的特解也一定是与激励 u_S 同一频率的正弦量,这一结论对正弦激励下线性电路的求解具有重要意义。可以证明,正弦激励作用下的线性时不变电路,其各个支路电压、电流的特解都是与激励同频率的正弦量。当电路中存在多个同频率的正弦激励时,该结论也成立。这个特解就是正弦稳态解。

相量分析法是一种只计算正弦稳态解的幅值(有效值)和相位的简便算法。

自 1882 年尼古拉·特斯拉发明交流发电机之后,正弦交流电得到迅速推广应用,但与直流电相比,交流电路的分析计算一直比较困难。1893 年,德裔数学家查尔斯·斯坦梅茨提出相量分析法,其思想是用复数来解决正弦交流电路的计算问题。后来,瑞士数学家 J. R. 阿尔甘又引入矢量图形计算法,形成了流传至今的相量法和相量图法。这种理论和方法很大程度上简化了正弦交流电路的分析计算,为此后电路理论的发展奠定了基础。

2. 正弦量的相量表示法

除波形图和瞬时函数式外,正弦量也可以用复平面内的旋转矢量表示,如图 4－7 所示,图中"＋1"为实轴,"＋j"为虚轴(为与电流 i 进行区别,虚轴用 j 表示)。以电流为例,复平面内一个模长为 I_m,初始角度为 ψ 的矢量以角速度 ω 逆时针旋转,任一时刻该矢量在实轴的投影就是正弦量 $i = I_m\cos(\omega t + \psi)$。将该旋转矢量记为 $\boldsymbol{I}_m$,其初始矢量又可以表示为复数 $\boldsymbol{I}_m|_{\omega t=0} = I_m e^{j\psi}$,或用极坐标表示形式 $\boldsymbol{I}_m|_{\omega t=0} = I_m\angle\psi$。令 $\dot{I}_m = I_m e^{j\psi} = I_m\angle\psi$,并称之为相量。可以说相量就是正弦量 i 所对应的旋转矢量的初始矢量。

如上所述，单一频率激励源作用下的正弦稳态电路中，元件电压、电流与激励相同频率，由此可知，如果都以旋转矢量表示于同一个坐标系内，矢量彼此之间的相对位置将不随时间改变。例如，有 $i_1 = I_{1m}\cos(\omega t + \psi_1)$，$i_2 = I_{2m}\cos(\omega t + \psi_2)$ 两个正弦电流，将其转换为旋转矢量绘于图 4－8(a)中，$\dot{I}_{1m}$、$\dot{I}_{2m}$ 分别表示电流 i_1、i_2 所对应的相量，由于旋转角速度 ω 一致，两个相量之间的相对关系不会随时间改变。

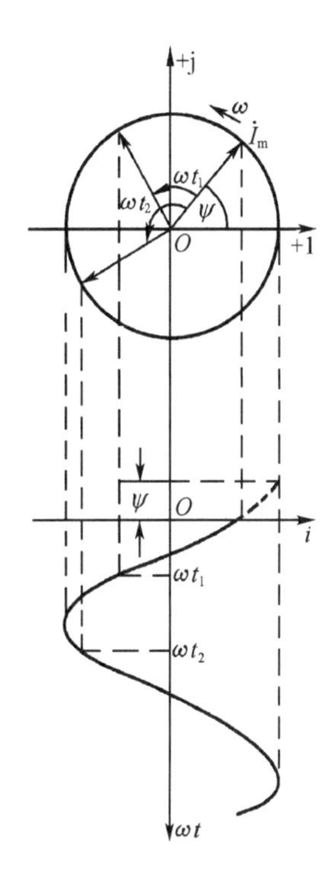

图 4－7　旋转矢量图

如果要对两个正弦电流求和(差)运算，即

$$i = i_1 + i_2 = I_{1m}\cos(\omega t + \psi_1) + I_{2m}\cos(\omega t + \psi_2)$$

此时可以先对相量求和(差)，然后再以合矢量旋转得到 i。这种借助于相量来实现同频率正弦量之间运算的方法就是相量法。图 4－8(a)中的相量 $\dot{I}_{1m}$、$\dot{I}_{2m}$ 求和(差)可以借助于复数运算；也可以借助于几何运算——又称为相量图法。将旋转矢量图简化，重绘于极坐标系中，就得到如图 4－8(b)所示相量图，这样的简化图计算更便捷。

推广到多个正弦量求和(差)运算，相量法比瞬时函数表达式的三角函数计算法简便许多。此外，单一频率正弦电路中正弦量之间不是只有和(差)运算，关于相量的其他运算将在本章后一节逐渐介绍。

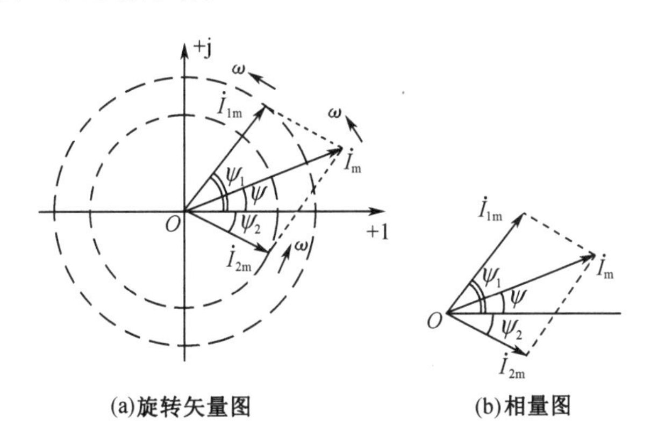

图 4－8　矢量和相量图

需要说明的是，由于工程中正弦量的有效值比幅值更常用，因此相量又常以有效值作为模值，这样称为有效值相量。本书以后章节中所述相量均指有效值相量，如果需要用到幅值相量会以幅值相量全称出现，二者符号的差别是下角标是否带“m”。

例 4－2　试分别写出代表电流 $i_1 = 14.14\cos\ \omega t$ A，$i_2 = 4\sqrt{2}\cos(\omega t + 45°)$ A，$i_3 = 5\sin\ \omega t$ A 的幅值相量和有效值相量，并画出其相量图。

解　代表 i_1 和 i_2 的幅值相量如下：

$$\dot{I}_{1m} = 14.14\angle 0°\ \text{A}$$

$$\dot{I}_{2m}=4\sqrt{2}\angle 45°\ \text{A}$$

有效值相量为
$$\dot{I}_1=\frac{14.14}{\sqrt{2}}\angle 0°=10\angle 0°\ \text{A}$$

$$\dot{I}_2=4\angle 45°\ \text{A}$$

电流 i_3 可先做如下变换:

$$i_3=5\sin\omega t=5\cos(\omega t-90°)\ \text{A}$$

再写出代表 i_3 的幅值相量和有效值相量为

$$\dot{I}_{3m}=5\angle -90°\ \text{A},\ \dot{I}_3=\frac{5}{\sqrt{2}}\angle -90°\approx 3.54\angle -90°\ \text{A}$$

电流相量图如图 4-9 所示。

例 4-3 已知频率 $f=50$ Hz 的三个电压相量 $\dot{U}_1=220\angle -30°$ V, $\dot{U}_2=\text{j}10$ V, $\dot{U}_{3m}=3+\text{j}4$V,试写出它们所对应的正弦量。

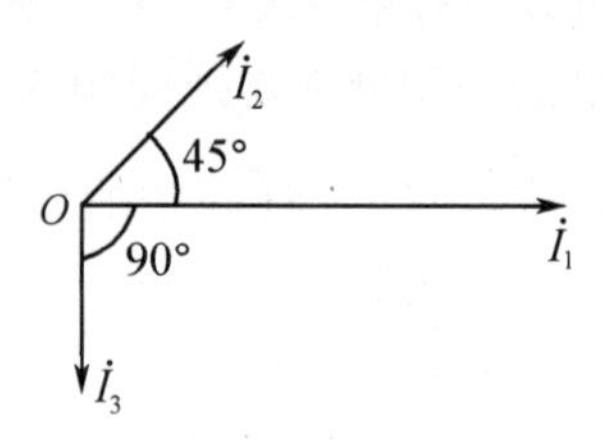

图 4-9 例 4-2 图

解 由 $f=50$ Hz 可知其角频率 $\omega=314$ rad/s, $\dot{U}_1=220\angle -30°$ V 时所对应的正弦电压为

$$u_1=220\sqrt{2}\cos(314t-30°)\ \text{V}$$

由 $\dot{U}_2=\text{j}10=10\angle 90°$ V 可写出它所对应的正弦电压为

$$u_2=10\sqrt{2}\cos(314t+90°)\ \text{V}$$

$\dot{U}_{3m}$ 应先由代数式转换为指数式或极坐标式,即 $\dot{U}_{3m}=(3+\text{j}4)=5\text{e}^{\text{j}53.13°}=5\angle 53.13°$ V,它所对应的正弦电压为

$$u_3=5\cos(314t+53.13°)\ \text{V}$$

注意:由于相量仅仅是同频率正弦量的复数表示形式,正弦量的频率并未在相量中有所体现,因此不同频率的正弦量不能用相量表示。

4.1 节 思考与练习 参考答案

本节思考与练习

4-1-1 已知正弦电压的振幅 $U_m=100$ V,频率 $f=50$ Hz,初相 $\psi=45°$,试写出该电压的瞬时值表达式并画出其波形图。

4-1-2 指出下列各组正弦电压、电流的最大值、有效值、频率和初相,并确定每组两个正弦量之间的相位差。

(1) $\begin{cases}u_1=300\cos 314t\ \text{V}\\ u_2=220\sqrt{2}\cos(314t-30°)\ \text{V}\end{cases}$

(2) $\begin{cases}i_1=\sqrt{2}\cos\left(200\pi t+\dfrac{\pi}{3}\right)\ \text{A}\\ i_2=\sin\left(200\pi t+\dfrac{\pi}{3}\right)\ \text{A}\end{cases}$

(3) $\begin{cases}u=100\cos(500t+120°)\ \text{V}\\ i=-10\sqrt{2}\cos(500t-60°)\ \text{A}\end{cases}$

4-1-3　实验中示波器显示出两个工频正弦电压 u_1 和 u_2 的波形如题 4-1-3 图所示，已知其中 u_1 的振幅是 5 V。

(1)以 u_1 为参考正弦量(即假定 u_1 的初相为零)，试写出 u_1 和 u_2 的瞬时值表达式；

(2)若用电压表来测量这两个电压，读数各为多少？

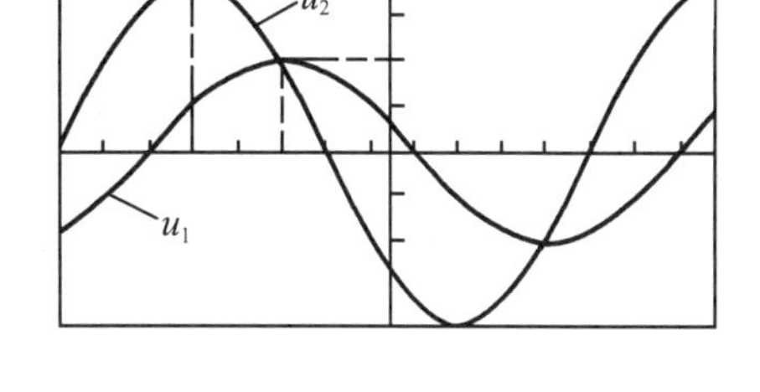

题 4-1-3 图

4-1-4　把下列复数按要求进行转换。

(1)化成极坐标式：

$3-j4, 6+j3, -8+j6, -5-j10, 5, j12$。

(2)化成直角坐标式：

$5\angle 36.87°, 10\angle -53.13°, 8\angle 30°, 1\angle 120°, 15\angle \pi/4, 2\angle -90°, 3\angle 180°$。

4-1-5　写出题 4-1-2 各组正弦量的相量表达式，并画出每组的相量图。

4-1-6　写出下列各相量对应的正弦量的瞬时值表达式。

(1) $\dot{U}_m = 220\angle 40°$ V($f=50$ Hz)；

(2) $\dot{U}_m = j100$ V($\omega=100$ rad/s)；

(3) $\dot{I}_m = -10$ A($f=10$ Hz)；

(4) $\dot{I} = (4-j3)$ A($\omega=200$ rad/s)。

4-1-7　判断下列说法是否正确，如不正确指出其错误。

(1)已知一个正弦电压 $u=220\cos(\omega t+45°)$ V，则其对应的相量为 $U=110\sqrt{2}\angle 45°$ V 或 $\dot{U}_m = 220e^{45°}$ V。

(2)已知一个电流相量 $\dot{I} = 10\angle 60°$ A，则其对应的正弦量为 $i=10\cos(\omega t+60°)$ A。

(3)相量 $\dot{I} = (10+j17.32)$ A，也可以表示成 $\dot{I} = 20e^{j60°} = 20\sqrt{2}\cos(\omega t+60°)$ A。

4.2　基尔霍夫定律和电路元件方程的相量形式

4.2.1　基尔霍夫定律的相量形式

根据基尔霍夫电流定律，在正弦稳态电路中，针对任一节点有 $\sum i = 0$。将正弦电流均用相量表示，可得 KCL 的相量形式，即

$$\sum \dot{I}_m = 0 \quad 或 \quad \sum \dot{I} = 0 \tag{4-8}$$

即流出电路任一节点所有支路电流相量的代数和等于零。

根据基尔霍夫电压定律，在正弦稳态电路中，针对任一回路有 $\sum u = 0$。将正弦电压均用相量表示，可得 KVL 相量形式

$$\sum \dot{U}_m = 0 \quad 或 \quad \sum \dot{U} = 0 \tag{4-9}$$

即沿电路任一回路所有电压相量的代数和等于零。

注意:在正弦稳态电路中,KCL和KVL只对电流相量和电压相量成立,而对最大值和有效值不成立,除非各电流或各电压同相位。

例4-4 图4-10所示电路,$i_1 = 10\cos(\omega t + 30°)$ A, $i_2 = 5\cos(\omega t - 45°)$ A,求i_3。

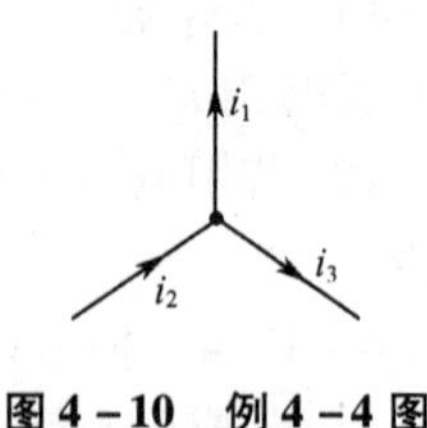

图4-10 例4-4图

解 由KCL方程 $i_3 = i_2 - i_1$ 和

$$\dot{I}_{1m} = 10\angle 30°\ \text{A}$$

$$\dot{I}_{2m} = 5\angle -45°\ \text{A}$$

可得

$$\begin{aligned}\dot{I}_{3m} &= \dot{I}_{2m} - \dot{I}_{1m} = (5\angle -45° - 10\angle 30°)\ \text{A} \\ &= [(3.54 - \text{j}3.54) - (8.66 + \text{j}5)]\ \text{A} \\ &= (-5.12 - \text{j}8.54)\text{A} = 9.96\angle -121°\ \text{A}\end{aligned}$$

故

$$i_3 = 9.96\cos(\omega t - 121°)\ \text{A}$$

例4-5 图4-11(a)所示电路中,两个线性常参数元件A与B串联后加正弦交流电压源,已知电源电压40 V,交流电压表Ⓥ₁的示数为34.64 V,示波器显示电源电压u的波形超前于A元件电压波形的角度为$\frac{\pi}{6}$,求电压表Ⓥ₂的示数。

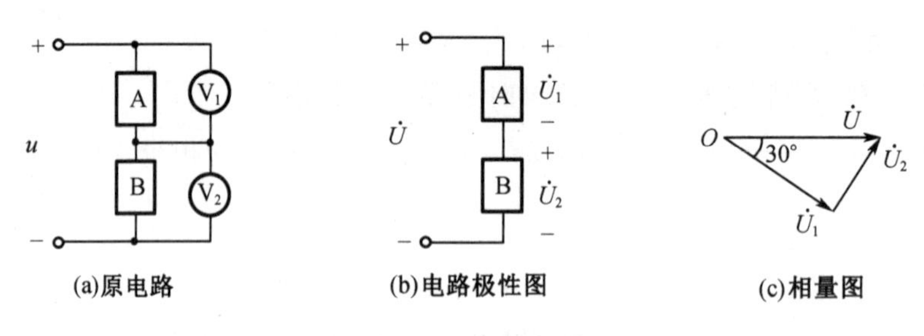

图4-11 例4-5图

解 设电源电压u为参考相量,即$u = \sqrt{2}U\cos\omega t$ V,由已知条件有$U = 40$ V。可以写出电源电压的相量为$\dot{U} = 40\angle 0°$ V,设元件A与B的电压相量为$\dot{U}_1$、$\dot{U}_2$,极性如图4-11(b)所示。由已知条件可推知$\dot{U}$超前于$\dot{U}_1$的角度为$\frac{\pi}{6} = 30°$,且$U_1 = 34.64$ V,于是有$\dot{U}_1 = 34.64\angle -30°$V,由KVL有

$$\dot{U}_2 = \dot{U} - \dot{U}_1$$

作出相量图如图4-11(c)所示,利用余弦定理求得$U_2 = \sqrt{U^2 + U_1^2 - 2UU_1\cos 30°} = 20$ V,即电压表Ⓥ₂的示数为20 V。

4.2.2 电路元件方程的相量形式

1. 电阻元件

在关联参考方向下,线性电阻元件的伏安关系满足欧姆定律,即

$$u = Ri$$

因为 R 是常数，所以当流过电阻的电流为正弦电流，即

$$i = I_{\mathrm{m}}\cos(\omega t + \psi_{\mathrm{i}})$$

时，电阻上的电压为

$$u = Ri = RI_{\mathrm{m}}\cos(\omega t + \psi_{\mathrm{i}}) = U_{\mathrm{m}}\cos(\omega t + \psi_{\mathrm{u}})$$

由此可见，电阻元件上电压、电流为同频率正弦量，且电压与电流同相，即

$$\psi_{\mathrm{u}} = \psi_{\mathrm{i}} \quad 或 \quad \psi_{\mathrm{u}} - \psi_{\mathrm{i}} = 0$$

电压与电流的幅值或有效值之间的关系为

$$U_{\mathrm{m}} = RI_{\mathrm{m}} \quad 或 \quad U = RI$$

以上关系说明它们的振幅或有效值之间仍满足欧姆定律。

电阻元件的电压和电流的波形如图 4-12(b)所示。

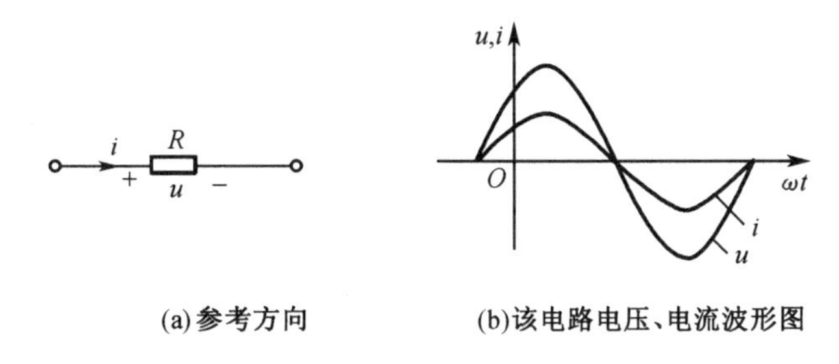

(a)参考方向　　(b)该电路电压、电流波形图

图 4-12　电阻元件的电压和电流波形

将电阻元件上的正弦电压和电流用相量来表示，即 $\dot{U} = U\angle\psi_{\mathrm{u}}$，$\dot{I} = I\angle\psi_{\mathrm{i}}$，或者幅值相量 $\dot{U}_{\mathrm{m}} = U_{\mathrm{m}}\angle\psi_{\mathrm{u}}$，$\dot{I}_{\mathrm{m}} = I_{\mathrm{m}}\angle\psi_{\mathrm{i}}$，以上结论可以简单表示为

$$\dot{U} = R\dot{I} \quad 或 \quad \dot{U}_{\mathrm{m}} = R\dot{I}_{\mathrm{m}} \tag{4-10}$$

式(4-10)是电阻元件伏安关系的相量形式。

电阻元件的电压、电流的相量图如图 4-13(b)所示。

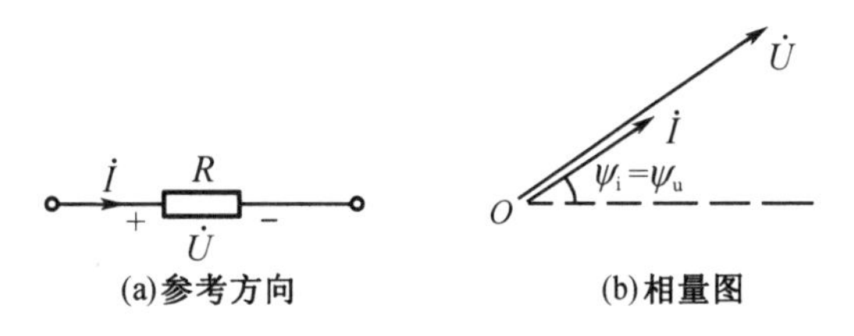

(a)参考方向　　(b)相量图

图 4-13　电阻元件的电压、电流相量图

2. 电感元件

在关联参考方向下，线性电感元件伏安关系的表达式为

$$u = L\frac{\mathrm{d}i}{\mathrm{d}t}$$

若流经其中的电流为正弦电流，则

$$i = I_{\mathrm{m}}\cos(\omega t + \psi_{\mathrm{i}})$$

此时,电感上的电压为

$$u = L\frac{\mathrm{d}i}{\mathrm{d}t} = -\omega LI_{\mathrm{m}}\sin(\omega t+\psi_{\mathrm{i}}) = \omega LI_{\mathrm{m}}\cos\left(\omega t+\psi_{\mathrm{i}}+\frac{\pi}{2}\right)$$
$$= U_{\mathrm{m}}\cos(\omega t+\psi_{\mathrm{u}})$$

由此可见,电感元件的电压、电流也是同频率的正弦量,其相位关系为电压超前于电流$\frac{\pi}{2}$,即

$$\psi_{\mathrm{u}} = \psi_{\mathrm{i}} + \frac{\pi}{2} \quad 或 \quad \psi_{\mathrm{u}} - \psi_{\mathrm{i}} = \frac{\pi}{2}$$

电压与电流的幅值或有效值之间的关系为

$$U_{\mathrm{m}} = \omega LI_{\mathrm{m}} \quad 或 \quad U = \omega LI$$

以上关系说明,它们的振幅或有效值之间具有类似于欧姆定律的关系。定义 X_{L} 为

$$X_{\mathrm{L}} = \omega L \tag{4-11}$$

式中,X_{L} 称为电感的电抗(reactance),简称感抗(inductive reactance),单位为欧姆,它反映了电感元件在正弦激励下阻碍电流通过的能力。感抗与频率成正比,随着频率的增高而增大。当 $\omega\to\infty$ 时,$X_{\mathrm{L}}\to\infty$,电感相当于开路;而当 $\omega=0$(即直流)时,$X_{\mathrm{L}}=0$,电感相当于短路。

感抗的倒数用 B_{L} 表示,即

$$B_{\mathrm{L}} = \frac{1}{X_{\mathrm{L}}} = \frac{1}{\omega L} \tag{4-12}$$

式中,B_{L} 称为电感的电纳(susceptance),简称感纳(inductive susceptance)。

电感元件的电压和电流的波形如图 4-14 所示。

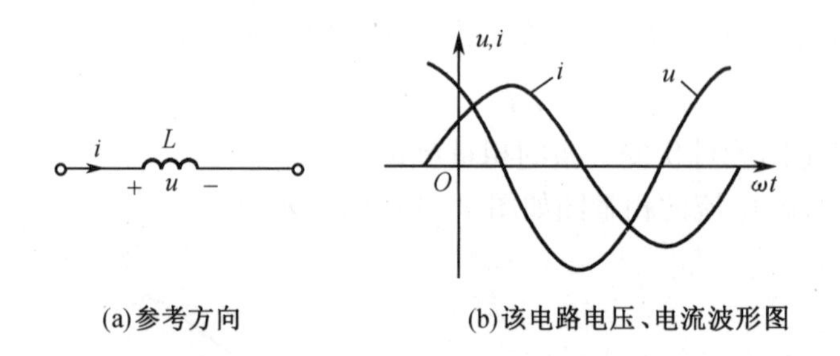

(a)参考方向　　(b)该电路电压、电流波形图

图 4-14　电感元件的电压和电流波形

将电感元件的正弦电流和电压用相量来表示,$\dot{I} = I\angle\psi_{\mathrm{i}}$,$\dot{U} = U\angle\psi_{\mathrm{u}}$,其中 $U = X_{\mathrm{L}}I$,$\psi_{\mathrm{u}} = \psi_{\mathrm{i}} + \frac{\pi}{2}$。以上结论可以用一个复数计算公式来简单表示,即

$$\dot{U} = \mathrm{j}X_{\mathrm{L}}\cdot\dot{I} \tag{4-13}$$

式(4-13)是电感元件伏安关系的相量形式。此式也可以表示为 $\dot{U}_{\mathrm{m}} = \mathrm{j}\omega L\dot{I}_{\mathrm{m}}$ 或 $\dot{U} = \mathrm{j}\omega L\dot{I}$。电感元件的电压、电流的相量图如图 4-15 所示。

3. 电容元件

在关联参考方向下,线性电容元件的伏安关系的表达式为

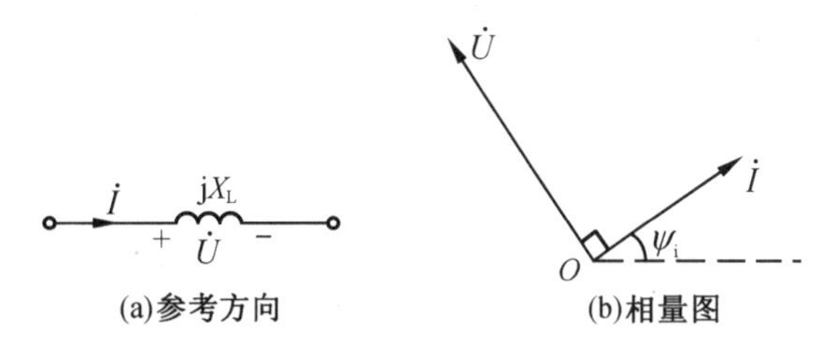

图 4－15　电感元件的电压、电流相量图

$$i = C\frac{\mathrm{d}u}{\mathrm{d}t}$$

当加于电容两端的电压为正弦电压 u，即

$$u = U_m\cos(\omega t + \psi_u)$$

时，电容上的电流为

$$i = C\frac{\mathrm{d}u}{\mathrm{d}t} = -\omega CU_m\sin(\omega t + \psi_u) = \omega CU_m\cos\left(\omega t + \psi_u + \frac{\pi}{2}\right)$$

$$= I_m\cos(\omega t + \psi_i)$$

由此可见，电容元件的电压、电流也是同频率的正弦量，其相位关系为电流超前于电压 $\frac{\pi}{2}$，即

$$\psi_i = \psi_u + \frac{\pi}{2} \quad 或 \quad \psi_i - \psi_u = -\frac{\pi}{2}$$

电压与电流的幅值或有效值之间的关系为

$$I_m = \omega CU_m \qquad 或 \qquad I = \omega CU$$

振幅或有效值之间的关系还可以写为

$$U_m = \frac{1}{\omega C}I_m \qquad 或 \qquad U = \frac{1}{\omega C}I$$

以上关系说明，它们的振幅或有效值之间也具有类似于欧姆定律的关系。定义：

$$X_C = \frac{1}{\omega C} \tag{4-14}$$

式中，X_C 称为电容的电抗，简称容抗(capacitive reactance)，单位是欧姆(Ω)。它反映了电容元件在正弦激励下阻碍电流通过的能力，容抗与频率成反比，随着频率的增高而减小。当 $\omega\to\infty$ 时，$X_C\to 0$，电容相当于短路；而当 $\omega = 0$(即直流)时，$X_C\to\infty$，电容相当于开路。

容抗的倒数用 B_C 表示，即

$$B_C = \frac{1}{X_C} = \omega C \tag{4-15}$$

式中，B_C 是电容的电纳，简称容纳(capacitive susceptance)。

电容元件的电压和电流的波形如图 4－16 所示。

将电容元件上的正弦电流和电压用相量来表示，$\dot{U} = U\angle\psi_u$，$\dot{I} = I\angle\psi_i$，其中 $U = X_C I$，$\psi_u = \psi_i - \frac{\pi}{2}$。以上结论可以用一个复数计算公式来简单表示

$$\dot{U} = -\mathrm{j}X_C\cdot\dot{I} \tag{4-16}$$

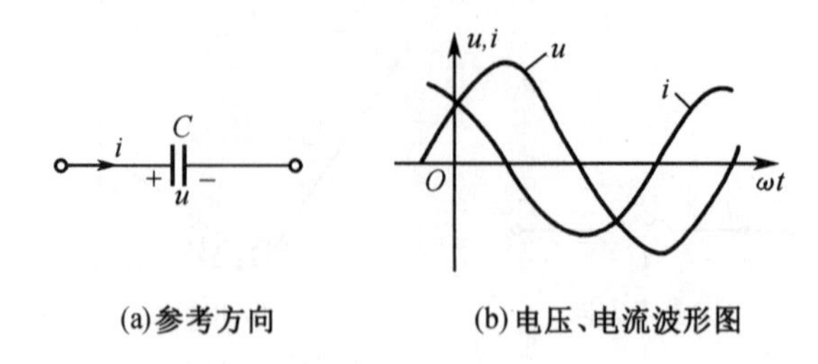

(a)参考方向　　(b)电压、电流波形图

图4-16　电容元件的电压和电流波形

式(4-16)是电容元件伏安关系的相量形式。此式也可以表示为

$$\dot{U}_{\mathrm{m}} = \frac{1}{\mathrm{j}\omega C}\dot{I}_{\mathrm{m}} = -\mathrm{j}\frac{1}{\omega C}\dot{I}_{\mathrm{m}} \quad \text{或} \quad \dot{U} = \frac{1}{\mathrm{j}\omega C}\dot{I} = -\mathrm{j}\frac{1}{\omega C}\dot{I}$$

电容元件的电压和电流的相量图如图4-17所示。

综上所述,R、L、C元件在正弦电路中均对电流有阻碍作用。电阻元件对电流的阻碍作用与频率无关,其电压和电流同相;电感元件对电流的阻碍作用用感抗来表示,与频率成正比,其电压超前电流的相位为$\frac{\pi}{2}$;电容元件对电流的阻碍作用用容抗来表示,与频率成反比,其电压滞后电流的相位为$\frac{\pi}{2}$。

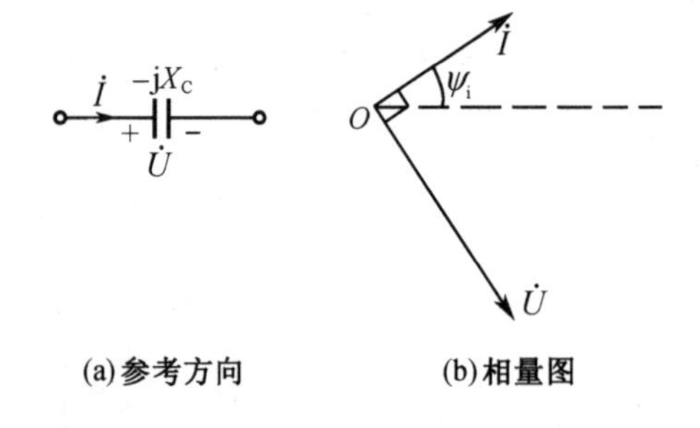

(a)参考方向　　(b)相量图

图4-17　电容元件的电压、电流相量图

式(4-13)与式(4-16)实际是将正弦量的积分和微分运算转换为相量计算。在此基础上,式(4-5)与(4-6)所示的微分方程组就可以很方便地用相量计算法求得稳态解。

例4-6　在图4-18(a)所示的RLC串联电路中,已知$R=30\ \Omega$,$L=0.05$ H,$C=25\ \mu$F,通过电路的电流$i=0.5\sqrt{2}\cos(1\,000t+30°)$ A。求各元件电压u_{R}、u_{L}和u_{C},画出它们的相量图。

解　电流i用相量表示为$\dot{I}=0.5\angle 30°$A,且$\omega=1\,000$ rad/s。各电压用相量表示,则

$$\dot{U}_{\mathrm{R}} = R\dot{I} = 30\times 0.5\angle 30° = 15\angle 30°\ \mathrm{V}$$

$$\dot{U}_{\mathrm{L}} = \mathrm{j}\omega L\dot{I} = \mathrm{j}1\,000\times 0.05\times 0.5\angle 30° = 25\angle 120°\ \mathrm{V}$$

$$\dot{U}_{\mathrm{C}} = -\mathrm{j}\frac{1}{\omega C}\dot{I} = -\mathrm{j}\frac{1}{1\,000\times 25\times 10^{-6}}\times 0.5\angle 30° = 20\angle -60°\ \mathrm{V}$$

电压对应的瞬时值表达式分别为

$$u_{\mathrm{R}} = 15\sqrt{2}\cos(1\,000t+30°)\ \mathrm{V}$$

$$u_{\mathrm{L}} = 25\sqrt{2}\cos(1\,000t+120°)\ \mathrm{V}$$

$$u_{\mathrm{C}} = 20\sqrt{2}\cos(1\,000t-60°)\ \mathrm{V}$$

相量图如图4-18(b)所示。

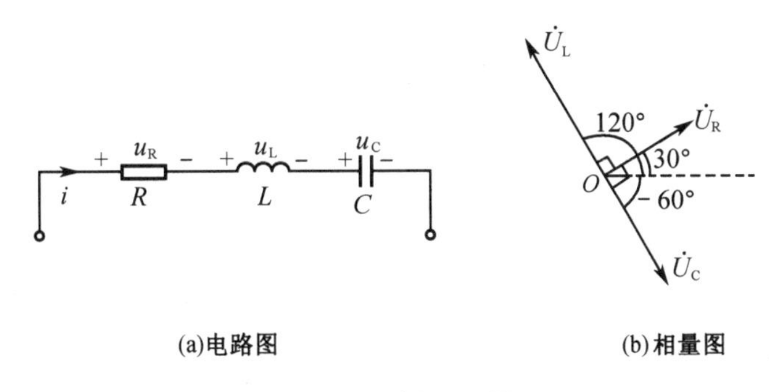

(a)电路图　(b)相量图

图 4-18　例 4-6 图

本节思考与练习

4.2 节
思考与练习
参考答案

4-2-1　在题 4-2-1 图所示的 RLC 串联电路中，已知 $R=20\ \Omega$，$L=0.5\ \mathrm{H}$，$C=400\ \mu\mathrm{F}$，若电阻电压 $u_R=40\cos 100t$ V，试用相量法求出电感电压 u_L 和电容电压 u_C，并画出三电压的相量图。

4-2-2　在题 4-2-2 图所示电路中，已知 $R=50\ \Omega$，$C=15.9\ \mu\mathrm{F}$，$U=100$ V，求频率为 50 Hz 和 500 Hz 两种情况下的 I_R 和 I_C。

4-2-3　在题 4-2-3 图所示电路中，若 $i_1=3\sqrt{2}\cos(\omega t+45°)$ A，$i_2=3\sqrt{2}\cos(\omega t-45°)$ A，求电流表读数。

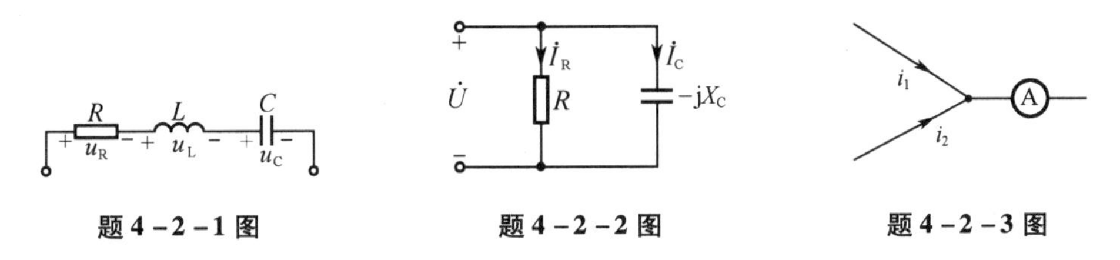

题 4-2-1 图　题 4-2-2 图　题 4-2-3 图

4-2-4　在题 4-2-4 图所示电路中，已知元件 1 与元件 2 的正弦电压 u_1、u_2的幅值 $U_{1m}=100\sqrt{3}$ V，$U_{2m}=100$ V，u_1、u_2的幅值相量如图所示，求总电压 u。

4-2-5　在题 4-2-5 图所示正弦电路中，$\dot{U}=\dot{U}_1=10\angle 90°$ V，$\dot{U}_2=5\angle 0°$ V，求$\dot{U}_3$。

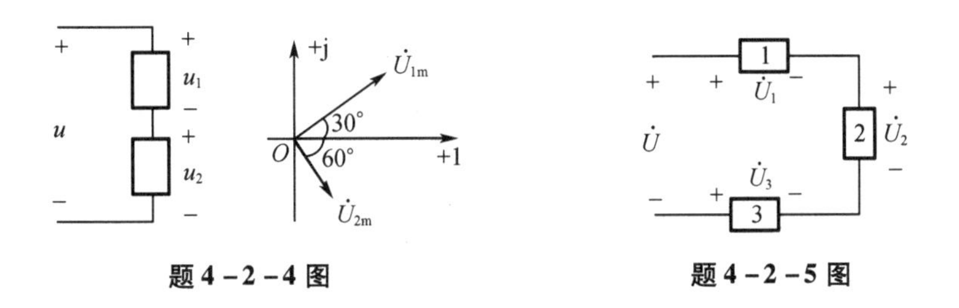

题 4-2-4 图　题 4-2-5 图

4.3 复阻抗与复导纳

二端网络 N 是由线性常参数 R、L、C 元件以及受控源组成的不含独立源的电路，如图 4-19 所示。在正弦激励下，无论其内部结构有多复杂，其端口的电压和电流将是同频率的正弦量，将端口的电压相量 $\dot{U}$ 和电流相量 $\dot{I}$ 的比值定义为复阻抗(complex impedance)，即

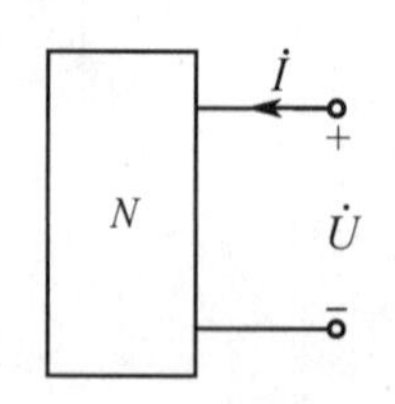

图 4-19 线性时不变无源二端网络 N

$$Z=\frac{\dot{U}}{\dot{I}} \tag{4-17}$$

则 Z 是一个复数，具有电阻或电抗的量纲，单位为欧姆(Ω)。

由式(4-17)，电压与电流的关系为

$$\dot{U}=Z\dot{I} \tag{4-18}$$

式(4-18)与电阻元件的伏安关系即欧姆定律相似，称为欧姆定律的相量形式。

复阻抗可以写成代数式、指数式、极坐标形式：

$$Z=R+\mathrm{j}X=z\mathrm{e}^{\mathrm{j}\varphi}=z\angle\varphi \tag{4-19}$$

式中，$R=\mathrm{Re}[Z]$ 称为网络的电阻；$X=\mathrm{Im}[Z]$ 称为网络的电抗；z 为 Z 的模，称为网络的阻抗或阻抗模；φ 为 Z 的辐角，又称阻抗角。

以上各量之间的关系为

$$\begin{cases}R=z\cos\varphi\\X=z\sin\varphi\end{cases}\quad\text{或}\quad\begin{cases}z=\sqrt{R^2+X^2}\\\varphi=\arctan\dfrac{X}{R}\end{cases}$$

由

$$Z=\frac{\dot{U}}{\dot{I}}=\frac{U\mathrm{e}^{\mathrm{j}\psi_{\mathrm{u}}}}{I\mathrm{e}^{\mathrm{j}\psi_{\mathrm{i}}}}=\frac{U\angle\psi_{\mathrm{u}}}{I\angle\psi_{\mathrm{i}}}=\frac{U}{I}\angle(\psi_{\mathrm{u}}-\psi_{\mathrm{i}})=z\angle\varphi$$

可知

$$z=\frac{U}{I}\quad\varphi=\psi_{\mathrm{u}}-\psi_{\mathrm{i}} \tag{4-20}$$

式(4-20)表明，复阻抗的模即阻抗值 z 为电压和电流的有效值(或振幅)之比，辐角即阻抗角 φ 为电压和电流的相位差。当网络的复阻抗确定之后，如果其虚部 $X>0$(相应的 $\varphi>0$)，则电压超前于电流，网络呈现电感性；如果 $X<0$(相应的 $\varphi<0$)，则电压滞后于电流，网络呈现电容性；如果 $X=0$(相应的 $\varphi=0$)，则电压和电流同相，网络呈现为纯电阻特性。

由式(4-20)，单一的 R、L、C 元件的复阻抗分别为

$$Z_{\mathrm{R}}=R\qquad Z_{\mathrm{L}}=\mathrm{j}\omega L=\mathrm{j}X_{\mathrm{L}},Z_{\mathrm{C}}=\frac{1}{\mathrm{j}\omega C}=-\mathrm{j}\frac{1}{\omega C}=-\mathrm{j}X_{\mathrm{C}}$$

把复阻抗写成代数式 $Z=R+\mathrm{j}X$，有

$$\dot{U}=Z\dot{I}=R\dot{I}+\mathrm{j}X\dot{I}=\dot{U}_{\mathrm{R}}+\dot{U}_{\mathrm{X}} \tag{4-21}$$

由式(4-21)可将 Z 的实部和虚部看作串联，如图 4-20 所示，称为复阻抗的串联等效

电路。因为 $\dot{U}_{\mathrm{R}}$ 与 $\dot{U}_{\mathrm{X}}$ 有 90°的相位差，所以由 $\dot{U}_{\mathrm{R}}$ 、$\dot{U}_{\mathrm{X}}$ 和 $\dot{U}$ 三者构成的相量图是一个直角三角形。以电流 $\dot{I}$ 为参考相量，并假设复阻抗为电感性，即 $X>0$，则可得到如图 4－21(a)所示的相量图，称为复阻抗的电压三角形。图中 $\dot{U}$ 与 $\dot{U}_{\mathrm{R}}$ 的夹角 φ 就是 $\dot{U}$ 与 $\dot{I}$ 的相位差，即 Z 的阻抗角。将电压三角形的各边数值均除以电流有效值，便可得到反映 R、X、z 三者关系的阻抗三角形，如图 4－21(b)所示。

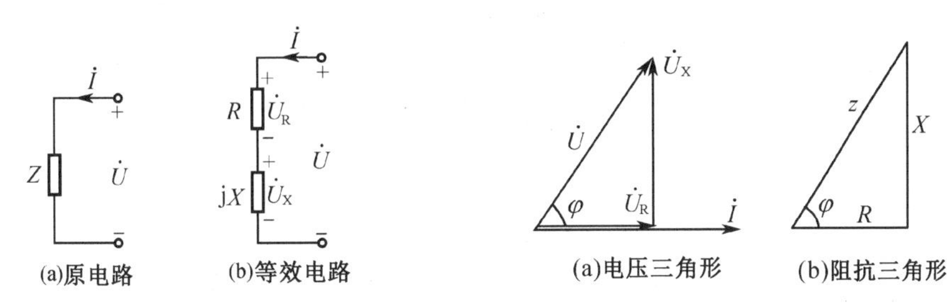

图 4－20　复阻抗的串联等效电路

图 4－21　复阻抗的电压三角形和阻抗三角形

对图 4－19 所示的二端网络 N，将端口的电流相量 $\dot{I}$ 和电压相量 $\dot{U}$ 的比值定义为复导纳(complex admittance)，即

$$Y=\frac{\dot{I}}{\dot{U}} \tag{4-22}$$

式中，Y 是一个复数，具有电导或电纳的量纲，单位为西门子(S)。

由式(4－22)，电压与电流的关系为

$$\dot{I}=Y\dot{U} \tag{4-23}$$

式(4－22)是欧姆定律相量形式的另一种表达方式。

复导纳可以写成代数式，也可以写成指数式

$$Y=G+\mathrm{j}B=y\mathrm{e}^{\mathrm{j}\varphi'}=y\angle\varphi' \tag{4-24}$$

式中，$G=\mathrm{Re}[Y]$ 称为网络的电导；$B=\mathrm{Im}[Y]$ 称为网络的电纳；y 是 Y 的模，称为网络的导纳；φ'是 Y 的辐角，称为网络的导纳角。

以上各量之间的关系为

$$\begin{cases}G=y\cos\varphi'\\B=y\sin\varphi'\end{cases}\quad\text{或}\quad\begin{cases}y=\sqrt{G^2+B^2}\\\varphi'=\arctan\dfrac{B}{G}\end{cases}$$

由

$$Y=\frac{\dot{I}}{\dot{U}}=\frac{I\mathrm{e}^{\mathrm{j}\psi_{\mathrm{i}}}}{U\mathrm{e}^{\mathrm{j}\psi_{\mathrm{u}}}}=\frac{I\angle\psi_{\mathrm{i}}}{U\angle\psi_{\mathrm{u}}}=\frac{U}{I}\angle(\psi_{\mathrm{i}}-\psi_{\mathrm{u}})=y\angle\varphi'$$

可知

$$Y=\frac{I}{U}\quad\varphi'=\psi_{\mathrm{i}}-\psi_{\mathrm{u}} \tag{4-25}$$

式(4－25)表明，复导纳的模即导纳值 y 为电流和电压有效值(或振幅)之比，辐角即导

纳角 φ' 为电流与电压的相位差。当网络的复导纳确定之后,如果其虚部 $B>0$(相应的 $\varphi'>0$),因为电流超前于电压,网络呈现电容性;如果 $B<0$(相应的 $\varphi'<0$),因为电流滞后于电压,网络呈现电感性;如果 $B=0$(相应的 $\varphi'=0$),则电流与电压同相,网络呈现纯电导特征。

由式(4-22),R、L、C 各元件的复导纳分别为

$$Y_R = \frac{1}{R} = G$$

$$Y_C = j\omega C = jB_C$$

$$Y_L = \frac{1}{j\omega L} = -j\frac{1}{\omega L} = -jB_L$$

把复导纳写成代数式 $Y=G+jB$,有

$$\dot{I} = Y\dot{U} = G\dot{U} + jB\dot{U} = \dot{I}_G + \dot{I}_B \tag{4-26}$$

由式(4-26)可以把 Y 的实部和虚部看作并联,如图 4-22(b)所示,称为复导纳的并联等效电路。因为 $\dot{I}_G$ 与 $\dot{I}_B$ 有 90°的相位差,所以由 $\dot{I}_G$、$\dot{I}_B$ 和 $\dot{I}$ 三者构成的相量图是一个直角三角形。以电压 $\dot{U}$ 为参考相量,并假设复导纳为电容性,即 $B>0$,则可得到如图 4-23(a)所示的相量图,称为复导纳的电流三角形。图中 $\dot{I}$ 和 $\dot{I}_G$ 的夹角 φ' 就是电流与电压的相位差,即 Y 的导纳角。将电流三角形的各边数值均除以电压有效值,便可得到反映 G、B、y 三者关系的导纳三角形,如图 4-23(b)所示。

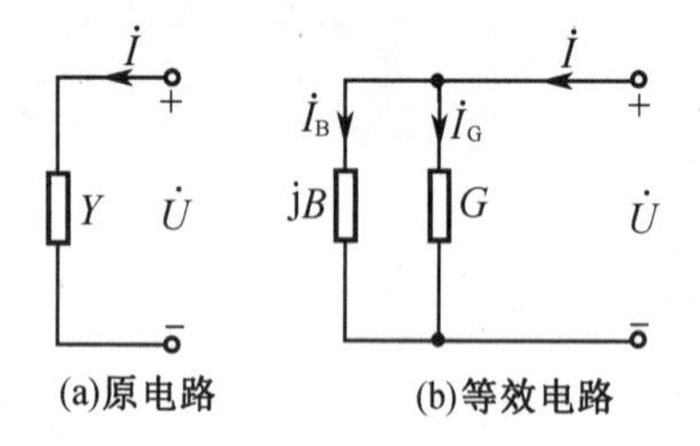

图 4-22 复导纳的并联等效电路

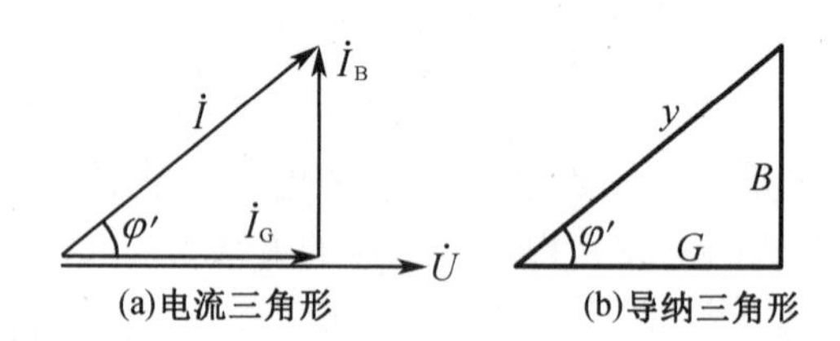

图 4-23 复导纳的电流三角形和导纳三角形

不含独立源的线性二端网络如图 4-24 所示。设 $Z=ze^{j\varphi}$,则

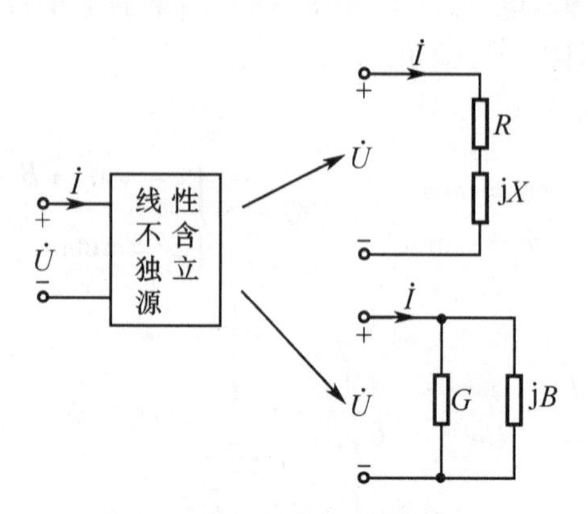

图 4-24 串联电路模型与并联电路模型

$$Y = \frac{1}{Z} = \frac{1}{z\mathrm{e}^{\mathrm{j}\varphi}} = \frac{1}{z}\mathrm{e}^{-\mathrm{j}\varphi} = y\mathrm{e}^{\mathrm{j}\varphi'} \tag{4-27}$$

即

$$y = \frac{1}{z} \quad \varphi' = -\varphi \tag{4-28}$$

式(4－28)表明,导纳 y 与阻抗 z 互为倒数,导纳角 φ' 与阻抗角 φ 互为相反数。

若网络的等效复阻抗 $Z = R + \mathrm{j}X$ 已知,即其串联等效参数 R 和 X 已知,则由

$$Y = \frac{1}{Z} = \frac{1}{R + \mathrm{j}X} = \frac{R}{R^2 + X^2} - \mathrm{j}\frac{X}{R^2 + X^2} = G + \mathrm{j}B$$

可得其并联等效参数

$$G = \frac{R}{R^2 + X^2} \qquad B = -\frac{X}{R^2 + X^2}$$

反之,如果网络的等效复导纳 $Y = G + \mathrm{j}B$ 已知,即其并联等效参数 G 与 B 已知,则由

$$Z = \frac{1}{Y} = \frac{1}{G + \mathrm{j}B} = \frac{G}{G^2 + B^2} - \mathrm{j}\frac{B}{G^2 + B^2} = R + \mathrm{j}X$$

可得其串联等效参数

$$R = \frac{G}{G^2 + B^2} \qquad X = -\frac{B}{G^2 + B^2}$$

例 4－7　对图 4－25(a)所示的 RLC 网络,当所加的电压 $U = 100$ V 时,测得电流 $I = 2$ A,若电压和电流的相位差为 $\varphi = 36.87°$,试求出该网络的串联和并联等效电路的参数。

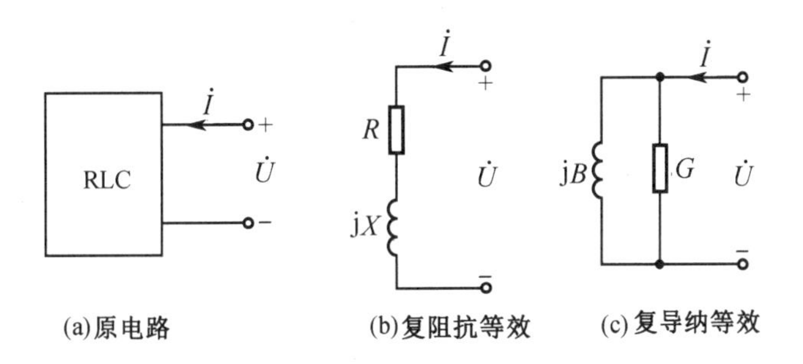

图 4－25　例 4－7 图

解　网络的阻抗

$$z = \frac{U}{I} = \frac{100}{2} = 50\ \Omega$$

其复阻抗为

$$Z = z\mathrm{e}^{\mathrm{j}\varphi} = 50\mathrm{e}^{\mathrm{j}36.87°} = (40 + \mathrm{j}30)\Omega$$

串联等效电路的参数为

$$R = 40\ \Omega \qquad X = 30\ \Omega$$

并联等效电路的参数为

$$G = \frac{R}{R^2 + X^2} = \frac{40}{40^2 + 30^2} = 0.016\ \mathrm{S}$$

$$B = \frac{-X}{R^2 + X^2} = \frac{-30}{40^2 + 30^2} = -0.012\ \mathrm{S}$$

两种等效电路分别如图 4－25(b)、图 4－25(c)所示,电路为感性。

并联等效电路的参数也可通过复导纳求出:

$$Y=\frac{1}{Z}=\frac{1}{50\mathrm{e}^{\mathrm{j}36.87^\circ}}=0.02\mathrm{e}^{-\mathrm{j}36.87^\circ}=(0.016-\mathrm{j}0.012)\ \mathrm{S}$$

即 $G=0.016\ \mathrm{S}, B=-0.012\ \mathrm{S}$。

最后,说明两点:

(1)由于电感和电容的电抗(或电纳)均与频率有关,因此对含有电感和(或)电容的同一网络,在不同的工作频率下,会表现为不同的阻抗(或导纳),只有在确定的频率下,才有确定的阻抗(或导纳)值;对于同时含有电感和电容的网络,连网络的性质都会随频率的改变而不同。

(2)复阻抗与复导纳和相量一样,都是正弦电路所专有的概念,不可超出范围随意引用。复阻抗和复导纳是复数,但它们不是相量,它们不代表正弦量,故其表示符号为大写字母 Z 和 Y,以与相量 ($\dot{U}, \dot{I}$) 相区别。

4.3节
思考与练习
参考答案

本节思考与练习

4-3-1 如题4-3-1图所示线性无源二端网络 N,已知 $u=10\sqrt{2}\sin(100t+90^\circ)$ V, $i=2\sqrt{2}\cos(100t+30^\circ)$ A,求 N 的串联等效电路、并联等效电路。

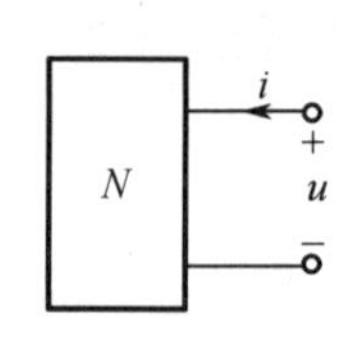

题4-3-1图

4-3-2 题4-3-2图所示各电路中,已知 $R=60\ \Omega$, $\omega L=30\ \Omega$, $\frac{1}{\omega C}=80\ \Omega$,求各串联电路的等效复阻抗和各并联电路的等效复导纳。

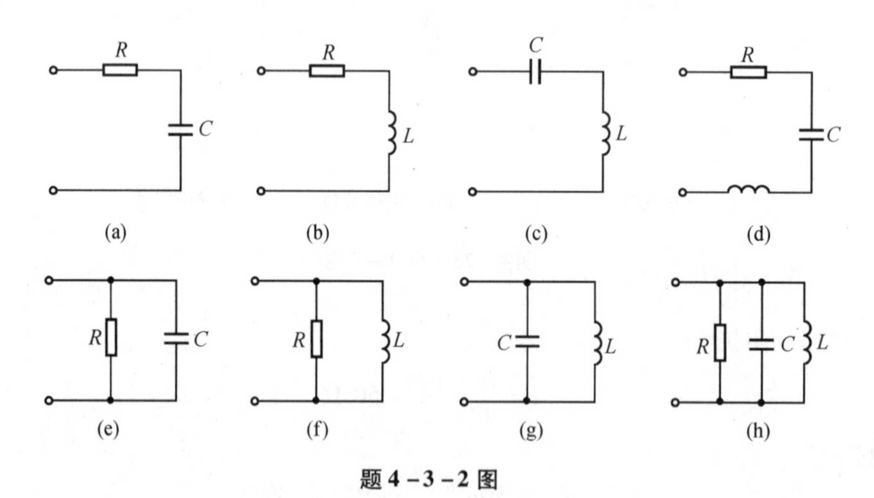

题4-3-2图

4-3-3 求题4-3-3图中各电路的等效复阻抗。

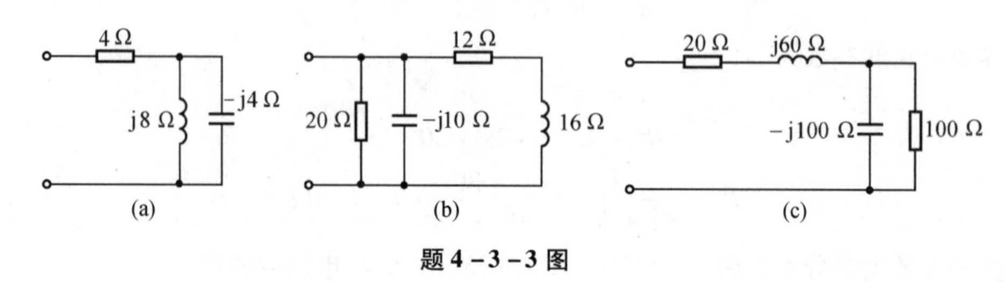

题4-3-3图

4－3－4　已知某交流负载的电压相量和电流相量分别为

(1) $\dot{U}=100\angle 120^\circ\ \mathrm{V}$，$\dot{I}=5\angle 60^\circ\ \mathrm{A}$；

(2) $\dot{U}=100\angle 30^\circ\ \mathrm{V}$，$\dot{I}=4\angle 60^\circ\ \mathrm{A}$。

试确定每种情况下负载的等效复阻抗、复导纳，并说明其性质。

4－3－5　求题 4－3－5 图所示电路的等效阻抗。

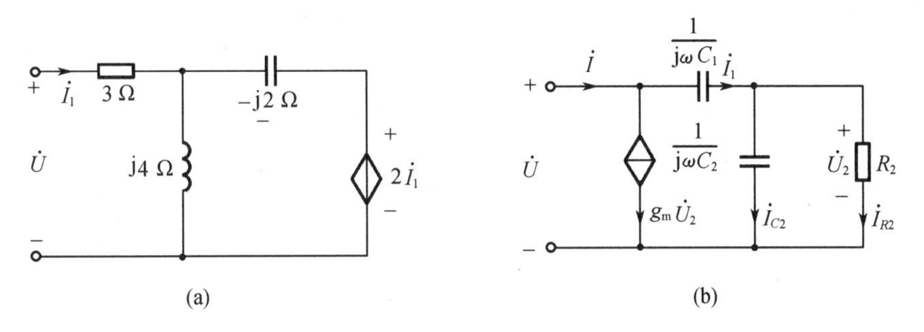

题 4－3－5 图

4－3－6　题 4－3－6 图所示电路中 $R=40\ \Omega$，$r=10\ \Omega$，$\dfrac{1}{\omega C}=20\ \Omega$，求该电路在正弦交流激励下的串联等效电路和并联等效电路的参数。

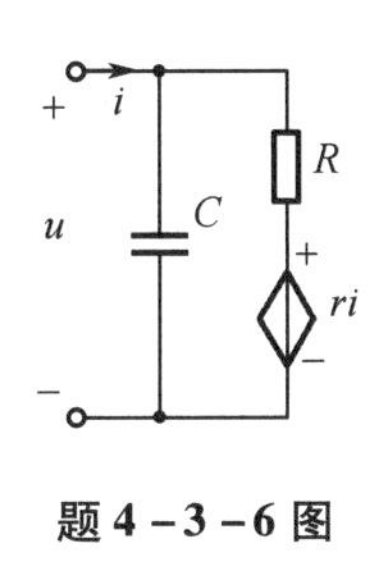

题 4－3－6 图

4.4　正弦稳态电路相量分析

前面学习了电路元件及基尔霍夫定律的相量形式，并且简单了解了相量法的计算规则。本节将较为全面、深入地展开相量法在正弦稳态电路中的分析、求解。

4.4.1　阻抗串并联电路的分析

n 个复阻抗 $Z_1,Z_2,\cdots,Z_n$ 相串联，可以等效为一个复阻抗 Z，且

$$Z=Z_1+Z_2+\cdots+Z_n$$

n 个复导纳 $Y_1,Y_2,\cdots,Y_n$ 相并联，可以等效为一个复导纳 Y，且

$$Y=Y_1+Y_2+\cdots+Y_n$$

两个复阻抗相并联，如图 4－26 所示，等效复阻抗为

$$Z = \frac{Z_1 Z_2}{Z_1 + Z_2}$$

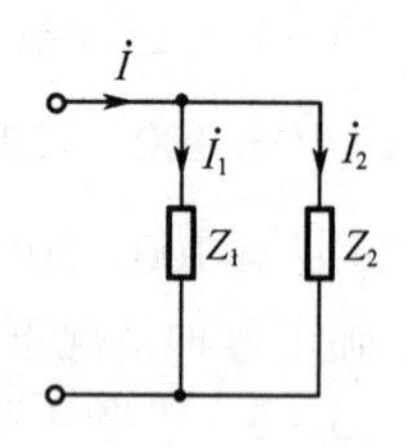

图 4-26　阻抗的并联

各复阻抗上的电流与总电流的关系为 $\dot{I}_1 = \dfrac{Z_2}{Z_1 + Z_2}\dot{I}$，$\dot{I}_2 = \dfrac{Z_1}{Z_1 + Z_2}\dot{I}$。

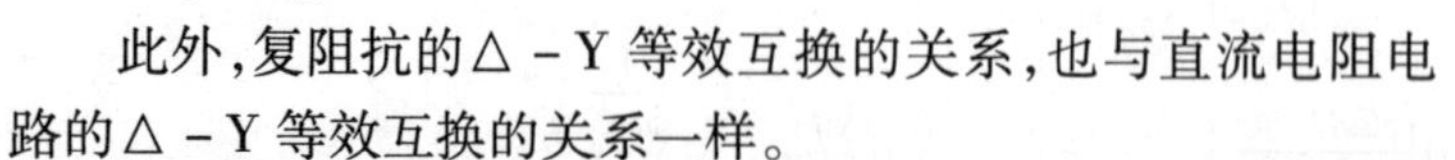

此外，复阻抗的△-Y等效互换的关系，也与直流电阻电路的△-Y等效互换的关系一样。

利用以上这些关系，可以对复阻抗(或复导纳)的串并联电路进行等效化简和分析计算。

例4-8　(1)求图4-27(a)所示RLC串联电路的等效复阻抗，并讨论其性质；(2)若 $R=30\ \Omega$，$X_L=20\ \Omega$，$X_C=60\ \Omega$，所加电压 $U=100$ V，求流经电路的电流 I，各元件上的电压 U_R、U_L、U_C 和电抗元件(L，C)上的串联总电压 U_X，并画出反映各电压关系的相量图。

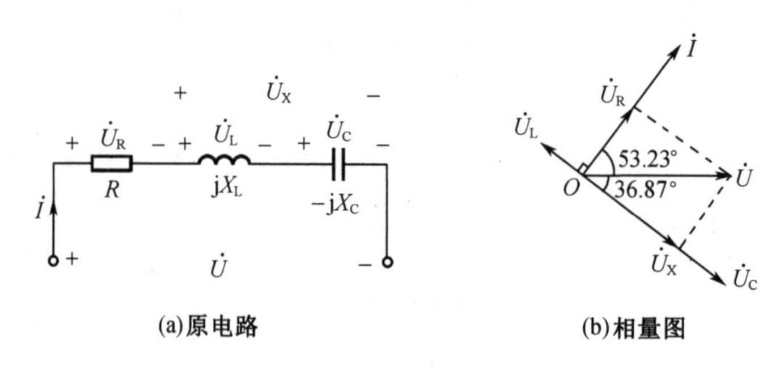

(a)原电路　　(b)相量图

图 4-27　例4-8图

解　(1)等效复阻抗为

$$Z = Z_R + Z_L + Z_C = R + j\omega L - j\frac{1}{\omega C} = R + j\left(\omega L - \frac{1}{\omega C}\right)$$

若将 Z 写作

$$Z = R + jX$$

则

$$X = \omega L - \frac{1}{\omega C} = X_L - X_C$$

即RLC串联电路的电抗为感抗和容抗之差。当 $X_L > X_C$ 时，$X > 0$，电路为感性；当 $X_L < X_C$ 时，$X < 0$，电路为容性；当 $X_L = X_C$ 时，$X = 0$，电路为阻性，此时 $Z = R$ 为纯电阻。由于 X_L 与 ω 成正比，X_C 与 ω 成反比，因此随着 ω 由低到高的变化，电路的性质会发生由容性经阻性到感性的变化。

(2)若 $R=30\ \Omega$，$X_L=20\ \Omega$，$X_C=60\ \Omega$，则复阻抗为

$$Z = R + j(X_L - X_C) = 30 + j(20-60) = 30 - j40 = 50\angle -53.13°\ \Omega$$

电流为

$$I = \frac{U}{z} = \frac{100}{50} = 2\ \text{A}$$

各元件上的电压为

$$U_R = RI = 30 \times 2 = 60\ \text{V} \qquad U_L = X_L I = 20 \times 2 = 40\ \text{V} \qquad U_C = X_C I = 60 \times 2 = 120\ \text{V}$$

由于 $\dot{U}_L$ 与 $\dot{U}_C$ 反相，因此总的电抗电压为

$$U_X = |U_L - U_C| = |40 - 120| = 80\ \text{V}$$

本例中没有指明参考相量，这时可以任意指定一个电压或电流作为参考相量，如果指定总电压 $\dot{U}$ 为参考相量，则由已知条件有 $\dot{U}=100\angle 0°$ V 。根据前面的计算结果，可以进一步写出

$$\dot{I}=\frac{\dot{U}}{Z}=2\angle 53.13°\ \text{A},\dot{U}_R=R\dot{I}=60\angle 53.13°\ \text{V},\dot{U}_L=\text{j}X_L\dot{I}=40\angle 143.13°\ \text{V}$$

$$\dot{U}_C=-\text{j}X_C\dot{I}=120\angle -36.87°\ \text{V},\dot{U}_X=\dot{U}_L+\dot{U}_C=80\angle -36.87°\ \text{V}$$

于是可以画出相量图如图 4－27(b)所示，从相量图中可以清晰地看出 $\dot{U}_R$、$\dot{U}_X$ 和 $\dot{U}$ 三者构成直角三角形。但是，这种画法是利用复数计算结果做出的，对于求解电路意义不大，并不能体现相量图解法的真正价值。

图 4－27 所示电路是三个基本元件的串联电路，如果以 $\dot{I}$ 为参考相量，即令 $\dot{I}=I\angle 0°$ A，根据 4.2.2 节，可以得知 $\dot{U}_R$ 与 $\dot{I}$ 同相，$\dot{U}_L$ 超前于 $\dot{I}$ 90°，$\dot{U}_C$ 落后于 $\dot{I}$ 90°，并且根据欧姆定律的相量形式，可以知道 RLC 三个元件上电压相量的模值之比就等于 R∶X_L∶X_C，于是可以在未求解的情况下，定性画出相量图如图 4－28(a)所示，进一步地，将 KVL 方程 $\dot{U}=\dot{U}_R+\dot{U}_L+\dot{U}_C$ 的矢量求和(差)计算思想融入图中，得到图 4－28(b)所示的相量图，这种画法的相量图更便于图形计算。

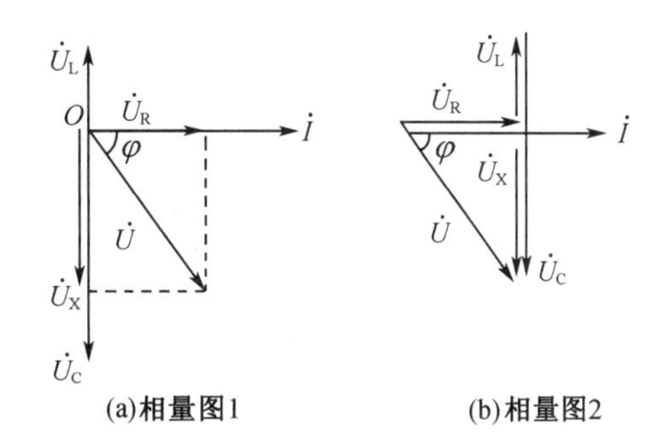

图 4－28　例 4－8 相量图

通过以上分析，可以得出结论：在分析正弦电路时，借助于相量图，往往可以使分析计算的过程简化；通过作相量图，可以直观地观察到电路中各电压、电流相量之间的大小和相位关系；作相量图时，参考相量的选择往往是顺利画出相量图的突破口，选择适当的参考相量后，可以再结合各个元件的电压、电流关系，逐一作出其他相量乃至完成全部相量图。

经验上，对于串联电路流经各元件的电流是同一电流，常选这个电流相量作参考相量；对于并联电路各元件承受同一电压，常选这个电压相量作参考相量；对于混联电路，可以先将局部串联或并联电路的相量图按照上述原则画出，再根据局部电路组合为总体电路的串并联方式画出总体电路的相量图。

从例 4－8 的结果可知，电容电压 U_C 大于总电压 U。这种局部电压大于总电压(或分支电流大于总电流)的现象，在直流电路中是不会发生的，但在正弦电路中却经常出现，这是由于各电压(或电流)存在相位差的缘故。

例 4－9　在图 4－29 所示的电路中，已知 $R_1=4\ \Omega$，$R_2=6\ \Omega$，$X_L=8\ \Omega$，$X_C=5\ \Omega$，$U_S=12$ V。求各支路电流。

解　用 Z_1、Z_2 和 Z_3 分别表示三条支路的阻抗，有

$$Z_1=R_1=4\ \Omega$$

$$Z_2=R_2+\text{j}X_L=6+\text{j}8=10\angle 53.1°\ \Omega$$

$$Z_3=-\text{j}X_C=-\text{j}5=5\angle -90°\ \Omega$$

电路总的等效复阻抗为

$$Z = Z_1 + \frac{Z_2Z_3}{Z_2 + Z_3} = 4 + \frac{(6 + j8)(-j5)}{6 + j8 - j5} = 9.9\angle -42.3°\ \Omega$$

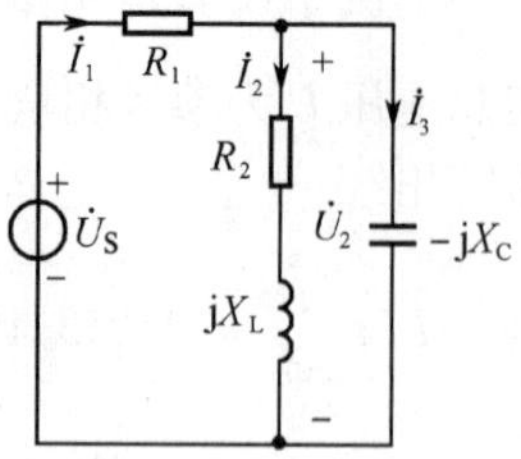

设 $\dot{U}_S = 12\angle 0°$ V,各支路电流如图 4-29 所示,则

$$\dot{I}_1 = \frac{\dot{U}_S}{Z} = \frac{12\angle 0°}{9.9\angle -42.3°} = 1.21\angle 42.3°\ \text{A}$$

$$\dot{I}_2 = \frac{Z_3}{Z_2 + Z_3}\dot{I}_1 = \frac{-j5}{6 + j8 - j5} \times 1.21\angle 42.3°$$
$$= 0.9\angle -74.3°\ \text{A}$$

$$\dot{I}_3 = \frac{Z_2}{Z_2 + Z_3}\dot{I}_1 = \frac{10\angle 53.1°}{6 + j8 - j5} \times 1.21\angle 42.3° = 1.8\angle 68.8°\ \text{A}$$

图 4-29　例 4-9 图

也可以在求出 $\dot{I}_1$ 以后,先求出 $\dot{U}_2$,再求出 $\dot{I}_2$ 和 $\dot{I}_3$:

$$\dot{U}_2 = \dot{U}_S - R_1\dot{I}_1 = 12\angle 0° - 4 \times 1.21\angle 42.3° = 9.03\angle -21.2°\ \text{V}$$

所以

$$\dot{I}_2 = \frac{\dot{U}_2}{Z_2} = \frac{9.03\angle -21.2°}{10\angle 53.1°} = 0.9\angle -74.3°\ \text{A}$$

$$\dot{I}_3 = \frac{\dot{U}_2}{Z_3} = \frac{9.03\angle -21.2°}{5\angle -90°} = 1.8\angle 68.8°\ \text{A}$$

由以上公式可知,结果是一样的。

例 4-10　在图 4-30(a)所示的电路中,已知 $R = 15\ \Omega$,$X_L = 20\ \Omega$,所加电压 $U = 100$ V。并联复阻抗 Z_2 后电流 $\dot{I}$ 与电压 $\dot{U}$ 同相位,且在 Z_2 并联前后 $\dot{I}$ 的有效值保持不变,求 Z_2。

分析:求某个未知的复阻抗,最直接的办法就是求出该复阻抗上的电压相量和电流相量,然后利用式(4-17)将两者相除求得复阻抗。

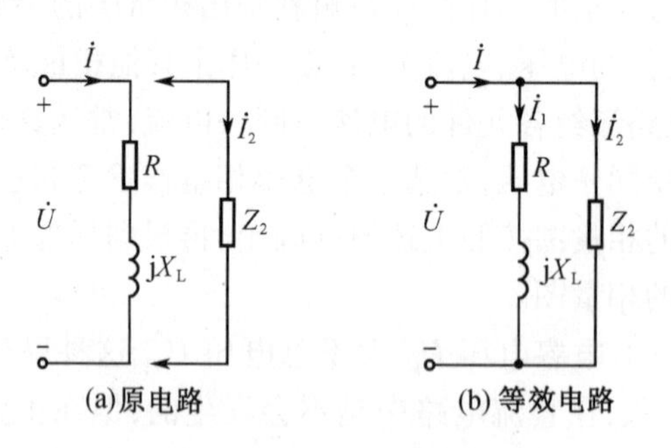

图 4-30　例 4-10 图

解　设 $\dot{U} = 100\angle 0°$ V,两并联支路的电流分别为 $\dot{I}_1$ 和 $\dot{I}_2$,如图 4-30(b)所示。则

$$\dot{I}_1 = \frac{\dot{U}}{R + jX_L} = \frac{100\angle 0°}{15 + j20} = 4\angle -53.13°\ \text{A}$$

由已知条件,此时 $I = 4$ A(因为在并联 Z_2 之前,$\dot{I}$ 即 $\dot{I}_1$,其有效值为 4 A),且 $\dot{I}$ 与 $\dot{U}$ 同相,故得

$$\dot{I}=4\angle 0°\ \text{A}$$

从而可得

$$\dot{I}_2=\dot{I}-\dot{I}_1=4\angle 0°-4\angle -53.13°=(4-2.4+\text{j}3.2)$$
$$=3.58\angle 63.4°\ \text{A}$$

于是

$$Z_2=\frac{\dot{U}}{\dot{I}_2}=\frac{100\angle 0°}{3.58\angle 63.4°}=27.93\angle -63.4°=(12.5-\text{j}25)\ \Omega$$

也可以在求得 $\dot{I}$ 之后,由复导纳的并联关系求得 Z_2,即由并联复导纳

$$Y=\frac{\dot{I}}{\dot{U}}=\frac{4\angle 0°}{100\angle 0°}=\frac{1}{15+\text{j}20}+\frac{1}{Z_2}$$

求得

$$Z_2=12.5-\text{j}25\ \Omega$$

例4-11　图4-31(a)所示的串联电路中,已知 $U=50$ V,$U_1=U_2=30$ V,电阻 $R_1=10\ \Omega$,求复阻抗 Z_2。

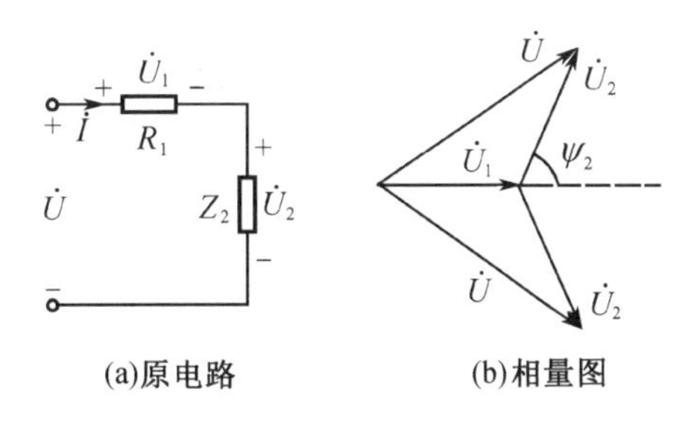

图4-31　例4-11图

解法一

设 $\dot{U}_1=30\angle 0°$ V, $\dot{U}_2=30\angle \psi_2$ V, $\dot{U}=50\angle \psi$ V,则由 KVL,有

$$\dot{U}=\dot{U}_1+\dot{U}_2$$

即

$$50\angle \psi=30\angle 0°+30\angle \psi_2$$

或

$$50\cos\psi+\text{j}50\sin\psi=30+30\cos\psi_2+\text{j}30\sin\psi_2$$

由此得

$$\begin{cases}5\cos\psi=3(1+\cos\psi_2)\\5\sin\psi=3\sin\psi_2\end{cases}$$

将上面两式的两边分别平方之后相加,消去 ψ,可求得

$$\psi_2=\arccos\frac{7}{18}=\pm 67.1°$$

于是得

$$\dot{U}_2=30\angle \pm 67.1°\ \text{V}$$

则

$$\dot{I}=\frac{\dot{U}_1}{R_1}=\frac{30\angle 0°}{10}\ \text{A}=3\angle 0°\ \text{A}$$

从而可求得

$$Z_2=\frac{\dot{U}_2}{\dot{I}}=\frac{30\angle \pm 67.1°}{3\angle 0°}=(3.89\pm\text{j}9.21)\ \Omega$$

结果中的正、负两种情况说明 Z_2 有感性和容性两种可能。

解法二 设 $\dot{U}_1$ 为参考相量,考虑到 $\dot{U}_2$ 有超前(Z_2 为感性时)和落后(Z_2 为容性时)于 $\dot{U}_1$ 两种可能,可得反映 $\dot{U}_1$ 、$\dot{U}_2$ 和 $\dot{U}$ 三电压关系的相量图如图 4-31(b)所示。对图中的电压三角形,由余弦定理,得

$$\begin{aligned} U^2 &= U_1^2 + U_2^2 - 2U_1U_2\cos(\pi - \psi_2) \\ &= U_1^2 + U_2^2 + 2U_1U_2\cos\psi_2 \end{aligned}$$

从而可得
$$\cos\psi_2 = \frac{U^2 - U_1^2 - U_2^2}{2U_1U_2} = \frac{50^2 - 30^2 - 30^2}{2\times30\times30} = \frac{7}{18}$$

即
$$\psi_2 = \arccos\frac{7}{18} = \pm 67.1°$$

以下过程同解法一,略。

解法三 设 $Z_2 = R_2 + jX_2$。因 R_1 与 Z_2 相串联(流过电流相同),且 $U_1 = U_2$,所以有

$$z_2 = \sqrt{R_2^2 + X_2^2} = R_1$$

又串联总阻抗
$$z = \sqrt{(R_1 + R_2)^2 + X_2^2} = \frac{U}{I}$$

则
$$I = \frac{U_1}{R_1} = \frac{30}{10}\ \text{A} = 3\ \text{A}$$

将 R_1、U 和 I 的数值代入,得

$$\begin{cases} \sqrt{R_2^2 + X_2^2} = 10 \\ \sqrt{(10 + R_2)^2 + X_2^2} = \dfrac{50}{3} \end{cases}$$

解得
$$\begin{cases} R_2 = 3.89\ \Omega \\ X_2 = \pm 9.21\ \Omega \end{cases}$$

即
$$Z_2 = (3.89 \pm j9.21)\ \Omega$$

从例 4-11 的各种解法可以看出,对于串并联电路的分析,借助于相量图可以使分析计算的过程简化,故常被采用。解法三为一般的代数解法,根据给定的电压、电流数值关系,列出代数方程然后求解。当网络结构较为复杂时,代数方程的列写和求解不会这么简单。因此,这种方法只在结构非常简单的串联或并联电路中采用。

例 4-12 在图 4-32 所示的电路中,已知 $L = 63.7$ mH,$U = 70$ V,$U_1 = 100$ V,$U_2 = 150$ V,工作频率 $f = 50$ Hz。求电阻 R 和电容 C 的值。

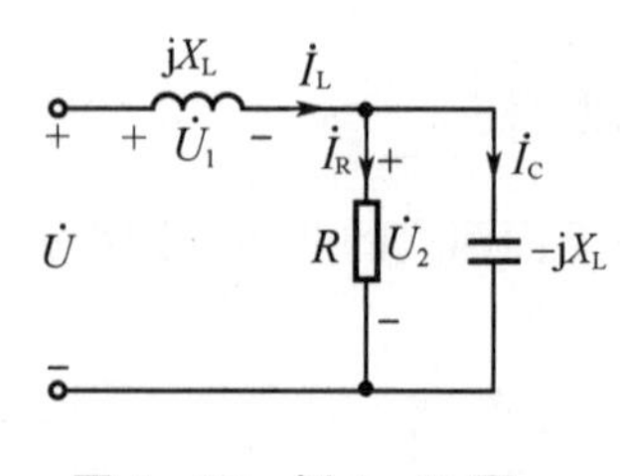

图 4-32 例 4-12 图

相量图:本例是混联电路,参考相量的选取非常关键。电容两端的电压 $\dot{U}_2$ 同时也是电阻两端的电压,最具代表性,因此将其作为参考相量首先画出,如图 4-33(a)所示;根据电阻元件的电流与电压同相,画出 $\dot{I}_R$ 如图 4-33(b)所示;由电容元件电流超前于电压 90°,画出 $\dot{I}_C$ 如图 4-33(c)所示;根据 KCL 有 $\dot{I}_R + \dot{I}_C = \dot{I}_L$,画出 $\dot{I}_L$ 如图 4-33(d)所示;由电感两端电压超前于电流 90°,画出 $\dot{U}_1$ 如图 4-33(e)所示;

根据 KVL 有 $\dot{U}_1+\dot{U}_2=\dot{U}$，画出 $\dot{U}$ 如图 4－33(f) 所示。为了便于分析，可以在相量图上标出各相量的相位。

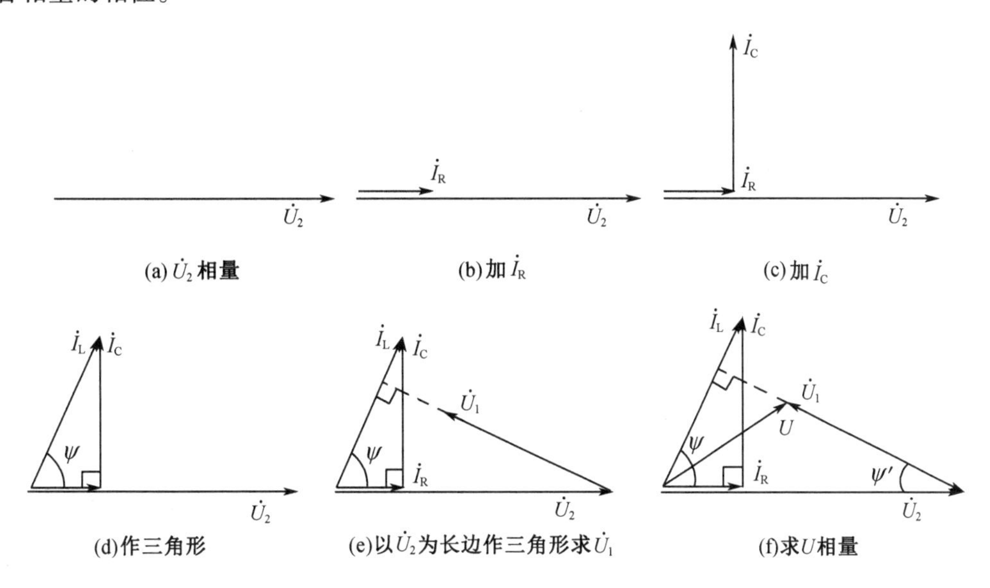

图 4－33　例 4－12 相量图的画法

分析：U_2 已知，欲求 R、C 之值，需求得 I_R 和 I_C。而 $\dot{I}_R+\dot{I}_C=\dot{I}_L$ 且三者构成直角三角形，I_L 可通过 $I_L=\dfrac{U_1}{\omega L}$ 求得。借助相量图，只要确定了 $\dot{I}_L$ 的相角 ψ，就可求出 I_R 和 I_C、$\dot{U}$，$\dot{U}_1$、$\dot{U}_2$ 构成的电压三角形相量图如图 4－33(f) 所示，结合给定的三电压的数值，可求出 ψ'，进而可求出 ψ。

解　以 $\dot{U}_2$ 为参考相量，通过以上的分析，可得各电压、电流相量图如图 4－33(f) 所示。对图中所示的电压三角形，由余弦定理，有

$$U^2=U_1^2+U_2^2-2U_1U_2\cos\psi'$$

得

$$\cos\psi'=\frac{U_1^2+U_2^2-U^2}{2U_1U_2}=\frac{100^2+150^2-70^2}{2\times100\times150}=0.92$$

则 $\psi'=\arccos 0.92=23.1°$，于是 $\psi=90°-23.1°=66.9°$。由

$$I_L=\frac{U_1}{X_L}=\frac{U_1}{2\pi fL}=\frac{100}{314\times0.0637}=5\ \text{A}$$

可得

$$I_R=I_L\cos\psi=5\cos 66.9°=1.96\ \text{A}$$

$$I_C=I_L\sin\psi=5\sin 66.9°=4.6\ \text{A}$$

从而可得

$$R=\frac{U_2}{I_R}=\frac{150}{1.96}=76.53\ \Omega$$

由

$$I_C=2\pi fCU_2$$

可得

$$C=\frac{I_C}{2\pi fU_2}=\frac{4.6}{314\times150}=97.7\ \mu\text{F}$$

例 4－13　图 4－34 所示为阻容移相电路。适当地选取元件参数，可使输出电压 $\dot{U}_o$ 与

输入电压 $\dot{U}_i$ 之间满足一定的相位差要求。若 $R_1 = R_2 = 3\ 200\ \Omega$，$C_1 = 1\ \mu F$，$f = 50\ Hz$，欲使 $\dot{U}_o$ 与 $\dot{U}_i$ 之间有 90°的相位差，问 C_2 应取何值？

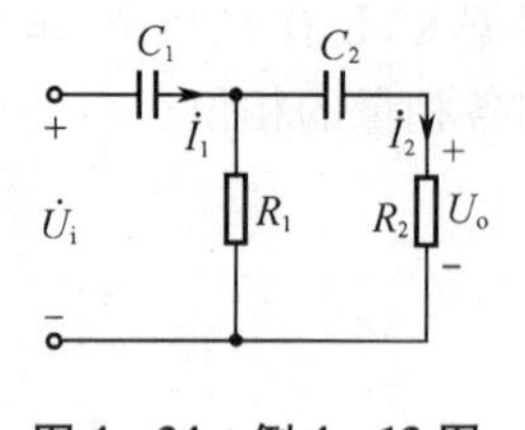

图4-34　例4-13图

解　电路总的等效复阻抗 $Z = -jX_{C_1} + \dfrac{R_1(R_2 - jX_{C_2})}{R_1 + R_2 - jX_{C_2}}$，总电流 $\dot{I} = \dfrac{\dot{U}_i}{Z}$，则

$$\dot{I}_2 = \frac{R_1}{R_1 + R_2 - jX_{C_2}}\dot{I}$$

而

$$\dot{U}_o = R_2\dot{I}_2$$

得

$$\dot{U}_o = \frac{R_1R_2}{R_1 + R_2 - jX_{C_2}} \cdot \frac{\dot{U}_i}{-jX_{C_1}\dfrac{R_1(R_2 - jX_{C_2})}{R_1 + R_2 - jX_{C_2}}}$$

$$= \frac{R_1R_2\dot{U}_i}{(R_1R_2 - X_{C_1}X_{C_2}) - j(R_1X_{C_1} + R_2X_{C_1} + R_1X_{C_2})}$$

欲使 $\dot{U}_o$ 与 $\dot{U}_i$ 之间有 90°的相位差，应使

$$\frac{\dot{U}_o}{\dot{U}_i} = \frac{R_1R_2}{(R_1R_2 - X_{C_1}X_{C_2}) - j(R_1X_{C_1} + R_2X_{C_1} + R_1X_{C_2})}$$

的实部为零，即 $\dot{U}_o/\dot{U}_i$ 为纯虚数，应有

$$R_1R_2 - X_{C_1}X_{C_2} = 0$$

即

$$R_1R_2 = \frac{1}{\omega C_1} \cdot \frac{1}{\omega C_2}$$

所以

$$C_2 = \frac{1}{\omega^2 C_1R_1R_2} = \frac{1}{314^2 \times 10^{-6} \times 3\ 200 \times 3\ 200} = 0.99\ \mu F$$

例4-13是确定某个未知电路元件的参数，以满足某两个相量之间的某种相位要求。这一类的问题，可以先找出这两个相量之间的关系，由这两个相量之比可以得到一个复数。然后根据提出的相位要求，得到虚、实部应该满足的条件，进而由此条件求得未知元件的参数。如两个相量为 $\dot{A}$ 和 $\dot{B}$，求得 $\dfrac{\dot{A}}{\dot{B}} = a + jb$，要使 $\dot{A}$、$\dot{B}$ 同相，应有 $b = 0, a > 0$；要使 $\dot{A}$、$\dot{B}$ 反相，则应有 $b = 0, a < 0$；要使 $\dot{A}$、$\dot{B}$ 正交，应有 $a = 0$（若 $\dot{A}$ 比 $\dot{B}$ 超前 90°，应 $b > 0$；若 $\dot{A}$ 比 $\dot{B}$ 落后 90°，应 $b < 0$）；要使 $\dot{A}$、$\dot{B}$ 的相位差为 45°，则应有 $a = b > 0$。

例4-14　图4-35所示正弦稳态电路中，已知 $I_1 = 10\ A$，$I_2 = 20\ A$，$R_2 = 5\ \Omega$，$U = 220\ V$，且总电压 $\dot{U}$ 与 $\dot{I}$ 总电流同相。求电流 I 以及 R_1、X_L、X_C的值。

解　此题虽然也是一个未知元件参数，要求电路的电压电流幅值或相位满足一定关系的题目，但是考虑元件数较多，直接求解总等效阻抗比较麻烦。所以换一种思路，将已知条件化解为电路元件参数之间的约束关系来分析求解。

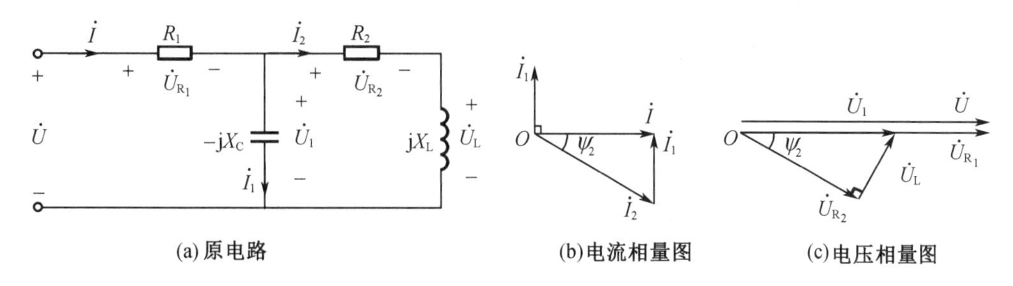

图 4－35　例 4－14 图

依题意，有 $\dot{U}_1 = \dot{U} - R_1\dot{I}$，因为 $\dot{U}$ 与 $\dot{I}$ 同相，所以 $\dot{U}$、$\dot{U}_1$、$\dot{I}$ 三者同相。设 $\dot{U}_1$ 为参考相量。则有

$$\dot{U}_1 = U_1\angle 0° \quad \dot{U} = U\angle 0° \quad \dot{I} = I\angle 0°$$

因此电容电流　　$\dot{I}_1 = 10\angle 90°\text{A}$

再设 $Z_2 = R_2 + \text{j}X_L = z_2\angle\varphi_2$，于是有

$$\dot{I}_2 = I_2\angle\psi_2 = \frac{\dot{U}_1}{Z_2} = 20\angle(-\varphi_2)\ \text{A}$$

电路 KCL 方程为 $\dot{I} = \dot{I}_1 + \dot{I}_2$，可以画出三个电流的相量图如图 4－35(b)所示。由电流相量图有

$$\sin\varphi_2 = \frac{10}{20} = 0.5 \quad \varphi_2 = 30°$$

故　　$I = I_2\cos\varphi_2 = 20\cos 30° = 10\sqrt{3} = 17.32\ \text{A}$

由电流相量图可以画出电压相量图如图 4－35(c)所示，其中 $U_{R_2} = R_2I_2 = 5\times 20 = 100\ \text{V}$，可由图求得

$$U_L = U_{R_2}\tan\varphi_2 = 100\times\tan 30° = \frac{100}{\sqrt{3}} = 57.74\ \text{V}$$

$$U_1 = \frac{U_{R_2}}{\cos\varphi_2} = \frac{100}{\cos 30°} = \frac{200}{\sqrt{3}} = 115.47\ \text{V}$$

$$U_{R_1} = U - U_1 = 220 - 115.47 = 104.53\ \text{V}$$

进一步可求得　　$X_L = \frac{U_L}{I_2} = \frac{5}{\sqrt{3}} = 2.89\ \Omega$

$$X_C = \frac{U_1}{I_1} = \frac{20}{\sqrt{3}} = 11.55\ \Omega$$

$$R_1 = \frac{U_{R_1}}{I} = \frac{104.53}{17.32} = 6.04\ \Omega$$

4.4.2　复杂交流电路的分析

对结构较为复杂的电路，用简单串并联关系难以求解，此时可以应用支路法、节点法、回路法，也可以应用戴维南定理等有关网络定理来进行分析。

例4-15 列写图4-36所示电路的节点方程和回路方程。

解法一 节点法

设O点为参考点,其余两节点电压分别为$\dot{U}_A$和$\dot{U}_B$。列写节点方程

$$\begin{cases}\left(\dfrac{1}{Z_1}+\dfrac{1}{Z_2}+\dfrac{1}{Z_3}\right)\dot{U}_A-\dfrac{1}{Z_3}\dot{U}_B=\dfrac{\dot{U}_S}{Z_1}\\ -\dfrac{1}{Z_3}\dot{U}_A+\left(\dfrac{1}{Z_3}+\dfrac{1}{Z_4}\right)\dot{U}_B=\dot{I}_S\end{cases}$$

第一个方程中$\dot{U}_A$的系数为节点A的自导纳(self admittance),$\dot{U}_B$的系数为节点B与节点A之间的互导纳(mutual admittance);第二个方程中$\dot{U}_A$的系数为节点A与节点B之间的互导纳,$\dot{U}_B$的系数为节点B的自导纳。

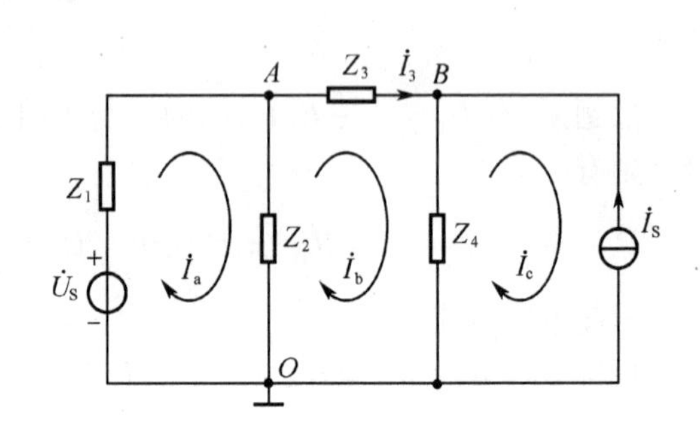

图4-36 例4-15图

解法二 回路法

设各回路电流如图4-36所示,列写回路方程如下:

$$\begin{cases}(Z_1+Z_2)\dot{I}_a-Z_2\dot{I}_b=\dot{U}_S\\ -Z_2\dot{I}_a+(Z_2+Z_3+Z_4)\dot{I}_b-Z_4\dot{I}_c=0\\ \dot{I}_c=-\dot{I}_S\end{cases}$$

第一个方程中$\dot{I}_a$的系数称为回路a的自阻抗(self impedance),$\dot{I}_b$的系数为回路b与回路a间的互阻抗(mutual impedance);第二个方程中$\dot{I}_b$的系数为回路b的自阻抗,$\dot{I}_a$和$\dot{I}_c$的系数分别为回路a和回路c与回路b间的互阻抗。

例4-16 图4-36所示电路,若给定$Z_1=Z_2=Z_3=Z_4=(6+\mathrm{j}8)\ \Omega$,$\dot{U}_S=50\angle60°\ \mathrm{V}$,$\dot{I}_S=20\angle-30°\ \mathrm{A}$,求流经$Z_3$的电流。

解 设流经Z_3的电流为$\dot{I}_3$,方向如图4-36所示。求开路电压$\dot{U}_{OC}$,电路如图4-37(a)所示,则

$$\begin{aligned}\dot{U}_{OC}&=Z_2\dot{I}_2-Z_4\dot{I}_4=\frac{Z_2\dot{U}_S}{Z_1+Z_2}-Z_4\dot{I}_S\\&=25\angle60°-200\angle23.1°=180.7\angle-161.7°\ \mathrm{V}\end{aligned}$$

求等效阻抗Z_0,电路如图4-31(b)所示,则

$$Z_0=\frac{Z_1Z_2}{Z_1+Z_2}+Z_4=(3+\mathrm{j}4+6+\mathrm{j}8)=(9+\mathrm{j}12)\ \Omega$$

戴维南等效电路如图4-37(c)所示,则

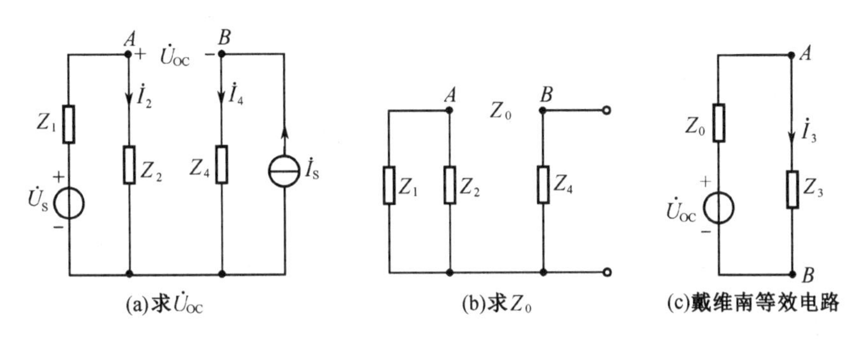

图 4－37　例 4－16 图

$$\dot{I}_3 = \frac{\dot{U}_{OC}}{Z_0 + Z_3} = \frac{180.7\angle -161.7^\circ}{9 + j12 + 6 + j8} = 7.23\angle -214.8^\circ = 7.23\angle 145.2^\circ \text{ A}$$

例 4－17　分别用节点法和戴维南定理求解图 4－38 所示电路流经电压源的电流 $\dot{I}$ 和电流源两端的电压 $\dot{U}$。

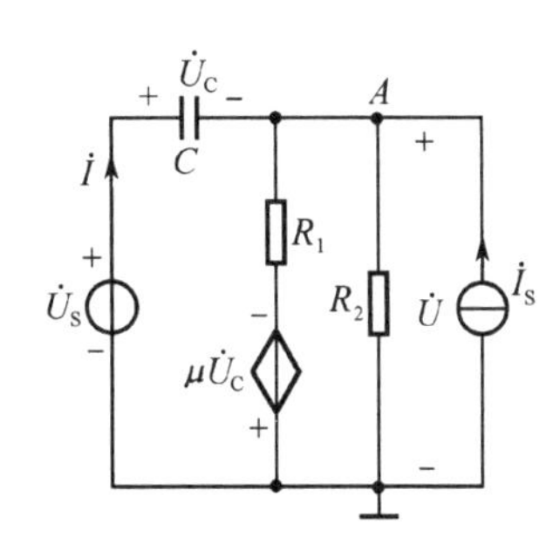

图 4－38　例 4－17 图 1

解法一　节点法

设参考点如图 4－38 所示。首先，将受控源视作独立源，列写节点方程

$$\left(\frac{1}{R_1} + \frac{1}{R_2} + j\omega C\right)\dot{U} = j\omega C\dot{U}_S - \frac{\mu\dot{U}_C}{R_1} + \dot{I}_S$$

其次，将受控源的控制量用节点电压表示，得

$$\dot{U}_C = \dot{U}_S - \dot{U}$$

将此式代入上面方程，并整理，得

$$\left(\frac{1-\mu}{R_1} + \frac{1}{R_2} + j\omega C\right)\dot{U} = \dot{I}_S - \left(\frac{\mu}{R_1} - j\omega C\right)\dot{U}_S$$

所以

$$\dot{U} = \frac{\dot{I}_S - \left(\frac{\mu}{R_1} - j\omega C\right)\dot{U}_S}{\frac{1-\mu}{R_1} + \frac{1}{R_2} + j\omega C} = \frac{R_1R_2\dot{I}_S - R_2(\mu - j\omega CR_1)\dot{U}_S}{R_1 + (1-\mu)R_2 + j\omega CR_1R_2}$$

则

$$\dot{I} = j\omega C\dot{U}_C = j\omega C(\dot{U}_S - \dot{U})$$

将上面求得的 $\dot{U}$ 代入，并整理得

$$\dot{I} = \frac{j\omega C[(R_1 + R_2)\dot{U}_S - R_1R_2\dot{I}_S]}{R_1 + (1-\mu)R_2 + j\omega CR_1R_2}$$

解法二　戴维南定理

设电路为图 4－39。

先求开路电压 $\dot{U}_{OC}$，电路如图 4－39(a)所示，则

$$\dot{I}_1 = \dot{I}_C + \dot{I}_S = j\omega C\dot{U}_C + \dot{I}_S$$

$$\dot{U}_S = \dot{U}_C + R_1\dot{I}_1 - \mu\dot{U}_C = (1-\mu)\dot{U}_C + R_1(j\omega C\dot{U}_C + \dot{I}_S)$$

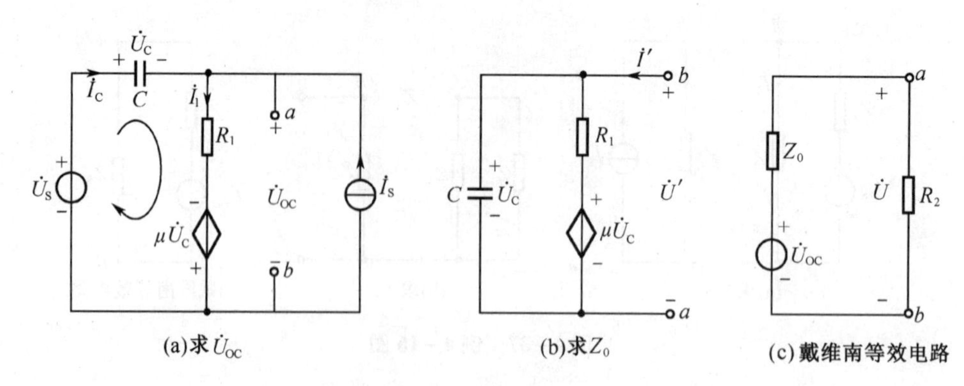

图4－39　例4－17图2

得
$$\dot{U}_C = \frac{\dot{U}_S - R_1\dot{I}_S}{1-\mu+j\omega CR_1}$$

故
$$\dot{U}_{OC} = \dot{U}_S - \dot{U}_C = \frac{R_1\dot{I}_S - (\mu - j\omega CR_1)\dot{U}_S}{1-\mu+j\omega CR_1}$$

求等效电阻Z_0,电路如图4－39(b)所示,则

$$\dot{U}' = \dot{U}_C$$

$$\dot{I}' = j\omega C\dot{U}_C + \frac{\dot{U}_C - \mu\dot{U}_C}{R_1} = \frac{1-\mu+j\omega CR_1}{R_1}\dot{U}_C$$

故
$$Z_0 = \frac{\dot{U}'}{\dot{I}'} = \frac{R_1}{1-\mu+j\omega CR_1}$$

戴维南等效电路如图4－39(c)所示,则

$$\dot{U} = \frac{R_1\dot{U}_{OC}}{Z_0+R_1} = \frac{R_1\dfrac{\dot{I}_S-(\mu-j\omega CR_1)\dot{U}_S}{1-\mu+j\omega CR_1}}{\dfrac{R_1}{1-\mu+j\omega CR_1}+R_2} = \frac{R_1R_2\dot{I}_S - R_2(\mu-j\omega CR_1)\dot{U}_S}{R_1+(1-\mu)R_2+j\omega CR_1R_2}$$

以下求$\dot{I}$的过程同解一,略。

例4－18　试推导图4－40所示交流电桥的平衡条件,并讨论平衡电桥的构成及应用。

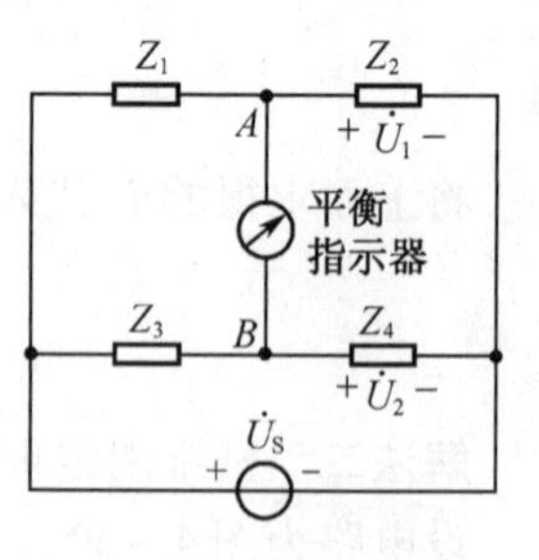

图4－40　交流电桥

解　电桥平衡时通过平衡指示器的电流为零,即$\dot{I}_{AB}=0$。Z_1与Z_2流过相同的电流视为串联,Z_3与Z_4流过相同的电流视为串联,由分压公式,有

$$\dot{U}_1 = \frac{Z_2}{Z_1+Z_2}\dot{U}_S \qquad \dot{U}_2 = \frac{Z_4}{Z_3+Z_4}\dot{U}_S$$

此时应有

$$\dot{U}_{AB} = \dot{U}_1 - \dot{U}_2 = \frac{Z_2}{Z_1+Z_2}\dot{U}_S - \frac{Z_4}{Z_3+Z_4}\dot{U}_S = 0$$

由此可得
$$Z_2Z_3 = Z_1Z_4 \tag{4-29}$$

式(4－29)是交流电桥的平衡条件。若以 z_1、z_2、z_3、z_4 和 φ_1、φ_2、φ_3、φ_4 分别表示复阻抗 Z_1、Z_2、Z_3、Z_4 的模和辐角，式(4－29)又可写成

$$z_2z_3\angle(\varphi_2+\varphi_3)=z_1z_4\angle(\varphi_1+\varphi_4)$$

或

$$\begin{cases}z_2z_3 = z_1z_4\\ \varphi_2+\varphi_3=\varphi_1+\varphi_4\end{cases} \tag{4-30}$$

式(4－30)是交流电桥平衡条件的另一表达形式。

式(4－30)提供了平衡电桥构成的依据。例如，假定相邻的两个桥臂的阻抗 Z_1 和 Z_2 为两个电阻，即有 $\varphi_1=\varphi_2=0$，则由式(4－30)，应有 $\varphi_3=\varphi_4$，则另两个桥臂的阻抗 Z_3 和 Z_4 必须同为感性或同为容性，即两者性质相同，否则电桥不可能达到平衡；假如相对的两个桥臂的阻抗 Z_2 和 Z_3 为两个电阻，即有 $\varphi_2=\varphi_3=0$，则由式(4－30)，应有 $\varphi_1+\varphi_4=0$，这说明另两个桥臂的阻抗 Z_1 和 Z_4 必须一个是感性而另一个是容性，即两者性质相反，否则电桥不可能平衡。

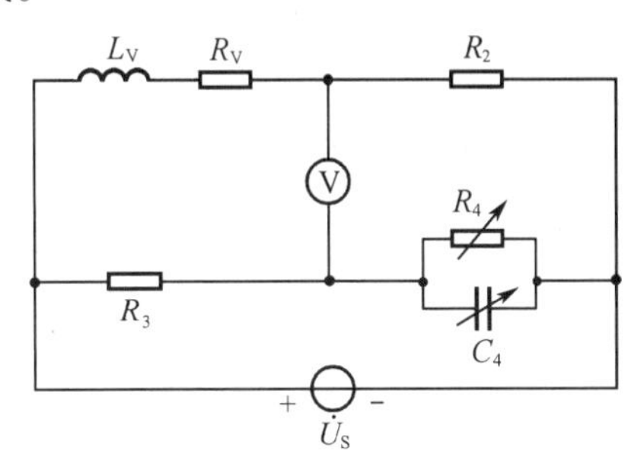

图 4－41　测量电感的电桥

图 4－41 所示电路是用于测量未知电感的电桥。其中 R_2 和 R_3 为两个固定的精密电阻，L_X和 R_X分别为未知电感及其线圈的等效电阻，R_4 和 C_4 的数值可以调节。实际测量时，通过调节 R_4 和 C_4，使平衡指示器指零即电桥平衡，由式(4－29)可得

$$(R_X+j\omega L_X)\left(\frac{R_4}{1+j\omega C_4R_4}\right)=R_2R_3$$

即

$$\begin{cases}L_X=R_2R_3C_4\\ R_XR_4=R_2R_3\end{cases}$$

由此可得

$$L_X=R_2R_3C_4\quad R_X=\frac{R_2}{R_4}\cdot R_3$$

当 R_2、R_2、R_4、C_4 的数值均为已知时，R_X、L_X 的数值便可由上式求出。

本节思考与练习

4.4 节
思考与练习
参考答案

4－4－1　求题 4－4－1 图所示电路中的 U。已知 $U_1=30$ V，$U_2=40$ V。说明在什么条件下串联总电压有效值才等于各分电压有效值之和。

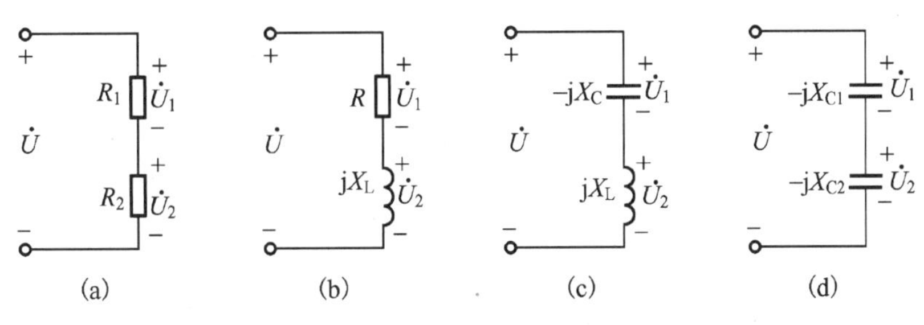

题 4－4－1 图

4－4－2　求题 4－4－2 图所示电路中的 I。已知 $I_1=8$ A，$I_2=6$ A，$I_3=12$ A。说明在

什么条件下并联总电流有效值才等于各分电流有效值之和。

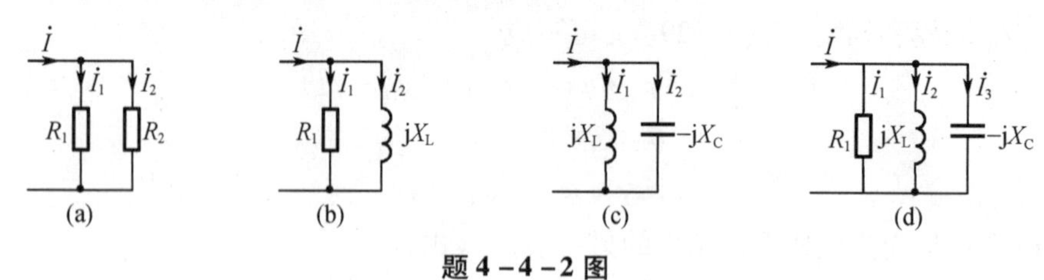

题 4-4-2 图

4-4-3　题 4-4-3 图所示电路中,已知 $R_1=60\ \Omega$,$R_2=100\ \Omega$,$L=0.2\ \text{H}$,$C=10\ \mu\text{F}$;电流源的电流为 $i_S=0.2\sqrt{2}\cos(314t+30°)\ \text{A}$,求并联支路的电流 i_R、i_C 和电流源的电压 u。

4-4-4　题 4-4-4 图示电路中,已知 $R=40\ \Omega$,$X_L=30\ \Omega$,$X_C=20\ \Omega$。若 $\dot{I}_L=3\angle 0°\ \text{A}$,求总电流 i 和总电压 u 的瞬时函数表达式,并画出反映各电压、电流关系的相量图。

4-4-5　题 4-4-5 图所示 RLC 并联电路中:(1)若电阻支路、电感支路及总电流的有效值分别为 $I_R=4\ \text{A}$,$I_L=6\ \text{A}$,$I=5\ \text{A}$,求电容支路电流有效值 I_C。(2)若 $R=50\ \Omega$,$L=20\ \text{mH}$,$C=25\ \mu\text{F}$,电压有效值 $U=100\ \text{V}$,角频率 $\omega=1\ 000\ \text{rad/s}$,求总电流有效值。

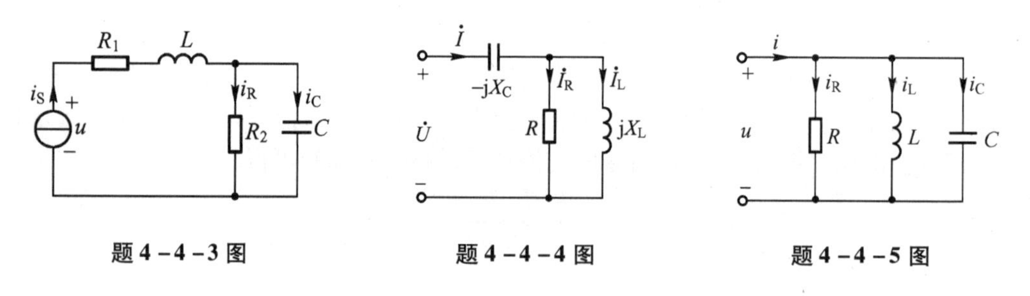

题 4-4-3 图　　题 4-4-4 图　　题 4-4-5 图

4.5　正弦电路的功率

前面几节我们学习了相量法求解正弦稳态电路响应的具体方法。本节我们讨论正弦稳态电路中功率以及能量的变化。

4.5.1　电阻元件的功率

设电阻元件上正弦电压、电流的参考方向如图 4-42(a)所示。假设以电压为参考相量,有 $u=\sqrt{2}U\cos(\omega t+\psi)$已知,由于电阻元件上电压与电流同相位,所以有 $i=\sqrt{2}I\cos(\omega t+\psi)$。

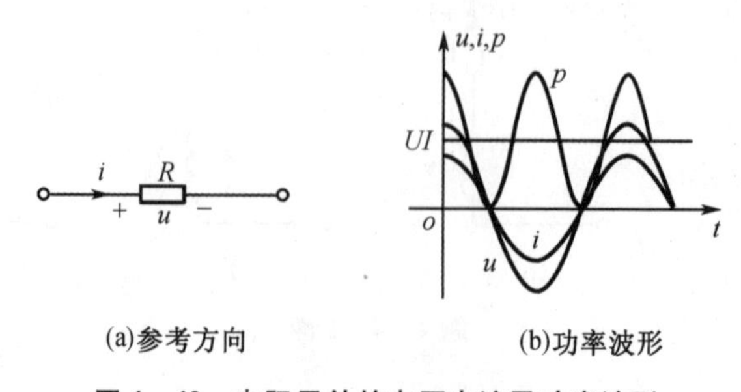

图 4-42　电阻元件的电压电流及功率波形

根据功率的定义，可知电阻元件的瞬时功率为(instantaneous power)

$$\begin{aligned} p &= ui = \sqrt{2}U\cos(\omega t+\psi)\times\sqrt{2}I\cos(\omega t+\psi) \\ &= 2UI\cos^2(\omega t+\varphi) \\ &= UI + UI\cos2(\omega t+\varphi) \end{aligned} \tag{4-31}$$

其波形如图 4－42(b)所示，可见正弦交流电路中电阻元件的功率是时间的函数。它由两个分量组成：第一个分量为不随时间变化的常量 UI，第二个分量为一个幅度 UI 的正弦量，该正弦量的频率是电压、电流频率的 2 倍。由此可知，功率不可以表示为相量，原因是其频率与电路中电压、电流不同。电阻的瞬时功率虽然是随时间变化的，但数值始终大于零，参照图 4－42(a)所示的参考方向。这说明电阻总是吸收电能的，不会释放电能。因为电阻元件吸收电能通常是转换为热能、光能，而发光与发热都是能量累积的过程，所以工程上又用瞬时功率一个周期内的平均值来计量电阻消耗的功率，称为平均功率(average power)。

$$P = \frac{1}{T}\int_0^T p\mathrm{d}t = \frac{1}{T}\int_0^T UI\cos 2(\omega t+\psi)\mathrm{d}t = UI \tag{4-32}$$

根据 4.2.2 节电阻元件电压、电流的关系，又可以将式(4－32)写成

$$P = UI = I^2R = \frac{U^2}{R} \tag{4-33}$$

平均功率又称为有功功率(active power 或 real power)。实际中，电阻类设备的额定功率指有功功率，如 40 W 灯管(泡)，2 kW 电加热器等。

例 4－19　一只电熨斗的额定电压为 220 V，额定频率 50 Hz，额定功率 500 W。将其接到工频 220 V 的正弦交流电源上工作，求电熨斗的阻值及额定工作电流。如果连续工作 1 h，它所消耗的电能是多少？

解　接到工频(220 V)交流电源工作，电熨斗处于额定工作状态，这时的电流就等于额定工作电流。由于电熨斗可以看作纯阻性负载，则

$$I_N = \frac{P_N}{U_N} = \frac{500}{220} = 2.27\ \text{A} \qquad R = \frac{U_N^2}{P_N} = \frac{220^2}{500} = 96.8\ \Omega$$

连续工作 1 小时所消耗的电能 $W = P_N t = 500\times 1 = 0.5\ \text{kW}\cdot\text{h}$

4.5.2　电感元件的功率

设电感元件上正弦电压、电流的参考方向如图 4－43(a)所示。假设以电压为参考相量，有 $u=\sqrt{2}U\cos(\omega t+\psi)$ 已知，由于电感元件上电压超前于电流 $\frac{\pi}{2}$，所以有

$$i=\sqrt{2}I\cos\left(\omega t+\psi-\frac{\pi}{2}\right)=\sqrt{2}I\sin(\omega t+\psi)$$

根据功率的定义，可知电感元件的瞬时功率为

$$p = ui = \sqrt{2}U\cos(\omega t+\psi)\times\sqrt{2}I\sin(\omega t+\psi) = UI\sin(2\omega t+2\psi) \tag{4-34}$$

波形如图 4－43(b)所示，由此可知，正弦交流电路中电感元件的瞬时功率是一个正弦函数，该正弦函数的频率是电压、电流频率的 2 倍，幅值为电压有效值与电流有效值之积 UI，对其瞬时功率求平均值，有

$$P = \frac{1}{T}\int_0^T p\mathrm{d}t = \frac{1}{T}\int_0^T UI\sin(2\omega t+2\psi)\mathrm{d}t = 0$$

平均功率为零，说明从统计规律讲电感元件既不消耗电能，也不释放电能。但是其瞬

时功率不恒为零,又表示在瞬时功率不为零的时刻电感元件上有能量的变化。这两个结论似乎是矛盾的,如何来解释呢?

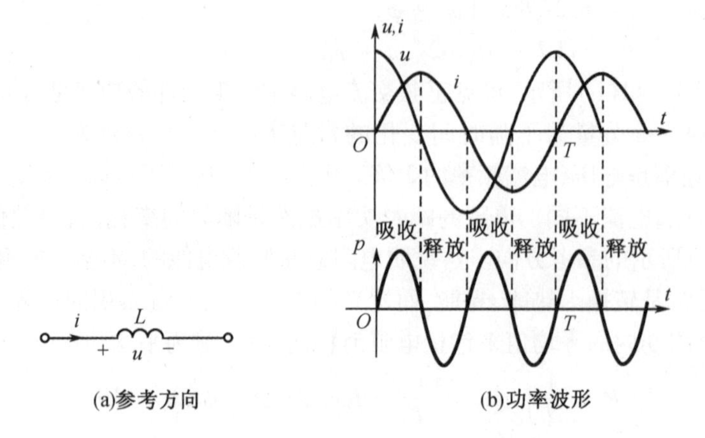

图4-43 电感元件的电压电流及功率波形

根据图4-43(a)规定的电压、电流参考方向,观察图4-43(b)的功率波形可知,当瞬时功率 $p>0$ 时电感元件吸收电能,当 $p<0$ 时电感元件释放电能,在一个周期中,电感元件吸收的电能与释放的电能相等,即从波形图看 p 的正半周与负半周对称,所以平均功率为零。从物理学的电磁原理可以解释电感线圈吸收电能时是将电能转变为磁场能量储存于线圈中,释放电能时是将先前储存的磁场能量又转变为电能释放出来。因此说电感元件是储能元件。

通过以上分析可知,正弦稳态电路中,电感元件不消耗电能,但要占据一部分电能,以实现其与电源之间的能量互换。工程上把这部分能量称为无功能量。这一部分能量的总量就是瞬时功率 p 半波的面积(见图4-43(b)波形图),由数学理论可知,半波的面积与周期 T、波形的幅值 UI 成正比,等于 $UI\times\dfrac{T}{2\pi}$。于是我们定义 UI 为无功功率(reactive power 或 quadrature power),用来评价无功能量的规模大小,无功功率用符号 Q 表示,计算非常方便,即

$$Q=UI$$

根据4.2.2节电感元件电压、电流的关系,无功功率又可以通过感抗求得,即

$$Q = UI = I^2X_L = \frac{U^2}{X_L} \tag{4-35}$$

为了与有功功率区别,Q 的单位用乏(Var)。

4.5.3 电容元件的功率

设电容元件上正弦电压、电流的参考方向如图4-44(a)所示。假设以电压为参考相量,有 $u=\sqrt{2}U\cos(\omega t+\psi)$ 已知,由于电容元件上电压滞后于电流 $\dfrac{\pi}{2}$,所以有

$$i = \sqrt{2}I\cos\left(\omega t + \psi + \frac{\pi}{2}\right) = -\sqrt{2}I\sin(\omega t + \psi)$$

根据功率的定义,可知电容元件的瞬时功率为

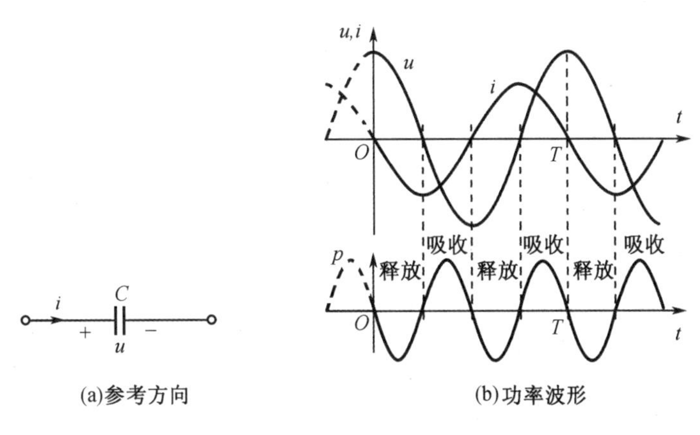

(a)参考方向　　(b)功率波形

图 4－44　电容元件的电压电流及功率波形

$$p = ui = \sqrt{2}U\cos(\omega t + \psi) \times [-\sqrt{2}I\sin(\omega t + \psi)] = -UI\sin(2\omega t + 2\psi) \quad (4-36)$$

画出波形如图 4－44(b)所示，可见，正弦交流电路中电容元件的瞬时功率也是一个正弦函数，其频率是电压、电流频率的 2 倍，幅值为电压有效值与电流有效值之积 UI。对其瞬时功率求平均值，有

$$P = \frac{1}{T}\int_0^T p\mathrm{d}t = \frac{1}{T}\int_0^T -UI\sin(2\omega t + 2\psi)\mathrm{d}t = 0$$

平均功率为零，说明从统计规律上讲电容与电感元件相同，既不消耗电能，也不释放电能。

根据图 4－44(a)规定的电压、电流参考方向，图 4－44(b)所示的功率波形表示，当瞬时功率 $p>0$ 时电容吸收电能，当 $p<0$ 时电容释放电能，在一个周期中，吸收的电能与释放的电能相等，所以平均功率为零。从物理学的电容工作原理可以解释为电容元件吸收电能是其充电的过程，电容将电能转变为电场能量储存；电容释放电能时是其放电的过程，电容器将先前储存的电场能量又转变为电能释放出来。因此说电容是储能元件。

电容元件在正弦稳态电路中与电感相同，它不消耗电能，但是与电源之间进行着能量的互换。这一部分能量的总量也是瞬时功率 p 半波的面积，于是电容元件的无功功率也可以仿照电感元件来定义。

根据 4.2.2 节电容元件电压、电流的关系，无功功率又可以通过容抗求得。为区别于电感元件的无功功率，电容的无功功率定义为负值，即

$$Q = -UI = -I^2X_C = -\frac{U^2}{X_C} \quad (4-37)$$

此处的“－”并不代表“吸收”或“释放”电能，因为无功功率表示储能元件与电源之间进行等量互换的能量，互换就是有吸有放，周而复始地循环，这一点与有功功率不同。工程上，一般不提无功功率的“－”值，而是以容性、感性来称呼。例如，容性无功功率 100 Var，或感性无功功率 100 Var。

由图 4－45 所示的简单电路，可以了解到容性无功功率与感性无功功率定义为“＋”“－”不同的意义。在这个电路中，L、C 元件电压相同，于是以交流电压 u 为参考相量，可以画出两个元件的瞬时功率波形分别如图 4－43(b)和图 4－44(b)所示，仔细对比两个功率波形，可发现两个元件上的瞬时功率互相倒相，即电感吸收电能的时候电容在释放电能，而

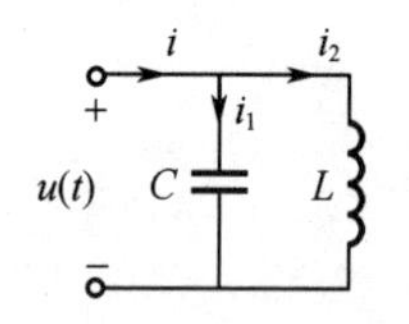

图4-45　LC并联电路

电容吸收电能的时候电感又在释放电能。电容与电感之间可以进行能量的互换,从而减轻了电源的负担。如果两个元件的无功功率数值相等,即 $Q_L = |Q_C|$(其中 Q_L 表示电感的无功功率,Q_C 表示电容的无功功率),这时各元件都不需要再与电源进行能量互换,这种情况将是本书在第7章重点讨论的谐振现象,谐振是交流电路一种非常有趣而又有价值的特殊情况,这里不做过多叙述。通过这个例子,我们可以看出一个电路中容性无功与感性无功是"互补"的。所以定义感性无功功率为"+"、容性无功功率为"-"就体现了这一思想。

例4-20　有一个电感器,线圈电阻可以忽略不计,电感量 $L=0.2$ H。另有一个电容器,容量 $C=30$ mF,如果把它们并联后接于工频220 V正弦交流电源上,求电感器和电容器各自的电流和无功功率。这时电路总的电流和无功功率又是多少?

解　电路如图4-45所示,这里不再重画。电感接到工频220 V电源时,有

$$X_L = 2\pi fL = 2\times3.14\times50\times0.2 = 62.8\ \Omega$$

$$I_2 = \frac{U}{X_L} = \frac{220}{62.8} = 3.5\ \text{A} \qquad Q_L = UI_2 = 220\times3.5 = 770\ \text{Var}$$

电容接到工频220 V电源时,有

$$X_C = \frac{1}{2\pi fC} = \frac{1}{2\times3.14\times50\times30\times10^{-6}} = 106.16\ \Omega$$

$$I_1 = \frac{U}{X_C} = \frac{220}{106.16} = 2.07\ \text{A} \quad Q_C = -UI_1 = -220\times2.07 = -455.4\ \text{Var}$$

两个元件并联,以电压为参考相量,电路总电流为

$$\dot{I} = \dot{I}_1 + \dot{I}_2 = 2.07\angle90° + 3.5\angle-90° = -\text{j}1.43\ \text{A} \quad I = 1.43\ \text{A}$$

总功率为

$$Q = Q_L + Q_C = Q_L - |Q_C| = 770 - 455.4 = 314.6\ \text{Var}$$

由此可见,实际电感器需要770 Var无功功率,电容需要455.4 Var无功功率,在容性无功与感性无功互补后,电源只需要负担314.6 Var的感性无功功率。

4.5.4　线性时不变无源二端网络 *N* 的功率

线性时不变无源二端网络是指由线性常参数元件构成的内部无源的网络。网络如图4-46(a)所示。为简便起见,设这里所述的网络 N 内部既不含独立源也不含有受控源,仅由RLC常参数无源元件构成,在4.3节我们已经了解了这类网络的电压、电流及等效复阻抗的关系,对于本节所述网络4.3节的结论普遍适用。图4-46(b)是网络 N 的阻抗串联等效电路。

在正弦稳态电路中,若

$$u = U_m\cos(\omega t + \psi_u) \qquad i = I_m\cos(\omega t + \psi_i) \tag{4-38}$$

则网络吸收的瞬时功率为

$$\begin{aligned} p &= ui = U_m\cos(\omega t+\psi_u)I_m\cos(\omega t+\psi_i) \\ &= \frac{1}{2}U_mI_m[\cos(\psi_u-\psi_i)+\cos(2\omega t+\psi_u+\psi_i)] \\ &= UI\cos\varphi + UI\cos(2\omega t+\psi_u+\psi_i) \end{aligned} \tag{4-39}$$

式中,$\varphi=\psi_u-\psi_i$ 为电压和电流的相位差。由此可知功率 p 是时间 t 的函数,即功率的瞬时

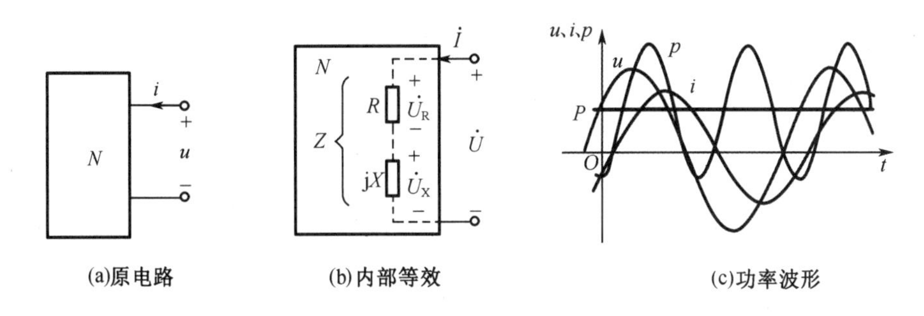

图 4-46　正弦稳态电路的功率

值是随时间变化的。对瞬时功率求平均值,得到平均功率为

$$P = \frac{1}{T}\int_0^T p\mathrm{d}t = UI\cos\varphi \tag{4-40}$$

式(4-40)表明,平均功率是一个只与电压有效值 U、电流 I 和阻抗角 φ(也就是电压电流的相位差)有关的常量,不随时间变化。假设网络 N 的等效复阻抗 $Z = R + \mathrm{j}X = z\angle\varphi$,将式(4-34)的阻抗与电压电流关系代入式(4-40),有

$$P = UI\cos\varphi = I^2 \cdot z \cdot \cos\varphi = I^2R \tag{4-41}$$

注意:这里的 R 可能不是哪一个实际电阻元件,而是等效复阻抗的实部,并且,因网络 N 内部无源,必有阻抗角 $-\frac{\pi}{2}\leqslant\varphi\leqslant\frac{\pi}{2}$,即 $R\geqslant0$,亦即 $P\geqslant0$。所以可以认为式(4-39)表示的网络吸收的瞬时功率有恒定分量 P 与正弦分量 $p_t = UI\cos(2\omega t + \psi_u + \psi_i)$ 两部分,且正弦分量的频率为电压(或电流)频率的两倍。画出电压、电流和瞬时功率的波形如图 4-46(c)所示。

从波形图可见瞬时功率有时为正值,有时为负值。根据图 4-46(a)所示的关联参考方向可知,$p>0$ 表示该网络吸收电能,$p<0$ 表示该网络释放电能。这一点与直流电路完全不同,直流电路中线性无源网络 N 任何时刻都不会释放电能。从瞬时功率的波形图也可以看出,只要平均功率 $P>0$,在一个完整周期内,网络 N 吸收的电能总是大于释放的电能,推广至任意长时间亦有此结论。说明正弦交流电路中,网络 N 与电源一直在进行着能量的互换。只是 $P>0$ 时,电源提供给 N 的能量多,N 还给电源的能量少。

进一步地,我们对瞬时功率计算式(4-39)进行推导,得

$$\begin{aligned}
p &= UI\cos\varphi + UI\cos(2\omega t + \psi_u + \psi_i)\\
&= I\times U\cos\varphi + UI\cos(2\omega t + 2\psi_u - \psi_u + \psi_i)\\
&= U_RI + UI\cos(2\omega t + 2\psi_u - \varphi)\\
&= U_RI + UI\cos(2\omega t + 2\psi_u)\cos\varphi + UI\sin(2\omega t + 2\psi_u)\sin\varphi\\
&= U_RI + (U\cos\varphi)I\cos(2\omega t + 2\psi_u) + (U\sin\varphi)I\sin(2\omega t + 2\psi_u)\\
&= U_RI + U_RI\cos(2\omega t + 2\psi_u) + U_XI\sin(2\omega t + 2\psi_u)
\end{aligned} \tag{4-42}$$

对比式(4-31)、式(4-34)、式(4-36)与式(4-42),可以看出式(4-42)中前两项是网络 N 的等效电阻 R 上的瞬时功率,第三项是等效电抗 X 上的瞬时功率。于是式(4-42)又可以写成

$$p = p_R + p_X$$

$$p_R = U_RI + U_RI\cos(2\omega t + 2\psi_u) = UI\cos\varphi + U_RI\cos(2\omega t + 2\psi_u)$$

$$p_X = U_X I\sin(2\omega t + 2\psi_u) = (UI\sin\varphi)\sin(2\omega t + 2\psi_u) \tag{4-43}$$

根据前文,对电阻元件、电感与电容元件上功率的分析与计算,对网络 N 的功率也做出相应的定义。

有功功率为

$$\begin{aligned} P &= \frac{1}{T}\int_0^T p\mathrm{d}t = \frac{1}{T}\int_0^T p_R\mathrm{d}t + \frac{1}{T}\int_0^T p_X\mathrm{d}t \\ &= \frac{1}{T}\int_0^T p_R\mathrm{d}t + 0 = UI\cos\varphi \end{aligned} \tag{4-44}$$

无功功率取 p_X 的最大值,则

$$Q = UI\sin\varphi \tag{4-45}$$

由此可以看出,P、Q 和 UI 三者构成一个直角三角形,将此直角三角形置于复数坐标系内如图 4-47 所示。

这个直角三角形的斜边用符号"S"表示,易知

$$S = UI \tag{4-46}$$

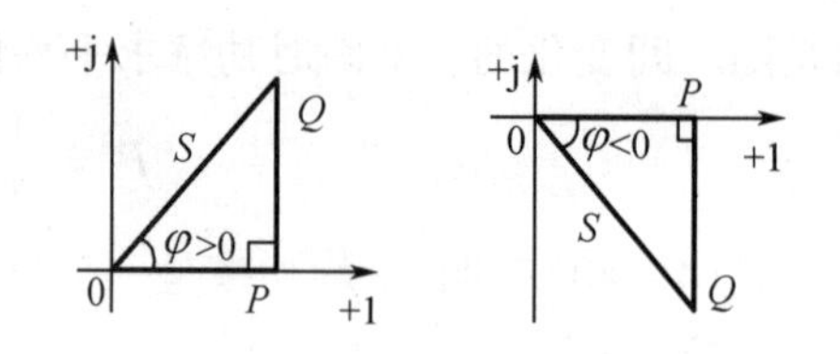

图 4-47 功率三角形

从式(4-46)看 S 为端口电压有效值和电流有效值的乘积,看起来似乎也代表功率。于是称其为视在功率(apparent power),又称表观功率。意指 S 看起来像功率,实际却不是功率。因为功率是能量的变化率,正弦稳态交流电路中有功功率 P 对应着电阻元件消耗的电能,无功功率 Q 对应着电抗元件与电源之间来回互换的能量,电路中的能量流仅此两部分,再没有与 S 相对应的能量。故,为与有功功率 P 的单位"瓦特"(W)、无功功率 Q 的单位"乏"(Var)区别开,视在功率的单位用"伏安"(V·A)。工程上常用视在功率衡量电气设备在额定的电压、电流条件下最大的负荷能力。

由功率三角形可以写出三个功率的计算关系:

$$\begin{aligned} S &= UI = \sqrt{P^2 + Q^2} \\ P &= UI\cos\varphi = S\cos\varphi \\ Q &= UI\sin\varphi = S\sin\varphi \end{aligned} \tag{4-47}$$

工程上称 $\cos\varphi$ 为功率因数(power factor),称 φ 为功率因数角。功率因数是交流供电与用电系统中比较重要的一个概念。功率因数角又是复阻抗 Z 的阻抗角,也是电压与电流的相位差。φ 决定了网络 N 有功功率与无功功率的比例。当 $\varphi \to 0$ 时,$P \gg |Q|$;当 $\varphi \to \pm\frac{\pi}{2}$ 时,$P \ll |Q|$。

当我们要分析或计算交流电路的功率时,需要分别统计有功、无功、视在三个不同的量,为方便起见,参照图 4-47,我们又引入"复功率"(complex power)这一计算量,将正弦稳态交流电路中与功率有关的几个参量一并表示。

定义一个复数 $\overline{S}$:

$$\overline{S} = P + \mathrm{j}Q \tag{4-48}$$

$\overline{S}$ 称为复功率。将式(4-44)、式(4-45)代入式(4-48)有

$$\bar{S}=UI\cos\varphi+\mathrm{j}UI\sin\varphi=UI\angle\varphi=UI\angle(\psi_{\mathrm{u}}-\psi_{\mathrm{i}})=U\angle\psi_{\mathrm{u}}\times I\angle(-\psi_{\mathrm{i}})$$

即
$$\bar{S}=\dot{U}\overset{*}{I} \tag{4-49}$$

式(4－49)中 $\overset{*}{I}=I\angle(-\psi_{\mathrm{i}})$，是电流相量 $\dot{I}=I\angle\psi_{\mathrm{i}}$ 的共轭复数。式(4－49)表明，复功率等于电压相量与电流相量的共轭复数的乘积。这样，复功率就可以利用电压相量和电流相量直接进行计算了。计算得到的复数，其实部代表有功功率 P，其虚部代表无功功率 Q，模代表视在功率 S，辐角代表功率因数角 φ。

如果将功率三角形与图 4－21 中复阻抗 Z 的阻抗三角形和电压三角形联系起来看，可以发现，它们是三个相似的直角三角形，如图 4－48 所示。利用这种相似关系可以简化电路的分析计算。

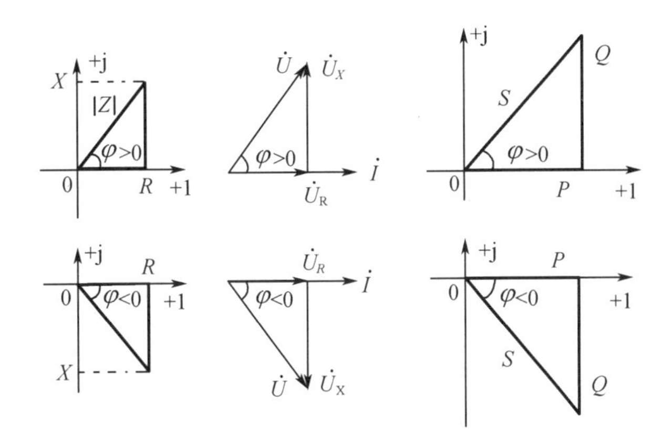

图 4－48　阻抗三角形、电压三角形与功率三角形

当计算某复阻抗 Z 上的复功率时，把 $\dot{U}=Z\dot{I}$ 的关系代入式(4－49)中，可得

$$\bar{S}=\dot{U}\overset{*}{I}=Z\dot{I}\overset{*}{I}=ZI^{2} \tag{4-50}$$

复功率虽然也是一个复数，但与电压和电流相量不同，它不代表正弦量，在表示符号上用加“－”来进行区别。

如果线性时不变无源网络 N 是由多个电阻、电容、电感元件混联构成的，本节前面已经对 R、L、C 每一种元件定义了功率，如式(4－33)、式(4－35)、式(4－37)，与这里对网络 N 的功率的定义式(4－44)、式(4－45)之间有何关系？

依据能量守恒的基本原理，任意瞬间在网络端口处求得的瞬时功率 p 应该等于网络中个各元件上的瞬时功率之和

$$p=ui=UI\cos\varphi+UI\cos(2\omega t+\psi_{\mathrm{u}}+\psi_{\mathrm{i}})=\sum p_{\mathrm{R}}+\sum p_{\mathrm{X}} \tag{4-51}$$

式中，$\sum p_{\mathrm{R}}$ 为所有电阻元件的瞬时功率；$\sum p_{\mathrm{X}}$ 为所有电抗元件的瞬时功率。对式(4－51)求平均值，有

$$\begin{aligned}P&=\frac{1}{T}\int_{0}^{T}p\mathrm{d}t=UI\cos\varphi\\&=\frac{1}{T}\int_{0}^{T}\left(\sum p_{\mathrm{R}}\right)\mathrm{d}t+\frac{1}{T}\int_{0}^{T}\left(\sum p_{\mathrm{X}}\right)\mathrm{d}t\end{aligned}$$

$$= \sum \left(\frac{1}{T}\int_0^T p_R \mathrm{d}t \right) + 0$$

$$= \sum U_{R_k} I_{R_k} = \sum I_{R_k}^2 R_k = \sum \frac{U_{R_k}^2}{R_k}$$

即电路总有功功率等于各电阻元件有功有功率之和,

$$P = UI\cos\varphi = \sum U_{R_k} I_{R_k} = \sum I_{R_k}^2 R_k = \sum \frac{U_{R_k}^2}{R_k} \tag{4-52}$$

式中,U_{R_k}、I_{R_k}分别是电阻 R_k的电压有效值与电流有效值。

需要补充的是,如果线性时不变网络 N 内部含有受控源,本节所述的有功功率、无功功率及视在功率的计算方式仍然适用。只是在分别讨论网络内部各元件的功率时,除 R、L、C 元件外还要考虑受控源元件的功率。

4.5.5 负载功率因数的提高

交流电源供电的能力取决于它们的电压和电流的最大限额,分别称为额定电压(用 U_N 表示)和额定电流(用 I_N 表示)。电源工作时实际电压、电流均不应当超过额定值。所以定义额定电压和额定电流的乘积 $U_N I_N$ 为交流电源的容量。容量就是交流供电电源所能发出和传输的最大有功功率。但是,交流电源的电压、电流即使均处于额定状态(电源满额输出),用电负载却不一定能够得到最大功率,这也和负载的功率因数有关。例如,一台容量为 100 kV·A 的发电机,若负载的功率因数为 1,发电机能够输出的最大有功功率就等于其容量,为 100 kW;但若负载的功率因数降为 0.5,发电机能够输出的最大有功功率就只有 50 kW 了,只占其容量的一半。

负载功率因数过低一方面会使电源的容量不能充分利用,另一方面增加了输电导线和电源绕组的有功损耗。因为在传输相同的有功功率时,功率因数低时需要的供电电流大,所以输配电的损耗大,不利于节能降耗。因此供电规则要求,集中供电的工业企业平均功率因数不得低于 0.95,杂散用电的企业单位功率因数不得低于 0.9。而实际电气设备(绝大多数都是感性)的功率因数通常达不到 0.9,因此必须设法提高供电负载端的功率因数。

对目前在工业企业中广泛应用的动力设备——各种电动机等感性负载,通常采用并联(并联不改变负载的工作状态)电容或容性设备的办法来提高电路的功率因数。其原理可由图 4-49 所示的电路和相量图来加以说明。

图 4-49(a)中 RL 串联支路代表感性负载,假设其功率因数为 $\cos\varphi$。在图 4-49(b)中,负载取用的电流 $\dot{I}_L$ 滞后于电源电压 $\dot{U}_S$ 的相位差为 φ。在并联电容之前,这一电流也就是电源提供的电流。并联电容之后,负载支路的电流 $\dot{I}_L$ 保持不变,但电源提供的电流变为 $\dot{I} = \dot{I}_L + \dot{I}_C$。由图 4-49(b)可以看出,若电容取值适当,可使电源提供的电流减小,即$I < I_L$,

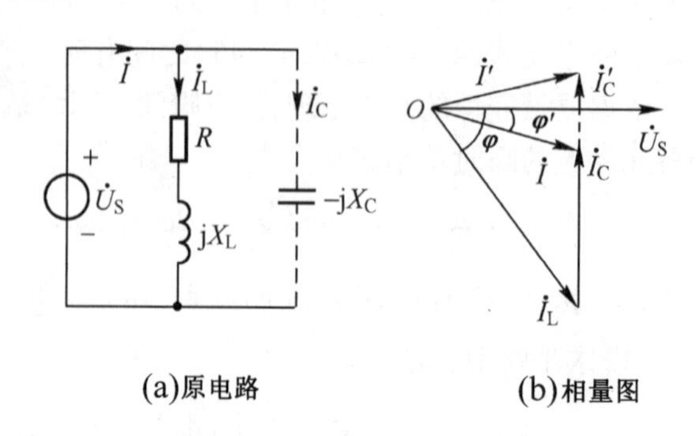

(a)原电路　　(b)相量图

图 4-49　提高电路功率因数原理

并使电源电压 $\dot{U}_S$ 与总电流 $\dot{I}$ 的相位差减小为 φ'，于是电路的功率因数变为 $\cos\varphi'$，较原负载的功率因数 $\cos\varphi$ 提高了。但负载取用的有功功率或电源提供的有功功率却保持不变。从理论上讲，用这种办法可使功率因数提高到 1。但是当 φ' 减小到一定程度时，继续减小 φ' 对减小电源电流 I 的效果并不显著，却需要并联更大的电容。因此从经济效果上考虑，在实际中一般只把功率因数提高到 0.9～0.95 就可以了。

例 4－21　在 50 Hz、380 V 的电源上接一感性负载，功率为 $P=20$ kW，功率因数为 $\cos\varphi=0.6$。若要使电路的功率因数提高为 $\cos\varphi'=0.9$，问需并联多大的电容？

解　根据题意，画出电路和相量图如图 4－49 所示。根据相量图，确定所需的 I_C，进而由 $I_C=\omega CU_S$ 可求得 C 的数值。由

$$P = U_S I_L \cos\varphi = U_S I \cos\varphi'$$

可分别求得

$$I_L = \frac{P}{U_S\cos\varphi} = \frac{20\times10^3}{380\times0.6} = 87.7\ \text{A}$$

$$I = \frac{P}{U_S\cos\varphi'} = \frac{20\times10^3}{380\times0.9} = 58.5\ \text{A}$$

由相量图可知

$$I_C = I_L\sin\varphi - I\sin\varphi'$$

而

$$\sin\varphi = \sqrt{1-\cos^2\varphi} = \sqrt{1-0.6^2} = 0.8$$

$$\sin\varphi' = \sqrt{1-\cos^2\varphi'} = \sqrt{1-0.9^2} = 0.436$$

所以

$$I_C = (87.7\times0.8-58.5\times0.436) = 44.7\ \text{A}$$

于是

$$C = \frac{I_C}{\omega U_S} = \frac{44.7}{314\times380} = 375\ \mu\text{F}$$

事实上，还有一个满足要求的解答，如相量图中虚线所示。这时整个电路由于过补偿而呈容性，需要的电容更大，是不可取的。

本节思考与练习

4.5 节
思考与练习
参考答案

4－5－1　题 4－5－1 图所示正弦电路中，电源电压相量 $\dot{U}_S=10\angle0°$ V，$R=10\ \Omega$，$X_L=10\ \Omega$，求电源供出的有功功率 P。

4－5－2　题 4－5－2 图所示电路中，$\dot{U}_S=100\angle-60°$ V，$\dot{I}=2\angle60°$A，求 $\dot{U}_S$ 供出的有功功率和无功功率。

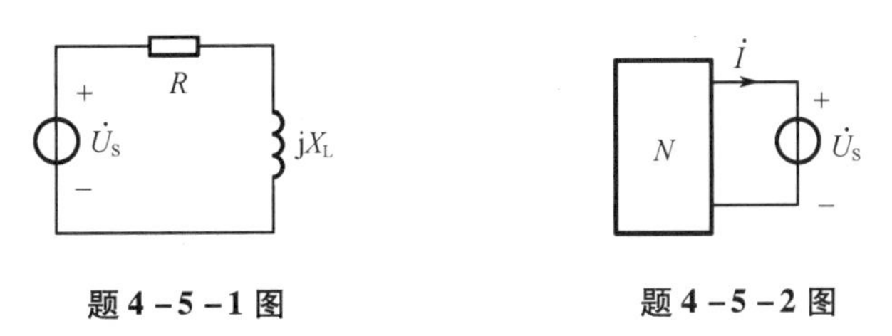

题 4－5－1 图　　　　**题 4－5－2 图**

4－5－3　在 R、C 串联的正弦交流电路中，已知 $R=40\ \Omega$，$X_C=30\ \Omega$，无功功率 $Q=-120$ Var，则电路的视在功率 S 为多少？

4－5－4　两组负载并联，一组视在功率 $S_1=1\ 000$ kV·A，功率因数 $\cos\varphi_1=0.6$；另一

组视在功率 $S_2=500$ kV·A,功率因数 $\cos\varphi_2=1$,求并联后总视在功率 S。

4-5-5　题4-5-5图所示电路中,电流有效值 $I_1=10$ A,$I_C=8$ A,总功率因数为1,求电流 I。

4-5-6　以正弦电压 $u(t)$ 为参考相量,画出题4-5-6图所示电路总瞬时功率以及各元件瞬时功率的波形,分析其中容性无功与感性无功的"互补"关系。

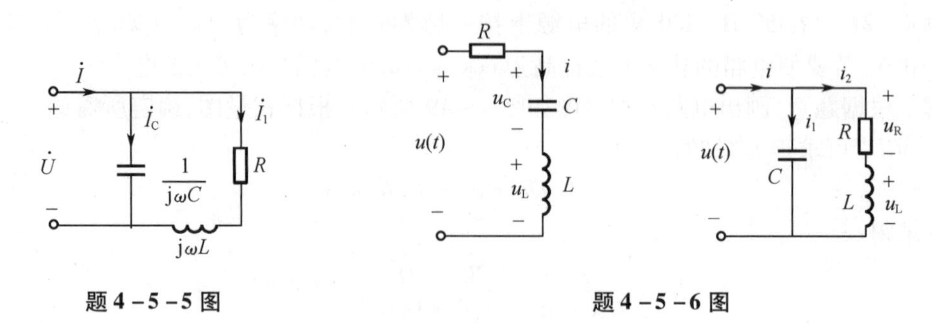

题4-5-5图　　　　题4-5-6图

4.6　最大功率传输

在工程实际中,有时需要分析如何使负载获得最大功率(指有功功率),即最大功率传输问题。例如,对于交流小信号,由于信号很弱小,只有在最大功率传输时才能最有利于信号的检测与传输。

根据戴维南定理,含独立源的线性二端网络 N_S 可以等效为图4-50(b)所示的电路。图中 $\dot{U}_{OC}$ 和 Z_0 为戴维南等效电路的参数,Z_L 为负载阻抗。

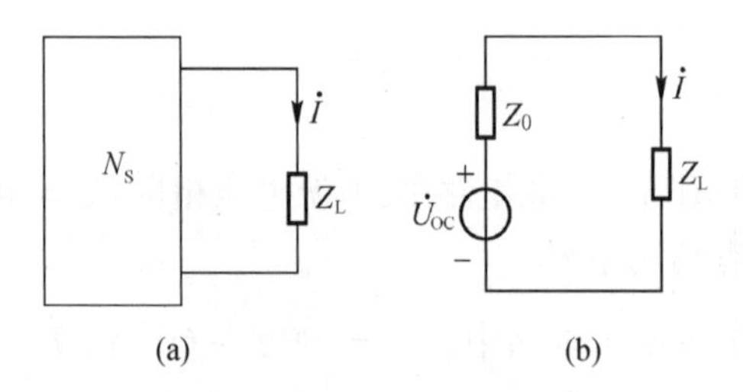

图4-50　最大功率传输

设 $Z_0=R_0+jX_0$,$Z_L=R_L+jX_L$,电路中电流有效值为

$$I=\frac{U_{OC}}{\sqrt{(R_L+R_0)^2+(X_L+X_0)^2}}$$

则负载吸收的有功功率为

$$P=I^2R_L=\frac{U_{OC}^2R_L}{(R_L+R_0)^2+(X_L+X_0)^2}\qquad(4-53)$$

4.6.1　最佳匹配

当 Z_L 可以任意调节，而其他参数不变时，负载从给定网络中获得最大功率的条件为

$$\begin{cases} X_L + X_0 = 0 \\ \dfrac{d}{dR_L}\left[\dfrac{U_{OC}^2 R_L}{(R_L + R_0)^2}\right] = 0 \end{cases}$$

解得

$$\begin{cases} X_L = -X_0 \\ R_L = R_0 \end{cases}$$

此时

$$Z_L = R_0 - jX_0 = \overset{*}{Z}_0 \tag{4-54}$$

即负载阻抗等于给定网络等效阻抗的共轭复数时，负载可以获得最大功率。上述获最大功率的条件，称为共轭匹配（conjugate matching），又称最佳匹配。满足这一条件时，负载获得最大功率。

最大功率为

$$P_{max} = \frac{U_{OC}^2}{4R_0} \tag{4-55}$$

实现最佳匹配时，网络等效内阻消耗的功率与负载消耗的功率相同。电能的传输效率仅为 50%，因此在电力系统中不能工作在这种状态。但在通信和控制系统中，由于电路传输的功率很小，因此常令电路工作在最佳匹配状态，以追求负载获取最大的功率输出。

4.6.2　模匹配

负载的阻抗模可以改变，阻抗角不能改变。即 R 和 X 可以改变，但 X/R 不能改变（负载为纯电阻时属于这种情况）。

将 $R = Z\cos\varphi, X = Z\sin\varphi, R_0 = Z_0\cos\varphi_0, X_0 = Z_0\sin\varphi_0$ 代入式(4-53)，得

$$P = \frac{U_{OC}^2 |Z|\cos\varphi}{(|Z_0|\cos\varphi_0 + |Z|\cos\varphi)^2 + (|Z_0|\sin\varphi_0 + |Z|\sin\varphi)^2}$$

由此可知，当 $\dfrac{dP}{d|Z|} = 0$ 时，功率最大，即

$$\frac{dP}{d|Z|} = \frac{U_{OC}^2\cos\varphi(|Z_0|^2 - |Z|^2)}{(|Z_0|\cos\varphi_0 + |Z|\cos\varphi)^2 + (|Z_0|\sin\varphi_0 + |Z|\sin\varphi)^2} = 0$$

因此可得，负载获得最大功率的条件是

$$|Z| = |Z_0| \tag{4-56}$$

即负载阻抗模等于电源内阻抗模时，负载可以获得最大功率。这种情况称为模匹配，此时的最大功率为

$$P_{max} = \frac{U_{OC}^2\cos\varphi}{2|Z_0|[1 + \cos(\varphi_0 - \varphi)]} \tag{4-57}$$

例 4-22　在图 4-51(a)所示电路中，已知 $R_1 = R_2 = 30\ \Omega, X_L = X_C = 40\ \Omega, U_S = 100$ V。(1)求负载 Z 的最佳匹配值及可获得的最大功率；(2)若 $Z = R$ 为一纯电阻，求负载 R 为何值时可获最大功率？最大功率为多少？

解　先求去掉负载后所余网络的戴维南等效参数。由图 4-33(b)可求 Z_0：

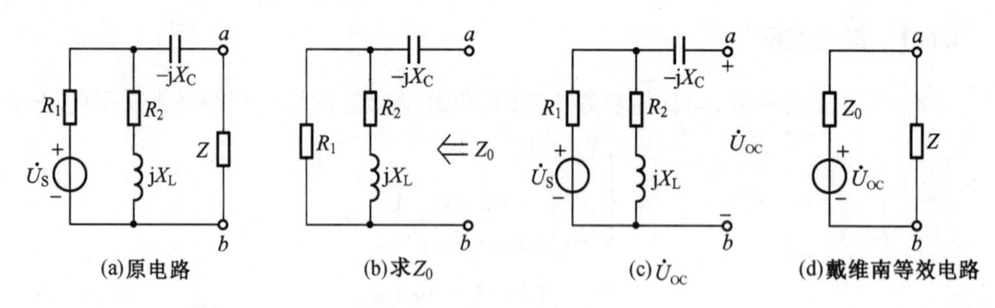

图4-51 例4-22图

$$Z_0 = \frac{R_1(R_2 + jX_L)}{R_1 + R_2 + jX_L} - jX_C = \frac{30(30 + j40)}{30 + 30 + j40} - j40$$
$$= 19.6 - j33.1 = 38.5\angle -59.4° \ \Omega$$

令 $\dot{U}_S = 100\angle 0°$ V,由图4-51(c)可求得

$$\dot{U}_{OC} = \frac{R_2 + jX_L}{R_1 + R_2 + jX_L}\dot{U}_S = \frac{30 + j40}{60 + j40} \times 100\angle 0° = 69.35\angle 19.4° \ \text{V}$$

(1)负载的最佳匹配值为

$$Z = \overset{*}{Z}_0 = 19.6 + j33.1 \ \Omega$$

可获得的最大功率为

$$P_{max} = \frac{U_{OC}^2}{4R_0} = \frac{69.35^2}{4 \times 19.6} = 61.34 \ \text{W}$$

(2)负载为纯电阻时,$R = |Z_0| = 38.5\ \Omega$,可获最大功率,即

$$P_{max} = \frac{U_{OC}^2}{2|Z_0|(1 + \cos\varphi_0)} = \frac{69.35^2}{2 \times 38.5(1 + \cos 59.4°)} = 41.4 \ \text{W}$$

本章习题

第4章
习题参考答案

4-1 在题4-1图所示正弦稳态电路中,已知 $R = \omega L = 5\ \Omega$,$\frac{1}{\omega C_1} = 10\ \Omega$、电压表Ⓥ2的读数为100 V,电流表Ⓐ2的读数为10 A,试求电流表Ⓐ1,电压表Ⓥ1的读数(各表读数均为有效值)。

4-2 在题4-2图所示电路中,已知 $\dot{U}_S = 100\angle 0°$ V,$R_1 = 50\ \Omega$,$R_2 = 40\ \Omega$,$X_L = 60\ \Omega$,$X_C = 30\ \Omega$,求各支路电流。

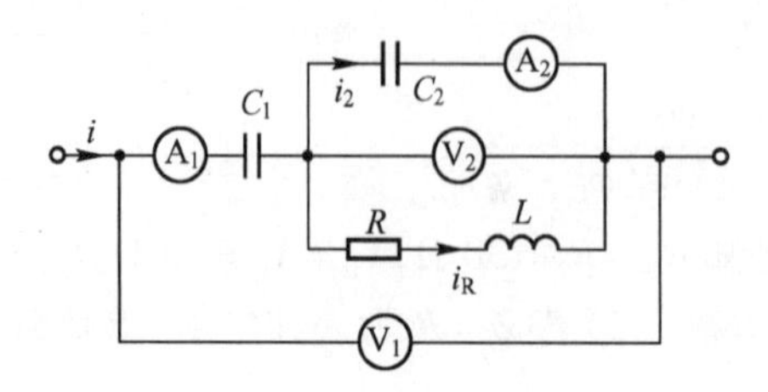

题4-1图

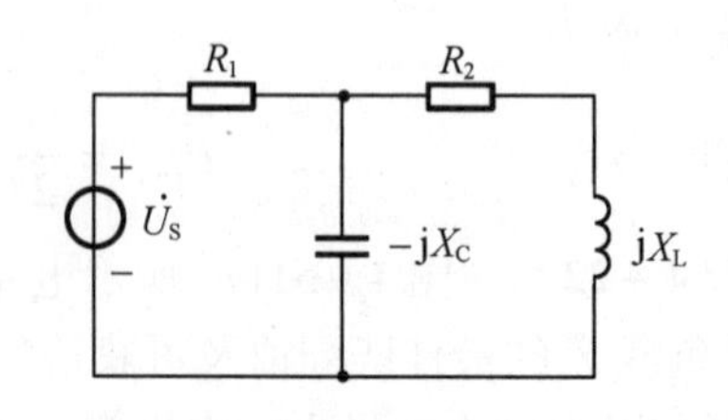

题4-2图

4-3 题 4-3 图所示电路中，已知 $R_1=2\ \text{k}\Omega$，$R_2=10\ \text{k}\Omega$，$L=10$ H，$C=1\ \mu$F，正弦电源频率 $f=50$ Hz，若 R_2 中电流 $I_2=10$ mA，求电源电压 U_S。

4-4 题 4-4 图所示电路中，已知 $L_1=63.7$ mH，$L_2=31.85$ mH，$R_2=100\ \Omega$，电路工作频率为 $f=500$ Hz，欲使电流 i 与 i_2 的相位差分别为 0°，45°，90°，相应的电容 C 的值为多少？

4-5 题 4-5 图所示电路中，已知 $R=10\ \Omega$，各电流表读数分别为 Ⓐ =4 A，A_1 =3.5 A，A_2 =1 A。若电流工作频率为 $f=50$ Hz，求 r 和 L 的值。

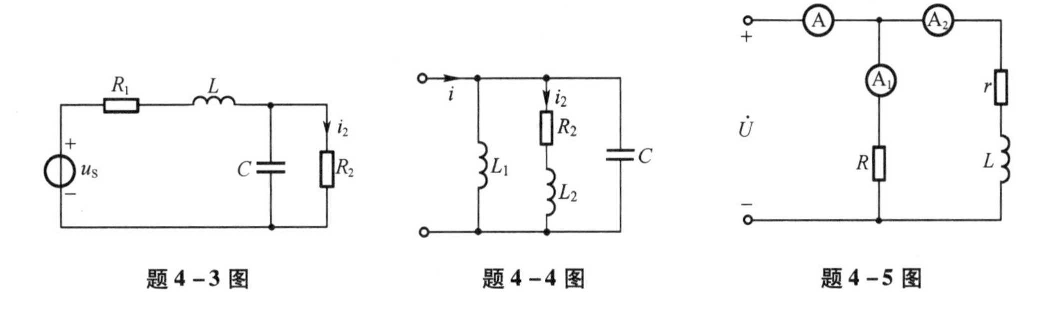

题 4-3 图　　题 4-4 图　　题 4-5 图

4-6 题 4-6 图所示电路中两电压表 V_1 和 V_2 的读数分别为 81.65 V 和 111.54 V，已知总电压有效值 $U=100$ V，$X_C=50\ \Omega$，求 R 和 X_L 的值。

4-7 题 4-7 图所示电路中，若 $U=100$ V，$I_1=I_2=I=10$ A，$\omega=10^4$ rad/s，求 R、L、C 的值。

4-8 如题 4-8 图所示电路中，$u=80\cos(100t)$ V。当开关 S_1 闭合，S_2 断开（即只有线圈）时，电流 i 的有效值 $I=2\sqrt{2}$ A；当开关 S_1 断开，S_2 断开（即电阻 R_1 和线圈串联）时，电流 i 的有效值 $I=2.5$ A；当开关 S_1 闭合，S_2 闭合（即电阻 R_1 和线圈并联）时，电流 i 的有效值 $I=16$ A。求 R 和 L 的值。

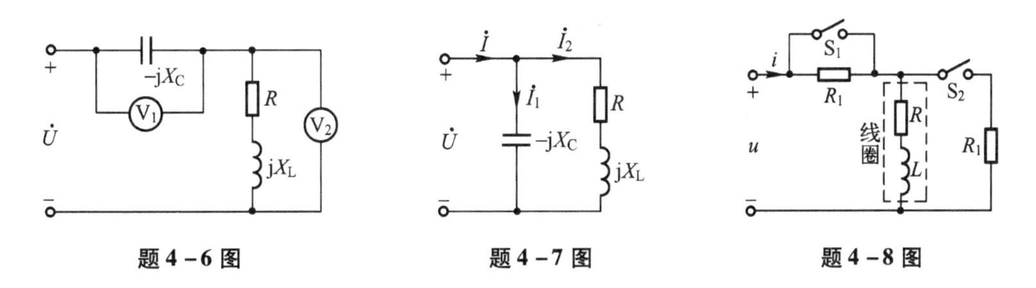

题 4-6 图　　题 4-7 图　　题 4-8 图

4-9 试证明在题 4-9 图所示 RC 分压器中，当 $R_1C_1=R_2C_2$ 时，输出与输入电压之比是一个与频率无关的常数。

4-10 题 4-10 图所示正弦稳态电路中：(1) 已知 $U=\dfrac{10}{\sqrt{2}}$ V，$I_2=10$ A，$R=1\ \Omega$，$X_C=1\ \Omega$，求 $\dot{I}$ 和 $\dot{U}$；(2) 已知 $I_1=I_2=10$ A，$U=100$ V，$\dot{U}$ 和 $\dot{I}$ 同相，求 $\dot{I}$、R、X_L、X_C。

4-11 题 4-11 图所示正弦稳态电路中，已知 $L=0.2$ H，$C=10\ \mu$F，$\omega=1\ 000$ rad/s，且电压有效值 $U_2=U_1=U=100$ V，求阻抗 Z_3。

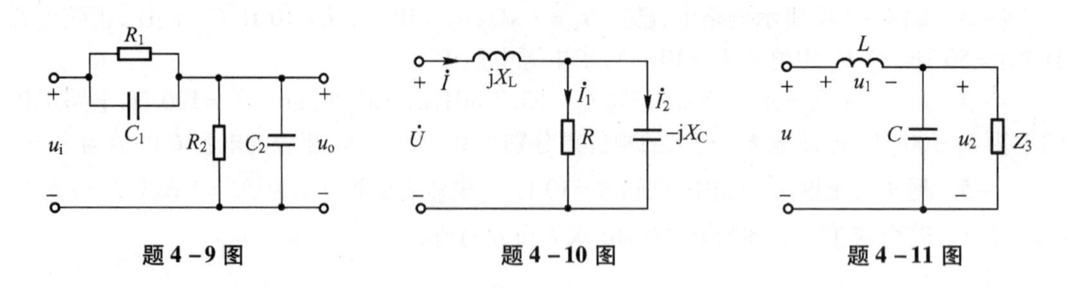

题 4-9 图　　　　题 4-10 图　　　　题 4-11 图

4-12　题 4-12 图所示正弦稳态电路中,已知 $R_1=2\ \text{k}\Omega$,$R_2=500\ \Omega$,$C=1\ 000\ \text{pF}$,若使电压 u 与 u_1 的有效值相等,求 L 应为多少?

4-13　题 4-13 图所示电路中,$u_S=2\sqrt{2}\cos 10^4t\ \text{V}$,$i_S=\sqrt{2}\sin 10^4t\ \text{V}$,试求电压源的电流 i 及电流源的电压 u。

4-14　题 4-14 图所示电路中,$R_1=X_{L2}=30\ \Omega$,$R_2=X_{L1}=40\ \Omega$,$U_S=100\ \text{V}$。求:(1)$Z=33.6\ \Omega$ 时,流经其中的电流大小;(2)Z 为何值时流经其中的电流最大?

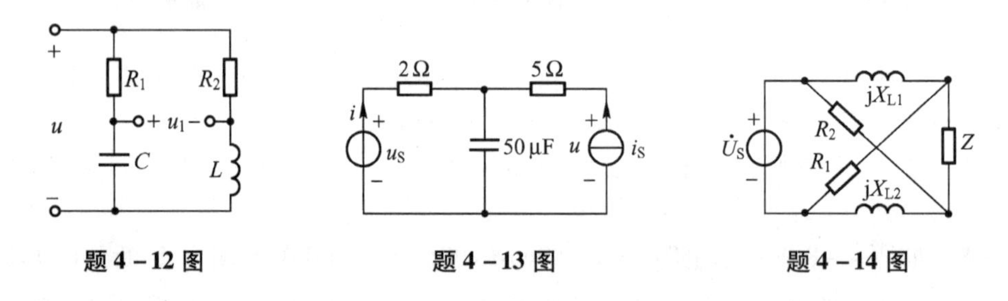

题 4-12 图　　　　题 4-13 图　　　　题 4-14 图

4-15　题 4-15 图所示电路中,$R_1=X_C=5\ \Omega$,$R=8\ \Omega$,试确定 R_0 为何值时可使 $\dot{I}_0$ 和 $\dot{U}_S$ 的相位差为 90°。

4-16　题 4-16 图所示电路中,已知 $R_1=5\ \Omega$,$R_2=20\ \Omega$,$X_C=20\ \Omega$,$r=30\ \Omega$,$\dot{U}_S=6\angle 0^\circ\ \text{V}$;若 $Z=20-\text{j}10\ \Omega$,求流经 Z 的电流 $\dot{I}$。

4-17　题 4-17 图示正弦稳态电路中,已知 $U=220\ \text{V}$,有功功率 $P=7.5\ \text{kW}$,无功功率 $Q=5.5\ \text{kVar}$,求 R、X 的值。

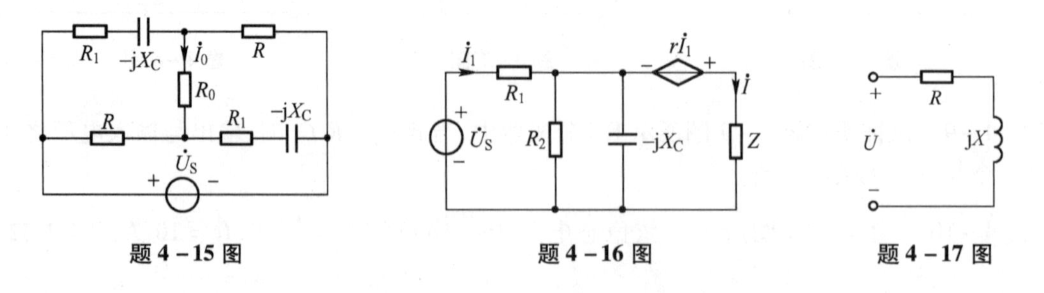

题 4-15 图　　　　题 4-16 图　　　　题 4-17 图

4-18　如题 4-18 图所示正弦交流电路的总功率因数为 0.707(感性),$Z_1=(2+\text{j}4)\ \Omega$,电压源输出功率 $P=500\ \text{W}$,$U=100\ \text{V}$。求负载 Z_2 的值以及它吸收的有功功率。

4-19　题 4-19 图所示正弦稳态电路中,已知电源有效值 $U_S=220\ \text{V}$,$R=10\ \Omega$,$U_1=U_2=220\ \text{V}$,求电路消耗功率 P 的值。

4－20　题4－20图所示正弦稳态电路中，已知 $U_1=141.4$ V，$I_2=25$ A，$I_3=15$ A，电源发出的功率为 $P=1$ kW，求 R 及 X_{L1}。

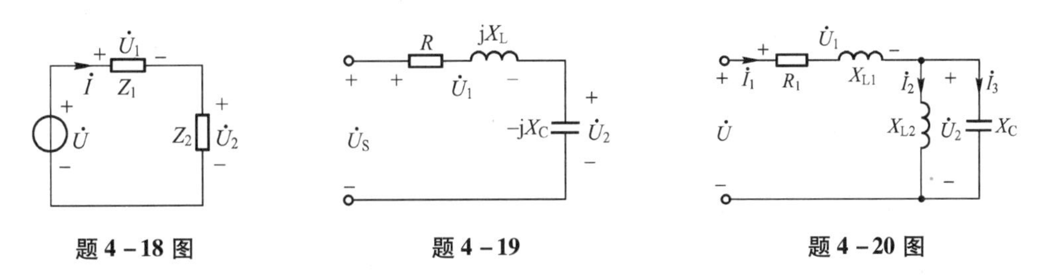

题4－18图　　题4－19　　题4－20图

4－21　题4－20中，如果已知 $U=220$ V，$U_1=141.4$ V，$I_2=30$ A，$I_3=20$ A，电路吸收的功率 $P=1\ 000$ W。试求：(1) I_1 和 U_2；(2) R_1、X_{L1}、X_{L2}和 X_C。

4－22　图示电路中，各表的读数如图4－22中所示，求电路元件参数 R_1、X_{L1}、R_2、X_{L2} 的值。

4－23　图示正弦稳态电路中，已知当S闭合时，各表读数为Ⓥ＝220 V，Ⓐ＝10 A，Ⓦ＝1 000 W；当S打开时，各表读数为Ⓥ＝220 V，Ⓐ＝12 A，Ⓦ＝1 600 W，求 Z_1（Z_1 为感性）和 Z_2的值。

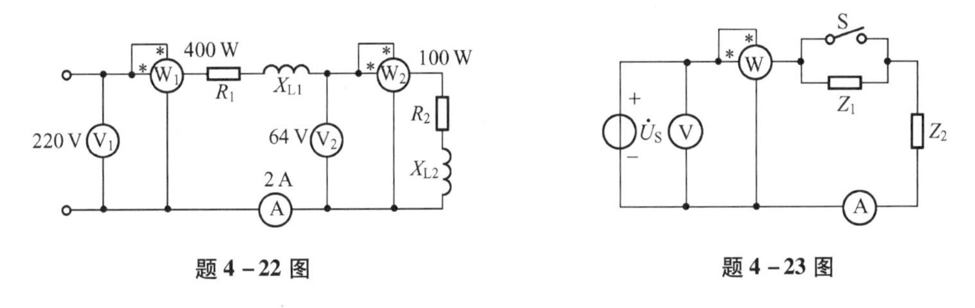

题4－22图　　题4－23图

4－24　求题4－3中各支路的复功率和电流源发出的复功率，电源发出的有功功率、无功功率以及电路的总功率因数。

4－25　功率为40 W的日光灯和白炽灯各100只并联在电压为220 V的工频交流电源上，已知日光灯的功率因数为0.5（感性），求电路的总电流和总功率因数。若要把电路的总功率因数提高到0.9，应并联多大的电容？并联电容后的总电流是多少？

4－26　题4－26图所示电路中，已知 $Z_1=3+j6\ \Omega$，$Z_2=4+j8\ \Omega$。试求：(1) Z_3 为何值时 I_3 最大？(2) Z_3 为何值时可获最大功率？

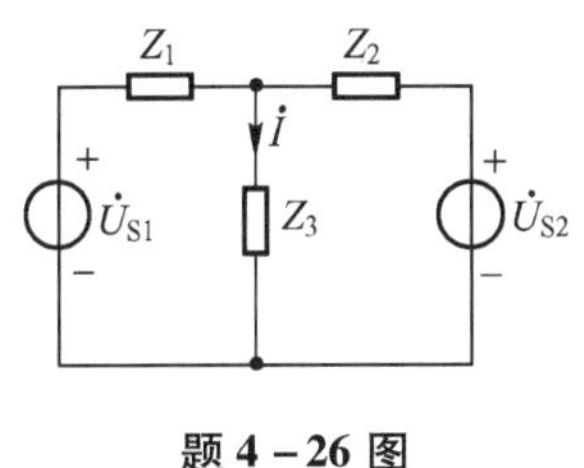

题4－26图

第5章 互感电路

第1章中介绍的电感元件,其磁通和感应电压是由流经本身的电流引起的,故有时又被称为自感元件。如果一个线圈的磁通和感应电压是由流经邻近的另一个线圈的电流引起的,则称这两个线圈之间存在着磁耦合(magnetic coupling)或互感(mutual induction)。通过磁耦合或者互感,可以把电磁能量或信号从一个线圈传递到另一个线圈。变压器就是应用这一原理制成的电路器件。

具有互感的两个(或几个)线圈称为耦合线圈或互感线圈。只考虑其磁效应时互感线圈的电路模型就是互感元件,又称耦合电感。含有互感元件的电路叫作互感耦合电路,简称互感电路。分析互感电路的特殊问题是要考虑互感电压,而互感电压的确定又与互感元件的同名端密切相关。所以熟练地运用同名端的概念来正确地确定互感电压是分析互感电路的关键。

本章介绍了互感系数和耦合系数,重点介绍了同名端、互感元件的连接及相应的去耦电路,对于具有互感的正弦电路做了详细分析。最后还介绍了空芯变压器的原理及分析方法。

5.1 互感系数和耦合系数

5.1.1 互感系数

设有两个线圈①和②,匝数分别为 N_1 和 N_2。当在线圈①中通以电流 i_1 时,它所产生的磁通除穿过本线圈之外,还有一部分穿过邻近的线圈②,如图5-1(a)所示。穿过本线圈的磁通称为自感磁通,用 Φ_{11} 表示;穿过线圈②的磁通称为线圈①对线圈②的互感磁通,用 Φ_{21} 表示。为简单起见,假设穿过线圈每一匝的磁通都相同,则线圈①的自感磁链 $\Psi_{11}=N_1\Phi_{11}$,线圈①对线圈②的互感磁链 $\Psi_{21}=N_2\Phi_{21}$。自感磁链与产生它的电流的比值为线圈的自感

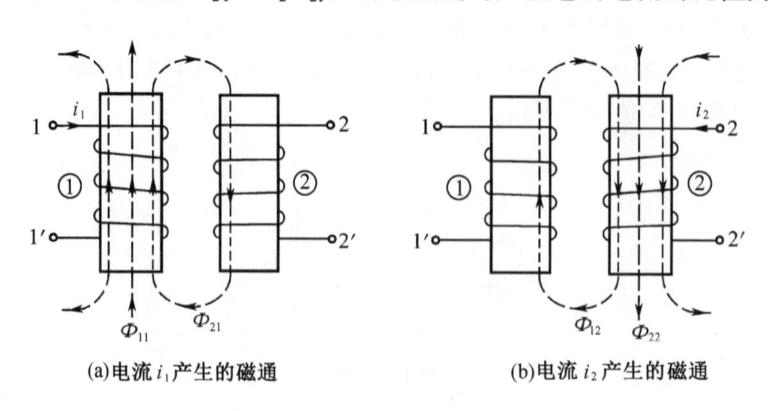

(a)电流 i_1 产生的磁通　　(b)电流 i_2 产生的磁通

图5-1　两个线圈磁通示意图

系数,简称自感(self inductance)。据此定义,线圈①的自感系数或电感为

$$L_1 = \frac{\Psi_{11}}{i_1} = \frac{N_1\Phi_{11}}{i_1} \tag{5-1}$$

与此相似的是,我们把线圈①对线圈②的互感磁链 Ψ_{21} 与产生它的电流 i_1 的比值定义为线圈①对线圈②的互感系数或简称为互感(mutual inductance),用 M_{21} 表示,即

$$M_{21} = \frac{\Psi_{21}}{i_1} = \frac{N_2\Phi_{21}}{i_1} \tag{5-2}$$

同样,当在线圈②中通以电流 i_2 时,也会有磁通穿过两个线圈,如图5-1(b)所示。线圈②的自感磁通和磁链分别用 Φ_{22} 和 Ψ_{22} 表示,其中 $\Psi_{22}=N_2\Phi_{22}$;线圈②对线圈①的互感磁通和磁链分别用 Φ_{12} 和 Ψ_{12} 表示,其中 $\Psi_{12}=N_1\Phi_{12}$。则线圈②的自感系数或电感为

$$L_2 = \frac{\Psi_{22}}{i_2} = \frac{N_2\Phi_{22}}{i_2} \tag{5-3}$$

线圈②对线圈①的互感系数或互感为

$$M_{12} = \frac{\Psi_{12}}{i_2} = \frac{N_1\Phi_{12}}{i_2} \tag{5-4}$$

由此可以证明,两线圈相互间的互感是相等的,即 $M_{12}=M_{21}$。故当仅有两个互相耦合的线圈存在时,可略去下标而直接用 M 表示两线圈间的互感。

5.1.2　耦合系数

对于一对线圈来说,互感系数 M 的大小就反映了该对线圈之间的磁耦合程度。M 越大,说明两线圈的耦合越紧,即一个线圈产生的穿过另一个线圈的磁通(互感磁通)越多;M 越小,说明两线圈的耦合越松;当 $M=0$ 时,两线圈之间就根本不存在耦合关系。但对于两对不同的线圈,仅由互感系数的大小是不能说明它们的耦合程度的,即互感系数大的一对线圈不一定就比互感系数小的一对线圈耦合得紧。这是因为耦合的松紧决定于互感磁通的多少,而互感系数的大小则不仅与互感磁通的多少有关,还与线圈的匝数有关。

两线圈的耦合程度可由耦合系数(coefficient of coupling) k 来表示。它定义为

$$k = \frac{M}{\sqrt{L_1L_2}} \tag{5-5}$$

将该式的两边平方,并将 $M=M_{12}=M_{21}$ 及式(5-1)至式(5-4)的关系代入,可得

$$k^2 = \frac{M^2}{L_1L_2} = \frac{M_{21}M_{12}}{L_1L_2} = \frac{\dfrac{N_2\Phi_{21}}{i_1}\cdot\dfrac{N_1\Phi_{12}}{i_2}}{\dfrac{N_1\Phi_{11}}{i_1}\cdot\dfrac{N_2\Phi_{22}}{i_2}} = \frac{\Phi_{21}}{\Phi_{11}}\cdot\frac{\Phi_{12}}{\Phi_{22}}$$

即

$$k = \sqrt{\frac{\Phi_{21}}{\Phi_{11}}\cdot\frac{\Phi_{12}}{\Phi_{22}}} \tag{5-6}$$

式(5-6)比式(5-5)更加清楚地说明了 k 的物理意义。由于互感磁通只是自感磁通的一部分,所以必有 $\Phi_{21}\leqslant\Phi_{11}$,$\Phi_{12}\leqslant\Phi_{22}$,从而有 $0\leqslant k\leqslant 1$。$k=0$ 说明两线圈完全没有磁耦合,k 越大说明两线圈耦合越紧。当 $k=1$ 时,每个线圈产生的磁通将全部穿过另一个线圈,即 $\Phi_{21}=\Phi_{11}$,$\Phi_{12}=\Phi_{22}$,这种情况称为全耦合。全耦合时两线圈间的互感最大,为 $M=\sqrt{L_1L_2}$。

两线圈之间的磁耦合程度即耦合系数 k 的大小取决于线圈的结构、两线圈的相对位置以及周围介质的导磁性能。两个线圈相距越近,耦合越紧。如果两线圈紧密绕在一起,如图5-2(a)所示,k 值将接近于1;相反,如果两个线圈相距很远,或者使其轴线互相垂直地放置,如图5-2(b)所示,k 值就很小,甚至接近于零。工程实际中,为了取得紧密的耦合,可采用双线并绕的方式制作耦合线圈,也可用铁磁材料做线圈的芯子;反过来,为了在有限的空间内避免或尽量减少磁耦合以消除或减小线圈间的相互干扰,除了采用屏蔽手段外,合理地布置这些线圈的相对位置(例如像图5-2(b)那样垂直放置)也是一个有效的方法。

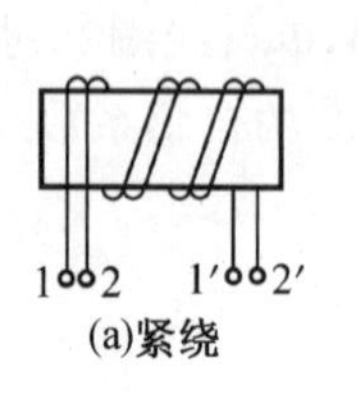

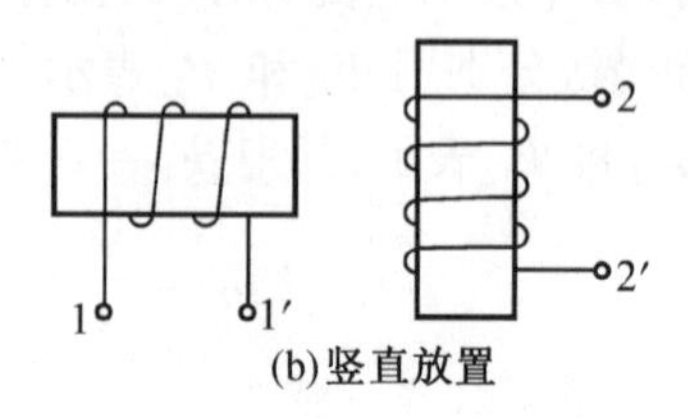

图5-2 两种不同放置线圈的方法

**5.1节
思考与练习
参考答案**

本节思考与练习

有两组线圈,一组的参数为 $L_1=0.01$ H,$L_2=0.04$ H,$M=0.01$ H;另一组的参数为 $L'_1=0.04$ H,$L'_2=0.06$ H,$M'=0.02$ H。分别计算每组线圈的耦合系数。通过比较说明,是否互感大者耦合必紧,为什么?

5.2 互感电压及同名端

图5-3画出了两个耦合线圈及在两个线圈中分别通以电流时的磁通分布情况。如果电流是变化的,磁通也将是变化的,于是在两个线圈中就会产生感应电压。具体地说,当在线圈①通以变化电流 i_1 时,它所产生的穿过本线圈的自感磁通 Φ_{11} 和穿过线圈②的互感磁通 Φ_{21} 也都是变化的。由自感磁通 Φ_{11} 的变化在本线圈产生的感应电压称为自感电压,用 u_{11} 表示;由互感磁通 Φ_{21} 的变化在线圈②产生的感应电压称为互感电压,用 u_{21} 表示。如果取 Φ_{11} 的方向、Φ_{21} 的方向分别满足右螺旋定则,如图5-3(a)中所示,由法拉第电磁感应定律,将有

$$u_{11}=\frac{\mathrm{d}\Psi_{11}}{\mathrm{d}t}=L_1\frac{\mathrm{d}i_1}{\mathrm{d}t}$$

$$u_{21}=\frac{\mathrm{d}\Psi_{21}}{\mathrm{d}t}=M\frac{\mathrm{d}i_1}{\mathrm{d}t}$$

同样,当在线圈②中通以变化电流 i_2 时,也会在两个线圈中分别产生自感电压 u_{22} 和互感电压 u_{12},如图5-3(b)所示,有

$$u_{22}=\frac{\mathrm{d}\Psi_{22}}{\mathrm{d}t}=L_2\frac{\mathrm{d}i_2}{\mathrm{d}t}$$

$$u_{12}=\frac{\mathrm{d}\Psi_{12}}{\mathrm{d}t}=M\frac{\mathrm{d}i_2}{\mathrm{d}t}$$

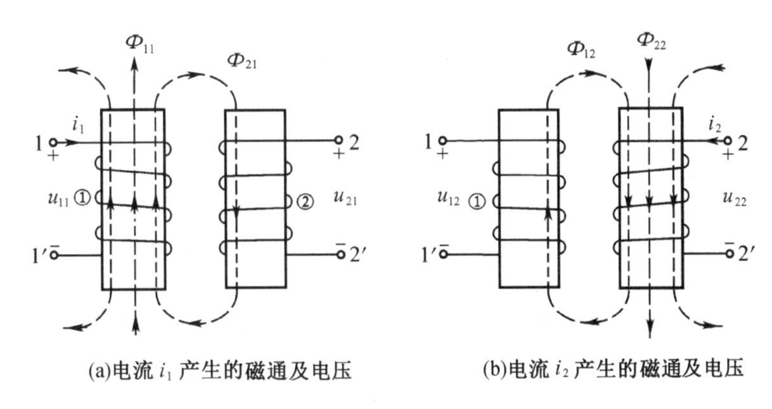

(a)电流 i_1 产生的磁通及电压　　(b)电流 i_2 产生的磁通及电压

图5－3　两个线圈中分别通以电流时的磁通与电压

如果在两个线圈中同时分别通以电流 i_1 和 i_2，则每个线圈中的磁通将分别包含自感磁通和互感磁通两部分。这两部分磁通的方向将随着电流方向、线圈的实际绕向和两线圈的相对位置等因素的不同而有两种可能：(1)两部分磁通方向一致，是相互加强的，如图5－4(a)所示；(2)两部分磁通方向相反，是相互削弱的，分别如图5－4(b)（电流 i_2 方向相反）、图5－4(c)（线圈②绕向相反）、图5－4(d)（两线圈轴线放置——相对位置不同）所示。若用 Ψ_{11} 和 Ψ_{22} 分别表示两线圈的自感磁链，用 Ψ_{12} 和 Ψ_{21} 分别表示两线圈的互感磁链，用 Ψ_1 和 Ψ_2 分别表示两线圈的总磁链，而且总磁链的方向与自感磁链方向一致，考虑到以上两种可能，将有

$$\Psi_1 = \Psi_{11} \pm \Psi_{12}, \Psi_2 = \Psi_{22} \pm \Psi_{21}$$

在电压与各自电流方向一致的前提下（因各线圈电流与总磁链分别满足右螺旋定则，故各电压与总磁链亦分别满足右螺旋定则），有

$$u_1 = \frac{d\Psi_1}{dt} = \frac{d\Psi_{11}}{dt} \pm \frac{d\Psi_{12}}{dt} = L_1 \frac{di_1}{dt} \pm M \frac{di_2}{dt}$$

$$u_2 = \frac{d\Psi_2}{dt} = \frac{d\Psi_{22}}{dt} \pm \frac{d\Psi_{21}}{dt} = L_2 \frac{di_2}{dt} \pm M \frac{di_1}{dt}$$

上两式中的第一项分别为两线圈的自感电压，第二项分别为两线圈的互感电压。在各个线圈的电压和电流取关联参考方向时，自感电压总为正，而互感电压有正、负两种可能。当然，对于一对具体的耦合线圈，在其绕向和相对位置确定的情况下，根据电流的方向，互感电压的正、负也是唯一确定的。如对图5－4中的四种情况，图5－4(a)中互感电压为正；图5－4(b)、图5－4(c)、图5－4(d)中互感电压均为负。

在忽略了线圈的损耗等次要影响，只考虑其磁效应时，耦合线圈的电路模型称为耦合电感或称互感元件(mutual inductor)。互感元件的电路符号如图5－6所示，是一个四端元件，L_1 和 L_2 分别表示两线圈的电感（即自感），M 表示两线圈之间的互感，它们都是互感元件的参数。当线圈周围介质为非铁磁材料时，其参数均为不变的常数，此时互感元件是线性元件，本书讨论的都是这种情况。

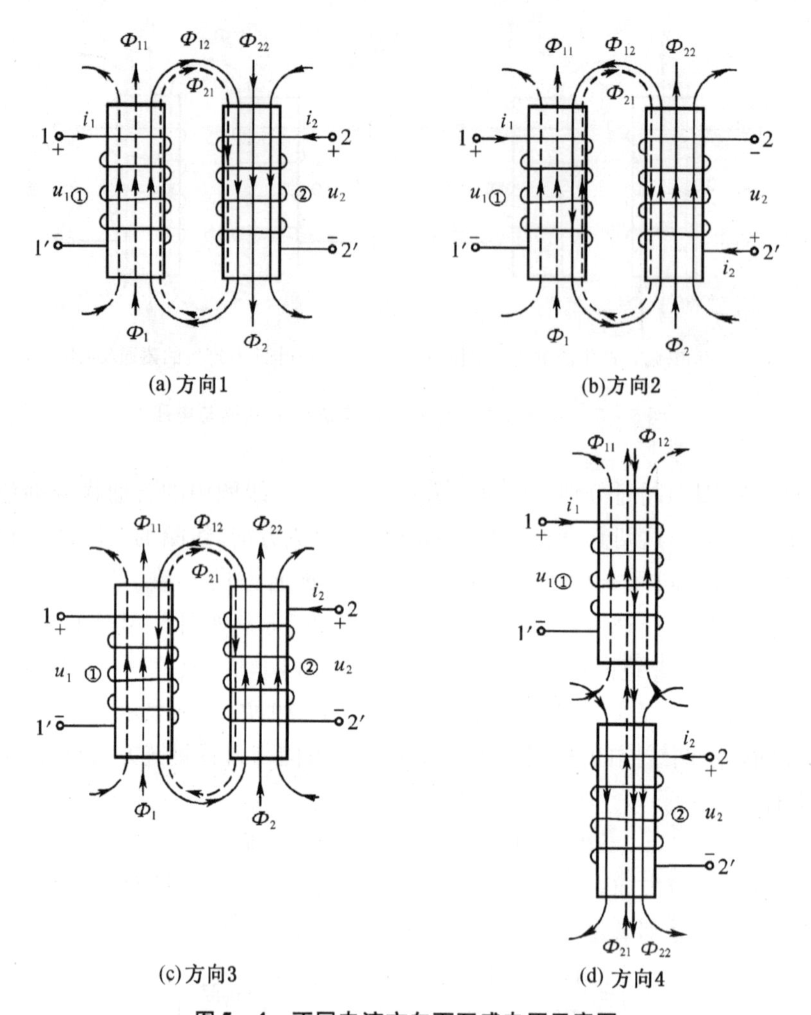

(a) 方向1 (b)方向2 (c)方向3 (d) 方向4

图5-4 不同电流方向下互感电压示意图

引入了互感元件及其电路符号之后,图5-4中的各种情况就可统一表示成图5-5。因此在各线圈的电压和电流均取关联参考方向的情况下,互感元件伏安关系的一般形式为

$$\begin{cases} u_1 = L_1 \dfrac{\mathrm{d}i_1}{\mathrm{d}t} \pm M \dfrac{\mathrm{d}i_2}{\mathrm{d}t} \\ u_2 = L_2 \dfrac{\mathrm{d}i_2}{\mathrm{d}t} \pm M \dfrac{\mathrm{d}i_1}{\mathrm{d}t} \end{cases} \tag{5-7}$$

与自感元件相比较,互感元件的伏安关系有两点不同。

(1)各线圈的电压不仅与本线圈的电流有关,而且与另一线圈的电流有关,即有自感电压和互感电压两个分量。特别地,当某个线圈的电流为零时,该线圈仍会有电压——另一线圈电流引起的互感电压(此时另一线圈将只有自感电压而无互感电压)。

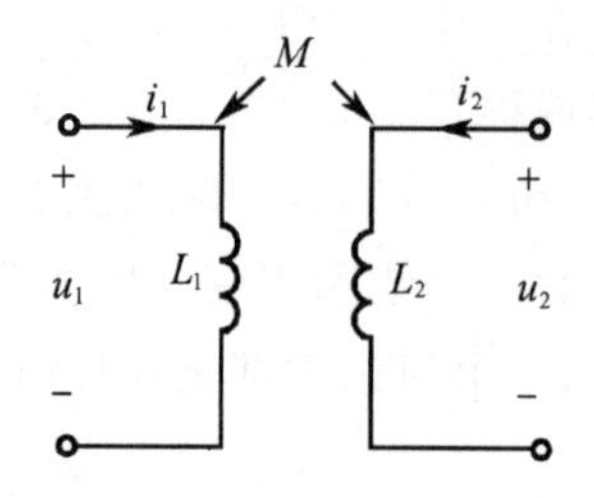

图5-5 耦合线圈的等效电路

(2)互感电压的符号仍有正、负两种可能。互感电压是正是负,取决于自感磁通与互感磁通的方向是否一致。而

这两部分磁通的相对方向不仅与电流的方向有关，还与两线圈的实际绕向和相对位置有关。但在电路图中，线圈绕向和相对位置是表现不出来的，又怎么反映它们对互感电压正、负的影响呢？这一问题可用标记同名端(corresponding terminals)的方法来加以解决。

同名端是指两个耦合线圈中的这样一对端钮，当电流由该对端钮分别流入两个线圈时，它们产生的磁通是相互加强的，即同方向。根据这样的定义，图5－4(a)、图5－4(b)两图中的1与2为同名端，图5－4(c)、图5－4(d)两图中的1和2′为同名端。每图中余下的一对端钮自然也是同名端。在电路图中同名端用两个相同的符号(例如＊或·等)加以标注，当然未加标注的两端也是同名端。

给出了同名端之后，互感电压项的正、负号是可由电压、电流的参考方向来确定的。总结图5－4的各种情况，最终可得图5－6的两种情况。图5－6(a)对应图5－4(a)，图5－6(b)对应图5－4中的其他情况。于是互感电压符号的确定方法也就自然得出了：如果互感电压的"＋"极端与产生它的电流的流入端为同名端(此时互感磁通满足右手螺旋定则)，如图5－6(a)中所示，则互感电压取正；否则，互感电压取负(图5－6(b))。综上所述，一个互感元件在给出同名端之后，伏安关系便可由其参考方向完全确定下来，互感电压项的正负是唯一的。例如图5－6(a)、图5－6(b)两种情况的伏安关系分别对应式(5－7)中的"＋""－"两种形式。

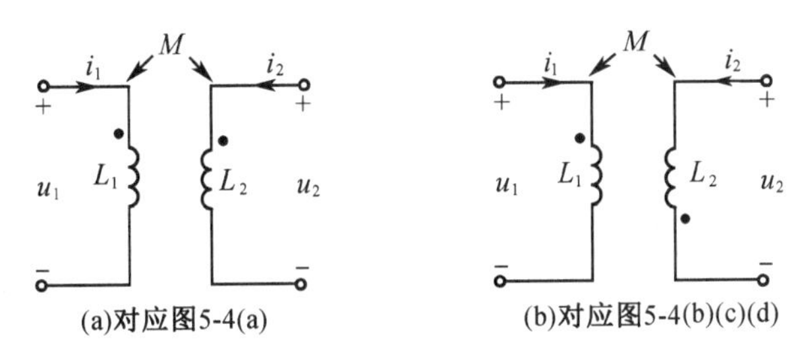

图5－6　标有同名端的耦合线圈

例5－1　在图5－7(a)所示的电路中，已知$L_1 = L_2 = 1$ H，$M = 0.5$ H，电流源i_S的波形示于图5－7(b)中。若线圈2－2′开路。试求两线圈的端电压u_1和u_2，并画出它们的波形图。

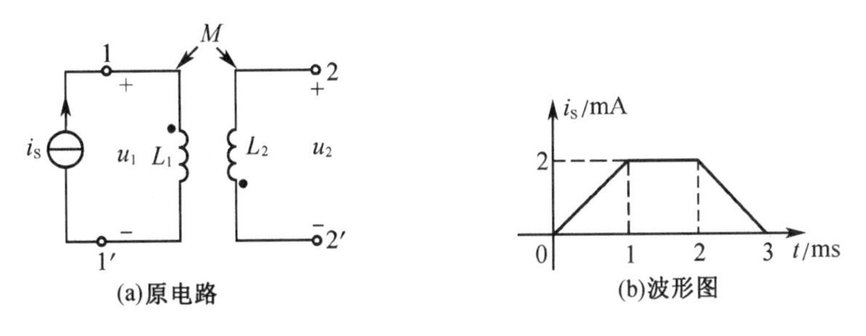

图5－7　例5－1图

解　由于线圈2－2′开路，故线圈1－1′中将只有自感电压而无互感电压，线圈2－2′中将只有互感电压而无自感电压。根据同名端的位置和电压、电流的参考方向，有

$$u_1 = L_1 \frac{\mathrm{d}i_S}{\mathrm{d}t}$$

$$u_2 = -M \frac{\mathrm{d}i_S}{\mathrm{d}t}$$

由 i_S的波形图可写出其表达式为

$$i_S = \begin{cases} 2t \text{ A} & (0 \leqslant t \leqslant 1 \text{ ms}) \\ 2 \times 10^{-3} \text{ A} & (1 \text{ ms} < t < 2 \text{ ms}) \\ -2t + 6 \times 10^{3} \text{ A} & (2 \text{ ms} \leqslant t \leqslant 3 \text{ ms}) \end{cases}$$

将 i_S为分时间段分别代入 u_1和 u_2,可得

$$u_1 = L_1 \frac{\mathrm{d}i_S}{\mathrm{d}t} = \begin{cases} 2 \text{ V} & (0 \leqslant t \leqslant 1 \text{ ms}) \\ 0 & (1 \text{ ms} < t < 2 \text{ ms}) \\ -2 \text{ V} & (2 \text{ ms} \leqslant t \leqslant 3 \text{ ms}) \end{cases}$$

$$u_2 = -M \frac{\mathrm{d}i_S}{\mathrm{d}t} = \begin{cases} -1 \text{ V} & (0 \leqslant t \leqslant 1 \text{ ms}) \\ 0 & (1 \text{ ms} < t < 2 \text{ ms}) \\ 1 \text{ V} & (2 \text{ ms} \leqslant t \leqslant 3 \text{ ms}) \end{cases}$$

u_1和 u_2的波形如图 5 - 8 所示。

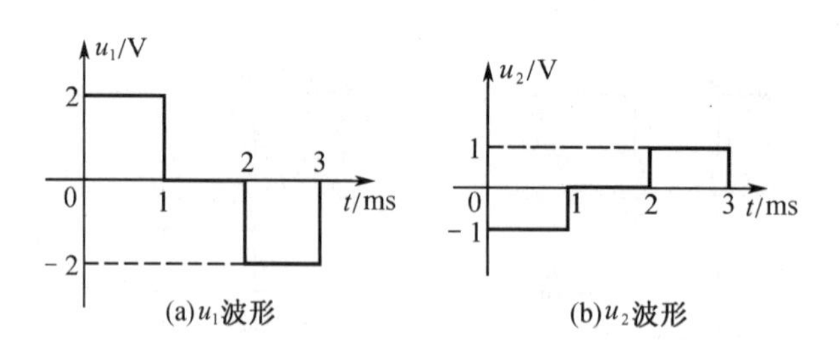

图 5 - 8　u_1和 u_2波形图

此外要注意的是,恒定不变的电流流经线圈时不产生互感电压和自感电压。

两线圈的同名端可以根据其绕制方向和相对位置来确定。对于无法看到其具体情况的耦合线圈,则可通过实验来确定其同名端。有关这方面的知识将在本书的例题和习题中加以介绍。

如果有两个以上的线圈相互存在磁耦合,同名端应该两两成对地分别加以标记,且每对必须用不同的符号,以免混淆。如图 5 - 9 所标记的那样。

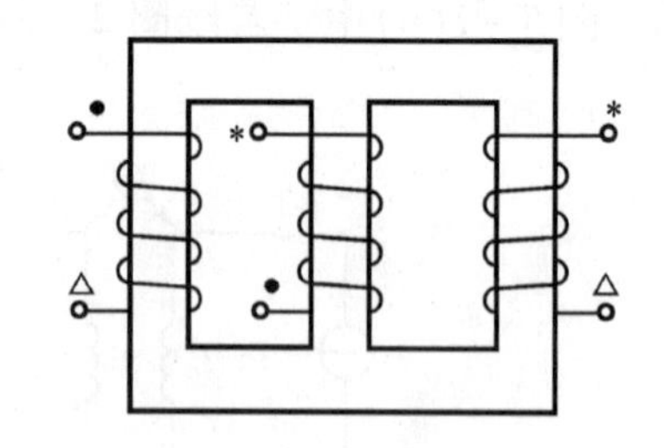

图 5 - 9　三个线圈耦合示意图

最后介绍互感元件在正弦电路中的作用。在正弦电路中,互感电压和自感电压都是与电流同频率的正弦量,因而可用相量来表示。仿照电感元件伏安关系的相量形式,可以得出图 5 - 10(a)所示的互感元件的伏安关系的相量形式为

$$\begin{cases}\dot{U}_1 = \mathrm{j}\omega L_1\dot{I}_1 + \mathrm{j}\omega M\dot{I}_2 \\ \dot{U}_2 = \mathrm{j}\omega L_2\dot{I}_2 + \mathrm{j}\omega M\dot{I}_1\end{cases} \tag{5-8}$$

两式中的第二项即为两线圈的互感电压。可见，在正弦电路中，互感电压与产生它的电流也是相位正交的。当互感电压的"+"极端与产生它电流的流入端为同名端时(图5-10(a))，互感电压超前产生它的电流90°。

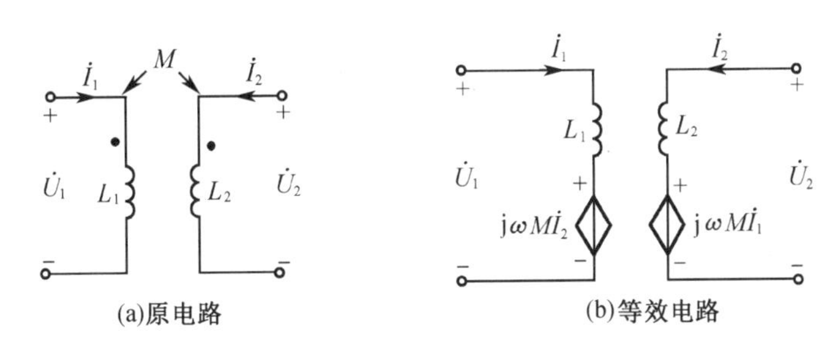

图5-10　互感电路及其等效电路图

式(5-8)中的ωM称为互感元件的互感电抗(mutual reactance)或耦合电抗，用X_M表示，即

$$X_M = \omega M = 2\pi fM \tag{5-9}$$

互感电抗X_M与频率成正比，单位也是欧姆(Ω)。在正弦电路中，互感的作用可以通过$Z_M = \mathrm{j}X_M = \mathrm{j}\omega M$来体现。

由式(5-8)还可以得到图5-10(a)所示的互感元件用受控源表示的等效电路，如图5-10(b)所示。在等效电路中，互感的作用是通过流控压源来体现的。

本节思考与练习

5.2节
思考与练习
参考答案

5-2-1　(1)试确定题5-2-1图(a)中两线圈的同名端。若已知互感$M=0.04$ H，流经L_1的电流i_1的波形如题5-2-1图(b)所示，试画出L_2两端的互感电压u_{21}的波形；(2)如题5-2-1图(c)所示的两耦合线圈，已知$M=0.0125$ H，L_1中通过的电流$i_1=10\cos 800t$ A，求在L_2两端产生的互感电压u_{21}。

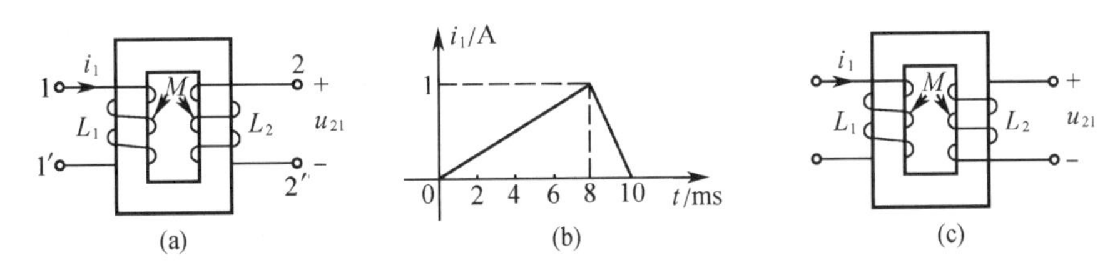

题5-2-1图

5-2-2　题5-2-2图所示电路为测定耦合线圈同名端的一种实验电路。如果在S闭合瞬间，伏特表指针反向偏转，试确定两线圈的同名端，并说明理由(U_S为直流电源)。

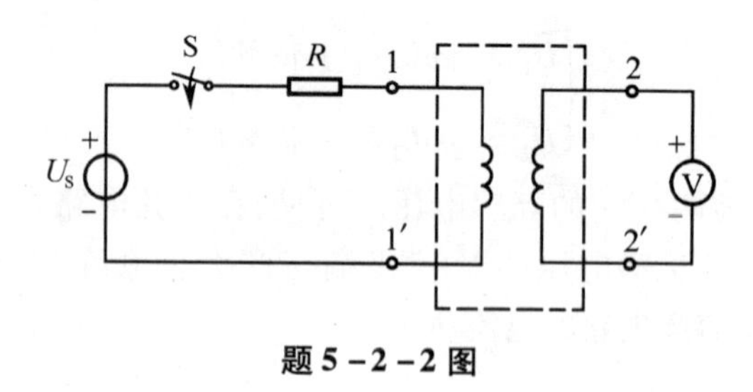

题 5-2-2 图

5-2-3　题 5-2-3 图(a)中,已知 $L_1=L_2=1\ \text{H}$,$M=0.5\ \text{H}$,电流源的波形如题 5-2-3 图(b)所示,试求 u_{12} 及 u_{34} 并画出其电压的波形图。

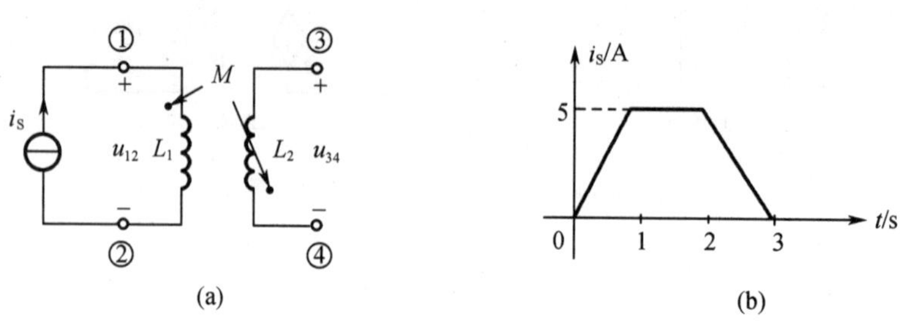

题 5-2-3 图

5-2-4　写出题 5-2-4 图(a)、图(b)中的耦合电感元件的电压、电流相量关系表达式。

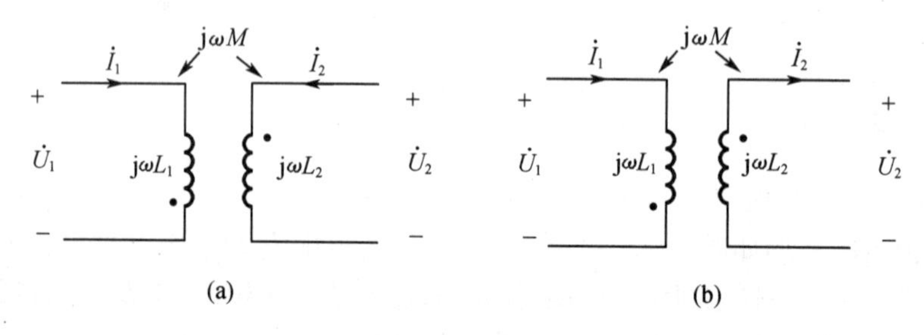

题 5-2-4 图

5-2-5　电路如题 5-2-5 图(a)所示,已知 $R_1=10\ \Omega$,$L_1=5\ \text{H}$,$L_2=2\ \text{H}$,$M=3\ \text{H}$,$i_1(t)$ 的波形如题 5-2-5 图(b)所示,求电源电压 $u_{ac}(t)$ 及开路电压 u_{de}。

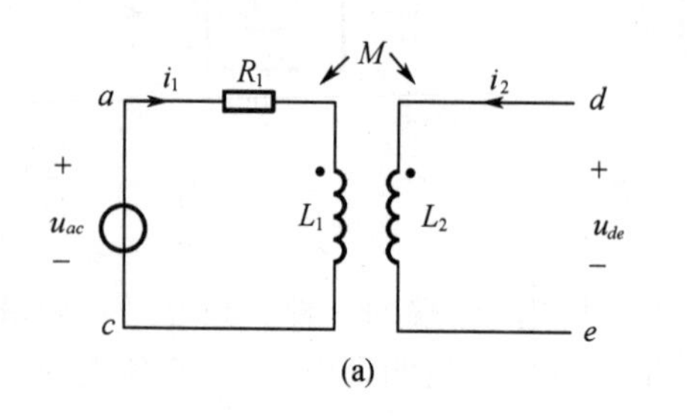

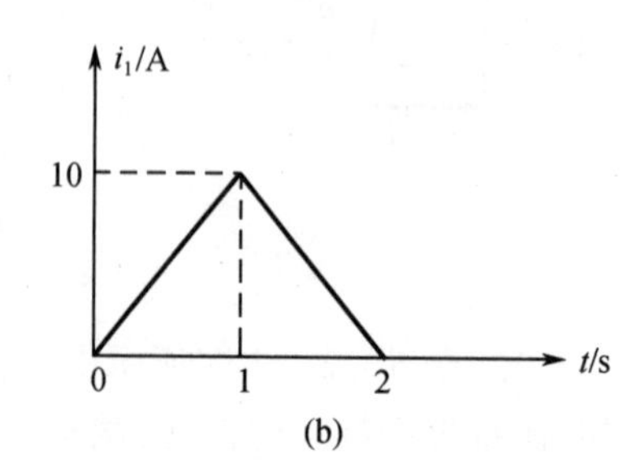

题 5-2-5 图

5.3 互感元件的连接和去耦等效电路

从这一节开始，我们将重点讨论含互感的正弦电路分析问题。当然，某些结论的适用范围也会更广泛。

互感元件是一个四端元件。但在实际应用时，互感元件除以四端直接与外电路相连（可称为四端接法）之外，还常常先经过内部的适当连接，仅以两端或三端与外电路相连，可分别称为两端和三端接法。互感元件两线圈先经内部串联或并联，然后以两端与外电路相连，分别如图5－11(a)、图5－11(b)所示，就属于两端接法；如果将两线圈各一端先联在一起作为公共端，再加上另外两端共三端与外电路相连，如图5－11(c)所示，则称为三端接法。本节只讨论互感元件的两端和三端接法，四端接法在5.5节专门讨论。

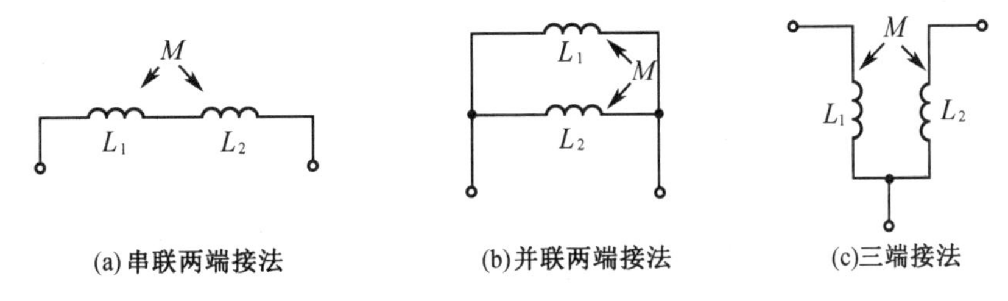

图5－11 互感元件两端和三端接法

首先讨论互感元件的两线圈串联的情况。串联时，因同名端的位置不同而分两种情形：一种是两线圈的非同名端连在一起，即公共电流均由同名端流入或流出，如图5－12(a)所示，称为顺向串联或简称顺联；另一种是两线圈的同名端连在一起，公共电流分别从两个线圈的一对非同名端流入，从另一对非同名端流出，如图5－12(b)所示，称为逆向串联或简称逆联。

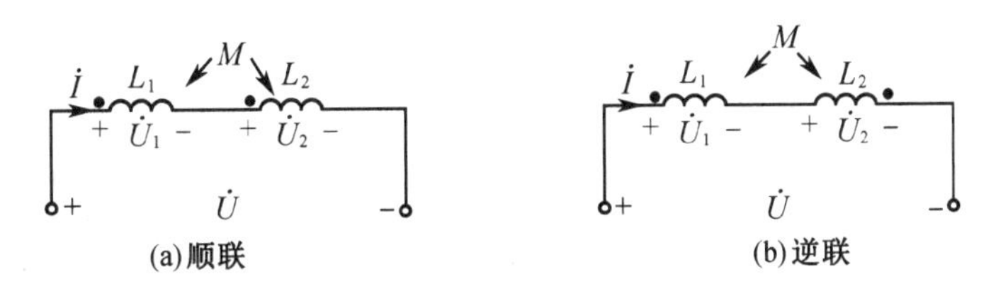

图5－12 两个互感线圈串联

由KVL及互感元件的伏安关系，考虑到顺联和逆联两种情况，有

$$\begin{aligned}\dot{U} &= \dot{U}_1 + \dot{U}_2 \\ &= (\mathrm{j}\omega L_1 \dot{I} \pm \mathrm{j}\omega M \dot{I}) + (\mathrm{j}\omega L_2 \dot{I} \pm \mathrm{j}\omega M \dot{I}) \\ &= \mathrm{j}\omega(L_1 + L_2 \pm 2M)\dot{I} \\ &\triangleq \mathrm{j}\omega L_\mathrm{S} \dot{I}\end{aligned}$$

此时

$$L_\mathrm{S} = L_1 + L_2 \pm 2M \tag{5-10}$$

为互感元件串联时的等效电感（equivalent inductance）。式中，$2M$前的符号“＋”对应于顺

联,“ - ”对应于逆联。显然,顺联时的等效电感大于两自感之和,而逆联时的等效电感小于两自感之和。这是因为顺联时电流自同名端分别流入两线圈,产生的磁通互相加强,总磁链增多;逆联时情形恰好相反。在实际中,可以利用顺联时的等效电感大于逆联时的等效电感这一结论,通过实验来判断两耦合线圈的同名端。

现在讨论互感元件的两线圈并联的情况。并联时,也因同名端的位置不同而分两种情形:一种是两线圈的同名端分别连在一起,即公共电压在同名端的极性相同,如图5 - 13(a)所示,称为同名端同侧并联;另一种是两线圈的非同名端分别联在一起,即公共电压在同名端的极性相反,如图 5 - 13(b)所示,称为同名端异侧并联。

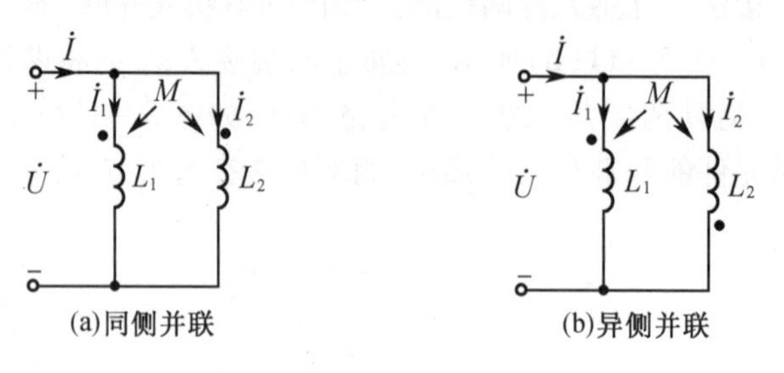

图 5 - 13　两个互感线圈并联

由互感元件的伏安关系并考虑到以上两种情形,有

$$\begin{cases}\dot{U} = \mathrm{j}\omega L_1 \dot{I}_1 \pm \mathrm{j}\omega M \dot{I}_2 \\ \dot{U} = \pm \mathrm{j}\omega M \dot{I}_1 + \mathrm{j}\omega L_2 \dot{I}_2\end{cases}$$

由此可求得

$$\dot{I}_1 = \frac{L_2 \mp M}{\mathrm{j}\omega(L_1 L_2 - M^2)}\dot{U}$$

$$\dot{I}_2 = \frac{L_1 \mp M}{\mathrm{j}\omega(L_1 L_2 - M^2)}\dot{U}$$

由 KCL,得

$$\dot{I} = \dot{I}_1 + \dot{I}_2 = \frac{L_1 + L_2 \mp 2M}{\mathrm{j}\omega(L_1 L_2 - M^2)}\dot{U}$$

从而得

$$\dot{U} = \mathrm{j}\omega \frac{L_1 L_2 - M^2}{L_1 + L_2 \mp 2M}\dot{I} \triangleq \mathrm{j}\omega L_{\mathrm{p}} \dot{I}$$

这里

$$L_{\mathrm{p}} = \frac{L_1 L_2 - M^2}{L_1 + L_2 \mp 2M} \tag{5-11}$$

是互感元件并联时的等效电感。式中,$2M$ 前的符号“ - ”对应于同侧并联,“ + ”对应于异侧并联。显然,同侧并联时的等效电感大于异侧并联时的等效电感。

图 5 - 11(c)所示的互感元件的三端接法,也因同名端的位置不同而分为同名端同侧相连和异侧相连两种情形,如图 5 - 14(a)、图 5 - 14(b)所示。对于这种连接,我们也可以通过电路方程,导出其对应的等效电路,具体过程如下。

设三个引出端的电流方向如图 5 - 14 所示,同名端同侧相连时,有

$$\left.\begin{aligned}\dot{U}_{13} &= \mathrm{j}\omega L_1\dot{I}_1 + \mathrm{j}\omega M\dot{I}_2\\ \dot{U}_{23} &= \mathrm{j}\omega L_2\dot{I}_2 + \mathrm{j}\omega M\dot{I}_1\end{aligned}\right\}$$

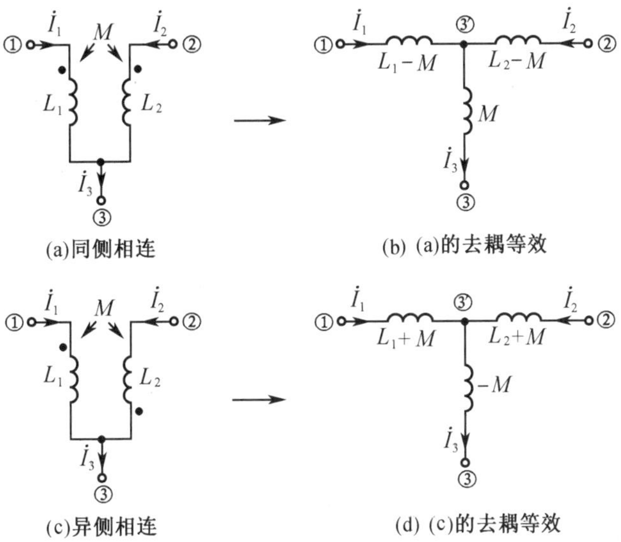

(a)同侧相连　　(b) (a)的去耦等效

(c)异侧相连　　(d) (c)的去耦等效

图5－14　三端接法去耦电路

利用 $\dot{I}_1 + \dot{I}_2 = \dot{I}_3$ 的关系，即把 $\dot{I}_2 = \dot{I}_3 - \dot{I}_1$，$\dot{I}_1 = \dot{I}_3 - \dot{I}_2$ 分别代入上面两个方程，整理后可得

$$\begin{cases}\dot{U}_{13} = \mathrm{j}\omega(L_1 - M)\dot{I}_1 + \mathrm{j}\omega M\dot{I}_3\\ \dot{U}_{23} = \mathrm{j}\omega(L_2 - M)\dot{I}_2 + \mathrm{j}\omega M\dot{I}_3\end{cases}$$

由这两个方程可以得到它们所对应的电路如图5－14(b)所示，即图5－14(b)是图5－14(a)的等效电路。在图5－14(c)中，各等效电感均为自感，相互之间已无耦合存在，故称图5－14(c)为图5－14(a)的去耦等效电路。同理可得，图5－14(c)所示的同名端异侧相连时的去耦等效电路如图5－14(d)所示，此时各等效电感中 M 前的符号与同侧相连时相反。

注意：在上述去耦等效电路中，节点③'是一个新增加的节点，它并不是原电路中的节点③！

等效电路中出现的负电感也只是出于计算上的需要，并无其他意义。此外，前面所述的串、并联接法实际上可以看作三端接法的特例：将③端悬空，只将①②两端接于电路即为串联；将①②两端合并作为一端，③端作为另一端接于电路即为并联。由此求得的等效电感与前面推导得出的结果是一致的。

在去耦等效电路中，进一步分析时就不必再去考虑互感的作用和互感电压了（此时互感的作用已体现在各等效电感之中了）。在电路分析中，利用去耦等效电路来分析含有互感的电路的方法又称去耦法（或互感消去法），是常用的一种分析方法。

另外，需要单独说明的是，本节讲述的去耦法对于周期性非正弦电路也是成立的。

例5－2 求图5－15(a)电路的复阻抗。

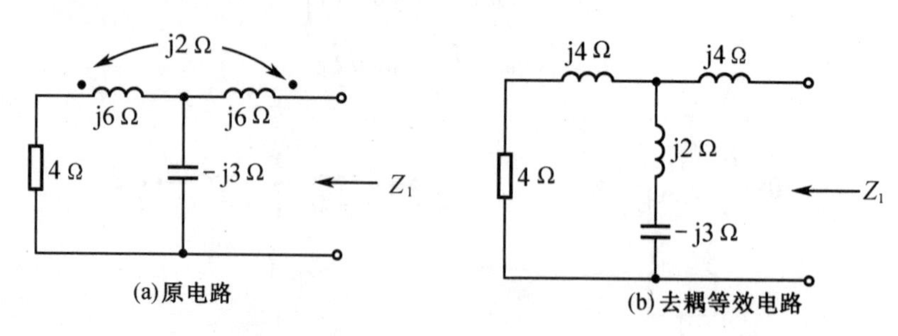

(a)原电路　(b)去耦等效电路

图5－15　例5－2图

解 电路中的互感元件为同名端同侧相联，其去耦等效电路如图5－15(b)所示，由图5－15(b)可知

$$\begin{aligned}Z_1 &= \mathrm{j}4 + \frac{(4+\mathrm{j}4)(\mathrm{j}2-\mathrm{j}3)}{4+\mathrm{j}4+\mathrm{j}2-\mathrm{j}3}\ \Omega \\ &= \mathrm{j}4 + \frac{4-\mathrm{j}4}{4+\mathrm{j}3}\ \Omega \\ &= \mathrm{j}4 + 0.16 - \mathrm{j}1.12\ \Omega \\ &= 0.16 + \mathrm{j}2.88\ \Omega\end{aligned}$$

5.3节
思考与练习
参考答案

本节思考与练习

5－3－1　将两个耦合线圈串联起来接到220 V/50 Hz的正弦电源上，顺联时测得电流为2.7 A，吸收的功率为218.7 W，逆联时测得电流为7 A，求两线圈的互感M。

5－3－2　求题5－3－2图的等效复阻抗，并画出其等效电路。

5－3－3　试求题5－3－3图所示电路的等效复阻抗。

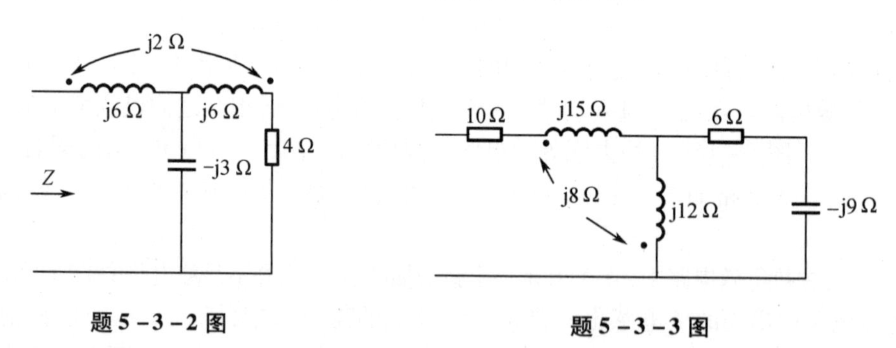

题5－3－2图　题5－3－3图

5－3－4　求题5－3－4图所示两电路的入端复阻抗。

5－3－5　题5－3－5图所示电路中$R_1=R_2=50\ \Omega$，$L_1=L_2=0.2\ \mathrm{H}$，$M=0.1\ \mathrm{H}$，$\omega=1\ 000\ \mathrm{rad/s}$，求$Z$。

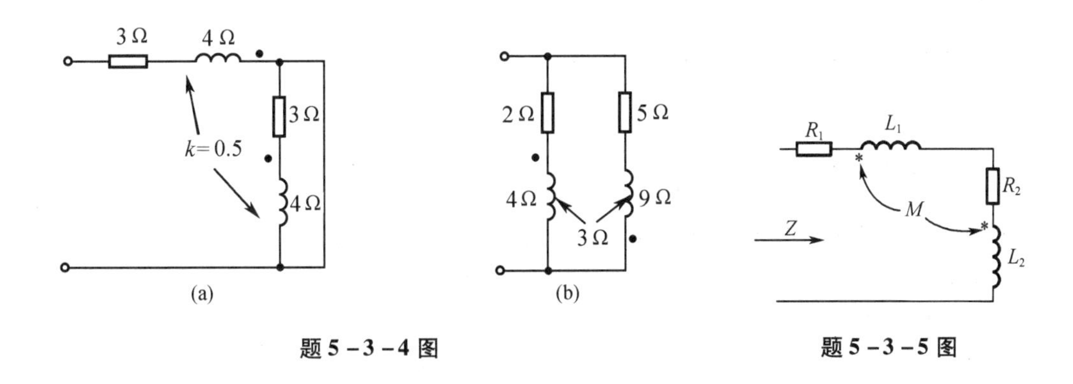

题 5－3－4 图　　　　**题 5－3－5 图**

5.4　具有互感的正弦电路的分析

具有互感的正弦电路仍可采用相量法对其进行分析。原则上,以前讲过的各种分析方法和网络定理均可运用,只是应该注意互感元件的特殊点,即在考虑其电压时,不仅要考虑自感电压,还要考虑互感电压。而互感电压的确定又要顾及同名端的位置及电压、电流参考方向的选取,这就增加了列写电路方程的复杂性。鉴于互感电压是由流经另一线圈的电流引起的,即它与支路电流直接发生联系,故运用支路电流法分析互感电路较之其他方法显得既方便又直观。此外,也可以运用回路法等其他方法。但是一般不直接运用节点法分析,因为连有互感元件的节点其电压可能是几个支路电流的多元函数,具有互感的支路电流与节点电压的关系不能用简单的表达式直接写出。当然去耦后再运用节点法就没有问题了。

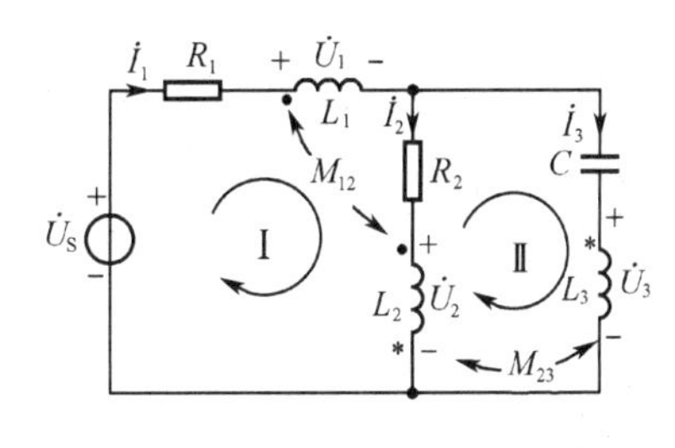

图 5－16　例 5－3 图

下面通过例题具体说明各种方法的运用及注意事项。

例 5－3　试列写图 5－16 电路的支路电流方程,图中各元件参数均为已知。

解　设各支路电流方向如图 5－16 所示。由 KCL,有

$$\dot{I}_1 = \dot{I}_2 + \dot{I}_3$$

由 KVL,在回路 Ⅰ 和回路 Ⅱ 分别有

$$R_1\dot{I}_1 + \dot{U}_1 + R_2\dot{I}_2 + \dot{U}_2 = \dot{U}_S$$

$$-\mathrm{j}\frac{1}{\omega C}\dot{I}_3 + \dot{U}_3 - \dot{U}_2 - R_2\dot{I}_2 = 0$$

式中,$\dot{U}_1$、$\dot{U}_2$、$\dot{U}_3$ 分别为三个线圈上的电压,各电压除包含自感电压外,还应包含互感电压。

其中线圈 2 因同时与另外两个线圈相耦合,故互感电压应有两项。具体如下:

$$\dot{U}_1 = \mathrm{j}\omega L_1\dot{I}_1 + \mathrm{j}\omega M_{12}\dot{I}_2$$

$$\dot{U}_2 = \mathrm{j}\omega L_2\dot{I}_2 + \mathrm{j}\omega M_{12}\dot{I}_1 - \mathrm{j}\omega M_{23}\dot{I}_3$$

$$\dot{U}_3 = j\omega L_3\dot{I}_3 - j\omega M_{23}\dot{I}_2$$

把它们分别代入方程上述KVL方程,整理后得

$$[R_1 + j\omega(L_1 + M_{12})]\dot{I}_1 + [R_2 + j\omega(L_2 + M_{12})]\dot{I}_2 - j\omega M_{23}\dot{I}_3 = \dot{U}_S$$

$$j\omega M_{12}\dot{I}_1 + [R_2 + j\omega(L_2 + M_{23})]\dot{I}_2 - j\left[\omega(L_3 + M_{23}) - \frac{1}{\omega C}\right]\dot{I}_3 = 0$$

KCL及上述两个方程即为所需的支路电流方程,联立解之便可求得各支路电流。

此例若以Ⅰ,Ⅱ两回路的回路电流为变量列写电路方程,情况要比支路电流方程复杂、麻烦得多,读者不妨一试。

例5-4 在图5-17(a)所示的电路中,R_1、L_1和R_2、L_2分别为线圈1-1′和线圈2-2′的电阻和电感,若$R_1 = R_2 = 3\ \Omega$,$\omega L_1 = \omega L_2 = 4\ \Omega$,$\omega M = 2\ \Omega$,电源电压$U_S = 10$ V,求a、b两端的开路电压U_{ab};若线圈2-2′两端对调,结果如何?

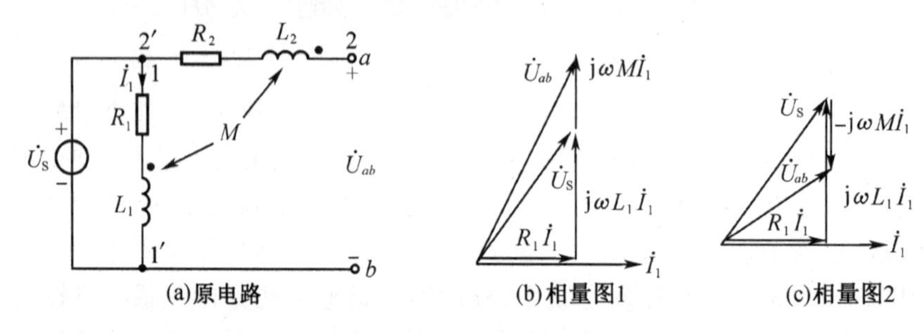

图5-17 例5-4图

解 因a、b两端开路,线圈2-2′中无电流,故线圈1-1′只有自感电压而无互感电压,线圈2-2′只有互感电压而无自感电压。设流经线圈1-1′的电流为$\dot{I}_1$,方向如图,则

$$\dot{I}_1 = \frac{\dot{U}_S}{R_1 + j\omega L_1} = \frac{10\angle\psi_u}{3 + j4} = 2\angle\psi_u - 53.1^\circ\ \text{A}$$

若令$\dot{I}_1 = 2\angle 0^\circ$A,则$\angle\psi_u = 53.1^\circ$,即$\dot{U}_S = 10\angle 53.1^\circ$ V,于是

$$\begin{aligned}\dot{U}_{ab} &= j\omega M\dot{I}_1 + \dot{U}_S \\ &= j2 \times 2 + 10\angle 53.1^\circ\ \text{V} \\ &= 6 + j12\ \text{V} \\ &= 13.4\angle 63.4^\circ\ \text{V}\end{aligned}$$

$$U_{ab} = 13.4\ \text{V}$$

若线圈2-2′两端对调,则由于同名端位置相反,有

$$\begin{aligned}\dot{U}_{ab} &= -j\omega M\dot{I}_1 + \dot{U}_S \\ &= -j2 \times 2 + 10\angle 53.1^\circ\ \text{V} \\ &= 6 + j4\ \text{V} \\ &= 7.21\angle 33.7^\circ\ \text{V}\end{aligned}$$

$$U_{ab} = 7.21\ \text{V}$$

两种情况的相量关系图分别画于图5-17(b)、图5-17(c)之中。

该例实际上给出了测定耦合线圈同名端的一种实验方法。按图接线,线圈端钮标号如图 5 - 17(a)所示,测出 U_{ab} 的数值与电源电压 U_S 比较,若 $U_{ab} > U_S$,则 1 与 2 为同名端;反之,$U_{ab} < U_S$,则 1 与 2′为同名端。

例 5 - 5 电路及参数如图 5 - 18(a)所示,求流经 5 Ω 电阻的电流 $\dot{I}$。

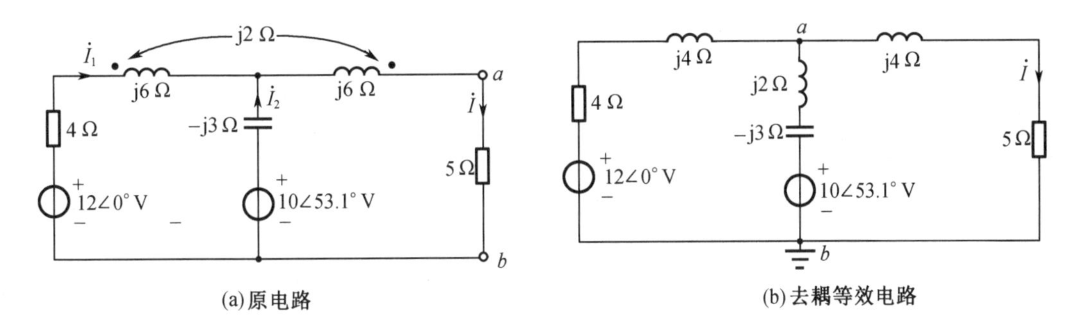

(a)原电路　　(b)去耦等效电路

图 5 - 18　例 5 - 5 图

解法一　支路电流法

可得支路方程

$$\begin{cases} \dot{I}_1 + \dot{I}_2 = \dot{I} \\ (4 + j6)\dot{I}_1 - j2\dot{I} + j3\dot{I}_2 = 12\angle 0° - 10\angle 53.1° \\ -j3\dot{I}_2 + (5 + j6)\dot{I} - j2\dot{I}_1 = 10\angle 53.1° \end{cases}$$

即

$$\begin{cases} \dot{I}_1 + \dot{I}_2 - \dot{I} = 0 \\ (4 + j6)\dot{I}_1 + j3\dot{I}_2 - j2\dot{I} = 6 - j8 \\ -j2\dot{I}_1 - j3\dot{I}_2 + (5 + j6)\dot{I} = 6 + j8 \end{cases}$$

由此解得　$$\dot{I} = 1.51\angle 34.3° \text{ A}$$

解法二　去耦法

画出图 5 - 18(a)电路的去耦等效电路如图 5 - 18(b)所示。进一步分析可用节点法。列式如下:

$$\left(\frac{1}{4 + j4} + \frac{1}{j2 - j3} + \frac{1}{5 + j4}\right)\dot{U}_a = \frac{12\angle 0°}{4 + j4} + \frac{10\angle 53.1°}{j2 - j3}$$

整理后为

$$\dot{U}_a = 9.66\angle 73° \text{ V}$$

$$\dot{I} = \frac{\dot{U}_a}{5 + j4} 1.51\angle 34.3° \text{ A}$$

和解法一所得结果相同。

解法三 用戴维南定理。

首先去掉5 Ω电阻,求所余二端网络的开路电压 $\dot{U}_{OC}$(图5-19(a)),为此先求 $\dot{I}_1$。

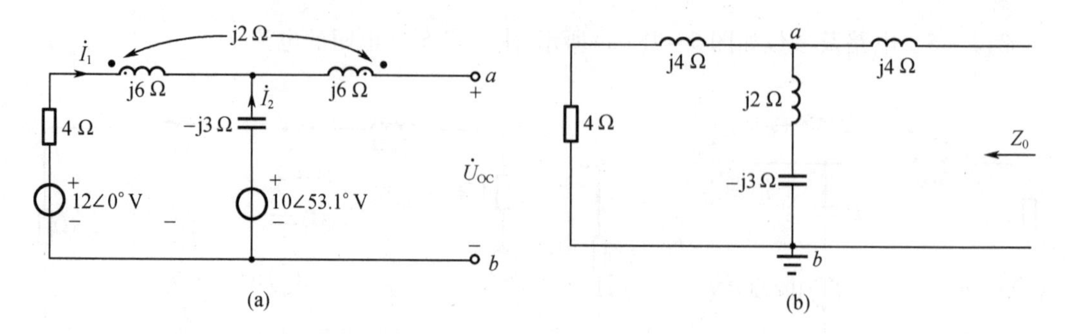

图5-19 例5-5求开路电压和等效电阻模型

$$\dot{I}_1 = \frac{12\angle 0° - 10\angle 53.1°}{4 + j6 - j3} = \frac{6 - j8}{4 + j3} \text{ A} = -j2 \text{ A}$$

故

$$\begin{aligned} \dot{U}_{OC} &= j2\dot{I}_1 - j3\dot{I}_1 + 10\angle 53.1° \\ &= -j(-j2) + 6 + j8 \\ &= 4 + j8 \\ &= 8.94\angle 63.4° \text{ V} \end{aligned}$$

其次,求二端网络的等效内阻抗 Z_0,为此令两电压源电压为零,去耦后得图5-19(b)。则有

$$\begin{aligned} Z_0 &= j4 + \frac{(4 + j4)(j2 - j3)}{4 + j4 + j2 - j3} \\ &= j4 + \frac{4 - j4}{4 + j3} \\ &= j4 + 0.16 - j1.12 \\ &= 0.16 + j2.88 \ \Omega \end{aligned}$$

最后,画出图5-18(a)电路的戴维南等效电路如图5-20所示,则

$$\dot{I} = \frac{\dot{U}_{OC}}{Z_0 + 5} = \frac{8.94\angle 63.4°}{5.16 + j2.88} = 1.51\angle 34.2° \text{ A}$$

通过对以上各例的分析和各种方法的运用可以看出,互感电路的分析原则上与一般正弦电路的分析一样,只是需要额外考虑互感电压。

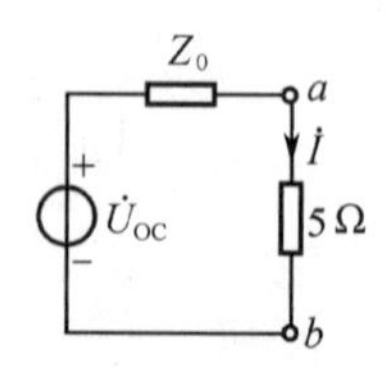

图5-20 例5-5求戴维南模型等效电路图

在列写电路方程时要特别注意,不要遗漏了互感电压,不要搞错了互感电压的正、负号。为了做到这一点,需要熟练掌握互感电压符号与同名端电压、电流参考方向之间的关系。在运用戴维南定理时,要注意不可把互感元件的两线圈拆开;求等效内阻抗也可用开路电压除以短路电流的方法。总之,对于含有互感的电路运用戴维南定理时,其处理原则和方法与含有受控源的

电路相似。

本节思考与练习

5.4 节
思考与练习
参考答案

5－4－1　试用支路电流法列写题 5－4－1 图所示电路的方程。

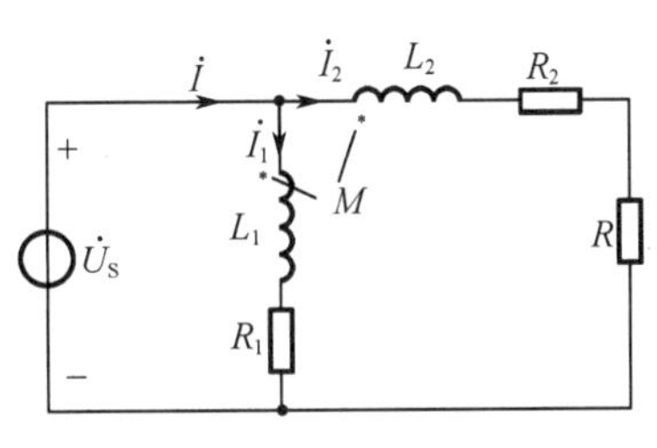

题 5－4－1 图

5－4－2　求题 5－4－2 图所示含源二端网络的戴维南等效电路。已知：$R_1 = R_2 = 6\ \Omega$，$\omega L_1 = \omega L_2 = 10\ \Omega$，$\omega M = 5\ \Omega$，$\dot{U}_1 = 6\angle 0°\ \text{V}$。

5－4－3　题 5－4－3 图所示正弦电路中，已知 $\dot{U}_S = 50\angle 0°\ \text{V}$，求 $\dot{U}_1$ 和 $\dot{U}_2$。

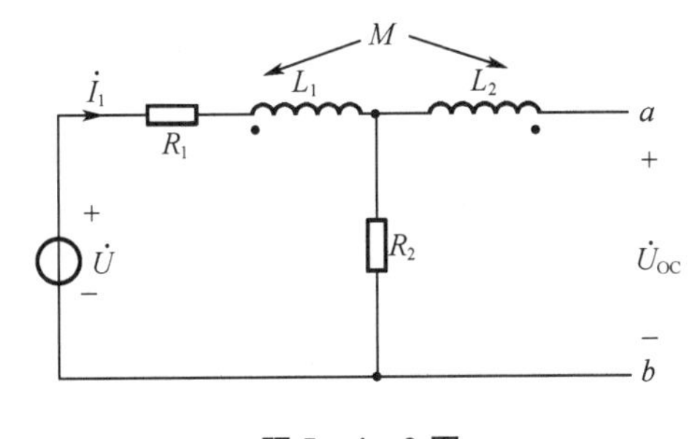

题 5－4－2 图

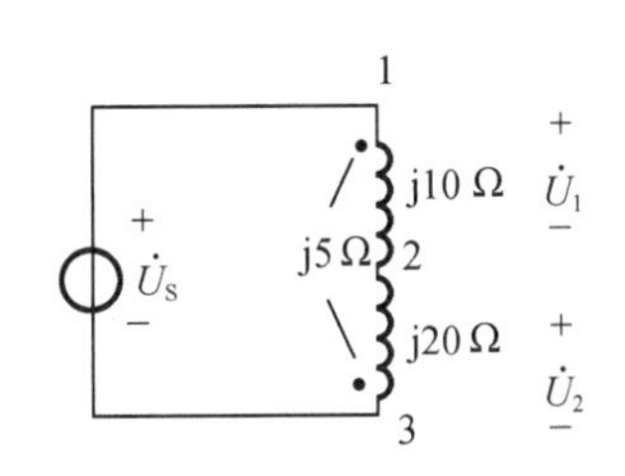

题 5－4－3 图

5－4－4　题 5－4－4 图所示电路中，$L_1 = L_2 = 0.5\ \text{H}$，$M = 0.2\ \text{H}$，$R = 50\ \Omega$，$u_S = 100\sqrt{2}\angle\cos(100t)\ \text{V}$，求 u_1 及 u_2。

5－4－5　题 5－4－5 图所示正弦稳态电路，求 $\dot{I}_1$ 和 $\dot{I}_2$。

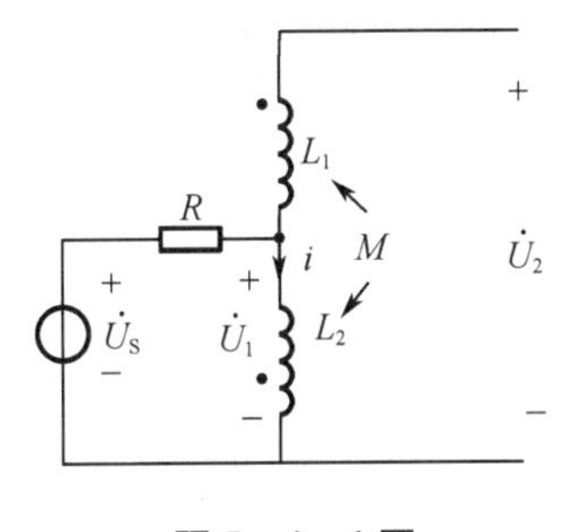

题 5－4－4 图

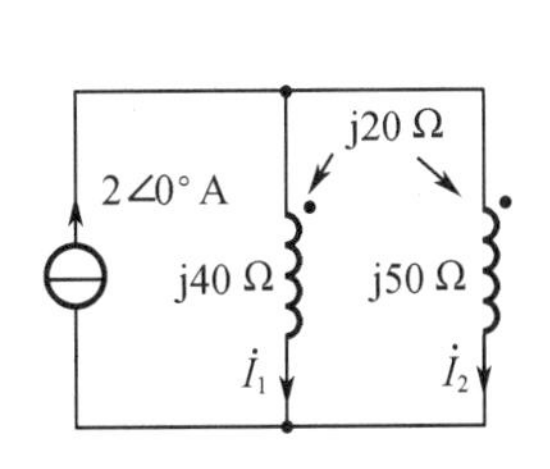

题 5－4－5 图

5.5　变压器原理

5.5.1　空芯变压器

变压器(transformer)是借助于磁耦合来实现电磁能量或电磁信号传递的一种电路器件。最简单的变压器是由具有互感的两个线圈构成的。如果线圈的芯子是由非铁磁材料制成或者是空芯的,则称其为空芯变压器。空芯变压器由于其周围介质的磁导率是常数,所以是线性元件,并常应用于高频电子线路中。

空芯变压器的电路符号如图5-21虚线框内所示,其中R_1和R_2分别为两线圈的电阻,L_1和L_2分别为两线圈的自感,M为两线圈之间的互感。它们都是空芯变压器的参数。通常,空芯变压器的两个线圈一个接电源,一个接负载。与电源相接的一边称为原边,相应的线圈称为原线圈或初级线圈(original winding);与负载相接的一边称为副边,相应的线圈称为副线圈或次级线圈(secondary winding)。图5-21就是空芯变压器的一般连接电路图,图中$\dot{U}_S$为正弦电压源的电压,Z_S为电源内阻抗,Z_L为负载复阻抗。

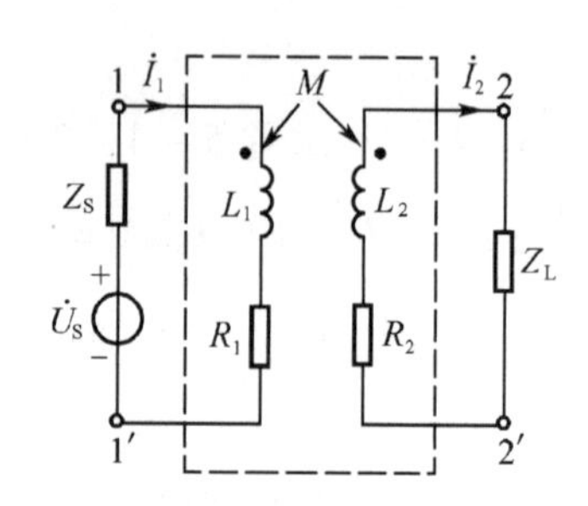

图5-21　空芯变压器电路示意图

分析空芯变压器电路常用支路法。设$\dot{I}_1$和$\dot{I}_2$分别为两支路电流,方向如图5-21所示。由KVL可得两回路的电压方程为

$$\begin{cases}(Z_S+R_1+j\omega L_1)\dot{I}_1-j\omega M\dot{I}_2=\dot{U}_S\\-j\omega M\dot{I}_1+(R_2+j\omega L_2+Z_L)\dot{I}_2=0\end{cases}$$

若用Z_{11}和Z_{22}分别表示初、次级回路的自阻抗,即令

$$Z_{11}=Z_S+R_1+j\omega L_1$$

$$Z_{22}=R_2+j\omega L_2+Z_L$$

并令$X_M=\omega M$,则两回路方程可简写为

$$\begin{cases}Z_{11}\dot{I}_1-jX_M\dot{I}_2=\dot{U}_S & (5-12)\\-jX_M\dot{I}_1+Z_{22}\dot{I}_2=0 & (5-13)\end{cases}$$

这是空芯变压器电路的基本方程。解此方程可求得两支路电流分别为

$$\dot{I}_1=\frac{\dot{U}_S}{Z_{11}+\dfrac{X_M^2}{Z_{22}}}=\frac{Z_{22}\dot{U}_S}{Z_{11}Z_{22}+X_M^2}\tag{5-14}$$

$$\dot{I}_2=\frac{jX_M\frac{\dot{U}_S}{Z_{11}}}{Z_{22}+\frac{X_M^2}{Z_{11}}}=\frac{jX_M\dot{U}_S}{Z_{11}Z_{22}+X_M^2} \tag{5-15}$$

由式(5-14)可得由电源端看进去空芯变压器电路的等效电路如图5-22所示，称其为初级等效电路。图5-22中

$$Z_1'=\frac{X_M^2}{Z_{22}} \tag{5-16}$$

是次级参数通过磁耦合反映到初级的等效复阻抗，称为次级对初级的反映阻抗（或引入阻抗）。它的存在代表了次级对初级的影响。如只需求初级电流，可由该等效电路直接求得。

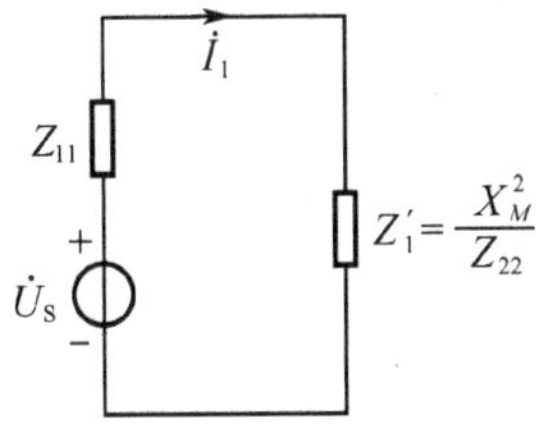

图5-22　空芯变压器等效电路图

进一步把反映阻抗 Z_1' 写成代数形式，有

$$\begin{aligned}Z_1'&=\frac{X_M^2}{Z_{22}}=\frac{X_M^2}{R_{22}+jX_{22}}\\&=\frac{X_M^2}{R_{22}^2+X_{22}^2}R_{22}-j\frac{X_M^2}{R_{22}^2+X_{22}^2}X_{22}\\&\triangleq R_1'+jX_1'\end{aligned}$$

式中，R_{22} 和 X_{22} 分别为 Z_{22} 的实部和虚部，即次级回路的总电阻和总电抗，而

$$R_1'=\frac{X_M^2}{R_{22}^2+X_{22}^2}R_{22} \tag{5-17}$$

$$X_1'=-\frac{X_M^2}{R_{22}^2+X_{22}^2}X_{22} \tag{5-18}$$

则分别称为次级对初级的反映电阻（或引入电阻）和反映电抗（或引入电抗），它们都和频率有关。式(5-17)指出，反映电阻 R_1' 总是正值，表明它总是吸收功率的。事实上它所吸收的功率就是初级回路通过磁耦合传递到次级回路的功率（后面将对这一点给出证明）。式(5-18)指出，反映电抗 X_1' 与次级总电抗 X_{22} 符号相反，表明它们的性质是相反的，即次级总阻抗为感性时，反映到初级时将为容性；次级总阻抗为容性时，反映到初级时将为感性。

由式(5-15)可得空芯变压器电路的次级等效电路如图5-23所示。图中电压源的电压

$$\dot{U}_S'=jX_M\frac{U_S}{Z_{11}} \tag{5-19}$$

是由互感引起的，相当于次级开路时由初级电流（U_S/Z_{11}）在次级引起的互感电压。而

$$Z_2'=\frac{X_M^2}{Z_{11}} \tag{5-20}$$

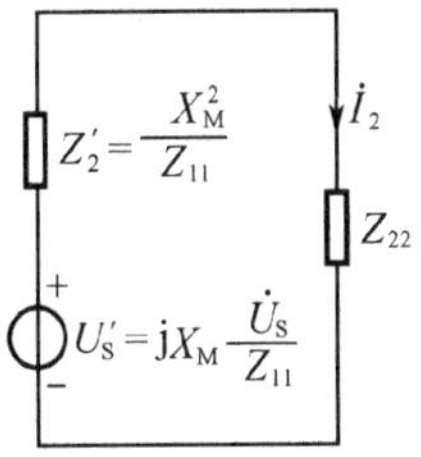

图5-23　次级映射到初级的等效电路图

则是初级对次级的反映阻抗，其实部和虚部分别为

$$R_2'=\frac{X_M^2}{R_{11}^2+X_{11}^2}R_{11} \tag{5-21}$$

$$X_2' = -\frac{X_M^2}{R_{11}^2 + X_{11}^2}X_{11} \tag{5-22}$$

它们分别是初级对次级的反映电阻和反映电抗,式中 R_{11} 和 X_{11} 分别为 Z_{11} 的实部和虚部。同样,初级对次级的反映阻抗与初级回路总阻抗的性质也是相反的。图 5-23 所示的次级等效电路也可以由戴维南定理得出。对于只需求出次级电流的问题,可以通过对次级等效电路的分析直接求得。

本节最后,简单讨论一下空芯变压器电路的功率传输问题。在空芯变压器电路中,负载接在次级回路,电源接在初级回路,两者并无电的直接联系。负载所获取的能量实际上是通过磁耦合由初级回路传递给次级回路的。正如前面已经指出的那样,事实上次级对初级的反映电阻 R_1' 上所吸收的功率就是初级回路通过磁耦合传递给次级回路的功率。这一点很容易证明。由基本方程(5-13)可求得次级电流

$$I_2 = \frac{X_M}{|Z_{22}|}I_1 = \frac{X_M}{\sqrt{R_{22}^2 + X_{22}^2}}I_1$$

次级回路消耗的总功率则为

$$R_{22}I_2^2 = R_{22} \cdot \frac{X_M^2}{R_{22}^2 + X_{22}^2}I_1^2$$

式中,右边 I_1^2 的系数正是次级对初级的反映电阻 R_1',故

$$R_{22}I_2^2 = R_1'I_1^2$$

负载实际吸收的功率 $P_L = R_L I_2^2$ 则是初级传递到次级的总功率中的一部分。

5.5.2 理想变压器

理想变压器是实际变压器的理想化模型。变压器作为一个传递能量的器件(或装置),人们不希望其自身有能量消耗,同时也希望原、副两边绕组的耦合系数为1(即全耦合),这样才能最高效率地传递能量。分析图5-21所示的变压器示意图,其中两边线圈的绕线电阻 R_1、R_2 在变压器工作时必然会有能量消耗,消耗的能量全部用来发热。这部分能耗除了升高温度以外,不会对负载产生任何有益的作用(并没有传递给负载),所以属于实际变压器的非理想因素,理想的变压器应当没有这部分能耗,即 $R_1 = R_2 = 0$。可以这样认为,理想变压器的线圈采用理想导线绕制,绕线电阻为零。

由5.1节内容可知,当互感的两个线圈为全耦合时,互感系数 M 最大($M = \sqrt{L_1L_2}$)。将这一节的理论应用到变压器,就是说,对于初级回路一定的电流,在两线圈全耦合时,次级回路产生的感应电压的值最大,随着耦合系数的降低,次级回路感应电压会减小。所以理想变压器的耦合系数是1,实际变压器则是努力让耦合系数更加接近1。

根据以上分析,可以在图5-21的变压器原理电路的基础上化简得到理想变压器电路模型,如图5-24(a)所示,此图与图5-6(a)相同,可见理想变压器就是前面介绍的互感元件。

参照5.2节,电路方程可写为

$$\begin{cases} u_1 = \dfrac{d\psi_1}{dt} = L_1\dfrac{di_1}{dt} + M\dfrac{di_2}{dt} \\ u_2 = \dfrac{d\psi_2}{dt} = L_2\dfrac{di_2}{dt} + M\dfrac{di_1}{dt} \end{cases} \tag{5-23}$$

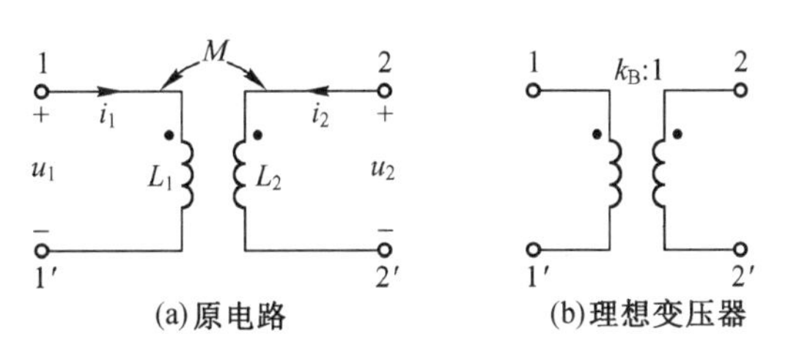

图5－24　理想变压器电路模型

在全耦合情况下两个线圈磁的通量 Φ 相同，故式中磁链 $\psi_1=N_1\Phi$，$\psi_2=N_2\Phi$，其中 N_1、N_2为各线圈的匝数。将以上二式相比，可得

$$\frac{u_1}{u_2}=\frac{\frac{\mathrm{d}\psi_1}{\mathrm{d}t}}{\frac{\mathrm{d}\psi_2}{\mathrm{d}t}}=\frac{\frac{\mathrm{d}(N_1\Phi)}{\mathrm{d}t}}{\frac{\mathrm{d}(N_2\Phi)}{\mathrm{d}t}}=\frac{N_1}{N_2}\tag{5-24}$$

令 $k_{\mathrm{B}}=N_1/N_2$，则

$$\frac{u_1}{u_2}=k_{\mathrm{B}}$$

式(5－24)说明理想变压器原、副两边的电压比就等于两边线圈的匝数比。匝数比 k_{B} 又称为变压器的变比。

下面从功率的角度来分析电流 i_1、i_2之间的关系。

由于理想变压器无能量损耗，因此任意时刻其初级回路输入的功率等于次级回路输出的功率，即

$$u_1i_1=-u_2i_2$$

电流比为

$$\frac{i_1}{i_2}=-\frac{u_2}{u_1}=-\frac{1}{k_{\mathrm{B}}}\tag{5-25}$$

需要注意电流比为“－”，可以理解为图5－24(a)所示电流 i_1、i_2的方向总有一个与实际方向相反。式(5－25)就是理想变压器的电路方程，可见不需要了解自感 L_1、L_2的值，也可以对理想变压进行分析计算，因此将不必要的参数都略去，可得到图5－24(b)所示的理想变压器电路符号。对于含有理想变压器的电路进行分析时，初级和次级回路电压、电流的参考方向可以根据具体电路再自行设定。

例5－6　交流电源 $u_{\mathrm{S}}(t)=220\sqrt{2}\cos(314t+15°)\,\mathrm{V}$，它经过一个变比为10的理想变压器，给阻抗为(30＋j40)Ω的负载供电，求电源输出的功率。

解法一　根据题意，画出电路图如图5－25所示，由已知条件得 $\dot{U}_{\mathrm{S}}=220\angle15°\ \mathrm{V}$，$k_{\mathrm{B}}=10$。由式(5－24)有 $\frac{\dot{U}_{\mathrm{S}}}{\dot{U}_2}=k_{\mathrm{B}}$，即

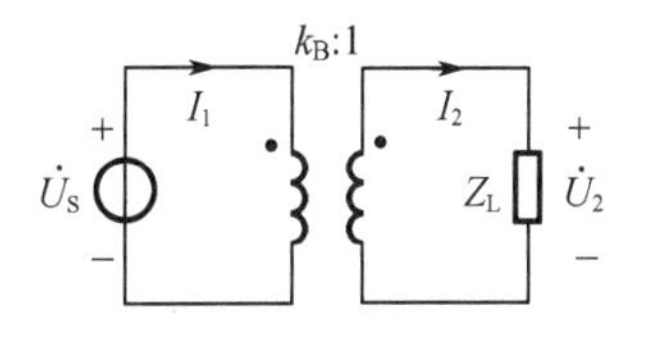

图5－25　例5－6图

$$\dot{U}_2=\frac{\dot{U}_{\mathrm{S}}}{k_{\mathrm{B}}}=22\angle15°\ \mathrm{V}$$

$$\dot{I}_2=\frac{\dot{U}_2}{Z_L}=\frac{22\angle 15^\circ}{30+j40}=\frac{22\angle 15^\circ}{50\angle 53.13^\circ}$$
$$=0.44\angle -38.13^\circ\ \text{A}$$

由
$$\frac{\dot{I}_1}{\dot{I}_2}=\frac{1}{k_B}$$

有
$$\dot{I}_1=\frac{\dot{I}_2}{k_B}=0.044\angle -38.13^\circ\ \text{A}$$

电源输出的功率

$$P_S=U_SI_1\cos(15^\circ+38.13^\circ)=5.808\ \text{W}$$

解法二 利用等效输入阻抗 Z_{in}。理想变压器的输入阻抗为

$$Z_{in}=\frac{\dot{U}_1}{\dot{I}_1}=\frac{k_B\dot{U}_2}{\frac{1}{k_B}\dot{I}_2}=k_B^2\cdot\frac{\dot{U}_2}{\dot{I}_2}=k_B^2Z_L$$

所以
$$\dot{I}_1=\frac{\dot{U}_1}{Z_{in}}=\frac{\dot{U}_1}{k_B^2Z_L}=\frac{220\angle 15^\circ}{10^2\times 50\angle 53.13^\circ}=0.044\angle -38.13^\circ\ \text{A}$$

求得电流后,电源输出的功率与解法一相同,这里不再计算。读者可以自行计算变压器输出给负载 Z_L 的有功功率,看看是否与电源输出功率相等。

从解法二可以知道,对理想变压器而言,如果次级回路接有负载 Z_L,那么相当于在电源侧接入 $Z_{in}=k_B^2Z_L$ 的阻抗,该特点称为变压器的阻抗变换作用,即通过变压器把一个参数为 Z_L 的阻抗变换成参数为 $k_B^2Z_L$ 的阻抗接入电源。工程上经常利用变压器的这一作用来实现实际负载与信号源之间的阻抗匹配。

5.5 节
思考与练习
参考答案

本节思考与练习

5-5-1 题5-5-1图所示电路两线圈为全耦合,已知 $R=2\ \Omega$, $\omega L_1=4\ \Omega$, $\omega L_2=16\ \Omega$, $\frac{1}{\omega C}=32\ \Omega$,求电路的入端阻抗。

5-5-2 电路如题5-5-2图所示,已知 $L_1=0.1$ H, $L_2=0.4$ H, $M=0.12$ H,求:(1)当 cd 短路时 ab 两端的等效电感;(2)当 ab 短路时 cd 两端的等效电感。

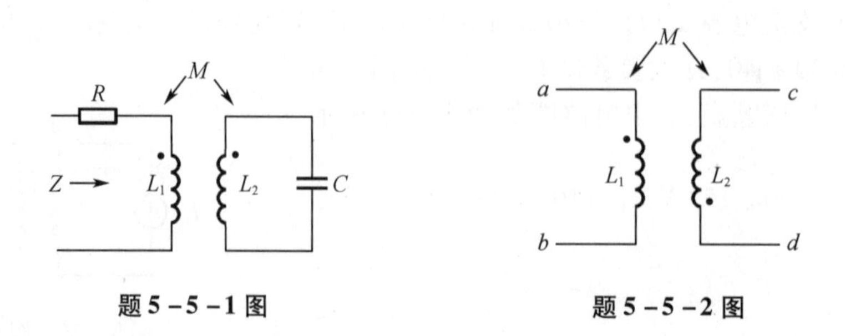

题5-5-1图　　题5-5-2图

5-5-3 空芯变压器的参数为 $L_1=5$ mH, $L_2=21$ mH, $M=6$ mH, $R_1=1.5\ \Omega$, $R_2=5.1\ \Omega$, $U_1=100$ V, $f=50$ Hz,试求:(1)副边开路时原边电流;(2)副边短路时两线圈电流。设 $\dot{U}_1$ 为参

考相量。

5－5－4　题5－5－4图所示含耦合的电路，$\dot{U}_S=20\angle30°$ V，试求电流 $\dot{I}_1$ 和 $\dot{I}_2$。

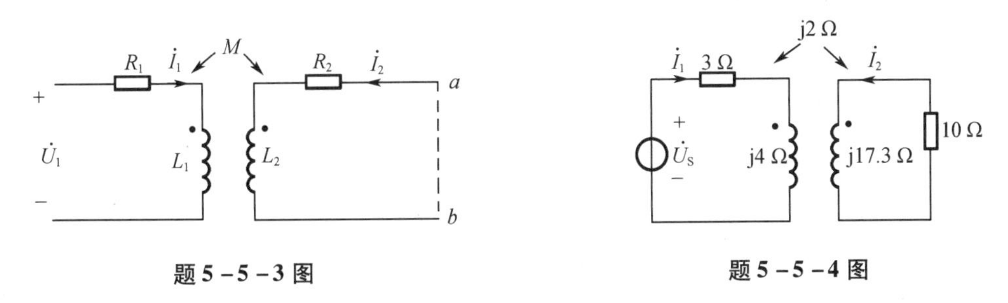

题5－5－3图　　　　题5－5－4图

5－5－5　题5－5－5图所示电路中，已知原边电压为20 V，角频率 $\omega=1\ 000$ rad/s，$M=6$ H。试问副边电容 C 为多大才能使原边电流 $\dot{I}$ 与电压 $\dot{U}$ 同相，并算出此时原边电流的值。

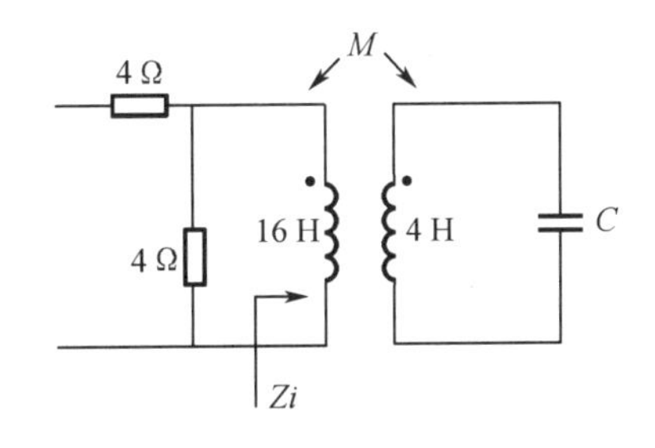

题5－5－5图

本章习题

第5章
习题参考答案

5－1　如题5－1图所示电路，已知 $R_1=10\ \Omega$，$R_2=6\ \Omega$，$\omega L_1=15\ \Omega$，$\omega L_2=12\ \Omega$，$\omega M=8\ \Omega$，$\dfrac{1}{\omega C}=9\ \Omega$，$U_S=120$ V，求各支路电流。

5－2　如题5－2图所示电路，已知 $R_1=R_2=3\ \Omega$，$\omega L_1=\omega L_2=4\ \Omega$，$\omega M=2\ \Omega$，$R=5\ \Omega$，$U_S=10$ V，求 U_o。

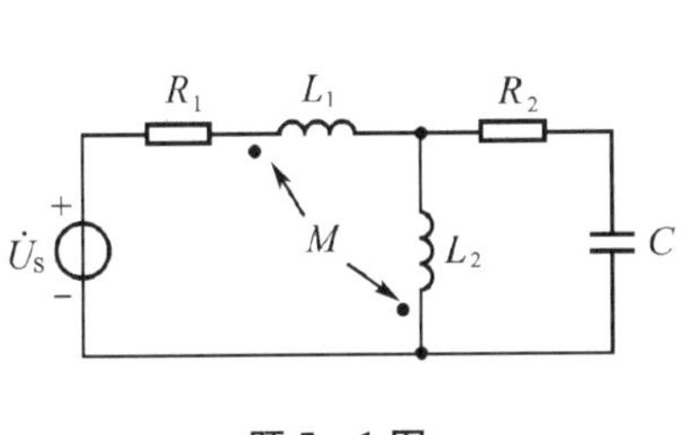

题5－1图

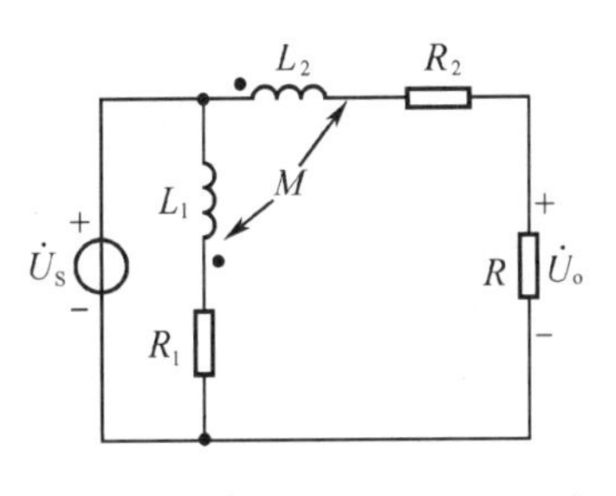

题5－2图

5－3　求题5－3图所示电路的戴维南等效电路的参数。

5－4　如题5－4图所示电路,已知 $R_1=1\ 000\ \Omega$,$L_1=1\ \text{H}$,$R_2=400\ \Omega$,$L_2=4\ \text{H}$,两线圈之间的耦合系数 $k=0.5$,电源电压 $\dot{U}_S=100\angle0°\ \text{V}$,$\omega=1\ 000\ \text{rad/s}$,负载电阻 $R_L=600\ \Omega$,求两回路的电流。

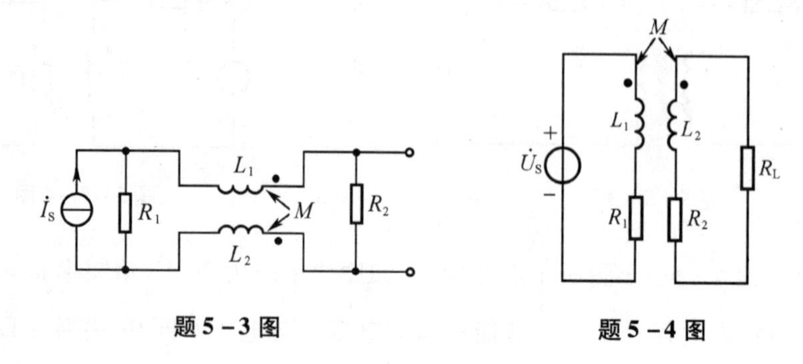

题5－3图　　　　题5－4图

5－5　如题5－5图所示电路,两线圈为全耦合,若 $U_S=10\ \text{V}$,$R_1=1\ \Omega$,$\omega L_1=2\ \Omega$,$\omega L_2=32\ \Omega$,$\dfrac{1}{\omega C}=32\ \Omega$,求 I_1 和 U_2。

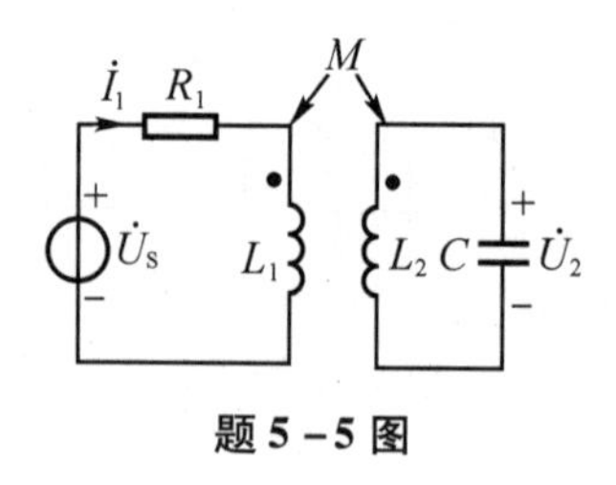

题5－5图

第6章　三相电路

三相电路是由三个同频、等幅、初相互差120°的正弦交流电源组成的供电系统。与单相交流电路相比较，三相交流电在发电、输电和用电等方面具有许多优点。例如，在尺寸相同的情况下，三相发电机输出的功率比单相发电机的要大；传输电能时，在电气指标相同情况下，三相电路比单相电路可节省25%的有色金属。因此，目前世界各国电力系统采用的供电方式，几乎都是三相制。采用三相制供电的电路，叫作三相电路（three phase circuit）。三相电路本质上仍为正弦电路，所以仍然采用相量法进行分析。不过根据三相电路不同于一般正弦电路的特点，可以由一般分析方法入手，得到适合于三相电路的专门的分析方法，使分析过程得到简化。

本章将重点介绍对称三相电路，包括对称三相电源、对称三相负载以及由它们互连组成的电路。对于不对称三相电路和三相电路的功率做了简单介绍。

6.1　对称三相电源

6.1.1　对称三相电压的概念

如果三个正弦电源的频率和幅值分别相等，相位依次相差120°，则由这三个电源按一定方式连接构成的供电系统，就称为对称三相电源（symmetrical three-phase source）。

例如有三个电压源其电压分别为

$$u_A = U_m\cos\omega t = \sqrt{2}U\cos\omega t$$

$$u_B = U_m\cos(\omega t - 120^\circ) = \sqrt{2}U\cos(\omega t - 120^\circ)$$

$$u_C = U_m\cos(\omega t - 240^\circ) = \sqrt{2}U\cos(\omega t + 120^\circ)$$

上述三个电压若用相量表示，分别为

$$\dot{U}_A = U\angle 0^\circ$$

$$\dot{U}_B = U\angle -120^\circ = \alpha^2\dot{U}_A$$

$$\dot{U}_C = U\angle -240^\circ = \alpha\dot{U}_A$$

式中，$\alpha = 1\angle 120^\circ = -\dfrac{1}{2} + \mathrm{j}\dfrac{1}{2}\sqrt{3}$，是工程上为了方便而引入的单位相量因子，实际上是一个旋转因子。任一相量乘以α相当于把该相量逆时针旋转120°，即相角增加120°。

对称三相电源三个电压的电路符号、波形和相量图分别示于图6－1（a）、图6－1(b)、图6－1(c)中。由电压的表达式和波形图均可得出，在任一瞬间，对称三相电源三电压之和恒等于零，即

$$u_A + u_B + u_C = 0$$

或
$$\dot{U}_A + \dot{U}_B + \dot{U}_C = 0$$

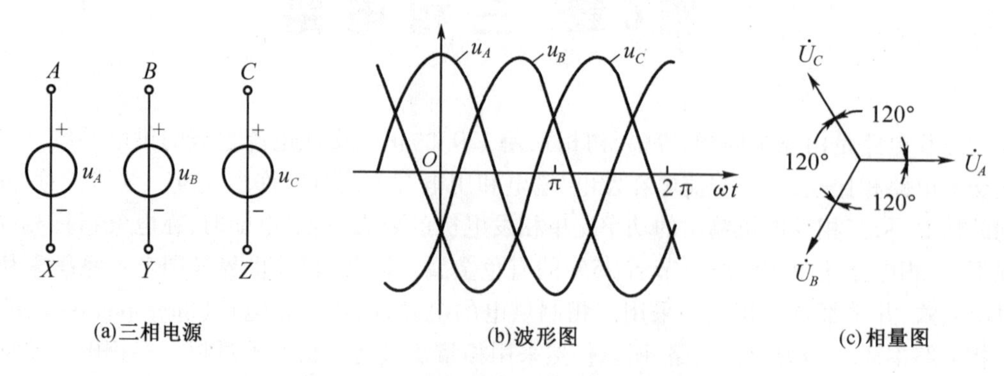

图6－1　三相电源及其波形和相量图

工程上把三个电源中的每一个电源称作电源的一相(phase),依次称之为A相、B相和C相。各相电压经过同一值(例如最大值)的先后顺序称为相序(phase sequence)。相序在电气工程中是一个很有用的概念。对于前面给定的三个电压,A相超前B相,B相超前C相,C相又超前A相……像这样按ABC(或BCA,或CAB)排定的相序(即前一相依次超前于后一相)称为正序(positive sequence)或顺序。反过来,如果前一相依次落后于后一相,像上面三个电压按ACB(或CBA,或BAC)排定的相序则称为负序(negative sequence)或逆序。通常均按ABC的顺序排定相序。此时若令$\dot{U}_A = U\angle 0°$,则$\dot{U}_B = U\angle -120°$,$\dot{U}_C = U\angle 120°$。我们以后对三相电路进行分析时,若无特别声明,均认为按ABC排定的相序为正序,这是符合大多数事实的。

6.1.2　对称三相电源的连接方式

在三相电路中,对称三相电源有两种特定的连接方式,现分别叙述如下。

1. 星形(Y)连接

如图6－2所示,把电源的三个负极端连在一起形成一个节点,称为电源的中性点(neutral point),用字母N表示;由三个正极端分别引出三条线连向负载,称这三条线为电源的端线(terminal wire),俗称火线。按这种方式连接的对称三相电源称作星形电源。不管电路是作星形连接,还是后面介绍的△连接,各电源的电压称为相电压(phase voltage),各端

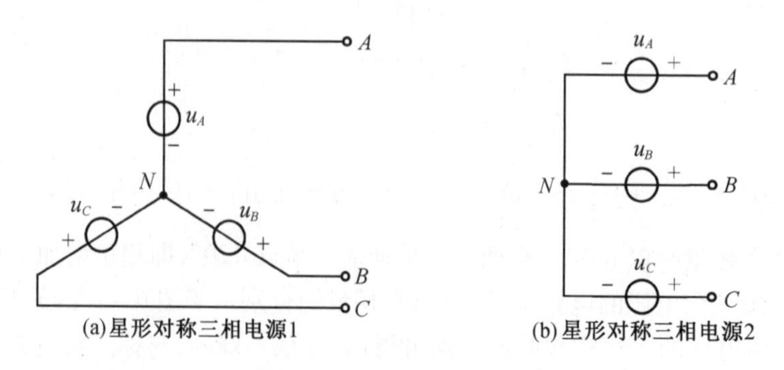

图6－2　星形对称三相电源

线之间的电压称为线电压(line voltage)。为叙述方便,各电压均采用双下标形式,即用 $\dot{U}_{AN}$、$\dot{U}_{BN}$ 和 $\dot{U}_{CN}$ 表示三个相电压,用 $\dot{U}_{AB}$、$\dot{U}_{BC}$ 和 $\dot{U}_{CA}$ 表示三个线电压。此时线电压和相电压之间具有如下关系:

$$\begin{cases}\dot{U}_{AB}=\dot{U}_{AN}-\dot{U}_{BN}\\ \dot{U}_{BC}=\dot{U}_{BN}-\dot{U}_{CN}\\ \dot{U}_{CA}=\dot{U}_{CN}-\dot{U}_{AN}\end{cases}\tag{6-1}$$

将 $\dot{U}_{AN}=U\angle 0°$, $\dot{U}_{BN}=U\angle -120°$, $\dot{U}_{CN}=U\angle 120°$代入式(6-1),通过复数运算,或直接由反映各电压关系的相量图(图6-3),均可得到下面的结果:

$$\begin{cases}\dot{U}_{AB}=\sqrt{3}\dot{U}_{AN}\angle 30°\\ \dot{U}_{BC}=\sqrt{3}\dot{U}_{BN}\angle 30°\\ \dot{U}_{CA}=\sqrt{3}\dot{U}_{CN}\angle 30°\end{cases}\tag{6-2}$$

图6-3　电源星形连接的相电压与线电压相量关系图

这一结果表明,当星形连接的相电压对称时,线电压也对称,而且在相位上,线电压超前于相应的相电压30°;在数值上,线电压为相电压的$\sqrt{3}$倍。我们用U_p统一表示各相电压的有效值,用U_l统一表示各线电压的有效值,则有

$$U_l=\sqrt{3}U_p$$

星形电源若只将三条端线引出对外供电,即为三相三线制,此时对外只提供线电压。若由中点再引出一条线,则为三相四线制,此时对外既可提供线电压又可提供相电压。

2. 三角形(△)连接

如图6-4所示,把三个电源的正极端和负极端依次相接,并由三个连接点引出三条线连向负载,这种连接方式称作电源的三角形连接或△连接。很显然此时线电压和相电压是一致的,即 $\dot{U}_{AB}=\dot{U}_A$,$\dot{U}_{BC}=\dot{U}_B$,$\dot{U}_{CA}=\dot{U}_C$。若只看大小,有$U_l=U_p$。

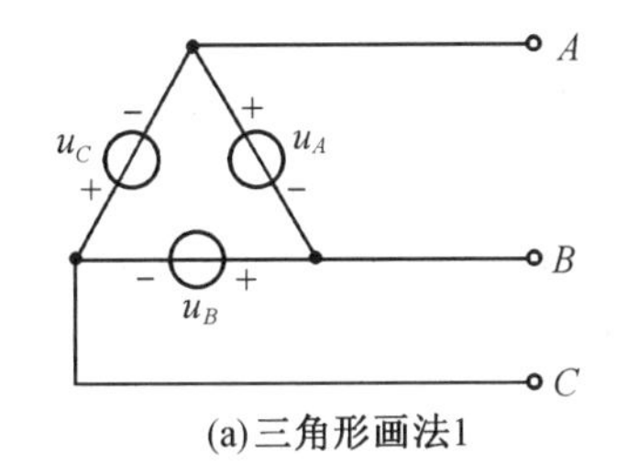

(a)三角形画法1

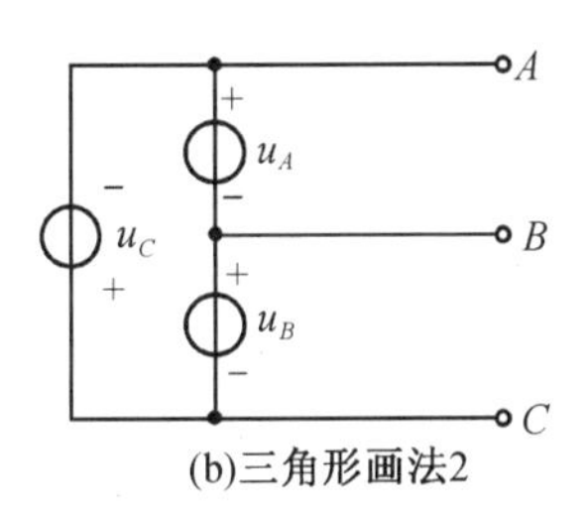

(b)三角形画法2

图6-4　三角形对称三相电路

三角形电源只有三相三线制一种供电方式。

在实际问题分析中,经常只给出电源的线电压。如果是三相三线制,可根据分析需要

任意假定电源的连接方式。例如给定线电压为380 V,既可假定电源为星形连接、电源电压为220 V,也可假定电源为三角形连接、电源电压为380 V。

实际的对称三相电源通常就是一台三相发电机。图6-5(a)是三相发电机(横剖面)的结构示意图。它由三个尺寸与匝数完全相同的绕组AX、BY和CZ,分别嵌在空间位置彼此相隔120°的定子(电机的固定部分)的内圆壁上的槽内,中间有一对可以旋转的磁极,称为转子。磁极可由励磁线圈通以直流电流产生。当转子以3 000 r/min的速度顺时针方向旋转时,出于定子绕组切割磁力线的结果,便会在三个绕组中分别产生频率相同(50 Hz)、幅值相等、相位依次相差120°的正弦电压。此时ABC为正序,若转子反方向旋转,则ABC为负序。三个绕组AX、BY、CZ就相当于前面所述的三个电压源u_A、u_B、u_C,如图6-5(b)所示。若将三个绕组的末端X、Y、Z接在一起,就形成星形电源;若把B、X、C、Y和A、Z分别接在一起,就形成三角形电源。这里要指出,每个绕组的始、末端一定要分清,因为这关系到各相电压的极性。特别是对于三角形接法,连接正确时,三个绕组形成的三角形回路的总电压为零,即

$$\dot{U}_A + \dot{U}_B + \dot{U}_C = 0$$

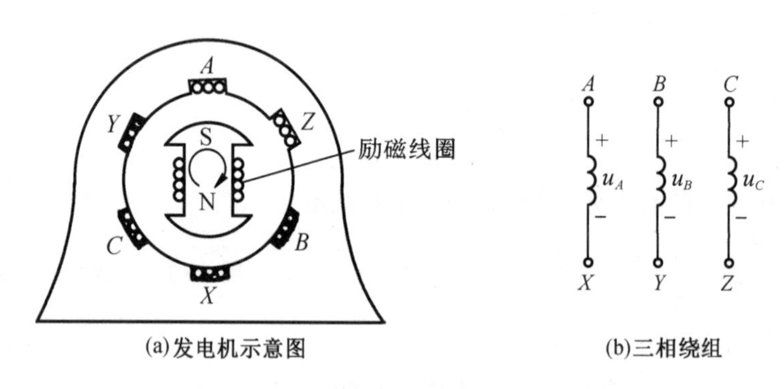

(a)发电机示意图　　(b)三相绕组

图6-5　三相发电机及其结构示意图

电压相量如图6-6(a)所示;一旦不慎将其中一相(例如C相)反接,则回路总电压将变为

$$\dot{U} = \dot{U}_A + \dot{U}_B + \dot{U}_C = -2\dot{U}_C$$

即在数值上将为一相电压的两倍。这对于内阻抗很小的发电机绕组来说是极其危险的,常会因电流过大而将发电机烧毁。因此,实际中在把电源绕组接成三角形之前,常常先用一只电压表接在尚未连接的最后两端之间(图6-7),借以观察三角形回路的总电压是否为零,以确保连接无误。

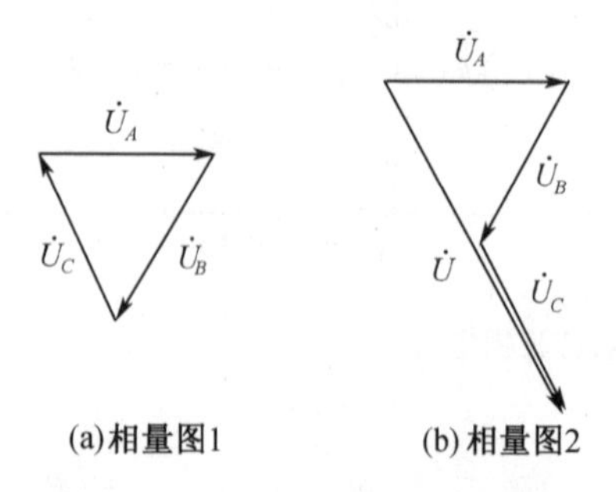

(a)相量图1　　(b)相量图2

图6-6　三相发电机中相量示意图

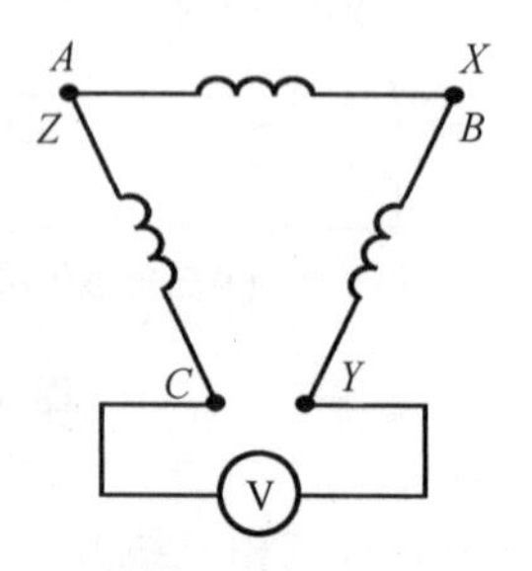

图6-7　连接电表的发电机电路

本节思考与练习

6.1节
思考与练习
参考答案

6-1-1 已知某对称星形三相电源的 A 相电压 $\dot{U}_{AN}=220\angle30°$ V,求各线电压 $\dot{U}_{AB}$、$\dot{U}_{BC}$ 和 $\dot{U}_{CA}$。

6-1-2 已知某对称星形三相电源线电压 $\dot{U}_{BC}=380\angle15°$ V,求相电压 $\dot{U}_{AN}$、$\dot{U}_{BN}$ 和 $\dot{U}_{CN}$。

6.2 对称三相电路的计算

三相电路的负载通常也都接成 Y 形或△形,如图 6-8 中所示。每个单相负载都被称作三相负载的一相。图中 Z_A、Z_B和 Z_C分别为星形连接的 A 相、B 相和 C 相负载,N'称作星形负载的中点;Z_{AB}、Z_{BC}和 Z_{CA}分别称为三角形连接的 AB 相、BC 相和 CA 相负载。如果三个负载都相同,则称为对称(或均衡)三相负载(balanced three-phase load);否则就是不对称(或称不均衡)三相负载。

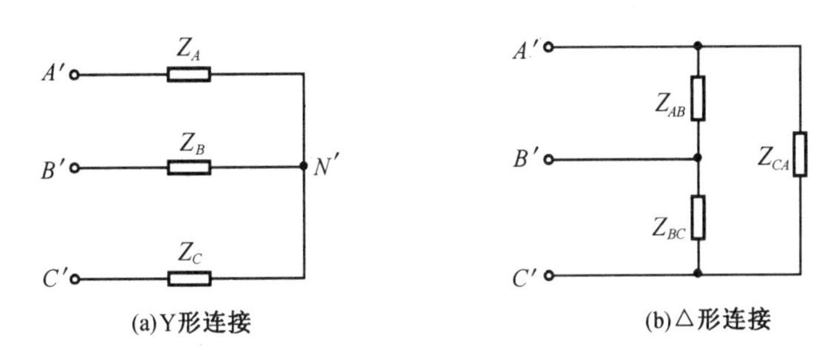

图 6-8 对称三相电路的负载连接方式

三相电路的电源系统均为对称三相电源。如果三相负载也是对称的,则这个电路属于为对称三相电路,这里所说的负载除了包含电路自身的负载之外,如果三相电路中含有传输线,则要求三相传输线也对称;否则属于不对称三相电路。本节只讨论对称三相电路的计算。

对称三相电路有着不同于一般正弦电路的特殊之处——对称性,利用电路的对称性而导出一些特殊规律,可简化对称三相电路的计算。

首先讨论三相四线制电路,如图 6-9 所示。这种电路的电源和负载均为 Y 连接。两个中点 N 和 N'之间有一条连接导线,称为中线(neutral wire),Z_N为中线阻抗。其余三条输电线均为火线,设其阻抗为 Z_l,且负载 $Z_A=Z_B=Z_C=Z$。即根据其结构特点,又称这种电路为有中线的 Y-Y 系统。分析这种电路可用节点法先求出两中点间的电压,余下的问题就很好解决了。

设 N 点为参考节点,N'点的电压为 $\dot{U}_{N'N}$,在 N'点可以列出节点方程:

$$\left(\frac{3}{Z+Z_l}+\frac{1}{Z_N}\right)\dot{U}_{N'N}=\frac{\dot{U}_A}{Z+Z_l}+\frac{\dot{U}_B}{Z+Z_l}+\frac{\dot{U}_C}{Z+Z_l}$$

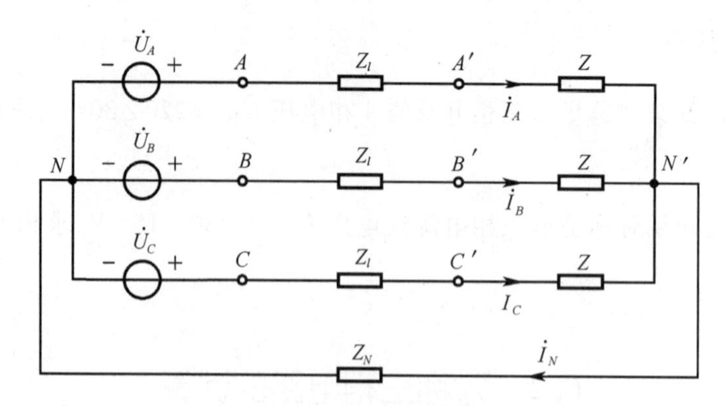

图6-9 三相四线制电路示意图

由此求得

$$\dot{U}_{N'N} = \frac{\frac{1}{Z+Z_l}(\dot{U}_A + \dot{U}_B + \dot{U}_C)}{\frac{3}{Z+Z_l} + \frac{1}{Z_N}}$$

因为电源对称,即 $\dot{U}_A + \dot{U}_B + \dot{U}_C = 0$, 所以 $\dot{U}_{N'N} = 0$。这一结果说明,在对称情况下,两中点 N'与 N 等电位。由此便可进一步求得流经各相负载的电流即相电流(phase current)分别为

$$\dot{I}_A = \frac{\dot{U}_A}{Z+Z_l}$$

$$\dot{I}_B = \frac{\dot{U}_B}{Z+Z_l} = \alpha^2 \dot{I}_A$$

$$\dot{I}_C = \frac{\dot{U}_C}{Z+Z_l} = \alpha \dot{I}_A$$

这也分别是流经各端线的电流即线电流(line current)。显然它们也是对称的。负载各相的电压分别为

$$\dot{U}_{A'N'} = Z\dot{I}_A$$

$$\dot{U}_{B'N'} = Z\dot{I}_B = \alpha^2 \dot{U}_{A'N'}$$

$$\dot{U}_{C'N'} = Z\dot{I}_C = \alpha \dot{U}_{A'N'}$$

它们也都是对称的。当然负载端相电压和线电压之间也有如同电源端相、线电压之间一样的关系。

以上的分析表明,对称的 Y-Y 电路由于其两个中点等电位,导致各相的电流和电压仅由该相本身的电源和阻抗来决定,各相之间好像彼此互不相关,形成了各相的独立性,而且使得各组电压或电流(例如相电压、

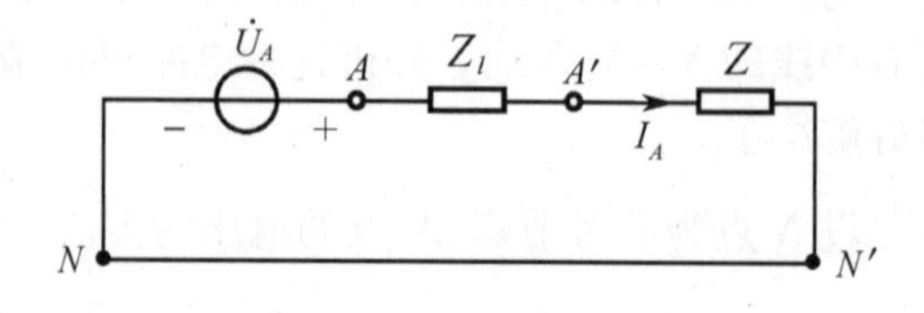

图6-10 化归单相电路图

线电流等)均具有对称性。这一事实提示我们,在分析对称的三相 Y－Y 电路时,只要计算出其中一相的电压和电流,其他两相可根据对称性由上面计算的结果直接写出,而不必再另行计算了。这就是“化归单相法”。例如可把 A 相单独画出进行计算,如图 6－10 所示。图中 N 和 N' 之间用一条短路线相连是因为 $\dot{U}_{N'N}=0$。

另外,由于各线电流对称,使得中线电流

$$\dot{I}_N=\dot{I}_A+\dot{I}_B+\dot{I}_C=0$$

故中线阻抗的大小甚至中线的有无都是无关紧要的,不影响计算结果。即对于对称 Y－Y 电路,有中线和没有中线是一样的。若去掉中线,对称 Y－Y 电路就变为三相三线制。

例 6－1 已知对称三相电压的线电压为 $U_l=380V$,星形负载各相阻抗均为 $Z=6+\mathrm{j}8\ \Omega$,A 相电压为参考相量。电路如图 6－11(a)所示。求负载各相的电流 $\dot{I}_A$、$\dot{I}_B$ 和 $\dot{I}_C$。

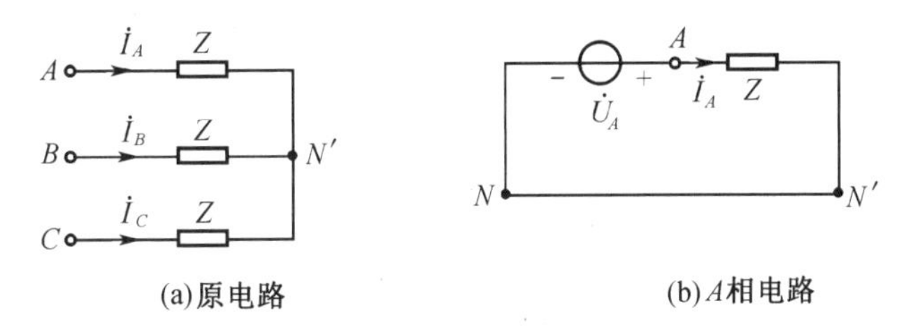

图 6－11 例 6－1 图

解 设相电源作 Y 连接,根据线、相电压关系,可得相电压

$$U_p=\frac{1}{\sqrt{3}}U_l=\frac{1}{\sqrt{3}}\times 380\ \mathrm{V}=220\ \mathrm{V}$$

依题意,$\dot{U}_A=220\angle 0°\mathrm{V}$,因电路对称,可取 A 相计算,电路画出如图 6－11(b)所示。得

$$\dot{I}_A=\frac{\dot{U}_A}{Z}=\frac{220\angle 0°}{6+\mathrm{j}8}\ \mathrm{A}=22\angle-53.1°\ \mathrm{A}$$

根据对称性,可知

$$\dot{I}_B=\alpha^2\dot{I}_A=22\angle-173.1°\ \mathrm{A}$$

$$\dot{I}_C=\alpha\dot{I}_A=22\angle 66.9°\ \mathrm{A}$$

如果对称三相负载为△连接,如图 6－12(a)所示,则可通过等效变换,将△负载转化成 Y 负载,得到如图 6－12(b)所示的对称 Y－Y 电路。用化归单相法首先求得各线电流,然后求出负载端的线电压(如 $\dot{U}_{A'B'}=Z'\dot{I}_A-Z'\dot{I}_B$),显然此线电压也就是△负载的相电压,由此可进一步求得△负载的相电流$\left(如\ \dot{I}_{A'B'}=\dfrac{\dot{U}_{A'B'}}{Z}\right)$。当然,由于电路对称,每组电压或电流只需求得一相,其余两相可由对称关系得出。

应该指出,在对称条件下,△连接的线电流和相电流之间存在着一种简单关系,下面就来导出这一关系。

设各电流方向如图 6－12(a)所示,则有

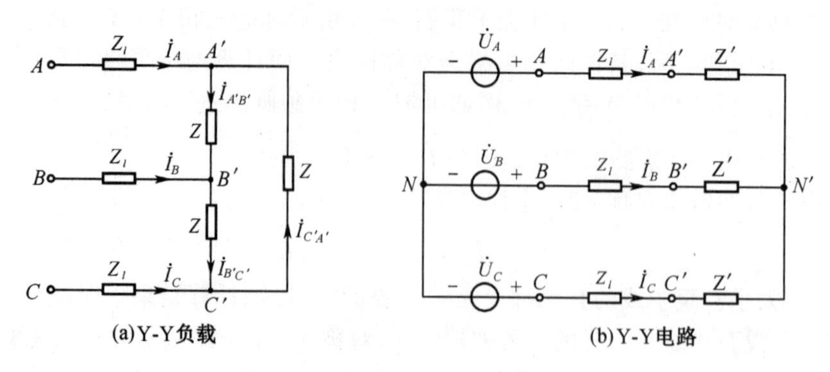

(a)Y-Y负载　　(b)Y-Y电路

图6－12　对称△负载连接电路图

$$\begin{cases}\dot{I}_A = \dot{I}_{A'B'} - \dot{I}_{C'A'} \\ \dot{I}_B = \dot{I}_{B'C'} - \dot{I}_{A'B'} \\ \dot{I}_C = \dot{I}_{C'A'} - \dot{I}_{B'C'}\end{cases}$$

根据对称性,可以得到反映各电流关系的相量图,如图6－13所示(图中以 $\dot{I}_{AB}$ 为参考相量)。由相量图可以得出

$$\left.\begin{aligned}\dot{I}_A &= \sqrt{3}\,\dot{I}_{A'B'}\angle -30^\circ \\ \dot{I}_B &= \sqrt{3}\,\dot{I}_{B'C'}\angle -30^\circ \\ \dot{I}_C &= \sqrt{3}\,\dot{I}_{C'A'}\angle -30^\circ\end{aligned}\right\} \qquad (6-3)$$

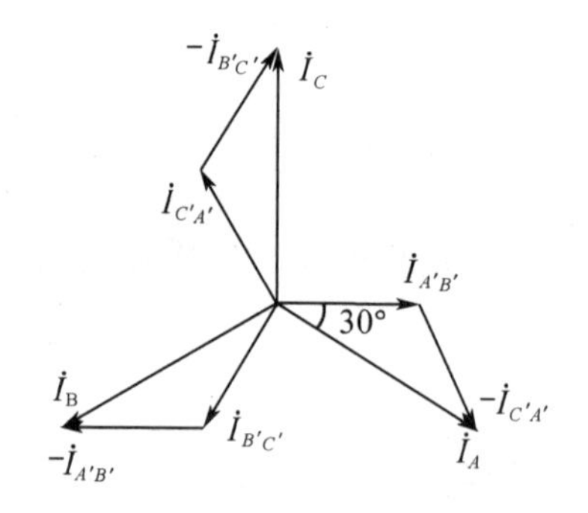

图6－13　△连接电流相量关系图

这一结果表明,当△连接的相电流对称时,线电流也对称。而且,在相位上,线电流落后于相应的相电流30°;在有效值上,线电流为相电流的$\sqrt{3}$倍。若用I_p统一表示各相电流的有效值,用I_l表示线电流的有效值,则有

$$I_l = \sqrt{3}I_p$$

对图6－13所示电路,也可以在求得线电流之后,直接由式(6－3)求得各△负载的相电流,而不必先求负载的相电压。

对于其他类型的连接,不管电路多么复杂,只要是对称的,总可以利用△和Y的等效互换关系,最终把电路化简成对称的Y－Y系统,于是仍然可以用化归单相的方法进行计算。

例6－2　有两组三相负载同时接在三相电源的输出线上,如图6－14所示,其中负载1接成星形,每相阻抗为$Z_1=12+\mathrm{j}16\ \Omega$;负载2接成三角形,每相阻抗为$Z_2=48+\mathrm{j}36\ \Omega$,三根输电线的阻抗均为$Z_l=1+\mathrm{j}2\ \Omega$,$A$相电压为参考相量。若对称三相电源的线电压为$U_l=380$ V,试求各线电流及各负载的相电流。

解　首先将△负载等效变换成Y负载,如图6－15(a)所示。因电路对称,故两组负载的中点N'和N''将与电源中点N(设电源为Y形接法)等电位,可用短路线相连。将A相单独画出如图6－15(b)。具体分析过程如下。

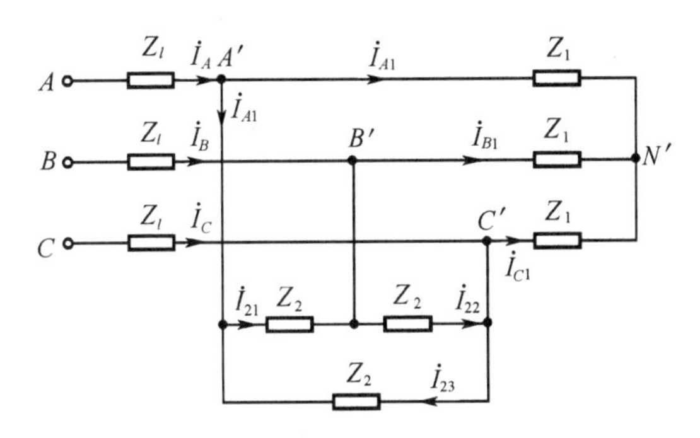

图6-14 例6-2图

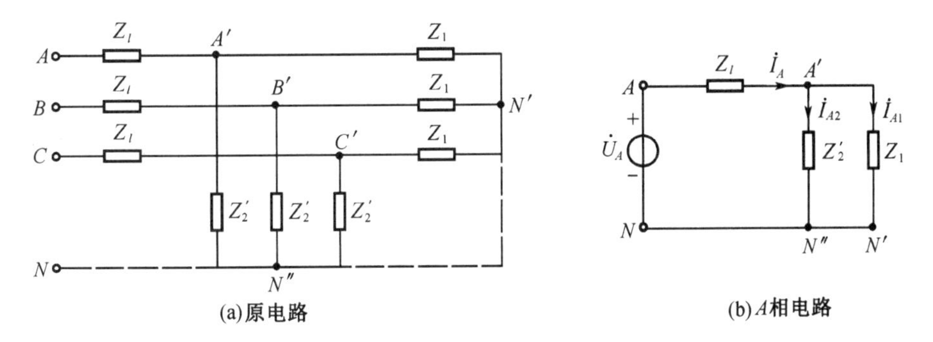

图6-15 负载转换之后电路图

$$Z_2' = \frac{1}{3}Z_2 = 16 + \mathrm{j}12\ \Omega$$

依题意,有

$$\dot{U}_A = \frac{380}{\sqrt{3}}\angle 0°\ \mathrm{V} = 220\angle 0°\ \mathrm{V}$$

则

$$\dot{I}_A = \frac{\dot{U}_A}{Z_l + \dfrac{Z_1 Z_2'}{Z_1 + Z_2'}} = \frac{220\angle 0°}{1 + \mathrm{j}2 + \dfrac{(12 + \mathrm{j}16)(16 + \mathrm{j}12)}{12 + \mathrm{j}16 + 16 + t12}}\ \mathrm{A} = 17.97\angle -48.3°\ \mathrm{A}$$

根据对称性,可得其他两线电流

$$\dot{I}_B = \alpha^2 \dot{I}_A = 17.97\angle -168.3°\ \mathrm{A}$$

$$\dot{I}_C = \alpha \dot{I}_A = 17.97\angle 71.7°\ \mathrm{A}$$

负载1的相电流为

$$\dot{I}_{A1} = \frac{Z_2'}{Z_1 + Z_2'}\dot{I}_A = \frac{20\angle 36.9°}{39.6\angle 45°} \times 17.97\angle -48.3°\ \mathrm{A} = 9.08\angle -56.4°\ \mathrm{A}$$

$$\dot{I}_{B1} = \alpha^2 \dot{I}_A = 9.08\angle -176.4°\ \mathrm{A}$$

$$\dot{I}_{C1} = \alpha \dot{I}_A = 9.08\angle 63.6°\ \mathrm{A}$$

负载端线电压

$$\begin{aligned}\dot{U}_{A'B'} &= Z_1\dot{I}_{A1} - Z_1\dot{I}_{B1} \\ &= 20\angle 53.1° \times (9.08\angle -56.4° - 9.08\angle -176.4°)\ \text{V} \\ &= 20\angle 53.1° \times 15.7\angle -26.4°\ \text{V} \\ &= 314\angle 26.7°\ \text{V}\end{aligned}$$

故负载2的相电流分别为

$$\dot{I}_{21} = \frac{\dot{U}_{A'B'}}{Z_2} = \frac{314\angle 26.7°}{60\angle 36.9°}\ \text{A} = 5.23\angle -10.2°\ \text{A}$$

$$\dot{I}_{22} = \alpha^2\dot{I}_{21} = 5.23\angle -130.2°\ \text{A}$$

$$\dot{I}_{23} = \alpha\dot{I}_{21} = 5.23\angle 109.8°\ \text{A}$$

此外,也可以用分流公式先求出负载2的线电流($\dot{I}_{A2}$),再利用式(6-3)求出其相电流,结果是一样的。

在对称三相电路中,Y连接时,其相、线电流是一致的,相、线电压有$\sqrt{3}$倍关系,即$I_l=I_p$,$U_l=\sqrt{3}U_p$;△连接时,其相、线电压是一致的,相、线电流有$\sqrt{3}$倍关系,即$U_l=U_p$,$I_l=\sqrt{3}I_p$。只要三相电路是对称的,以上结论无论对电源还是负载都成立。

6.2节
思考与练习
参考答案

本节思考与练习

6-2-1　如题6-2-1图所示对称三相电路,已知 $\dot{U}_A=220\angle 0°$ V,$\dot{U}_B=220\angle -120°$ V,$\dot{U}_C=220\angle 120°$ V,$Z_1=0.1+\text{j}0.17\ \Omega$,$Z=9+\text{j}6\ \Omega$,试求负载相电流和线电流。

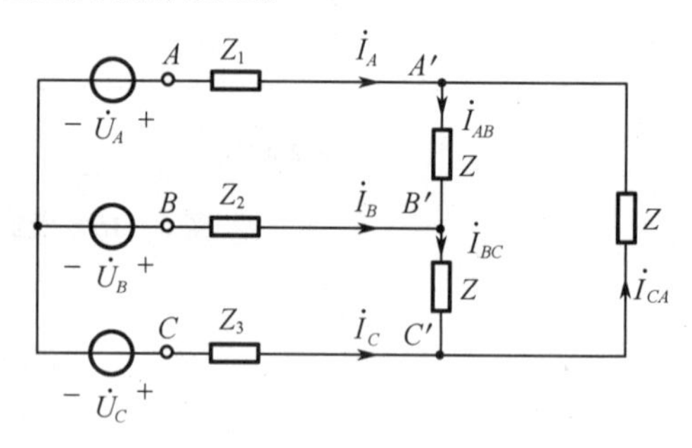

题6-2-1图

6-2-2　某对称三相负载,每相负载阻抗$Z=40+\text{j}30\ \Omega$,接于线电压$U_l=380$ V的对称三相电源上。(1)若负载为星形连接,求负载相电压和相电流,并画出电压、电流相量图;(2)若负载为三角形连接,求负载相电流和线电流,并画出相、线电流的相量图。

6-2-3　一个对称星形负载与对称三相电源相接,若已知线电压$\dot{U}_{AB}=380\angle 0°$ V,线电流$\dot{I}_A=10\angle -60°$ A,求每相负载的复阻抗Z是多少?

6-2-4　对称三相电路,电源线电压为380 V,星形负载每相复阻抗为$(8+\text{j}6)\ \Omega$,端线复阻抗为$(2+\text{j}1)\ \Omega$,求负载端线电压。

6-2-5　如题6-2-5图所示的对称三相电路中,已知电源线电压为$U_l=380$ V,端线阻抗为$Z_l=1+\text{j}2\ \Omega$,负载阻抗$Z_1=30+\text{j}20\ \Omega$,$Z_2=30+\text{j}30\ \Omega$,中线阻抗$Z_N=2+\text{j}4\ \Omega$,求总的线电流和负载各相的电流。

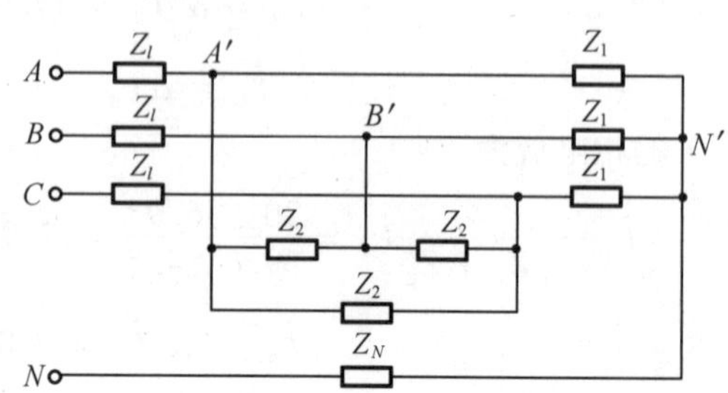

题6-2-5图

6.3　不对称三相电路的概念

在三相电路中，无论是电源还是负载，只要有一部分不对称，就是不对称三相电路。

不对称三相电路失去了对称的特点，就不能引用上节关于对称三相电路的计算方法了。造成电路不对称的原因是多方面的，主要原因是由于各相负载分配不均匀而造成的负载不对称。我们下面仅就这种情况进行简单讨论。

假设电路为 Y－Y 结构。不接中线时（图 6－16(a)），由节点法可求得两中点间电压：

$$\dot{U}_{N'N}=\frac{\dfrac{\dot{U}_A}{Z_A}+\dfrac{\dot{U}_B}{Z_B}+\dfrac{\dot{U}_C}{Z_C}}{\dfrac{1}{Z_A}+\dfrac{1}{Z_B}+\dfrac{1}{Z_C}}$$

尽管三相电源仍然是对称的，但由于负载不对称，所以此时 $\dot{U}_{N'N}\neq 0$，即两中点 N' 与 N 的电位不相等了。我们可以定性地画出此时反映各电压关系的相量图，如图 6－16(b)所示（图中假定 $\dot{U}_{N'N}$ 超前 $\dot{U}_A$）。此相量图与负载对称时的相量图相比，

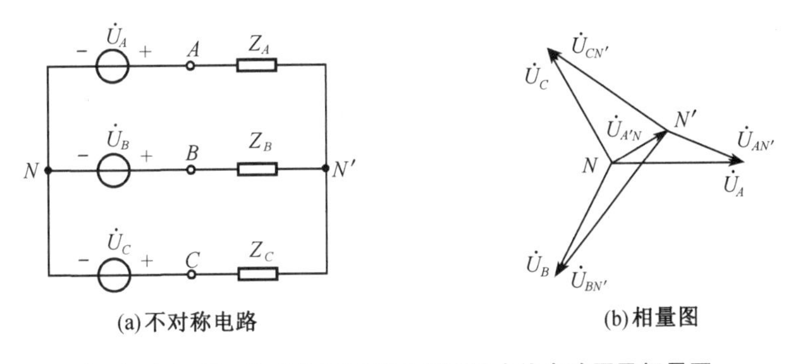

图 6－16　Y－Y 结构不对称电路不接中线电路图及相量图

区别在于此时 N'点与 N 点的位置不再重合，这一现象被称为中(性)点位移。造成中点位移的原因自然是由负载不对称而引起的中点电压 $\dot{U}_{N'N}\neq 0$。中点位移的结果则造成了负载各相电压的不均衡，并且任何一相负载的变动，都会同时影响到其他两相的工作状况。在电源对称的情况下，根据中点位移的大小，可以判断负载端相电压不对称的程度。负载端相电压的过度失衡，将使得负载无法正常工作。

对于上述电路，如果接上中线（图 6－17），并且假定中线阻抗 $Z_N\approx 0$，就可以使 $\dot{U}_{N'N}\approx 0$。在这一条件下，尽管负载阻抗不对称，但各相阻抗却可以得到均衡的电压，而且各相的工作状况互不影响，仅由本相的电源和负载决定，各相可分别独立计算。这就克服了上述无中线时的缺点。因此中线的存在是非常重要的。这也是在低压配电系统中广泛采用三相四线制的原因之一。在工程实际中，为了保证中线的有效接通，不允许在中线上接入保险丝或开关，而且为了防止拉断，对用作中线的导线材料的机械强度还有一定的要求。当然，由于负载不对称，各相电流也不对称，因此中线电流 $\dot{I}_N=\dot{I}_A+\dot{I}_B+\dot{I}_C\neq 0$，中线阻抗尽管很小，

但也不是等于零,所以实际上中点电压 $\dot{U}_{N'N}$ 也并不真正等于零。为了从根本上改善中点位移的问题,还是应该尽量调整各相阻抗,使之趋于对称。

下面给出两个不对称电路的例子。

例6-3 在图6-18所示的电路中,对称三相电源的相电压为 $U_p=220\ \text{V}$,三相负载中,R_A为一只220 V、40 W的灯泡,$R_B=R_C$各为一只220 V、100 W的灯泡。(1)求负载各相的电流及中线电流;(2)若中线断开,求负载各相的电压。

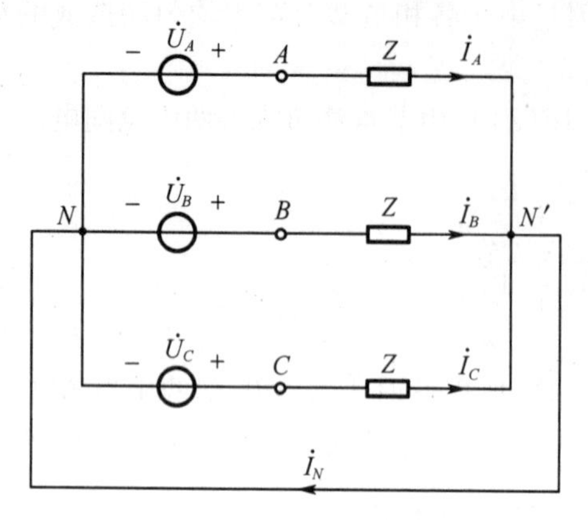

图6-17 Y-Y结构接中线电路图

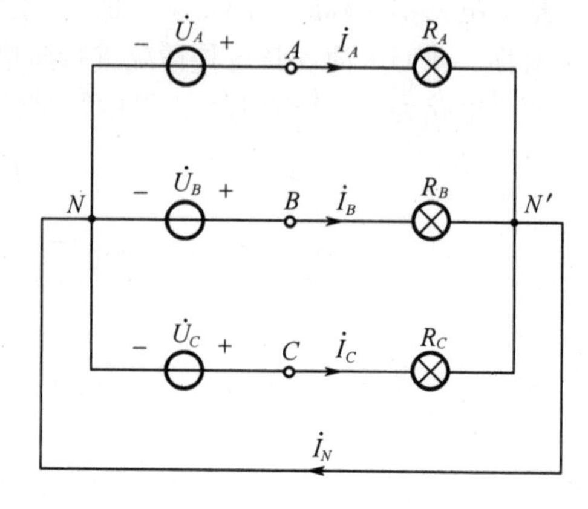

图6-18 例6-3图

解 (1)由灯泡的额定电压和功率可求出各灯泡的电阻

$$R_A=\frac{U_p^2}{P_A}=\frac{220^2}{40}\ \Omega=1\ 210\ \Omega$$

$$R_B=R_C=\frac{U_p^2}{P_B}=\frac{220^2}{100}\ \Omega=484\ \Omega$$

设 $\dot{U}_A=220\angle0°\text{V}$,各电流方向如图所示。因为有中线,各相可分别独立计算:

$$\dot{I}_A=\frac{\dot{U}_A}{R_A}=\frac{220\angle0°}{1\ 210}=0.182\angle0°\ \text{A}$$

$$\dot{I}_B=\frac{\dot{U}_B}{R_B}=\frac{220\angle-120°}{484}=0.455\angle-120°\ \text{A}$$

$$\dot{I}_C=\frac{\dot{U}_C}{R_C}=\frac{220\angle120°}{484}=0.455\angle120°\ \text{A}$$

中线电流为

$$\begin{aligned}\dot{I}_N&=\dot{I}_A+\dot{I}_B+\dot{I}_C\\&=0.182\angle0°+0.455\angle-120°+0.455\angle120°\\&=-0.273=0.273\angle180°\ \text{A}\end{aligned}$$

(2)中线断开时,两中点电压为

$$\dot{U}_{N'N}=\frac{\dfrac{\dot{U}_A}{R_A}+\dfrac{\dot{U}_B}{R_B}+\dfrac{\dot{U}_C}{R_C}}{\dfrac{1}{R_A}+\dfrac{1}{R_B}+\dfrac{1}{R_C}}=\frac{-0.273}{\dfrac{1}{1\ 210}+\dfrac{2}{484}}=-55=55\angle180°\ \text{V}$$

故负载各相电压分别为

$$\dot{U}_{AN'} = \dot{U}_A - \dot{U}_{N'N} = 220 - (-55) = 275\angle 0°\ \text{V}$$

$$\dot{U}_{BN'} = \dot{U}_B - \dot{U}_{N'N} = 220\angle -120° - (-55) = -55 - \text{j}190.5 = 198\angle -106°\ \text{V}$$

$$\dot{U}_{CN'} = \dot{U}_C - \dot{U}_{N'N} = 220\angle 120° - (-55) = -55 + \text{j}190.5 = 198\angle 106°\ \text{V}$$

该例的计算结果表明,有中线时,由于各相负载不对称,所以各相电流也不对称,中线电流不为零,但各相电压保持,可保证各灯泡正常工作;若中线断开,A 相灯泡承受的电压高于正常值,该灯泡可能很快就会被烧坏;B、C 两相灯泡承受的电压则低于正常值,亮度较正常要低。

例6-4 在图6-19所示的电路中,R 为两只功率相同的灯泡,若$\frac{1}{\omega C}=R$,求在电源对称的条件下两个灯泡哪个较亮?

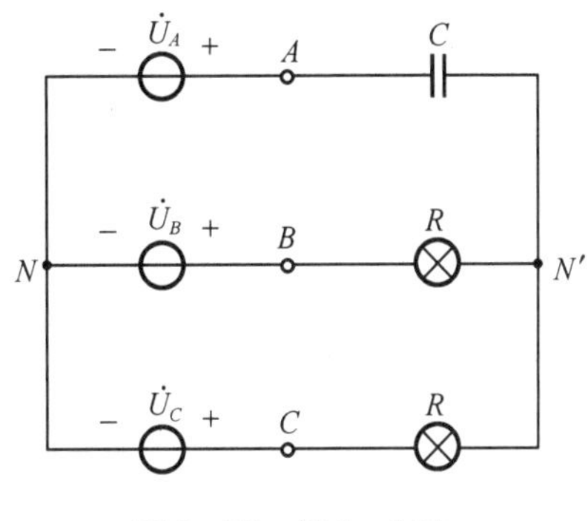

图6-19 例6-4图

解 设 $\dot{U}_A = U\angle 0°$, 则两中点间电压

$$\dot{U}_{N'N} = \frac{\text{j}\omega C\dot{U}_A + \frac{\dot{U}_B}{R} + \frac{\dot{U}_C}{R}}{\text{j}\omega C + \frac{2}{R}} \tag{6-4}$$

将$\frac{1}{\omega C}=R$ 的关系代入式(6-4),并注意到 $\dot{U}_B + \dot{U}_C = -\dot{U}_A$, 可得

$$\begin{aligned}\dot{U}_{N'N} &= \frac{\text{j}-1}{\text{j}+2}\dot{U}_A = \frac{-1+\text{j}}{2+\text{j}}U\angle 0° \\ &= (-0.2+\text{j}0.6)U = 0.63U\angle 108.4°\end{aligned}$$

故 B 相灯泡所承受的电压为

$$\begin{aligned}\dot{U}_{BN'} &= \dot{U}_B - \dot{U}_{N'N} \\ &= U\angle -120° - (-0.2+\text{j}0.6)U \\ &= (-0.3-\text{j}1.466)U \\ &= 1.5U\angle -101.6°\end{aligned}$$

C 相灯泡所承受的电压为

$$\begin{aligned}\dot{U}_{CN'} &= \dot{U}_C - \dot{U}_{N'N} \\ &= U\angle 120° - (-0.2+\text{j}0.6)U \\ &= (-0.3+\text{j}0.266)U \\ &= 0.4U\angle 138.4°\end{aligned}$$

显然,承受电压较高的 B 相灯泡较亮。

图6-19的电路实际上是一个最简单的相序指示器,可以用来测定相序。当把它接在相序未知的三相电源上时,设电容所接的相为 A 相,则较亮灯泡接的就是 B 相,较暗灯泡端接的就是 C 相。即按电容、亮、暗排定的相序为正序。

6.3 节
思考与练习
参考答案

本节思考与练习

6-3-1　有一个三角形负载,每相阻抗为 $Z=15+j20\ \Omega$,接在线电压为 380 V 的对称三相电源上。(1)求负载相电流和线电流,并作电流相量图;(2)设 AB 相负载开路,重作本题;(3)设 A 线断开,再做本题。

6-3-2　如题 6-3-2 图所示的电路接于对称三相电源上,已知电源线电压为 $U_l=380$ V,电路中 $R=380\ \Omega$,$Z=220\angle-30°\ \Omega$,求各线电流。

6-3-3　题 6-3-3 图所示为不对称星形负载接于线电压 $U_l=380$ V 的工频对称三相电源上,已知:$L=1$ H,$R=1\ 210\ \Omega$。(1)求负载各相电压;(2)若电感 L 被短接,求负载端各相电压;(3)若电感 L 被断开,求负载端各相电压。

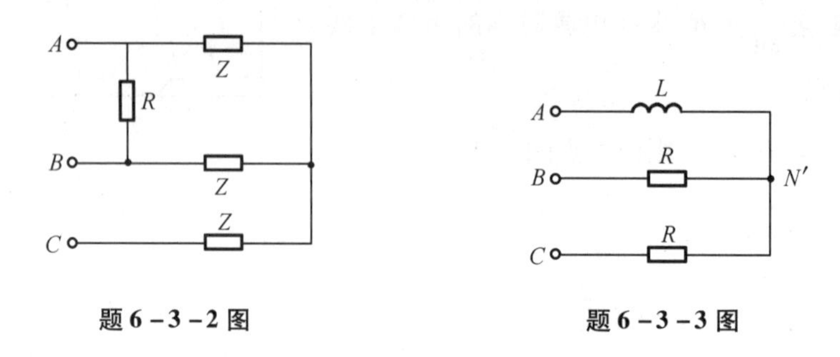

题 6-3-2 图　　　　题 6-3-3 图

6.4　三相电路的功率及其测量

6.4.1　三相电路的功率

在三相电路中,三相负载吸收的平均功率等于各相的平均功率之和,即

$$P=P_A+P_B+P_C=U_{pA}I_{pA}\cos\varphi_A+U_{pB}I_{pB}\cos\varphi_B+U_{pC}I_{pC}\cos\varphi_C$$

式中,下标 p 代表"相",即电压和电流均为相电压和相电流,φ_A、φ_B、φ_C分别为各相电压和电流之间的相位差,也就是各相负载的阻抗角。

同理,三相电路的无功功率为

$$Q=Q_A+Q_B+Q_C=U_{pA}I_{pA}\sin\varphi_A+U_{pB}I_{pB}\sin\varphi_B+U_{pC}I_{pC}\sin\varphi_C$$

由此便可得到一般意义下三相电路的视在功率

$$S=\sqrt{P^2+Q^2}$$

和功率因数

$$\cos\varphi'=\frac{P}{S}$$

不过在一般(即不对称)情况下,φ' 并没有实际意义,它不表示哪一个实际电压和电流之间的相位差。其实,三相无功功率、三相视在功率及功率因数等概念在不对称的情况下一般很少使用。

如果三相电路是对称的,则由于各相的电压、电流及功率因数均分别相等,且由 6.2 可知，不管负载是 Y 接法还是△接法，总有 $U_pI_p=\frac{1}{\sqrt{3}}U_lI_l$。由以上的一般关系可以得到对称时三相电路的平均功率、无功功率和视在功率分别为

$$P=3U_pI_p\cos\varphi=\sqrt{3}U_lI_l\cos\varphi$$

$$Q=3U_pI_p\sin\varphi=\sqrt{3}U_lI_l\sin\varphi$$

$$S=3U_pI_p=\sqrt{3}U_lI_l$$

式中，功率因数则为 $\cos\varphi$。即对称时三相电路的功率因数等于负载各相的功率因数。

以上各式中 U_p、I_p 分别为相电压和相电流的有效值，U_l、I_l 分别为线电压和线电流的有效值，φ 则为各相电压和相电流之间的相位差，也就是各相负载的阻抗角，这一点要特别注意。

例 6-5　已知某三相电动机的额定输出功率为 $P_o=18$ kW，机械效率为 $\eta=0.9$，工作电压为 380 V，功率因数为 $\cos\varphi=0.8$，求在额定输出功率下该电动机的输入电流。

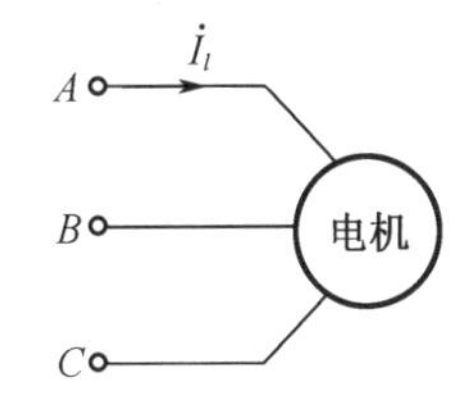

图 6-20　例 6-5 图

解　根据题意，可画出电机接线图如图 6-20 所示。

由 $\eta=\frac{P_o}{P_i}$ 可求得输入功率

$$P_i=\frac{P_o}{\eta}=\frac{18}{0.9}\ \text{kW}=20\ \text{kW}$$

由 $P_i=\sqrt{3}U_lI_l\cos\varphi$，可得输入电流为

$$I_l=\frac{P_i}{\sqrt{3}U_l\cos\varphi}=\frac{20\times10^3}{\sqrt{3}\times380\times0.8}\ \text{A}=37.98\ \text{A}$$

下面讨论对称三相电路的瞬时功率。设 A 相电压为参考正弦量，各相负载阻抗角为 φ，则各相的瞬时功率分别为

$$\begin{aligned}p_A&=u_{pA}i_{pA}\\&=\sqrt{2}U_p\cos\omega t\cdot\sqrt{2}I_p\cos(\omega t-\varphi)\\&=U_pI_p\cos\varphi+U_pI_p\cos(2\omega t-\varphi)\\p_B&=u_{pB}i_{pB}\\&=\sqrt{2}U_p\cos(\omega t-120^\circ)\cdot\sqrt{2}I_p\cos(\omega t-120^\circ-\varphi)\\&=U_pI_p\cos\varphi+U_pI_p\cos(2\omega t-\varphi-240^\circ)\\p_C&=u_{pC}i_{pC}\\&=\sqrt{2}U_p\cos(\omega t+120^\circ)\cdot\sqrt{2}I_p\cos(\omega t+120^\circ-\varphi)\\&=U_pI_p\cos\varphi+U_pI_p\cos(2\omega t-\varphi+240^\circ)\end{aligned}$$

式中，第二项都是三个对称的正弦量，故三相瞬时功率之和即三相电路的瞬时功率为

$$p=p_A+p_B+p_C=3U_pI_p\cos\varphi$$

该式表明，对称三相电路的瞬时功率等于其平均功率，是一个与时间无关的常量。习惯上把对称三相制的这一特性称为瞬时功率的平衡，故三相制是一种平衡制。这一特性是对称三相制所独有的优点，它使三相电动机在任一瞬间获得的机械转矩相等，从而使三相电机在运转时避免振动，运行非常平稳。

6.4.2　三相电路功率的测量

下面来考虑三相功率的测量问题。

三相电路的功率可以用瓦特表来测量。这里首先介绍一下瓦特表,瓦特表包含两个线圈。一个线圈固定,称为电流线圈,其上的电流与负载电流成正比;另一个线圈可动,称为电位线圈,其上的电流与负载的电压成正比。瓦特表的外部主要有电位线圈端子、电流线圈端子及指针。

可动线圈上指针的平均偏移量正比于以下参数的乘积:电流线圈上的电流有效值、电位线圈上的电压有效值以及电压和电流相位差的余弦值。指针偏移的方向取决于电流线圈电流和电位线圈电压的瞬时极性。因此每一线圈都有一个端子标有极性标志(通常是一个加号),但是有时也使用双极性的端子接在与电流线圈相连的导线上。图6-21给出了D26-W瓦特表实物图。

图6-21　D26-W瓦特表实物图

对于三相三线制,无论电路对称与否,均可用两只瓦特表测出其三相功率。进行测量时两只瓦特表的接法如下:将两只表的电流线圈分别串入任意两条端线之中(例如 A 线和 B 线),电位线圈则分别跨接在这两条端线与第三条端线(例如 C 线)之间(无 * 端接于公共端线),如图6-22(a)所示。这时两只瓦特表读数的代数和就是所测三相电路的功率,称这种测量方法为二表法。

二表法与负载的具体连接方式无关。其原理如下:

不管负载如何连接,总可以把它化为星形,如图6-22(b)所示。由此可得三相瞬时功率为

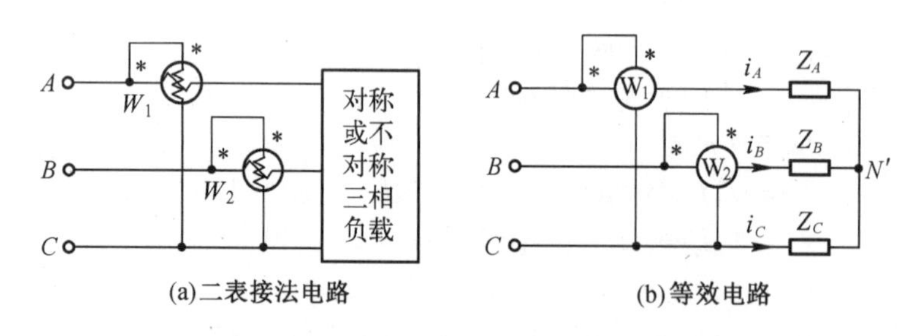

(a)二表接法电路　(b)等效电路

图6-22　二表法测三相功率示意图

$$p=p_A+p_B+p_C=u_{AN'}i_A+u_{BN'}i_B+u_{CN'}i_C$$

根据 KCL,有 $i_A+i_B+i_C=0$,即 $i_C=-(i_A+i_B)$,将其代入上式,得

$$\begin{aligned} p &= u_{AN'}i_A + u_{BN'}i_B - u_{CN'}(i_A+i_B) \\ &= (u_{AN'}-u_{CN'})i_A + (u_{BN'}-u_{CN'})i_B \\ &= u_{AC}i_A + u_{BC}i_B \end{aligned}$$

由此可知三相平均功率为

$$P=U_{AC}I_A\cos\varphi_1+U_{BC}I_B\cos\varphi_2$$

式中,φ_1 为线电压 $\dot{U}_{AC}$ 与线电流 $\dot{I}_A$ 的相位差,φ_2 为线电压 $\dot{U}_{BC}$ 与线电流 $\dot{I}_B$ 的相位差。

该式的第一项即瓦特表 W_1 的读数 P_1，第二项即瓦特表 W_2 的读数 P_2，两者的代数和就是三相电路的总功率 P。这里所说的代数和指在一定条件下，两表之一的读数可能为负。在实际测量时，当某表所接的线电压和线电流的相位差大于90°时，该表指针将反向偏转。如果瓦特表没有反向刻度，为了取得读数，应把该表的电流线圈两端对调，使指针仍然正向偏转，但读数要记为负值。

必须指出，在二表法测量三相电路的功率时，一般单独一个表的读数是没有意义的。

例6-6　某对称三相负载的功率因数为 $\cos\varphi = 0.766$（感性），功率为 $P = 1.2$ kW，接在线电压 $U_l = 380$ V 的对称三相电源上。电路中接有两只瓦特表，如图6-23所示。求这两只瓦特表的读数各为多少？

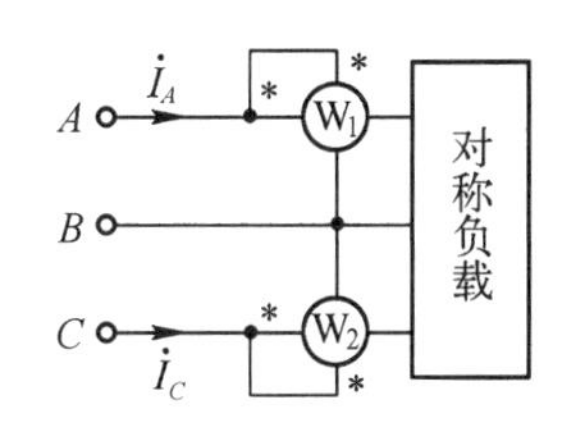

图6-23　例6-6图

解　欲求瓦特表的读数，需要求出与之相关的线电压和线电流两个相量，并由此确定两者的相位差。因电路对称，故线电流为

$$I_l = \frac{P}{\sqrt{3}U_l\cos\varphi} = \frac{1\ 200}{\sqrt{3}\times 380\times 0.766} = 2.38\ \text{A}$$

负载阻抗角为

$$\varphi = \arccos 0.766 = 40°$$

设负载为星形联接，并令 $\dot{U}_{AN'} = 220\angle 0°$ V，则

$$\dot{U}_{AB} = 380\angle 30°\ \text{V}$$

$$\dot{I}_A = 2.38\angle -40°\ \text{A}$$

$$\dot{U}_{CB} = -\dot{U}_{BC} = -\alpha^2\dot{U}_{AB} = 380\angle 90°\ \text{V}\ \dot{I}_C = \alpha\dot{I}_A = 2.38\angle 80°\ \text{A}$$

于是，瓦特表 W_1 的读数为

$$P_1 = U_{AB}I_A\cos\varphi_1 = 380\times 2.38\cos(30° + 40°) = 309.3\ \text{W}$$

瓦特表 W_2 的读数为

$$P_2 = U_{CB}I_C\cos\varphi_2 = 380\times 2.38\cos(90° - 80°) = 890.7\ \text{W}$$

式中，φ_1 为线电压 $\dot{U}_{AB}$ 与线电流 $\dot{I}_A$ 的相位差，φ_2 为线电压 $\dot{U}_{CB}$ 与线电流 $\dot{I}_C$ 的相位差。所得结果是否正确可看两表读数的代数和是否与总功率相符。

$$P_1 + P_2 = 309.3 + 890.7 = 1\ 200\ \text{W} = P$$

这说明结果无误。事实上，对于本例类型的问题，只要求出一只表的读数（例如 P_1），另一只表的读数可由总功率减去已知表的读数（$P_2 = P - P_1$）得到。

前面我们用单相瓦特表测量三相电路的功率，在三相四线制中应用三个功率表，即三功率表法才能测量功率，其接法就是将功率表测量电压的一端接在中线 N 上，另一端接在相对应的火线上，测量电流的端纽串接在与之匹配的火线中。此时每一个功率表测得的功率都是所在相负载吸收的功率，所以它们的和就等于三相四线制负载吸收的总功率。另外，三表法也可以用来测量三线制的功率，这只要把各功率表的电压线圈的另一端彼此联接在一起即可。但如果这个公共端联接点未与三相负载的中性点相连，则各功率表读数并不指示各相功率，仅各读数的和才指示各相功率的和。

最后附带说明，对三相四线制电路，如果电路对称，因各相功率相等，可以只用一只瓦特表测出任一相的功率,则三相功率为瓦特表读数的三倍;也可以用二表法,如上所述。如果电路不对称,则只能用三只表分别测出三相的功率,然后将三者相加,而不能用二表法,因为此时 $i_A+i_B+i_C\neq0$。

6.4节
思考与练习
参考答案

本节思考与练习

6-4-1 对称Y-Y三相电路,线电压380 V,线电流为6 A,负载吸收的功率 P 为1 800 W。试求每相负载复阻抗。(设定负载为感性负载)

6-4-2 如图6-4-2所示,功率为2.4 kW,功率因数为0.6的对称三相电感性负载与线电压为380 V的供电系统相连接,(1)求线电流大小;(2)若负载为星形连接,求每相阻抗 Z_Y;(3)若负载为三角形连接,求每相阻抗 $Z_\triangle$。

6-4-3 一台三相感应电动机,每相复阻抗 $Z=(8+j6)\ \Omega$,每相额定电压为220 V,接在线电压为380 V的三相三线制电源上,问负载如何接法?如果每根输电线阻抗 $Z_l=2\ \Omega$,求线电流及负载端线电压。

6-4-4 如题6-4-4图所示对称三相电路,已知线电压为380 V,负载阻抗为30+j40 Ω,试求三相负载功率,及两功率表的读数。

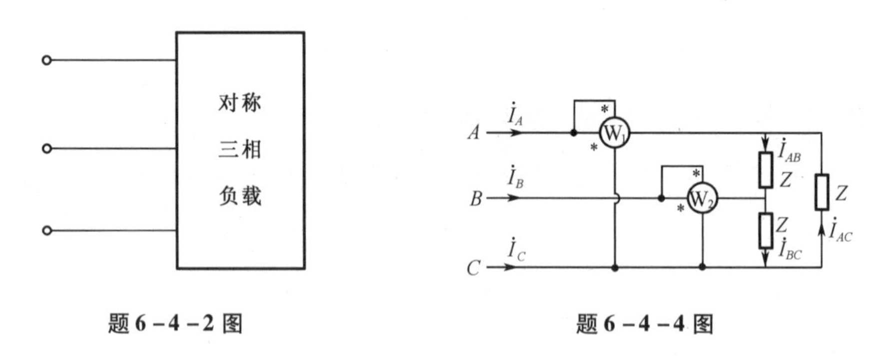

题6-4-2图　　　　题6-4-4图

6-4-5 线电压为220 V的对称三相电源对△连接的不对称三相负载供电,$Z_{AB}=-j24\ \Omega$,$Z_{BC}=Z_{CA}=6-j24\ \Omega$,求此三相负载的总平均功率和总无功功率。

本章习题

第6章
习题参考答案

6-1 如题6-1图所示对称三相电路中,当开关K闭合时,各电流表读数均为10 A,试问将开关断开后各电表读数为多少?

6-2 如题6-2图所示Y/△连接的对称三相电路,已知负载各相阻抗 $Z=Z_{12}=Z_{23}=Z_{31}=(108+j81)\ \Omega$,额定相电压380 V,如果输电线路阻抗 $Z_l=2+j\ \Omega$,为保证负载获得额定电压,求:(1)负载相电流及线电流,(2)电源线电压、相电压,(3)电源输出的有功功率。

6-3 如题6-3图所示电路可从单相电源得到对称三相电压,作为小功率三相电路的电源。若所加单相电源的频率为50 Hz,负载每相电阻 $R=20\ \Omega$,试确定电感 L 和电容 C 之值。

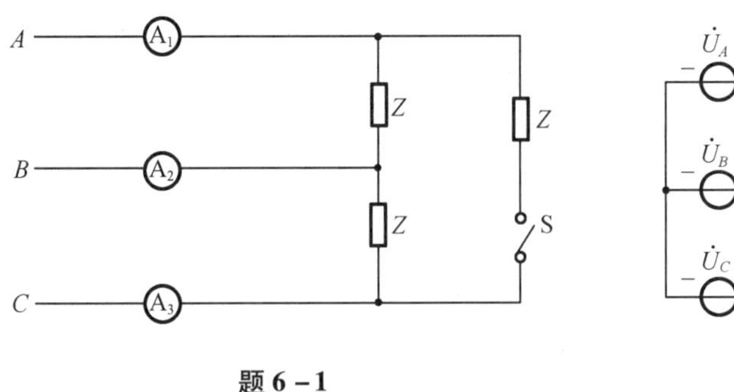

题6－1

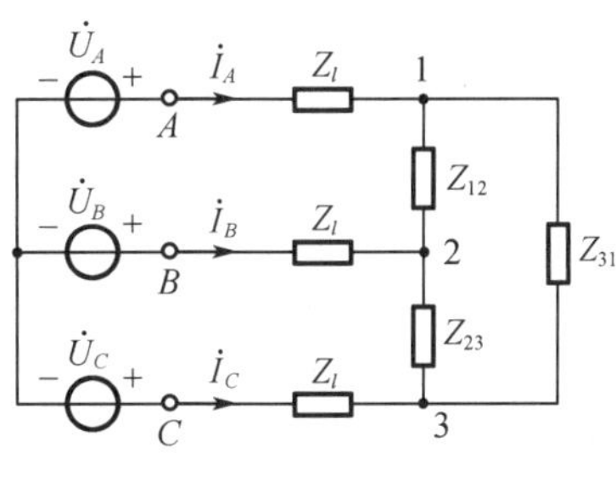

题6－2图

6－4　两组对称负载（均为感性）同时连接在电源的输出端线上，如题6－4图所示。其中一组接成三角形，负载功率为10 kW，功率因数为0.8；另一组接成星形，负载功率也是10 kW，功率因数为0.855；端线阻抗 $Z_l=0.1+\mathrm{j}0.2\ \Omega$，欲使负载端线电压保持为380 V，求电源端线电压应为多少？

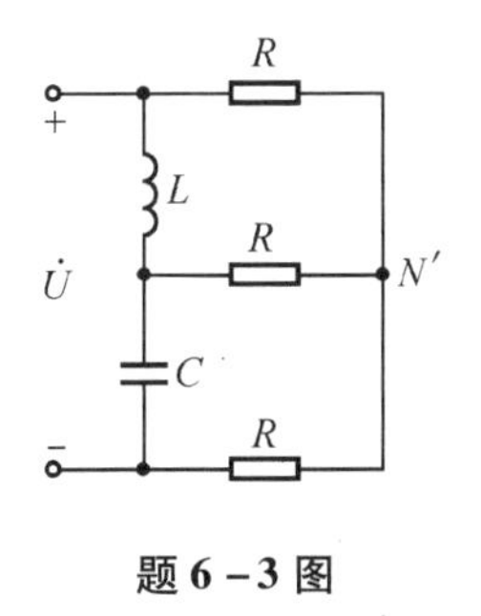

题6－3图

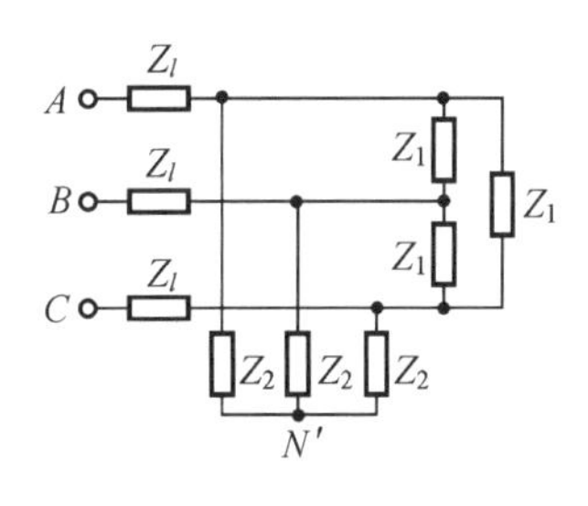

题6－4图

6－5　如题6－5图所示用二表法测三相电路的功率，已知线电压 $U_l=380$ V，线电流 $I_l=5.5$ A，负载各相阻抗角为 $\varphi=79°$。求两只瓦特表的读数及电路的总功率。

6－6　将三个复阻抗均为 Z 的负载分别接成星形和三角形，连接到同一对称三相电源的三条端线上，问哪一种负载吸收的功率大？两种接法负载的功率在数值上有什么关系？

6－7　证明在题6－7图所示的对称三相电路中，两只瓦特表的读数分别为

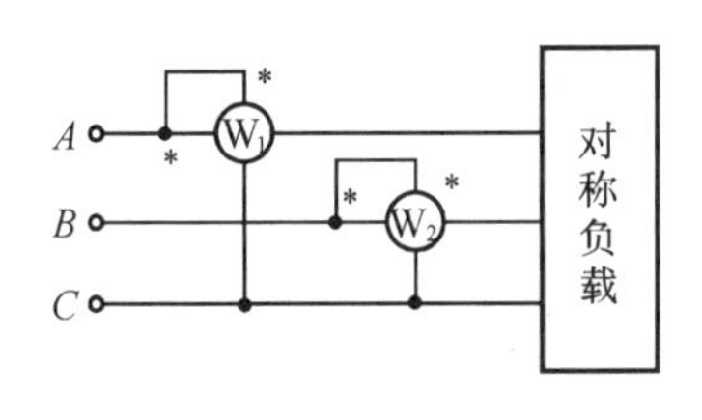

题6－5图

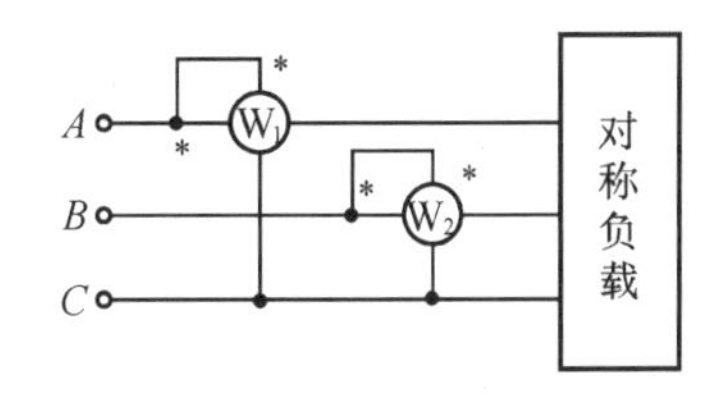

题6－7图

$$P_1=U_lI_l\cos(\varphi-30°)$$
$$P_2=U_lI_l\cos(\varphi+30°)$$

式中，P_1 和 P_2 分别为 W_1 和 W_2 的读数，φ 为负载阻抗角。

6－8　在对称三相电路中，如题6－8图所示把瓦特表的电流线圈串接在 A 线中，电压线圈跨接在 B，C 两条端线间。若瓦特表的读数为 P，试证明三相负载吸收的无功功率为 $Q=\sqrt{3}P$。

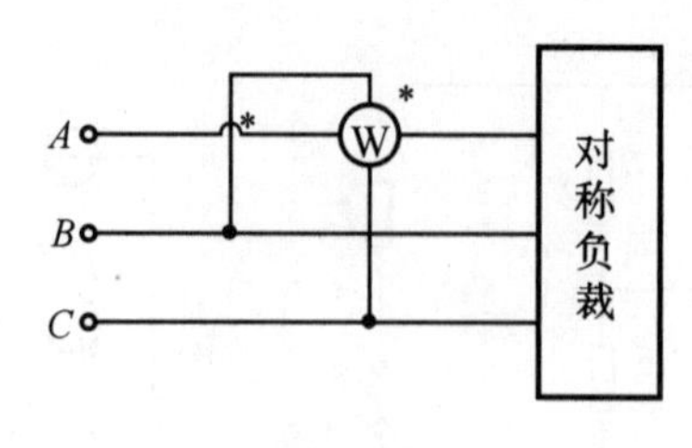

题 6-8 图

6-9　如题 6-9 图所示,线电压为 220 V 的对称三相电源,对三个单相负载供电。第一组负载为感性,功率为 35.2 kW,功率因数为 0.8,接在 AB 两线之间。第二和第三组负载为电阻性,功率均为 33 kW,分别接在 BC 和 CA 之间,求各线电流。

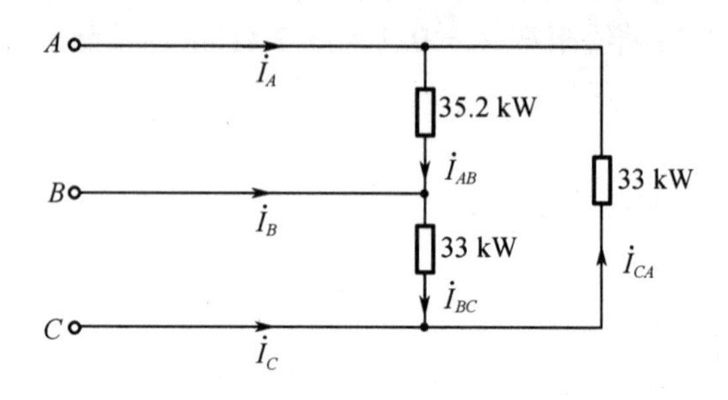

题 6-9 图

第7章　谐振电路

谐振(resonance)是由 R、L、C 元件组成的电路在一定条件下发生的一种特殊现象。一方面,谐振可能会对电路的工作带来益处,因而得到广泛的应用;另一方面,谐振又可能破坏系统的正常工作,甚至造成危害,应设法加以避免。所以,对谐振现象的研究,具有十分重要的意义。

本章将重点分析串联电路的谐振,对其频率特性、谐振曲线、通频带等问题均进行了较为详细的讨论。对并联电路和互感耦合电路的谐振只作简单介绍。

7.1　串联谐振

图7-1所示 R、L、C 串联电路,其复阻抗为

$$Z = R + \mathrm{j}\left(\omega L - \frac{1}{\omega C}\right) = R + \mathrm{j}(X_L - X_C) = R + \mathrm{j}X \tag{7-1}$$

式中,电抗 $X = X_L - X_C$ 是角频率 ω 的函数,X 随 ω 变化的情况如图7-2所示。

当 ω 从零开始向 $+\infty$ 变化时,X 从 $-\infty$ 向 $+\infty$ 变化,在 $\omega < \omega_0$ 时,$X<0$,电路为容性;在 $\omega > \omega_0$ 时,$X>0$,电路为感性;在 $\omega = \omega_0$ 时,电抗为

$$X = \omega_0 L - \frac{1}{\omega_0 C} = 0 \tag{7-2}$$

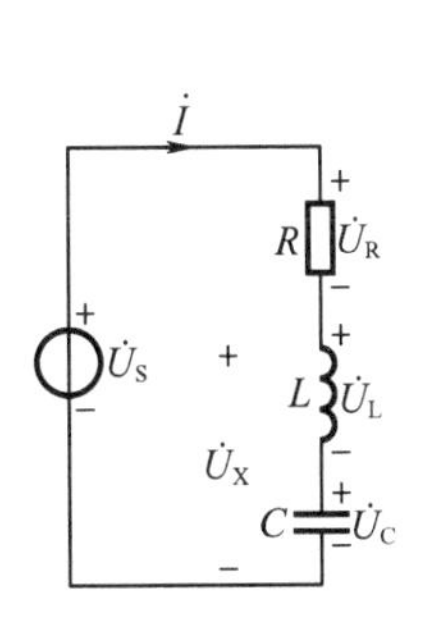

图7-1　串联谐振电路图

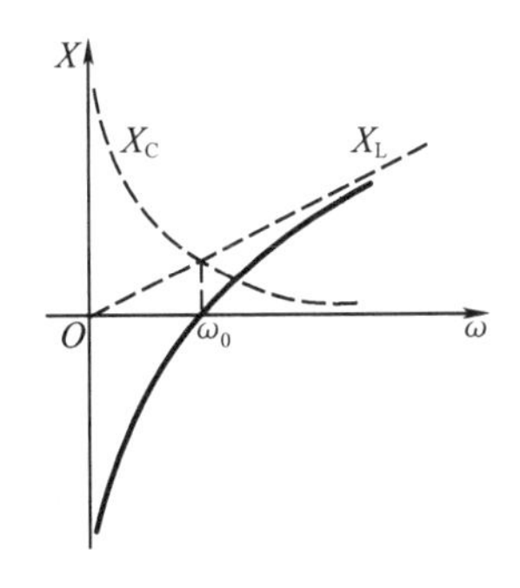

图7-2　X 随 ω 变化的情况

此时,电路阻抗 $Z_0 = R$ 是纯电阻,电压 $\dot{U}_S$ 和电流 $\dot{I}$ 同相。我们将电路此时的工作状态称为串联谐振(series resonance)。式(7-2)就是串联电路发生谐振的条件。由此式可求得谐振角频率为

$$\omega_0 = \frac{1}{\sqrt{LC}} \tag{7-3}$$

谐振频率为

$$f_0 = \frac{1}{2\pi\sqrt{LC}} \tag{7-4}$$

由式(7-3)与式(7-4)可知,串联电路的谐振(角)频率是由电路自身参数 L,C 决定的,与外部条件无关。当 L 的单位为亨利(H),C 的单位为法拉(F)时,f_0 的单位为赫兹(Hz)。

串联谐振时,由于回路电抗 $X=0$,故回路复阻抗 $Z_0 = R$ 只是一个纯电阻,且阻抗值最小。谐振时,虽然电抗为零,但感抗和容抗均不为零,只是二者相等。我们称谐振时的感抗或容抗为串联电路的特性阻抗(characteristic impedance),记为 ρ,即

$$\rho = \omega_0 L = \frac{1}{\omega_0 C} \tag{7-5}$$

若将式(7-3)的关系代入上式,可得

$$\rho = \sqrt{\frac{L}{C}} \tag{7-6}$$

ρ 的单位为欧姆(Ω),它仅由电路参数 L 和 C 所决定。

串联谐振中也有品质因数的概念,工程上常用特性阻抗与电阻的比值来表征串联谐振电路的品质因数,仍用 Q 表示,即

$$Q = \frac{\rho}{R} = \frac{\omega_0 L}{R} = \frac{1}{\omega_0 CR} = \frac{1}{R}\sqrt{\frac{L}{C}} \tag{7-7}$$

谐振时电路中的电流为

$$\dot{I}_0 = \frac{\dot{U}_S}{Z_0} = \frac{\dot{U}_S}{R}$$

即电流与外加电压 $\dot{U}_S$ 同相。由于此时电路阻抗最小,所以在保持外加电压有效值不变的情况下,谐振时的电流最大。

谐振时各元件的电压分别为

$$\dot{U}_{R0} = R\dot{I}_0 = \dot{U}_S$$

$$\dot{U}_{L0} = j\omega_0 L\dot{I}_0 = j\omega_0 L\frac{\dot{U}_S}{R} = jQ\dot{U}_S$$

$$\dot{U}_{C0} = -j\frac{1}{\omega_0 C}\dot{I}_0 = -j\frac{1}{\omega_0 C}\frac{\dot{U}_S}{R} = -jQ\dot{U}_S$$

即谐振时电感电压和电容电压有效值相等,均为外施电压的 Q 倍,但电感电压超前外施电压90°,电容电压落后外施电压90°,总的电抗电压 $\dot{U}_{X0} = \dot{U}_{L0} + \dot{U}_{C0} = 0$;电阻电压则与外施电压相等且同相,此时外施电压全部加在电阻 R 上,电阻上的电压达到了最大值。

RLC 串联电路谐振时电压、电流相量图如图7-3(图中以 $\dot{I}_0$ 为参考相量)所示。

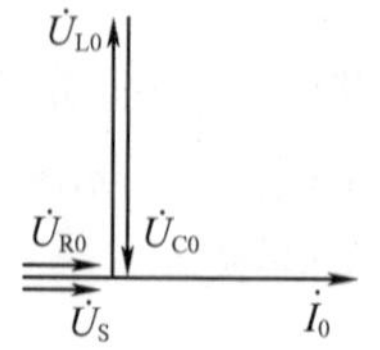

图7-3 串联谐振电路电流、电压相量图

在电路 Q 值较高时,电感电压和电容电压的数值都将远大于外施电压的值,所以串联谐振又称电压谐振(voltage resonance)。在无线电接收机的输入回路中,就是把天线接收到的微弱的信号

电压输入到串联谐振电路,在电抗元件两端获得一个比输入电压大很多倍的电压,再送到下一级去进行放大的。但在电力系统中,由于电源电压本身较高,如果电路工作于串联谐振状态,出现的高电压将使电气设备损坏,故应避免。

现在分析谐振时的能量关系。设谐振时电路电流为

$$i = I_m \cos \omega_0 t$$

则电容电压为

$$u_C = \frac{I_m}{\omega_0 C}\cos\left(\omega_0 t - \frac{\pi}{2}\right) = U_{Cm}\sin \omega_0 t$$

电路中的电磁场总能量为

$$w = w_C + w_L = \frac{1}{2}Cu_C^2 + \frac{1}{2}Li^2 = \frac{1}{2}CU_{Cm}^2\sin^2\omega_0 t + \frac{1}{2}LI_m^2\cos^2\omega_0 t$$

由于谐振时有

$$U_{Cm} = \frac{1}{\omega_0 C}I_m = \sqrt{\frac{L}{C}}I_m$$

从而有

$$\frac{1}{2}CU_{Cm}^2 = \frac{1}{2}LI_m^2$$

所以

$$w = \frac{1}{2}CU_{Cm}^2 = \frac{1}{2}LI_m^2 \tag{7-8}$$

这表明,在串联谐振时,电路中电场能量最大值等于磁场能量最大值,而电感和电容中储存的电磁场总能量 w 是不随时间变化的常量,且 w 等于电场能量或磁场能量的最大值。图 7-4 的曲线反映了谐振时电、磁场能量的关系。当电场能量增加某一数值时,磁场能量必减小同一数值;反之亦然。这表明在电容和电感之间,存在着电场能量和磁场能量相互转换的周期性振荡过程。电磁场能量的交换只在电路内部电感和电容元件之间进行,和电路外部没有电磁能量的交换,电源只向电阻提供能量,故电路呈纯阻性。

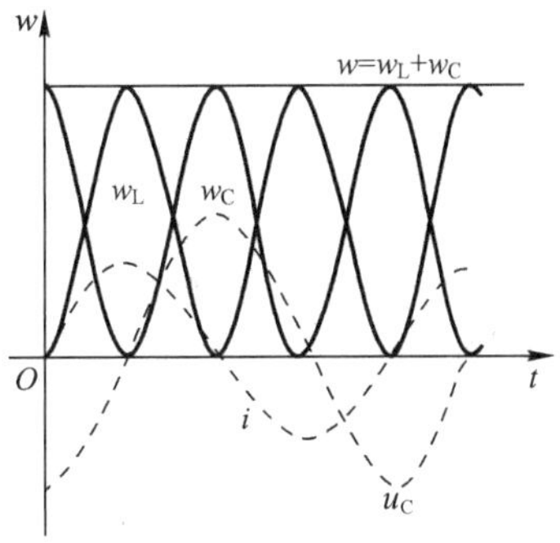

图 7-4　串联谐振时电、磁场能量的关系

若将 $U_{Cm} = QU_{Sm}$ 代入式(7-8),可得

$$w = \frac{1}{2}CQ^2U_{Sm}^2 \tag{7-9}$$

该式说明,若保持外加电压不变,则谐振时的电磁场总能量与品质因数的平方成正比。因此可用提高或降低 Q 值的办法来增强或削弱电路的谐振程度。

将 $Q_S = \dfrac{\omega_0 L}{R}$ 的分子和分母分别乘以 $\dfrac{1}{2}I_m^2$,可得

$$Q_S = \frac{\omega_0 L}{R} = \omega_0\frac{\frac{1}{2}LI_m^2}{\frac{1}{2}RI_m^2} = 2\pi f_0\frac{\frac{1}{2}LI_m^2}{RI^2} = 2\pi\frac{\frac{1}{2}LI_m^2}{RI^2T_0}$$

该式清楚地表明了电路 Q 值的物理意义,即 Q 等于谐振时电路中储存的电磁场总能量($\frac{1}{2}LI_m^2$)与电路消耗的平均功率(RI^2)之比的 ω_0 倍,或 Q 等于谐振时电路中储存的电磁场

总能量与电路在一个周期中所消耗的能量(RI^2T_0)之比的 2π 倍。当电压源供电时,电阻 R 越小,电路消耗的储量(或功率)越小,Q 值越大,谐振越激烈。

7.1 节
思考与练习
参考答案

本节思考与练习

7-1-1　试求题 7-1-1 图所示电路的谐振角频率 ω_0。

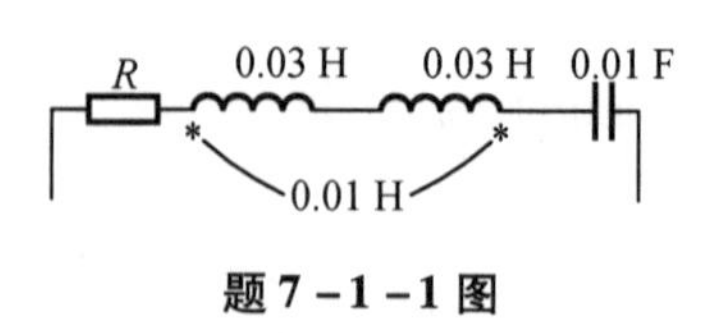

题 7-1-1 图

7-1-2　RLC 串联电路的谐振频率 $f_0=400\ \text{kHz}$,$C=900\ \text{pF}$,$R=5\ \Omega$。(1)求 L、ρ 和 Q;(2)若信号源电压 $U_S=1\ \text{mV}$,求谐振时电路电流及各元件电压。

7-1-3　在题 7-1-3 图示 RLC 串联电路中,R 的数值可变,问:(1)改变 R 时电路的谐振频率是否改变?对谐振电路有何影响?(2)若在 C 两端并联电阻 R_1,是否会改变电路的谐振频率?

7-1-4　当 $\omega=5\ 000\ \text{rad/s}$ 时 RLC 串联电路发生谐振,已知 $R=5\ \Omega$,$L=400\ \text{mH}$,端电压 $U=1\ \text{V}$。求电容 C 的值及电路中的电流和各元件电压的瞬时表达式。(设电流为参考相量)

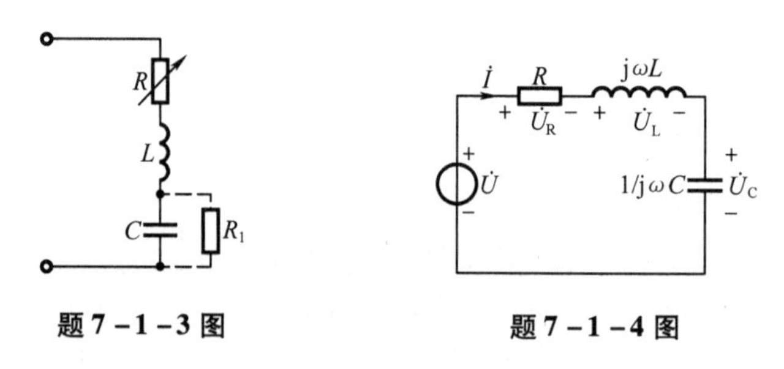

题 7-1-3 图　　　　**题 7-1-4 图**

7-1-5　已知 RLC 串联电路中,$L=30\ \mu\text{H}$,$C=211\ \text{pF}$,$R=9.4\ \Omega$,信号源电压 $U_S=100\ \mu\text{V}$,若电路发生串联谐振,试求:(1)谐振频率 f_0;(2)特性阻抗 ρ;(3)品质因数 Q;(4)电路中的电流 I_0 及电感电压 U_L。

7.2　串联电路的谐振曲线和通频带

电路中的阻抗(导纳)会随频率的变化而变化;在输入信号有效值保持不变的情况下,电路中的电压、电流也会随频率的变化而变化。阻抗(导纳)、电压、电流与频率之间的关系称为它们的频率特性(frequency characteristic)。在串联谐振电路中,描绘电压、电流与频率关系的曲线称为谐振曲线(resonance curve)。

图 7-1 所示 RLC 串联电路,在正弦电压源 $\dot{U}_S$ 作用下,电路中的电流为

$$\dot{I}=\frac{\dot{U}_S}{Z}=\frac{\dot{U}_S}{R+\text{j}\left(\omega L-\dfrac{1}{\omega C}\right)}=I\angle-\varphi$$

或者写成

$$I=\frac{U_S}{\sqrt{R^2+\left(\omega L-\dfrac{1}{\omega C}\right)^2}} \tag{7-10}$$

$$\varphi = \arctan \frac{\omega L - \frac{1}{\omega C}}{R} \tag{7-11}$$

式中，φ 是串联电路的阻抗角，即电流滞后于外施电压的相位。

式(7－10)反映了电流有效值与频率的关系，称为电流的幅频特性(amplitude-frequency characteristic)。由此式得电流的谐振曲线如图 7－5(a)所示。

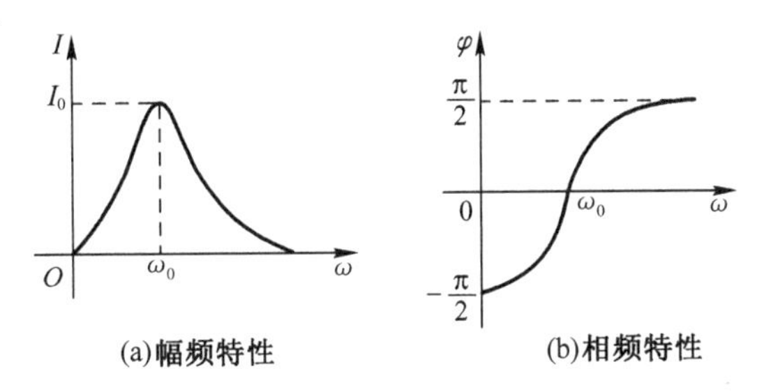

图 7－5　RLC 串联谐振时电流的频率特性曲线

式(7－11)反映了电流相位与频率的关系，称为相频特性(phase-frequency characteristic)。由此式得阻抗的相频特性曲线如图 7－5(b)所示。

由图 7－5 可以看出，当 $\omega = \omega_0$时，电流最大，$I_0 = U_S/R$，$\varphi = 0$，电流与电压同相位，电路处于谐振状态；当 $\omega \neq \omega_0$时，$I < I_0$，$\varphi \neq 0$，电路处于失谐状态。ω 偏离 ω_0越远，I 越小，$|\varphi|$越大，电路失谐越严重；当 $\omega < \omega_0$ 时，$\varphi < 0$，电路呈电容性，称为容性失谐，其中 $\omega = 0$ 时，$\varphi = -\pi/2$。当 $\omega > \omega_0$时，$\varphi > 0$，电路呈电感性，称为感性失谐，其中 $\omega \to \infty$ 时，$\varphi \to \pi/2$。

从电流谐振曲线可以看出，在谐振频率及其附近，电路具有较大电流，而外施信号频率偏离谐振频率越远，电流则越小。由此可知，串联谐振电路具有选择最接近谐振频率信号同时抑制其他信号的能力，这种性质称为电路的选择性(selectivity)。选择性的好坏与电流谐振曲线的尖锐程度有关，曲线越尖锐、陡峭，选择性越好，电流的谐振曲线的形状与电路品质因数 Q 值有直接关系。我们将式(7－10)进行变换：

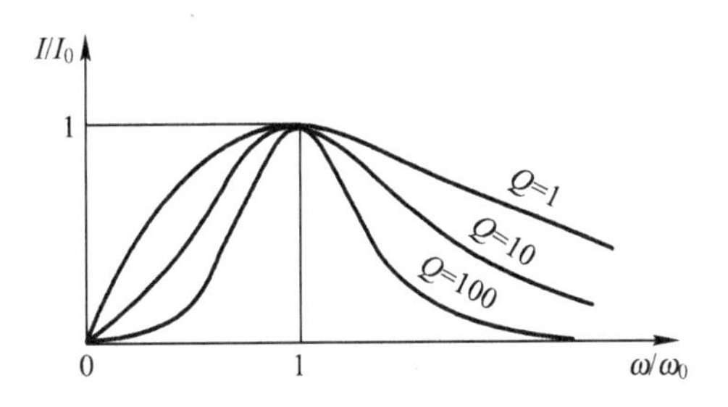

图 7－6　不同 Q 值的谐振曲线

$$I = \frac{U_S}{R\sqrt{1 + \left(\frac{\omega L}{R} - \frac{1}{\omega CR}\right)^2}} = \frac{I_0}{\sqrt{1 + Q^2\left(\frac{\omega}{\omega_0} - \frac{\omega_0}{\omega}\right)^2}}$$

即

$$\frac{I}{I_0} = \frac{1}{\sqrt{1 + Q^2\left(\frac{\omega}{\omega_0} - \frac{\omega_0}{\omega}\right)^2}} \tag{7-12}$$

以 I/I_0为纵坐标，ω/ω_0为横坐标，Q 为参变量，可以画出如图 7－6 所示的电流谐振曲线。由图 7－6 可见，Q 值越高，曲线越尖锐陡峭，ω/ω_0稍偏离 1，I/I_0就急剧下降，说明此时电路对非谐振频率信号抑制能力越强,即选择性越好;而 Q 值越低,曲线顶部越平缓,则选择性越差。由于 Q 值相同的任何 RLC 串联电路只有一条这样的曲线与之对应,故称这种曲线为通用谐振曲线(universal resonance curve)。

若令

$$\xi = \frac{X}{R} = Q\left(\frac{\omega}{\omega_0} - \frac{\omega_0}{\omega}\right) \tag{7-13}$$

则式(7-12)可以写成

$$\frac{I}{I_0} = \frac{1}{\sqrt{1+\xi^2}} \tag{7-14}$$

若以 ξ 为横坐标,I/I_0 为纵坐标,则可以画出如图 7-7 所示的谐振曲线,此曲线对所有的 RLC 串联电路都适用,也称为通用谐振曲线。由式(7-13)知,电路电抗与电阻的比值反映了电路失谐的程度,称为一般失谐。

电路中各元件电压的幅频特性为

$$U_R = IR = \frac{U_S}{\sqrt{1+Q^2\left(\frac{\omega}{\omega_0}-\frac{\omega_0}{\omega}\right)^2}}$$

$$U_L = X_L I = \frac{\omega L U_S}{R\sqrt{1+Q^2\left(\frac{\omega}{\omega_0}-\frac{\omega_0}{\omega}\right)^2}}$$

$$U_C = X_C I = \frac{U_S}{\omega CR\sqrt{1+Q^2\left(\frac{\omega}{\omega_0}-\frac{\omega_0}{\omega}\right)^2}}$$

各电压的谐振曲线分别画于图 7-8 中。其中,U_R 的曲线形状与 I 相同,峰值电压为 U_S,出现在 ω_0 处。而 U_L 和 U_C 峰值出现的角频率由数学推导可知

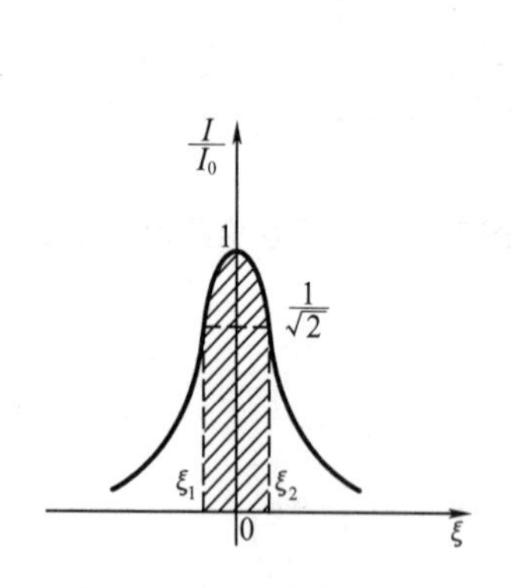

图 7-7 通用谐振曲线

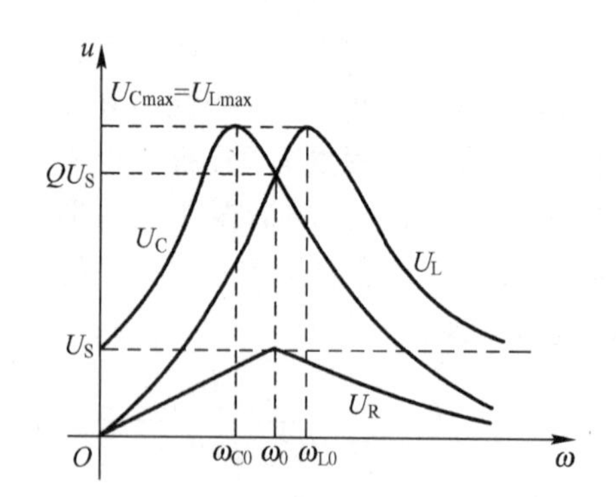

图 7-8 RLC 串联电路各元件电压的幅频特性曲线

$$\omega_{L0} = \frac{\omega_0}{\sqrt{1-\frac{1}{2Q^2}}}(>\omega_0);\ \omega_{C0} = \omega_0\sqrt{1-\frac{1}{2Q^2}}(<\omega_0)$$

峰值电压为 $$U_{\mathrm{Lmax}} = U_{\mathrm{Cmax}} = \frac{QU_{\mathrm{S}}}{\sqrt{1-\frac{1}{4Q^2}}}(>QU_{\mathrm{S}})$$

在 $\omega=\omega_0$ 处，$U_{\mathrm{L0}}=U_{\mathrm{C0}}=QU_{\mathrm{S}}$。$Q$ 值越大，ω_{L0} 和 ω_{C0} 越接近 ω_0，峰值电压越接近 QU_{S}。一般认为 $Q \geqslant 10$ 时：

$$\omega_{\mathrm{C0}} \approx \omega_0 \approx \omega_{\mathrm{L0}}$$

$$U_{\mathrm{Cmax}} = U_{\mathrm{Lmax}} \approx U_{\mathrm{C0}} = U_{\mathrm{L0}} = QU_{\mathrm{S}}$$

一个实际的电信号通常不是单一频率，而是以某一频率为中心占有一定的频带(frequency band)。要使这样一个信号在允许的失真(distortion)范围内完整的通过电路，就要求电路的谐振曲线具有相应的宽度。工程上认为，如果信号占有的频带在谐振曲线最大值 $1/\sqrt{2}$ 倍的两点之间(如图7－7阴影部分所示)，信号通过时的失真是可以允许的，所以这两点之间的频率范围称为谐振电路的通频带(pass band)。通频带的边界两点，对应信号最大功率的一半，称为半功率点。

由式(7－14)可知，通频带边界点频率满足

$$\frac{I}{I_0} = \frac{1}{\sqrt{1+\xi^2}} = \frac{1}{\sqrt{2}}$$

可以求得通频带的边界点 $$\xi = \pm 1$$

即通频带的上界为 $\xi_2=1$，下界为 $\xi_1=-1$，再由式(7－13)，可得

$$\xi_2 = Q\left(\frac{\omega_2}{\omega_0} - \frac{\omega_0}{\omega_2}\right) = 1$$

$$\xi_1 = Q\left(\frac{\omega_1}{\omega_0} - \frac{\omega_0}{\omega_1}\right) = -1$$

上两式中，ω_2 和 ω_1 分别为通频带的上限和下限角频率，也称为截至频率。在大多数实际电路中，ω_2、ω_1、ω_0 相差不大，因而有

$$\frac{1}{Q} = \frac{\omega_2}{\omega_0} - \frac{\omega_0}{\omega_2} = \frac{\omega_2^2-\omega_0^2}{\omega_0\omega_2} \approx \frac{2\omega_0(\omega_2-\omega_0)}{\omega_0^2} = \frac{2(\omega_2-\omega_0)}{\omega_0}$$

从而有

$$\omega_2 = \omega_0\left(1+\frac{1}{2Q}\right)$$

同理可得

$$\omega_1 = \omega_0\left(1-\frac{1}{2Q}\right)$$

电路的通频带即为

$$B_\omega = \omega_2 - \omega_1 = \frac{\omega_0}{Q} \quad 或 \quad B_f = f_2 - f_1 = \frac{f_0}{Q} \tag{7-15}$$

也可以写成 $$\frac{B_\omega}{\omega_0} = \frac{B_f}{f_0} = \frac{1}{Q} \tag{7-16}$$

式(7－15)表示电路的绝对通频带，式(7－16)表示电路的相对通频带。显然，电路的通频带与其 Q 值成反比。Q 值越大，谐振曲线越尖锐，通频带越窄；反之，Q 值越低，通频带就越宽。

综上所述,串联谐振电路的选择性和通频带是两个相互矛盾的指标。为提高电路的选择性,要尽可能提高 Q 值;为加宽电路的通频带,要适当降低 Q 值。实际应用中,要选择合适的 Q 值,做到两方面兼顾。

本节思考与练习

7.2节
思考与练习
参考答案

7-2-1 串联谐振回路的谐振频率 $f_0=7\times10^5$ Hz,回路中的电阻 $R=10\ \Omega$,要求回路的通频带 $B_\omega=10^4$ Hz,求回路的品质因数 Q、电感和电容值。

7-2-2 试画出题7-2-2图所示电路中电抗的特性曲线(即 $X_L(\omega)$、$X_C(\omega)$ 和 $X(\omega)$)。

7-2-3 试画出题7-2-3图所示电路中电感电压和电容电压随频率变化的特性曲线(即 $U_L(\omega)$ 和 $U_C(\omega)$)。

题7-2-2图　　**题7-2-3图**

7-2-4 RLC串联电路中,$R=1\ \Omega$,$L=0.01$ H,$C=1\ \mu$F。求:(1)输入阻抗与频率 ω 的关系;(2)画出阻抗的频率响应;(3)谐振频率 ω_0;(4)谐振电路的品质因数 Q;(5)通频带的宽度 B_ω。

7-2-5 RLC串联电路中,$L=50\ \mu$H,$C=100$ pF,$Q=70.17$,电源 $U_S=1$ mV。求电路的谐振频率 f_0、谐振的电容电压 U_C 和通频带 B_f。

7.3 并联电路的谐振

在RLC串联谐振电路中,电压源内阻与电路是串联的,在信号源内阻较小的情况下应用串联谐振电路较合适。当信号源内阻较大时,会使串联谐振电路的品质因数大大降低,从而使谐振电路的选择性变差。所以高内阻信号源一般采用并联谐振电路。

图7-9是一个由正弦电流源驱动的并联GCL网络。在实验室里使用很高输出阻抗的电流源来驱动电感和电容的并联电路时,图7-9所示电路就是一个很好的近似,其为正弦电流源激励下的GCL并联电路。现在就该电路的谐振条件及其特点分析如下。

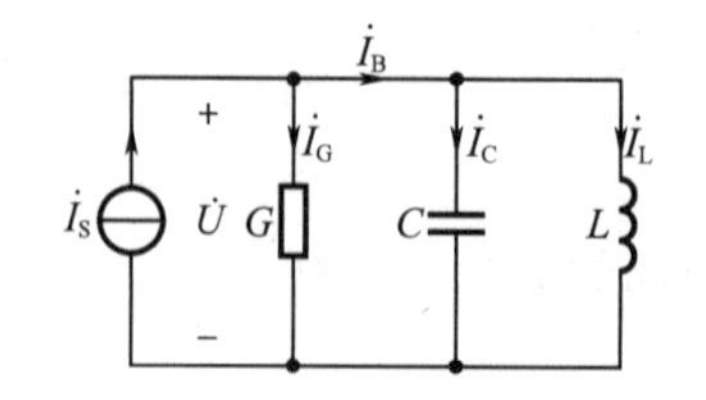

图7-9　理想并联谐振电路图

电路的复导纳为

$$Y=G+\mathrm{j}\left(\omega C-\frac{1}{\omega L}\right)=G+\mathrm{j}(B_C-B_L)=G+\mathrm{j}B \tag{7-17}$$

当满足条件

$$B = \omega C - \frac{1}{\omega L} = 0 \tag{7-18}$$

时，电路的复导纳为纯电导，电压与电流同相，并联电路发生谐振。由于这种谐振发生在 RLC 并联电路中，所以又称为并联谐振（parallel resonance）。式(7－18)就是并联电路发生谐振的条件，由上式可求得并联谐振角频率（resonance frequency）为

$$\omega_{\mathrm{p}} = \frac{1}{\sqrt{LC}} \tag{7-19}$$

和

$$f_{\mathrm{p}} = \frac{1}{2\pi\sqrt{LC}} \tag{7-20}$$

由式(7－19)与式(7－20)可见，GCL 并联电路的谐振频率也是由电路的自身参数决定的，且只与 L、C 有关，与 G 无关。

在 GCL 并联谐振电路中，将谐振时的容纳 $\omega_{\mathrm{p}}C$（或感纳 $\frac{1}{\omega_{\mathrm{p}}L}$）与电导 G 的比值，定义为 GCL 并联电路的品质因数（quality factor），用 Q_{p} 表示，即

$$Q_{\mathrm{p}} = \frac{\omega_{\mathrm{p}}C}{G} = \frac{1}{\omega_{\mathrm{p}}LG} = \frac{1}{G}\sqrt{\frac{C}{L}} \tag{7-21}$$

可见，电导 G 相对于谐振时的容纳（或感纳）越小，Q_{p} 就越大。Q_{p} 值的大小直接影响到并联谐振电路的性能。

谐振时，由于 $B=0$，因而电路的导纳最小，且为纯电导，即 $Y_{\mathrm{P}}=G$，此时阻抗最大。在输入的电流幅值保持不变的情况下，并联电路的电压在谐振时将达到最大。若电流源电流为 $\dot{I}_{\mathrm{S}}$，谐振时端电压为 $\dot{U}_{\mathrm{p}}$，则

$$\dot{U}_{\mathrm{p}} = \frac{\dot{I}_{\mathrm{S}}}{G}$$

此时电容支路电流为

$$\dot{I}_{\mathrm{Cp}} = \mathrm{j}\omega_{\mathrm{p}}C\dot{U}_{\mathrm{p}} = \mathrm{j}\frac{\omega_{\mathrm{p}}C}{G}\dot{I}_{\mathrm{S}} = \mathrm{j}Q_{\mathrm{p}}\dot{I}_{\mathrm{S}}$$

电感支路电流为

$$\dot{I}_{\mathrm{Lp}} = \frac{\dot{U}_{\mathrm{p}}}{\mathrm{j}\omega_{\mathrm{p}}L} = -\mathrm{j}\frac{1}{\omega_{\mathrm{p}}LG}\dot{I}_{\mathrm{S}} = -\mathrm{j}Q_{\mathrm{p}}\dot{I}_{\mathrm{S}}$$

电导支路电流为

$$\dot{I}_{\mathrm{Gp}} = G\dot{U}_{\mathrm{p}} = G\cdot\frac{\dot{I}_{\mathrm{S}}}{G} = \dot{I}_{\mathrm{S}}$$

可见，谐振时电容支路和电感支路的电流有效值相等，都等于电流源电流的 Q_{p} 倍；当 $Q_{\mathrm{p}}\gg 1$ 时，电容和电感中电流的数值将比电源电流大得多，因而并联谐振又称为电流谐振（current resonance）。由于电容电流和电感电流相位相反，所以从整个电路来看，两者相互抵消，总的电纳电流 $\dot{I}_{\mathrm{Bp}} = \dot{I}_{\mathrm{Cp}} + \dot{I}_{\mathrm{Lp}} = 0$。并联电路谐振时整个支路电流、电压相量关系图如图 7－10 所示。

不难看出，电流源激励下的 GCL 并联电路和电压源激励下的 RLC 串联电路互为对偶电路。将本节分析的 GCL 并联电路的谐振条件和谐振时电路的特点与 7.1 节分析的 RLC

串联谐振电路相对照,也可以看到,各个结论之间存在着对偶关系。

实际应用中常以电感线圈和电容器组成并联谐振电路。电感线圈考虑其损耗可用电感与电阻串联电路等效,而电容器的损耗很小,一般可略去不计,这样就得到了图7-11所示并联电路。对这一电路的谐振条件和谐振特点可直接分析如下。

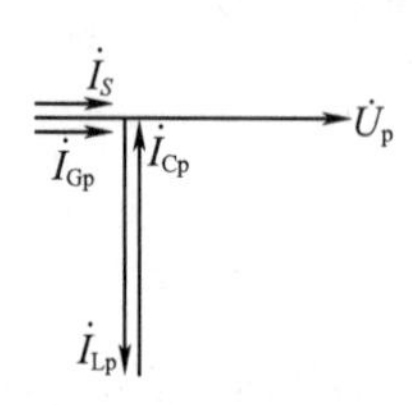

图7-10 理想并联谐振电路中电压电流相量图

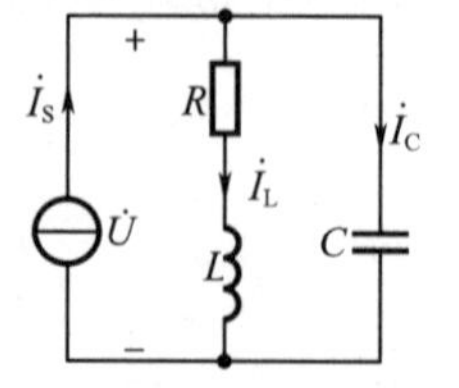

图7-11 实际并联谐振电路图

电路的复导纳为

$$Y = \frac{1}{R + j\omega L} + j\omega C = \frac{R}{R^2 + (\omega L)^2} + j\left(\omega C - \frac{\omega L}{R^2 + (\omega L)^2}\right) = G + jB \quad (7-22)$$

当满足条件

$$B = \omega C - \frac{\omega L}{R^2 + (\omega L)^2} = 0 \quad (7-23)$$

时,电路呈纯电导,电压和电流同相,电路发生谐振。由此可以求得电路的谐振角频率为

$$\omega_p = \sqrt{\frac{1}{LC} - \frac{R^2}{L^2}} = \frac{1}{\sqrt{LC}}\sqrt{1 - \frac{CR^2}{L}} \quad (7-24)$$

谐振频率为

$$f_p = \frac{1}{2\pi\sqrt{LC}}\sqrt{1 - \frac{CR^2}{L}} \quad (7-25)$$

由式(7-24)与式(7-25)可知,电路的谐振频率是由电路参数决定的,且不仅与L、C有关,还与线圈电阻R有关。此外,只有当$\left(1 - \frac{CR^2}{L}\right) > 0$,即$R < \sqrt{\frac{L}{C}}$时,$\omega_p$才是实数,电路才会发生谐振;如果$R > \sqrt{\frac{L}{C}}$则$\omega_p$是虚数,电路不会发生谐振。当$R \ll \sqrt{\frac{L}{C}}$时,式(7-24)与式(7-25)将简化为

$$\omega_p \approx \frac{1}{\sqrt{LC}}$$

$$f_p \approx \frac{1}{2\pi\sqrt{LC}}$$

实际电路一般都能满足这一条件,故常以上式近似计算图7-11电路的谐振频率。

谐振时$B=0$,电路的复导纳为纯电导,用G_p表示,为

$$G_p = Y_p = \frac{R}{R^2 + (\omega_p L)^2}$$

将

$$\omega_p = \frac{1}{\sqrt{LC}}\sqrt{1 - \frac{CR^2}{L}}$$

即

$$R^2 + (\omega_p L)^2 = \frac{L}{C}$$

代入第一个式子,可得

$$G_p = \frac{CR}{L} \tag{7-26}$$

如果用阻抗表示,则谐振时电路为纯电阻,记为R_p,有

$$R_p = \frac{L}{CR} \tag{7-27}$$

该式说明,当线圈电阻$R \ll \sqrt{\frac{L}{C}}$时,电路的电导将很小而电阻将很大,即电路在谐振时,将呈现为一个大电阻。若保持输入电流有效值不变。谐振时电路两端将呈现高电压。要注意的是,当电路参数一定,通过调节电源频率使电路达到谐振时,R_p并不是阻抗的最大值。由式(7-17)可看到,虽然在偏离ω_p时,复导纳的虚部将不为零,但复导纳的实部随着ω的增高而减小,所以在ω略高于谐振频率ω_p时。导纳将达到最小值,即阻抗将达到最大值。$\sqrt{\frac{L}{C}}$比R越大,阻抗最大值点越接近ω_p。

若外加电流源电流为$\dot{I}_S$,谐振时并联电路端电压为$\dot{U}_p$,则

$$\dot{U}_p = R_p\dot{I}_S = \frac{L}{CR}\dot{I}_S$$

谐振时两支路电流分别为

$$\dot{I}_{Cp} = j\omega_p C\dot{U}_P = j\omega_p C\frac{L}{CR}\dot{I}_S = j\frac{\omega_p L}{R}\dot{I}_S$$

$$\dot{I}_{Lp} = \dot{I}_S - \dot{I}_{Cp} = \dot{I}_S - j\omega_p\frac{L}{R}\dot{I}_S$$

当$R \ll \sqrt{\frac{L}{C}}$时,由于$\omega_p \approx \frac{1}{\sqrt{LC}}$,因而有$\omega_p L \approx \sqrt{\frac{L}{C}} \gg R$,故此时$\dot{I}_{Lp} \approx -j\omega_p\frac{L}{R}\dot{I}_S$,即有$I_{Lp} \approx I_{Cp} \gg I_S$,且两支路电流近似反相。

谐振时电压、电流相量图见图7-12。

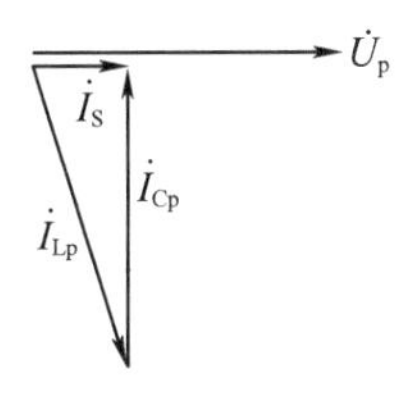

图7-12 实际并联谐振电路中电压电流相量关系图

本节思考与练习

7-3-1 求如题7-3-1图所示的并联电路的谐振角频率ω_0。

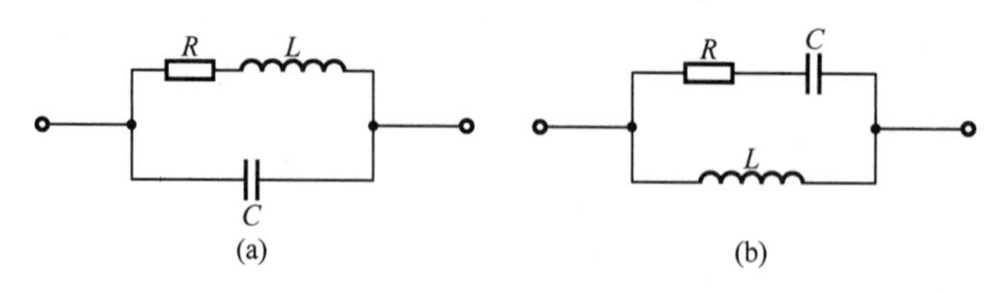

题7-3-1图

7-3-2 题7-3-2图所示GCL并联电路,若$I_S=1$ mA,$C=1\ 000$ pF,电路的品质因数$Q_p=60$,谐振角频率$\omega_p=10^6$ rad/s。(1)求电感L和电阻$R\left(R=\dfrac{1}{G}\right)$;(2)求谐振时的回路电压和各支路电流。

7-3-3 一个电感为25 mH,电阻为25 Ω的线圈和4 000 pF电容并联(题7-3-3图),外接正弦电流源$I_S=0.5$ mA,调节电源频率,使电路谐振。求谐振频率、谐振时电路的阻抗及电路端电压。

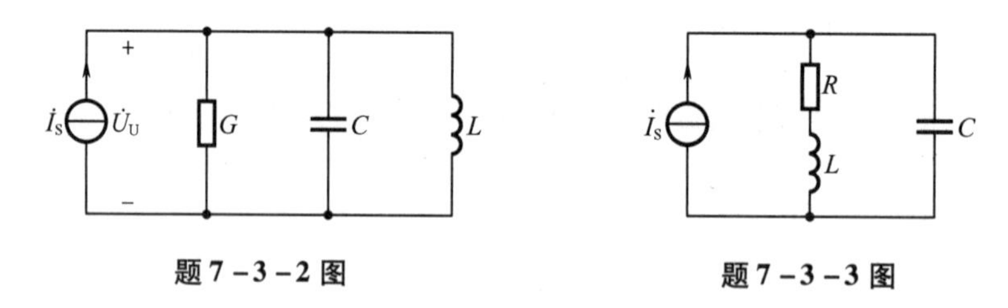

题7-3-2图　　题7-3-3图

7-3-4 题7-3-4图所示的电路在哪些频率是短路或开路?

7-3-5 题7-3-5图所示RLC串联电路中,$R=10\ \Omega$,$L=1$ H,端电压为100 V,电流为10 A。如果把R、L、C改成并连接到同一电源上,求并联各支路的电流。电源的频率为50 Hz。设$\dot{U}=100\angle 0°$ V。

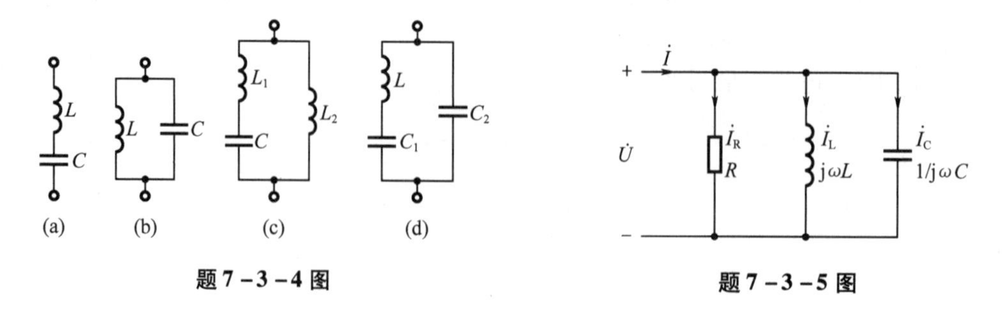

题7-3-4图　　题7-3-5图

7.4 互感耦合电路的谐振

除了串、并联谐振电路之外，电子技术中还广泛应用耦合谐振电路。互感耦合谐振电路就是其中常用的一种，图7－13是它的电路原理图。图7－13中接信号源的回路称为初级回路，信号源内阻已计入串联等效电阻 R_1 中；接负载的回路称为次级回路，负载电阻已计入串联等效电阻 R_2 中。

互感耦合谐振电路比串、并联电路的频率特性更接近实际情况：即在通频带内，谐振曲线比较平滑，相频特性也比较接近直线，因而信号传送过程中引起的失真较小；在通频带外，谐振曲线下降比较陡峭，对不需要的信号抑制能力较强。同时，互感耦合谐振电路还可以变换阻抗，使负载与信号源达到匹配。所以，互感耦合谐振电路是电子技术中最常用的电路之一，如收音机和电视机中的输入电路、高频和中频放大电路等多采用这种电路。

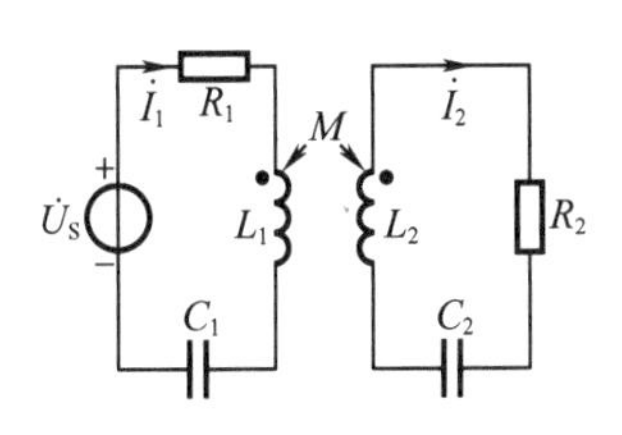

图7－13 互感耦合谐振电路原理图

实际中常用的互感耦合谐振电路是使 $R_1=R_2=R, L_1=L_2=L, C_1=C_2=C$。这种电路的两个单回路具有相同的谐振频率，而且具有相等的 Q 值，称为等振等 Q 双谐振回路。

互感耦合电路的谐振现象比较复杂。为简单起见，本节将从一般分析入手，首先讨论两回路同时谐振的全谐振；然后讨论等振等 Q 双谐振回路的谐振，主要讨论复谐振情况，以及等振等 Q 双谐振回路的谐振曲线。

所谓复谐振是指在电源频率固定不变的情况下，保持次级回路不变，调节初级回路中的电容和电感，使得次级耦合线圈耦合到初级线圈的虚部为零。此时，耦合后的实部与原初级线圈的等效电阻值相等。这种状态是初级部分谐振中的最佳谐振，又称复谐振。

对图7－13所示电路，考虑到反映阻抗，初级回路等效复阻抗为

$$\begin{aligned}Z_1&=Z_{11}+Z_1'\\&=R_1+\mathrm{j}X_1+\frac{X_M^2}{R_2^2+X_2^2}R_2-\mathrm{j}\frac{X_M^2}{R_2^2+X_2^2}X_2\\&=R_1+\frac{X_M^2}{R_2^2+X_2^2}R_2+\mathrm{j}\left(X_1-\frac{X_M^2}{R_2^2+X_2^2}X_2\right)\end{aligned}$$

当满足条件

$$X_1-\frac{X_M^2}{R_2^2+X_2^2}X_2=0 \tag{7-28}$$

时，呈纯电阻，电路发生谐振。

如果两单回路各自的串联谐振角频率相等，即

$$\omega_{10}=\frac{1}{\sqrt{L_1C_1}}=\omega_{20}=\frac{1}{\sqrt{L_2C_2}}$$

则当信号源角频率为 $\omega_0=\omega_{10}=\omega_{20}$ 时，将有

$$X_1=X_2=0$$

此时,各回路自身均发生串联谐振,同时,式(7-28)成立,整个电路也发生谐振。这种情况称为全谐振。

全谐振时,由于 $X_1=X_2=0$,故两回路的自阻抗均为纯电阻,即

$$Z_{11}=R_1 \qquad Z_{22}=R_2$$

两回路的反映阻抗也都是纯电阻,即

$$Z_1'=\frac{X_M^2}{Z_{22}}=\frac{X_M^2}{R_2} \qquad Z_2'=\frac{X_M^2}{Z_{11}}=\frac{X_M^2}{R_1}$$

这样,两回路电流分别为

$$\dot{I}_1=\frac{\dot{U}_S}{Z_{11}+Z_1'}=\frac{\dot{U}_S}{R_1+\dfrac{X_M^2}{R_2}}=\frac{R_2\dot{U}_S}{R_1R_2+X_M^2} \tag{7-29}$$

$$\dot{I}_2=\frac{jX_M\dfrac{\dot{U}_S}{Z_{11}}}{Z_{22}+Z_2'}=\frac{jX_M\dfrac{\dot{U}_S}{R_1}}{R_2+\dfrac{X_M^2}{R_1}}=\frac{jX_M\dot{U}_S}{R_1R_2+X_M^2} \tag{7-30}$$

由式可见,全谐振时两回路电流有90°的相位差。

在全谐振的基础上,进一步调节电容电感数值,使反映电阻 R_1' 与初级回路自电阻 R_1 相等,即

$$R_1'=\frac{X_M^2}{R_2}=R_1$$

则电路达到匹配,R_1' 将获最大功率,即次级回路将获最大功率,为

$$P_{2\max}=R_2I_2^2=R_1'I_2^2=R_1\left(\frac{U_S}{2R_1}\right)^2=\frac{U_S^2}{4R_1}$$

与此同时,次级电流也将达到可能达到的最大值,记为 $I_{2\max}$,由上式可求得

$$I_{2\max}=\sqrt{\frac{U_S^2}{4R_1R_2}}=\frac{U_S}{2\sqrt{R_1R_2}}$$

此时耦合电抗 $X_M=\sqrt{R_1R_2}$,将其代入式(7-30),也可求得次级电流

$$\dot{I}_2=\frac{j\dot{U}_S}{2\sqrt{R_1R_2}}=\dot{I}_{2\max} \tag{7-31}$$

进一步的分析指出,$X_M=\sqrt{R_1R_2}$ 是互感耦合电路获得最大功率传输的最小耦合电抗,称为临界耦合电抗。具有临界耦合电抗的全谐振,称为临界耦合下的全谐振。

临界耦合电抗常用 X_{MC} 表示,即

$$X_{MC}=\sqrt{R_1R_2} \tag{7-32}$$

相应地有临界耦合互感

$$M_C=\frac{X_{MC}}{\omega}=\frac{\sqrt{R_1R_2}}{\omega} \tag{7-33}$$

及临界耦合系数

$$k_C = \frac{M_C}{\sqrt{L_1L_2}} = \frac{X_{MC}}{\sqrt{\omega L_1 \omega L_2}} = \frac{\sqrt{R_1R_2}}{\sqrt{\omega L_1 \omega L_2}} = \frac{1}{\sqrt{\frac{\omega L_1}{R_1} \cdot \frac{\omega L_2}{R_2}}}$$

由于耦合电路正常工作时,信号源包含的频率在谐振频率附近,因而有

$$\frac{\omega L_1}{R_1} \approx \frac{\omega_0 L_1}{R_1} = Q_1$$

$$\frac{\omega L_2}{R_2} \approx \frac{\omega_0 L_2}{R_2} = Q_2$$

从而有

$$k_C \approx \frac{1}{\sqrt{Q_1Q_2}} \tag{7-34}$$

右初、次级回路的品质因数相等,$Q_1 = Q_2 = Q$,则

$$k_C \approx \frac{1}{Q}$$

在实际电路中,两个回路的品质因数一般都较大,故耦合电路的临界耦合系数通常是很小的。

耦合系数与临界耦合系数之比,称为耦合因数,用 A 表示,即

$$A = \frac{k}{k_C} \tag{7-35}$$

式中,A 是表示两个回路耦合强弱的一个重要参数。$A<1$(即 $k<k_C$)时,称之为弱耦合;$A>1$(即 $k>k_C$)时称为强耦合;$A=l$(即 $k=k_C$)时称为临界耦合。

全谐振时,由于各回路的电抗都等于零,整个电路处于谐振状态,所以各回路电流都达到相应条件下的最大值。在 $A<l$ 和 $A>1$ 时,虽然电路发生谐振,但未达到匹配,所以次级电流均小于可能达到的最大值 I_{2max}。只有临界耦合下的全谐振,电路匹配,次级电流才为 I_{2max}。全谐振时次级电流和耦合系数的关系见图7-14。

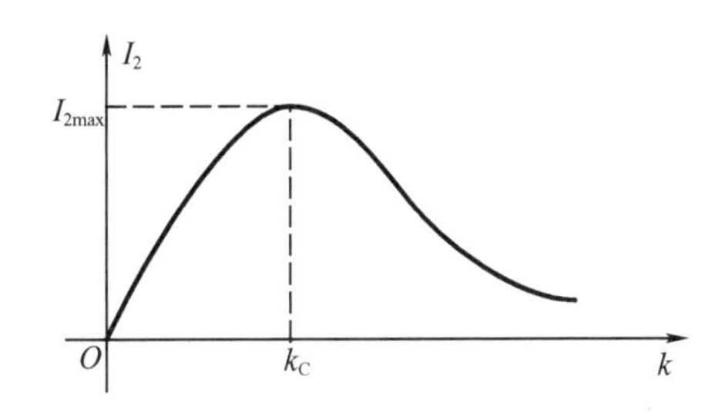

图7-14 全谐振时次级电流和耦合系数的关系

现在讨论等振等 Q 双谐振回路的谐振情况。

首先,当信号源角频率为 $\omega = \omega_0 = \frac{1}{\sqrt{LC}}$ 时,两回路电抗均为零,即 $X_1 = X_2 = 0$,电路发生全谐振。此外,由于电路中 $X_1 = X_2 = X$,故由谐振条件式(7-28)可知,当满足条件

$$\frac{X_M^2}{R^2 + X^2} = 1$$

时,电路也将发生谐振。由此可求得电路 ω_0 以外的谐振角频率,过程如下:

由上式可得

$$X_M^2 = R^2 + X^2 = R^2 + \left(\omega L - \frac{1}{\omega C}\right)^2 = R^2 + \omega^2 L^2 \left(1 - \frac{1}{\omega^2 LC}\right)^2$$

由式(7－33)可知,此时 $R = X_{MC} = \omega M_C$,此外还有 $X_M = \omega M$,$\omega_0 = \dfrac{1}{\sqrt{LC}}$,将它们分别代入上式,得

$$\omega^2 M^2 = \omega^2 M_C^2 + \omega^2 L^2 \left(1 - \frac{\omega_0^2}{\omega^2}\right)^2$$

消去 ω^2,并将 $M = k\sqrt{L_1 L_2} = kL$,$M_C = k_C L$ 进一步代入上式并化简,得到

$$k^2 = k_C^2 + \left(1 - \frac{\omega_0^2}{\omega^2}\right)^2$$

由此解得

$$\omega_{a,b} = \frac{\omega_0}{\sqrt{1 \pm \sqrt{k^2 - k_C^2}}} \tag{7-36}$$

或

$$f_{a,b} = \frac{f_0}{\sqrt{1 \pm \sqrt{k^2 - k_C^2}}} \tag{7-37}$$

从上式可以看出,当 $k < k_C$ 即弱耦合时,$\sqrt{k^2 - k_C^2}$ 为虚数,f_a 和 f_b 不存在,即电路只有一个谐振频率 $f_0 = \dfrac{1}{2\pi\sqrt{LC}}$,电路处于全谐振状态。当 $k > k_C$,即强耦合时,电路存在着除 f_0 以外的另两个谐振频率 f_a 和 f_b。其中,$f_a < f_0$,$f_b > f_0$,且 k 比 k_C 越大,f_a 和 f_b 偏离 f_0 的程度越大。谐振频率和耦合系数的关系如图 7－15 所示。

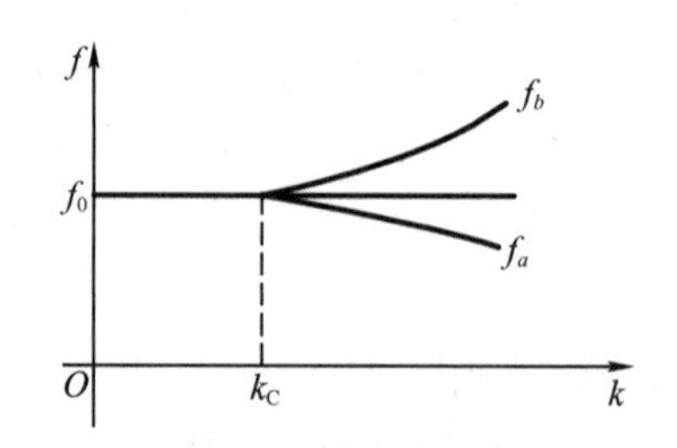

图 7－15 谐振频率和耦合系数的关系

当 $f = f_a$ 或 f_b 时,各个单回路自身并不对信号源谐振,两个回路本身或者都处于容性失谐,或者都处于感性失谐。但考虑到反映阻抗,初级和次级等效电路都处于谐振状态,整个电路对信号源是谐振的,而且次级对初级的反映电阻

$$R_1' = \frac{X_M^2}{R_2^2 + X_2^2} \qquad R_2 = \frac{X_M^2}{R^2 + X^2} R$$

由于此时有 $\dfrac{X_M^2}{R^2 + X^2} = 1$,故 $R_1' = R$,即电路达到匹配,我们称电路此时处于复谐振状态。此时,次级电流达到可能的最大值 $I_{2\max}$。

下面推导等振等 Q 双谐振回路的次级电流 $\dot{I}_2$ 的频率特性,并讨论其谐振曲线,与单谐振回路进行比较。

图 7－13 电路中,当 $R_1 = R_2 = R$,$L_1 = L_2 = L$,$C_1 = C_2 = C$ 时,有

$$\dot{I}_2 = \frac{\mathrm{j}X_M \dfrac{\dot{U}_S}{Z_{11}}}{Z_{22} + \dfrac{X_M^2}{Z_{11}}} = \frac{\mathrm{j}X_M \dot{U}_S}{Z_{11} Z_{22} + X_M^2} = \frac{\mathrm{j}X_M \dot{U}_S}{(R + \mathrm{j}X)^2 + X_M^2}$$

$$= \frac{\mathrm{j}X_M \dot{U}_S}{R^2 \left(1 + \mathrm{j}\dfrac{X}{R}\right)^2 + X_M^2}$$

应用一般失谐
$$\xi = \frac{X}{R}$$

及
$$A = \frac{k}{k_C} = \frac{\frac{M}{L}}{\frac{M_C}{L}} = \frac{M}{M_C} = \frac{X_M}{X_{MC}} = \frac{X_M}{R}$$

可将 $\dot{I}_2$ 化简为

$$\dot{I}_2 = \frac{jAR\dot{U}_S}{R^2(1+j\xi)^2 + A^2R^2} = \frac{jA\frac{\dot{U}_S}{R}}{(1+j\xi)^2 + A^2}$$

由式(7－31),可将上式进一步化简为

$$\dot{I}_2 = \frac{2A\dot{I}_{2max}}{1-\xi^2+A^2+j2\xi}$$

即
$$\frac{\dot{I}_2}{\dot{I}_{2max}} = \frac{2A}{1-\xi^2+A^2+j2\xi} = \frac{2A}{\sqrt{(1-\xi^2+A^2)^2+4\xi^2}}\angle -\varphi$$

或
$$\frac{I_2}{I_{2max}} = \frac{2A}{\sqrt{(1-\xi^2+A^2)^2+4\xi^2}} \tag{7-38}$$

$$\varphi = \arctan\frac{2\varepsilon}{1-\xi^2+A^2} \tag{7-39}$$

式(7－38)和式(7－39)分别为次级电流的幅频特性和相频特性,其中 φ 是次级电流 $\dot{I}_2$ 落后于临界耦合下全谐振时的电流 $\dot{I}_{2max}$ 的相位差。

图7－16是根据式(7－38)画出的以 A 为参变量的一组谐振曲线。

在 $A<1$ 即弱耦合的情况下,曲线为单峰,峰点在 $\xi=0$(即 $f=f_0$)处,峰值为 $\frac{I_2}{I_{2max}}=\frac{2A}{1+A^2}<1$,峰点对应于弱耦合下的全谐振状态。耦合越弱($A$ 越小),峰值越低,谐振曲线越尖锐。这种情况在实际中很少应用。

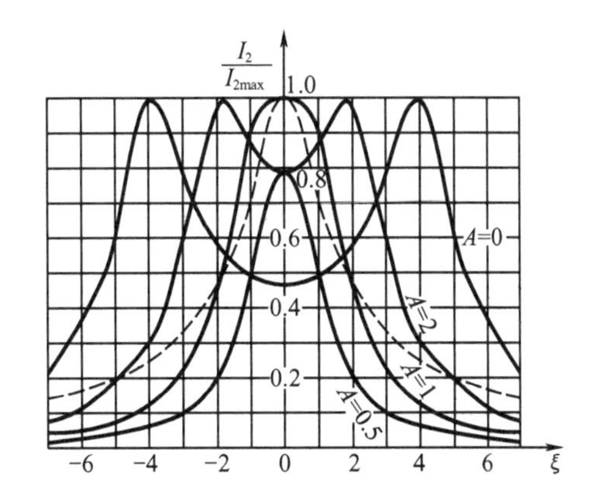

图7－16　A 为参变量的谐振曲线

逐渐增强耦合,峰值逐渐增高,在 $A=1$ 即达临界耦合 $\xi=0$ (即 $f=f_0$)处,曲线仍为单峰,峰点仍在 $\xi=0$ (即 $f=f_0$)处,峰值为 $\frac{I_2}{I_{2max}}=1$,峰点对应于电路在临界耦合下的全谐振状态。谐振曲线与具有相同 Q 值的单谐振回路的谐振曲线(图中用虚线表示)比较,峰顶较为平坦,曲线两侧下降比较陡峭,通频带可达相同 Q 值单谐振回路通频带的1.4倍。

继续加强耦合,当 $A>1$ 即达强耦合时,在 $\xi=0$ (即 $f=f_0$)处,峰值下跌变成谷值,为 $\frac{I_2}{I_{2max}}=\frac{2A}{1+A^2}<1$,而在 $\xi=\pm\sqrt{A^2-1}$ 处出现双峰,双峰值均为 $\frac{I_2}{I_{2max}}=1$。A 越大,谷值越低,双

峰距离越远,但峰值保持不变。双峰所在点对应于电路的复谐振状态,左边峰值对应f_a点,右边峰值对应f_b点。由于要保证通频带内谐振曲线幅值不小于$1/\sqrt{2}$,可计算出当$A=2.414$时,$\xi=0$处的谷值为$\frac{1}{\sqrt{2}}=0.707$;此时,互感耦合双谐振回路获得最大通频带,是相同Q值单谐振回路的3.1倍。

实际应用时,为使通频带内比较平坦,通常调节至A略大于1。此时,次级电流谐振曲线比单谐振回路的谐振曲线更接近理想状况,即通频带内曲线较为平坦,通频带外曲线下降陡峭;相频特性曲线的直线部分范围较宽,电路传送有用信号、抑制无用信号的性能较好。

本节思考与练习

7.4节
思考与练习
参考答案

7-4-1　题7-4-1图所示耦合谐振电路中,已知信号源电压$U_S=1$ V,角频率$\omega=10^6$ rad/s,两电感$L_1=L_2=200$ μH,初、次级回路品质因数$Q_1=Q_2=50$,调节C_1、C_2和M,使电路处于临界耦合下的全谐振,求(1) C_1、C_2和M的值;(2)次级最大电流I_{2max}。

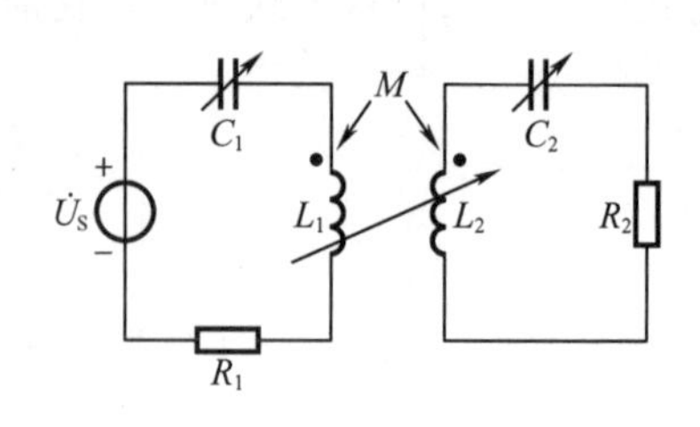

题7-4-1图

7-4-2　题7-4-2图所示耦合谐振电路中,已知$L_1=L_2=0.2$ mH,$C_1=C_2=800$ pF,$R_1=R_2=10$ Ω,互感M可调。(1)欲使电路发生临界耦合下的全谐振,M应为多少?(2)若信号源角频率$\omega=2.75\times10^6$ rad/s,欲使电路谐振,M应为多少?

7-4-3　题7-4-3图所示电路中,已知$L_1=200$ μH, $L_2=800$ μH, $R_1=20$ Ω,$R_2=80$ Ω,$M=4$ μH,电源角频率$\omega_0=10^7$ rad/s,电压源$U_S=40$ mV。调节C_1和C_2使电路处于全谐振,试求:电容C_1和C_2的值。

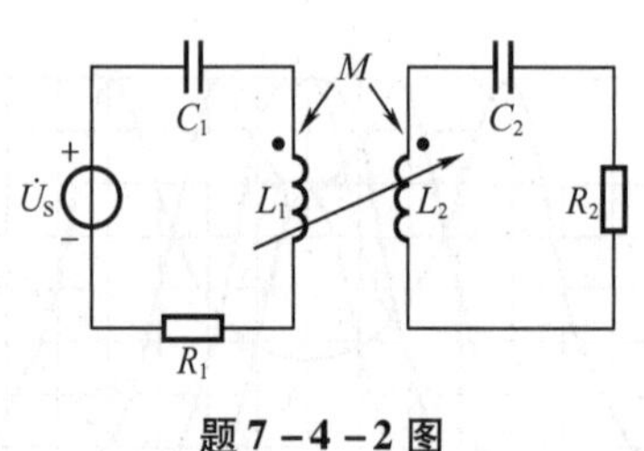

题7-4-2图

题7-4-3图

本章习题

第7章
习题参考答案

7-1　题7-1图所示RLC串联电路中,已知电源电压$U_S=1$ V,$\omega=4\,000$ rad/s,调节电容C使毫安表读数最大,为250 mA,此时电压表测得电容电压有效值为50 V。求R、L、C值及电路Q值。

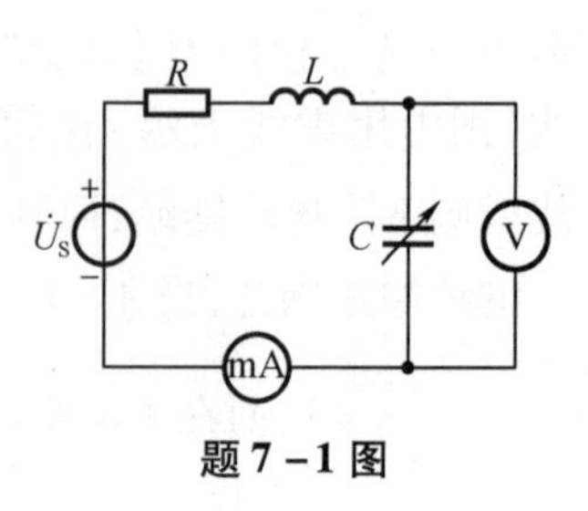

题7-1图

7-2　题7-2图所示电路中,已知$L_1=0.01$ H,

$L_2=0.02\ \text{H}$，$M=0.01\ \text{H}$，$R_1=5\ \Omega$，$R_2=10\ \Omega$，$C=20\ \mu\text{F}$，试求当两线圈顺联和逆联时的谐振角频率 ω_0；若是在这两种情况下，外加电压均为 $U=6\ \text{V}$，试求两线圈上的电压 U_1 与 U_2。

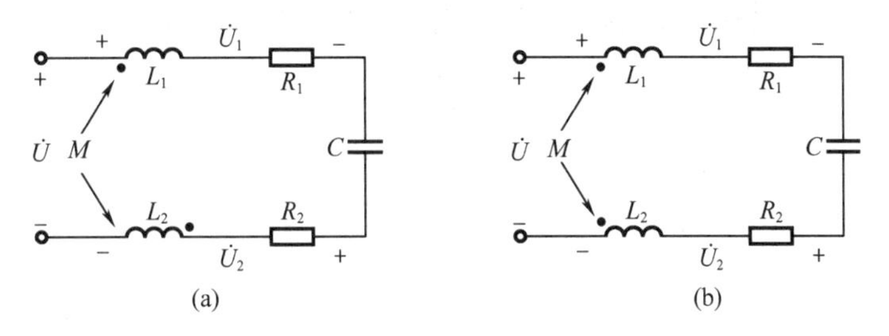

题 7－2 图

7－3　一 RLC 串联电路，接于频率可调的正弦电源上，电源电压保持为 10 V，当频率为 500 Hz 时，电流为 10 mA，当频率为 1 000 Hz 时，电流最大为 60 mA，求：(1)R、L 和 C 值；(2)谐振时电容两端电压 U_C。

7－4　求下列电路的谐振角频率，并讨论发生谐振的条件。

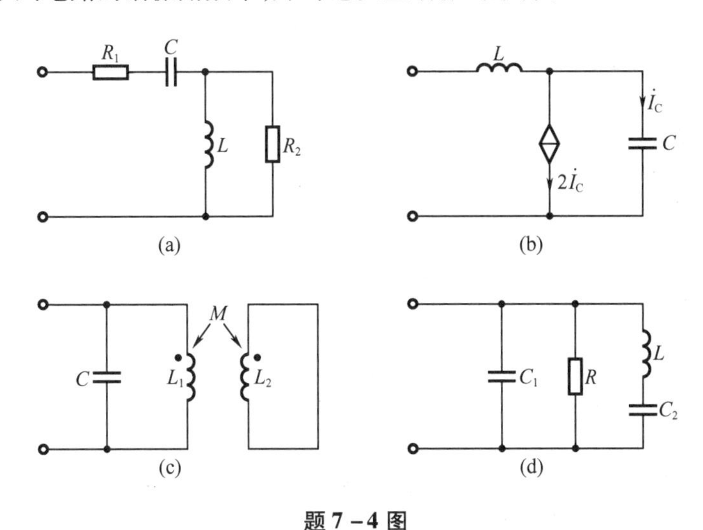

题 7－4 图

7－5　已知图示电路处于谐振状态。$u_S=240\sqrt{2}\cos 5\ 000t\ \text{V}$，$R_1=R_2=200\ \Omega$，$L=40\ \text{mH}$。求 i_1、i_L、i_2、i_C。

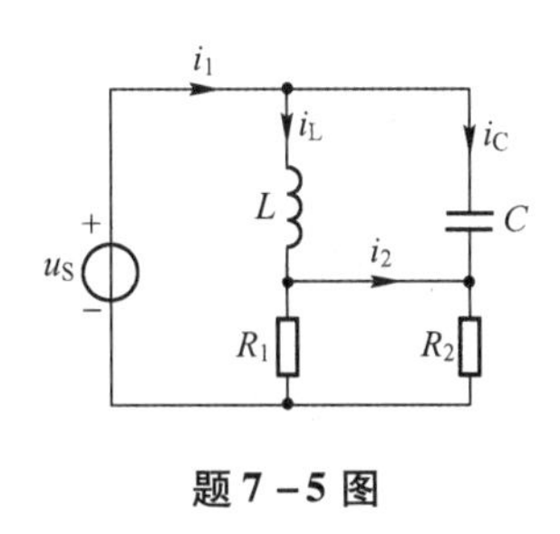

题 7－5 图

第8章　非正弦周期电路

在工程实际中，经常遇到不按正弦规律变动的电压和电流，称为非正弦电压和电流。图8-1给出了几种常见的非正弦电压、电流的波形，它们都是周期性变动的，称为非正弦周期电压和电流。

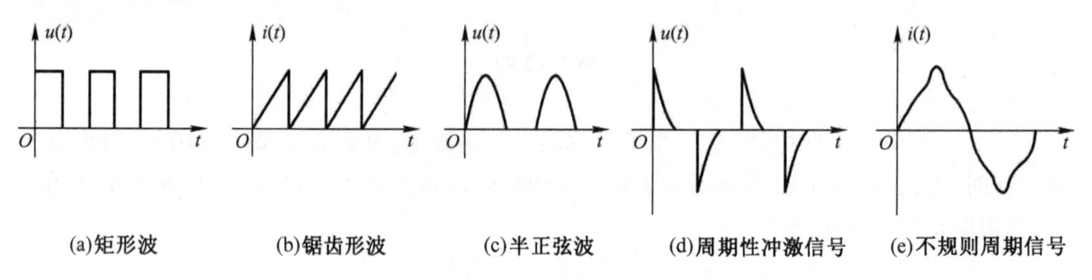

(a)矩形波　(b)锯齿形波　(c)半正弦波　(d)周期性冲激信号　(e)不规则周期信号

图8-1　非正弦周期电压、电流波形

本章介绍了非正弦周期激励的稳态响应，包括非正弦周期号的分解，非正弦周期信号的有效值，非正弦周期电路的功率，非正弦电路的谐波分析法。

8.1　周期函数的傅里叶级数展开式

若周期函数$f(t)$满足狄里赫利条件，即$f(t)$在周期T内连续，或具有有限个第一类间断点及有限个极大值和极小值，则$f(t)$可以展开为一个收敛的傅里叶级数(Fourier series)：

$$f(t)=\frac{a_0}{2}+\sum_{k=1}^{\infty}(a_k\cos k\omega t+b_k\sin k\omega t) \tag{8-1}$$

式中，$\omega=\dfrac{2\pi}{T}$，各系数可按下列公式求得：

$$\begin{cases}a_0=\dfrac{2}{T}\displaystyle\int_0^T f(t)\mathrm{d}t=\dfrac{2}{T}\int_{-\frac{T}{2}}^{\frac{T}{2}}f(t)\mathrm{d}t\\ a_k=\dfrac{2}{T}\displaystyle\int_0^T f(t)\cos k\omega t\mathrm{d}t=\dfrac{2}{T}\int_{-\frac{T}{2}}^{\frac{T}{2}}f(t)\cos k\omega t\mathrm{d}t\\ \quad=\dfrac{1}{\pi}\displaystyle\int_0^{2\pi}f(t)\cos k\omega t\mathrm{d}\omega t=\dfrac{1}{\pi}\int_{-\pi}^{\pi}f(t)\cos k\omega t\mathrm{d}\omega t\\ b_k=\dfrac{2}{T}\displaystyle\int_0^T f(t)\sin k\omega t\mathrm{d}t=\dfrac{2}{T}\int_{-\frac{T}{2}}^{\frac{T}{2}}f(t)\sin k\omega t\mathrm{d}t\\ \quad=\dfrac{1}{\pi}\displaystyle\int_0^{2\pi}f(t)\sin k\omega t\mathrm{d}\omega t=\dfrac{1}{\pi}\int_{-\pi}^{\pi}f(t)\sin k\omega t\mathrm{d}\omega t\end{cases} \tag{8-2}$$

式中，$k=1,2,\cdots$

若将常数项$\frac{a_0}{2}$用 A_0 表示,将同频率的余弦项 $a_k\cos k\omega t$ 与正弦项 $b_k\sin k\omega t$ 合并,则式(8-1)又可写成

$$f(t) = A_0 + \sum_{k=1}^{\infty} A_{km}\cos(k\omega t + \psi_k) \tag{8-3}$$

式中

$$A_0 = \frac{a_0}{2}$$

$$A_{km} = \sqrt{a_k^2 + b_k^2}$$

$$\psi_k = -\arctan\frac{b_k}{a_k}$$

式(8-3)是$f(t)$的傅里叶展开式的另一种表达形式。其中 A_0 为$f(t)$在一个周期内的平均值,称为$f(t)$的恒定分量或直流分量(DC component);$A_{km}\cos(k\omega t+\psi_k)$称为$f(t)$的 k 次谐波(harmonic),A_{km}为 k 次谐波的振幅,ψ_k 为 k 次谐波的初相。$k=1$ 时为一次谐波,也称基波(fundamental wave),其频率与周期函数$f(t)$的频率相同;$k=2$ 以上的谐波统称为高次谐波(high-order harmonic),k 为奇数时称为奇次谐波,k 为偶数时称为偶次谐波。把一个周期函数$f(t)$展开或分解成式(8-3)的形式又称谐波分析(harmonic analysis)。

例 8-1　求图 8-2 所示周期性方波电压的傅里叶展开式。

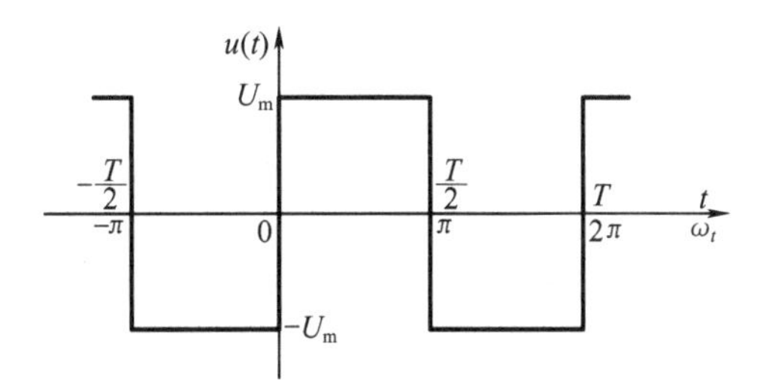

图 8-2

解　(1)写出 $u(t)$的表达式。$u(t)$在一个周期内的表达式为

$$u(t) = \begin{cases} U_m & \left(0 < t < \frac{T}{2}\right) \\ -U_m & \left(\frac{T}{2} < t < T\right) \end{cases}$$

(2)由式(8-2)求傅里叶展开式中各系数:

$$a_0 = \frac{2}{T}\int_0^T u(t)\,dt = \frac{2}{T}\left[\int_0^{\frac{T}{2}} U_m dt + \int_{\frac{T}{2}}^T (-U_m)\,dt\right] = 0$$

$$a_k = \frac{1}{\pi}\int_0^{2\pi} u(t)\cos k\omega t\,d\omega t = \frac{1}{\pi}\left[\int_0^{\pi} U_m\cos k\omega t\,d\omega t + \int_{\pi}^{2\pi}(-U_m)\cos k\omega t\,d\omega t\right]$$

$$= \frac{U_m}{k\pi}\sin k\omega t\Big|_0^{\pi} - \frac{U_m}{k\pi}\sin k\omega t\Big|_{\pi}^{2\pi} = 0$$

$$b_k = \frac{1}{\pi}\int_0^{2\pi} u(t)\sin k\omega t\,d\omega t = \frac{1}{\pi}\left[\int_0^{\pi} U_m\sin k\omega t\,d\omega t + \int_{\pi}^{2\pi}(-U_m)\sin k\omega t\,d\omega t\right]$$

$$= -\frac{U_m}{k\pi}\cos k\omega t\Big|_0^{\pi} + \frac{U_m}{k\pi}\cos k\omega t\Big|_{\pi}^{2\pi}$$

$$= \frac{2U_m}{k\pi}(1-\cos k\pi) = \begin{cases} \frac{4U_m}{k\pi} & (k\text{ 为奇数}) \\ 0 & (k\text{ 为偶数}) \end{cases}$$

(3)由式(8－1)可得周期性方波电压的傅里叶展开式为

$$u(t)=\frac{4U_m}{\pi}\left(\sin\omega t+\frac{1}{3}\sin 3\omega t+\frac{1}{5}\sin 5\omega t+\cdots\right)$$

对于例 8－1,如果将其傅里叶展开式中的各次谐波都画出来,再把它们相加,就可得到原来的方波。图 8－3 画出了谐波合成的结果,其中图 8－3(a)取到三次谐波,图 8－3(b)取到五次谐波,而图 8－3(c)取到十一次谐波。显然,谐波分量取得越多,合成结果就越接近原来的方波。

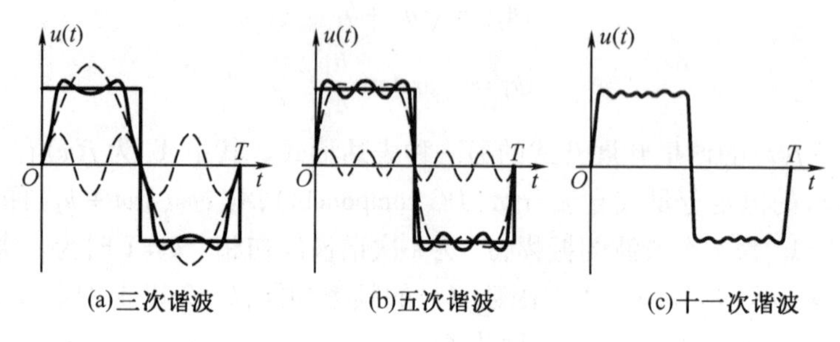

图 8－3　方波的合成

非正弦波往往具有某种对称性,利用对称性可简化傅里叶系数的计算量。具体有以下三种情况:

(1)波形对称于纵轴,即 $f(t)$ 为偶函数(even function),$f(-t)=f(t)$,如图 8－4 所示。由于

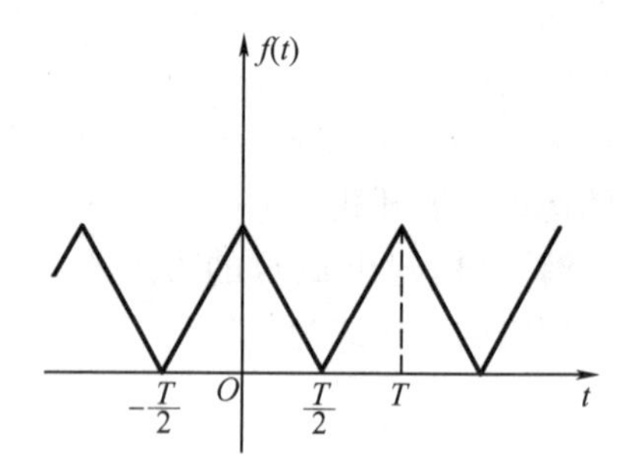

图 8－4　偶函数的波形

$$f(t)=\frac{a_0}{2}+\sum_{k=1}^{\infty}(a_k\cos k\omega t+b_k\sin k\omega t)$$

而

$$(-t)=\frac{a_0}{2}+\sum_{k=1}^{\infty}[a_k\cos(-k\omega t)+b_k\sin(k\omega t)]$$

$$=\frac{a_0}{2}+\sum_{k=1}^{\infty}(a_k\cos k\omega t-b_k\sin k\omega t)$$

要满足

$$f(-t)=f(t)$$

必须有

$$b_k=0 \qquad (8-4)$$

式(8－4)表明,一个偶函数分解为傅里叶级数时,只含有恒定分量和余弦项,而不含正弦项。其傅里叶系数

$$a_k=\frac{4}{T}\int_0^{\frac{T}{2}}f(t)\cos k\omega t\mathrm{d}t=\frac{2}{\pi}\int_0^{\pi}f(t)\cos k\omega t\mathrm{d}\omega t \qquad (8-5)$$

(2)波形对称于原点,即 $f(t)$ 为奇函数(odd function),$f(-t)=-f(t)$,如图 8－5 所示。由于

$$f(t)=\frac{a_0}{2}+\sum_{k=1}^{\infty}(a_k\cos k\omega t+b_k\sin k\omega t)$$

且

$$f(-t)=\frac{a_0}{2}+\sum_{k=1}^{\infty}(a_k\cos k\omega t-b_k\sin k\omega t)$$

要满足

$$f(-t)=-f(t)$$

必须

$$a_0=a_k=0 \qquad (8-6)$$

式(8-6)表明,一个奇函数分解为傅里叶级数时,只含有正弦项,而不含有恒定分量和余弦项。其傅里叶系数为

$$b_k = \frac{2}{\pi}\int_0^{\pi} f(t)\sin k\omega t\mathrm{d}\omega t \qquad (8-7)$$

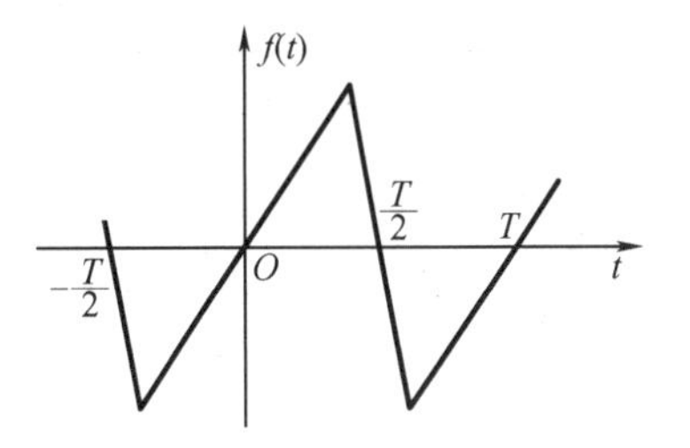

图 8-5　奇函数的波形

(3)波形具有镜像对称性,将波形移动半个周期所得到的波形与原波形对称于横轴,即 $f(t)$ 为奇谐波函数(odd harmonic function),即 $f\left(t \pm \frac{T}{2}\right) = -f(t)$,如图 8-6 所示。由于

$$f\left(t \pm \frac{T}{2}\right) = \frac{a_0}{2} + \sum_{k=1}^{\infty}\left[a_k\cos k\omega\left(t \pm \frac{T}{2}\right) + b_k\sin k\omega\left(t \pm \frac{T}{2}\right)\right]$$

$$= \frac{a_0}{2} + \sum_{k=1}^{\infty}\left[a_k\cos(k\omega t \pm k\pi) + b_k\sin(k\omega t \pm k\pi)\right]$$

而

$$-f(t) = -\frac{a_0}{2} - \sum_{k=1}^{\infty}(a_k\cos k\omega t + b_k\sin k\omega t)$$

要满足

$$f\left(t \pm \frac{T}{2}\right) = -f(t)$$

必须有

$$a_0 = 0 \qquad a_2 = a_4 = \cdots = 0 \qquad b_2 = b_4 = \cdots = 0$$

即

$$a_0 = a_{2q} = b_{2q} = 0 \quad (q = 1,2,\cdots) \qquad (8-9)$$

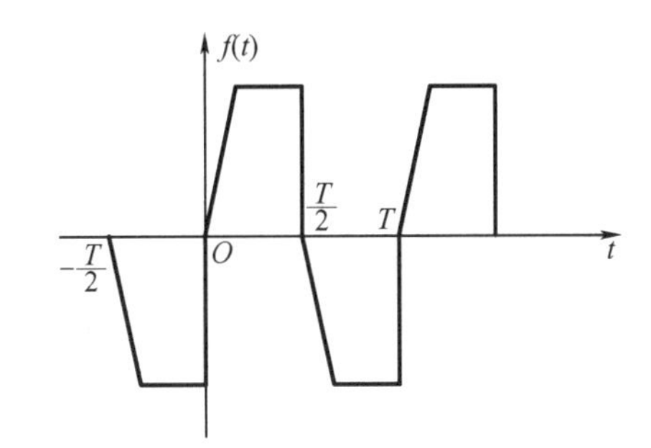

图 8-6　奇谐波函数的波形

式(8-8)表明,奇谐波函数分解为傅里叶级数时,只含有奇次谐波分量,不含有恒定分量和偶次谐波分量。其傅里叶系数为

$$a_k = \frac{2}{\pi}\int_0^{\pi} f(t)\cos k\omega t\mathrm{d}\omega t \quad (k\text{ 为奇数})$$

$$b_k = \frac{2}{\pi}\int_0^{\pi} f(t)\sin k\omega t\mathrm{d}\omega t \quad (k\text{ 为奇数}) \qquad (8-9)$$

表 8-1 中是工程中经常用到的几个典型的周期函数的傅里叶级数展开式。

表 8-1 周期函数的傅里叶级数

$f(t)$的波形	$f(t)$的傅里叶级数展开式
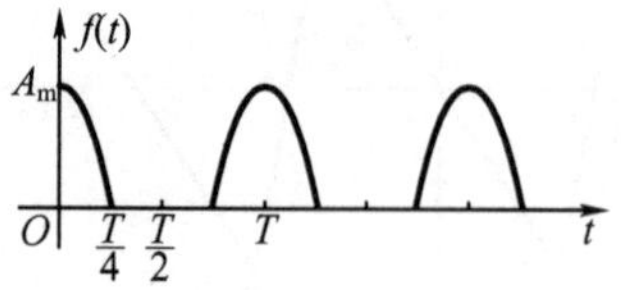	$f(t)=\frac{2A_m}{\pi}\left(\frac{1}{2}+\frac{\pi}{4}\cos\omega t+\frac{1}{1\times3}\cos2\omega t-\frac{1}{3\times5}\cos4\omega t+\cdots\right)$
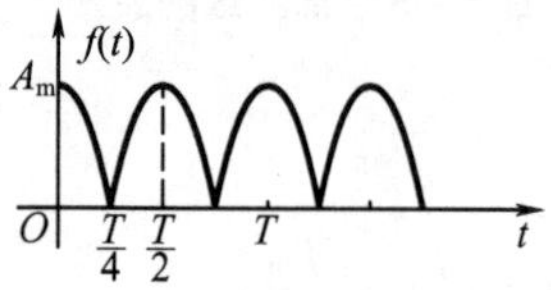	$f(t)=\frac{4A_m}{\pi}\left(\frac{1}{2}+\frac{1}{1\times3}\cos2\omega t-\frac{1}{3\times5}\cos4\omega t+\frac{1}{5\times7}\cos6\omega t-\cdots\right)$
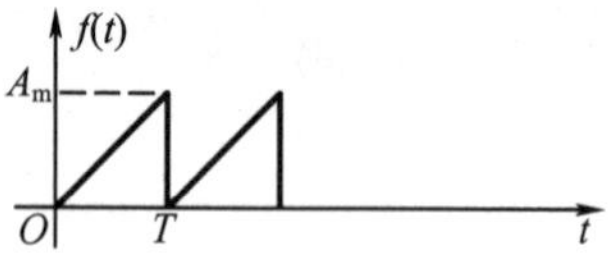	$f(t)=A_m\left[\frac{1}{2}-\frac{1}{\pi}\left(\sin\omega t+\frac{1}{2}\sin2\omega t+\frac{1}{3}\sin3\omega t+\cdots\right)\right]$
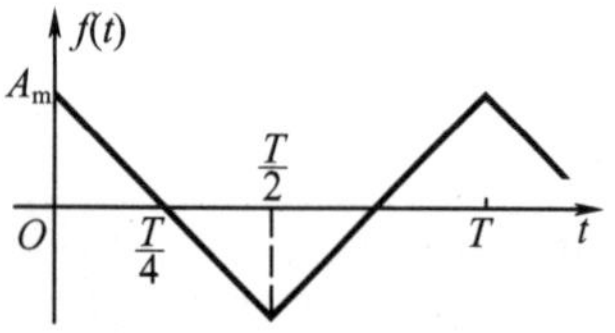	$f(t)=\frac{8}{\pi^2}A_m\left(\cos\omega t+\frac{1}{9}\cos3\omega t+\frac{1}{25}\cos5\omega t+\cdots\right)$
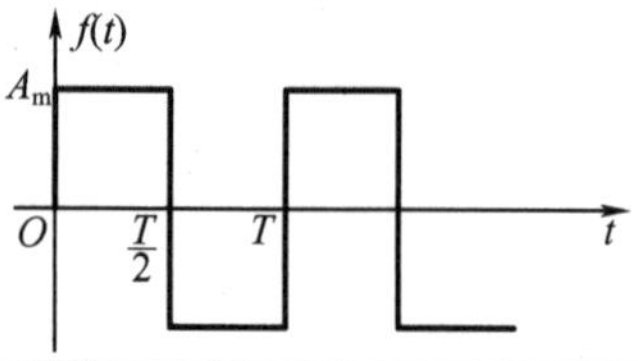	$f(t)=\frac{4}{\pi}A_m\left(\sin\omega t+\frac{1}{3}\sin3\omega t+\frac{1}{5}\sin5\omega t+\cdots\right)$
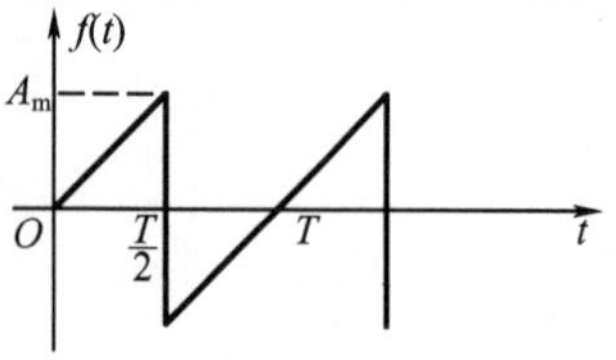	$f(t)=\frac{2}{\pi}A_m\left(\sin\omega t-\frac{1}{2}\sin2\omega t+\frac{1}{3}\sin3\omega t-\cdots\right)$
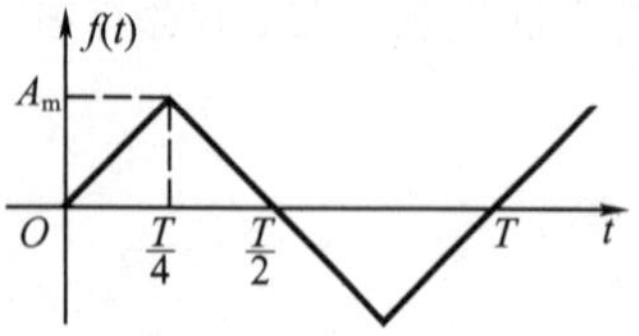	$f(t)=\frac{8}{\pi^2}A_m\left(\sin\omega t-\frac{1}{9}\sin3\omega t+\frac{1}{25}\sin5\omega t-\cdots\right)$
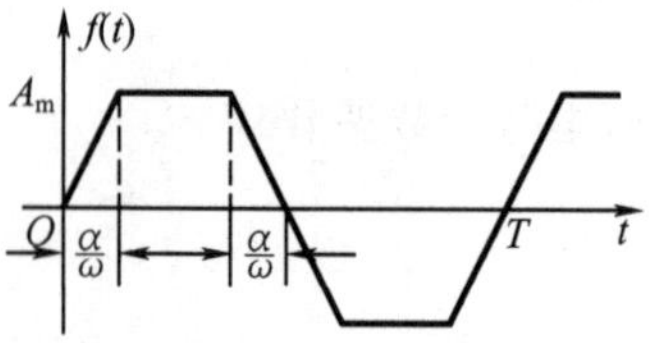	$f(t)=\frac{4}{a\pi}A_m\left(\sin a\sin\omega t+\frac{1}{9}\sin3a\sin3\omega t+\frac{1}{25}\sin5a\sin5\omega t+\cdots\right)$

本节思考与练习

8－1－1　求图 8－1－1 所示波形的傅里叶级数。

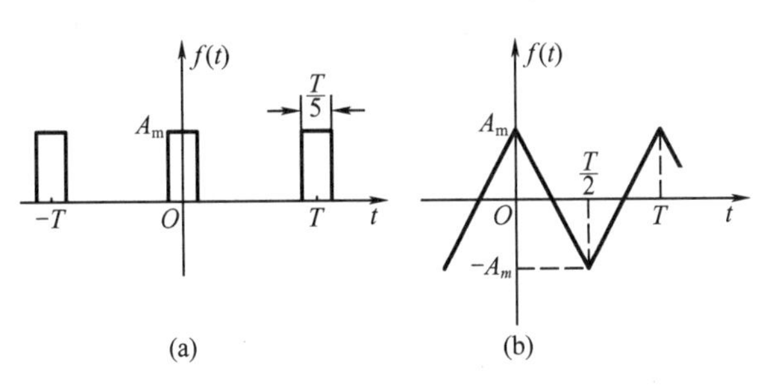

题 8－1－1 图

8－1－2　已知某信号半个周期的波形如图 8－1－2 所示，试在下列条件下画出其一个周期的波形。(1) $a_k=0$；(2) $b_k=0$；(3) $a_{2q}=b_{2q}=0(q=1,2,3,\cdots)$。

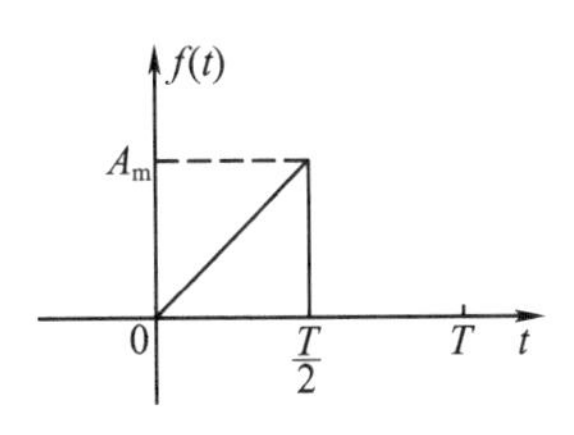

题 8－1－2 图

8.2　非正弦周期电压和电流的有效值

由 4.1 节可知，周期量的有效值等于其瞬时值的方均根值。周期电流 i 的有效值为

$$I=\sqrt{\frac{1}{T}\int_0^T i^2\mathrm{d}t} \tag{8-10}$$

非正弦周期电流 i 可以展开为

$$i=I_0+\sum_{k=1}^{\infty}I_{k\mathrm{m}}\cos(k\omega t+\psi_k) \tag{8-11}$$

把式(8－11)代入式(8－10)得

$$I=\sqrt{\frac{1}{T}\int_0^T\left[I_0+\sum_{k=1}^{\infty}I_{k\mathrm{m}}\cos(k\omega t+\psi_k)\right]^2\mathrm{d}t} \tag{8-12}$$

式(8－12)的方括号平方展开后，可得到下列四种类型积分，其积分结果分别为

$$\frac{1}{T}\int_0^T I_0^2\mathrm{d}t=I_0^2 \tag{8-13}$$

$$\frac{1}{T}\int_0^T\sum_{k=1}^{\infty}I_{k\mathrm{m}}^2\cos^2(k\omega t+\psi_k)\mathrm{d}t=\sum_{k=1}^{\infty}\frac{1}{2}I_{k\mathrm{m}}^2=I_k^2 \tag{8-14}$$

$$\frac{1}{T}\int_0^T I_0 \sum_{k=1}^{\infty} I_{k'\mathrm{m}} \cos(k\omega t + \psi_k)\,\mathrm{d}t = 0 \tag{8-15}$$

$$\frac{1}{T}\int_0^T \sum_{k=1}^{\infty}\sum_{k'=1}^{\infty} I_{k\mathrm{m}} I_{k'\mathrm{m}} \cos(k\omega t + \psi_k)\cos(k'\omega t + \psi_k{}')\,\mathrm{d}t = 0(k \neq k') \tag{8-16}$$

其中式(8-15)和式(8-16)由于三角函数的正交性等于零,将以上四式代入式(8-12)得

$$I = \sqrt{I_0^2 + \sum_{k=1}^{\infty} I_k^2} = \sqrt{I_0^2 + I_1^2 + I_2^2 + \cdots} \tag{8-17}$$

同理,非正弦周期电压

$$u = U_0 + \sum_{k=1}^{\infty} U_{k\mathrm{m}} \cos(k\omega t + \psi_k)$$

的有效值为

$$U = \sqrt{U_0^2 + U_1^2 + U_2^2 + \cdots} \tag{8-18}$$

式(8-17)和式(8-18)表明,非正弦周期电流和电压的有效值为其直流分量的平方与各次谐波分量有效值的平方之和的平方根。应注意,非正弦周期量的有效值与最大值之间没有$\sqrt{2}$倍的关系。

8.2节
思考与练习
参考答案

本节思考与练习

8-2-1 如题8-2-1图所示两电压源的电压分别为

$$u_{\mathrm{a}}(t) = 30\sqrt{2}\cos\omega t + 20\sqrt{2}\cos(3\omega t + 60°)\ \mathrm{V}$$

$$u_{\mathrm{b}}(t) = 10\sqrt{2}\cos(3\omega t + 45°) + 10\sqrt{2}\cos(5\omega t + 30°)\ \mathrm{V}$$

求:(1)$u_{\mathrm{a}}(t)$、$u_{\mathrm{b}}(t)$两电压波形的有效值;(2)端电压u的有效值。

8-2-2 如题8-2-2图所示三个电压源的电压分别为$u_1(t) = 7 - 2\cos\omega t$ V,$u_2(t) = \cos 3\omega t$ V,$u_3(t) = 5 + 9\cos\omega t$ V,求端电压$u(t)$的有效值。

8-2-3 如题8-2-3图所示三个电流源的电流分别为$i_1(t) = 6 + 2\cos\omega t$ A,$i_2(t) = 2 - \cos\omega t$ A,$i_3(t) = \cos 3\omega t$ A,求电流$i(t)$的有效值。

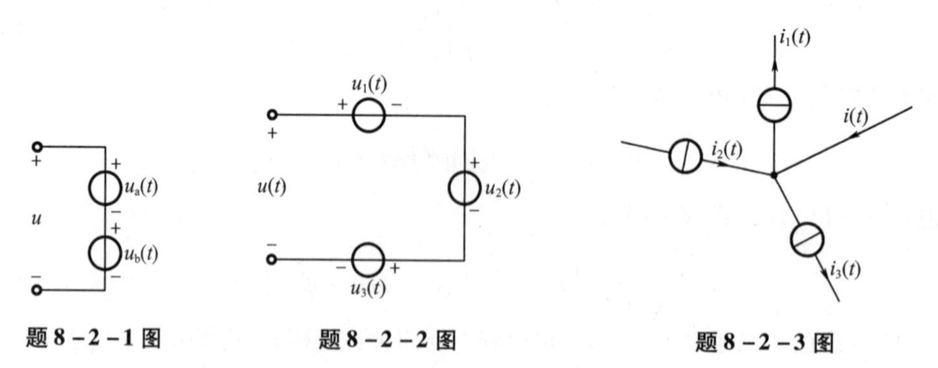

题8-2-1图　　题8-2-2图　　题8-2-3图

8.3 非正弦周期电路的平均功率

设二端网络输入端口的电压 u 和电流 i 取关联参考方向，如图 8-7 所示。电压 u 和电流 i 是非正弦周期量，可分别写成

$$
\begin{aligned}
u &= U_0 + \sum_{k=1}^{\infty} U_{km}\cos(k\omega t + \psi_{uk}) \\
i &= I_0 + \sum_{k=1}^{\infty} I_{km}\cos(k\omega t + \psi_{ik})
\end{aligned}
\tag{8-19}
$$

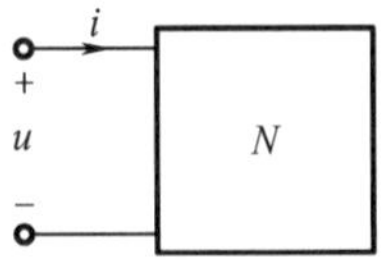

图 8-7　二端网络

则网络吸收的瞬时功率为

$$p = ui \tag{8-20}$$

平均功率为

$$P = \frac{1}{T}\int_0^T p\,\mathrm{d}t \tag{8-21}$$

将式(8-21)和式(8-20)代入式(8-21)得

$$
\begin{aligned}
P = {} & \frac{1}{T}\int_0^T U_0 I_0\,\mathrm{d}t + \frac{1}{T}\int_0^T U_0 \sum_{k=1}^{\infty} I_{km}\cos(k\omega t + \psi_{ik})\,\mathrm{d}t + \frac{1}{T}\int_0^T I_0 \sum_{k=1}^{\infty} U_{km}\cos(k\omega t + \psi_{uk})\,\mathrm{d}t + \\
& \frac{1}{T}\int_0^T \sum_{k=1}^{\infty}\sum_{k'=1}^{\infty} U_{km} I_{k'm}\cos(k\omega t + \psi_{uk})\cos(k'\omega t + \psi_{ik'})\,\mathrm{d}t + \\
& \frac{1}{T}\int_0^T \sum_{k=1}^{\infty} U_{km} I_{km}\cos(k\omega t + \psi_{uk})\cos(k\omega t + \psi_{ik})\,\mathrm{d}t
\end{aligned}
\tag{8-22}
$$

式(8-22)等号右端第一项积分为

$$P = U_0 I_0$$

根据三角函数的正交性，式(8-22)等号右端的第二项、第三项、第四项(其中 $k \neq k'$)在一个周期内的积分均为零，故

$$
\begin{aligned}
P &= U_0 I_0 + \frac{1}{T}\int_0^T \sum_{k=1}^{\infty} U_{km} I_{km}\cos(k\omega t + \psi_{uk})\cos(k\omega t + \psi_{ik}) \\
&= U_0 I_0 + \frac{1}{T}\int_0^T \sum_{k=1}^{\infty} \frac{1}{2} U_{km} I_{km}[\cos(2k\omega t + \psi_{uk} + \psi_{ik}) + \cos(\psi_{uk} - \psi_{ik})]\,\mathrm{d}t \\
&= U_0 I_0 + \sum_{k=1}^{\infty} U_k I_k \cos\varphi_k
\end{aligned}
\tag{8-23}
$$

式(8-23)中，U_k 和 I_k 分别是 k 次谐波电压和电流的有效值，$\varphi_k = \psi_{uk} - \psi_{ik}$ 是 k 次谐波电压和电流的相位差。

式(8-23)表明，非正弦周期电路中的平均功率等于其直流分量的功率和各次谐波分量的平均功率之和，即

$$P = U_0 I_0 + U_1 I_1 \cos\varphi_1 + U_2 I_2 \cos\varphi_2 + \cdots \tag{8-24}$$

由式(8-23)得出的功率可以叠加的结论只在非正弦周期电路中成立，在直流和正弦电路中不成立。这是因为在非正弦周期电路中，不同谐波的电压和电流只能产生瞬时功率，不能产生平均功率(由三角函数的正交性所决定)。

8.3节
思考与练习
参考答案

本节思考与练习

8-3-1　如题8-3-1图所示，$u=10+10\sqrt{2}\cos\omega t+2\sqrt{2}\cos(2\omega t-30°)$ V，$i=2+\sqrt{2}\cos(2\omega t+30°)+\cos(3\omega t+45°)$ A。求网络N吸收的平均功率P。

8-3-2　如题8-3-2图所示，$i=2+20\sqrt{2}\cos(\omega t-30°)+5\sqrt{2}\cos(3\omega t+45°)$ A。求10 Ω电阻吸收的平均功率P。

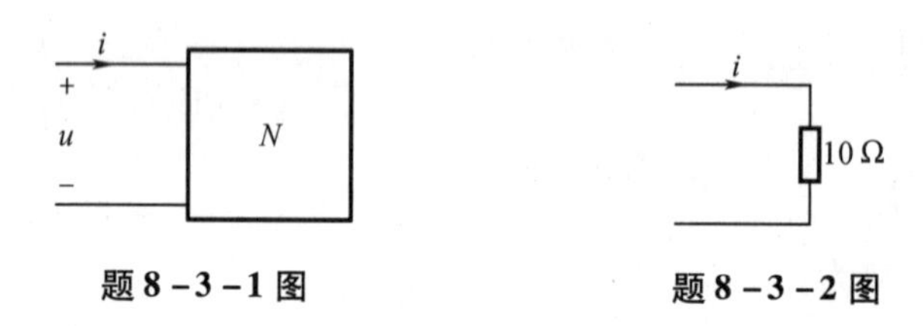

题8-3-1图　　题8-3-2图

8.4　线性电路对非正弦周期激励的稳态响应

非正弦周期电源作用于线性电路的分析计算应用叠加法，分三步进行，具体步骤如下：

(1)把给定的非正弦周期电源信号分解为直流分量和各次谐波分量之和，所取谐波次数可根据具体要求而定。

(2)分别计算直流分量和各次谐波分量单独作用于电路时的响应分量。其中直流分量单独作用时，电容相当于开路，电感相当于短路；各次谐波分量单独作用时，可用相量法分析。但应注意，对于不同的谐波，因为频率不同，所以感抗、容抗值也不同。

(3)应用叠加定理，将以上得到的各响应分量进行叠加，便可得到所求的响应。

例8-2　图8-8(a)为全波整流器的滤波电路，由$L=5$ H的电感和$C=10$ μF的电容组成，负载电阻$R=2\ 000$ Ω。已知加在滤波电路输入端的电压u的波形如图8-8(b)所示(其$\omega=314$ rad/s，$U_m=157$ V)。求负载两端电压u_R。

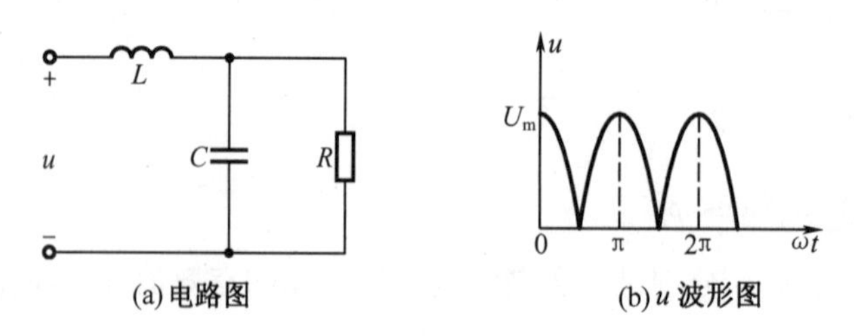

(a)电路图　　(b)u波形图

图8-8　例8-2图

解　(1)将给定的输入电压u分解成傅里叶级数，由表8-1查得

$$u\approx\frac{4U_m}{\pi}\left(\frac{1}{2}+\frac{1}{3}\cos 2\omega t-\frac{1}{15}\cos 4\omega t+\cdots\right)$$

将$U_m=157$ V代入上式，并取到四次谐波，得

$$u=(100+66.67\cos 2\omega t-13.33\cos 4\omega t)\ \text{V}$$

(2)求各分量引起的响应。直流分量 $u_0=100$ V 单独作用时,电感相当于短路,电容相当于开路,故

$$u_{R0}=u_0=100\ \text{V}$$

二次谐波分量 $u_2=66.67\cos 2\omega t=47.15\sqrt{2}\cos 2\omega t$ V 单独作用时,

$$X_{L2}=2\omega L=2\times 314\times 5\ \Omega=3\ 140\ \Omega$$

$$X_{C2}=\frac{1}{2\omega C}=\frac{1}{2\times 314\times 10\times 10^{-6}}\ \Omega=159\ \Omega$$

RC 并联阻抗

$$\begin{aligned}Z_{RC2}&=\frac{R(-jX_{C2})}{R-jX_{C2}}=\frac{2\ 000(-j159)}{2\ 000-j159}\Omega=158.5\angle-85.5°\ \Omega\\&=(12.44-j158)\ \Omega\end{aligned}$$

所以

$$\begin{aligned}\dot{U}_{R2}&=\frac{Z_{RC2}}{jX_{L2}+Z_{RC2}}\dot{U}_2=\frac{158.5\angle-85.5°\times 47.15\angle 0°}{j3\ 140+12.44-j158}\text{V}\\&=2.5\angle-175.3°\ \text{V}\end{aligned}$$

四次谐波分量 $u_4=-13.33\cos 4\omega t=9.43\sqrt{2}\cos(4\omega t+180°)$ V 单独作用时,有

$$X_{L4}=4\omega L=4\times 314\times 5\ \Omega=6\ 280\ \Omega$$

$$X_{C4}=\frac{1}{4\omega L}=\frac{1}{4\times 314\times 10\times 10^{-6}}\Omega=79.5\ \Omega$$

RC 并联阻抗为

$$Z_{RC4}=\frac{R(-jX_{C4})}{R-jX_{C4}}=\frac{2\ 000(-j79.5)}{2\ 000-j79.5}\Omega=79.4\angle-87.7°\Omega$$

所以

$$\begin{aligned}\dot{U}_{R4}&=\frac{Z_{RC4}}{jX_{L4}+Z_{RC4}}\dot{U}_4=\frac{79.4\angle-87.7°\times 9.43\angle 180°}{j6\ 280+79.4\angle-87.7°}\text{V}\\&=0.12\angle 2.33°\ \text{V}\end{aligned}$$

(3) 将上面求得的各响应分量化成瞬时值进行叠加,得负载电压为

$$\begin{aligned}u_R&=u_{R0}+u_{R2}+u_{R4}\\&=[100+2.5\sqrt{2}\cos(2\omega t-175.3°)+0.12\sqrt{2}\cos(4\omega t+2.33°)]\text{V}\\&=[100+3.54\cos(2\omega t-175.3°)+0.17\cos(4\omega t+2.33°)]\ \text{V}\end{aligned}$$

从例 8－2 的计算结果可以看出,与输入相比,负载电压中直流分量毫无衰减,二次谐波分量已被大大削弱,四次谐波分量更是所剩无几。这就是滤波电路的作用。

例 8－3　图 8－9(a)电路中,已知 $R_1=4\ \Omega,R_2=3\ \Omega,\omega L=3\ \Omega,\frac{1}{\omega C}=12\ \Omega$,电源电压 $u(t)=[10+100\sqrt{2}\cos\omega t+50\sqrt{2}\cos(3\omega t+30°)]$V。求各支路电流和 R_1 支路消耗的平均功率。

解　(1)将非正弦周期电源电压展开为傅里叶级数。本题电源电压展开式已给定,因此可直接进入第(2)步。

(2)分别计算各电压分量单独作用于电路时的各支路电流。三个支路电流分别设为 i_0、i_1 和 i_2,如图 8－9(a)所示。

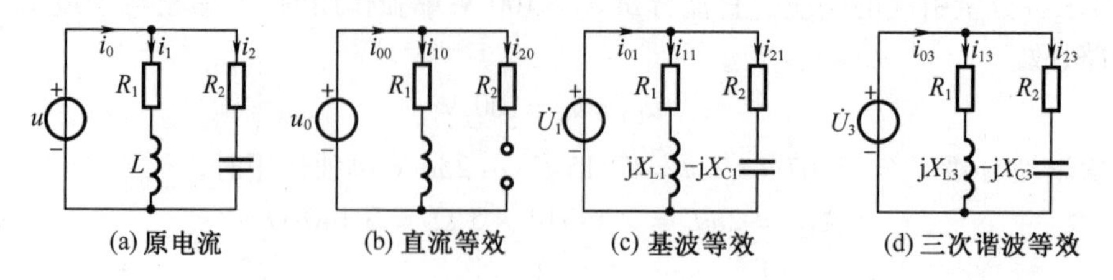

图 8 - 9　例 8 - 3 图

直流分量 $u_0=10$ V 单独作用时，电容相当于开路，电感相当于短路，等效电路如图 8 - 9(b)所示，有

$$i_{20}=0$$

$$i_{00}=i_{10}=\frac{u_0}{R_1}=\frac{10}{4}\text{ A}=2.5\text{ A}$$

基波分量 $u_1=100\sqrt{2}\cos\omega t$ V 单独作用时，电路如图 8 - 9(c)所示。用相量法计算。

$$\dot{I}_{11}=\frac{\dot{U}_1}{R_1+\mathrm{j}\omega L}=\frac{100\angle0°}{4+\mathrm{j}3}\text{A}=20\angle-36.9°\text{A}$$

$$\dot{I}_{21}=\frac{\dot{U}_1}{R_2-\mathrm{j}\frac{1}{\omega C}}=\frac{100\angle0°}{3-\mathrm{j}12}\text{A}=8.08\angle76°\text{A}$$

$$\dot{I}_{01}=\dot{I}_{11}+\dot{I}_{21}=[20\angle-36.9°+8.08\angle76°]\text{ A}$$
$$=(17.95-\mathrm{j}4.16)=18.4\angle-13°\text{ A}$$

三次谐波分量 $u_3=50\sqrt{2}\cos(3\omega t+30°)$ V 单独作用时，电路如图 8 - 9(d)所示。此时角频率为 3ω，故

$$\dot{I}_{13}=\frac{\dot{U}_3}{R_1+\mathrm{j}3\omega L}=\frac{50\angle30°}{4+\mathrm{j}9}\text{A}=5.08\angle-36°\text{A}$$

$$\dot{I}_{23}=\frac{\dot{U}_3}{R_2-\mathrm{j}\frac{1}{3\omega C}}=\frac{50\angle30°}{3-\mathrm{j}4}\text{A}=10\angle83.1°\text{ A}$$

$$\dot{I}_{03}=\dot{I}_{13}+\dot{I}_{23}=(5.08\angle-36°+10\angle83.1°)\text{A}=(5.31+\mathrm{j}6.94)\text{A}$$
$$=8.74\angle52.6°\text{A}$$

(3)将上面计算得到的各响应分量进行叠加，得

$$i_0=i_{00}+i_{01}+i_{03}$$
$$=[2.5+18.4\sqrt{2}\cos(\omega t-13°)+8.74\sqrt{2}\cos(3\omega t+52.6°)]\text{ A}$$

$$i_1=i_{10}+i_{11}+i_{13}$$
$$=[2.5+20\sqrt{2}\cos(\omega t-36.9°)+5.08\sqrt{2}\cos(3\omega t-36°)]\text{ A}$$

$$i_2=i_{20}+i_{21}+i_{23}$$
$$=[8.08\sqrt{2}\cos(\omega t+76°)+10\sqrt{2}\cos(3\omega t+83.1°)]\text{ A}$$

P_1 为 R_1 支路消耗的平均功率,由式(8 -24)得

$$\begin{aligned}P_1 &= u_0 i_{10} + U_1 I_{11}\cos\varphi_1 + U_3 I_{13}\cos\varphi_3\\ &= 10\times 2.5\ \text{W} + 100\times 20\cos[0° - (36.9)°]\ \text{W} + 50\times 5.08\cos[30° - (-36°)]\ \text{W}\\ &= 1\ 728\ \text{W}\end{aligned}$$

也可以由电阻 R_1(因电感消耗的平均功率为零)来计算 P_1:

$$P_1 = R_1 I_1^2 = R_1(I_{10}^2 + I_{11}^2 + I_{13}^2) = 4\times(2.5^2 + 20^2 + 5.08^2)\ \text{W} = 1\ 728\ \text{W}$$

总结以上两例,强调以下两点:

(1)电感和电容这两种元件,在不同分量作用下,表现为不同的电抗值。在直流分量作用下,$X_{L0}=0$,而 $X_{C0}\to\infty$,即电感相当于短路而电容相当于开路;在基波分量作用下,感抗 $X_{L1}=\omega L$,容抗 $X_{C1}=1/\omega C$,而对 k 次谐波分量,$X_{Lk}=k\omega L=kX_{L1}$,$X_{Ck}=\dfrac{1}{k\omega C}=\dfrac{X_{C1}}{k}$,即感抗与谐波次数成正比,是基波感抗的 k 倍;容抗与谐波次数成反比,是基波容抗的 k 分之一。

(2)把各分量单独作用时的响应分量进行叠加时,应当将各响应分量写成瞬时值形式,将瞬时值叠加;把代表不同频率的相量相叠加无意义。

本节思考与练习

8.4 节
思考与练习
参考答案

8 -4 -1　如题 8 -4 -1 图所示电路中,电源电压 $u_S=[10+141.40\cos\omega_1 t+47.13\cos(3\omega t)]$ V,$R=3\ \Omega$,$\dfrac{1}{\omega C}=9.45\ \Omega$,求电流 i 及电阻吸收的平均功率 P。

8 -4 -2　如题 8 -4 -2 图所示电路中 $R_1=4\ \Omega$,$R_2=1\ \Omega$,$L=2$ H,$C=\dfrac{1}{3}$ F,$u_S=2\cos(3t-60°)$ V,$i_S=3\cos(5t+10°)$ A,试求电流 i。

8 -4 -3　如图 8 -4 -3 图示电路,已知 $u_S=[20+200\sqrt{2}\cos\omega t+100\sqrt{2}\cos(2\omega t+30°)]$ V,$R=100\ \Omega$,$\omega L=\dfrac{1}{\omega C}=200\ \Omega$,求各支路电流 i_0、i_1、i_2 及电路消耗的平均功率。

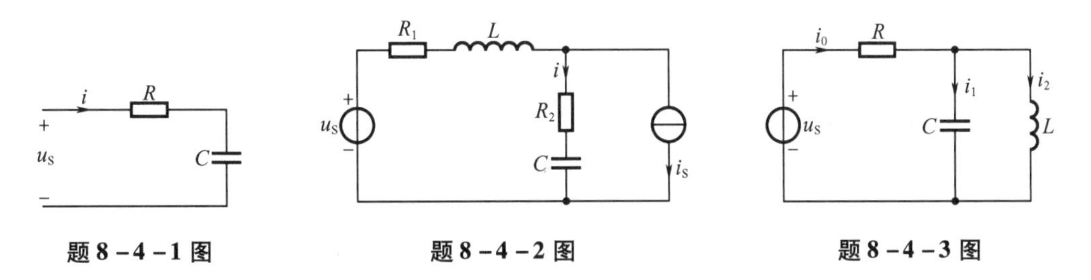

题 8 -4 -1 图　　**题 8 -4 -2 图**　　**题 8 -4 -3 图**

8 -4 -4　如题 8 -4 -4 图所示电路中,已知 $u_R=50+10\cos\omega t$ V,$R=100\ \Omega$,$C=50\ \mu$F,$L=2$ mH,$\omega=10^3$ rad/s,试求(1)求电源电压 u 及其有效值;(2)电源发出的平均功率 P。

8 -4 -5　如题 8 -4 -5 图所示电路中,已知 RLC 串联电路的端口电压和电流为:$u(t)=[100\cos 314t+50\cos(942t-30°)]$ V,$i(t)=[10\cos 314t+1.755\cos(942t+\theta_3)]$ A,试求:(1)R、L、C 的值;(2)θ_3 的值;(3)电路消耗的平均功率。

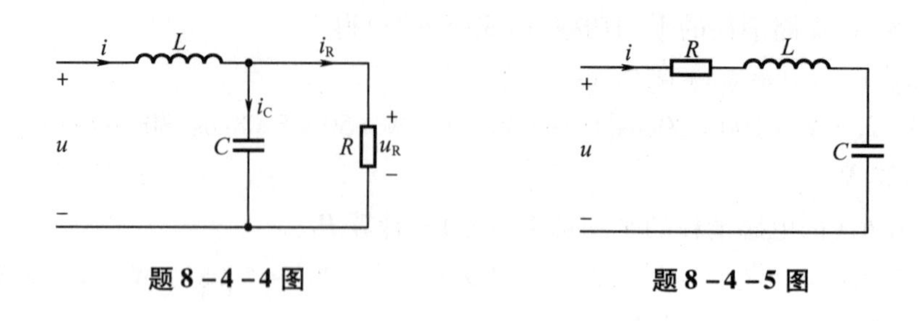

题 8 -4 -4 图　　　　题 8 -4 -5 图

8.5 滤波电路的概念

8.5.1 滤波电路的定义

电感和电容的电抗是随频率而变的,频率越高,感抗愈大,而容抗愈小。利用这一特点,可以把含有电感和电容的电路接在输入和输出之间,使信号中某些所需要的频率分量顺利通过,而另一些不需要的频率分量受到抑制。这种电路称为滤波电路或滤波器。

网络的响应相量与激励相量之比是频率 ω 的函数,称为正弦稳态下的网络函数,定义为

$$H(\mathrm{j}\omega)=\frac{\text{响应相量}}{\text{激励相量}}=|H(\mathrm{j}\omega)|\mathrm{e}^{\mathrm{j}\varphi(\omega)} \tag{8-25}$$

式(8 -25)中网络函数的模 $|H(\mathrm{j}\omega)|$ 随 ω 的变化规律称为网络的幅频特性,辐角 $\varphi(\omega)$ 随 ω 的变化规律称为网络的相频特性,统称为网络的频率特性。

8.5.2 滤波电路分类

按滤波器的功能,可把滤波器分为低通滤波器、高通滤波器、带通滤波器、带阻滤波器。

1. 低通滤波器(Low-pass filter)

使低频分量顺利通过而高频分量受到抑制的电路,称为低通滤波器。

2. 高通滤波器(high-pass filter)

使高频分量顺利通过而低频分量受到抑制的电路,称为高通滤波器。

3. 带通滤波器(Bandpass filter)

使某一频率范围内的信号分量顺利通过而其他频率的信号分量受到抑制的电路,称为带通滤波器。

4. 带阻滤波器(Bandstop filter)

使某一频率范围内的信号分量受到抑制而其他频率的信号分量顺利通过的电路,称为带阻滤波器。

8.5.3 常用 RC 滤波器

下面介绍几种常用的 RC 滤波器。

1. RC 低通滤波器

图 8 -10 所示为 RC 低通滤波器。网络函数为

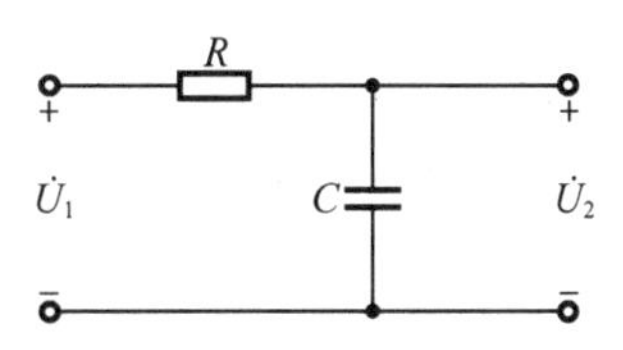

图 8-10　低通滤波器

$$H(\mathrm{j}\omega)=\frac{\dot{U}_2}{\dot{U}_1}=\frac{\dfrac{1}{\mathrm{j}\omega C}}{R+\dfrac{1}{\mathrm{j}\omega C}}=\frac{1}{1+\mathrm{j}\omega RC} \tag{8-26}$$

其中幅频特性为

$$|H(\mathrm{j}\omega)|=\frac{1}{\sqrt{1+(\omega RC)^2}} \tag{8-27}$$

相频特性为

$$\varphi(\omega)=-\arctan(\omega RC) \tag{8-28}$$

式(8-27)及式(8-28)表明，当 ω 由 0 增加到 ∞ 时，网络函数的幅频特性从 1 逐渐减小到 0，而输出电压与输入电压之间的相位差从 0 逐渐变到 $-90°$。幅频特性与相频特性如图 8-11 所示。从图 8-11(a)幅频特性看出，低频成分可以通过，高频成分被衰减或抑制。当 $\omega=\omega_c=\dfrac{1}{RC}$时，输出信号的大小为输入信号的$\dfrac{1}{\sqrt{2}}=0.707$ 倍，ω_c 称为截止频率(又称半功率点频率)。

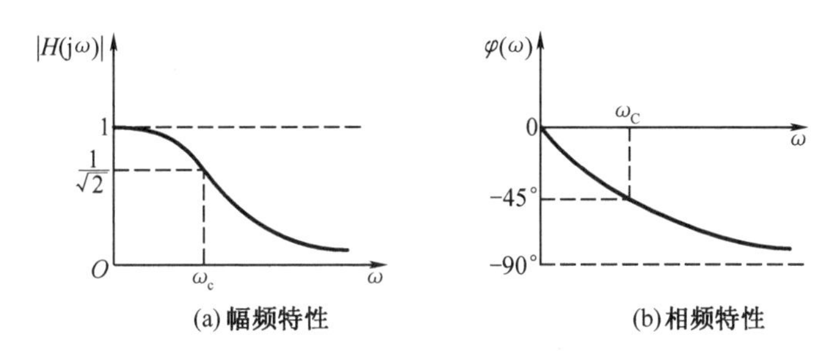

(a) 幅频特性　　(b) 相频特性

图 8-11　低通滤波器的频率特性

2. RC 高通滤波器

图 8-12 所示为 RC 高通滤波器。网络函数为

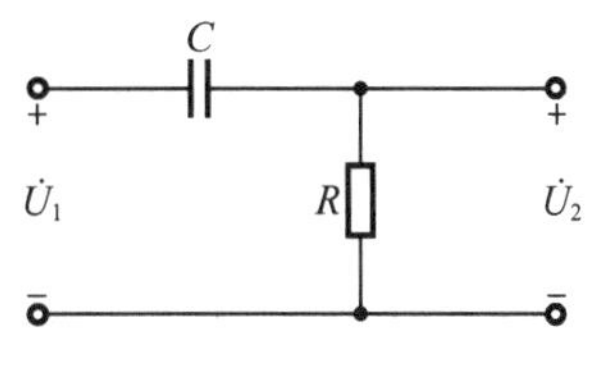

图 8-12　高通滤波器

$$H(\mathrm{j}\omega)=\frac{\dot{U}_2}{\dot{U}_1}=\frac{R}{R+\dfrac{1}{\mathrm{j}\omega C}}=\frac{1}{1+\dfrac{1}{\mathrm{j}\omega CR}}\tag{8-29}$$

其中幅频特性为

$$|H(\mathrm{j}\omega)|=\frac{1}{\sqrt{1+\left(\dfrac{1}{\omega RC}\right)^2}}\tag{8-30}$$

相频特性为

$$\varphi(\omega)=\arctan\left(\frac{1}{\omega RC}\right)\tag{8-31}$$

式(8－30)及式(8－31)表明,当 ω 由 0 增加到 ∞ 时,网络函数的幅频特性是从 0 逐渐增加到 1,而输出电压与输入电压之间的相位差从 90°逐渐变到 0。幅频特性与相频特性如图 8－13 所示。从 8－13(a)幅频特性看出,高频成分可以通过,低频成分被衰减或抑制。当 $\omega=\omega_c=\dfrac{1}{RC}$时,输出信号的大小为输入信号的$\dfrac{1}{\sqrt{2}}=0.707$ 倍,ω_c 称为截止角频率(又称半功率点频率)。

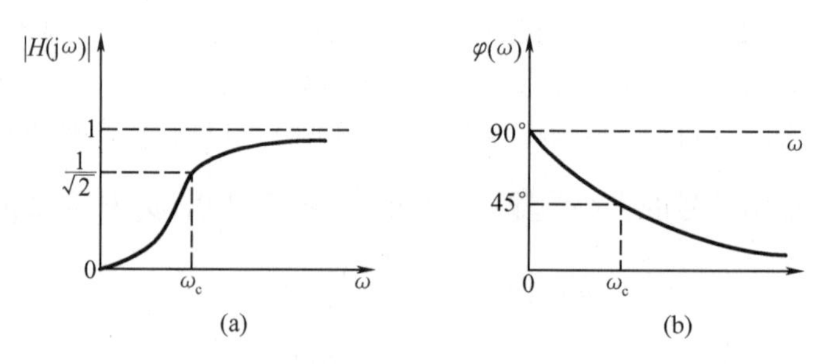

图 8－13　高通滤波器的频率特性

例 8－4　如图 8－14 所示滤波器电路,要求负载中不含基波分量(ω_1分量),但 $4\omega_1$的谐波分量能全部传送至负载,若 $\omega_1=1\ 000$ rad/s,$C=1$ μF,求 L_1及 L_2的值。

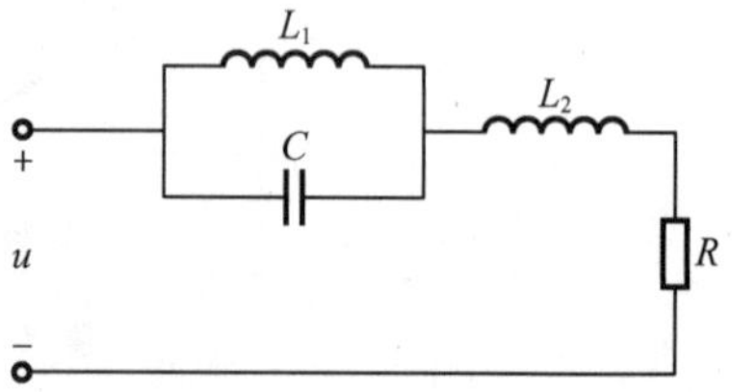

图 8－14　例 8－4 图

解　由题意可知,当基波 $\omega=\omega_1=1\ 000$ rad/s 作用于电路时,L_1 和 C 组成的并联部分发生并联谐振,该部分电路相当于开路。使 ω_1 频率分量无法通过。由 $\omega_1=\dfrac{1}{\sqrt{L_1C}}$可得

$$L_1=\frac{1}{\omega_1^2C}=1\ \mathrm{H}$$

同理可证:该电路对 $4\omega_1=4\ 000$ rad/s 的谐波分量没有阻碍,即当 $\omega=4\omega_1=4\ 000$ rad/s 作用于电路时,L_1、C 与 L_2 的串联电路相当于短路,此时该电路发生串联谐振,则 $4\omega_1$ 谐波分量可以全部通过。所以

$$Z(\mathrm{j}\omega)=\mathrm{j}4\omega_1L_2+\frac{\mathrm{j}4\omega_1L_1\times\left(-\mathrm{j}\dfrac{1}{4\omega C_1}\right)}{\mathrm{j}4\omega_1L_1-\mathrm{j}\dfrac{1}{4\omega C_1}}=\mathrm{j}4\omega_1L_2-\mathrm{j}\frac{1}{3.75\times10^{-3}}=0$$

求得
$$L_2=\frac{1}{4\times3.75}=66.67\ \mathrm{mH}$$

本章习题

第 8 章
习题参考答案

8－1　题 8－1 图示电路，已知 $u=[10+80\cos(\omega t+30°)+18\cos3\omega t]$ V，$R=6\ \Omega$，$\omega L=2\ \Omega$，$\dfrac{1}{\omega C}=18\ \Omega$，求 i 及各表读数。

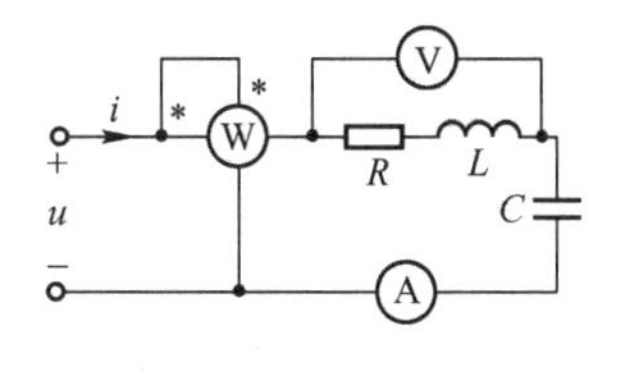

题 8－1 图

8－2　电路的电流为 $i=(2\cos1\,000t+\cos3\,000t)$ A，总电压的有效值为 155 V，且总电压不含直流分量，电路消耗的平均功率为 120 W，求 R 和 C。

8－3　题 8－3 图所示电路中，$C_1=500\ \mu\mathrm{F}$，$R=10\ \Omega$，$L=0.1$ H，当 $i_S=1$ A，$u_S=10\sqrt{2}\cos100t$ V 时，安培表Ⓐ₂读数为 1.414 A，问当 i_S 保持不变，u_S 改为 $u_S=10\sqrt{2}\cos200t$ V 时，两个安培表的读数各为多少？

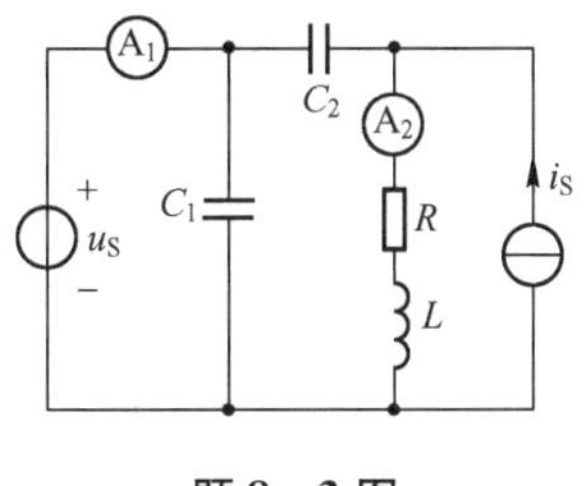

题 8－3 图

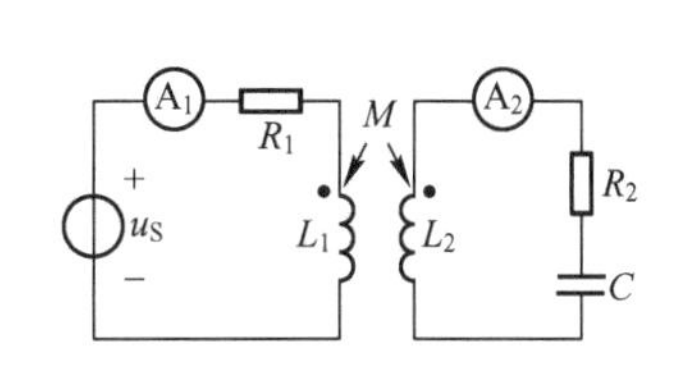

题 8－4 图

8－4　题 8－4 图所示电路中，已知 $R_1=20\ \Omega$，$R_2=10\ \Omega$，$\omega L_1=6\ \Omega$，$\omega L_2=4\ \Omega$，$\omega M=2\ \Omega$，$\dfrac{1}{\omega C}=16\ \Omega$，$u_S=[100+50\cos(2\omega t+10°)]$ V，求两安培表读数及电源发出的平均功率。

8－5　题 8－5 图所示电路中，已知 $u_S=\cos t$ V，$i_S=1$ A，$R=1\ \Omega$，$L=1$ H，$C=1$ F，求 i_L。

8－6　题 8－6 图所示电路中，$L=0.1$ H，C_1、C_2 可调，R_L 为负载，输入电压信号 $u_i=U_{1m}\cos1\,000t+U_{3m}\cos3\,000t$ V，欲使基波毫无衰减地传输给负载 R_L 而三次谐波全部滤除，求 C_1、C_2 的值。

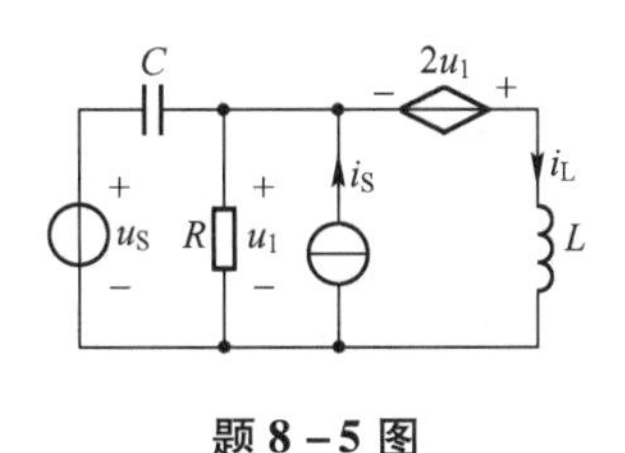

题 8－5 图

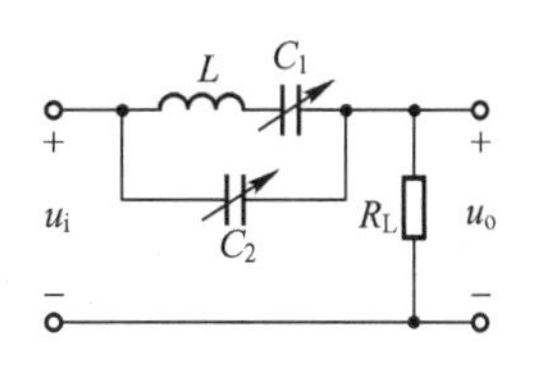

题 8－6 图

第 9 章　电路暂态过程时域分析

当电路含有储能元件(或是电容或是电感)时,电路的电压电流关系可以用微分方程来表征,此时,对应的电路称为动态电路(dynamic circuit)。

本章将对一阶电路(first-order circuit)和二阶电路(second-order circuit)的暂态过程时域分析方法进行讨论。主要包括:动态电路的初始条件,换路定律,一阶电路的全响应、零输入响应、零状态响应,一阶电路的时间常数,分析一阶电路的三要素法、阶跃响应和冲激响应、卷积积分、跃变分析、二阶电路的零输入响应和二阶电路对恒定输入的响应等内容。

9.1　动态电路的换路与初始条件

在实际电路中,除了电阻元件外,还包含有电容和电感这样的动态电路元件。由于动态电路元件的电压和电流关系是通过微分或积分方程表达的,因此,电路的电压电流关系也需要用微积分方程来描述。例如对于图 9-1 所示的电路,在 $t \geqslant t_0$ 时,由 KVL 可建立以电容电压 u_C 为求解对象的电路方程为

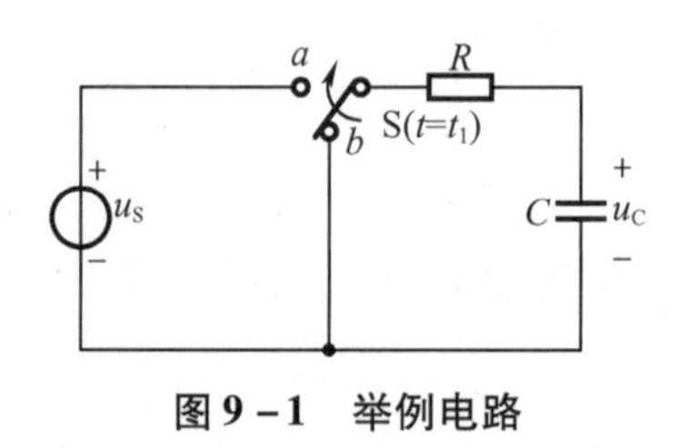

图 9-1　举例电路

$$RC\frac{\mathrm{d}u_C}{\mathrm{d}t} + u_C = u_S \tag{9-1}$$

式(9-1)是线性常系数一阶微分方程,求解它必须给定电路的初始条件,即电容电压的初始值 $u_C(t_0)$。初始条件(initial condition)即电路方程中所求变量的初始值(initial value)。实际上,初始条件决定着电路方程的唯一解。确定电路初始条件与电路的换路时刻有关,在本例中换路发生在 $t = t_0$ 时刻。

就一般情况而言,换路泛指动态电路工作状态的改变;具体地说,它包括开关的通断、电路参数与结构的突然改变以及电源电压的突变等。

动态电路的一个重要特征是当电路发生换路时,电容的电场能量和电感的磁场能量在一般情况下不能发生跃变。这个结论可以通过下面的讨论予以证明。

首先,假定动态电路在 $t = t_0$ 时刻发生换路,为便于讨论,用 t_0^+ 表示换路后的初始时刻,用 t_0^- 表示换路前的终了时刻。

在关联参考方向下,可得到线性电容元件的电压电流关系为

$$u_C(t) = \frac{1}{C}\int_{-\infty}^{t} i_C(\xi)\,\mathrm{d}\xi = \frac{1}{C}\int_{-\infty}^{t_0^-} i_C(\xi)\,\mathrm{d}\xi + \frac{1}{C}\int_{t_0^-}^{t} i_C(\xi)\,\mathrm{d}\xi = u_C(t_0^-) + \frac{1}{C}\int_{t_0^-}^{t} i_C(\xi)\,\mathrm{d}\xi \tag{9-2}$$

式中,$u_C(t_0^-) = \frac{1}{C}\int_{-\infty}^{t_0^-} i_C(\xi)\,\mathrm{d}\xi$ 为换路前终了时刻的电容电压值。为求出换路后初始时刻的电容电压,把 $t = t_0^+$ 代入式(9-2),得

$$u_C(t_0^+) = u_C(t_0^-) + \frac{1}{C}\int_{t_0^-}^{t_0^+} i_C(\xi)\,d\xi \tag{9-3}$$

当电容电流 $i_C(t)$ 为有限值时，因式(9-3)中的积分项为零，从而得到

$$u_C(t_0^+) = u_C(t_0^-) \tag{9-4}$$

这表明，如果换路瞬间流经电容的电流为有限值，则电容上的电压在换路前后将保持不变，也就是说，电容电压在换路瞬间不发生跃变。根据线性电容元件上的电荷与电压间的关系，还可以进一步推出

$$q(t_0^+) = q(t_0^-) \tag{9-5}$$

的结论，即电容中的电荷在换路瞬间一般（指流经电容的电流为有限值的情况）不发生跃变。

同理，在关联参考方向下，可得到线性电感元件的电压电流关系为

$$i_L(t) = \frac{1}{L}\int_{-\infty}^{t} u_L(\xi)\,d\xi = \frac{1}{L}\int_{-\infty}^{t_0^-} u_L(\xi)\,d\xi + \frac{1}{L}\int_{t_0^-}^{t} u_L(\xi)\,d\xi = i_L(t_0^-) + \frac{1}{L}\int_{t_0^-}^{t} u_L(\xi)\,d\xi \tag{9-6}$$

式中，$i_L(t_0^-) = \frac{1}{L}\int_{-\infty}^{t_0^-} u_L(\xi)\,d\xi$ 为换路前终了时刻的电感电流值。为求出换路后初始时刻的电感电流，把 $t = t_0^+$ 代入上式，得

$$i_L(t_0^+) = i_L(t_0^-) + \frac{1}{L}\int_{t_0^-}^{t_0^+} u_L(\xi)\,d\xi \tag{9-7}$$

当电感电压 $u_L(t)$ 为有限值时，式(9-7)中的积分项为零，从而得到

$$i_L(t_0^+) = i_L(t_0^-) \tag{9-8}$$

这表明，如果换路瞬间电感元件上的电压为有限值，则电感中的电流在换路前后将保持不变，即电感电流在换路瞬间不发生跃变。根据线性电感元件上的磁链与电流关系，还可以进一步推出

$$\psi(t_0^+) = \psi(t_0^-) \tag{9-9}$$

的结论，即电感中的磁链在换路瞬间一般（指电感元件上的电压为有限值的情况）不发生跃变。

从能量的观点看，电容电压和电感电流在一般情况下不可跃变，这在本质上是能量一般不能跃变的具体体现，因为电容储存的电场能量为 $w_C = Cu_C^2/2 = q^2/2C$，电感储存的磁场能量为 $w_L = Li_L^2/2 = \psi^2/2L$，若电容电压和电感电流跃变，必然导致相应的功率 $p = dw/dt$ 趋于无穷大，这与一般情况下储能元件上的电压和电流为有限值的情况相矛盾。因此，q 和 u_C、ψ 和 i_L 一般是不能跃变的。

综合上述讨论，把电容和电感在换路瞬间所服从的规律汇总起来，可得到

$$q(t_0^+) = q(t_0^-) \qquad u_C(t_0^+) = u_C(t_0^-) \tag{9-10}$$

及

$$\psi(t_0^+) = \psi(t_0^-) \qquad i_L(t_0^+) = i_L(t_0^-) \tag{9-11}$$

以上结论被称为换路定律。

需要指出的是，换路定律仅仅是电容上的电压和电感中的电流在电路发生换路时所服从的规律，而其他电路变量是不服从这一规律的。因此，在求解电路的初始条件时，对电容电压和电感电流以外的电路变量，不能使用换路定律，即换路定律对它们不成立。

另外,由换路定律可以推知,具有零初条件的电容在换路瞬间相当于短路,而具有零初条件的电感在换路瞬间相当于开路。

下面通过两个求解初始条件的例子来介绍换路定律的使用方法。

例 9-1 在图 9-2 所示的电路中,已知 $R=10\ \Omega$,$u_S=30$ V 为直流电源,$t=0$ 时开关 S 断开,求 $i(0^+)$。

解 换路前开关 S 闭合,电路为稳定的直流电路,因此,电容相当于开路,电感相当于短路,故有

$$i_L(0^-)=\frac{u_S}{R}=3\ \text{A}$$

$$u_{C_1}(0^-)=0\ \text{V}$$

和
$$u_{C_2}(0^-)=u_S=30\ \text{V}$$

换路后开关 S 断开,由换路定律得

$$u_{C_1}(0^+)=u_{C_1}(0^-)=0\ \text{V}$$

$$u_{C_2}(0^+)=u_{C_2}(0^-)=30\ \text{V}$$

$$i_L(0^+)=i_L(0^-)=3\ \text{A}$$

在 $t=0^+$ 时,对电容元件和电感元件使用替代定理,可画出如图 9-3 所示的等效电路。

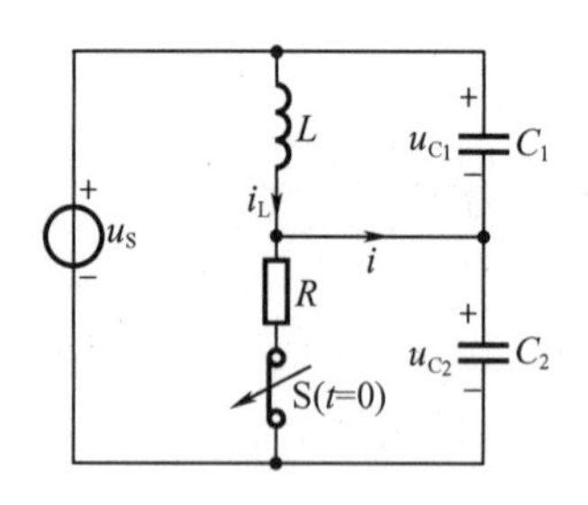

图 9-2 例 9-1 图

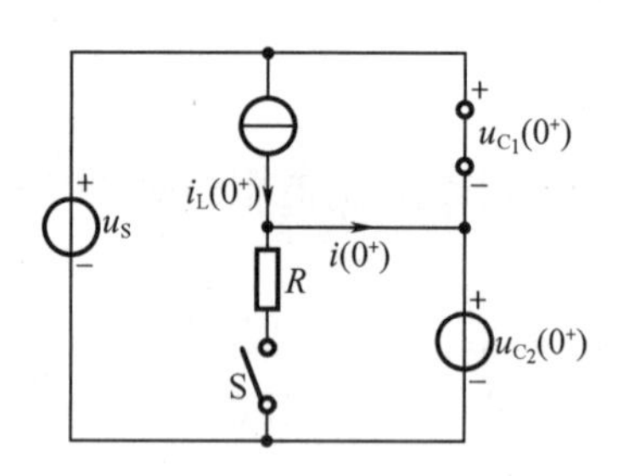

图 9-3 $t=0^+$ 时的等效电路

由图可得
$$i(0^+)=i_L(0^+)=3\ \text{A}$$

由此例可见,电流 i 在换路前后发生了变化,而电容电压和电感电流没有发生变化。那么电容电流和电感电压在什么情况下会发生变化呢? 有关这个问题,我们留给读者思考。

例 9-2 在图 9-4 所示的电路中,已知 $U=100$ V,$R=10\ \Omega$,$L=1$ H,电压表量程为 100 V、内阻 $R_V=10^4\ \Omega$,$t=0$ 时开关 S 断开,求 $u_V(0^+)$。

解 在 $t=0^-$ 时,电路为直流电路,电感相当于短路,故有

$$i_L(0^-)=\frac{U}{R}=10\ \text{A}$$

在 $t=0^+$ 时,由换路定律得

$$i_L(0^+)=i_L(0^-)=10\ \text{A}$$

对电感元件使用替代定理,可画出如图 9-5 所示的等效电路。

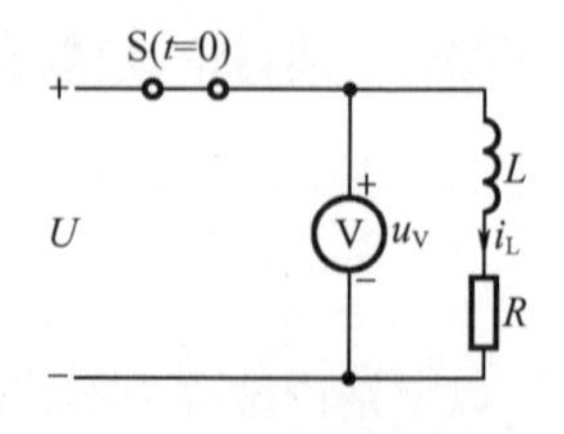

图 9-4 例 9-2 图

所以
$$u_V(0^+)=-R_Vi_L(0^+)=-100\ \text{kV}$$

由于电路换路时刻电压表两端的电压瞬时可达到 10 万伏特的高电压,因此可能会击穿

电压表的内部绝缘，造成仪表的损坏。为消除电路开关 S 断开时在电路中引起的瞬间高电压，它能在电感元件两端接入续流二极管。由于二极管的单向导电特性，可在电路开关 S 断开时为电感电流提供一条通路，从而达到保护电压表和电路开关的目的。具体接入方法见图 9-6。

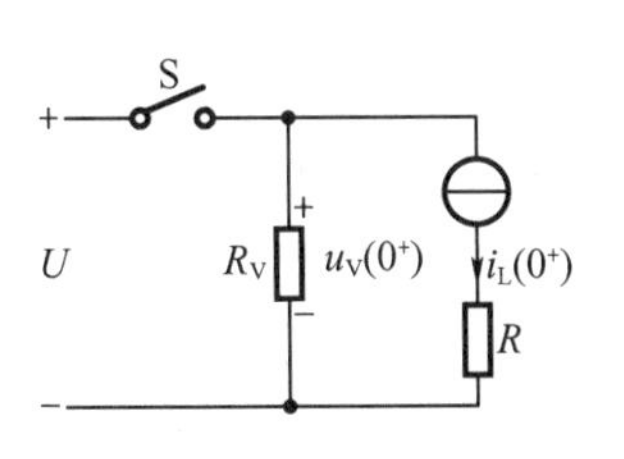

图 9-5　$t=0^+$ 时的等效电路

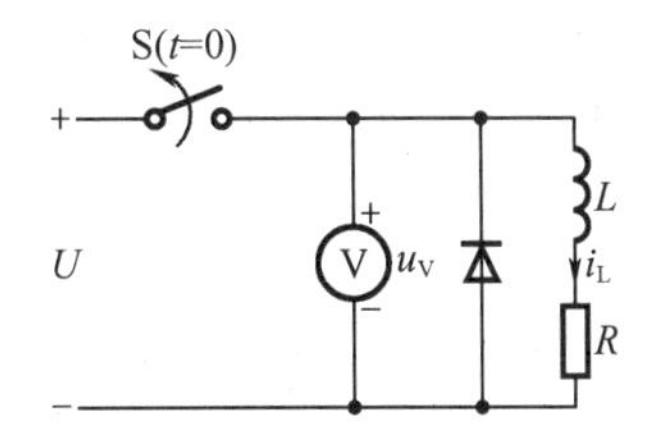

图 9-6　接入续流二极管的电路

本节思考与练习

9.1 节
思考与练习
参考答案

9-1-1　题 9-1-1 图中电路原已处于稳态，$t=0$ 时开关闭合。求各支路电流在 $t=0^+$ 时的值。

9-1-2　题 9-1-2 图所示电路原已稳定，$t=0$ 时开关 S 打开，求 $i_1(0^+)$ 和 $i_2(0^+)$。

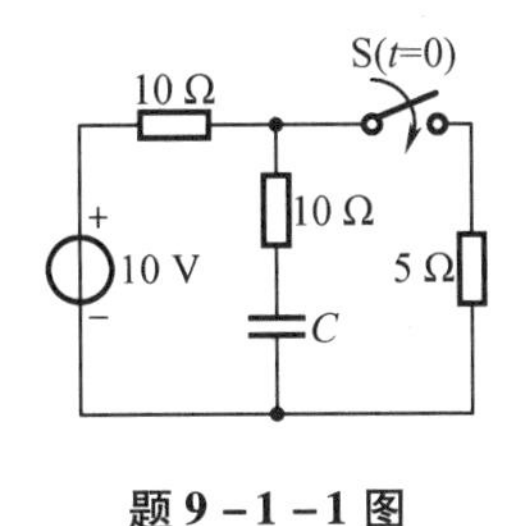

题 9-1-1 图

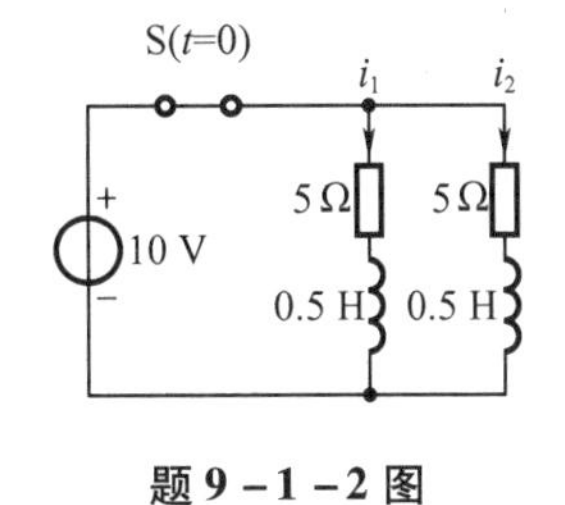

题 9-1-2 图

9-1-3　题 9-1-3 图中电路原已处于稳态，$t=0$ 时开关 S 闭合。求 $t=0^+$ 时各支路电流和电感元件的电压。

9-1-4　题 9-1-4 图中电路原已处于稳态，$t=0$ 时开关 S 闭合。求 $t=0^+$ 时各支路电流。

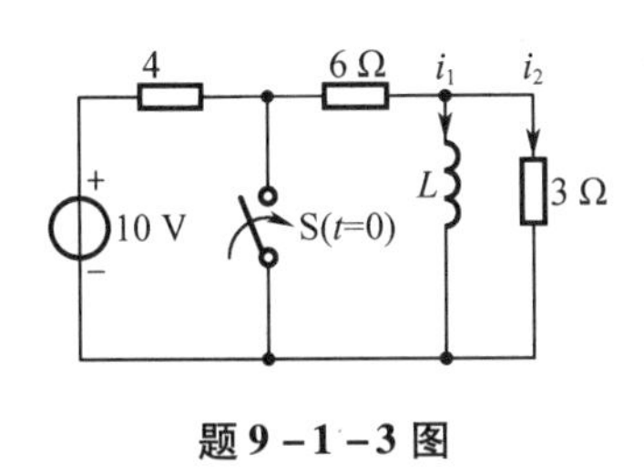

题 9-1-3 图

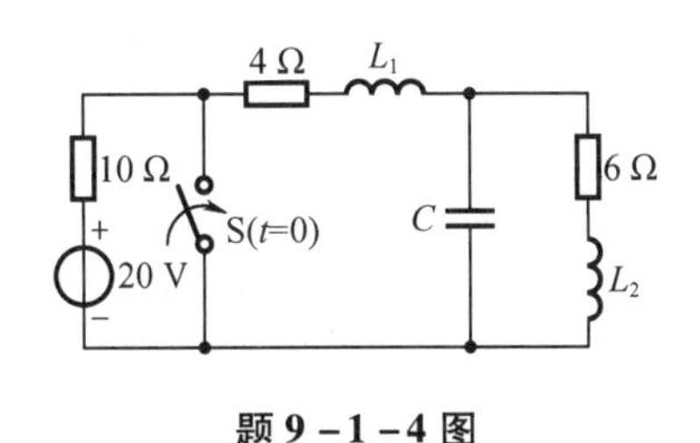

题 9-1-4 图

9-1-5　题 9-1-5 图中电路原已处于稳态，$t=0$ 时开关 S 断开。求电容电压和电感电流关于时间的变化率在 $t=0^+$ 的值，即 $\left.\frac{\mathrm{d}u_C(t)}{\mathrm{d}t}\right|_{t=0^+}$ 和 $\left.\frac{\mathrm{d}i_L(t)}{\mathrm{d}t}\right|_{t=0^+}$。

9-1-6　题9-1-6图所示电路,当 $t<0$ 时电路处于稳态,$t=0$ 时开关S断开,求开关两端电压 $u(0^+)$。

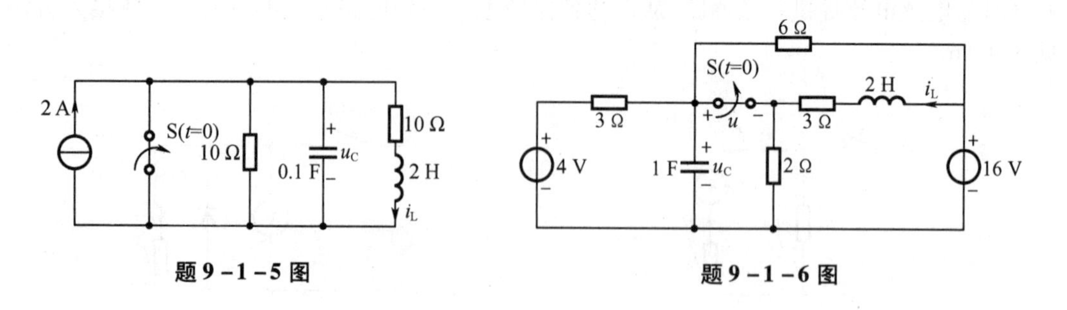

题9-1-5图　　　　题9-1-6图

9.2　任意一阶电路的全响应·零输入响应·零状态响应

本节将以全局的观点和严谨的数学推导来引出线性一阶电路的全响应、零输入响应和零状态响应的概念,讨论仅对可等效为一阶的 *RC* 电路或 *RL* 电路进行。

9.2.1　线性一阶电路方程的一般形式

下面考虑如图9-7所示的任意一阶电路。它可划分为两部分,一部分由电阻、受控源、独立电源和开关组成,另一部分由同一类型的储能元件组成。其中,受控源和独立电源的类型不限,储能元件可包含多个元件,但必须可等效为一个二端电容元件或二端电感元件。

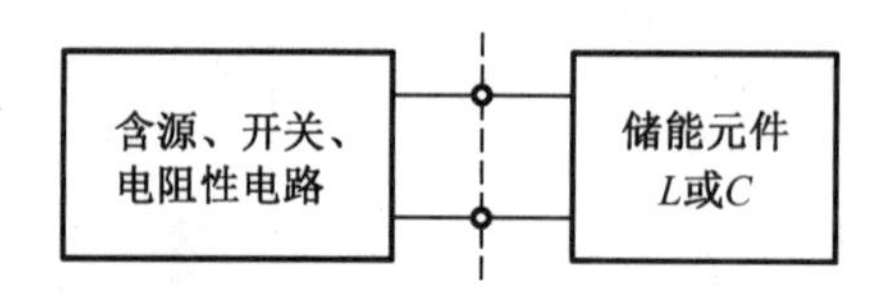

图9-7　任意一阶电路

假设电路在 $t=t_0$ 时刻发生换路。为简化分析,在换路后的电路中引用戴维南定理,因储能元件的类型不同,所以,换路后的等效电路有两种形式,分别如图9-8所示。

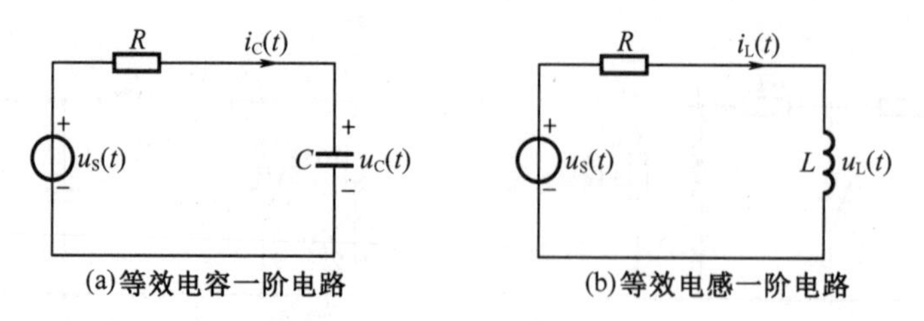

(a)等效电容一阶电路　　(b)等效电感一阶电路

图9-8　等效后的一阶电路

图中,C 和 L 分别为等效电容和等效电感;$u_S(t)$ 和 R 分别为任意一阶电路中储能元件以外部分的戴维南等效电路的开路电压和等效内电阻,其中 $u_S(t)$ 的值由一阶电路中的所有独立电源所决定,可取直流、正弦、指数、斜坡,或任意函数。

对图9-8(a)(b)列方程，分别得

$$RC\frac{\mathrm{d}u_{C}(t)}{\mathrm{d}t}+u_{C}(t)=u_{S}(t) \tag{9-12}$$

和

$$L\frac{\mathrm{d}i_{L}(t)}{\mathrm{d}t}+Ri_{L}(t)=u_{S}(t) \tag{9-13}$$

把 $\tau=RC$ 代入RC电路的方程式(9-12)，并将 $\tau=L/R$ 代入RL电路的方程式(9-13)，得一阶电路方程分别为

$$\frac{\mathrm{d}u_{C}(t)}{\mathrm{d}t}+\frac{u_{C}(t)}{\tau}=\frac{u_{S}(t)}{\tau} \tag{9-14}$$

和

$$\frac{\mathrm{d}i_{L}(t)}{\mathrm{d}t}+\frac{i_{L}(t)}{\tau}=\frac{u_{S}(t)/R}{\tau} \tag{9-15}$$

进一步，令 $x(t)=u_{C}(t)$ 或 $i_{L}(t)$，$\tau=RC$ 或 L/R(分别对应于RC电路或RL电路)，则可以把式(9-14)和式(9-15)用一个共同的形式写出，即

$$\frac{\mathrm{d}x}{\mathrm{d}t}+\frac{x}{\tau}=f(t) \tag{9-16}$$

式中，$f(t)$(方程的右端量)由 $u_{S}(t)$ 决定，对RC电路取 $u_{S}(t)/\tau$ 或对RL电路取 $u_{S}(t)/\tau R$。式(9-16)被称为一阶电路方程的一般形式。

需要指出，我们说式(9-16)具有一般性，是因为对同一电路中的任一电路变量所建立的一阶电路方程，除右端强迫项 $f(t)$ 取值不同外(不影响通解的函数形式)，都将具有和式(9-16)相同的形式。这意味着不论用 $x(t)$ 代表同一电路中的哪一个电路变量，方程中的 τ 都将是同一个。为说明这一点，下面给予证明。

令 $\bar{x}(t)$ 代表任一电路变量，则引用替代定理(把电容用值为 $x(t)$ 的电压源替代或把电感用值为 $x(t)$ 的电流源替代)和叠加定理后，电路响应 $\bar{x}(t)$ 可通过累积各个电源对其的贡献得到，即

$$\bar{x}(t)=\sum_{p=1}^{M}k_{p}u_{S_{p}}(t)+\sum_{l=1}^{N}k_{l}i_{S_{l}}(t)+kx(t) \tag{9-17}$$

为不失一般性，这里假定电路中独立电压源的个数为 M、独立电流源的个数为 N。

于是，对RC电路取 $\tau=RC$ 或对RL电路取 $\tau=L/R$，并结合式(9-17)可算出

$$\frac{\mathrm{d}\bar{x}(t)}{\mathrm{d}t}+\frac{\bar{x}(t)}{\tau}=kf(t)+\sum_{p=1}^{M}k_{p}\left(\frac{\mathrm{d}u_{S_{p}}(t)}{\mathrm{d}t}+\frac{u_{S_{p}}(t)}{\tau}\right)+\sum_{l=1}^{N}k_{l}\left(\frac{\mathrm{d}i_{S_{l}}}{\mathrm{d}t}+\frac{i_{S_{l}}(t)}{\tau}\right)=\bar{f}(t) \tag{9-18}$$

由此可见，与式(9-16)相比其形式未变，特别是 τ 未变，变化的仅仅是方程的右端项，这对微分方程的通解形式不产生影响。故此得证，一阶电路中各响应变量具有同一个 τ 值。

9.2.2　一阶电路的全响应、零输入响应和零状态响应

在前面的讨论中，我们已经获得了一阶电路方程的一般形式。下面仅考虑怎样求解方程的问题。

已知任意RC电路或RL电路的一阶微分方程的一般形式为

$$\frac{\mathrm{d}x}{\mathrm{d}t}+\frac{x}{\tau}=f(t) \tag{9-19}$$

此时，初始条件为 $x(t_{0}^{+})$，右端强迫项 $f(t)$ 为任意输入函数。

为求解方程式(9-19),在其两边同乘 $e^{\frac{t}{\tau}}$ 因子,得

$$\frac{d}{dt}(xe^{\frac{t}{\tau}}) = f(t)e^{\frac{t}{\tau}} \tag{9-20}$$

对两边作不定积分,得

$$x(t) = e^{-\frac{t}{\tau}}\left[\int f(t)e^{\frac{t}{\tau}}dt + A\right] = e^{-\frac{t}{\tau}}\int f(t)e^{\frac{t}{\tau}}dt + Ae^{-\frac{t}{\tau}} \tag{9-21}$$

式中,第一项代表响应的强制分量(forced component),由右端强迫项 $f(t)$ 引起;第二项代表响应的自由分量(source-free component),随时间推移将衰减至零;A 为由不定积分产生的待定积分常数。由于不定积分已把待定积分常数分离出去,故计算中不需要再考虑任意常数 A。

为简化,用

$$x_f(t) = e^{-\frac{t}{\tau}}\int f(t)e^{\frac{t}{\tau}}dt \tag{9-22}$$

表示响应的强制分量,则式(9-21)可重写为

$$x(t) = x_f(t) + Ae^{-\frac{t}{\tau}} \tag{9-23}$$

把 $t=t_0^+$ 代入式(9-23),可求出

$$A = [x(t_0^+) - x_f(t_0^+)]e^{\frac{t_0^+}{\tau}} \tag{9-24}$$

再代回式(9-23),可得到计算任意输入下线性一阶电路全响应(complete response)的理论公式为

$$x(t) = x_f(t) + [x(t_0^+) - x_f(t_0^+)]e^{-\frac{t-t_0^+}{\tau}} \quad (t \geq t_0^+) \tag{9-25}$$

式中,第一项代表强制分量,第二项代表自由分量,因其随时间发展最终要衰减到零,也称其为暂态分量;τ 取 RC 或 L/R(分别与 RC 电路或 RL 电路对应);$x(t_0^+)$ 和 $x_f(t_0^+)$ 分别为所求电路变量和强制分量在 $t=t_0^+$ 时刻的值。

由上式可知,全响应是由电路的初始状态和外部输入(指电路包含的所有独立电源)二者共同引起的一种电路响应。

如果把上述引起全响应的两个因素(即初始状态和外部输入)单独分开来考虑其对电路的影响,我们还可以定义零状态响应(zero-state response)和零输入响应(zero-input response)的概念。零状态响应指电路在初始条件为零的条件下完全由外部输入所引起的响应;零输入响应是指电路在外部输入为零的条件下完全由电路的初始条件所引起的响应。由于零状态响应和零输入响应都是由单一因素引起,因此,仅就零状态响应或零输入响应而言,由齐性原理可推知,激励与响应之间必成线性关系。

下面通过一个例子来说明任意输入作用下一阶电路全响应公式的用法。

例 9-3 在图 9-9 所示的电路中,已知指数电流源 $i_S = 10e^{-5t}$ A,$R = 10\ \Omega$,$L = 0.1$ H,而且 $i_L(0^-) = 2$ A,电路开关 S 在 $t=0$ 时动作。求 $t \geq 0^+$ 时的电感电流 $i_L(t)$。

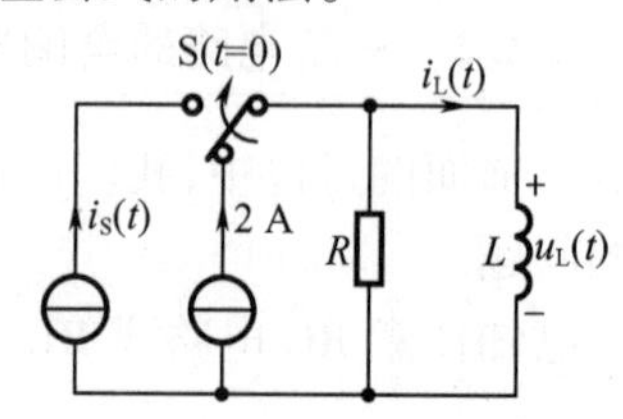

图 9-9 例 9-3 图

解 由换路定律知,电路初始条件为

$$i_L(0^+) = i_L(0^-) = 2\ \text{A}$$

在 $t>0$ 时,等效电路如图 9-10 所示。

图中,$R = 10\ \Omega$,$u_S(t) = Ri_S(t)$。

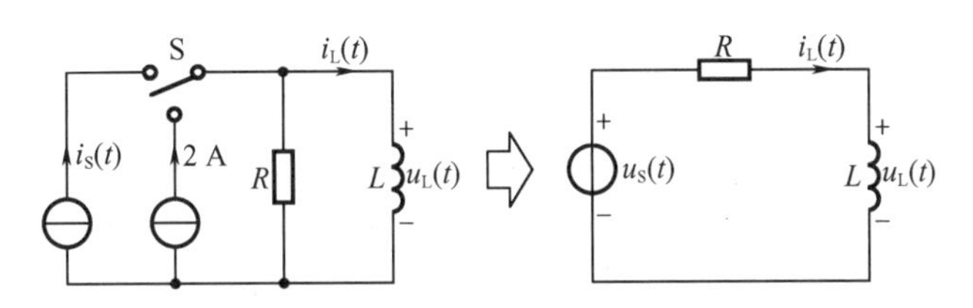

图 9 - 10　$t \geqslant 0^+$ 时的等效电路

参考图 9 - 8(b)和式(9 - 15)知，$f(t) = u_S(t)/\tau R = i_S(t)/\tau$，$\tau = L/R = 0.01$ s，全响应公式中的强制响应分量为

$$i_{L_f}(t) = e^{-\frac{t}{\tau}}\int f(t)e^{\frac{t}{\tau}}dt = e^{-\frac{t}{\tau}}\int \frac{i_S(t)}{\tau}e^{\frac{t}{\tau}}dt$$

代入已知条件计算，有

$$i_{L_f}(t) = e^{-100t}\int 10e^{-5t} \times 100e^{100t}dt = 10^3e^{-100t}\int e^{95t}dt \approx 10.53e^{-5t}\ \text{A}$$

注意：这里由不定积分产生的待定积分常数已归并到了自由分量之中。

在全响应公式中代入 $i_{L_f}(t)$、$i_{L_f}(0^+)$ 和 $i_L(0^+)$，可得到 $t \geqslant 0^+$ 时的电感电流为

$$i_L(t) = i_{L_f}(t) + [i_L(0^+) - i_{L_f}(0^+)]e^{-t/\tau} = 10.53e^{-5t} - 8.53e^{-100t}\ \text{A}$$

本例中所求出的电感电流为在指数型电流源作用下的一阶电路全响应，其中第一项 $10.53e^{-5t}$ A 为强制响应分量，第二项 $-8.53e^{-100t}$ A 为自由响应分量。

若把 $i_L(t)$ 改写为如下形式：

$$i_L(t) = [i_{L_f}(t) - i_{L_f}(0^+)e^{-t/\tau}] + i_L(0^+)e^{-t/\tau} = 10.53(e^{-5t} - e^{-100t}) + 2e^{-100t}\ \text{A}$$

则可得到：

$i_L(t)$ 的零状态响应为 $10.53(e^{-5t} - e^{-100t})$ A，零输入响应为 $2e^{-100t}$ A。

本节思考与练习

9.2 节
思考与练习
参考答案

9 - 2 - 1　题 9 - 2 - 1 图所示电路中，开关 S 在位置 1 已久，在 $t = 0$ 时合向位置 2，求 $u_C(t)$ 和 $i(t)$ 的零输入响应。

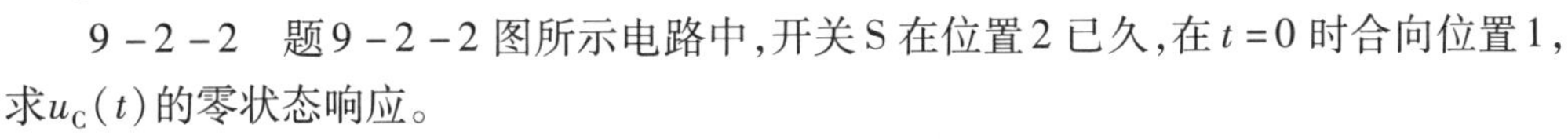

9 - 2 - 2　题 9 - 2 - 2 图所示电路中，开关 S 在位置 2 已久，在 $t = 0$ 时合向位置 1，求 $u_C(t)$ 的零状态响应。

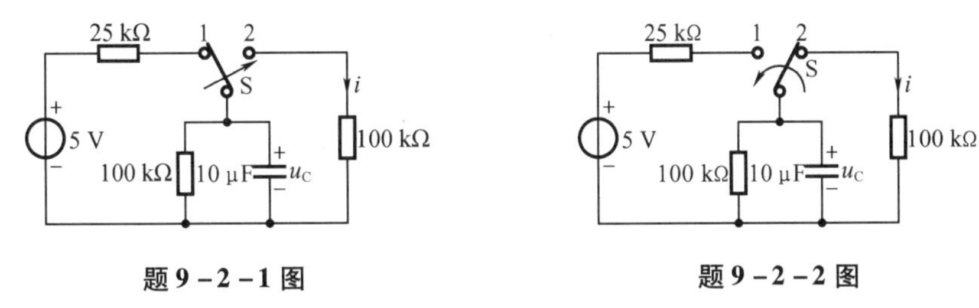

题 9 - 2 - 1 图　　**题 9 - 2 - 2 图**

9 - 2 - 3　题 9 - 2 - 3 图所示电路中，开关 S 在位置 2 已久，在 $t = 0$ 时合向位置 1，求 $u_C(t)$ 的全响应。

9 - 2 - 4　当 $t < 0$ 时，图示电路处于稳态，在 $t = 0$ 时开关 S 由位置 1 合向位置 2，求 $u_C(t)$ 的零输入响应。

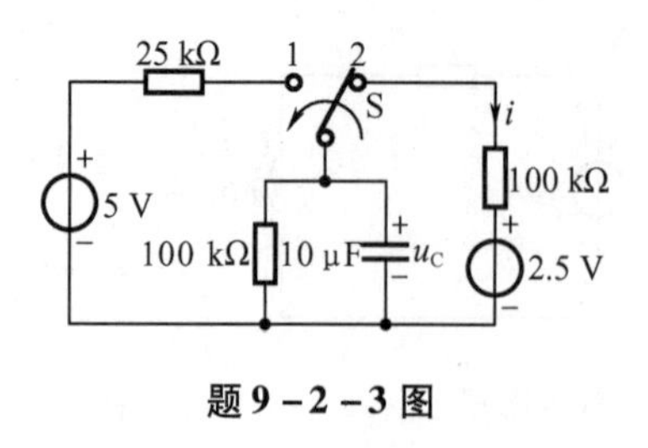

题 9-2-3 图

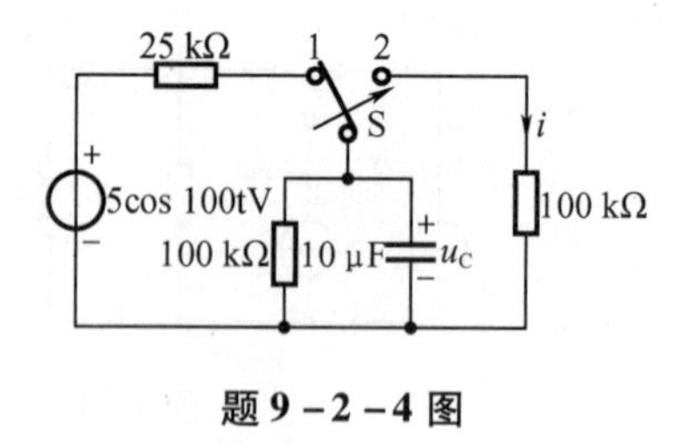

题 9-2-4 图

9-2-5 题9-2-5图所示电路中,开关S在位置2已久,在$t=0$时合向位置1,求$u_C(t)$的全响应。

9-2-6 题9-2-6图所示电路在开关S_1、S_2动作前已达到稳态,当$t=0$时,S_1打开,S_2闭合,求$t>0$时全响应$i_L(t)$。

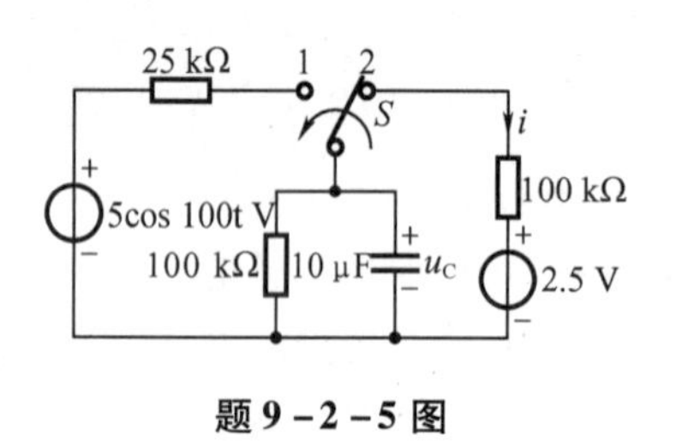

题 9-2-5 图

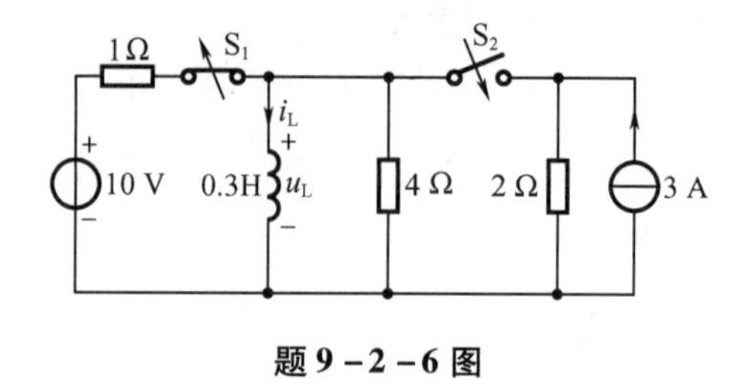

题 9-2-6 图

9.3 恒定输入激励下一阶电路的全响应

由例9-3可见,利用任意输入激励下的全响应公式求解一阶电路,需要计算不定积分,其过程较为烦琐。因此,当外部输入取较为简单的函数形式时,我们希望得到更为简单的求解方法。下面就在恒定输入激励条件下的一阶电路的情况来讨论这一问题。

一阶电路的恒定输入(constant input)条件是指一阶电路中的所有独立电源都取恒定值,即为直流电源的情况。在上节的讨论中我们已经指出,一阶电路方程的右端项$f(t)$由一阶电路所包含的独立电源所决定(见式(9-17)和式(9-18))。这表明在具有恒定输入的一阶电路中,$f(t)$也为恒定值。因此,在恒定输入激励下,$f(t)$可以常值代入强制响应分量的计算式中。

于是,令$f(t)=K$,则有$x_f(t)=e^{-\frac{t}{\tau}}\int f(t)e^{\frac{t}{\tau}}d\tau=e^{-\frac{t}{\tau}}\int Ke^{\frac{t}{\tau}}dt=\tau K$。因$x_f(t)$为与时间无关的常量,故得

$$x_f(t)=x_f(\infty)=x_f(t_0^+)=x(\infty) \tag{9-26}$$

式中,最后一个等号可从式(9-25)令$t\to\infty$推出。

把上述结论用到式(9-25)中,可导出恒定输入激励下的线性一阶电路全响应为

$$x(t)=x(\infty)+[x(t_0^+)-x(\infty)]e^{-\frac{t-t_0^+}{\tau}} \quad (t\geqslant t_0^+) \tag{9-27}$$

式中,$x(\infty)=x(t)|_{t\to\infty}$代表待求变量的稳态响应,是一个不随时间变化的量。

由于$t\to\infty$后,恒定输入激励下的一阶电路实际上成为了一个直流电路,这时电感元件

相当于短路，而电容元件相当于开路，因此，电路得到简化，使 $x(\infty)$ 的求解变得比计算定积分更为简单和便捷。

此外，常数 τ 与在任意输入激励下一阶电路全响应公式中的取值一样，即对 RC 电路取 RC，对 RL 电路取 L/R。它的物理含义可通过下面的量纲分析获得解释，即

对于 RC 电路：

$$欧姆·法拉 = 欧姆\frac{库仑}{伏特} = 欧姆\frac{安培·秒}{伏特} = 秒$$

对于 RL 电路：

$$亨利/欧姆 = \frac{韦伯}{安培}/欧姆 = \frac{伏特·秒}{安培·欧姆} = 秒$$

可见，不论是一阶 RC 电路还是一阶 RL 电路，τ 都具有时间量纲，故称之为一阶电路的时间常数（time constant）。由全响应公式知，τ 实际上是反映一阶电路的自由分量（暂态项）衰减快慢的一个参量。

时间常数仅由电路的结构和参数所决定，而且同一个一阶电路仅存在一个时间常数，即只有一个 τ 值。不同的 τ 值对一阶电路暂态项随时间发展衰减至零的过程（也称为过渡过程）的影响也不同，图 9－11 提供了三条不同 τ 值下的全响应曲线（为便于比较，不失一般性，假定换路发生在 $t_0^+=0$ 时刻）。

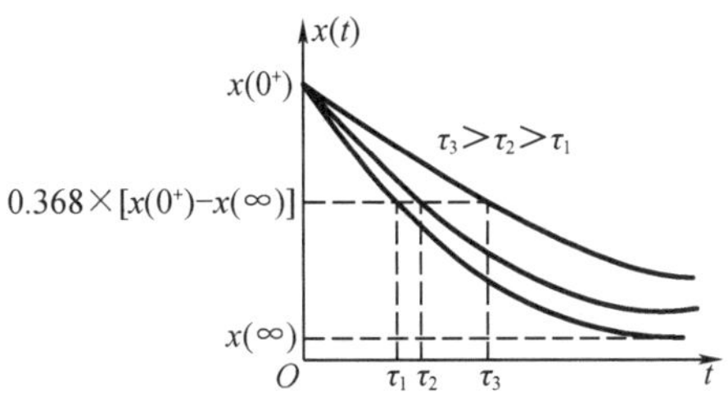

图 9－11　不同 τ 值下的全响应曲线

由图可见，τ 值越小曲线衰减越快。经过一个 τ 的时间，暂态项衰减到其初始值 $[x(0^+)-x(\infty)]$ 的 36.8%。

由全响应公式可知，理论上，只有在 $t\to\infty$ 时，一阶电路的暂态过程才能结束（暂态项彻底消失），这意味着一阶电路完成过渡过程将需要无限长的时间。显然，这从工程的角度看是不可接受的。不过，指数函数的衰减在开始阶段是很快的，例如经过 3τ 或 5τ 时间后，暂态项就能衰减至初始值的 5% 或 1% 以下。因此，工程上经常取 3τ 或 5τ 时间作为过渡过程时间。

时间常数的定义还可以从式（9－27）获得解释。为简化讨论并不失一般性，令换路发生在 $t_0^+=0$ 时刻及 $x(\infty)=0$，此时，全响应公式简化为零输入响应，即

$$x(t) = x(0^+)e^{-\frac{t}{\tau}} \tag{9-28}$$

于是，通过对式（9－28）两边求导数，便得到时间常数的又一种表示形式

$$\tau = \frac{-x(0^+)e^{-\frac{t}{\tau}}}{dx/dt} = \frac{x(t)}{-dx/dt} \tag{9-29}$$

式（9－33）表明，在 t 时刻，$x(t)$ 以该时刻切线斜率 $x(t)/\tau$ 下降至 0 所用的时间刚好等于时间常数 τ。根据这一原理，我们还可以通过实验方法来确定一阶电路的时间常数，具体做法如图 9－12 所示。

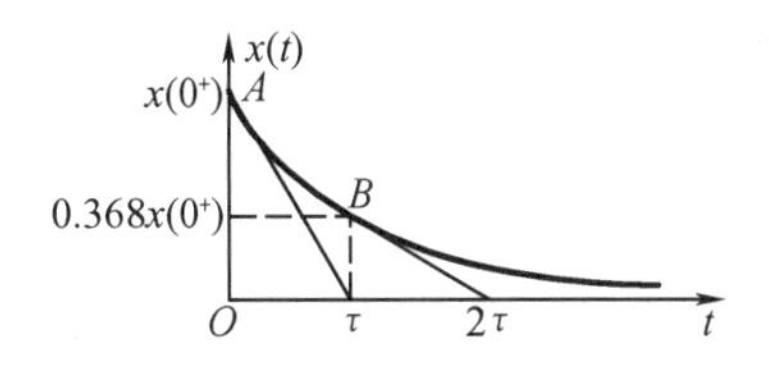

图 9－12　实验法确定一阶电路时间常数的原理

全响应曲线通过实验测量取得，过 A 点的切线与时间轴相交，交点坐标值即为待测的时间常数 τ。

为减小测量误差，在 $x(\tau) = x(0^+)e^{-1} =$

0. 368$x(0^+)$处,即 B 点,可重复上述测量,最后把两次测量值平均可使测量精度获得改善。

下面通过一个例子来说明恒定输入激励下的一阶电路全响应公式的用法。

例 9－4 一阶 RC 电路如图 9－13 所示,已知 u_S 为直流电压源,电路原处于稳态。开关 S 在 $t=0$ 时动作,把 u_S 接入电路。求开关 S 动作后的电容电压 $u_C(t)$ 和电路电流 $i(t)$。

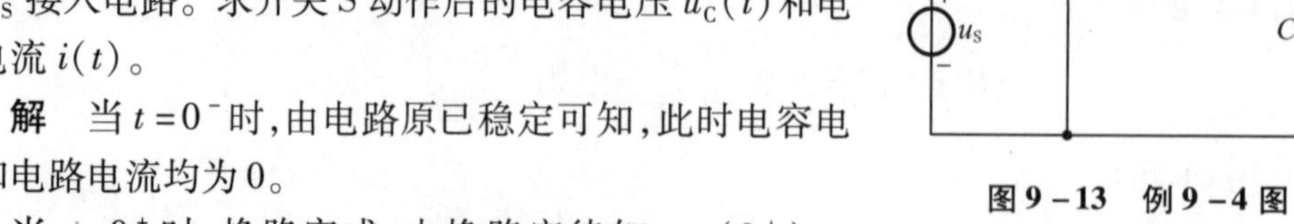

图 9－13 例 9－4 图

解 当 $t=0^-$ 时,由电路原已稳定可知,此时电容电压和电路电流均为 0。

当 $t=0^+$ 时,换路完成,由换路定律知,$u_C(0^+)=u_C(0^-)=0$,此时,电容相当于短路,详见图 9－14(a)。

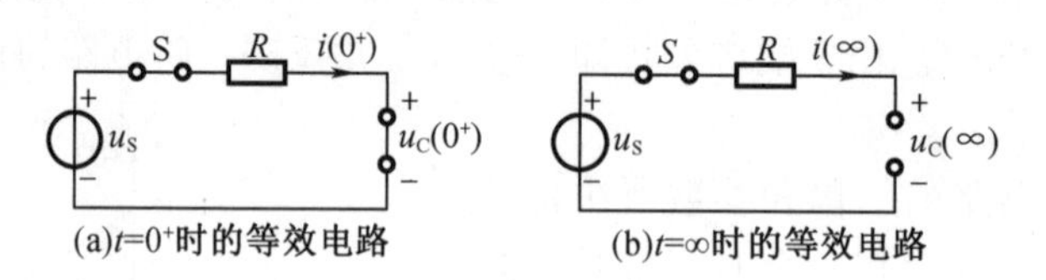

图 9－14 初始状态及稳定状态下的等效电路

于是,求得电路电流为

$$i(0^+)=\frac{u_S-u_C(0^+)}{R}=\frac{u_S}{R}\ \mathrm{A}$$

在 $t\to\infty$ 时,电路结束过渡过程并进入新的稳态,此时,电容相当于断路,如图 9－14(b)所示。于是,求得电容电压和电路电流分别为 $u_C(\infty)=u_S$ 和 $i(\infty)=0$。

该电路为简单 RC 串联电路,显然,$\tau=RC$。

最后,根据式(9－27),得

$$u_C(t)=u_C(\infty)+[u_C(0^+)-u_C(\infty)]e^{-\frac{t}{\tau}}=u_S(1-e^{-\frac{t}{\tau}})\ \mathrm{V}\quad(t\geqslant 0^+)\tag{9－30}$$

$$i(t)=i(\infty)+[i(0^+)-i(\infty)]e^{-\frac{t}{\tau}}=\frac{u_S}{R}e^{-\frac{t}{\tau}}\ \mathrm{A}\quad(t\geqslant 0^+)\tag{9－31}$$

以上两式也是该 RC 串联电路的零状态响应。从表达式中可以看出,它们都与外部输入(u_S)呈线性关系。

$u_C(t)$ 和 $i(t)$ 随时间的变化规律如图 9－15 所示。

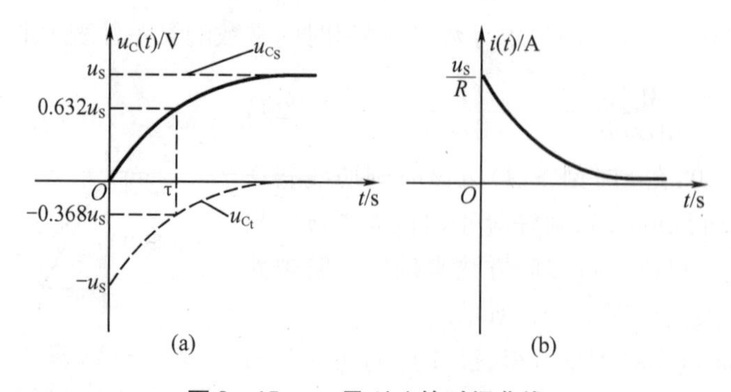

图 9－15 u_C 及 $i(t)$ 的时间曲线

图 9－15 中，$u_{C_S}(t)$代表稳态响应，u_{C_t}代表暂态响应。由图可见，在 $t=0$ 时，电容电压 $u_C(t)$是连续的；而电路电流 $i(t)$（也是电容电流）则由零跃变为 u_S/R，是不连续的。充电过程中，电容电压呈指数规律上升，电流呈指数规律下降。当 $t=\tau$ 时，电容电压$u_C(t)$升至其稳态值的 63.2%，而电路电流 $i(t)$衰减至其初值的 36.8%。

在充电过程中，外部输入，即电源提供的能量，一部分转换为电场能量储存于电容中，另一部分被电阻吸收转换成热能消耗掉。充电结束时，电容储存的总能量为

$$W_C(t) = \frac{1}{2}Cu_S^2 \tag{9-32}$$

而电阻在整个充电过程中消耗的能量为

$$W_R(t) = \int_0^{\infty} Ri^2 \mathrm{d}t = \frac{u_S^2}{R}\int_0^{\infty} \mathrm{e}^{-\frac{2t}{RC}} \mathrm{d}t = \frac{1}{2}Cu_S^2 = W_C(t) \tag{9-33}$$

式(9－33)表明，在零状态下直流电源经电阻向电容充电的过程中，电阻消耗的能量与电容储存的能量相等。由于电源提供的能量只有一半储存到了电容中，故效率仅为 50%。这一结论与 R、C 的具体数值无关，只要是一阶 RC 电路中电容元件上的初始电压为零即成立。但是，如果充电开始时电容元件上具有初始电压，则其充电效率将会大于 50%，有关这一结论的证明，作为思考问题留给读者完成。

本节思考与练习

9.3 节
思考与练习
参考答案

9－3－1　求题 9－3－1 图所示电路的时间常数。

9－3－2　求 $t>0$ 时题 9－3－2 图所示电路的时间常数。

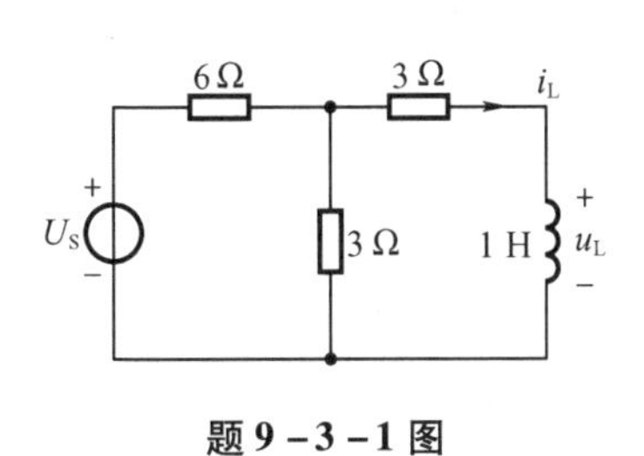

题 9－3－1 图

题 9－3－2 图

9－3－3　电路如题 9－3－3 图(a)所示，当开关 S 在 $t=0$ 瞬间闭合时，电容器对电阻 R 放电。当 $u_C(0^+)$为 8 V、电阻分别为 1 kΩ、6 kΩ、3 kΩ 和 4 kΩ 时，得到 4 条 $u_R(t)$曲线如题 9－3－3 图(b)所示，其中对 3 kΩ 电阻放电的 $u_R(t)$曲线是(　　)。

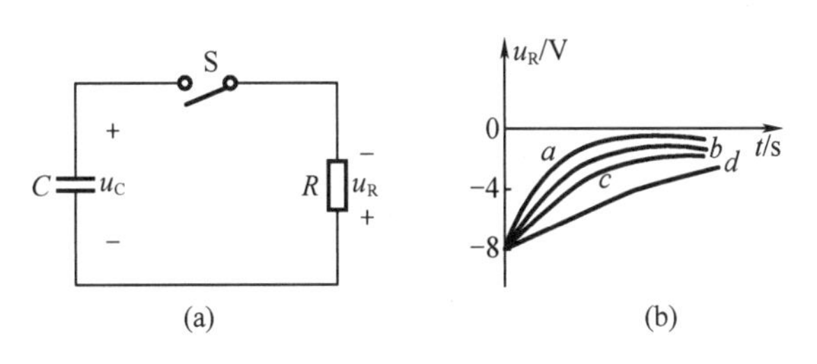

题 9－3－3 图

9－3－4　开关 S 闭合前图示电路已达到稳态，求 S 闭合后 2 Ω 电阻中电流随时间变化

的规律 $i_R(t)$。

9-3-5 题9-3-5图所示电路中,开关S在位置 a 已久,在 $t=0$ 时合向 b 位置,并且已知换路前瞬间 $u(0^-)=2$ V,求 $t\geqslant0$ 时的电压 $u(t)$。

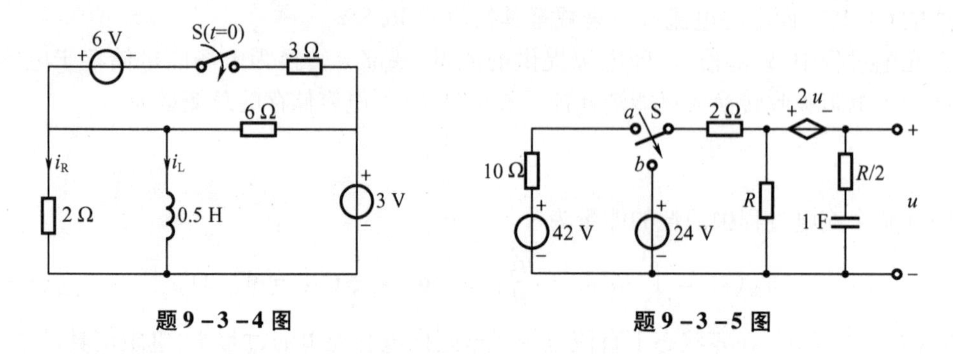

题9-3-4图　　题9-3-5图

9-3-6 题9-3-6图所示电路中,开关S闭合前已达到稳态,$t=0$ 时开关闭合,求 $u_{C_1}(t)$ 和 $u_{C_2}(t)$。

9-3-7 题9-3-7图所示电路中,$t<0$ 时S断开,电路已稳态,$t=0$ 时S闭合,求 $t>0$ 时 $i(t)$ 和 $i_0(t)$。

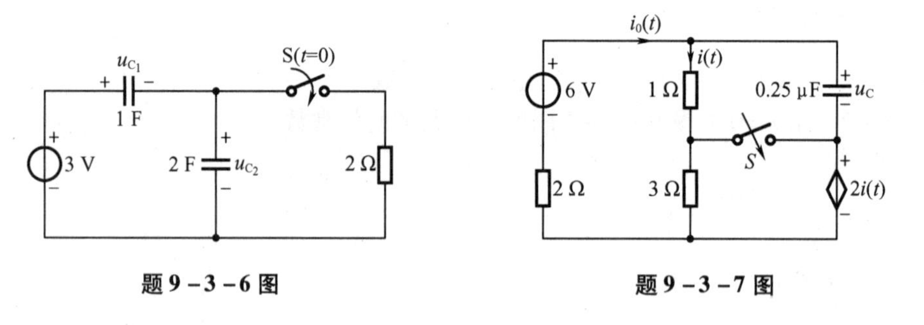

题9-3-6图　　题9-3-7图

9-3-8 图示电路中,开关S打开前已处于稳态,已知 $R_1=R_2=10\ \Omega$,$L=1$ H,$C=1$ F,$i_S=2$ A。求 $t>0$ 时的 $u(t)$。

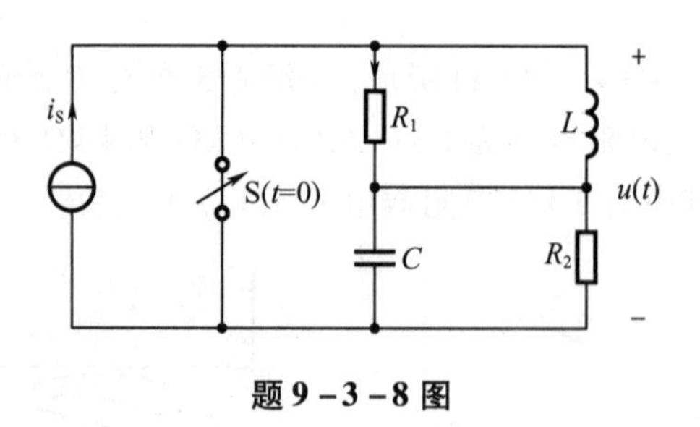

题9-3-8图

9.4　正弦输入激励下一阶电路的全响应

本节主要讨论包含正弦电源的一阶电路问题。这里正弦输入(sine input)激励是指一阶电路中的独立电源为正弦电源的情况。

为简化讨论,仅考虑电路中含有一个正弦电源的情况。此考虑并不失一般性,如果电路中含有多个正弦电源的话,可以采用叠加定理,让每一个电源都单独作用于电路。于是,当让某一正弦电源单独作用于电路时,就恰好得到了与上述假设相吻合的情况,所以,基于上述假设来研究包含正弦电源的一阶电路问题具有普适性。

由推导式(9-25)的过程可知,当一阶电路仅包含正弦电源时,描述其电路行为的微分方程的右端项$f(t)$将不再是一个常量而是一个正弦量,由定积分计算容易证明,这时强迫响应分量$x_f(t)$也是一个正弦量。此外,当$t\to\infty$时,我们可以看到,任意输入下的一阶电路全响应的稳态解与强迫分量之间存在下列关系,即

$$x(t)\big|_{t\to\infty}\to x_{\mathrm{f}}(t)=x_{\mathrm{S}}(t) \tag{9-34}$$

式中,$x_{\mathrm{S}}(t)$代表$t\to\infty$时一阶电路全响应的稳态解。

式(9-34)表明,若要得到一阶电路的强迫分量$x_{\mathrm{f}}(t)$,则可以把该一阶电路看成是一个正弦电路来求解,即先用相量法求出稳态解$\dot{X}_{\mathrm{S}}$,然后再写出稳态解的时间表达式$x_{\mathrm{S}}(t)$,最后由式(9-34)取得$x_{\mathrm{f}}(t)$。

需要指出,这里把一阶电路看成是一个正弦电路用相量法来求解是有条件的,只在$t\to\infty$时的条件下才成立,求出的稳态解也仅作为一阶电路全响应的一个组成部分(即强迫分量)来使用。

下面以图9-16所示的电路为例来说明如何应用上述方法求解正弦输入下的一阶电路问题。

假设在图9-16电路中,开关S闭合前,电容具有初始电压$u_{\mathrm{C}}(0^-)$。$t=0$时S闭合电路发生换路,换路完成后,正弦电压源的电压为$u_{\mathrm{S}}=\sqrt{2}U\cos(\omega t+\psi)$ V。求$t\geqslant 0^+$时的电容电压$u_{\mathrm{C}}(t)$。

首先,在$t=0^+$时,由换路定律可得

$$u_{\mathrm{C}}(0^+)=u_{\mathrm{C}}(0^-) \tag{9-35}$$

当$t\to\infty$时,电路进入稳态,故可用分析正弦稳态电路的相量法求电容电压的稳态解$u_{\mathrm{C_S}}(t)$,其稳态电路如图9-17所示。

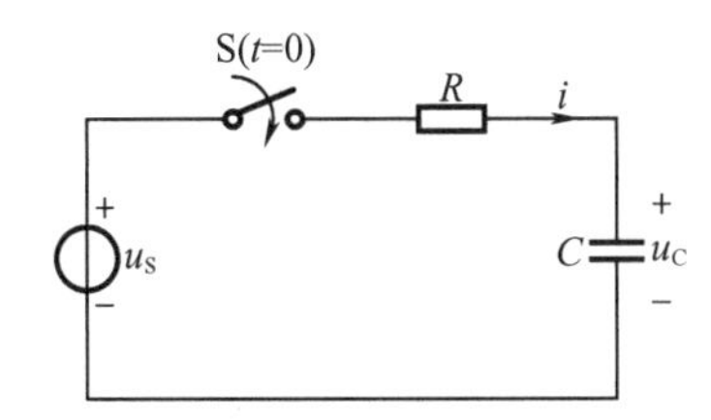

图9-16　正弦电源作用下的RC电路

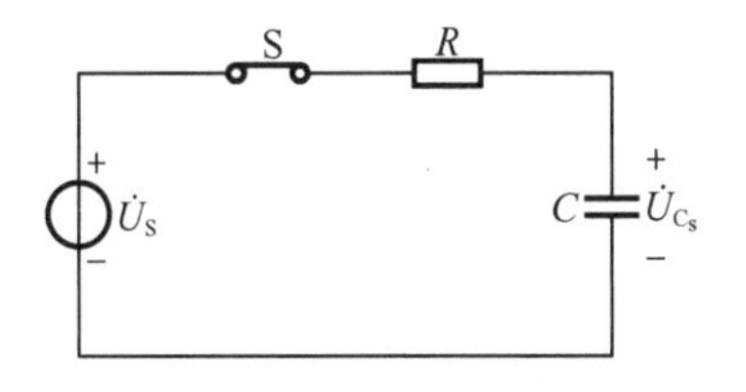

图9-17　用于求$u_{\mathrm{C_S}}(t)$的正弦稳态电路

因为
$$\dot{U}_{C_S}=\frac{1/\mathrm{j}\omega C}{R+1/\mathrm{j}\omega C}\dot{U}_S=\frac{1}{1+\mathrm{j}\omega CR}U_S\angle\psi=U_{C_S}\angle\psi-\theta \tag{9-36}$$

其中
$$U_{C_S}=\frac{U_S}{\sqrt{1+(\omega CR)^2}},\theta=\arctan(\omega CR)$$

所以
$$u_{C_f}(t)=u_{C_S}(t)=\sqrt{2}U_{C_S}\cos(\omega t+\psi-\theta) \tag{9-37}$$

由图9-16可知,时间常数$\tau=RC$。

把$u_{C_f}(t)$代入全响应公式,得$t\geqslant 0^+$时的电容电压为

$$\begin{aligned}u_C(t)&=u_{C_f}(t)+[u_C(0^+)-u_{C_f}(0^+)]\mathrm{e}^{-\frac{t}{\tau}}\\&=\sqrt{2}U_{C_s}\cos(\omega t+\psi-\theta)+[u_C(0^-)-\sqrt{2}U_{C_s}\cos(\psi-\theta)]\mathrm{e}^{-\frac{t}{RC}}\end{aligned} \tag{9-38}$$

由上式可见,电容电压响应的暂态分量不仅与电路的R,C有关,而且也与正弦电源电压的初相ψ有关。因正弦电源电压的初相与计时起点有关,或者说与开关S的闭合时刻有关,故称ψ为接入相位角。显然,通过调整开关S的闭合时刻,我们可以达到控制一阶电路暂态分量的目的。

9.4节
思考与练习
参考答案

本节思考与练习

9-4-1 开关S闭合前如题9-4-1图所示电路已达到稳态,求S闭合后2 Ω电阻中电流随时间变化的规律$i_L(t)$。

9-4-2 题9-4-2图所示电路中,开关S在位置a已久,在$t=0$时合向b位置,并且已知换路前瞬间电容中无电流,$u(0^-)=2$ V,求$t\geqslant 0^+$时的电压$u(t)$。

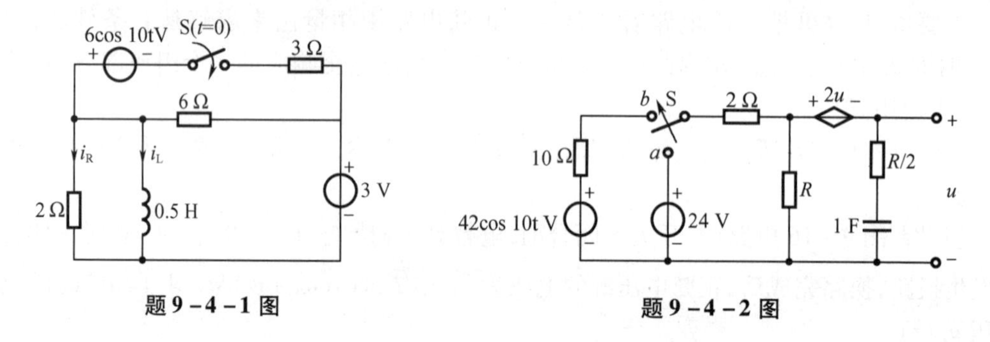

题9-4-1图　　题9-4-2图

9-4-3 题9-4-3图所示电路在开关S闭合前已处于稳态,$t=0$时开关闭合,$R_1=R_2=R_3=4$ Ω,$L=0.5$ H,$u_S=3\cos(1\,000t+30°)$ V,求$t>0$时的$u(t)$。

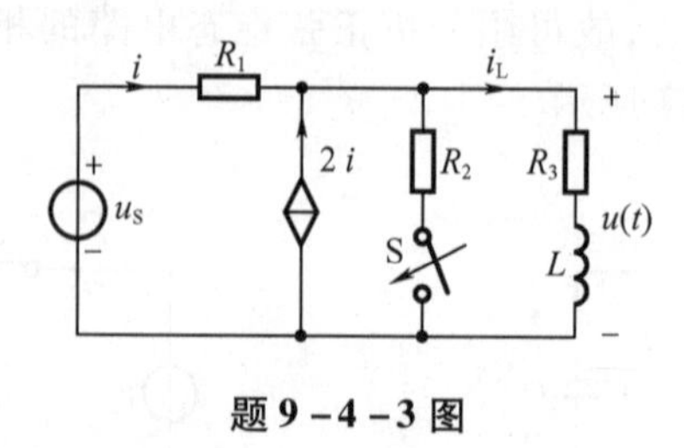

题9-4-3图

9-4-4 题9-4-4图所示电路中,$t<0$时S断开,电路已稳态,$t=0$时S闭合,$u_S=6\cos 1\,000t$ V,求$t\geqslant 0^+$时的$i(t)$和$i_0(t)$。

9-4-5　题 9-4-5 图所示电路中，开关 S 打开前已处于稳态，已知 $R_1=R_2=10\ \Omega$，$L=1\ \text{H}$，$C=1\ \text{F}$，$i_S=2\cos(2t+45°)\ \text{A}$。求 $t>0$ 时的 $u(t)$。

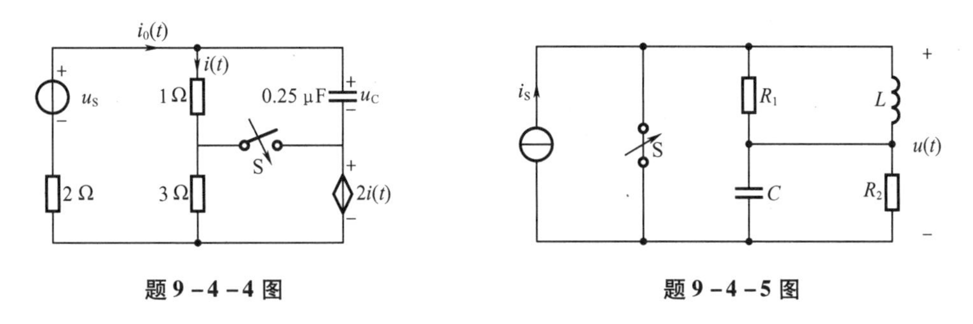

题 9-4-4 图　　　　题 9-4-5 图

9.5　三要素法

9.5.1　三要素法的概念

由前几节的讨论可知，在一阶电路的全响应公式，即式(9-25)中，主要包含有三个要素需要我们确定，它们分别为所求响应的初始值 $x(t_0^+)$、强制分量 $x_f(t)$（或 $x_S(t)$）和时间常数 τ。在一阶电路的分析计算中，不论电路输入是恒定量还是正弦量，一旦我们获得了这三个要素的解答，就完全可以根据式(9-25)直接写出所求的电路响应。

通常，我们把这种以专门分析三个要素 $x(t_0^+)$、$x_f(t)$ 和 τ 来求解一阶电路的方法称为三要素法(three-element method)。三要素法只适合求解具有恒定输入和正弦输入的一阶电路问题。但对某些输入，如指数函数 $Ke^{\alpha t}$、斜坡函数 Kt 等，因一阶电路没有相对应的稳定状态，所以对 $x_f(t)$ 的求解还需要通过列写微分方程及引用式(9-22)来完成。

9.5.2　确定三要素的方法

下面给出确定三要素的一般方法：

1. 初始值 $x(t_0^+)$

实际上，这是一个求 $t=t_0^+$ 时刻电路的问题。首先，由 $t=t_0^-$ 时刻的电路求电容电压和电感电流，即 $u_C(t_0^-)$ 和 $i_L(t_0^-)$，因电路此时处于直流稳态，故求解中可将电容视为开路、电感视为短路；然后，根据换路定律求出 $u_C(t_0^+)$ 和 $i_L(t_0^+)$，并把电容元件用电压等于 $u_C(t_0^+)$ 的电压源替换，把电感用电流等于 $i_L(t_0^+)$ 的电流源替换，画出 $t=t_0^+$ 时刻的等效电路（直流电路）；最后，采用电路分析方法，如支路电流法、回路电流法、节点电压法等，从 $t=0^+$ 时刻的直流电路中求出 $x(t_0^+)$。

2. 稳态解 $x_f(t)$

这是一个稳态电路($t\to\infty$ 时)的求解问题。需要注意的是：当电路为恒定输入时，求出的稳态解 $x_f(t)$ 与时间无关，常用 $x(\infty)$ 表示，求解中电容开路、电感短路；当电路为正弦输入时，稳态电路可用相量法分析，求出稳态解 $\dot{X}_S$ 后，还需写出其时间表达式 $x_S(t)$，即 $x_f(t)$（因为 $x_f(t)=x_S(t)$）。

3. 时间常数 τ

时间常数要通过换路后的电路求解。具体的 R、C 或 L 的求取步骤是:首先,确定换路后的电路,要特别注意开关所处的位置,就一般而言,如图 9-18 所示。

然后,对含源电阻电路做除源处理,即电压源短路、电流源开路,求出二端除源电阻电路的等效电阻 R;对储能元件做简化处理,求出二端等效电容 C 或电感 L。

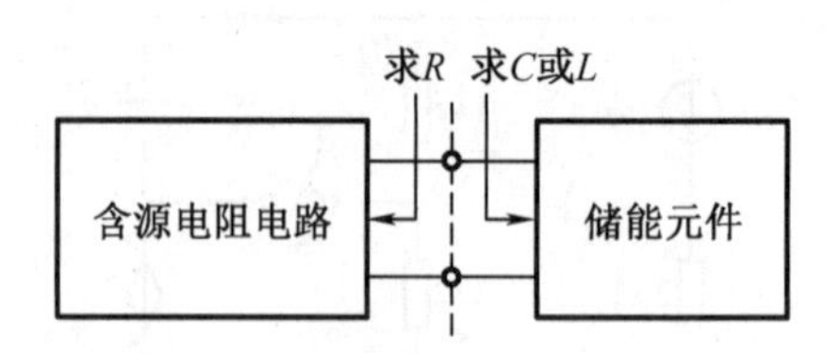

图 9-18 换路后($t\geqslant t_0^+$)的等效电路

最后,根据电路中储能元件的性质,分别由 $\tau=RC$(对于 RC 电路)和 $\tau=L/R$(对于 RL 电路)计算时间常数 τ。

下面通过举例来说明如何运用三要素法来分析一阶电路问题。

例 9-5 电路如图 9-19 所示,(a)当 $u_S=5$ V 时,求 $i_L(t)$ $(t\geqslant 0^+)$;(b)当 $u_S=5\cos(5t-45°)$ V 时,再求 $i_L(t)$ $(t\geqslant 0^+)$。

解(a):(1) 求初始值 $i_L(0^+)$

$t=0^-$ 时,电路原已处于稳定状态,$i_L(0^-)=1$ A

$t=0^+$ 时,由换路定律知,$i_L(0^+)=i_L(0^-)=1$ A

(2)求稳态解 $i_L(\infty)$

$t\to\infty$ 时,电感相当于短路,等效电路如图 9-20 所示。

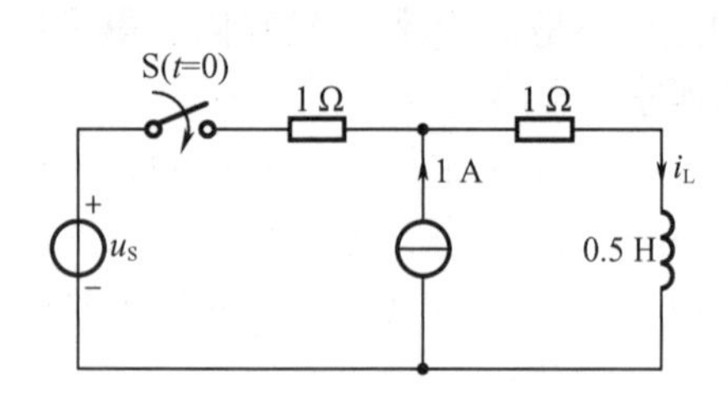

图 9-19 例 9-5 图

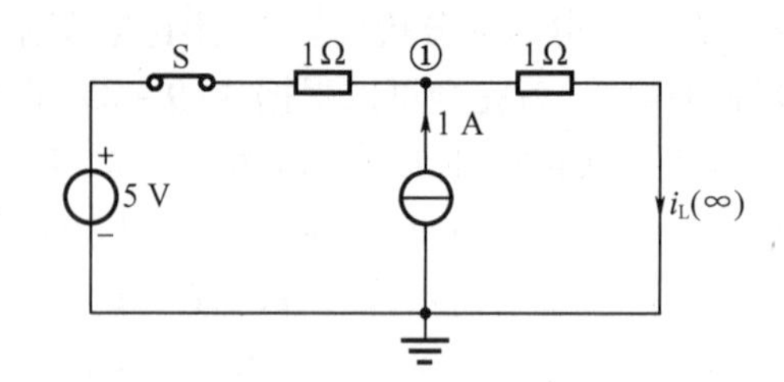

图 9-20 $t\to\infty$ 时的等效电路

根据图 9-20,对节点①列节点方程为

$$u_{①}=\frac{5/1+1}{1+1}=3\text{ V} \tag{9-39}$$

所以

$$i_L(\infty)=\frac{u_{①}}{1}=3\text{ A} \tag{9-40}$$

(3)求时间常数 τ

电路换路后,除源等效电路如图 9-21 所示。所以

$$\tau=\frac{L}{R}=\frac{0.5}{1+1}\text{ s}=\frac{1}{4}\text{ s} \tag{9-41}$$

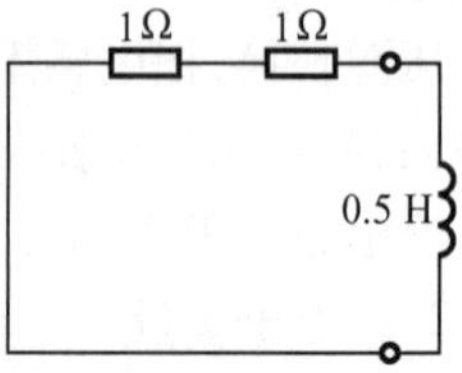

图 9-21 求 τ 的等效电路

于是,将以上求得的三要素代入全响应公式(9-25),得

$$\begin{aligned} i_L(t)&=i_L(\infty)+[i_L(0^+)-i_L(\infty)]e^{-\frac{t}{\tau}}\\ &=3-2e^{-4t}\text{A}\quad(t\geqslant 0^+) \end{aligned} \tag{9-42}$$

解(b):在(a)的求解中已知,$i_L(0^+)=1$ A,$\tau=\frac{1}{4}$ s。

由于 $t \to \infty$ 时，电路为稳态电路，其中含有不同频率成分的电源，故采用谐波分析法求稳态解 $i_{L_f}(t)$。令电压源和电流源分别单独作用，则对应的等效电路如图 9－22 所示。

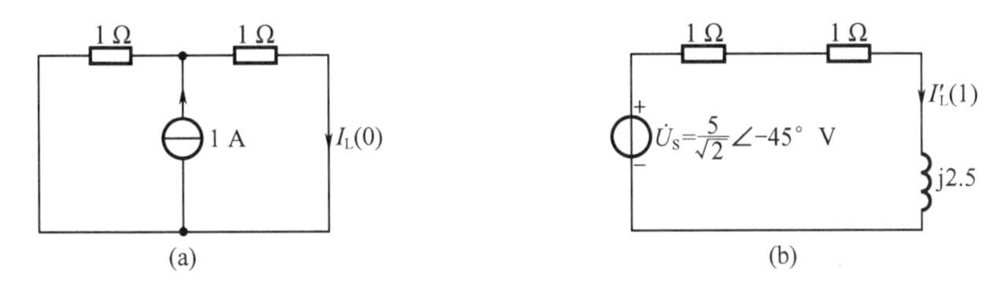

图 9－22　各电源单独作用下的等效电路

对图 9－22(a)，经简单分析可得

$$i'_L = I_L(0) = \frac{1}{1+1} \times 1\ \text{A} = 0.5\ \text{A} \tag{9-43}$$

对图 9－22(b)，分析可得

$$\dot{I}_L(1) = \frac{5/\sqrt{2}\angle -45°}{1+1+\text{j}2.5}\ A \approx \frac{1.56}{\sqrt{2}}\angle -96.34°\ \text{A} \tag{9-44}$$

所以

$$i''_L = 1.56\cos(5t - 96.34°)\ \text{A} \tag{9-45}$$

由叠加定理得到稳态解 $i_{L_f}(t)$ 为

$$i_{L_f}(t) = i'_L + i''_L = 0.5 + 1.56\cos(5t - 96.34°)\ \text{A} \tag{9-46}$$

将以上求得的三要素代入全响应公式(9－25)，得

$$\begin{aligned} i_L(t) &= i_{L_f}(t) + [i_L(0^+) - i_{L_f}(0^+)]e^{-\frac{t}{\tau}} \\ &= 0.5 + 1.56\cos(5t - 96.34°) + [1 - 0.5 - 1.56\cos(96.34°)]e^{-4t}\ \text{A} \\ &\approx 0.5 + 1.56\cos(5t - 96.34°) + 1.277e^{-4t}\ \text{A} \quad (t \geqslant 0^+) \end{aligned} \tag{9-47}$$

例 9－6　电路如图 9－23 所示，已知 $i_S = 0.1$ A，$R_S = R_1 = 10\ \Omega$，$R_2 = 5\ \Omega$，$L = 1$ H，求 $t \geqslant 0^+$ 时的 $i_1(t)$。

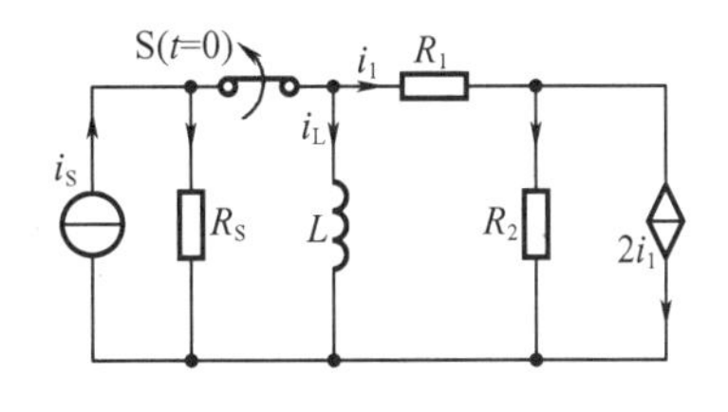

图 9－23　例 9－6 图

解　(1) 求初始值 $i_L(0^+)$

$t = 0^-$ 时，电路原已处于直流稳态，故 $i_L(0^-) = i_S = 0.1$ A

$t = 0^+$ 时，由换路定律知，$i_L(0^+) = i_L(0^-) = 0.1$ A

所以

$$i_1(0^+) = -i_L(0^+) = -0.1\ \text{A} \tag{9-48}$$

(2) 求稳态解 $i_L(\infty)$

$t \to \infty$ 时，由图 9－23 知，电感储能耗尽，故知

$$i_1(\infty) = -i_L(\infty) = 0 \tag{9-49}$$

(3) 求时间常数 τ

换路后，从电感两端看，所余部分的除源等效电路如图 9－24 所示。

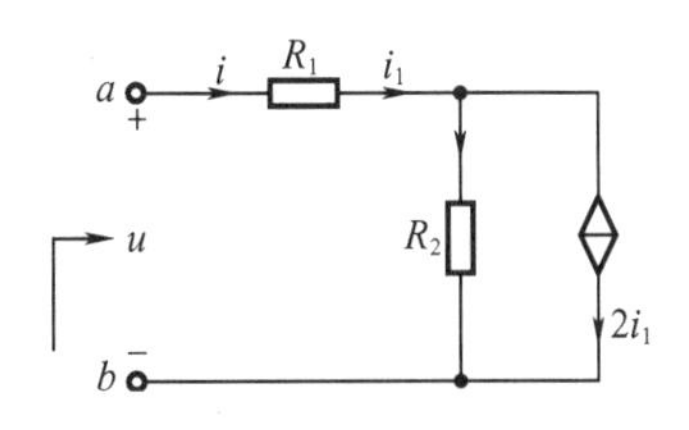

图 9－24　求 τ 的除源等效电路

假设外加电压源的值为 u，通过分析电压电流关系可知，等效电阻为

$$R=\frac{u}{i}=\frac{R_1i_1+(i_1-2i_1)R_2}{i_1}=R_1-R_2=5\ \Omega \tag{9-50}$$

所以
$$\tau=\frac{L}{R}=\frac{1}{5}\ \text{s} \tag{9-51}$$

将以上求得的三要素代入全响应公式(9-25),得

$$i_1(t)=i_1(\infty)+[i_1(0^+)-i_1(\infty)]\mathrm{e}^{-\frac{t}{\tau}}=i_1(0^+)\mathrm{e}^{-\frac{t}{\tau}}=-0.1\mathrm{e}^{-5t}A,\ (t\geqslant 0^+) \tag{9-52}$$

本例求出的电感电流实际上是零输入响应。

例 9-7 电路如图 9-25 所示,开关 S 闭合前已经达到稳态,$t=0$ 时开关 S 闭合求 $u(t)$,$(t\geqslant 0^+)$。

解 (1)求 $u(0^+)$

$t=0^-$ 时 $\quad u(0^-)=-u_C(0^-)=5\ \text{V}$

$t=0^+$ 时 $\quad u(0^+)=-u_C(0^+)=5\ \text{V}$

(2)求 $u(\infty)$

$t=\infty$ 时,由图 9-26 所示的电路可知

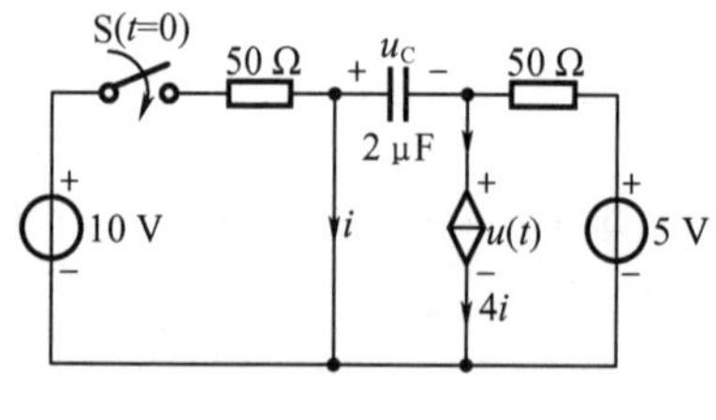

图 9-25 例 9-7 图

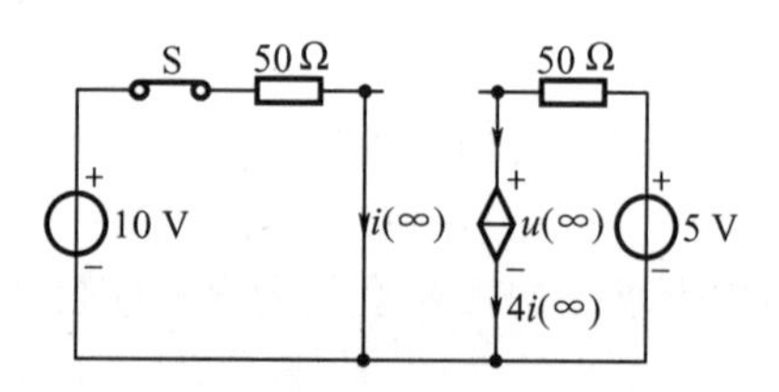

图 9-26 t=∞ 时的电路

$$50\times 4i(\infty)+u(\infty)=5$$

$$i(\infty)=\frac{10}{50}=0.2\ \text{A}$$

联立求解得 $u(\infty)=-35\ \text{V}$。

(3)求 τ

换路后,从电容两端看入,剩余部分的除源等效电路如图 9-27 所示。

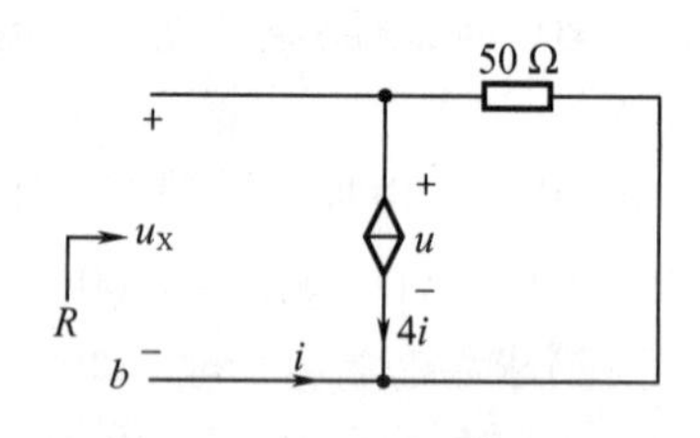

图 9-27 求 τ 的等效电路

对节点列 KCL 方程,得

$$\frac{u_X}{50}+4i+i=0 \tag{9-53}$$

$$R=-\frac{u_X}{i}=250\ \Omega \tag{9-54}$$

所以
$$\tau=RC=5\times 10^{-4}\ \text{s}$$

将以上求得的三要素代入全响应公式(9-25),得

$$\begin{aligned}u(t)&=u(\infty)+[u(0^+)-u(\infty)]\mathrm{e}^{-\frac{t}{\tau}}\\&=-35+(5+35)\mathrm{e}^{-\frac{t}{\tau}}=(-35+40\mathrm{e}^{-2\,000t})\text{V}\quad(t\geqslant 0^+)\end{aligned} \tag{9-55}$$

例 9-8 电路如图 9-28 所示,已知 $u_S=12\ \text{V}$,$R_1=R_2=R_3=3\ \text{k}\Omega$,$C=1\ 000\ \text{pF}$,$t=0$

时开关 S 打开，$t=t_1=2\ \mu s$ 后再次闭合，求 $u_3(t)\,(t\geqslant 0^+)$。

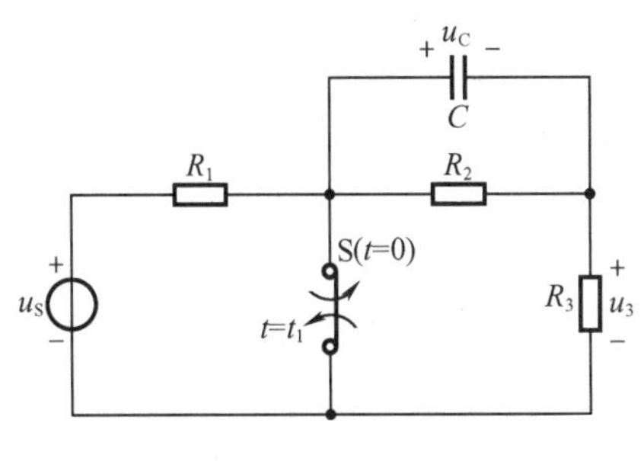

图 9-28　例 9-8 图

解　当 $0^+\leqslant t\leqslant t_1^-$ 时，开关 S 处于打开位置。

因 $t<0$ 时 $u_C(0^-)=0$，故知 $u_C(0^+)=u_C(0^-)=0$。于是，在 $t=0^+$ 时可求出

$$u_3(0^+)=\frac{R_3}{R_1+R_3}u_3=6\ \text{V} \tag{9-56}$$

在开关 S 保持打开位置，令 $t\to\infty$，则 $u_3(t)$ 可达到的稳态值为

$$u_3(\infty)=\frac{R_3}{R_1+R_2+R_3}u_3=4\ \text{V} \quad 和 \quad u_C(\infty)=\frac{R_2}{R_1+R_2+R_3}u_S=4\ \text{V}$$

时间常数

$$\tau_1=\frac{R_2(R_1+R_3)}{R_2+(R_1+R_3)}C=\frac{2}{3}R_2C=2\times10^3\times10^3\times10^{-12}\ \text{s}=2\ \mu\text{s} \tag{9-57}$$

于是，将以上求得的三要素代入全响应公式(9-25)，得

$$u_3(t)=u_3(\infty)+[u_3(0^+)-u_3(\infty)]e^{-\frac{t}{\tau_1}}=4+2e^{-5\times10^5t}\ \text{V} \tag{9-58}$$

$$u_C(t)=u_C(\infty)+[u_C(0^+)-u_C(\infty)]e^{-\frac{t}{\tau_1}}=4\times(1-e^{-5\times10^5t})\ \text{V} \tag{9-59}$$

当 $t\geqslant t_1^+$ 时，开关 S 处于闭合位置，经观察电路，得到 $u_3(t)$ 的初始值为

$$u_3(t_1^+)=-u_C(t_1^+)=-u_C(t_1^-)=-4\times(1-e^{-1})=-2.528\ \text{V}$$

稳态值为

$$u_3(\infty)=0$$

时间常数为

$$\tau_2=\frac{R_2R_3}{R_2+R_3}C=\frac{1}{2}R_2C=1.5\times10^3\times10^3\times10^{-12}\ \text{s}=1.5\ \mu\text{s}$$

将以上求得的三要素代入全响应公式(9-25)，得

$$u_3(t)=u_3(\infty)+[u_3(t_1^+)-u_3(\infty)]e^{-\frac{t-t_1^+}{\tau_2}}=-2.528e^{-\frac{t-2\times10^{-6}}{1.5\times10^{-6}}}\ \text{V}\quad (t\geqslant0^+) \tag{9-60}$$

例 9-9　电路如图 9-29 所示，求 $u_{C_1}(t)$ 及 $u_{C_2}(t)\,(t\geqslant0^+)$。

解　求初始值：由电路可知，$u_{C_1}(0^+)=u_{C_1}(0^-)=0$ 及 $u_{C_2}(0^+)=u_{C_2}(0^-)=0$。

求稳态值：以电容串联时各极板电荷量相等、电压之和等于总电压为条件，列方程得

$$\begin{cases}C_1u_{C_1}(\infty)=C_2u_{C_2}(\infty)\\ u_{C_1}(\infty)+u_{C_2}(\infty)=\dfrac{1}{2}u_S\end{cases} \tag{9-61}$$

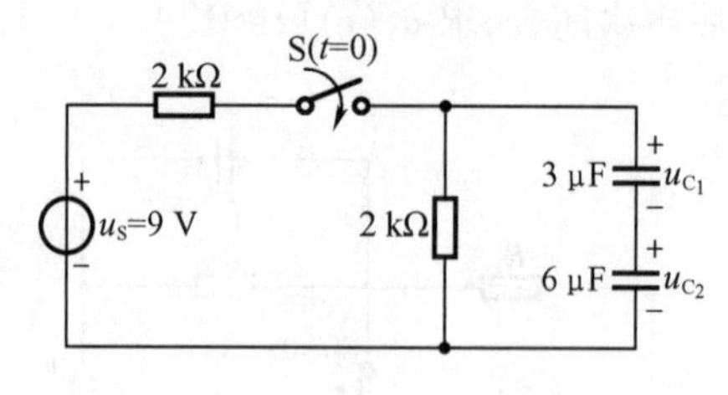

图9-29　例9-9图

写成矩阵方程,并求解得

$$\begin{pmatrix} u_{C_1}(\infty) \\ u_{C_2}(\infty) \end{pmatrix} = \begin{pmatrix} C_1 & -C_2 \\ 1 & 1 \end{pmatrix}^{-1} \begin{pmatrix} 0 \\ \dfrac{u_S}{2} \end{pmatrix} = \frac{1}{C_1 + C_2} \begin{pmatrix} 1 & C_2 \\ -1 & C_1 \end{pmatrix} \begin{pmatrix} 0 \\ \dfrac{u_S}{2} \end{pmatrix} \tag{9-62}$$

所以

$$\begin{cases} u_{C_1}(\infty) = \dfrac{C_2}{C_1 + C_2} \times \dfrac{u_S}{2} = \dfrac{6}{3+6} \times \dfrac{9}{2} = 3\ \text{V} \\ u_{C_2}(\infty) = \dfrac{C_1}{C_1 + C_2} \times \dfrac{u_S}{2} = \dfrac{3}{3+6} \times \dfrac{9}{2} = 1.5\ \text{V} \end{cases} \tag{9-63}$$

求时间常数:由换路后的电路可知,

$$\tau = \frac{(2\times10^3)\times(2\times10^3)}{2\times10^3+2\times10^3} \times \frac{(3\times10^{-6})\times(6\times10^{-6})}{3\times10^{-6}+6\times10^{-6}} = 2\times10^{-3}\ \text{s}$$

将以上求得的三要素代入全响应公式(9-25),得

$$u_{C_1}(t) = u_{C_1}(\infty) + [u_{C_1}(0^+) - u_{C_1}(\infty)]e^{-\frac{t}{\tau}} = 3\times(1-e^{-500t})\ \text{V} \quad (t \geqslant 0^+) \tag{9-64}$$

$$u_{C_2}(t) = u_{C_2}(\infty) + [u_{C_2}(0^+) - u_{C_2}(\infty)]e^{-\frac{t}{\tau}} = 1.5\times(1-e^{-500t})\ \text{V} \quad (t \geqslant 0^+) \tag{9-65}$$

例9-10　电路如图9-30所示,网络N仅由线性电阻组成,开关S在位置a已久,已知$u_C(0^-)=10$ V,$i_2(0^-)=0.2$ A,$t=0$时开关S合向b,求$t>0$时的$u_C(t)$。

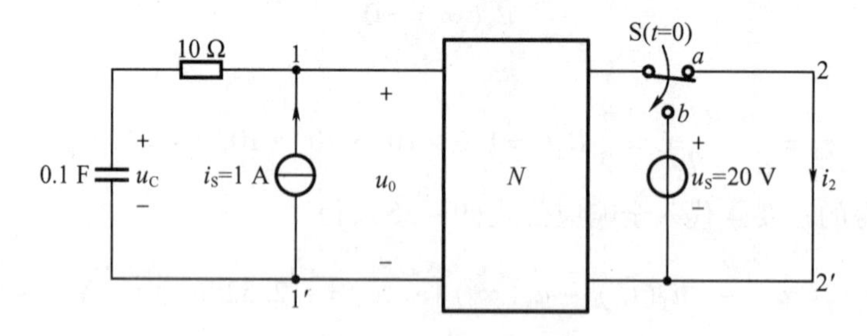

图9-30　例9-10图

解　求初始值:由图可知,$u_C(0^+)=u_C(0^-)=10$ V。

求稳态值:当$t=\infty$时,电容相当于开路,由叠加定理知,1-1′端口的电压u_0由电流源i_S和电压源和电压源u_S共同作用产生,即i_S单独作用时,响应$u_0^{(1)}=u_C(0^-)=10$ V(此时u_S不作用,电路相当于$t=0^-$时的电路);u_S单独作用时,其响应$u_0^{(2)}$可利用互易定理求得。具体求法如下:

因 i_S 单独作用引起电流响应 $i_2(0^-)=0.2$ A,根据互易定理 3,将激励和响应互换位置,并改电流激励为电压激励,电流响应为电压响应,再引用齐性原理,把电压激励扩大 20 倍,则此激励引起的响应相当于 u_S 单独作用下引起的响应 $u_0^{(2)}$,即

$$u_0^{(2)} = 20 \times 0.2 = 4\ \text{V}$$

得

$$u_C(\infty) = u_0(\infty) = u_0^{(1)} + u_0^{(2)} = 14\ \text{V} \tag{9-66}$$

求时间常数 τ:由戴维南定理,可得到图 9-30 的等效电路如图 9-31 所示。

令 u_{OC} 为 0,则由 1-1′端口看入的等效电阻为

$$R_0 = \frac{u_0}{i_S} = \frac{u_0^{(1)}}{i_S} = \frac{10}{1} = 10\ \Omega$$

所以

$$\tau = (R_0 + 10)C = 20 \times 0.1 = 2\ \text{s} \tag{9-67}$$

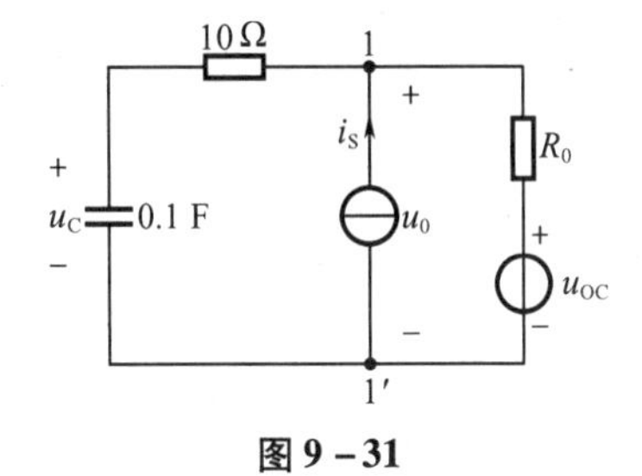

图 9-31

将以上求得的三要素代入全响应公式(9-15),得

$$u_C(t) = u_C(\infty) + (u_C(0^+) - u_C(\infty))e^{-\frac{t}{\tau}}$$
$$= 14 - 4e^{-0.5t}\ \text{V} \quad (t \geqslant 0^+) \tag{9-68}$$

例 9-11　电路如图 9-32 所示,$t=0$ 时开关 S 打开,求 $u_0(t)$ $(t \geqslant 0^+)$。

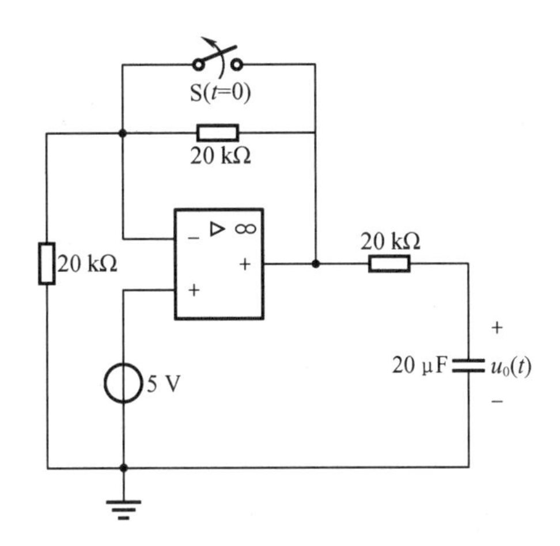

图 9-32　例 9-11 图

解　求初始值:$t=0^-$ 时电路原已处于直流稳态,开关 S 处于闭合位置。此时,运算放大器为同相接法,放大系数为 1,输出电压为 5 V,所以,电容电压 $u_0(0^-)=5$ V。由换路定律得,$u_0(0^+)=u_0(0^-)=5$ V。

求稳态值:$t\to\infty$ 时电路进入新的稳定状态,此时,运算放大器为放大系数 =2 的同相接法,在 5 V 输入电压下,其输出电压为 10 V,故知 $u_0(\infty)=10$ V。

求时间常数:换路后,运算放大器的输出恒为 10 V,其作用等同于一个独立电压源,因此,电容两端以外的电路可等效为一个内阻为 20 kΩ 的有伴电压源支路。所以,时间常数 $\tau = RC = 20\times10^3\times4\times10^{-6}=0.08$ s。

将以上求得的三要素代入全响应公式(9-25),得

$$u_0(t) = u_0(\infty) + [u_0(0^+) - u_0(\infty)]e^{-\frac{t}{\tau}}$$
$$= 10 + (5-10)e^{-12.5t}\ \text{V} = 10 - 5e^{-12.5t}\text{V} \quad (t \geqslant 0^+) \tag{9-69}$$

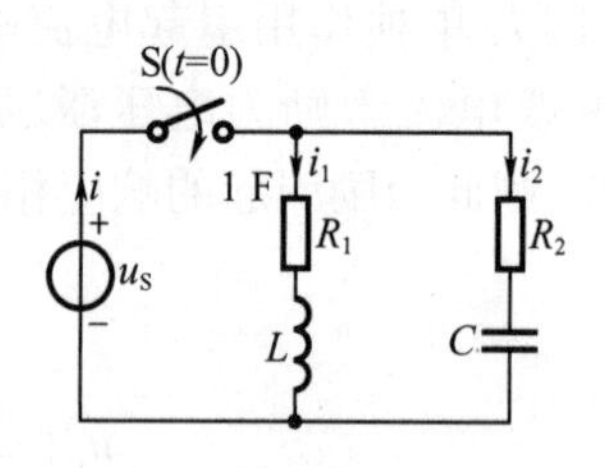

图 9-33　可等效为两个独立一阶电路的示例

在结束本节内容之前,还应指出:三要素法只适合于具有单个储能元件或可等效为单个储能元件的电路。就一般而言,同时具有电容和电感的电路不是一阶电路,但在某些特殊情况下,若电路可分离为若干独立的一阶电路,则仍可按一阶电路方法处理。例如,在欲求图 9-33 所示电路换路后的总电流 i 时,就可先按一阶电路分别求 i_1 和 i_2,然后再由 KCL 求出总电流 i。上述方法可行的原理是因为有电压源与 R_1L 支路和 R_2C 支路相并联,使得图 9-33 所示的电路可等效为两个独立的一阶电路(一阶 RL 电路和一阶 RC 电路)的缘故。

本节思考与练习

9.5 节
思考与练习
参考答案

9-5-1　题 9-5-1 图所示电路中,开关 S 闭合前电容无初始储能,$t=0$ 时开关 S 闭合,求 $t\geqslant 0^+$ 时的电容电压 $u_C(t)$。

9-5-2　题 9-5-2 图所示电路中,开关 S 在位置 1 已久,在 $t=0$ 时合向位置 2,求换路后的 $u_L(t)$ 和 $i(t)$。

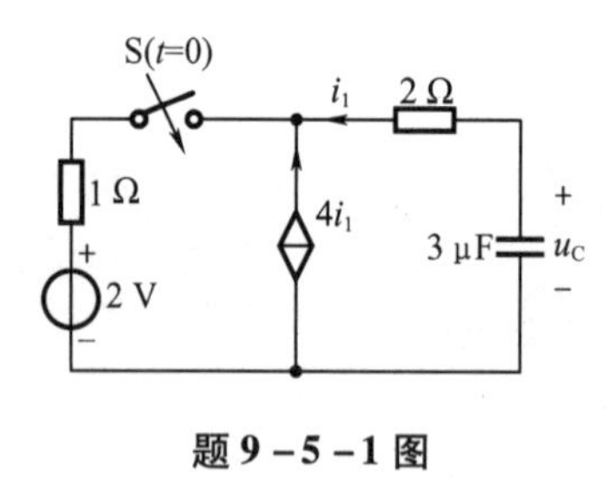

题 9-5-1 图

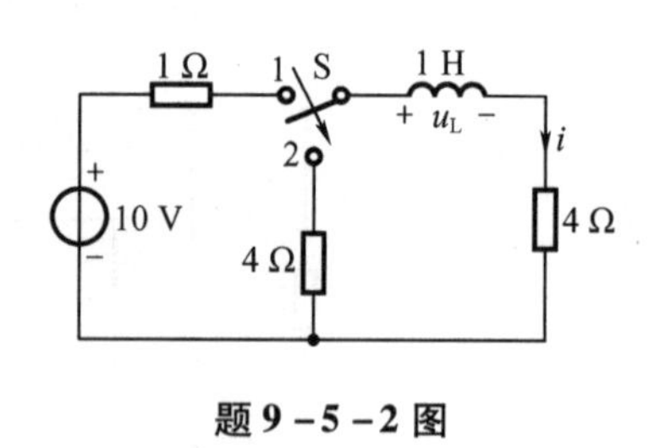

题 9-5-2 图

9-5-3　题 9-5-3 图所示电路为零状态电路,$L_1=0.2$ H, $L_2=0.1$ H, $M=0.1$ H, $t=0$ 时开关 S 闭合,求 $u_o(t)$。

9-5-4　题 9-5-4 图所示电路中,若 $t=0$ 时,开关 S 闭合,求电流 i。

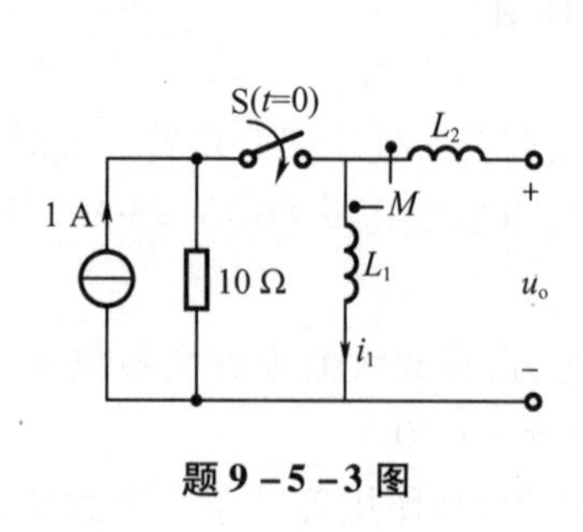

题 9-5-3 图

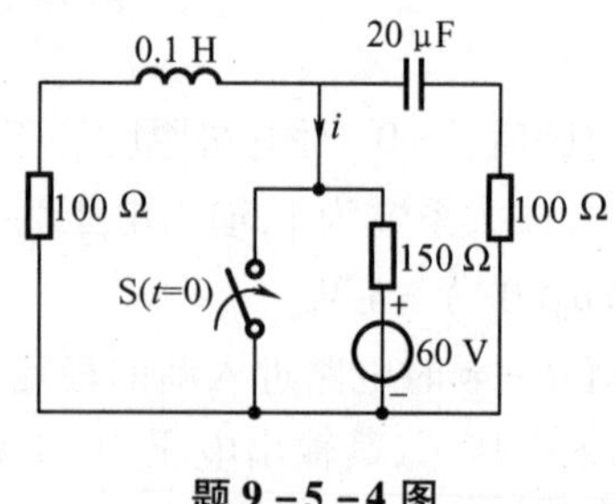

题 9-5-4 图

9-5-5　题 9-5-5 图所示电路与题 9-3-6 相同,开关 S 闭合前已达到稳态,$t=0$ 时开关闭合,用三要素法求 $u_{C_1}(t)$ 和 $u_{C_2}(t)$。

9-5-6　题 9-5-6 图所示电路中,已知电容无初始储能,在 $t=0$ 时开关 S_1 合上,经过 6 s 后开关 S_2 合上,求 $t>0$ 时电容中的电流 $i_C(t)$。

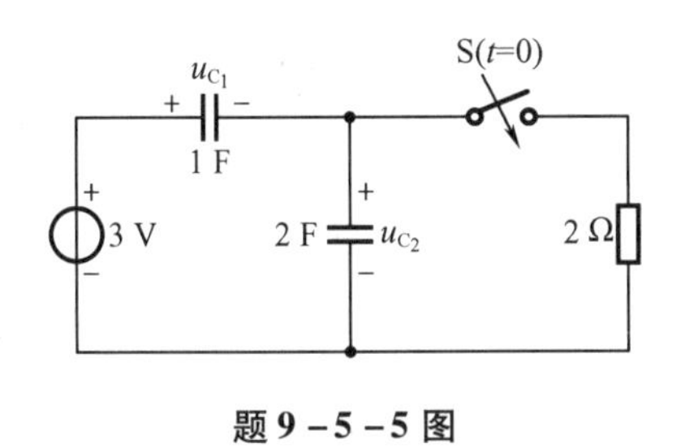

题9-5-5图

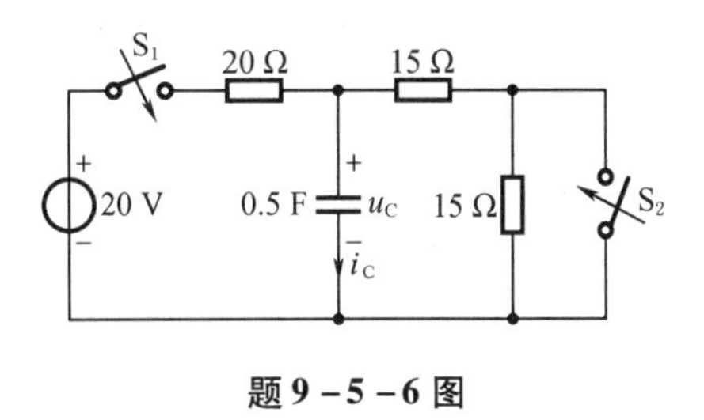

题9-5-6图

9-5-7　题9-5-7图所示电路(a)为一线性无源电阻网络R,用不同的输入电压U_1及负载电阻R_2进行实验,测得数据为:当$U_1=4$ V,$R_2=1$ Ω时,$I_1=2$ A,$U_2=1$ V;当$U_1=6$ V,$R_2=2$ Ω时,$I_1=2.7$ A,如保持$U_1=6$ V,网络R不变,去掉电阻R_2,改为电容$C=10$ μF(电容原来未充电),电路如图(b)所示,当$t=0$时闭合开关S,求电容电压$u_C(t)$。

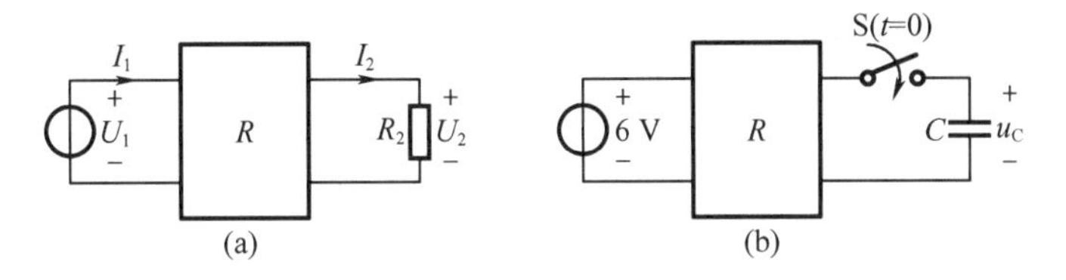

题9-5-7图

9-5-8　题9-5-8图所示电路中,开关S打开前已处于稳态,$t=0$时开关S打开,求$t\geqslant0^+$时$i_C(t)$并求$t=2$ ms时电容的能量。

9-5-9　题9-5-9图所示电路中,已知$i_S=\sqrt{2}\cos(10^5t+30°)$A,$R_1=1$ Ω,$R_2=2$ Ω,$C=10$ μF,$u_C(0^-)=2$ V,$g=0.25$ s,开关S在$t=0$时闭合,求全响应$i_1(t)$、$i_C(t)$、$u_C(t)$。

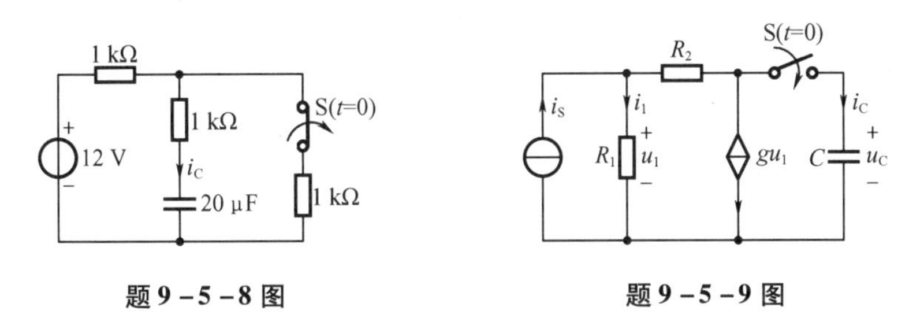

题9-5-8图　　题9-5-9图

9-5-10　题9-5-10图所示电路中,N_R为无源电阻网络,$C=0.1$ F,$t=0$时开关S闭合。已知$u_S=10$ V,$i_S=0$时,$u_C(t)=6-4e^{-2t}$ V;若$u_S=0$,$i_S=1$ A,则$u_C(t)=5-3e^{-2t}$ V。(1)求$u_S=5$ V,$i_S=2$ A时的$u_C(t)$;(2)若把电容换成$L=1$ H的电感,其他条件与(1)相同,求流经电感的电流。

9-5-11　题9-5-11图所示电路中,当$u_S=1$ V,$i_S=0$ A时,$u_C^{(1)}(t)=\left(2e^{-2t}+\frac{1}{2}\right)$V,$t\geqslant0^+$;当$u_S=0$ V,$i_S=1$ A时,$u_C^{(2)}(t)=\left(\frac{1}{2}e^{-2t}+2\right)$V,$t\geqslant0^+$;若$u_S$与$i_S$同时作用。(1)求$R_1$、$R_2$、$C$的值;(2)求$u_C(t)$的值。

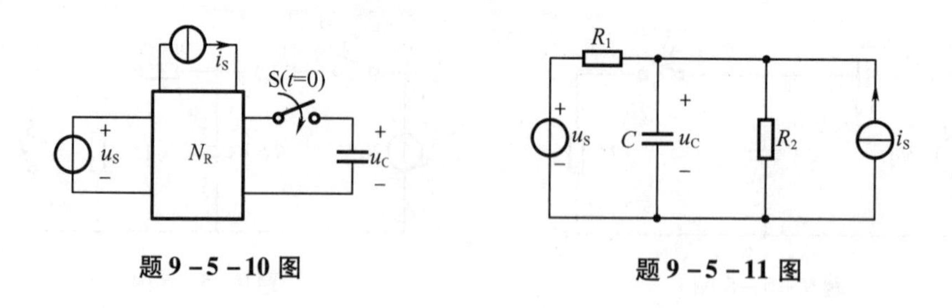

题9-5-10图　　　　题9-5-11图

9.6 阶跃响应和冲激响应

阶跃函数和冲激函数是有别于恒定(直流)输入和正弦(交流)输入的另外两种电路输入类型,它们对研究任意输入作用于电路的响应或系统性能十分有用。本节就来讨论这两种函数的定义、性质及作用于线性动态电路时所引起的响应。

9.6.1 阶跃函数

单位阶跃函数(unit step function)用 $\varepsilon(t)$ 来表示,定义为

$$\varepsilon(t)=\begin{cases}0 & (t<0)\\ 1 & (t>0)\end{cases} \tag{9-70}$$

其波形如图9-34(a)所示。在 $t=0$ 处,$\varepsilon(t)$ 由0跃变至1。

如果单位阶跃函数的跃变点不是在 $t=0$ 处,而是在 $t=t_0$ 处,波形如图9-34(b)所示,则称它为延迟的单位阶跃函数,用 $\varepsilon(t-t_0)$ 表示,即

$$\varepsilon(t-t_0)=\begin{cases}0 & (t<t_0)\\ 1 & (t>t_0)\end{cases} \tag{9-71}$$

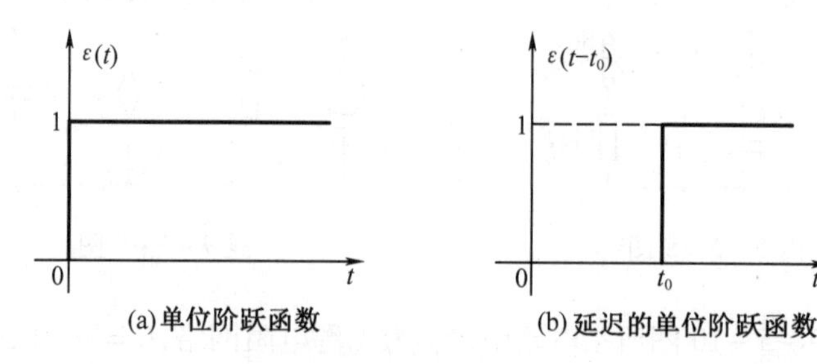

(a)单位阶跃函数　　(b)延迟的单位阶跃函数

图9-34　函数曲线

单位阶跃函数与任一常量 K 的乘积 $K\varepsilon(t)$ 仍是一个阶跃函数,此时阶跃幅度为 K。

单位阶跃函数与任一函数 $f(t)$ 的乘积将只保留该函数在阶跃点以后的值,而使阶跃点以前的值变为零,即有

$$f(t)\varepsilon(t)=\begin{cases}0 & (t<0)\\ f(t) & (t>0)\end{cases} \tag{9-72}$$

因此,单位阶跃函数可以用来"开启"一个任意函数 $f(t)$,这给函数的表示带来了便利。例如对于线性函数 $f(t)=Kt$(K 为常数),由图9-35(a)(b)(c)可以清楚地看出 $f(t)$,

$f(t)\varepsilon(t)$ 及 $f(t)\varepsilon(t-t_0)$ 的不同。

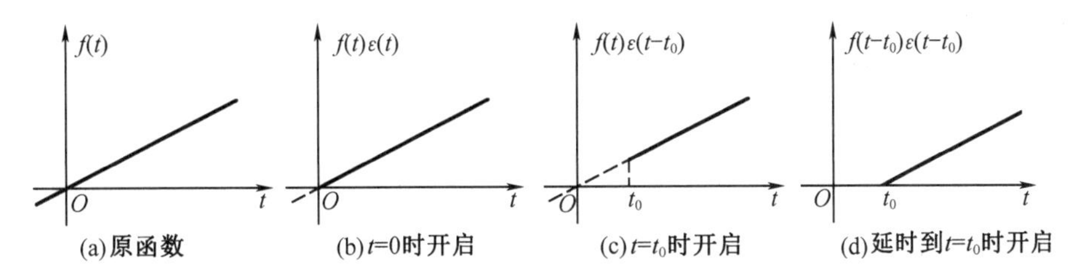

图 9－35　解释单位阶跃函数用途的示意图

应该指出，函数

$$f(t-t_0)\varepsilon(t-t_0)=\begin{cases}0 & (t<t_0)\\ f(t-t_0) & (t>t_0)\end{cases}\tag{9－73}$$

与 $f(t)\varepsilon(t-t_0)$ 是不同的。它们之间的差别是，前者相当于把 $f(t)\varepsilon(t)$ 向后延迟了时间 t_0（波形如图 9－35(d)所示），而后者表示 $f(t)$ 在 t_0 以后才有值。

在电路分析中，可以利用单位阶跃函数来表示某些输入波形。例如，图 9－36(a)中 $f(t)$ 的波形可被看作是图(b)中两个单位阶跃函数的波形合成的结果，从而有

$$f(t)=\varepsilon(t-t_1)-\varepsilon(t-t_2)\tag{9－74}$$

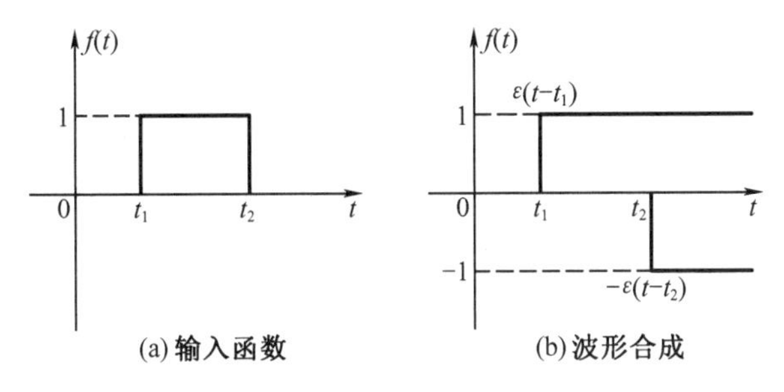

图 9－36　用单位阶跃函数表示输入波形

同理，可将图 9－37(a)和(b)中的波形分别表示成

$$\begin{aligned}f_1(t)&=K[\varepsilon(t)-\varepsilon(t-t_1)]\\ f_2(t)&=\varepsilon(t)+0.5\varepsilon(t-t_1)-1.5\varepsilon(t-t_2)\end{aligned}\tag{9－75}$$

基于以上原理，怎样表示图 9－38 中的 $f(t)$ 呢？请读者思考。

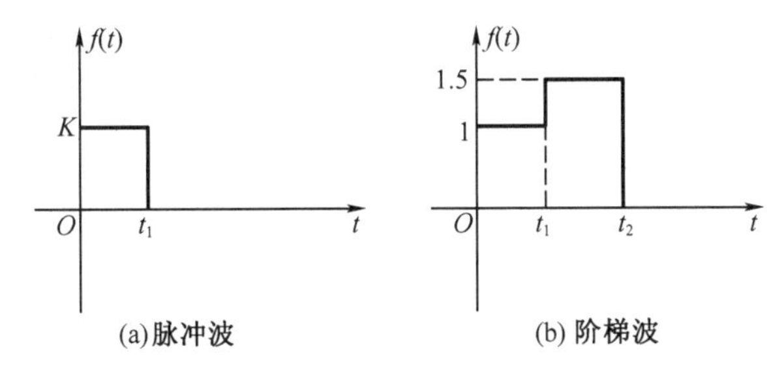

图 9－37　输入波形分解

单位阶跃函数还可以用来“模拟”电路中的开关动作。例如,在图9-39(a)中,电路的输入电压为$u_S\varepsilon(t)$,其含义与图9-39(b)中开关S的动作是一样的,即$t<0$时的RC电路被短接,输入为零;$t\geqslant 0^+$时RC电路被接到电压源u_S上。

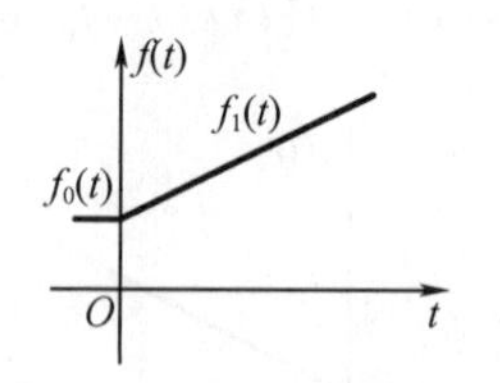

图9-38 思考问题波形图

类似地,在图9-40(a)中,电路的电流输入为$i_S\varepsilon(t-t_1)$,其含义与图9-40(b)中开关S的动作相同,即在$t<t_1$时RL电路与电流源没有接通,输入为零;而在$t\geqslant t_1^+$时,RL电路才被接到电流源i_S上。

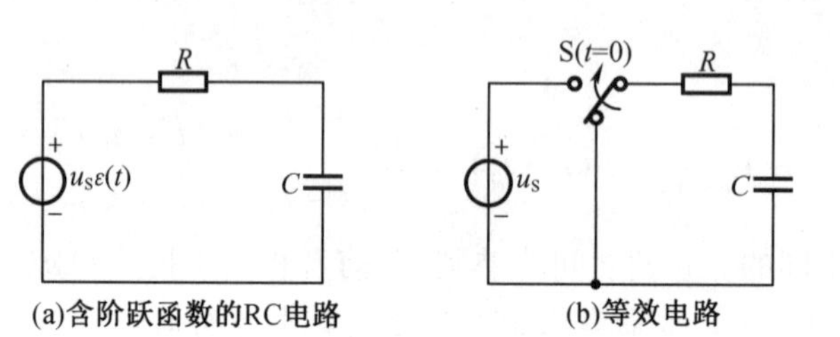

图9-39 单位阶跃函数等效为开关的作用

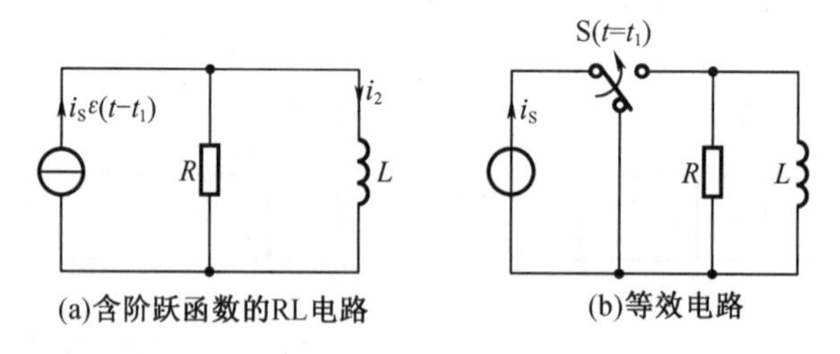

图9-40 单位阶跃函数等效为开关的作用

9.6.2 阶跃响应

当电路的输入为(单位)阶跃函数时,相应的响应称为(单位)阶跃响应(response to step function)。需指出,如果电路仅有阶跃输入,因换路前输入为零,则知其初状态必为零。因此,电路的(单位)阶跃响应实际上是在(单位)阶跃输入作用下的零状态响应。

下面给出几个求解阶跃响应的例子。

例9-12 电路如图9-41所示,求单位阶跃电流源作用于RC并联电路时的响应$u_C(t)$。

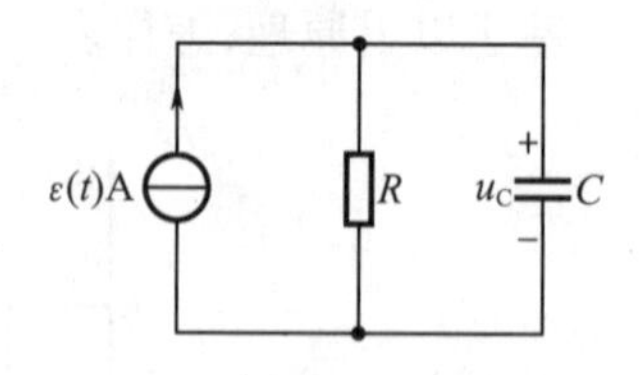

图9-41 例9-12图

解 $t<0$时,由于输入为零,故$u_C(0^-)=0$。

$t=0$时发生换路,换路后,相当于1 A电流源作用于电路,可用三要素法分析如下:

$$u_C(0^+)=u_C(0^-)=0$$

$$u_C(\infty)=R\times 1=R,\quad \tau=RC$$

故

$$u_C(t)=R(1-e^{-\frac{t}{RC}})\quad (t>0) \tag{9-76}$$

考虑到$t<0$时$u_C=0$,故所求结果亦可写作$u_C(t)=R(1-e^{-\frac{t}{RC}})\varepsilon(t)$,而不必再另行标

注时间域了。

如将上例中的输入改为延迟的单位阶跃函数 $\varepsilon(t-t_1)$，则响应也应延迟 t_1，变为

$$u_C(t) = R(1-e^{-\frac{t-t_1}{RC}})\varepsilon(t-t_1) \tag{9-77}$$

若把上例中的输入改为 $I_S\varepsilon(t)$，由齐性原理可知，其响应将变为

$$u_C(t) = RI_S(1-e^{-\frac{t}{RC}})\varepsilon(t) \tag{9-78}$$

综上所述，若把某电路对单位阶跃输入 $\varepsilon(t)$ 的响应记做 $s(t)=x(t)\varepsilon(t)$，则该电路对延迟 t_1 时刻的单位阶跃输入 $\varepsilon(t-t_1)$ 的响应为 $s(t-t_1)=x(t-t_1)\varepsilon(t-t_1)$，而对输入为 $K\varepsilon(t)$ 的响应为 $Ks(t)=Kx(t)\varepsilon(t)$。

例 9－13　电路如图 9－42 所示，求单位阶跃电压源作用于 RC 串联电路时的响应 $u_C(t)$。

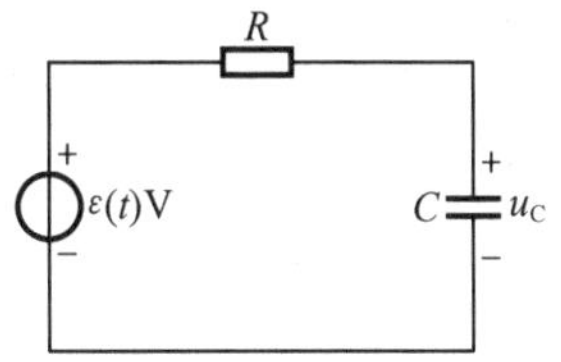

图 9－42　例 9－13 图

解　$t<0$ 时，输入为零，$u_C(0^-)=0$。换路后，1 V 电压源作用于电路，所求响应的三要素分别为

$$u_C(0^+)=u_C(0^-)=0,\quad u_C(\infty)=1\ \text{V},\quad \tau=RC$$

故

$$u_C(t) = (1-e^{-\frac{t}{RC}})\varepsilon(t)\ \text{V} \tag{9-79}$$

例 9－14　在图 9－43(a)的电路中，输入 u_S 的波形如图 9－44(b)所示。求电容电压 $u_C(t)$。

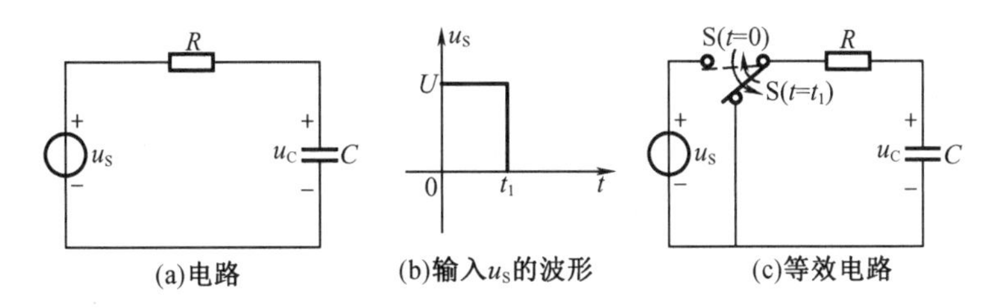

(a)电路　(b)输入u_S的波形　(c)等效电路

图 9－43　例 9－14 图

解　由例 9－14 知，所求电容电压的单位阶跃响应（零状态响应）为

$$s(t) = (1-e^{-\frac{t}{RC}})\varepsilon(t)\ \text{V} \tag{9-80}$$

把输入 u_S 用单位阶跃函数表示为

$$u_S = U[\varepsilon(t)-\varepsilon(t-t_1)] = U\varepsilon(t) - U\varepsilon(t-t_1) \tag{9-81}$$

根据线性电路的叠加性质和零状态响应与激励间的线性关系，可由 $s(t)$ 直接写出所求电容电压为

$$u_C(t) = Us(t) - Us(t-t_1) = U(1-e^{-\frac{t}{RC}})\varepsilon(t) - U(1-e^{-\frac{t-t_1}{RC}})\varepsilon(t-t_1) \tag{9-82}$$

该例也可以按二次换路问题求解，如图 9－43(c)所示，用三要素法分时间段求得结果如下：

$$u_C(t) = \begin{cases} U(1-e^{-\frac{t}{RC}}) & (0^+\leqslant t\leqslant t_1^-) \\ U(1-e^{-\frac{t_1}{RC}})e^{-\frac{t-t_1}{RC}} & (t\geqslant t_1^+) \end{cases} \tag{9-83}$$

以上两种解法所得结果，表面看起来似乎不一致，但实际上是一致的：当 $0^+\leqslant t\leqslant t_1^-$ 时，

式(9-82)中的第二项为零,故与式(9-83)相同;而当 $t \geqslant t_1^+$ 时,由式(9-82)经变换可得式(9-83),下面为推导过程:

$$\begin{aligned} u_C(t) &= U(1 - e^{-\frac{t}{RC}}) - U(1 - e^{-\frac{t-t_1}{RC}}) \\ &= Ue^{-\frac{t-t_1}{RC}} - Ue^{-\frac{t}{RC}}e^{\frac{t_1}{RC}}e^{-\frac{t_1}{RC}} \\ &= U(1 - e^{-\frac{t_1}{RC}})e^{-\frac{t-t_1}{RC}} \end{aligned} \tag{9-84}$$

9.6.3 冲激函数

下面介绍单位冲激函数(unit impulse function)。在定义单位冲激函数之前,先介绍一个矩形脉冲函数(rectangle pulse function)$f_\Delta(t)$,其定义如下,即

$$f_\Delta(t) = \begin{cases} 0 & (t < 0) \\ \dfrac{1}{\Delta} & (0 < t < \Delta) \\ 0 & (t > \Delta) \end{cases} \tag{9-85}$$

由定义可画出 $f_\Delta(t)$ 的波形,如图9-44所示。该波形表示一个宽度为 Δ,高度为 $1/\Delta$ 的矩形脉冲。由于这一脉冲所围的面积(称为脉冲的强度)为1,故又称 $f_\Delta(t)$ 为单位脉冲函数(unit pulse function)。

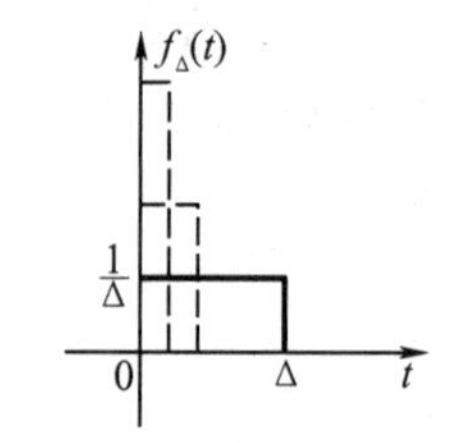

图9-44 单位脉冲函数

由图9-44可见,单位脉冲函数具有脉冲宽度 Δ 越小,脉冲高度 $1/\Delta$ 越大,且脉冲所围面积,即脉冲强度始终保持为1的特点。显然,当 $\Delta \to 0$ 时,它变成了一个宽度为零、高度无限而面积为1的特殊脉冲,我们把这一特殊脉冲定义为单位冲激函数,记作 $\delta(t)$,即

$$\delta(t) = \lim_{\Delta \to 0} f_\Delta(t) = \begin{cases} 0, & t \neq 0 \\ \infty, & t = 0 \end{cases},且\int_{-\infty}^{\infty} \delta(t)\,dt = 1 \tag{9-86}$$

因为在 $t \neq 0$ 时 $\delta(t) = 0$,而当 $t = 0$ 时,$\delta(t) \to \infty$,所以单位冲激函数不是普通意义下的函数,而是一种奇异函数(singular function),其图形表示如图9-45(a)所示,箭头旁标注1,即表示脉冲强度为1。如果单位冲激函数不是在 $t = 0$ 时出现,而是在 $t = t_0$ 时出现,则称其为延迟单位冲激函数,记作 $\delta(t - t_0)$,其图形表示如图9-45(b)所示。如果冲激函数的强度不是1而是 K,则用 $K\delta(t)$ 表示,其图形表示如图9-45(c)所示。

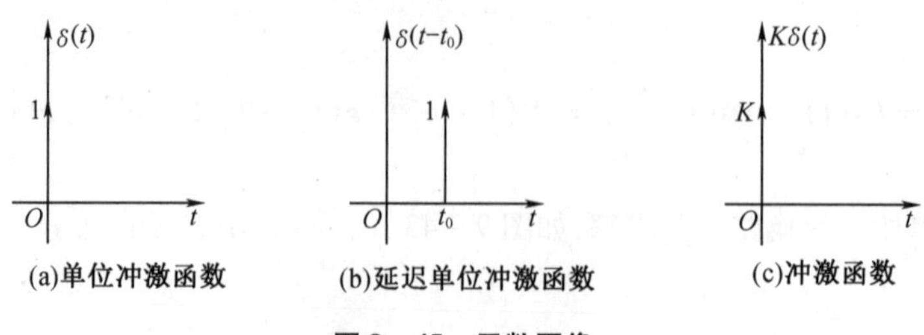

图9-45 函数图像

因为 $t \neq 0$ 时 $\delta(t) = 0$,所以对于在 $t = 0$ 处连续的任意函数 $f(t)$,将有

$$f(t)\delta(t) = f(0)\delta(t) \tag{9-87}$$

于是有
$$\int_{-\infty}^{\infty} f(t)\delta(t)\mathrm{d}t = f(0)\int_{-\infty}^{\infty} \delta(t)\mathrm{d}t = f(0) \tag{9-88}$$
同理,对于在 $t=t_0$ 处连续的任意函数 $f(t)$,有
$$f(t)\delta(t-t_0) = f(t_0)\delta(t-t_0) \tag{9-89}$$
并有
$$\int_{-\infty}^{\infty} f(t)\delta(t-t_0)\mathrm{d}t = f(t_0)\int_{-\infty}^{\infty} \delta(t-t_0)\mathrm{d}t = f(t_0) \tag{9-90}$$

单位冲激函数能把一个函数在某一瞬间的值“筛选”或“抽取”出来的性质被称为“筛分”性质或“取样”性质。

由 $\delta(t)$ 的定义式可知
$$\int_{-\infty}^{t} \delta(\xi)\mathrm{d}\xi = \begin{cases} 0 & (t<0) \\ 1 & (t>0) \end{cases} \tag{9-91}$$
即
$$\int_{-\infty}^{t} \delta(\xi)\mathrm{d}\xi = \varepsilon(t) \tag{9-92}$$

由此可见,单位阶跃函数是单位冲激函数的积分。反过来,单位冲激函数则是单位阶跃函数的导数,即 $\delta(t)=\dfrac{\mathrm{d}\varepsilon(t)}{\mathrm{d}t}$。

当然,从传统的数学观点来看,冲激函数的定义以及对阶跃函数的求导都是值得怀疑的。严格地讲,在工程实际中既不存在绝对的冲激,也不存在绝对的阶跃。它们都是被理想化、抽象化的结果。但在实际中,这两种函数及其相互关系却是十分有用的。

事实上,我们可以把一种上升速率极快的波形近似看成阶跃,对这种波形求导的结果将会得到一个宽度极为窄小而幅度极大的脉冲,该脉冲便可以近似看成冲激。

9.6.4　冲激响应

当电路的输入为(单位)冲激函数时,相应的响应称为(单位)冲激响应(response to impulse function)。

下面以接有单位冲激电流源的 RC 并联电路(图 9-46)为例讨论冲激响应问题。

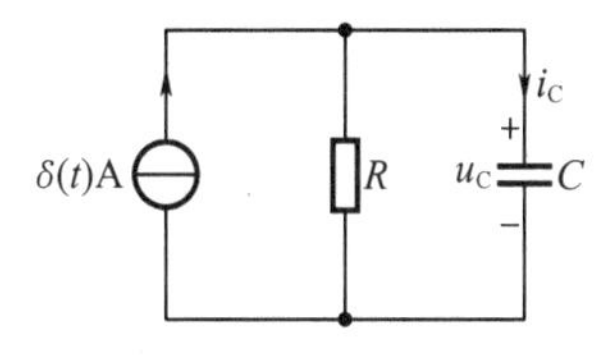

图 9-46　单位冲激电流源作用下的 RC 并联电路

由于冲激函数是一种特殊函数,它的值在 $t\neq0$ 时处处为零,且有
$$\int_{-\infty}^{\infty} \delta(t)\mathrm{d}t = \int_{0^-}^{0^+} \delta(t)\mathrm{d}t = 1$$

因此,冲激函数引起的电路响应由以下三个阶段形成:① $t<0$ 时,由于 $\delta(t)=0$,电路相当于零输入,故必有 $u_C(0^-)=0$;② $t=0$ 时,也就是在 $t=0^-$ 至 $t=0^+$ 区间,$\delta(t)=\infty$,此时电路受到激励,从而使电容在这一瞬间获得了能量,即 $u_C(0^+)$ 的值已不为零;③ $t>0$ 时,$\delta(t)=0$,电路相当于零输入情况,此时电容电压应为
$$u_C(t) = u_C(0^+)\mathrm{e}^{-\frac{t}{RC}} \tag{9-93}$$

以上分析表明,电路对单位冲激函数 $\delta(t)$ 的零状态响应实际上包含两个过程,即先由 $\delta(t)$ 在 $t=0$ 瞬间给电路建立起一个非零的初始状态 $u_C(0^+)$,然后由该初始状态在 $t>0$ 时引起电路的零输入响应。不难发现,这里的关键问题是 $u_C(0^+)$ 的确定。显然,由于冲激电流源的存在,破坏了 $t=0$ 瞬间电容电流为有限值的条件,故使 $u_C(0^+)=u_C(0^-)$ 不再成立,即电容电压在 $t=0$ 瞬间发生跃变,即换路定律失效。因此,我们必须另外寻求确定 $u_C(0^+)$

的方法。

对图9-46所示的电路,由KCL容易得到电路方程为

$$C\frac{\mathrm{d}u_C}{\mathrm{d}t}+\frac{u_C}{R}=\delta(t) \tag{9-94}$$

因$\delta(t)$只在$t=0^-$至$t=0^+$区间不为零,所以,对上式两边由0^-到0^+取积分,得

$$\int_{0^-}^{0^+}C\frac{\mathrm{d}u_C}{\mathrm{d}t}\mathrm{d}t+\int_{0^-}^{0^+}\frac{u_C}{R}\mathrm{d}t=\int_{0^-}^{0^+}\delta(t)\,\mathrm{d}t \tag{9-95}$$

式中,左边第二项只有在u_C为冲激函数时才不为零;但若u_C为冲激函数,$\mathrm{d}u_C/\mathrm{d}t$则应为冲激函数的一阶导数,因此式(9-95)不能成立,即式(9-94)不成立,显然这与KCL定律相违背,所以推知,u_C为冲激函数是不可能的,它只能取有限值。于是该项积分应为零。从而可得

$$C[u_C(0^+)-u_C(0^-)]=1 \tag{9-96}$$

故

$$u_C(0^+)=\frac{1}{C}+u_C(0^-)=\frac{1}{C} \tag{9-97}$$

这一结果说明,在单位冲激电流源$\delta(t)$的作用下,电容电压在$t=0$瞬间由$u_C(0^-)=0$跃变为$u_C(0^+)=1/C$。

求得$u_C(0^+)$之后,便可得到电路的单位冲激响应为

$$u_C(t)=\frac{1}{C}\mathrm{e}^{-\frac{t}{RC}}\quad(t>0) \tag{9-98}$$

考虑到$t<0$时$u_C=0$,可把该单位冲激响应表示为

$$u_C(t)=\frac{1}{C}\mathrm{e}^{-\frac{t}{RC}}\varepsilon(t) \tag{9-99}$$

进一步,对上式求导,可得电容电流为

$$i_C(t)=C\frac{\mathrm{d}u_C}{\mathrm{d}t}=\mathrm{e}^{-\frac{t}{RC}}\delta(t)-\frac{1}{RC}\mathrm{e}^{-\frac{t}{RC}}\varepsilon(t)=\delta(t)-\frac{1}{RC}\mathrm{e}^{-\frac{t}{RC}}\varepsilon(t) \tag{9-100}$$

图9-47画出了$u_C(t)$和$i_C(t)$随时间变化的曲线。其中,电容电流i_C在$t=0$时为一单位冲激电流,正是该电流使电容在瞬间获得了1库仑的电量,才导致电容电压u_C在此瞬间由零跃变至$1/C$。$t>0$时,由于冲激电流源的电流$\delta(t)=0$,电源支路相当于开路,电容通过电阻放电,故i_C为负值;电容电压u_C则由$1/C$逐渐衰减,最终趋向于零。

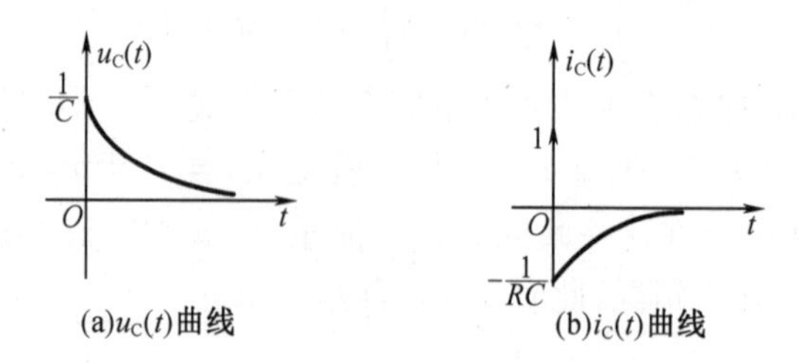

图9-47 $u_C(t)$和$i_C(t)$随时间变化的曲线

现在,让我们仔细考察RC并联电路分别接于单位冲激电流源和单位阶跃电流源(例9-12)两种情况下的响应$u_C(t)$。为了便于区别,用$s(t)$表示单位阶跃响应,用$h(t)$表示单位冲激响应,即

$$s(t) = R(1 - e^{-\frac{t}{RC}})\varepsilon(t)$$

$$h(t) = \frac{1}{C}e^{-\frac{t}{RC}}\varepsilon(t)$$

于是,有

$$\frac{ds(t)}{dt} = \frac{1}{C}e^{-\frac{t}{RC}}\varepsilon(t) + R(1 - e^{-\frac{t}{RC}})\delta(t) = \frac{1}{C}e^{-\frac{t}{RC}}\varepsilon(t)$$

即

$$h(t) = \frac{ds(t)}{dt} \tag{9-101}$$

这一结果告诉我们:一个电路的单位冲激响应等于其单位阶跃响应关于时间的导数。反过来,一个电路的单位阶跃响应等于其单位冲激响应关于时间的积分,即

$$s(t) = \int_{-\infty}^{t} h(\xi)d\xi \tag{9-102}$$

上述关系虽然由一个具体的问题得出,但对线性电路而言却具有普遍意义。上述关系成立的原因是电路中的单位冲激电源和单位阶跃电源之间存在着

$$\varepsilon(t) = \int_{-\infty}^{t} \delta(\xi)d\xi$$

或

$$\delta(t) = \frac{d\varepsilon(t)}{dt}$$

即积分关系或导数关系的缘故。

本书不对式(9-101)和式(9-102)描述的关系的普遍性进行证明,感兴趣的读者可通过查阅线性常系数微分方程的性质获得解答。

上述关系表明,当求取某一电路的单位冲激响应时,可以先用同一类型的单位阶跃电源替换电路中的单位冲激电源,然后求取单位阶跃响应,最后再通过对单位阶跃响应求时间导数的方法求出电路的单位冲激响应。

需要指出,上述求解中用单位阶跃电源替换单位冲激电源的做法,相当于对激励源做了一次关于时间的积分运算,因此,需要在单位阶跃电源的原有单位上添加一个新单位 s(秒),这样才能使由求导方法获得的单位冲激响应达到物理量纲上的吻合。

例 9-15　电路如图 9-48(a)所示,求 RL 串连接于单位冲激电压源时的响应 $i_L(t)$。

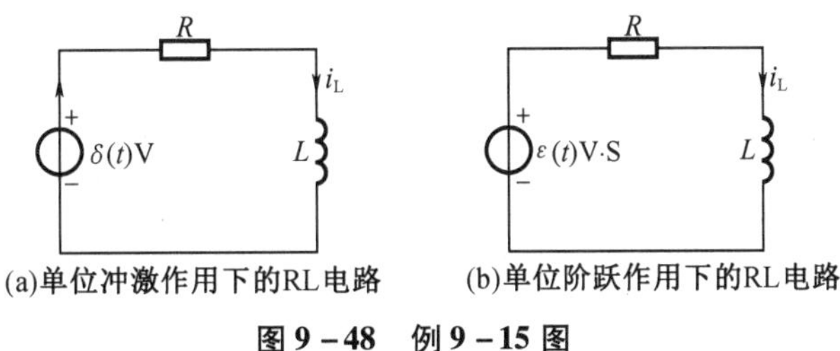

图 9-48　例 9-15 图

解　为避免在 $t=0$ 时建立微分方程,先把单位冲激电压源 $\delta(t)$ 换成单位阶跃电压源 $\varepsilon(t)$,如图 9-48(b)所示,求 i_L 的单位阶跃响应。因为

$$i_L(0^+) = i_L(0^-) = 0 \quad i_L(\infty) = \frac{1}{R} \quad \tau = \frac{L}{R}$$

故得 i_L 的单位阶跃响应为

$$s(t) = \frac{1}{R}(1 - e^{-\frac{R}{L}t})\varepsilon(t)$$

再对 $s(t)$ 求导,便可求出单位冲激响应,即所要求的电感电流为

$$i_L(t) = h(t) = \frac{ds(t)}{dt} = \frac{1}{R}(1 - e^{-\frac{R}{L}t})\delta(t) + \frac{1}{L}e^{-\frac{R}{L}t}\varepsilon(t) = \frac{1}{L}e^{-\frac{R}{L}t}\varepsilon(t)$$

注意:本例中单位阶跃响应 $s(t)$ 的单位是 A·s(安培秒),而单位冲激响应 $h(t)$ 的单位是 A(安培)。

9.6节
思考与练习
参考答案

本节思考与练习

9-6-1　题9-6-1图所示电路中,$i_L(0^-)=0$, $R_1=60\ \Omega$, $R_2=40\ \Omega$, $L=100$ mH,求冲激响应 i_L 和 u_L。

9-6-2　题9-6-2图所示电路中,N_R 为线性电阻网络,已知 i_C 的零状态响应为 $i_C(t)=\frac{1}{6}e^{-25t}$ mA,现将10 μF的电容换成4 H的电感。试求电感两端电压的零状态响应 $u_L(t)$。

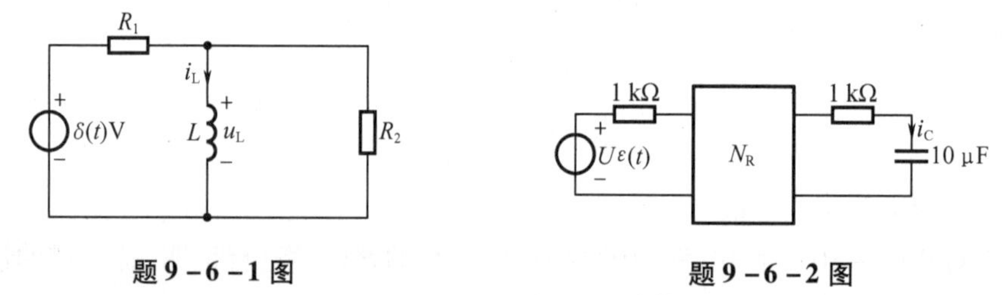

题9-6-1图　　　题9-6-2图

9-6-3　题9-6-3图所示电路中,激励为冲激电流源,求 u_C 和 i_L 的零状态响应。

9-6-4　题9-6-4图所示电路中,已知电源 $u_S=[50\varepsilon(t)+2\delta(t)-10]$ V,求 $t>0$ 时电感支路中的电流 $i_L(t)$。

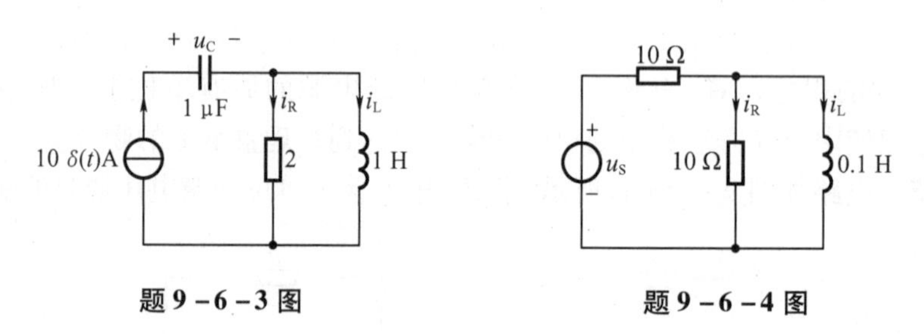

题9-6-3图　　　题9-6-4图

9-6-5　题9-6-5图所示电路(a)中,外施激励 u_S 如题9-6-5图(b)所示,求电压 $u(t)$。

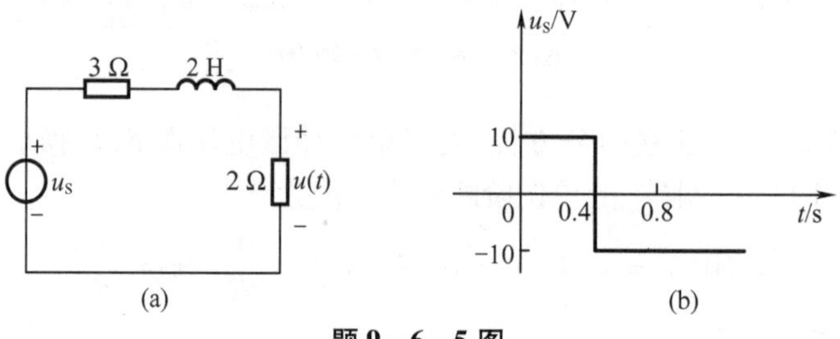

题9-6-5图

9.7 卷积积分

本节主要讨论卷积积分公式推导和用之计算一阶线性电路对任意输入的零状态响应问题。

设图 9－49 所示的曲线函数 $e(t)$ 为电路的任意输入。我们可以用在时间轴上相继位移 $\Delta\xi$ 的阶梯波来逼近 $e(t)$，$\Delta\xi$ 越小就越逼近 $e(t)$，如图 9－49 所示。

阶梯波可用一系列宽度为 $\Delta\xi$ 的矩形脉冲来描述。当 $\Delta\xi$ 趋向于零时，每个矩形脉冲均趋向于强度等于其面积（高度乘以 $\Delta\xi$）的冲激函数。例如，对于 $t=\xi$ 处的特定脉冲（图中阴影区域），其高度为 $e(\xi)$，当 $\Delta\xi\to0$ 时，该脉冲最终趋近于强度为微分大小的冲激函数

$$e(\xi)\Delta\xi\delta(t-\xi) \tag{9-103}$$

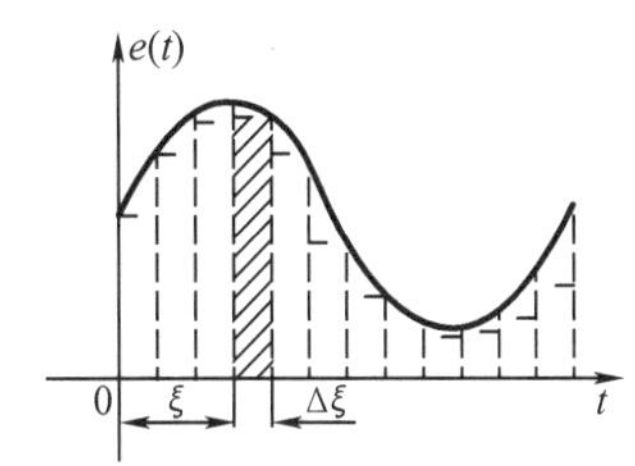

图 9－49　任意输入波形的阶梯波逼近

如果电路对一个在 $t=0$ 时出现的单位冲激函数 $\delta(t)$ 的响应为 $h(t)$，则对一个在 $t=\xi$ 时出现的强度为 $e(\xi)\Delta\xi$ 的冲激函数 $e(\xi)\Delta\xi\delta(t-\xi)$ 的响应就是 $e(\xi)\Delta\xi h(t-\xi)$。

根据线性电路的叠加定理可知，电路在某一时刻 t 对任意输入 $e(t)$ 的响应 $x(t)$ 就是 t 以前所有微分冲激函数的响应之和，即

$$x(t)=\lim_{\Delta\xi\to0}\sum_{\xi=0}^{t}e(\xi)\Delta\xi h(t-\xi)$$

即

$$x(t)=\int_0^t e(\xi)h(t-\xi)\mathrm{d}\xi \tag{9-104}$$

式(9－104)就是卷积积分公式。

卷积积分公式表明，线性电路在任意输入作用下的零状态响应可通过其单位冲激响应与输入函数的卷积(convolution)（这一结论有时被称为波尔定理）来计算，即只要知道了某一电路的单位冲激响应，就可以利用卷积积分来计算该电路对任意输入的零状态响应。其中，输入函数 $e(t)$ 既可以是电压源的电压，也可以是电流源的电流。

需要指出，用卷积积分算出的任意输入下的零状态响应，其单位必须与单位冲激响应的单位相同，原因是输入函数 $e(t)$ 的单位已全部涵盖在单位冲激响应之中。因此，在卷积计算中，必须保证输入函数 $e(t)$ 为电压源时以伏特(V)作单位或输入函数 $e(t)$ 为电流源时以安培(A)作单位。另外，还需注意式(9－104)是变上限积分，被积函数中的 t 应被视为常量。

例 9－16　电路如图 9－50 所示，已知 $R=10\ \Omega$，$L=1\ \mathrm{H}$，$u_S=10\mathrm{e}^{-5t}\ \mathrm{V}$，$t=0$ 时开关 S 闭合。求 $t\geqslant0^+$ 时的电路电流 $i(t)$。

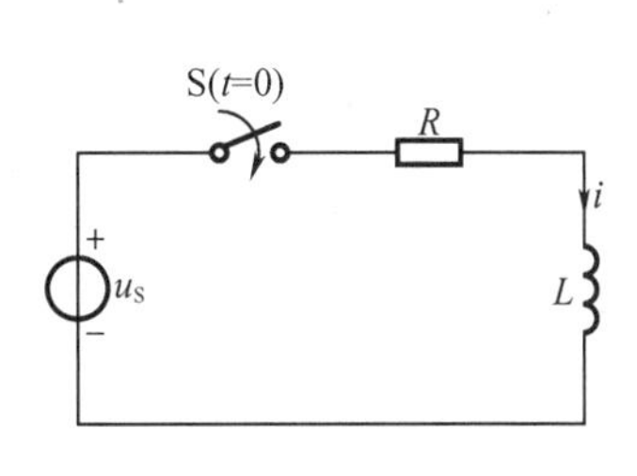

图 9－50　例 9－16 图

解　由例 9－15 知，电路电流的单位冲激响应为

$$h(t)=\frac{1}{L}\mathrm{e}^{-\frac{R}{L}t}=\mathrm{e}^{-10t}\ \mathrm{A}$$

输入函数为　　$u_S(t)=10\mathrm{e}^{-5t}\ \mathrm{V}$

将它们代入式(9-104),可得所求响应为

$$i(t)=\int_0^t u_S(\xi)h(t-\xi)\mathrm{d}\xi=\int_0^t 10^{-5\xi}\mathrm{e}^{-10(t-\xi)}\mathrm{d}\xi\ \mathrm{A}$$

$$=10\mathrm{e}^{-10t}\int_0^t \mathrm{e}^{5\xi}\mathrm{d}\xi\ \mathrm{A}=2\mathrm{e}^{-10t}(\mathrm{e}^{5t}-1)\ \mathrm{A}$$

$$=2(\mathrm{e}^{-5t}-\mathrm{e}^{-10t})\ \mathrm{A}\quad(t\geqslant 0^+)$$

例9-17 电路如图9-51所示，已知 $R_1=3\ \Omega,R_2=6\ \Omega,C=0.1\ \mathrm{F}$,开关S原来接在 $U_S=9\ \mathrm{V}$ 的直流电压源上且电路已经稳定,$t=0$ 时改接到 $u_S=18\mathrm{e}^{-t}\ \mathrm{V}$ 的电压源上。求 $t\geqslant 0^+$ 时流经电阻 R_2 的电流 $i_2(t)$。

解设电容电压 u_C 的参考方向如图,因所求响应 $i_2=\dfrac{u_C}{R_2}$,所以只要求出 u_C 即可求出 i_2。下面求 u_C:

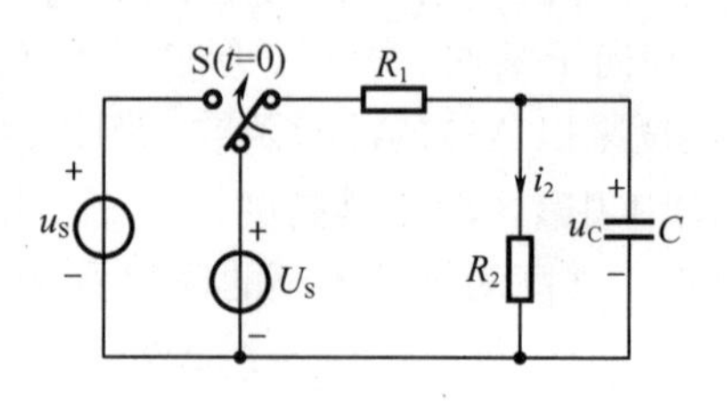

图9-51 例9-17图

换路前 $u_C(0^-)=\dfrac{R_2}{R_1+R_2}U_S=6\ \mathrm{V}$

换路后 $u_C(0^+)=u_C(0^-)=6\ \mathrm{V}$

$$\tau=\frac{R_1R_2}{R_1+R_2}C=2\times0.1\ \mathrm{s}=0.2\ \mathrm{s}$$

从而得出电容电压的零输入响应为

$$u'_C(t)=u_C(0^+)\mathrm{e}^{-\frac{t}{\tau}}=6\mathrm{e}^{-5t}\ \mathrm{V}\quad(t\geqslant 0^+)$$

电容电压的零状态响应 $u''_C(t)$ 可用卷积积分计算:

为求单位冲激响应,将电压源 u_S 替换为单位阶跃电压源,于是可求出电容电压的单位阶跃响应为

$$s(t)=\frac{R_2}{R_1+R_2}(1-\mathrm{e}^{-\frac{t}{\tau}})\varepsilon(t)=\frac{2}{3}(1-\mathrm{e}^{-5t})\varepsilon(t)\quad \mathrm{V\cdot s}$$

故通过对 $s(t)$ 求导,可求出单位冲激响应为

$$h(t)=\frac{\mathrm{d}s(t)}{\mathrm{d}t}=\frac{10}{3}\mathrm{e}^{-5t}\varepsilon(t)+\frac{2}{3}(1-\mathrm{e}^{-5t})\delta(t)=\frac{10}{3}\mathrm{e}^{-5t}\varepsilon(t)\ \mathrm{V}$$

输入函数为

$$u_S(t)=18\mathrm{e}^{-t}\ \mathrm{V}$$

由卷积积分得电容电压的零状态响应为

$$u''_C(t)=\int_0^t u_S(t)h(t-\xi)\mathrm{d}\xi=\int_0^t 18\mathrm{e}^{-t}\times\frac{10}{3}\mathrm{e}^{-5(t-\xi)}\mathrm{d}\xi$$

$$=60\mathrm{e}^{-5t}\int_0^t \mathrm{e}^{4\xi}\mathrm{d}\xi=15\mathrm{e}^{-5t}(\mathrm{e}^{4t}-1)$$

$$=15(\mathrm{e}^{-t}-\mathrm{e}^{-5t})\ \mathrm{V}\quad(t\geqslant 0^+)$$

电容电压的全响应为

$$u_C(t)=u'_C(t)+u''_C(t)=6\mathrm{e}^{-5t}+15\times(\mathrm{e}^{-t}-\mathrm{e}^{-5t})=15\mathrm{e}^{-t}-9\mathrm{e}^{-5t}\ \mathrm{V}\quad(t\geqslant 0^+)$$

于是,所求电流

$$i_2=\frac{u_C}{R_2}=\frac{1}{6}\times(15\mathrm{e}^{-t}-9\mathrm{e}^{-5t})=2.5\mathrm{e}^{-t}-1.5\mathrm{e}^{-5t}\ \mathrm{A}\quad(t\geqslant 0^+)$$

卷积积分不仅是计算线性动态电路零状态响应的一种有效方法，而且也是分析线性系统性能的一种重要的数学手段。限于篇幅，有关这方面的知识本书不再深入讨论，有兴趣的读者可自行查阅相关资料。

本节思考与练习

9.7 节 思考与练习 参考答案

9－7－1　电路如题9－7－1图所示，$u_S=10e^{-5t}$ V，开关S在 $t=0$ 时合上，用卷积积分求 $u_1(t)$。

9－7－2　电路如题9－7－2图所示，$i_S=5e^{-4t}\varepsilon(t)$ A，用卷积积分求 $u_1(t)$。

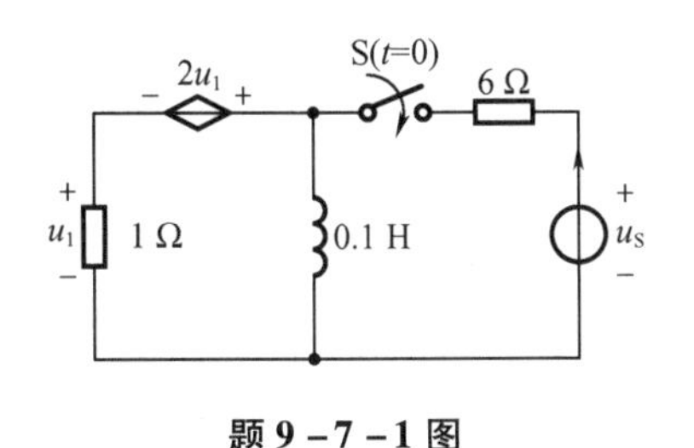

题9－7－1图

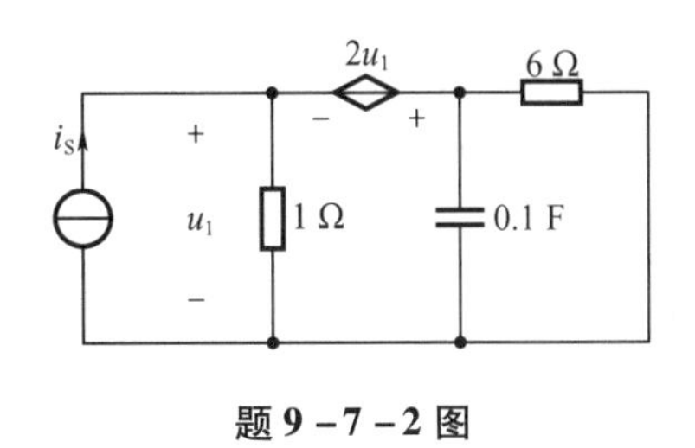

题9－7－2图

9－7－3　电路如题9－7－3图所示，$i_S=5e^{-4t}\varepsilon(t)$ A，$u_S=2\cos 10t$ V，开关S在 $t=0$ 时合上，用卷积积分求 $u_1(t)$。

9－7－4　题9－7－4图所示电路在开关S闭合前已处于稳态，$R_1=R_2=R_3=4$ Ω，$L=0.5$ H，$u_S=32$ V，用卷积积分求 $t>0$ 时的 $u(t)$。

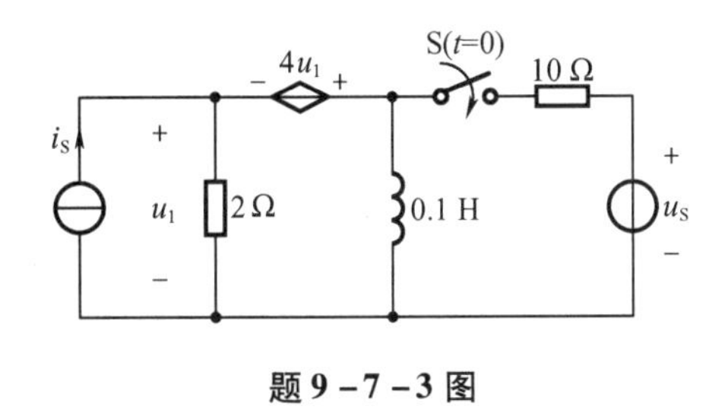

题9－7－3图

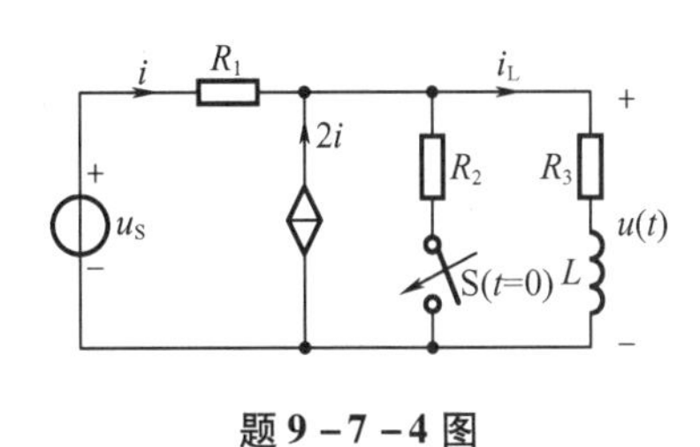

题9－7－4图

9－7－5　题9－7－5图所示电路中，$t<0$ 时S断开，电路已达到稳定状态；$t=0$ 时S闭合，用卷积积分求 $t>0$ 时 $i(t)$ 和 $i_o(t)$。

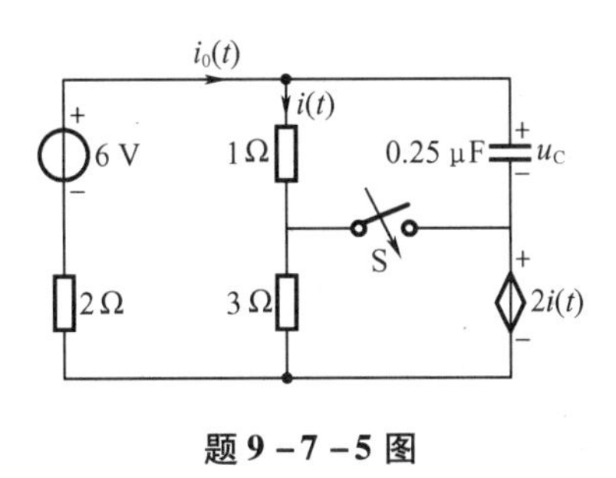

题9－7－5图

9.8 电容电压和电感电流的跃变*

通常,电路中的电容电压和电感电流不跃变,但在电容电流无穷大或电感电压无穷大的特殊条件下也会发生跃变。本节我们将针对这一问题进行一些讨论,以便帮助我们理解电路中发生的电容电压和电感电流跃变现象。

9.8.1 无穷大电源对电路状态发生跃变的影响

先观察电容元件。在图9-52(a)电路中,流过电容的电流 $i=K_i\delta(t)$ 是冲激强度为 K_i(库仑)的冲激函数。

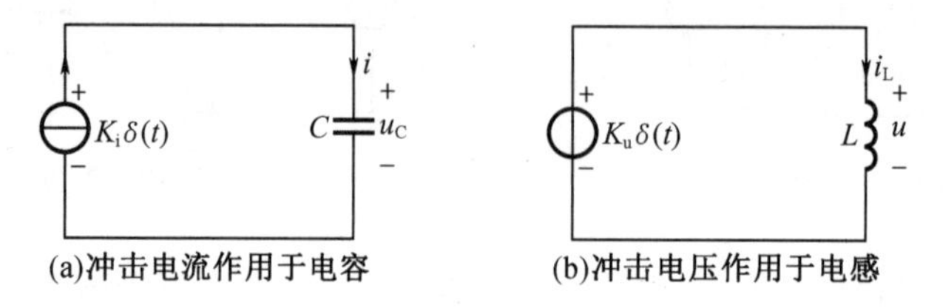

(a)冲击电流作用于电容　(b)冲击电压作用于电感

图9-52　无穷大电源的影响

由元件约束关系可知,电容元件的端电压为

$$u_C(t) = u_C(0^-) + \frac{1}{C}\int_{0^-}^{t} i(\xi)\mathrm{d}\xi = u_C(0^-) + \frac{1}{C}\int_{0^-}^{t} K_i\delta(\xi)\mathrm{d}\xi \quad (t \geqslant 0^+)$$

将 $t=0^+$ 代入上式,得

$$u_C(0^+) = u_C(0^-) + \frac{K_i}{C} \tag{9-105}$$

显然,电容电压在 $t=0$ 瞬间发生了跃变。这是因为冲激电流 $K_i\delta(t)$ 在 $t=0$ 瞬间给电容充入了 K_i 库仑的电量的缘故,从而使电容电压在这一瞬间跃变了 K_i/C。反过来,如果电容电压在某一瞬间(如 $t=0$ 时)发生了跃变,则在该瞬间通过电容的电流也必为冲激电流,其强度可由式(9-105)求得

$$K_i = C[u_C(0^+) - u_C(0^-)] \tag{9-106}$$

该式表明,当电容电压发生跃变时,在电容上流过的冲激电流可通过电容电压的跃变幅度来确定。

再观察电感元件。在图9-52(b)电路中,电感两端的电压 $u=K_u\delta(t)$ 是冲激强度为 K_u(韦伯)的冲激函数。

按与分析电容元件同样的方法亦可推出

$$i_L(0^+) = i_L(0^-) + \frac{K_u}{L} \tag{9-107}$$

由此可见,在冲激电压的作用下,电感电流在 $t=0$ 瞬间发生了跃变。显然,如果电感电流在某一瞬间(如 $t=0$ 时)发生了跃变,则在该瞬间电感两端的电压必为冲激电压。

由式(9-107)可求得冲激电压的强度与电感电流的跃变幅度之间有如下关系

$$K_u = L[i_L(0^+) - i_L(0^-)] \tag{9-108}$$

该关系式可用于确定跃变瞬间电感两端产生的冲激电压的强度。

9.8.2 有限值电源对电路状态发生跃变的影响

先考虑电容元件，在图 9-53 电路中，由 KVL 容易得出

$$u_C(t) = U_S\varepsilon(t) = \begin{cases} 0 & (t < 0) \\ U_S & (t > 0) \end{cases} \tag{9-109}$$

即
$$u_C(0^-) = 0,\ u_C(0^+) = U_S$$

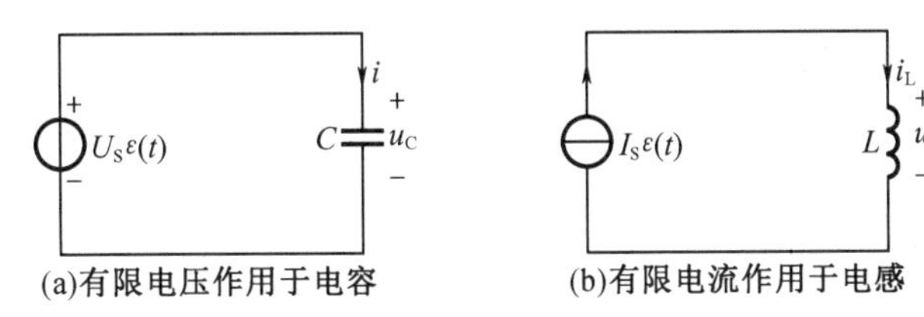

(a)有限电压作用于电容　(b)有限电流作用于电感

图 9-53　有限电源的影响

显然，电容电压在 $t=0$ 瞬间发生了跃变，此时，流经电容的电流必为冲激电流。由电容元件的约束关系可求出此冲激电流为

$$i(t) = C\frac{du_C(t)}{dt} = C\frac{d}{dt}[U_S\varepsilon(t)] = CU_S\delta(t) \tag{9-110}$$

这一冲激电流是由有限值电压源提供的，其冲激强度为 CU_S。由于理想电压源可对外提供任意的电流，当然也可以提供冲激电流。

再考虑电感元件，在图 9-53(b)电路中，由 KCL 容易得出

$$i_L(t) = I_S\varepsilon(t) = \begin{cases} 0 & (t < 0) \\ I_S & (t > 0) \end{cases} \tag{9-111}$$

即
$$i_L(0^-) = 0 \quad i_L(0^+) = I_S$$

显然，电感电流在 $t=0$ 瞬间发生了跃变，此时，电感两端的电压必为冲激电压。由电感元件的约束关系，可求出此冲激电压为

$$u(t) = L\frac{di_L(t)}{dt} = L\frac{d}{dt}[I_S\varepsilon(t)] = LI_S\delta(t) \tag{9-112}$$

这一冲激电压是由有限值电流源提供的，其冲激强度为 LI_S。由于理想电流源可对外提供任意的电压，当然也可以提供冲激电压。

9.8.3 电路结构变化对电路状态发生跃变的影响

先考虑如图 9-54 所示的电容电路。在 $t=0$ 时开关闭合后，它是一个完全由电容组成的回路，我们称之为纯电容回路。

电路初始值为
$$\begin{cases} u_{C_1}(0^-) = U_0 \\ u_{C_2}(0^-) = 0 \end{cases}$$

$t=0^+$ 时电路开关闭合，由图可见，出现了完全由电容元件组成的回路。由 KVL 和电荷

守恒条件，列方程为

$$\begin{cases}u_{C_1}(0^+)=u_{C_2}(0^+)\\C_1u_{C_1}(0^+)+C_2u_{C_2}(0^+)=C_1u_{C_1}(0^-)+C_2u_{C_2}(0^-)\end{cases}$$

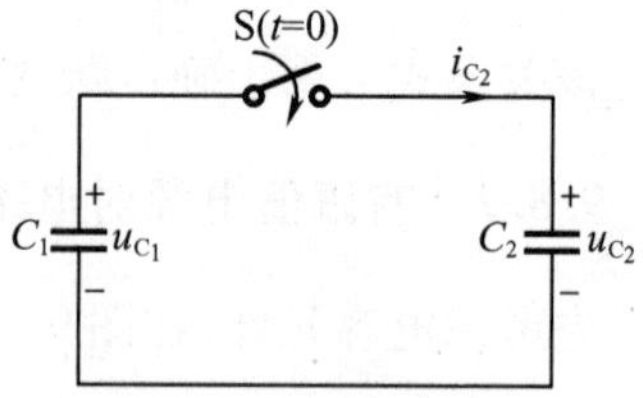

图 9-54　存在纯电容回路情况

解方程，得

$$u_{C_1}(0^+)=u_{C_2}(0^+)=\frac{C_1}{C_1+C_2}u_{C_1}(0^-)=\frac{C_1U_0}{C_1+C_2}$$

用阶跃函数表示电容电压，得

$$\begin{aligned}u_{C_1}(t)&=u_{C_1}(0^+)\varepsilon(t)+U_0\varepsilon(-t)\\u_{C_2}(t)&=u_{C_2}(0^+)\varepsilon(t)\end{aligned}\tag{9-113}$$

由电容元件的约束关系，得

$$i_{C_2}(t)=C_2\frac{\mathrm{d}u_{C_2}(t)}{\mathrm{d}t}=\frac{C_1C_2}{C_1+C_2}U_0\delta(t)\tag{9-114}$$

由此可见，电容中有强度为$\frac{C_1C_2}{C_1+C_2}U_0$的冲激电流流动。因此，电容电压在换路瞬间（$t=0$ 时）发生了跃变，电压跃变幅度依电容 C_1 和 C_2 的不同分别为$\frac{C_2U_0}{C_1+C_2}$和$\frac{C_1U_0}{C_1+C_2}$。由电路结构变化所引起的纯电容回路是本电路中令电容中出现冲激电流的主要原因。当回路仅由电容和电压源组成时，其造成冲激电流的作用与纯电容回路完全等同，故也算作一种“纯电容回路”。

再考虑如图 9-55 所示的电感电路。在 $t=0$ 时开关打开后，它含有一个完全由电感组成的节点，我们称之为纯电感节点。

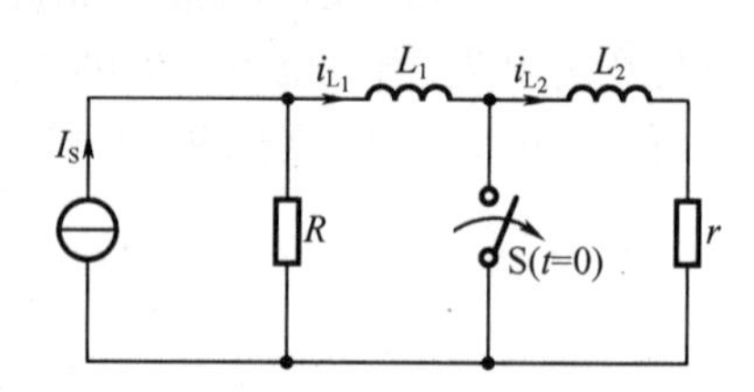

图 9-55　存在纯电感节点情况

电路初始值为 $\begin{cases}i_{L_1}(0^-)=I_S\\i_{L_2}(0^-)=0\end{cases}$

$t=0^+$ 时电路开关打开，由 KCL 和磁链守恒条件，列方程为

$$\begin{cases}i_{L_1}(0^+)=i_{L_2}(0^+)\\L_1i_{L_1}(0^+)+L_2i_{L_2}(0^+)=L_1i_{L_1}(0^-)+L_2i_{L_2}(0^-)\end{cases}\tag{9-115}$$

解方程，得

$$i_{L_1}(0^+)=i_{L_2}(0^+)=\frac{L_1}{L_1+L_2}i_{L_1}(0^-)=\frac{L_1I_S}{L_1+L_2}\tag{9-116}$$

用阶跃函数表示电感电流，得

$$\begin{aligned}i_{L_1}(t)&=i_{L_1}(0^+)\varepsilon(t)+I_S\varepsilon(-t)\\i_{L_2}(t)&=i_{L_2}(0^+)\varepsilon(t)\end{aligned}\tag{9-117}$$

由电感元件的约束关系，得

$$u_{L_2}(t)=L_2\frac{\mathrm{d}i_{L_2}(t)}{\mathrm{d}t}=\frac{L_1L_2}{L_1+L_2}I_S\delta(t)\tag{9-118}$$

由此可见，电感两端有强度为$\frac{L_1L_2}{L_1+L_2}I_S$的冲激电压出现，因此，电感电流在换路瞬间（$t=0$时）发生了跃变，电流跃变幅度依电感$L_1$和$L_2$的不同分别为$\frac{L_2I_S}{L_1+L_2}$和$\frac{L_1I_S}{L_1+L_2}$。这里由电路结构变化所引起的纯电感节点是造成在电感两端出现冲激电压的主要原因。当节点仅由电感和电流源组成时，其造成冲激电压的作用与纯电感节点完全等同，故也算作一种"纯电感节点"。

由上述讨论，可以把电路结构变化引起电容电压和电感电流发生跃变的规律简单地归纳如下：

（1）如果换路后电路中包含有完全由电容或由电容和电压源构成的回路，即"纯电容回路"，且组成该回路的电容或电容和电压源的电压值在换路前的代数和不等于零，则在换路瞬间必发生跃变；

（2）如果换路后电路中包含完全由电感或由电感和电流源构成的节点，即"纯电感节点"，且组成该节点的电感或电感和电流源的电流值在换路前的代数和不等于零，则在换路瞬间必发生跃变。

应该指出，当电路状态发生跃变时，三要素法仍然适用，只是不能用换路定律计算电容电压和电感电流的初始值了。

本节思考与练习

9.8 节
思考与练习
参考答案

9－8－1　电路如题 9－8－1 图所示，$u_S=10$ V，开关 S 在$t=0$时断开，求$u(t)$。

9－8－2　电路如题 9－8－2 图所示，$u_S=10$ V，开关 S 在$t=0$时闭合，求$i(t)$。

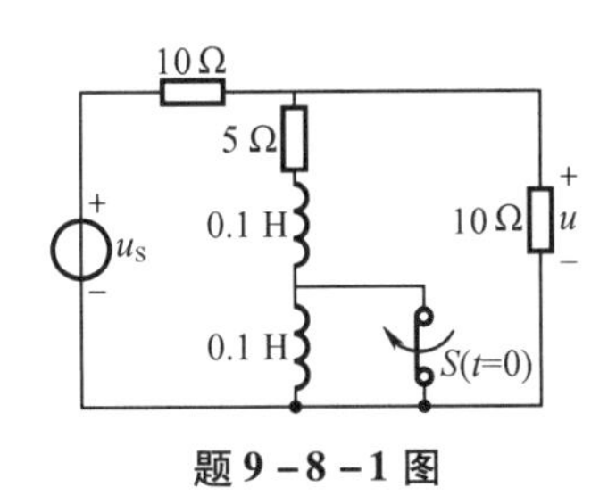

题 9－8－1 图

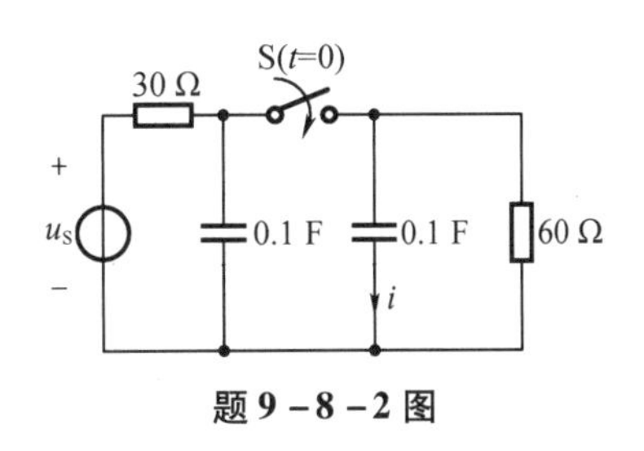

题 9－8－2 图

9－8－3　求题 9－8－3 图（a）中的电容电压和图（b）电路中的电感电流。

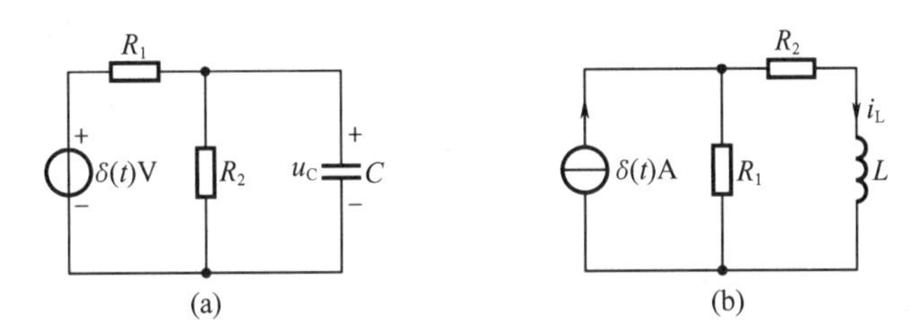

题 9－8－3 图

9－8－4　电路如题 9－8－4 图，已知$u_S=5\varepsilon(t-0.1)$ V，$i_S=2\delta(t)$ A，$R=4$ Ω，$C=0.1$ F，求$u_C(t)$。

9-8-5　题 9-8-5 图所示电路原已稳定，$t=0$ 时开关闭合。若 $u_S=10\ \text{V}$，$R_1=R_2=100\ \Omega$，$C_1=30\ \mu\text{F}$，$C_2=20\ \mu\text{F}$，$u_2(0^-)=0$，求 $t\geq 0^+$ 时每个电容器上的电压及电流。

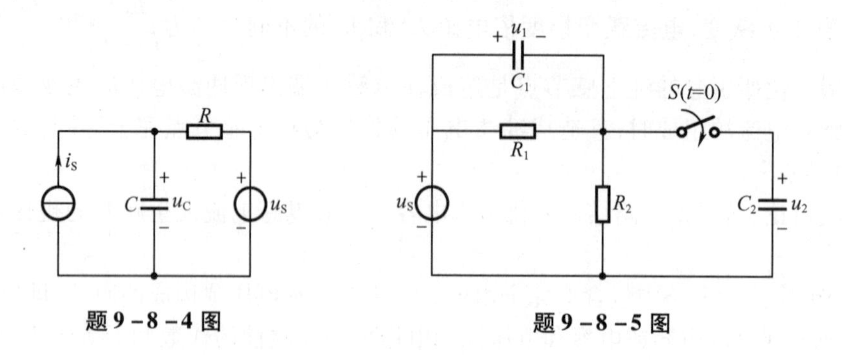

题 9-8-4 图　　　　题 9-8-5 图

9.9　RLC 串联二阶电路的零输入响应

本节在一阶电路基础上，以 RLC 串联电路为例，阐明二阶动态电路的零输入响应。

用二阶微分方程描述的电路，称为二阶电路(second order circuit)。RLC 串联电路就是典型的二阶电路，下面讨论 RLC 串联电路的零输入响应。电路如图 9-56 所示。在开关闭合之前，电容已经充电，设其电压为 U_0，即 $u_C(0^-)=U_0$，而电流 $i(0^-)=0$。$t=0$ 时开关闭合。在 $t>0$ 时，由 KVL 有

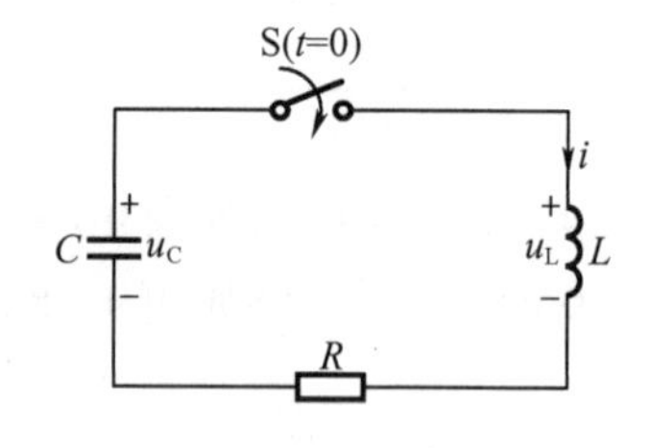

图 9-56　RLC 串联电路

$$u_C = L\frac{\mathrm{d}i}{\mathrm{d}t} + Ri$$

将 $i=-C\dfrac{\mathrm{d}u_C}{\mathrm{d}t}$ 代入，经整理可得

$$LC\frac{\mathrm{d}^2 u_C}{\mathrm{d}t^2} + RC\frac{\mathrm{d}u_C}{\mathrm{d}t} + u_C = 0 \tag{9-119}$$

这是一个常系数的二阶线性齐次微分方程，其特征方程为

$$LCp^2 + RCp + 1 = 0$$

由此可求得其特征根为

$$\begin{cases} p_1 = -\dfrac{R}{2L} + \sqrt{\left(\dfrac{R}{2L}\right)^2 - \dfrac{1}{LC}} \\ p_2 = -\dfrac{R}{2L} - \sqrt{\left(\dfrac{R}{2L}\right)^2 - \dfrac{1}{LC}} \end{cases}$$

微分方程式(9-119)的解为何种形式要看特征根 p_1 和 p_2 的具体情况。特征根是由电路参数 R、L、C 决定的，具体情况有三种，现分别讨论如下。讨论中各种情况下方程解的形式直接引用数学分析的结果。

9.9.1　$R>2\sqrt{\dfrac{L}{C}}$

在这种情况下，特征根 p_1 和 p_2 为两个不等的负实数，式(9－119)的解为

$$u_C(t)=Ae^{p_1t}+Be^{p_2t} \tag{9-120}$$

式中，A 和 B 为两个待定的积分常数。可由初始条件

$$\begin{cases}u_C(0^+)=u_C(0^-)=U_0\\ \left.\dfrac{du_C}{dt}\right|_{t=0^+}=-\dfrac{i(0^+)}{C}=-\dfrac{i(0^-)}{C}=0\end{cases} \tag{9-121}$$

来加以确定，即把该初始条件代入式(9－120)中，得到

$$\begin{cases}A+B=U_0\\ Ap_1+Bp_2=0\end{cases}$$

由此求得

$$\begin{cases}A=\dfrac{p_2}{p_2-p_1}U_0\\ B=-\dfrac{p_1}{p_2-p_1}U_0\end{cases}$$

于是得所求的电容电压为

$$u_C(t)=\frac{U_0}{p_2-p_1}(p_2e^{p_1t}-p_1e^{p_2t})$$

进一步便可求得电流和电感电压分别为

$$i(t)=-C\frac{du_C}{dt}=-\frac{U_0}{L(p_2-p_1)}(e^{p_1t}-e^{p_2t})$$

$$u_L(t)=L\frac{di}{dt}=-\frac{U_0}{p_2-p_1}(p_1e^{p_1t}-p_2e^{p_2t})$$

注意：在求电流 $i(t)$ 时利用了关系 $p_1p_2=1/LC$。

以上各响应的变化曲线示于图 9－57 中。其中电容电压 u_C 由两个单调的指数函数构成，一个是单调增加，一个是单调减小。因为 p_1 和 p_2 均为负值，且 $|p_1|<|p_2|$，所以构成 u_C 的两项中，前一项为正且绝对值较大，但衰减较慢；后一项为负且绝对值较小，但衰减较快。两个函数合成的结果为一条正值的、随时间单调衰减的曲线，即 u_C 由初值 U_0 开始单调衰减，最终趋向于零。这说明电容一直处于放电状态，直至放电结束。此时放电过程为非振荡型。在放电过程中，放电电流 i 始终为正，且在放电一开始，即 $t=0$ 时 $i=0$；随着时间的推移，放电电流 i 逐渐增大，到 $t=t_m$ 时达最大值，之后转而减小，到 $t\to\infty$ 时 $i=0$，放电结束。电感电压则因为 $i(0^+)=0$，故 $u_L(0^+)=u_C(0^+)=U_0$ 即电感电压 u_L 的初始值也为 U_0。随着时间的推移，在 $0<t<t_m$ 期间，因为电流 i 逐渐增加即 $\dfrac{di}{dt}>0$，故 u_L 为正值且随着电流增加速度的减慢，u_L 逐渐减小；到 $t=t_m$ 时，因 $\dfrac{di}{dt}=0$，故 $u_L=0$。$t>t_m$ 后，因为电流 i 转而逐渐减小即 $\dfrac{di}{dt}<0$，故 u_L 为负值；到 $t=2t_m$ 时，u_L 达负的最大值，而后逐渐衰减，最终趋向于零。放电过程中电流 i 的最大值发生时刻 t_m，也就是电感电压 u_L 为零的时刻。

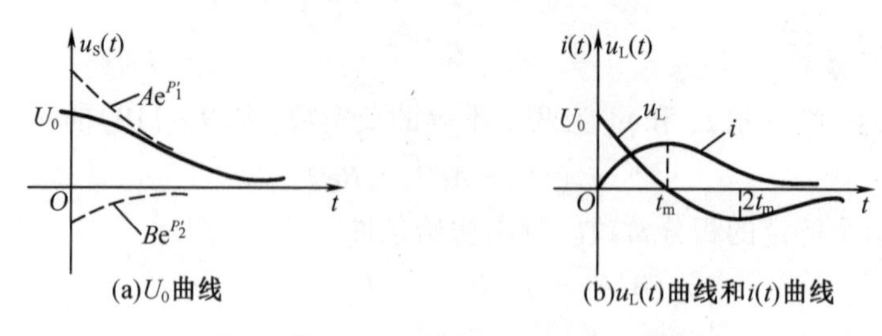

图 9-57 RLC 串联电路的响应曲线

由 u_L 的表达式可以求出 t_m 的值,具体过程如下:

由 $u_L(t_m)=0$,得

$$p_1e^{p_1t_m}=p_2e^{p_2t_m}$$

即

$$\frac{p_2}{p_1}=\frac{e^{p_1t_m}}{e^{p_2t_m}}=e^{(p_1-p_2)t_m}$$

于是得

$$t_m=\frac{1}{p_1-p_2}\ln\frac{p_2}{p_1}$$

电感电压最小值(即负的最大值)的发生时刻可由$\frac{du_L}{dt}=0$ 求得,具体如下:由$\frac{du_L}{dt}=0$ 可得 $p_1^2e^{p_1t}=p_2^2e^{p_2t}$,即

即

$$\left(\frac{p_2}{p_1}\right)^2=\frac{e^{p_1t}}{e^{p_2t}}=e^{(p_1-p_2)t}$$

由此便可求得电感电压为最小值的时刻为

$$t=\frac{2}{p_1-p_2}\ln\frac{p_2}{p_1}=2t_m$$

在整个放电过程中,电路中电磁能量的转换情况是这样的:在 $0<t<t_m$ 期间,随着电容电压 u_C 的减小和电流 i 的增大,电容储存的电场能量不断放出,其中一部分转变为磁场能储存于电感之中,另一部分则被电阻吸收消耗掉;在 $t>t_m$ 之后,电容电压 u_C 继续减小,与此同时电流 i 也转而减小,即电容继续放出其尚存的电场能量,电感也同时把刚储存的磁场能量放出,两部分能量均被电阻吸收并消耗掉。两个阶段的能量转换关系如图 9-58 所示。

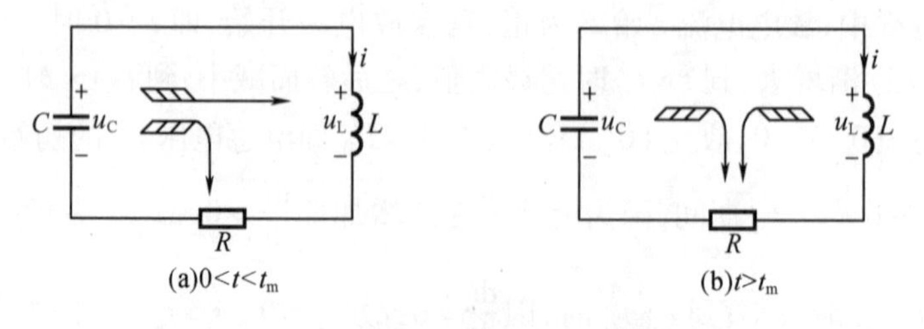

图 9-58 放电过程中的电磁能量转换

9.9.2 $R<2\sqrt{\frac{L}{C}}$

此时特征根 p_1 和 p_2 为一对实部为负的共轭复数,若记

$$\delta = \frac{R}{2L} \qquad \omega_0 = \frac{1}{\sqrt{LC}}$$

$$\omega = \sqrt{\frac{1}{LC} - \left(\frac{R}{2L}\right)^2} = \sqrt{\omega_0^2 - \delta^2}$$

则 $$p_1 = -\delta + j\omega, \quad p_2 = -\delta - j\omega$$

因此方程(9－119)的解为

$$u_C(t) = e^{-\delta t}(A_1 \cos \omega t + A_2 \sin \omega t)$$

式中,A_1 和 A_2 为两个待定的积分常数。若令

$$A_1 = A\cos \theta, \quad A_2 = A\sin \theta$$

则上式中括弧内的两项可合并为一项,写成

$$u_C(t) = Ae^{-\delta t}\cos(\omega t - \theta) \tag{9－122}$$

在电路中,式(9－119)在 $R < 2\sqrt{\frac{L}{C}}$ 时的解就采用式(9－122)的形式,式中 A 和 θ 即为两个待定的积分常数。将初始条件式(9－121)代入式(9－122),可得

$$\begin{cases} A\cos \theta = U_0 \\ \delta\cos \theta - \omega\sin \theta = 0 \end{cases}$$

由此求得

$$\begin{cases} \theta = \arctan \dfrac{\delta}{\omega} \\ A = \dfrac{\omega_0}{\omega} U_0 \end{cases}$$

式中,δ、ω、ω_0 及 θ 之间的关系如图 9－59 中的直角三角形所示。

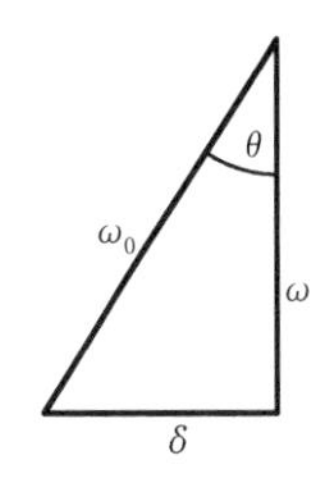

图 9－59 δ、ω、ω_0 及 θ 之间的关系

将以上确定的积分常数代回式(9－11)中,便可得到所求的电容电压为

$$u_C(t) = \frac{\omega_0}{\omega} U_0 e^{-\delta t}\cos(\omega t - \theta)$$

由此可进一步求得电流和电感电压,分别为

$$i(t) = -C\frac{du_C}{dt} = \frac{U_0}{\omega L}e^{-\delta t}\cos(\omega t - \frac{\pi}{2})$$

$$u_L(t) = L\frac{di}{dt} = \frac{\omega_0}{\omega}U_0 e^{-\delta t}\cos(\omega t + \theta)$$

以上各式中 $$\theta = \arctan \frac{\delta}{\omega}$$

在推导运算过程中用到了 δ、ω、ω_0 及 θ 之间的直角三角形关系和 $\omega_0^2 = 1/LC$。

从以上各响应的表达式可以看出,此时各电压和电流均为幅值按指数规律衰减的余弦函数,它们都是按同一频率正负交替变动的,即放电过程为振荡型。这种现象称为自由振荡(free oscillation)。各响应振荡的快慢决定于 ω 的大小;ω 是由电路参数 R、L、C 决定的,称作自由振荡角频率。各响应衰减的快慢则取决于 δ 的大小,故称 δ 为衰减系数(attenuation constant);δ 也是由电路参数决定的. 由 $\delta = \frac{R}{2L}$ 可知,R 越大,响应衰减越快。

图9-60画出了电容电压 $u_C(t)$ 和电流 $i(t)$ 的变化曲线。其中 u_C 的零值点发生在 $\omega t=\frac{\pi}{2}+\theta,\frac{3\pi}{2}+\theta,\cdots$ 处,而 u_C 的极值点也即 i 的零值点发生在 $\omega t=0,\pi,2\pi,\cdots$ 处,i 的极值点则发生在 $\omega t=\frac{\pi}{2}-\theta,\frac{3\pi}{2}-\theta,\cdots$ 处。从图中可以清楚地看出,各响应均为衰减的正弦振荡曲线。随着时间的推移,振荡放电逐渐减弱,最终停止(衰减到零)。

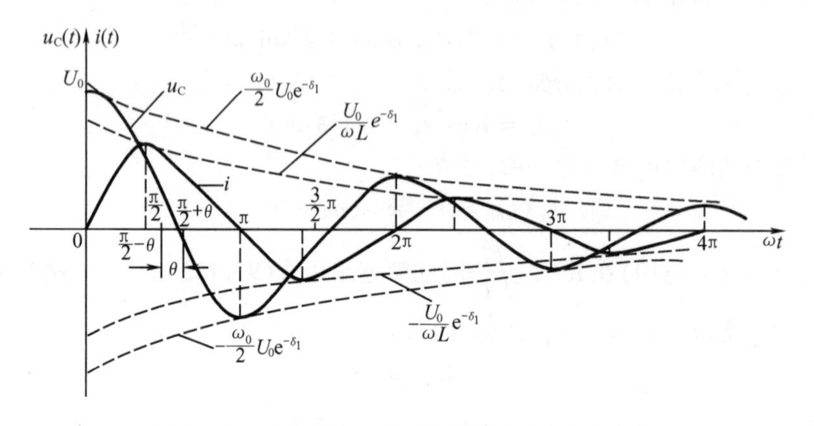

图9-60 电容电压 $u_C(t)$ 和电流 $i(t)$ 的变化曲线

在放电过程中,电路中电磁能量的转换情况可结合图9-60的曲线分时间段来说明。

在 $0<t<\pi/\omega$ 这半个周期中,能量的转换情况又可分为三个阶段(分别示于图9-61中),具体如下:在 $0<t<(\pi/2-\theta)/\omega$ 期间,随着电容电压 u_C 的减小和电流 i 的增大,电容储存的电场能在不断释放,其中的一部分被电感吸收并储存起来.另一部分则被电阻吸收并消耗掉;到 $t=(\pi/2-\theta)/\omega$ 时,电流 i 达最大值,因而此时电感储存的磁场能亦达最大。在 $(\pi/2-\theta)/\omega<t<(\pi/2+\theta)/\omega$ 期间,电容电压继续减小,电流也转而减小,即电容仍在释放能量,电感也将刚储存的能量放出,这些能量均由电阻吸收并消耗掉;到 $t=(\pi/2+\theta)/\omega$ 时,电容电压 $u_C=0$,此时电容储存的能量已全部放出,但电流 $i\neq0$,即电感储存的能量尚未放完。在 $(\pi/2+\theta)/\omega<t<\pi/\omega$ 期间,电流继续减小,同时电容电压反方向增大,说明在此期间,电感在继续释放能量,其中的一部分被电容吸收并储存起来(电容被反方向充电),另一部分仍被电阻吸收并消耗掉;当 $t=\pi/\omega$ 时,电流 $i=0$ 即电感储存的能量已全部放出,但电容电压 $u_C\neq0$ 且达负的最大值,电容又重新积蓄了能量。当然此时电容的储能比其最初的储能要少,因为电阻始终在消耗储量。在接下去的半个周期即在 $\pi/\omega<t<2\pi/\omega$ 期间,电磁能量的转换情况与前半周期相同,但在反方向下进行。然后重复前面的过程,如此周而复始,形成振荡放电的全部物理过程。整个过程中,因为电阻一直在不断地消耗能量,故电路中的能量越来越少,直至全部耗尽为止。

如果电路中的电阻 $R=0$,则 $\delta=0$,且 $\omega=\omega_0=1/\sqrt{LC}$,$\theta=\arctan\delta/\omega=0$,此时电路中的各响应将分别为

$$u_C(t)=U_0\cos\omega_0 t$$

$$i(t)=\frac{U_0}{\omega_0 L}\cos\left(\omega_0 t-\frac{\pi}{2}\right)$$

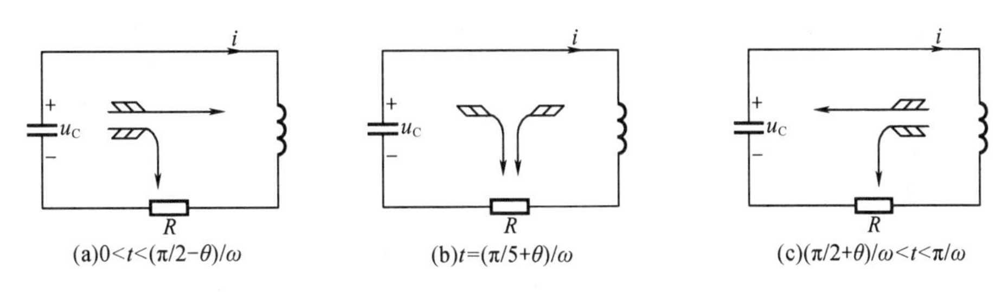

图 9－61　放电过程中的电磁能量转换

$$u_L(t)=U_0\cos\omega_0 t=u_C(t)$$

即各响应均为正弦量,它们的振幅并不衰减,放电过程将为等幅的正弦振荡过程。因为没有能量损耗,能量将在 $L-C$ 之间永无休止地相互转换下去。然而在实际中,电感线圈总是有损耗的,故单靠电感线圈和电容构成的回路是不能维持等幅正弦振荡的。要想维持等幅正弦振荡,必须不断地向电路提供新的能量,以补偿线圈(电阻)损耗的能量。晶体管 L－C 振荡器就能自动补偿储量的损耗而产生等幅正弦振荡。

9.9.3　$R=2\sqrt{\dfrac{L}{C}}$

这种情况下特征根 p_1 和 p_2 为两个相等的负实数,即

$$p_1=p_2=-\frac{R}{2L}=-\delta$$

方程式(9－119)的解为

$$u_C(t)=(A+Bt)e^{-\delta t}\tag{9-123}$$

式中,A 和 B 为两个待定的积分常数。将初始条件,即代入式(9－123),可得

$$\begin{cases}A=U_0\\B-A\delta=0\end{cases}$$

由此求得

$$\begin{cases}A=U_0\\B=\delta U_0\end{cases}$$

从而得所求的电容电压为

$$u_C(t)=U_0(1+\delta t)e^{-\delta t}$$

进一步可求得电流和电感电压分别为

$$i(t)=-C\frac{du_C}{dt}=\frac{U_0}{L}te^{-\delta t}$$

$$u_L(t)=L\frac{di}{dt}=U_0(1-\delta t)e^{-\delta t}$$

注意:上面在推导电流表达式的过程中用到了 $\delta^2=\omega_0^2=1/LC$。

从以上各响应的表达式可以看出,此时放电过程仍属于非振荡型。各响应随时间的变化规律与情形(一)类似,这里不再画出。

通过以上三种情形的讨论,我们可以看出,$R=2\sqrt{L/C}$ 正好是 RLC 串联电路中各响应属于非振荡还是振荡型的分界点,故称该阻值为临界电阻。当 $R\geqslant2\sqrt{L/C}$ 时,响应为非振荡型;当 $R<2\sqrt{L/C}$ 时,响应为振荡型。习惯上又称 $R>2\sqrt{L/C}$ 为过阻尼,$R=2\sqrt{L/C}$ 为临

界阻尼，$R<2\sqrt{L/C}$为欠阻尼，$R=0$ 为无阻尼。实际工作中可根据具体需要，通过改变电路参数之间的关系，来选择合适的工作情形。例如，当需要振荡的时候，就把电路参数调整到欠阻尼条件下；当不希望发生振荡现象时，就把电路参数调整到过阻尼条件下。

最后还应指出，本节分析所得关于 RLC 串联电路零输入响应的结果，只是在 $u_C(0^+)=U_0$ 和 $i(0^+)=0$ 的特定初始条件下得出的。尽管电路响应的形式与电路的初路条件无关，但积分常数的确定却与初始条件有关。因此，当电路的初始条件与本节讨论的假定不同时，其结果也必然与本节所得结果不同，决不可不看前提随意引用。

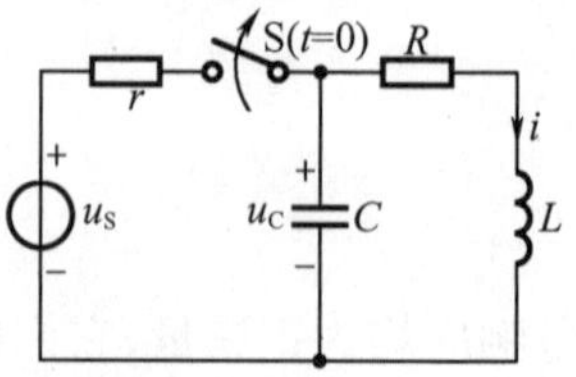

图 9-62　例 9-18 图

例 9-18　在图 9-62 所示的电路中，已知 $U_S=20$ V，$R=r=10\ \Omega$，$L=2$ mH，$C=10\ \mu$F，换路前电路是稳定的。求换路后的电容电压 $u_C(t)$。

解　换路前，因电路稳定，电容相当于开路，电感相当于短路，故

$$i(0^-)=\frac{U_S}{r+R}=\frac{20}{10+10}\ \text{A}=1\ \text{A}$$

$$u_C(0^-)=Ri(0^-)=10\ \text{V}$$

换路后，在所形成的 RLC 串联电路中，因

$$2\sqrt{\frac{L}{C}}=2\sqrt{\frac{2\times10^{-3}}{10\times10^{-6}}}\ \Omega=28.3\ \Omega$$

即有 $R<\sqrt{\dfrac{L}{C}}$，故响应为振荡型，且

$$\delta=\frac{R}{2L}=\frac{10}{2\times2\times10^{-3}}=2\ 500\ \text{s}^{-1}$$

$$\omega=\sqrt{\frac{1}{LC}-\left(\frac{R}{2L}\right)^2}=\sqrt{\frac{1}{2\times10^{-3}\times10^{-5}}-2\ 500^2}=6\ 614\ \text{rad/s}$$

所以

$$u_C(t)=A\text{e}^{-\delta t}\cos(\omega t-\theta)=A\text{e}^{-2\ 500t}\cos(6\ 614t-\theta)$$

将初始条件

$$u_C(0^+)=u_C(0^-)=10\ \text{V}$$

和

$$\left.\frac{\text{d}u_C}{\text{d}t}\right|_{t=0^+}=-\frac{i(0^+)}{C}=-\frac{i(0^-)}{C}=-10^5\ \text{V/s}$$

代入，得

$$\begin{cases}A\cos\theta=10\\2\ 500A\cos\theta-6\ 614A\sin\theta=10^5\end{cases}$$

解之，得

$$\begin{cases}\theta=-48.6^\circ\\A=15.12\ \text{V}\end{cases}$$

于是所求响应为

$$u_C(t)=15.12\text{e}^{-2\ 500t}\cos(6\ 614t+48.6)^\circ\ \text{V}$$

注意：在此例中，电路的初始条件之一 $i(0^+)=i(0^-)=1\neq0$，与本节前面的分析讨论初始

条件不一样,故不能直接引用前面所得的结果,必须用实际给定的初始条件直接确定积分常数 A 和 θ,如例中所做的那样。

例 9-19　在图 9-63 所示的电路中,已知 $R=4\ \text{k}\Omega$, $L=1\ \text{H}$, $C=1\ \mu\text{F}$, $u_C(0^-)=10\ \text{V}$, $t=0$ 时开关闭合。求:

(1) $t\geqslant 0$ 时的 $u_C(t)$、$i(t)$ 和 $u_L(t)$;

(2) 电流的最大值 i_{max}。

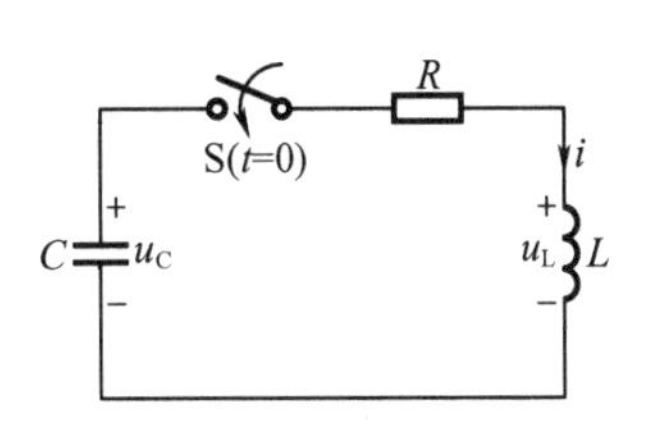

图 9-63　例 9-19 图

解　(1) 换路前,有 $u_C(0^-)=10\ \text{V}$, $i(0^-)=0\ \text{V}$ 换路后形成 RLC 串联电路,其特征根

$$p_{1,2}=-\frac{R}{2L}\pm\sqrt{\left(\frac{R}{2L}\right)^2-\frac{1}{LC}}$$

$$=-\frac{4\ 000}{2\times 1}\pm\sqrt{\left(\frac{4\ 000}{2\times 1}\right)^2-\frac{1}{1\times 10^{-6}}}$$

$$=(-2\ 000\pm 1\ 732)\ \text{s}^{-1}$$

即　$$p_1=-268\ \text{s}^{-1}\qquad p_2=-3\ 732\ \text{s}^{-1}$$

故　$$u_C(t)=Ae^{p_1t}+Be^{p_2t}=Ae^{-268t}+Be^{-3\ 732t}\tag{9-124}$$

将初始条件　$$u_C(0^+)=u_C(0^-)=10\ \text{V}$$

和　$$\left.\frac{\mathrm{d}u_C}{\mathrm{d}t}\right|_{t=0^+}=-\frac{i(0^+)}{C}=-\frac{i(0^-)}{C}=0$$

代入式(9-124),得

$$\begin{cases}A+B=10\\-268A-3\ 732B=0\end{cases}$$

解之,得

$$\begin{cases}A=10.77\ \text{V}\\B=-0.77\ \text{V}\end{cases}$$

从而得　$$u_C(t)=10.77e^{-268t}-0.77e^{-3\ 732t}\ \text{V}$$

$$i(t)=-C\frac{\mathrm{d}u_C}{\mathrm{d}t}=-10^{-6}(-268\times 10.77e^{-268t}+3\ 732\times 0.77e^{-3\ 732t})\ \text{mA}$$

$$=2.89(e^{-268t}-e^{-3\ 732t})\ \text{mA}$$

$$u_L(t)=L\frac{\mathrm{d}i}{\mathrm{d}t}=2.89\times 10^{-3}(-268e^{-268t}+3\ 732e^{-3\ 732t})\ \text{V}$$

$$=-0.77e^{-268t}+10.77e^{-3\ 732t}\ \text{V}$$

(2) 电流最大值的发生时刻为

$$t_m=\frac{1}{p_1-p_2}\ln\frac{p_2}{p_1}=\frac{1}{-268+3\ 732}\ln\frac{-3\ 732}{-268}\ \text{s}=7.6\times 10^{-4}\text{s}$$

将 t_m 值代入电流表达式,即得电流最大值

$$i_{max}=2.89(e^{-268\times 7.6\times 10^{-4}}-e^{-3\ 732\times 7.6\times 10^{-4}})\ \text{mA}$$

$$=2.89\times(0.816-0.059)\ \text{mA}$$

$$=2.19\ \text{mA}$$

因该例的初始条件与本节前面分析讨论的初始条件一致,故也可直接引用前面分析得出的结果。

9.9节
思考与练习
参考答案

本节思考与练习

9-9-1　题9-9-1图所示电路原已稳定,$t=0$时开关由a合向b。求:(1)$t\geqslant 0$时的电容电压和电感电流;(2)电感电流的最大值。

9-9-2　题9-9-2图所示电路原已稳定,$t=0$时开关断开。求$t\geqslant 0$时的电容电压$u_C(t)$。

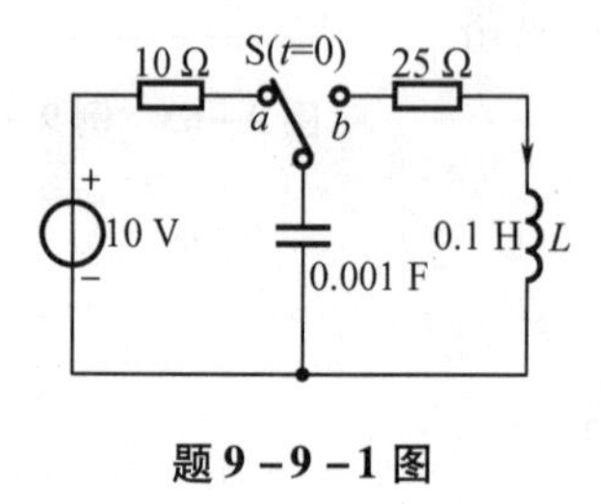

题9-9-1图

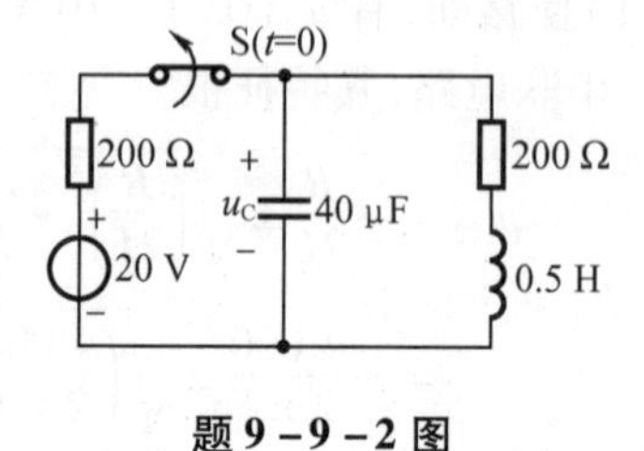

题9-9-2图

9-9-3　题9-9-3图所示电路原已稳定,$t=0$时开关闭合。求$t\geqslant 0$时的电容电压和流经开关的电流。

9-9-4　题9-9-4图所示电路中,$u_S=20\ \text{V}$,$R=r=10\ \Omega$,$L=1\ \text{mH}$,$C=10\ \mu\text{F}$,电路原已稳定,$t=0$时K断开,求u_C的零输入响应。

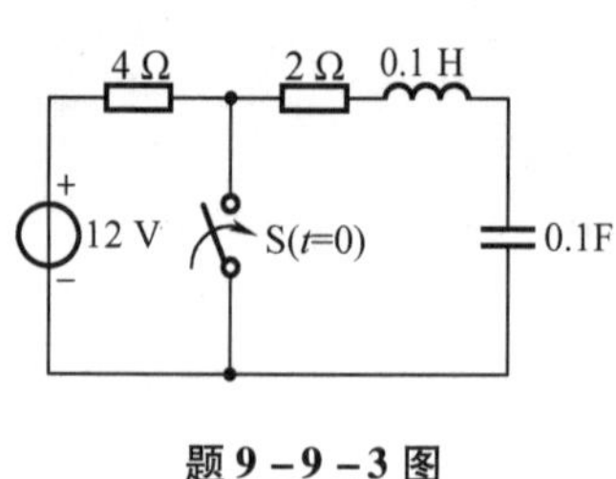

题9-9-3图

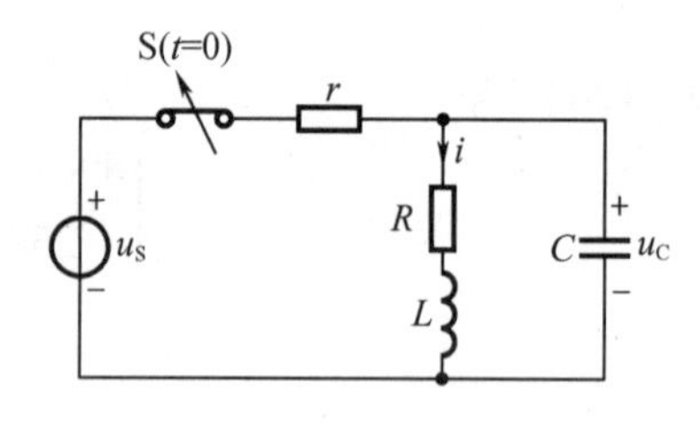

题9-9-4图

9-9-5　电路如题9-9-5图所示,$t=0$时开关断开。(1)试以电感电流i_L为变量,由KCL列出$t\geqslant 0$时的电路方程;(2)若$U_S=10\ \text{V}$,$R=5\ \Omega$,$G=1\ \text{S}$,$C=0.1\ \text{F}$,$L=0.2\ \text{H}$,换路前电路稳定,求换路后的电感电流$i_L(t)$和电容电压$u_C(t)$。

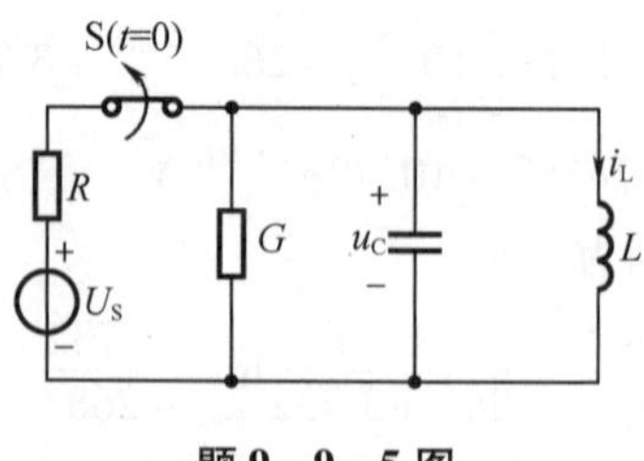

题9-9-5图

9.10　RLC 串联二阶电路对恒定输入的响应*

上节详细地讨论了 RLC 串联电路的零输入响应。本节将在上节的基础上，简单介绍 RLC 串联电路对恒定输入的响应，主要介绍其零状态响应。

电路如图 9－64 所示，$t=0$ 时开关闭合，RLC 串联电路与恒压源 U_S 接通。$t \geqslant 0$ 时，由 KVL，有

$$Ri + L\frac{di}{dt} + u_C = U_S \tag{9-125}$$

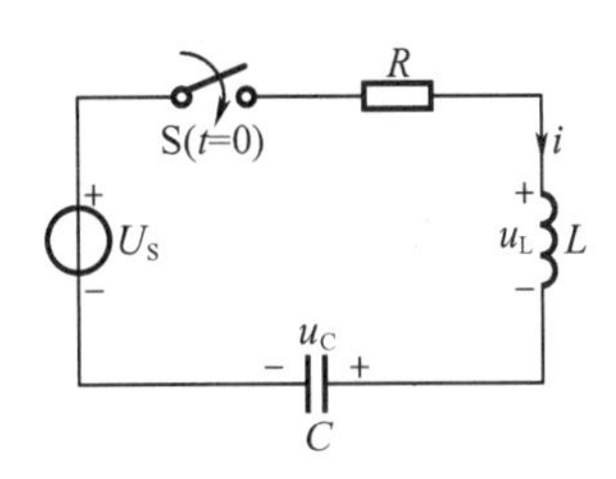

图 9－64　RLC 串联电路

将 $i = C\frac{du_C}{dt}$ 代入式（9－125），经整理，得到以电容电压 u_C 为变量的电路方程：

$$LC\frac{d^2u_C}{dt^2} + RC\frac{du_C}{dt} + u_C = U_S \tag{9-126}$$

这是一个常系数二阶线性非齐次微分方程。其解应为该方程的一个特解 u_{C_S} 和相应齐次方程的通解 u_{C_t} 之和，即

$$u_C(t) = u_{C_S} + u_{C_t} \tag{9-127}$$

易知方程（9－126）的特解为

$$u_{C_S} = U_S \tag{9-128}$$

它实际上仍然是电路换路后抵达新稳态时所求响应的解。相应齐次方程的通解具有什么形式则取决于特征根，根据上节的讨论，有三种可能，具体情况将在后面叙述。

确定了非齐次方程式（9－126）的解的形式之后，便可由给定的初始条件即电路的初始状态来确定解答中的积分常数了。如果给定的电路的初始状态为零，即 $u_C(0^-)=0$，$i(0^-)=0$，则由此确定的方程式（9－126）最终的解就是 RLC 串联电路接通恒压源时的零状态响应，也就是 RLC 串联电路在零状态下由恒压源充电的情况。下面我们就来具体讨论这种情况。

9.10.1　当 $R > 2\sqrt{\frac{L}{C}}$

此时，特征根 p_1 和 p_1 为两个不等的负实数，相应齐次方程的通解为

$$u_{C_t} = Ae^{p_1t} + Be^{p_2t}$$

故式（9－126）的解为

$$u_C(t) = U_S + Ae^{p_1t} + Be^{p_2t}$$

将零初始条件

$$\begin{cases} u_C(0^+) = u_C(0^-) = 0 \\ \left.\frac{du_C}{dt}\right|_{t=0^+} = \frac{i(0^+)}{C} = \frac{i(0^-)}{C} = 0 \end{cases} \tag{9-129}$$

代入，得

$$\begin{cases} U_S + A + B = 0 \\ Ap_1 + Bp_2 = 0 \end{cases}$$

由此解得

$$\begin{cases} A = \dfrac{p_2}{p_1 - p_2}U_S \\ B = -\dfrac{p_1}{p_1 - p_2}U_S \end{cases}$$

从而得

$$u_C(t) = U_S + \frac{U_S}{p_1 - p_2}(p_2 e^{p_1 t} - p_1 e^{p_2 t})$$

进一步可求得

$$i(t) = C\frac{du_C}{dt} = \frac{U_S}{L(p_1 - p_2)}(e^{p_1 t} - e^{p_2 t})$$

$$u_L(t) = L\frac{di}{dt} = \frac{U_S}{p_1 - p_2}(p_1 e^{p_1 t} - p_2 e^{p_2 t})$$

各响应的变化曲线如图9-65所示。可见,在$R > 2\sqrt{\dfrac{L}{C}}$时,电容电压u_C是单调增长的,电容被连续充电直至达到电源电压U_S,充电过程为非振荡型。

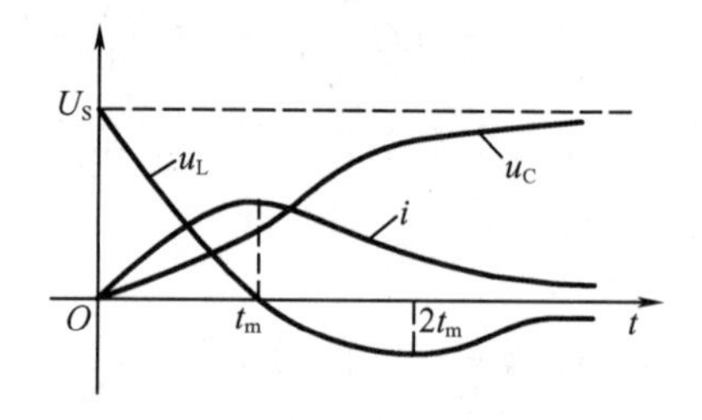

图9-65　当$R > 2\sqrt{\dfrac{L}{C}}$时各响应的变化曲线

9.10.2　当$R < 2\sqrt{\dfrac{L}{C}}$

此时,特征根p_1和p_1为一对实部为负的共轭复数,即

$$p_1 = -\delta + j\omega, \quad p_2 = -\delta - j\omega$$

相应齐次方程的通解为

$$u_{C_t} = Ae^{-\delta t}\cos(\omega t - \theta)$$

故式(9-126)的解为

$$u_C(t) = U_S + Ae^{-\delta t}\cos(\omega t - \theta)$$

将零初始条件,即式(9-129)代入,得

$$\begin{cases} U_S + A\cos\theta = 0 \\ \delta\cos\theta - \omega\sin\theta = 0 \end{cases}$$

由此解得

$$\begin{cases} \theta = \arctan\dfrac{\delta}{\omega} \\ A = -\dfrac{\omega_0}{\omega}U_S \end{cases}$$

从而得

$$u_C(t) = U_S - \frac{\omega_0}{\omega}U_S e^{-\delta t}\cos(\omega t - \theta)$$

进一步可求得

$$i(t) = C\frac{du_C}{dt} = \frac{U_S}{\omega L}e^{-\delta t}\cos\left(\omega t - \frac{\pi}{2}\right)$$

$$u_{\mathrm{L}}(t)=L\frac{\mathrm{d}i}{\mathrm{d}t}=\frac{\omega_0}{\omega}U_{\mathrm{S}}\mathrm{e}^{-\delta t}\cos(\omega t+\theta)$$

以上各式中

$$\theta=\arctan\frac{\delta}{\omega}$$

图9-66画出了电容电压 $u_{\mathrm{C}}(t)$ 的变化曲线。可以看出，在 $R<2\sqrt{\frac{L}{C}}$ 的情况下，电容电压 u_{C} 并非单调增长至 U_{S}，而是有时超过 U_{S}，有时低于 U_{S}，周期性地在 U_{S} 值上、下波动，但波动的幅度越来越小，最终趋于 U_{S}。充电过程为振荡型。

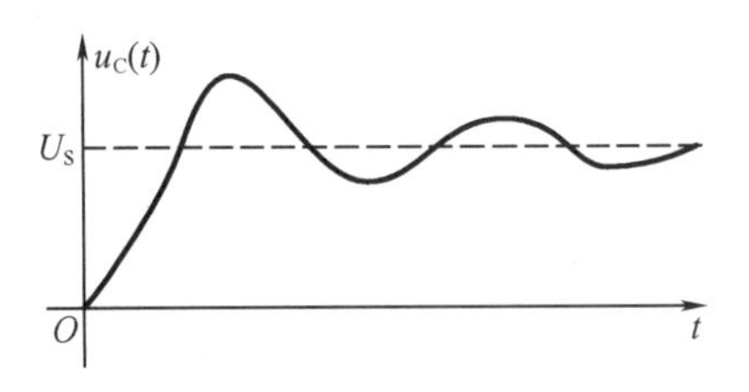

图9-66 当 $R<2\sqrt{\frac{L}{C}}$ 时电容电压 $u_{\mathrm{C}}(t)$ 的变化曲线

9.10.3 当 $R=2\sqrt{\frac{L}{C}}$

此时，特征根 p_1 和 p_2 为两个相等的负实数，即 $p_1=p_2=-\delta$，相应齐次方程的通解为

$$u_{\mathrm{Ct}}=(A+Bt)\mathrm{e}^{-\delta t}$$

故方程(9-126)的解为

$$u_{\mathrm{C}}(t)=U_{\mathrm{S}}+(A+Bt)\mathrm{e}^{-\delta t}$$

将零初条件(9-129)代入，可得

$$\begin{cases}U_{\mathrm{S}}+A=0\\B-\delta A=0\end{cases}$$

由此解得

$$\begin{cases}A=-U_{\mathrm{S}}\\B=-\delta U_{\mathrm{S}}\end{cases}$$

从而得

$$u_{\mathrm{C}}(t)=U_{\mathrm{S}}-U_{\mathrm{S}}(1+\delta t)\mathrm{e}^{-\delta t}$$

进一步可求得

$$i(t)=C\frac{\mathrm{d}u_{\mathrm{C}}}{\mathrm{d}t}=\frac{U_{\mathrm{S}}}{L}t\mathrm{e}^{-\delta t}$$

$$u_{\mathrm{L}}(t)=L\frac{\mathrm{d}i}{\mathrm{d}t}=U_{\mathrm{S}}(1-\delta t)\mathrm{e}^{-\delta t}$$

各响应的变化曲线与情形(一)类似，充电过程仍为非振荡型。

以上讨论的是RLC串联电路接通恒压源时的零状态响应。如果电路的初始状态不为零，则在确定积分常数时，应该根据电路的具体情况，代入实际的初条件，从而得到适合实际情况的解答。当然，也可以先分别求出其零输入响应和零状态响应，然后再经叠加得到其实际响应。

例9-20 在图9-67所示的电路中，$U_{\mathrm{S}}=20\ \mathrm{V}$，$R=3\ \mathrm{k\Omega}$，$L=1\ \mathrm{H}$，$C=1\ \mu\mathrm{F}$，$r=7\ \mathrm{k\Omega}$，$t=0$ 时开关断开。求 $t\geq 0$ 时的电容电压 $u_{\mathrm{C}}(t)$。

解 换路前，有

$$i(0^-)=\frac{U_{\mathrm{S}}}{R+r}=\frac{20}{(3+7)\times10^3}\ \mathrm{A}=2\times10^{-3}\ \mathrm{A}$$

$$u_C(0^-) = ri(0^-) = 14\ \text{V}$$

换路后,特征根为

$$p_{1,2} = -\frac{R}{2L} \pm \sqrt{\left(\frac{R}{2L}\right)^2 - \frac{1}{LC}} = -1\ 500 \pm 1\ 118\ \text{s}^{-1}$$

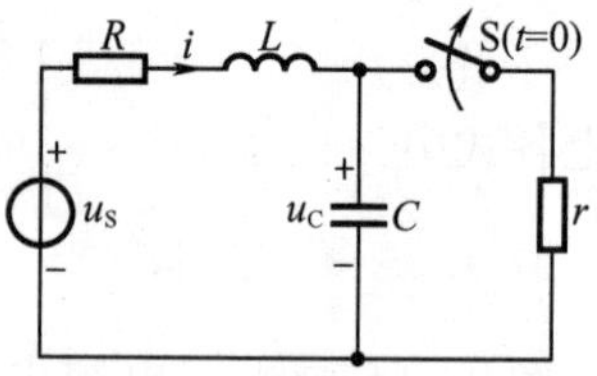

图 9-67 例 9-20 图

即 $p_1 = -382\ \text{s}^{-1} \qquad p_2 = -2\ 618\ \text{s}^{-1}$

故 $u_{Ct} = Ae^{-p_1 t} + Be^{-p_2 t} = Ae^{-382t} + Be^{-2\ 618t}\ \text{V}$

而 $u_{Cs} = U_S = 20\ \text{V}$

从而 $u_C(t) = u_{Cs} + u_{Ct} = 20 + Ae^{-382t} + Be^{-2\ 618t}\ \text{V}$

将初始条件 $u_C(0^+) = u_C(0^-) = 14\ \text{V}$

和 $\left.\frac{\mathrm{d}u_C}{\mathrm{d}t}\right|_{t=0^+} = \frac{i(0^+)}{C} = \frac{i(0^-)}{C} = \frac{2\times 10^{-3}}{10^{-6}} = 2\ 000$

代入,得

$$\begin{cases} 20 + A + B = 14 \\ -382A - 2\ 618B = 2\ 000 \end{cases}$$

解之,得

$$\begin{cases} A = -6.13\ \text{V} \\ B = 0.13\ \text{V} \end{cases}$$

于是所求电容电压为

$$u_C(t) = 20 - 6.13e^{-382t} + 0.13e^{-2\ 618t}\ \text{V} \quad (t \geqslant 0)$$

9.10 节
思考与练习
参考答案

本节思考与练习

9-10-1 求如题 9-10-1 图所示电路在 $t\geqslant 0$ 时的零状态响应 $u_C(t)$ 和 $i(t)$。

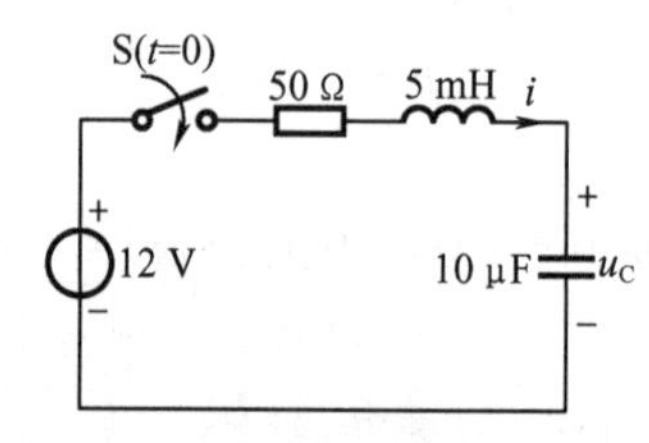

题 9-10-1 图

9-10-2 题 9-10-2 图所示电路原已稳定,$t=0$ 时开关断开,求 $t\geqslant 0$ 时的电容电压和电流。

9-10-3 题 9-10-3 图所示电路原已稳定,$t=0$ 时开关断开,电容 $C = 100\ \mu\text{F}$。求 $t\geqslant 0$ 时的电容电压 $u_C(t)$ 和电路电流 $i(t)$。

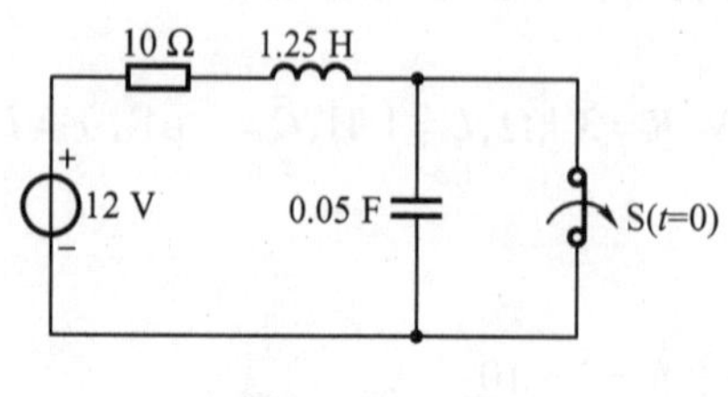

题 9-10-2 图

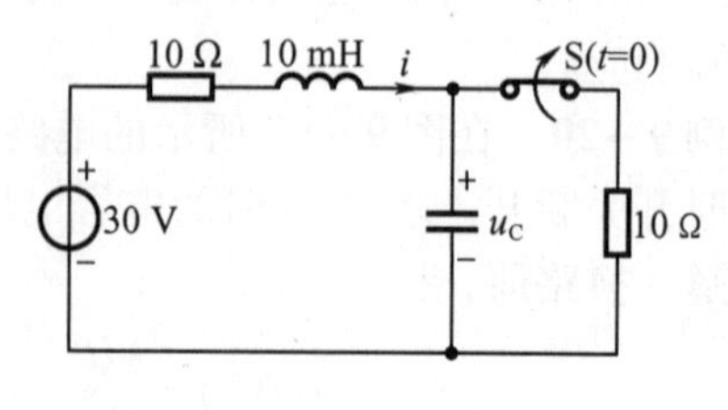

题 9-10-3 图

9－10－4　题 9－10－4 图所示电路中若 $i_S=3\varepsilon(t)$ mA，$G=0.5$ s，$C=0.05$ μF，$L=1.25$ μH，求电感电流 $i_L(t)$ 和电容电压 $u_C(t)$。

9－10－5　题 9－10－5 图所示电路中，电容初始电压 $u_C(0^-)=100$ V，电感无初始储能。$t=0$ 时开关闭合，求电流 $i_L(t)$。

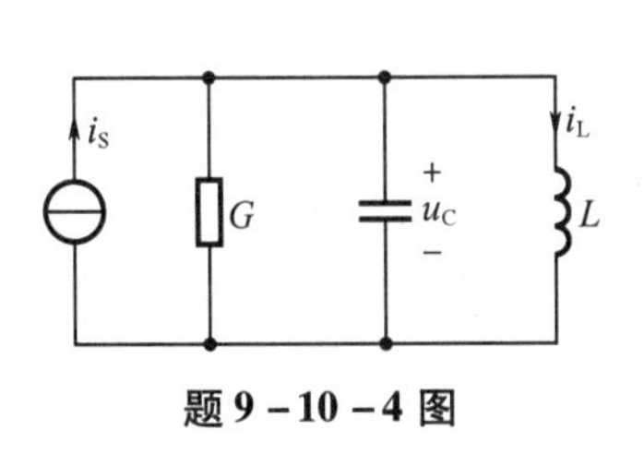

题 9－10－4 图

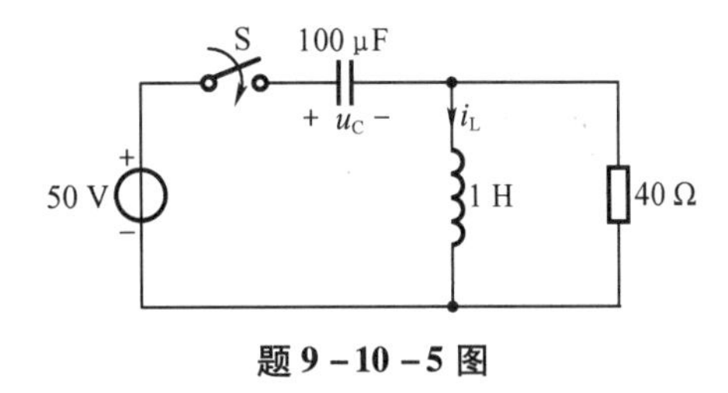

题 9－10－5 图

本章习题

9－1　题 9－1 图中电路原已处于稳态，$t=0$ 时开关闭合。求 $t>0$ 时的电容电压和流经开关 S 的电流。

第 9 章
习题参考答案

9－2　电路如题 9－2 图所示，$t=0$ 时开关 S 断开。求 $t>0$ 时的电容电压和电流源发出的功率。

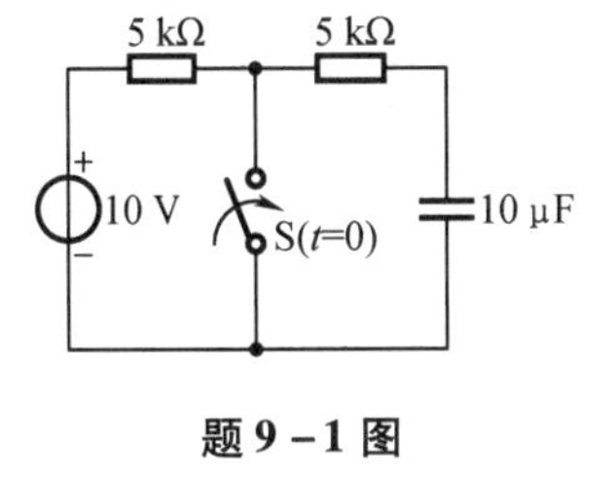

题 9－1 图

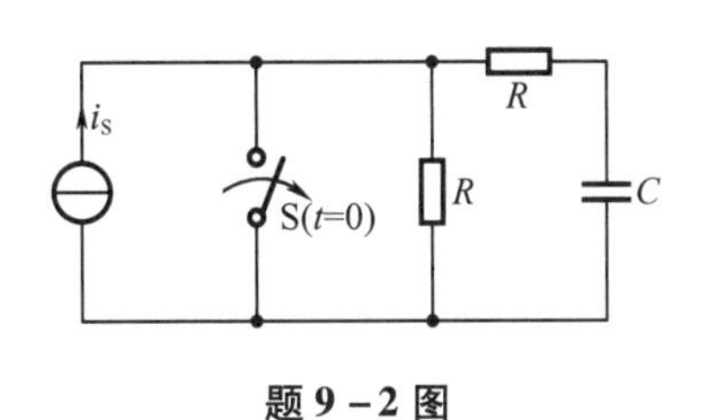

题 9－2 图

9－3　一个电感线圈被短路后，经过 0.1 s 电感电流衰减到其初值的 36.8%；如果串联 10 Ω 电阻后再短接，则经过 0.05 s 电感电流就衰减到其初值的 36.8%；求线圈的电阻和电感。

9－4　一个 100 μF 的充过电的电容对电阻放电时，电阻所消耗的总能量是 2 J；当电容放电至 0.06 s 时，电容电压为 10 V。求电容电压的初始值和电阻 R 数值。

9－5　电路如题 9－5 图，已知 $i_S=2$ A，$R=10$ Ω，$L_1=L_2=0.2$ H，$M=0.1$ H，$t=0$ 时开关闭合。求 $t>0$ 时的输出电压 $u_0(t)$。

9－6　如题 9－6 图所示电路中 u_S 为直流电压，开关 S 在 $t=0$ 时闭合。(1)求 $t>0$ 时各支路的电流和电源发出的功率；(2)若要换路后电源支路的电流无暂态过程，R、r、C、L 之间应满足什么关系？

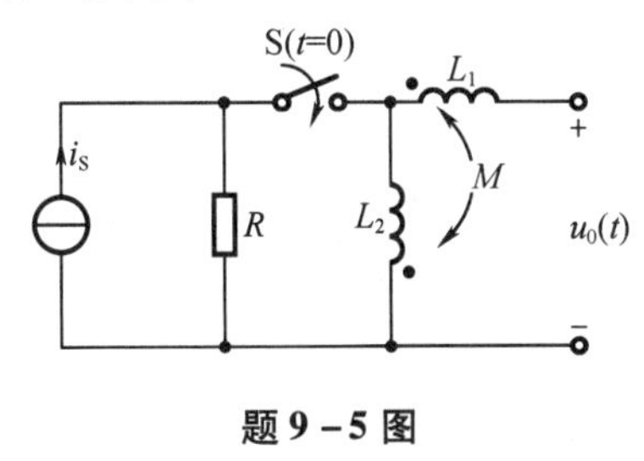

题 9－5 图

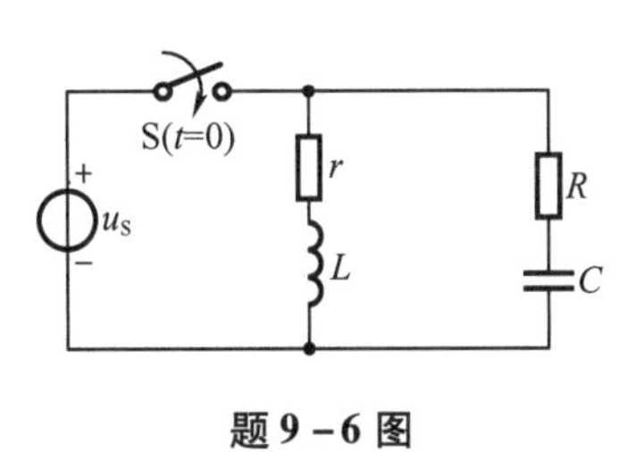

题 9－6 图

9-7　电路如题9-7图，$t=0$ 时开关闭合，若 $R_1=R_2=20\ \Omega$，$C=50\ \mu\text{F}$，$i_S=1\ \text{A}$，$u_S=100\cos 10^3 t\ \text{V}$。求 $t>0$ 时的 $u_R(t)$。

9-8　电路及参数如题9-8图，求 $t\geqslant 0^+$ 时的电感电流和电压。

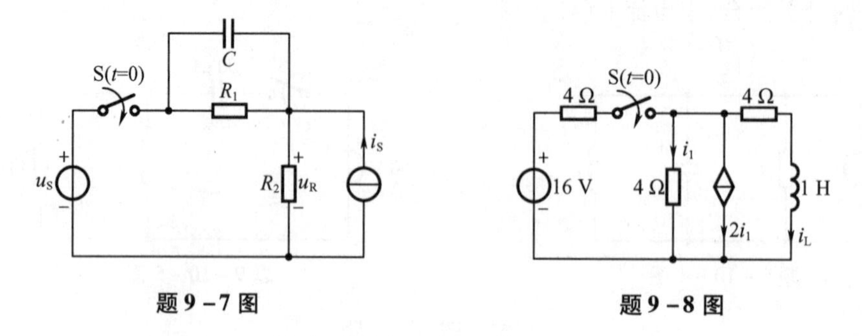

题9-7图　　题9-8图

9-9　电路及参数如题9-9图，求 $t\geqslant 0^+$ 时的电容电压。

9-10　心脏起搏器电路原理如图，已知心脏的等效电阻 $R_L=1\ \text{k}\Omega$，电容器初始不带电，开关 S_1 在 $t=t_0$ 时首次由 a 合向 b，开关 S_2 在 $t=t_1=(t_0+10)$ ms 时闭合，开关 S_1 和 S_2 打开、闭合的重复周期均为1 s，因导线电阻 $R<1\ \text{m}\Omega$，故计算中可以忽略不计。求 $t_0\leqslant t\leqslant(t_0+1)$ s时的 $u(t)$。

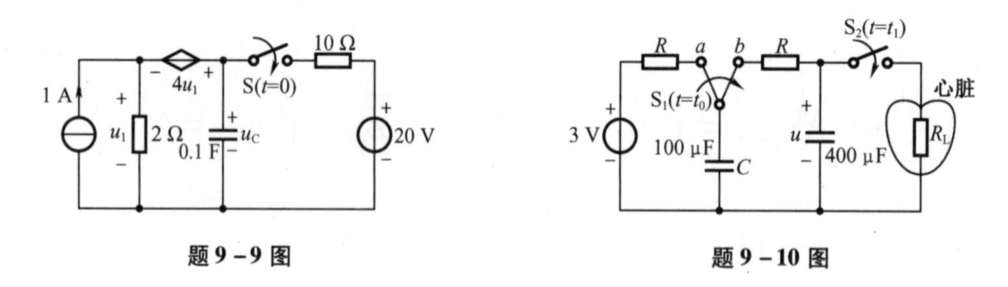

题9-9图　　题9-10图

9-11　电路及参数如题9-11图所示，求 $t\geqslant 0^+$ 时的 $u_0(t)$ 和 $i_L(t)$。

9-12　电路及参数如题9-12图所示，求 $t\geqslant 0^+$ 时的 $u_0(t)$ 和 $u_C(t)$。

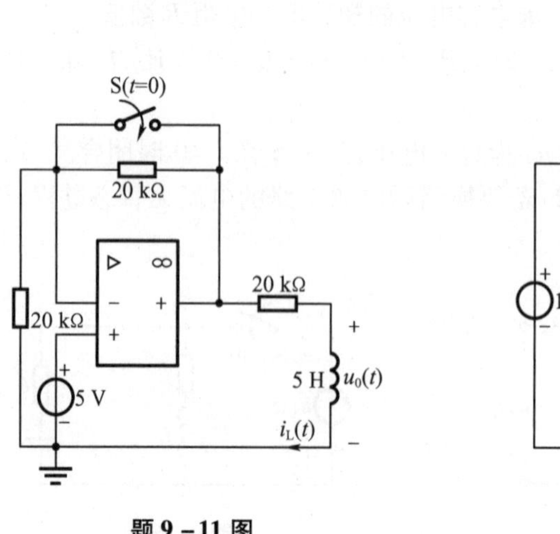

题9-11图

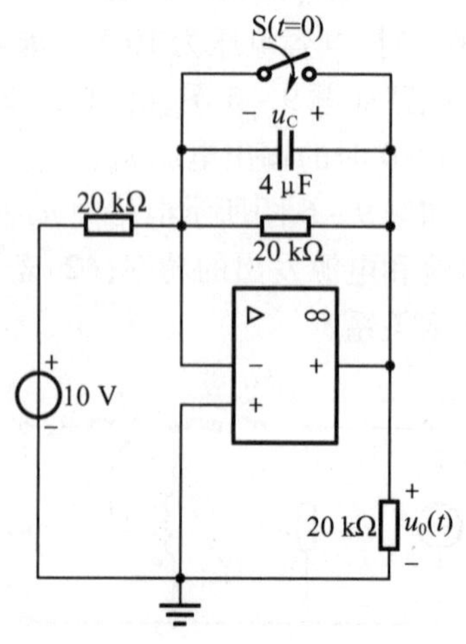

题9-12图

9－13　电路及参数如题 9－13 图所示，$t=0$ 时先将开关 S_1 闭合，再经过 1/3 ms 后，将开关 S_2 闭合。求 $t \geqslant 0^+$ 时的电压 $u(t)$。

9－14　电路如题 9－14 图所示，已知 $u_S=300$ V，若 $R=5$ kΩ，$C=4$ μF，开关 S 周期性地接通、断开，接通的持续时间为 $T_1=0.02$ s，断开的持续时间为 $T_2=0.04$ s。求电路达到稳态后电容电压的最大值、最小值和平均值。

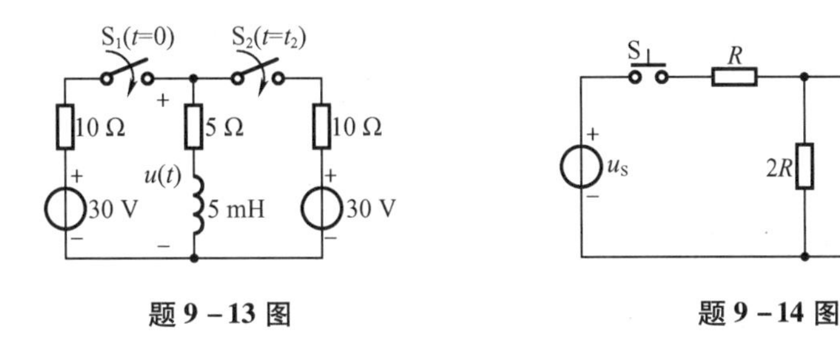

题 9－13 图　　题 9－14 图

9－15　电路如题 9－15 图，已知 $R=100$ Ω，$C=10$ μF，$u_S=100\sqrt{2}\cos(1\,000t-45°)$ V，$t=0$ 时开关闭合。(1)若 $u_C(0^-)=10$ V，求 $t \geqslant 0^+$ 时的电流 $i(t)$ 和电容电压 $u_C(t)$；(2)若要开关闭合后无过渡过程（即电路立即进入稳态），$u_C(0^-)$ 应为何值？

9－16　电路如题 9－16 图(a)，u_S 的波形如题 9－16 图(b)所示，求电感电压 $u_L(t)$。

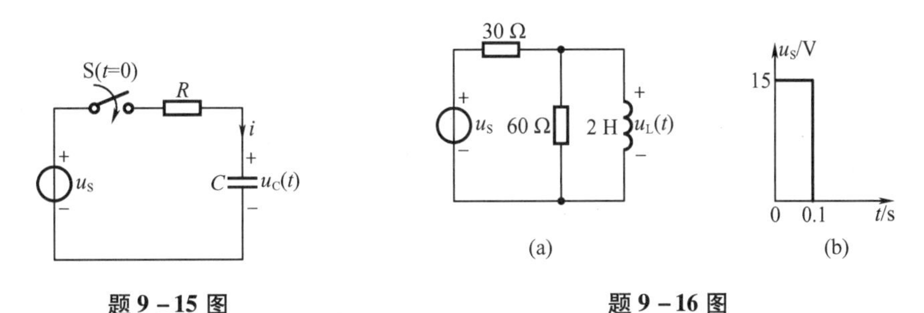

题 9－15 图　　题 9－16 图

9－17　电路及参数如图，求 $u_L(t)$ 和 $i(t)$。

9－18　电路如题 9－18 图，已知 $u_S(t)=\sin(t)\varepsilon(t)+\sin(t-\pi)\varepsilon(t-\pi)$ V，求 $u_C(t)$。

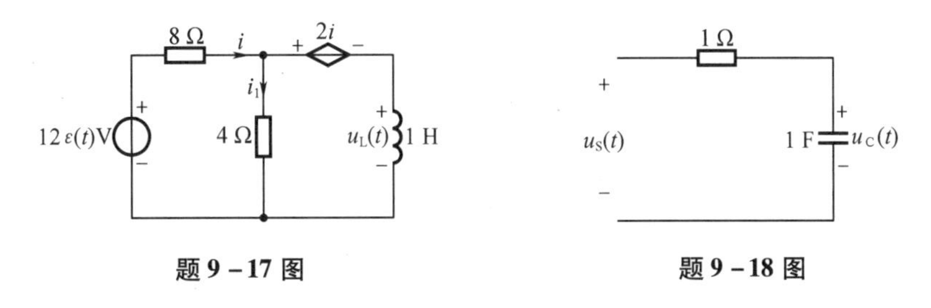

题 9－17 图　　题 9－18 图

9－19　题 9－19 图所示电路中，N_R 为无源电阻网络，$C=0.1$ F；当 $u_S=5\varepsilon(t)$ V 时，输出电压 $u_0(t)=(2+0.5e^{-2t})\varepsilon(t)$ V。若把电容换成 $L=1$ H 的电感，求：(1)保持 $u_S=5\varepsilon(t)$ V 不变，(2)改变为 $u_S=\delta(t)$ V，这两种情况下的输出电压 $u_0(t)$。

9－20　试用卷积积分求题 9－20 图所示电路中的电流 $i(t)$。

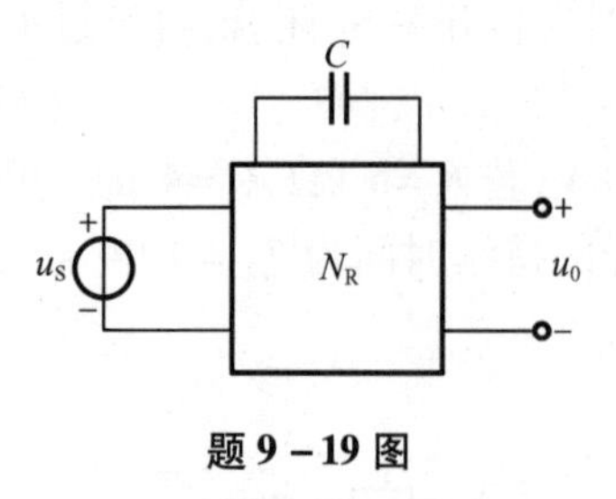

题 9-19 图

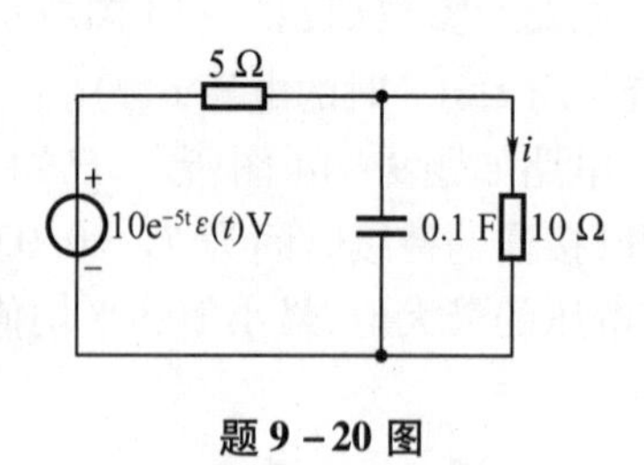

题 9-20 图

9-21　电路如题 9-21 图(a),激励 u_S 的波形如题 9-21 图(b)所示。求电感电流和电压。

9-22　电路及参数如题 9-22 图所示,$t=0$ 时开关 S 闭合。求 $t\geqslant 0^+$ 时的电容电压 $u_C(t)$。

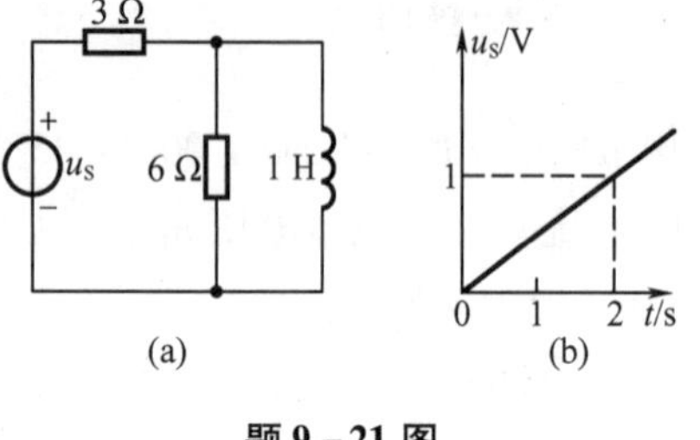

题 9-21 图

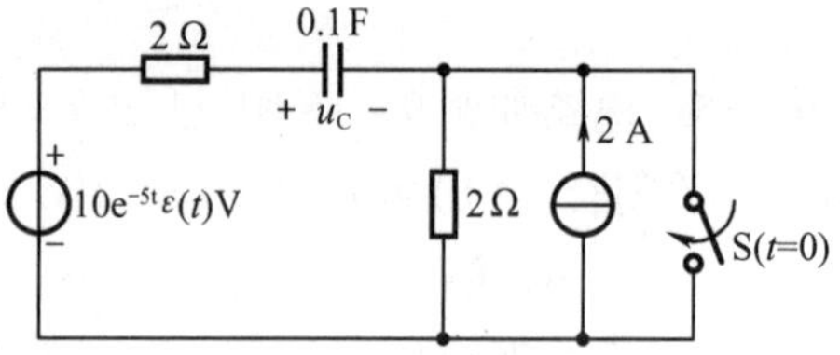

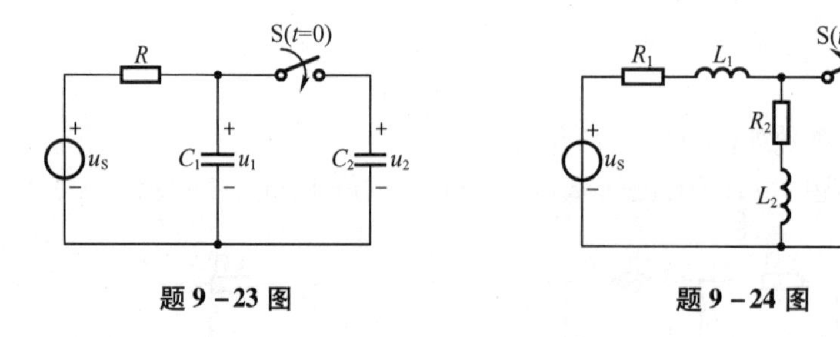

题 9-22 图

9-23　题 9-23 图所示电路原已稳定,$u_S=10$ V,$R=10$ Ω,$C_1=0.02$ F,$C_2=0.03$ F,$u_2(0^-)=0$,求 $t\geqslant 0^+$ 时每个电容器上的电压及电流。

9-24　题 9-24 图所示电路原已稳定,$t=0$ 时开关断开。$R_1=5$ Ω,$R_2=R_3=10$ Ω,$L_1=1$ H,$L_2=0.5$ H,$u_S=12$ V。求 $t\geqslant 0^+$ 时经流两电感的电流及各电感电压。

题 9-23 图

题 9-24 图

9-25　题 9-25 图所示电路原已稳定,$t=0$ 时开关 S 打开。求 $t\geqslant 0$ 时电容电压 u_C。

9-26　题 9-26 图所示 GLC 并联电路中,已知 $u_C(0^-)=1$ V,$i_L(0^-)=2$ A。求 $t\geqslant 0$ 时电感电流 i_L。

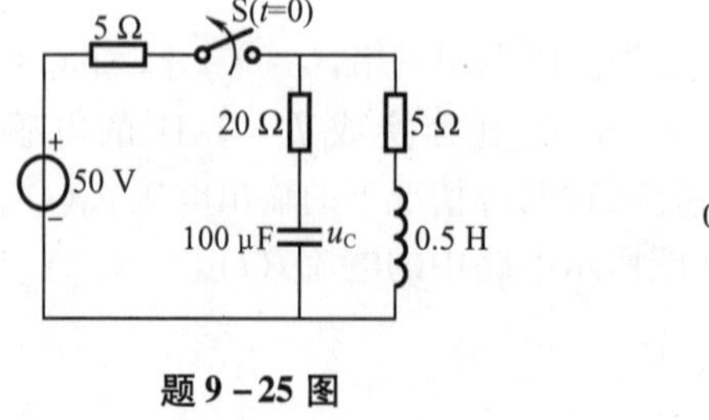

题 9-25 图

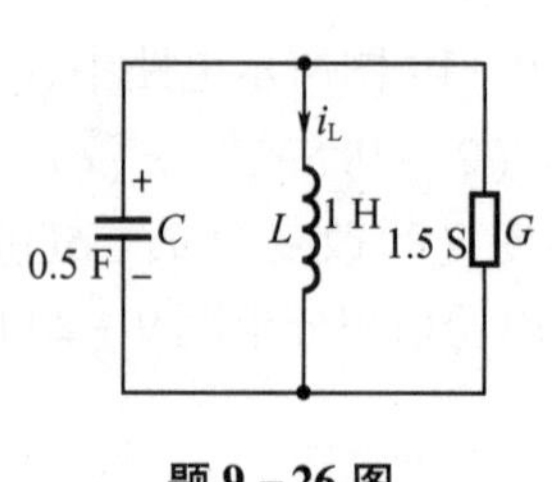

题 9-26 图

9－27　题9－27图所示电路原已稳定，$t=0$ 时开关S闭合。求 $t=2.5$ ms时电容电压 u_C。

9－28　题9－28图所示电路原已稳定，$t=0$ 时开关S闭合。若 $u_S=8$ V，$R=5$ Ω，$R_1=1$ Ω，$R_2=2$ Ω，$C=2$ F，$L=1$ H，求 $t\geqslant0$ 时电容电压 u_C。

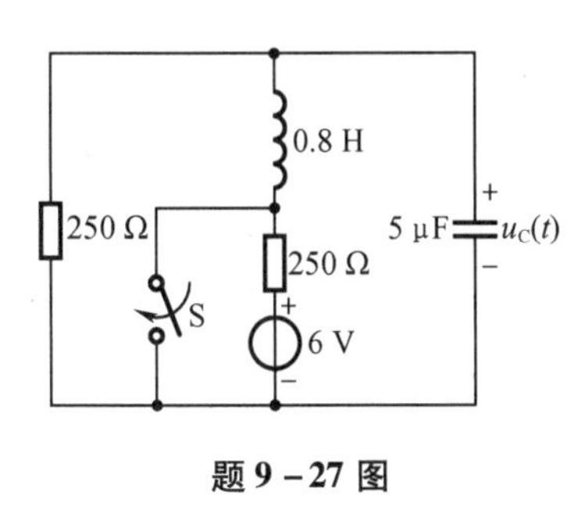

题9－27图

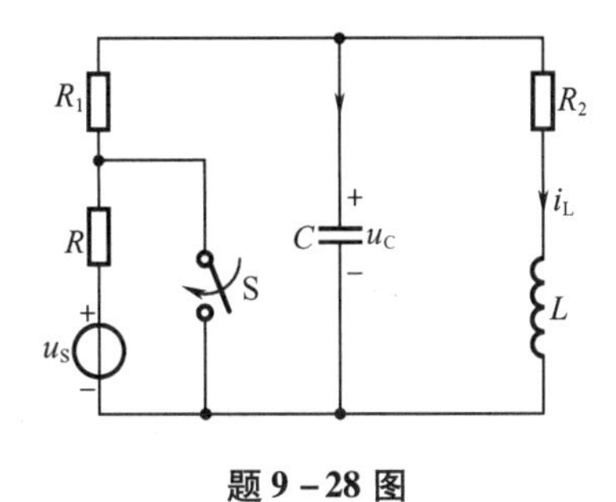

题9－28图

9－29　题9－29图所示电路原已稳定，$t=0$ 时开关S由1接至2。求 $t\geqslant0$ 时电感电流 i_L。

9－30　当 $u_S(t)$ 为下列情况时，分别求题9－30图所示电路电容电压 u_C：

(1) $u_S(t)=10\varepsilon(t)$ V；

(2) $u_S(t)=10\delta(t)$ V。

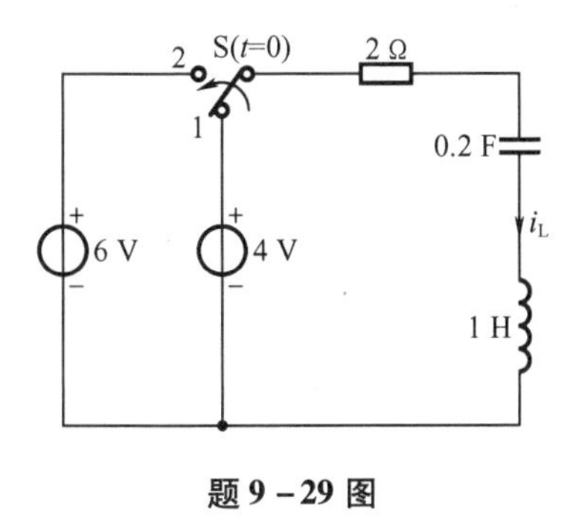

题9－29图

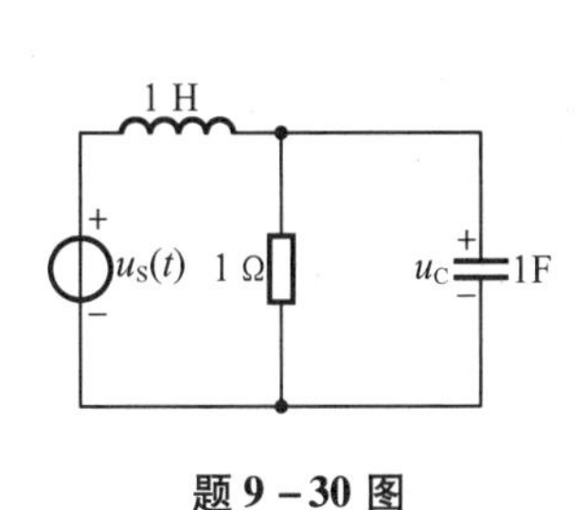

题9－30图

9－31　题9－31图所示电路原已稳定，$t=0$ 时开关 S_1 由位置1接至位置2，开关 S_2 由位置2接至位置1。已知若 $i_{S1}=1$ A，$i_{S2}=5$ A，$R=5$ Ω，$C=0.1$ F，$L=2$ H，求 $t\geqslant0$ 时电感电流 i_L。

9－32　题9－32图所示电路原已稳定，$t=0$ 时开关S闭合。求 $t\geqslant0$ 时电压 u_{ab}。

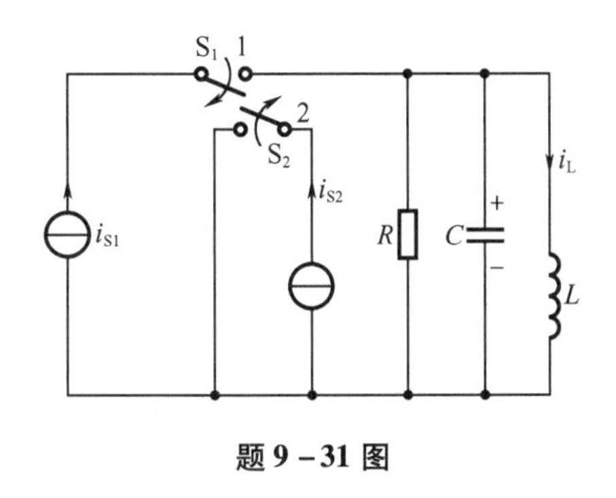

题9－31图

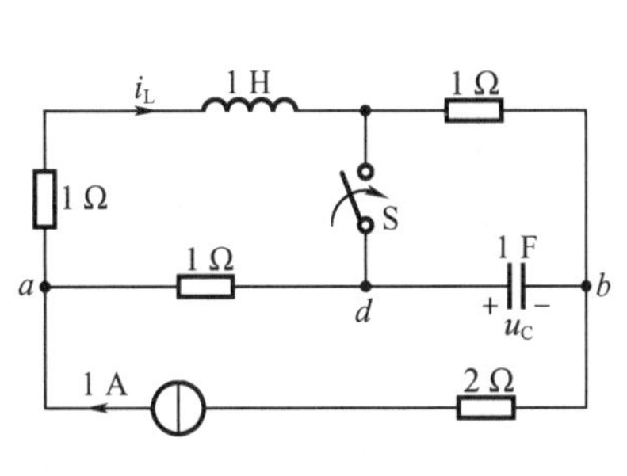

题9－32图

第10章　暂态电路的复频域分析法

第9章阐述了线性动态电路的时域分析法，重点讨论了一阶电路及一阶电路一种简化方法——三要素法。线性动态电路的时域分析法需要建立和求解电路的微积分方程，当方程的阶数大于2时，求解和计算的过程比较复杂。为了使线性动态电路的分析过程得到简化，可用拉普拉斯变换将电路由时域形式变换为复频域形式，在复频域形式下建立电路模型并求解电路，再将复频域下得到的电路的解，通过拉普拉斯反变换获得其时域形式的解。这种采用在复频域中分析线性动态电路的方法，称为线性动态电路的复频域分析法，或拉普拉斯变换的运算法。

本章首先介绍拉普拉斯变换及其基本性质，然后重点讨论电路的复频域变换与反变换的两种方法，即电路定律及模型的拉普拉斯变换运算形式、拉普拉斯反变换的部分分式展开法、拉普拉斯变换的运算法，最后介绍网络函数的概念与特性。

10.1　拉普拉斯变换及性质

10.1.1　拉普拉斯变换与反变换

对于定义在$t\in[0,\infty)$区间的函数$f(t)$，它的拉普拉斯变换（Laplace transform）$F(s)$为

$$F(s) = \int_{0^-}^{\infty} f(t)\mathrm{e}^{-st}\mathrm{d}t \tag{10-1}$$

式中，$s=\sigma+\mathrm{j}\omega$为复变量，称为复频率（complex frequency），是电路的复频域分析中的算子。$f(t)$称为$F(s)$的原函数（original function），$F(s)$称为$f(t)$的象函数（image function）。拉普拉斯变换简称为拉氏变换。

拉氏变换简记为$F(s)=\mathscr{L}\{f(t)\}$。

式(10-1)中积分下限用0^-，是考虑到$f(t)$可能包含的冲激函数及其各阶导数，从而给计算存在冲激电压和冲激电流的电路带来方便。

式(10-1)表明拉氏变换是一种积分变换，$f(t)$的积分变换$F(s)$存在的条件是$f(t)$在$t\in[0,\infty)$区间上，除了数量有限的第一类间断点处处连续；式(10-1)右边的积分为有限值，e^{-st}为收敛因子。

对于一个函数$f(t)$，如果存在正的有限值常数M和σ_0，使得对所有t满足条件：

$$|f(t)| < M\mathrm{e}^{\sigma_0 t} \tag{10-2}$$

则$f(t)$的拉氏变换$F(s)$存在，因为总可以找到一个合适的s值，使式(10-1)中的积分为有限值。

在电路分析中所遇到的时间函数基本上都能满足上述收敛条件，在本章计算拉氏变换时，可以直接引用式(10-1)来进行计算，不对其存在性进行讨论。

由象函数$F(s)$到原函数$f(t)$的变换称为拉普拉斯反变换（inverse Laplace transform），

简称拉氏反变换。其数学表示形式为

$$f(t) = \frac{1}{2\pi j}\int_{\sigma-j\infty}^{\sigma+j\infty} F(s)e^{st}ds \quad (t > 0) \tag{10-3}$$

拉氏反变换简记为$f(t) = \mathscr{L}^{-1}\{F(s)\}$。

例 10－1　求单位冲激函数 $\delta(t)$ 的象函数。

解　根据拉氏变换定义式(10－1)，单位冲激函数 $\delta(t)$ 的象函数为

$$F(s) = \mathscr{L}\{\delta(t)\} = \int_{0^-}^{\infty}\delta(t)e^{-st}dt = \int_{0^-}^{\infty}\delta(t)e^{0}dt = 1$$

例 10－2　求单位阶跃函数 $\varepsilon(t)$ 的象函数。

解　根据式(10－1)，单位阶跃函数 $\varepsilon(t)$ 的象函数为

$$F(s) = \mathscr{L}\{\varepsilon(t)\} = \int_{0^-}^{\infty}\varepsilon(t)e^{-st}dt = \int_{0^+}^{\infty}e^{-st}dt = -\frac{1}{s}e^{-st}\Big|_{0^+}^{\infty} = -\frac{1}{s}e^{-(\sigma+j\omega)t}\Big|_{0^+}^{\infty}$$

当 $\sigma>0$ 时，极限

$$\lim_{t\to\infty} ee^{-\sigma t} = 0$$

因此积分收敛于 $1/s$。于是得到 $\varepsilon(t)$ 的象函数为

$$\mathscr{L}\{\varepsilon(t)\} = \frac{1}{s}$$

例 10－3　求指数函数 $f(t) = e^{-at}(t\geqslant 0)$ 的象函数。

解　根据式(10－1)，指数函数 e^{-at} 的象函数为

$$F(s) = \mathscr{L}\{e^{-at}\} = \int_{0^-}^{\infty}e^{-at}e^{-st}dt = \int_{0^-}^{\infty}e^{-(s+a)t}dt = -\frac{1}{s+a}e^{-(s+a)t}\Big|_{0^-}^{\infty} = \frac{1}{s+a}$$

因此有

$$\mathscr{L}\{f(t)\} = \frac{1}{s+a}, \quad (\sigma + a) > 0$$

式中$(\sigma+a)>0$ 为收敛条件。

10.1.2　拉普拉斯变换的基本性质

拉普拉斯变换具有许多性质，利用这些性质可简化求取时域函数拉普拉斯变换的计算过程。在线性动态电路的复频域分析中，应用拉普拉斯变换的基本性质可以很方便地建立起电路定律和电路元件的复频域模型。

1. 线性性质

若 $\mathscr{L}\{f_1(t)\} = F_1(s)$，$\mathscr{L}\{f_2(t)\} = F_2(s)$，$a$，$b$ 为任意常数，则

$$\mathscr{L}\{af_1(t) \pm bf_2(t)\} = aF_1(s) \pm bF_2(s) \tag{10-4}$$

证明

$$\begin{aligned}\mathscr{L}\{af_1(t) \pm bf_2(t)\} &= \int_{0^-}^{\infty}[af_1(t) \pm bf_2(t)]e^{-st}dt \\ &= a\int_{0^-}^{\infty}f_1(t)e^{-st}dt \pm b\int_{0^-}^{\infty}f_2(t)e^{-st}dt \\ &= aF_1(s) \pm bF_2(s)\end{aligned}$$

线性性质(linearity property)表明，原函数线性组合的象函数等于由各原函数的象函数的相同形式的线性组合。

例 10-4 求 $\cos \omega t(t>0)$ 的象函数。

解 由欧拉公式可知

$$\cos \omega t = \frac{e^{j\omega t} + e^{-j\omega t}}{2}$$

应用线性性质可得

$$\mathscr{L}\{\cos \omega t\} = \mathscr{L}\left\{\frac{1}{2}e^{j\omega t} + \frac{1}{2}e^{-j\omega t}\right\} = \frac{1}{2}\left(\frac{1}{s-j\omega} + \frac{1}{s+j\omega}\right) = \frac{s}{s^2+\omega^2}$$

2. 复频域平移性质

若 $\mathscr{L}\{f(t)\} = F(s)$，则有

$$\mathscr{L}\{e^{-at}f(t)\} = F(s+a) \tag{10-5}$$

证明 $\mathscr{L}\{e^{-at}f(t)\} = \int_{0^-}^{\infty} e^{-at}f(t)e^{-st}dt = \int_{0^-}^{\infty} f(t)e^{-(s+a)t}dt = F(s+a)$

复频域平移性质(frequency shift property)表明，$e^{-at}f(t)$ 的象函数，可以由 $f(t)$ 的象函数 $F(s)$ 得到，只要把其中的 s 都以 $(s+a)$ 替代即可。

例 10-5 求 $e^{\mp at}\cos(\omega t)(t>0)$ 的象函数。

解 根据复频域平移性质和例 10-4 的计算结果，可得

$$\mathscr{L}\{e^{\mp at}\cos \omega t\} = \frac{s \pm a}{(s \pm a)^2 + \omega^2}$$

3. 时域平移性质

若，$\mathscr{L}\{f(t)\} = F(s)$，则有

$$\mathscr{L}\{f(t-t_0)\varepsilon(t-t_0)\} = e^{-st_0}F(s) \tag{10-6}$$

证明 由拉氏变换定义知

$$\mathscr{L}\{f(t-t_0)\varepsilon(t-t_0)\} = \int_{0^-}^{\infty} f(t-t_0)\varepsilon(t-t_0)e^{-st}dt$$

令 $t' = t - t_0$ 代入上式，则有

$$\mathscr{L}\{f(t-t_0)\varepsilon(t-t_0)\} = \int_{-t_0}^{\infty} f(t')\varepsilon(t')e^{-s(t'+t_0)}dt' = e^{-st_0}\int_{0^-}^{\infty} f(t')\varepsilon(t')e^{-st'}dt'$$

则

$$\mathscr{L}\{f(t-t_0)\varepsilon(t-t_0)\} = e^{-st_0}\int_{0^-}^{\infty} f(t)\varepsilon(t)e^{-st}dt = e^{-st_0}\int_{0^-}^{\infty} f(t)e^{-st}dt = e^{-st_0}F(s)$$

时域平移性质(time delay property)表明，$f(t-t_0)\varepsilon(t-t_0)$ 的象函数可以由 $f(t)$ 的象函数 $F(s)$ 得到，只要把 $F(s)$ 乘以 e^{-st_0} 即可。

例 10-6 已知矩形脉冲电压 $u(t)$ 的波形如图 10-1 所示，求 $u(t)$ 的象函数。

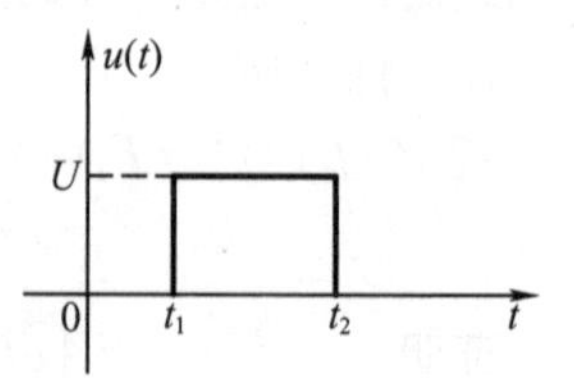

图 10-1 例 10-6 图

解 用时延阶跃函数表示 $u(t)$ 为

$$u(t) = U\varepsilon(t-t_1) - U\varepsilon(t-t_2)$$

应用拉氏变换的线性性质和时延性质可得

$$\begin{aligned}\mathscr{L}\{u(t)\} &= L[U\varepsilon(t-t_1) - U\varepsilon(t-t_2)] = UL[\varepsilon(t-t_1)] - UL[\varepsilon(t-t_2)] \\ &= \frac{U}{s}(e^{-st_1} - e^{-st_2})\end{aligned}$$

例 10－7　求图 10－2(a)所示的半波正弦脉冲电压 $u(t)$ 的象函数。

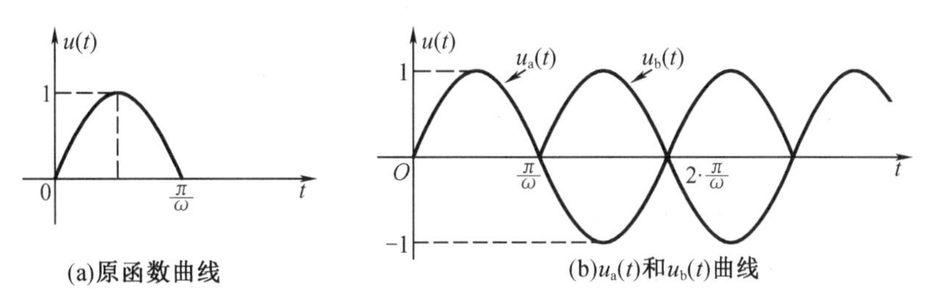

图 10－2　例 10－7 图

解　用图 10－2(b)所示的连续正弦函数 $u_a(t)$ 和时延为 $\frac{\pi}{\omega}$ 的连续正弦函数 $u_b(t)$ 来表示 $u(t)$，即

$$u(t)=u_a(t)+u_b(t)=\sin(\omega t)\varepsilon(t)+\sin\left[\omega\left(t-\frac{\pi}{\omega}\right)\right]\varepsilon\left(t-\frac{\pi}{\omega}\right)$$

因为

$$\mathscr{L}\{\sin\omega t\}=\frac{\omega}{s^2+\omega^2}$$

所以

$$\mathscr{L}\{u(t)\}=\mathscr{L}\{\sin(\omega t)\varepsilon(t)\}+\mathscr{L}\left\{\sin\left[\left(t-\frac{\pi}{\omega}\right)\right]\varepsilon\left(t-\frac{\pi}{\omega}\right)\right\}$$

$$=\frac{\omega}{s^2+\omega^2}+\frac{\omega}{s^2+\omega^2}\mathrm{e}^{-\frac{\pi}{\omega}s}$$

$$=\frac{\omega}{s^2+\omega^2}(1+\mathrm{e}^{-\frac{\pi}{\omega}s})$$

4. 微分定理

若 $\mathscr{L}\{f(t)\}=F(s)$，则

$$\mathscr{L}\left\{\frac{\mathrm{d}f(t)}{\mathrm{d}t}\right\}=sF(s)-f(0^-)\tag{10－7}$$

式中，$f(0^-)=f(t)\Big|_{t=0^-}$ 是原函数 $f(t)$ 在 $t=0^-$ 时刻的值。

微分定理(derivative theorem)表明，原函数导数的拉氏变换等于对原函数的象函数乘以 s，再减去原函数初始值的代数运算。

证明　根据拉普拉斯变换的定义知

$$\mathscr{L}\left\{\frac{\mathrm{d}f(t)}{\mathrm{d}t}\right\}=\int_{0^-}^{\infty}\frac{\mathrm{d}f(t)}{\mathrm{d}t}\mathrm{e}^{-st}\mathrm{d}t=\mathrm{e}^{-st}f(t)\Big|_{0^-}^{\infty}-\int_{0^-}^{\infty}f(t)\,\mathrm{d}(e^{-st})$$

$$=\lim_{t\to\infty}\mathrm{e}^{-st}f(t)-f(0^-)+s\int_{0^-}^{\infty}f(t)\mathrm{e}^{-st}\mathrm{d}t$$

因为 $f(t)$ 是可拉氏变换的，且 $\lim\limits_{t\to\infty}\mathrm{e}^{-st}f(t)=0$。所以

$$\mathscr{L}\left\{\frac{\mathrm{d}f(t)}{\mathrm{d}t}\right\}=sF(s)-f(0^-)\tag{10－8}$$

运用微分定理可得到原函数的二阶导数的拉氏变换为

$$\mathscr{L}\left\{\frac{\mathrm{d}^2f(t)}{\mathrm{d}t^2}\right\}=\mathscr{L}\left\{\frac{\mathrm{d}f'(t)}{\mathrm{d}t}\right\}=s[sF(s)-f(0^-)]-f'(0^-)$$

$$= s^2F(s) - sf(0^-) - f'(0^-)$$

依此类推,可得到原函数的 n 阶导数 $f^{(n)}(t)$ 的拉氏变换为

$$\mathscr{L}\{f^{(n)}(t)\} = s^nF(s) - s^{n-1}f(0^-) - s^{n-2}f^{(1)}(0^-) - \cdots - f^{(n-1)}(0^-) \quad (10-9)$$

在式(10-9)中,如果 $f^{(i)}(0^-)=0$,其中 $i=0,1,\cdots,n-1$,则

$$\mathscr{L}\{f^{(n)}(t)\} = s^nF(s) \quad (10-10)$$

例 10-8 求冲激函数的导数 $\delta'(t)$ 的象函数。

解 由微分定理知

$$\mathscr{L}\{\delta'(t)\} = s\mathscr{L}\{\delta(t)\} - \delta(0^-) = s\times 1 = s$$

5. 积分定理

若 $\mathscr{L}\{f(t)\}=F(s)$,则

$$\mathscr{L}\left\{\int_{0^-}^t f(\tau)\mathrm{d}\tau\right\} = \frac{1}{s}F(s) \quad (10-11)$$

积分定理(integration theorem)表明,原函数 $f(t)$ 在时域中积分的拉氏变换等于对其象函数 $F(s)$ 乘以 $1/s$ 的代数运算。

证明 因为

$$\mathscr{L}[f(t)] = \mathscr{L}\left\{\frac{\mathrm{d}}{\mathrm{d}t}\int_{0^-}^t f(\tau)\mathrm{d}\tau\right\} = s\cdot\mathscr{L}\left\{\int_{0^-}^t f(\tau)\mathrm{d}\tau\right\} - \left[\int_{0^-}^t f(\tau)\mathrm{d}\tau\right]\Big|_{t=0^-}$$

$$= s\cdot\mathscr{L}\left\{\int_{0^-}^t f(\tau)\mathrm{d}\tau\right\} - 0$$

所以

$$\mathscr{L}\left\{\int_{0^-}^t f(\tau)\mathrm{d}\tau\right\} = \frac{1}{s}\mathscr{L}\{f(t)\} = \frac{1}{s}\cdot F(s)$$

同理可证,原函数 $f(t)$ 的 n 重积分的拉氏变换为

$$\mathscr{L}\left\{\overbrace{\int_{0^-}^t\int_{0^-}^t\cdots\int_{0^-}^t}^{n} f(\tau)(\mathrm{d}\tau)^n\right\} = \frac{1}{s^n}\cdot F(s) \quad (10-12)$$

例 10-9 求函数 $t^2\varepsilon(t)$ 的象函数。

解

$$t^2 = \int_{0^-}^t 2\tau\mathrm{d}\tau$$

对上式两边取拉氏变换,运用积分定理得

$$\mathscr{L}\{t^2\} = \mathscr{L}\left\{\int_{0^-}^{\infty} 2\tau\mathrm{d}\tau\right\} = 2\times\frac{1}{s}\times\mathscr{L}\{t\} = 2\times\frac{1}{s}\times\frac{1}{s^2} = \frac{2}{s^3}$$

6. 卷积定理

若,$\mathscr{L}\{f_1(t)\} = F_1(s)$,$\mathscr{L}\{f_2(t)\} = F_2(s)$,则

$$\mathscr{L}\{f_1(t)*f_2(t)\} = \mathscr{L}\left\{\int_{0^-}^t f_1(\tau)f_2(t-\tau)\mathrm{d}\tau\right\} = F_1(s)F_2(s) \quad (10-13)$$

证明 由拉普拉斯变换的定义知

$$\mathscr{L}\{f_1(t)*f_2(t)\} = \int_{0^-}^{\infty}\left[\int_{0^-}^t f_1(\tau)f_2(t-\tau)\mathrm{d}\tau\right]\mathrm{e}^{-st}\mathrm{d}t$$

因 $f_1(t)$ 与 $f_2(t)$ 均为因果函数,因此当 $\tau>t$ 时 $f_2(t-\tau)=0$,所以可以用引入单位阶跃函数 $\varepsilon(t-\tau)$ 的办法将括号内积分上限扩展至 ∞,即

$$\mathscr{L}\{f_1(t)*f_2(t)\} = \int_{0^-}^{\infty}\left[\int_{0^-}^t f_1(\tau)f_2(t-\tau)\varepsilon(t-\tau)\mathrm{d}\tau\right]\mathrm{e}^{-st}\mathrm{d}t$$

因$f_1(t)$与$f_2(t)$均可拉氏变换，故上式中的两个无穷积分必然绝对收敛。因此对 t 和 τ 的积分顺序可交换，于是有

$$\mathscr{L}\{f_1(t)*f_2(t)\} = \int_{0^-}^{\infty} f_1(\tau)\left[\int_{0^-}^{\infty} f_2(t-\tau)\varepsilon(t-\tau)\mathrm{e}^{-st}\mathrm{d}t\right]\mathrm{d}\tau$$

令 $x=t-\tau$，则 $\mathrm{e}^{-st}=\mathrm{e}^{-s(x+\tau)}$，上式可写成

$$\begin{aligned}\mathscr{L}\{f_1(t)*f_2(t)\} &= \int_{0^-}^{\infty} f_1(\tau)\left[\int_{0^-}^{\infty} f_2(x)\varepsilon(x)\mathrm{e}^{-sx}\cdot\mathrm{e}^{-s\tau}\mathrm{d}x\right]\mathrm{d}\tau \\ &= \left[\int_{0^-}^{\infty} f_1(\tau)\mathrm{e}^{-s\tau}\mathrm{d}\tau\right]\left[\int_{0^-}^{\infty} f_2(x)\mathrm{e}^{-sx}\mathrm{d}x\right] \\ &= F_1(s)F_2(s)\end{aligned}$$

卷积定理(convolution theorem)表明，时域中两原函数卷积的象函数等于复频域中相应象函数的乘积。卷积定理可以用于解决线性动态电路关于任意激励作用下的零状态响应的求解问题。表 10－1 中给出了常用函数的拉普拉斯变换。

表 10－1　常用函数的拉普拉斯变换

	原函数$f(t)$ $(t>0)$	象函数 $F(s)$
1	$\delta'(t)$	s
2	$\delta(t)$	1
3	$\varepsilon(t)$	$\frac{1}{s}$
4	t	$\frac{1}{s^2}$
5	t^2	$\frac{2}{s^3}$
6	e^{-at}	$\frac{1}{s+a}$
7	$t\mathrm{e}^{\pm at}$	$\frac{1}{(s\mp a)^2}$
8	$\sin\omega t$	$\frac{\omega}{s^2+\omega^2}$
9	$\cos\omega t$	$\frac{s}{s^2+\omega^2}$
10	$\sin(\omega t+\varphi)$	$\frac{s\sin\varphi+\omega\cos\varphi}{s^2+\omega^2}$
11	$\cos(\omega t+\varphi)$	$\frac{s\cos\varphi-\omega\sin\varphi}{s^2+\omega^2}$
12	$\mathrm{e}^{-at}\sin\omega t$	$\frac{\omega}{(s+a)^2+\omega^2}$
13	$\mathrm{e}^{-at}\cos\omega t$	$\frac{s+a}{(s+a)^2+\omega^2}$

10.1节
思考与练习
参考答案

本节思考与练习

10-1-1 在拉氏变换定义式中，$s=\sigma+j\omega$ 为复变量(复频率)与电路工作频率是什么关系？为什么？

10-1-2 拉氏变换定义区间$[0,\infty)$，对暂态电路分析而言，其中的“0”可以是其他值吗？为什么？

10-1-3 微分定理中$f(0^-)$中的0^-可以是其他值吗？为什么？

10-1-4 求下列函数的象函数。

(1) $t^2 e^{-at}$ (2) $\cos 2(t-2)\varepsilon(t-2)$

(3) $U_m \sin(\omega t+\varphi)$ (4) $U_m \cos(\omega t+\varphi)$

10-1-5 求题10-1-5图所示周期函数$f(t)$的象函数。

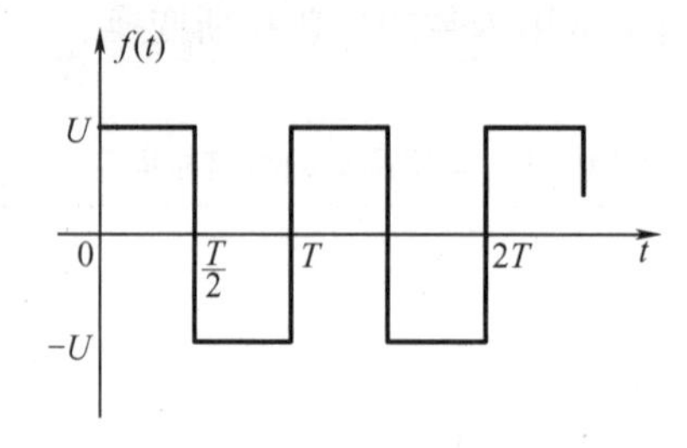

题10-1-5图

10.2 拉普拉斯反变换的部分分式展开法

拉氏反变换有多种方法。首先，可以用拉氏反变换定义式(10-3)求解，但复变函数积分的计算一般比较烦琐，其次是利用拉氏变换表和拉氏变换性质求拉氏反变换求解，这种方法虽然简便，但拉氏变换表10-1所列象函数$F(s)$数量是有限的，因此，针对电路分析本节讨论一种较为简便和实用的方法，即部分分式展开法(partial fraction expansion method)。因为集中参数电路中的电压和电流的象函数通常都是关于s的有理分式，所以若将其展开成为部分分式，并分别对部分分式的每一项求原函数，则其计算过程比较简单。

线性动态电路响应的象函数$F(s)$可表示为

$$F(s)=\frac{N(s)}{D(s)}=\frac{b_m S^m+b_{m-1}s^{m-1}+\cdots+b_1 s+b_0}{a_n s^n+a_{n-1}s^{n-1}+\cdots+a_1 s+a_0} \tag{10-14}$$

式中，n与m均为正整数，系数a与b都是实常数，且分子和分母多项式无公因式。

当$n>m$时，分子多项式$N(s)$的次数低于分母多项式的次数，$F(s)$为有理真分式，可直接应用部分分式展开法。当$n\leqslant m$时，$F(s)$为假分式，在应用部分分式展开法之前，使用多项式除法把$F(s)$分解为有理真分式与多项式和的形式，即

$$F(s)=\frac{N(s)}{D(s)}=Q(s)+\frac{R(s)}{D(s)} \tag{10-15}$$

式中，对有理真分式部分$\frac{R(s)}{D(s)}$应用部分分式展开法求原函数，多项式$Q(s)$的原函数可通过分析冲激函数$\delta(t)$及其各阶导数的拉氏变换的特点而获得。

下面分两种情况讨论有理真分式函数的部分分式展开法。

10.2.1　$D(s)=0$ 的根为 n 个单根

设 $s_1,s_2,\cdots,s_n$ 为 $D(s)$ 的 n 个单根，则 $D(s)$ 可按根因式分解为

$$D(s)=a_n(s-s_1)(s-s_2)\cdots(s-s_n)$$

因此可以把 $F(s)$ 写成部分分式和的形式，即

$$F(s)=\frac{N(s)}{D(s)}=\frac{A_1}{s-s_1}+\frac{A_2}{s-s_2}+\cdots+\frac{A_n}{s-s_n}=\sum_{k=1}^{n}\frac{A_k}{s-s_k} \tag{10-16}$$

式中，$A_k(k=1,2,\cdots,n)$ 为待定系数。

为确定待定系数 A_k，将式(10－16)等式两边同乘 $(s-s_k)$，则

$$(s-s_k)\frac{N(s)}{D(s)}=(s-s_k)\sum_{i=1}^{n}A_i/(s-s_i)$$

$$=(s-s_k)\sum_{i=1}^{k-1}A_i/(s-s_i)+A_k+(s-s_k)\sum_{i=k+1}^{n}A_i/(s-s_i)$$

式中，令 $s=s_k$，可得待定系数 A_k 为

$$A_k=\left[(s-s_k)\frac{N(s)}{D(s)}\right]\bigg|_{s=s_k} \tag{10-17}$$

式中，$k=1,2,\cdots,n$。

由于当 $s=s_k$ 时，计算式(10－17)会遇到 $\frac{0}{0}$ 型的极限问题，可以引用洛必达法则，于是待定系数 A_k 为

$$A_k=\lim_{s\to s_k}\frac{(s-s_k)N(s)}{D(s)}=\lim_{s\to s_k}\frac{N'(s)(s-s_k)+N(s)}{D'(s)}=\frac{N(s_k)}{D'(s_k)} \tag{10-18}$$

若待定系数 A_k 已知，由 $F(s)$ 的部分分式展开式(10－16)便可求出它的原函数 $f(t)$ 为

$$f(t)=\mathscr{L}^{-1}\left\{\sum_{k=1}^{n}\frac{A_k}{s-s_k}\right\}=\sum_{k=1}^{n}A_k e^{s_k t}\quad(t>0) \tag{10-19}$$

式中，$A_k=\left[(s-s_k)\frac{N(s)}{D(s)}\right]\bigg|_{s=s_k}$ 或 $A_k=\frac{N(s)}{D'(s)}\bigg|_{s=s_k}$，$k=1,2,\cdots,n$。

式(10－19)即为求象函数 $F(s)$ 的拉氏反变换的部分分式展开法。由该方法求出的原函数 $f(t)$ 为定义在 $t>0$ 区域上的时间函数。若 $f(t)$ 在 $t=0$ 处连续，则上述定义域可扩展至 $t\geqslant0$。

例 10－9　求象函数 $F(s)=\frac{s+3}{s^2+3s+2}$ 的原函数 $f(t)$。

解　$s^2+3s+2=(s+1)(s+2)=0$

$s_1=-1\quad s_2=-2$

$A_1=(s+1)F(s)\big|_{s=-1}=2$

$A_2=(s+2)F(s)\big|_{s=-2}=-1$

所以 $f(t)=A_1e^{s_1t}+A_2e^{s_2t}=2e^{-t}-e^{-2t}(t>0)$

例 10－10　求象函 $F(s)=\frac{3s+4}{s^2+10s+125}$ 的原函数 $f(t)$。

解　由 $D(s)=s^2+10s+125=0$ 求得 $s_{1,2}=-5\pm j10$

因为　　$N(s)=3s+4\qquad D'(s)=2s+10$

所以 $A_1 = \left.\dfrac{N(s)}{D'(s)}\right|_{=s_1} = \left.\dfrac{3s+4}{2s+10}\right|_{s=-5+j10} = \dfrac{-11+j30}{j20} = 1.6e^{j20.1^\circ}$

而 $A_2 = \left.\dfrac{N(s)}{D'(s)}\right|_{s=s_2} = \left.\left\{\overline{\dfrac{N(\bar{s})}{D'(\bar{s})}}\right\}\right|_{s=s_2} = \left\{\overline{\dfrac{N(s_1)}{D'(s_1)}}\right\} = \overline{A_1} = 1.6e^{-j20.1^\circ}$

于是原函数$f(t)$为

$$
\begin{aligned}
f(t) &= \sum_{k=1}^{2} A_k e^{s_k t} = 1.6e^{j20.1^\circ}e^{(-5+j10)t} + 1.6e^{-j20.1^\circ}e^{(-5-j10)t} \\
&= 1.6e^{-5t}[e^{j(10t+20.1^\circ)} + e^{-j(10t+20.1^\circ)}] \\
&= 3.2e^{-5t}\cos(10t+20.1^\circ) \quad (t>0)
\end{aligned}
$$

由上例可知,与$D(s)$的共轭复根对应的待定系数也存在复共轭的关系。

因此,若令$D(s)$的一对共轭复根$s_{1,2}=\sigma\pm j\omega$及对应的待定系数$A_{1,2}=\rho e^{\pm j\theta}$,则在部分分式展开式中与之对应项的原函数可简化为

$$
\begin{aligned}
f(t) &= A_1 e^{s_1 t} + A_2 e^{s_2 t} = \rho e\, j\theta e^{(\sigma+j\omega)t} + \rho e^{-j\theta}e^{(\sigma-j\omega)t} \\
&= \rho e^{\sigma t}[e^{j(\omega t+\theta)} + e^{-j(\omega t+\theta)}] \\
&= 2\rho e^{\sigma t}\cos(\omega t+\theta) \qquad (t>0) \qquad (10-20)
\end{aligned}
$$

10.2.2 $D(s)=0$ 的根为二重根

设s_1和s_2为$D(s)$的重根,$s_3,s_4,\cdots,s_n$为$D(s)$的单根,按根对$D(s)$进行因式分解可得

$$D(s) = a_n(s-s_1)^2(s-s_3)(s-s_4)\cdots(s-s_n)$$

将$F(s)$写成部分分式和的形式,有

$$F(s) = \frac{N(s)}{D(s)} = \frac{A_1}{(s-s_1)^2} + \frac{A_2}{(s-s_1)} + \sum_{k=3}^{n}\frac{A_k}{s-s_k} \qquad (10-21)$$

式中,A_1和A_2分别为由二重根s_1和s_2决定的待定系数,$A_k(k=3,4,\cdots,n)$为由单根所决定的待定系数。

将式(10-21)等式两边同乘$(s-s_1)^2$后,令$s=s_1$,则有

$$A_1 = (s-s_1)^2F(s)\,|_{s=s_1} \qquad (10-22)$$

为求A_2,先用$(s-s_1)^2$乘式(10-21)等式的两边,然后关于s取导数,再令$s=s_1$,便可得到

$$A_2 = \frac{d}{ds}[(s-s_1)^2F(s)]\,|_{s=s_1} \qquad (10-23)$$

其余的待定系数可以用前面讨论给出的式(10-17)或式(10-18)来计算,即

$$A_k = [(s-s_k)F(s)]\,|_{s=s_k} \quad 或 \quad A_k = \left.\frac{N(s)}{D'(s)}\right|_{s=s_k} \qquad (10-24)$$

式中,$k=3,4,\cdots,n$。

当求出了全部待定系数后,根据式(10-21)可求出原函数$f(t)$为

$$f(t) = A_1 t e^{s_1 t} + A_2 e^{s_2 t} + \sum_{k=3}^{n} A_k e^{s_k t} \quad (t>0) \qquad (10-25)$$

例 10-11 求$F(s)=\dfrac{1}{(s+1)(s+2)^2}$的原函数$f(t)$。

解 由$(s+1)(s+2)^2=0$求出三个根分别为

$$s_1 = -1 \qquad s_2 = s_3 = -2$$

将各根分别代入对应的待定系数计算式，有

$$A_1=(s+1)F(s)\mid_{s=-1}=1$$

$$A_2=(s+2)^2F(s)\mid_{s=-2}=1$$

$$A_3=\frac{\mathrm{d}}{\mathrm{d}s}[(s+2)^2F(s)]_{s=-2}=-1$$

因此　　$f(t)=A_1\mathrm{e}^{s_1t}+A_2t\mathrm{e}^{s_2t}+A_3\mathrm{e}^{s_3t}=1-t\mathrm{e}^{-2t}-\mathrm{e}^{-2t}\ (t>0)$

例 10－12　求 $F(s)=\dfrac{s+3}{2s^2+6s+4}\mathrm{e}^{-st_0}$ 的原函数 $f(t)$。

解　令 $G(s)=\dfrac{s+3}{2s^2+6s+4}$，则 $F(s)=G(s)\mathrm{e}^{-st_0}$，由时延性质可知

$$f(t)=g(t-t_0)\varepsilon(t-t_0)$$

根据例 10－11，可以得出 $G(s)$ 的原函数 $g(t)$ 为

$$g(t)=\mathrm{e}^{-t}-\frac{1}{2}\mathrm{e}^{-2t}\quad(t>0)$$

因此

$$f(t)=g(t-t_0)\varepsilon(t-t_0)=\left[\mathrm{e}^{-(t-t_0)}-\frac{1}{2}\mathrm{e}^{-2(t-t_0)}\right]\varepsilon(t-t_0)$$

本节思考与练习

10.2 节
思考与练习
参考答案

10－2－1　拉氏反变换有哪些方法？举例说明。

10－2－2　在求解待定系数 A_k 时，出现 $\dfrac{0}{0}$ 型如何处理？

10－2－3　求下列象函数的原函数。

(1) $F(s)=\dfrac{10}{3s^2+15s+18}$　　(2) $F(s)=\dfrac{3s^2+9s+5}{(s+2)(s^2+2s+1)}$

(3) $F(s)=\dfrac{s^2+1}{s^2+2s+1}$　　(4) $F(s)=\dfrac{s^2+2s+3}{s+1}$

10－2－4　求下列象函数的原函数。

(1) $F(s)=\dfrac{s+3}{s(s+2)^2}$　　(2) $F(s)=\dfrac{4s^2+5s+2}{(s+1)^2(s+2)}$

10－2－5　求下列象函数的原函数。

(1) $\dfrac{s\mathrm{e}^{-2s}}{s^2+2s+5}$　　(2) $(s+1)+\dfrac{2\mathrm{e}^{-s}}{s+3}$

10.3　电路定律及模型的运算形式

运用复频域的方法分析暂态电路，必须将电路和电路定律都变换成复频域的形式，才能进行电路分析来取得电路的解。本节讨论时域中的电路定律及其元件的伏安关系在复频域中的运算形式，这些电路定律及元件伏安关系的运算形式是列写复频域电路方程，以及 10.4 节"拉普拉斯变换的运算法"的基本依据。

10.3.1 基尔霍夫定律的运算形式

对于电路中的任一节点,基尔霍夫电流定律的时域表示形式为

$$\sum i(t) = 0$$

对上式等式两边取拉氏变换,并根据线性性质得

$$\mathscr{L}\{\sum I(t)\} = \sum \mathscr{L}\{i(t)\} = 0$$

设电流 $i(t)$ 的象函数为 $I(s)$,即 $\mathscr{L}\{i(t)\} = I(s)$,则有

$$\sum I(s) = 0 \tag{10-26}$$

这就是基尔霍夫电流定律在复频域中的数学表示,称为基尔霍夫电流定律的运算形式。式(10-26)表明,在电路的任一节点上,流入(或流出)该节点的电流的象函数的代数和等于零。

对于电路中的任一回路,基尔霍夫电压定律的时域表示形式为

$$\sum u(t) = 0$$

对上式等式两边取拉氏变换,并根据线性性质得

$$\mathscr{L}[\sum u(t)] = \sum \mathscr{L}[u(t)] = 0$$

设电压 $u(t)$ 的象函数为 $U(s)$,即 $\mathscr{L}\{u(t)\} = U(s)$,则有

$$\sum U(s) = 0 \tag{10-27}$$

这就是基尔霍夫电压定律在复频域中的数学表示,称为基尔霍夫电压定律的运算形式。式(10-27)表明,在电路的任一回路中,沿回路绕行一周,各支路电压的象函数的代数和等于零。

10.3.2 元件模型的运算形式

1. 电阻元件

如图10-3(a)所示,在电压、电流关联参考方向下,线性电阻元件的电压、电流关系为

$$u(t) = Ri(t)$$

对上式等式两边取拉氏变换,并利用线性性质得

$$U(s) = RI(s) \tag{10-28}$$

式(10-28)是电阻元件模型的运算形式。式中 $U(s) = \mathscr{L}\{u(t)\}$ 和 $I(s) = \mathscr{L}\{i(t)\}$ 分别为电阻电压 $u(t)$ 和电流 $i(t)$ 的象函数。式(10-28)表明,电阻电压的象函数与电流的象函数之间的关系服从欧姆定律。

根据式(10-28)可画出电阻元件的复频域模型(complex frequency-domain model),或称运算形式,如图10-3(b)所示。

2. 电容元件

如图10-4(a)所示,在电压、电流关联参考方向下,线性电容元件的电压、电流关系为

$$i_C(t) = C\frac{\mathrm{d}u_C(t)}{\mathrm{d}t}$$

对上式等式两边取拉氏变换,并利用微分定理得

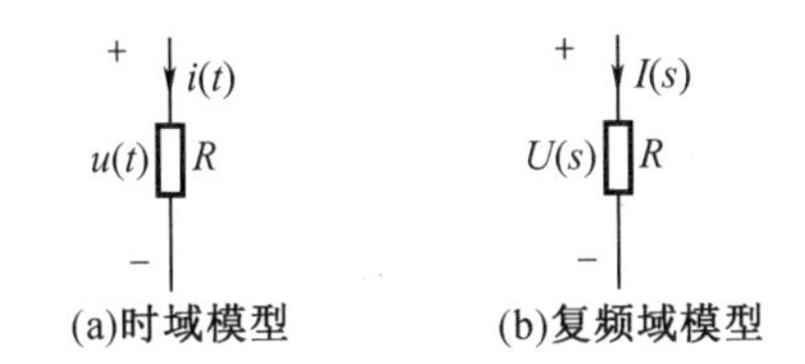

(a)时域模型　　(b)复频域模型

图 10－3　电阻的时域及复频域模型

$$I_C(s) = sCU_C(s) - Cu_C(0^-) = \frac{U_C(s)}{\frac{1}{sC}} - Cu_C(0^-) \tag{10－29}$$

式(10－29)是电容元件模型的运算形式。式中 $U_C(s)=\mathscr{L}\{u_C(t)\}$ 和 $I_C(s)=\mathscr{L}\{i_C(t)\}$ 分别为电容电压 $u_C(t)$ 和电流 $i_C(t)$ 的象函数。

根据式(10－29)画出电容元件的并联型复频域模型，如图 10－4(b)所示。图中 $\frac{1}{sC}$ 具有电阻的量纲，称为运算容抗(operational capacitive reactance)。$Cu_C(0^-)$ 称为附加电源(additional source)，它是一个电流源，与 $I_C(s)$ 具有相同的量纲。附加电源反映了电容初始储能对暂态过程的影响。

利用有源支路的等效变换得到串联形式的电容元件的复频域模型如图 10－4(c)所示。图中 $\frac{u_C(0^-)}{s}$ 为附加电压源，与 $U_C(s)$ 具有相同的量纲。

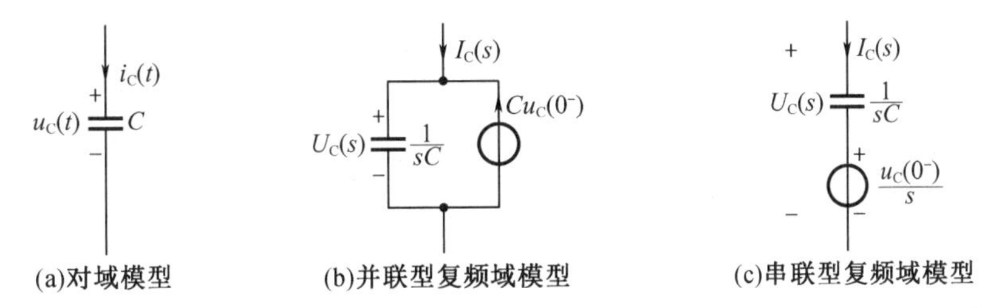

(a)时域模型　　(b)并联型复频域模型　　(c)串联型复频域模型

图 10－4　电容的时域及复频域模型

3. 电感元件

如图 10－5(a)所示，在电压、电流关联参考方向下，线性电感元件的电压、电流关系为

$$u_L(t) = L\frac{\mathrm{d}i_L(t)}{\mathrm{d}t}$$

对上式等式两边取拉氏变换，并利用微分定理得

$$U_L(s) = sLI_L(s) - Li_L(0^-) \tag{10－30}$$

式(10－30)是电感元件模型的运算形式。式中，$U_L(s)=\mathscr{L}\{u_L(t)\}$ 和 $I_L(s)=\mathscr{L}\{i_L(t)\}$ 分别为电感电压 $u_L(t)$ 和电流 $i_L(t)$ 的象函数。

根据式(10－30)画出电感元件的串联型复频域模型，如图 10－5(b)所示。图中，sL 具有电阻的量纲，称为运算感抗(operational inductive reactance)；$Li_L(0^-)$ 称为附加电源，它是一个电压源，与 $U_L(s)$ 具有相同的量纲。该附加电源反映了电感初始储能对暂态过程的影响。

利用有源支路的等效变换得到并联形式的电感元件的复频域模型如图 10－5(c)所示。

图中,$\frac{i_L(0^-)}{s}$为附加电流源,具有与$I_L(s)$相同的量纲。

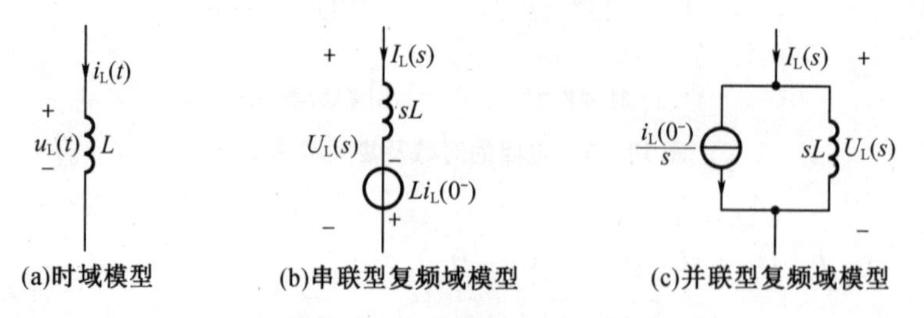

图10-5　电感的时域及复频域模型

以上讨论了三种基本电路元件的复频域模型。仿照同样的方法,可以推导出其他电路元件的复频域模型,如互感元件、受控源等。

10.3.3　欧姆定律的运算形式

若一段电路由R,L,C元件串联而成,如图10-6(a)所示,在$t=0^-$时,电容电压为$u_C(0^-)$,电感电流为$i_L(0^-)$。把电路中的元件用其复频域模型替代,得到RLC串联电路的复频域模型如图10-6(b)所示。

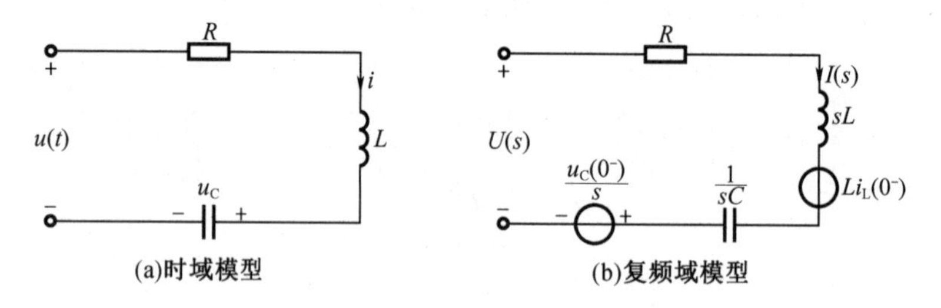

图10-6　RLC串联电路的复频域模型

根据基尔霍夫电压定律的运算形式,由图10-6(b)求出

$$U(s)=\left(R+sL+\frac{1}{sC}\right)I(s)-Li(0^-)+\frac{u_C(0^-)}{s}$$

$$=Z(s)I(s)-Li(0^-)+\frac{u_C(0^-)}{s} \tag{10-31}$$

式中

$$Z(s)=R+sL+\frac{1}{sC} \tag{10-32}$$

称为RLC串联电路的运算阻抗(operational impedance)。

运算阻抗的倒数定义为运算导纳(operational admittance),记为$Y(s)$。

$$Y(s)=\frac{1}{Z(s)} \tag{10-33}$$

电路具有零初条件时,即$i(0^-)=0$及$u_C(0^-)=0$,则有

$$U(s)=Z(s)I(s) \tag{10-34}$$

式(10-34)称为电路欧姆定律的运算形式。

如果线性二端网络不含独立电源和附加电源，如图 10－7 所示，由式(10－34)定义电路的等效运算阻抗为

$$Z(s)=\frac{U(s)}{I(s)}$$

电路的等效运算导纳为

$$Y(s)=\frac{1}{Z(s)}=\frac{I(s)}{U(s)}$$

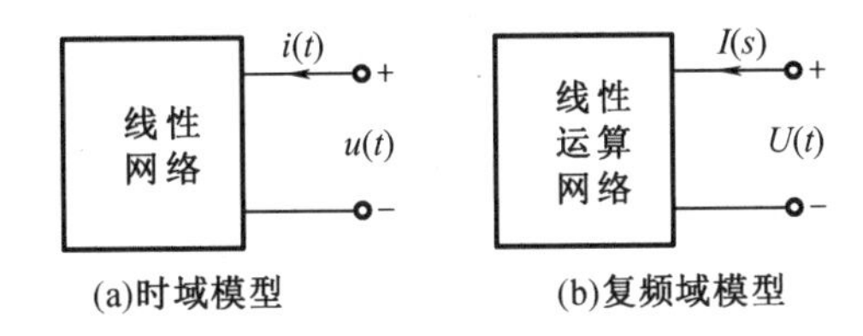

图 10－7　二端网络

本节思考与练习

10.3 节
思考与练习
参考答案

10－3－1　本节定义的 $U(s)$、$Z(s)$、$I(s)$ 是否有实际物理意义？为什么？

10－3－2　$Z(s)=R+sL+\frac{1}{sC}$ 与正弦电路中的复阻抗有什么联系？

10－3－3　如果电感和电容在电路中是零状态，请画出它们各自运算形式。

10－3－4　指出题 10－3－4 图(b)(c)(d)哪个是图(a)正确的运算形式？为什么？

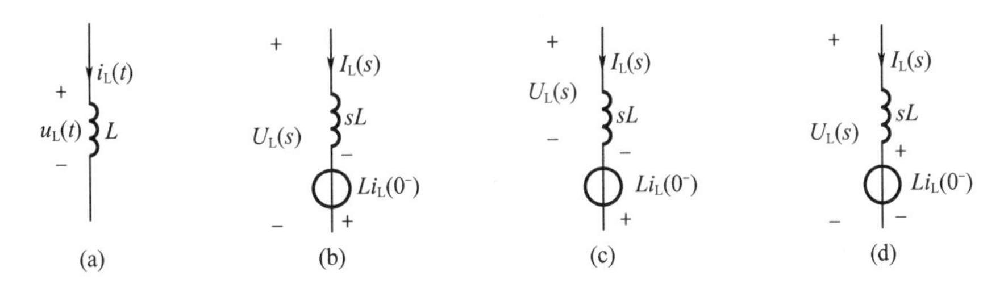

题 10－3－4 图

10－3－5　指出图(b)(c)(d)哪个是图(a)正确的运算形式？为什么？

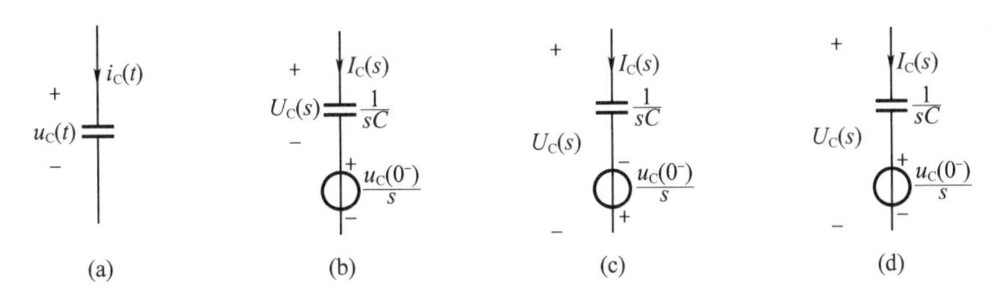

题 10－3－5 图

10.4 拉普拉斯变换的运算法

10.4.1 运算电路模型

保持电路开关处于 $t>0$ 时的位置,原电路的结构及变量的参考方向保持不变,将电路中的所有元件分别用它们对应的复频域模型替代,电流和电压用其拉氏变换式即象函数表示,就可得到该电路的运算电路模型,又称电路的复频域模型,简称运算电路图。

电感和电容的复频域模型都有并联和串联两种形式,选择的原则是便于电路分析或使运算电路结构最简单。

如下图所示,图 10-9 是图 10-8 电路换路后的运算电路图。

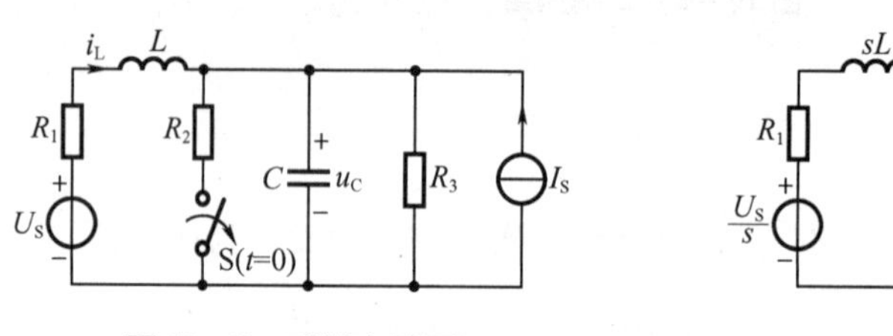

图 10-8 时域电路图

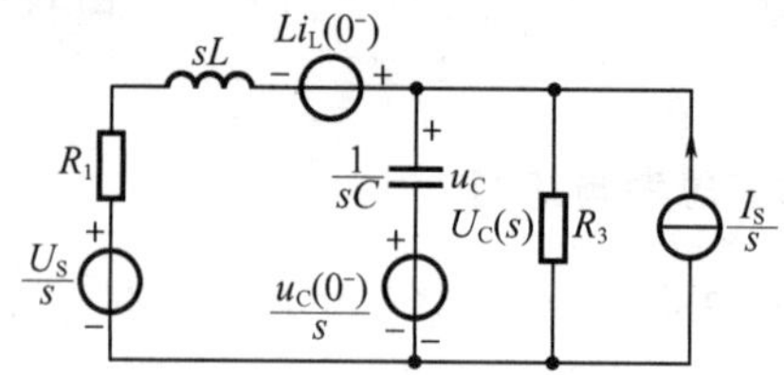

图 10-9 运算电路图

10.4.2 拉普拉斯变换的运算法

拉普拉斯变换的运算法是应用拉普拉斯变换将电路由时域形式变换为复频域的运算电路形式,在复频域形式下求解运算电路,再将运算电路的解进行拉普拉斯反变换获得其时域形解的方法。其中,在复频域运算电路的求解过程中,时域中的电路定理及分析方法,包括基尔霍夫定律、叠加定理、替代定理、戴维南定理、诺顿定理、特勒根定理以及支路电流法、回路电流法和节点电压法等,同样适用于运算电路。

应用拉氏变换求解线性动态电路的分析方法,称为运算法或复频域分析法(complex-frequency domain analysis method)。运算法的主要步骤如下:

(1)画出电路换路后的运算电路图;

(2)根据运算电路图列写象函数形式的电路方程(或运用电路定理简化分析),求出电路响应的象函数;

(3)应用展开定理求出电路响应的时域解。

例 10-14 画出图 10-10(a)所示电路的运算电路图。

解 为了确定附加电源,需要计算换路前终了时刻($t=0^-$ 时)的电容电压 $u_C(0^-)$ 和电感电流 $i_L(0^-)$。

在 $t=0^-$ 时,图 10-10(a)中电容相当于开路,电感相当于短路,可求得

$$i_L(0^-)=\frac{U_S}{R_1+R_2+R_3}$$

$$u_C(0^-)=\frac{R_3U_S}{R_1+R_2+R_3}$$

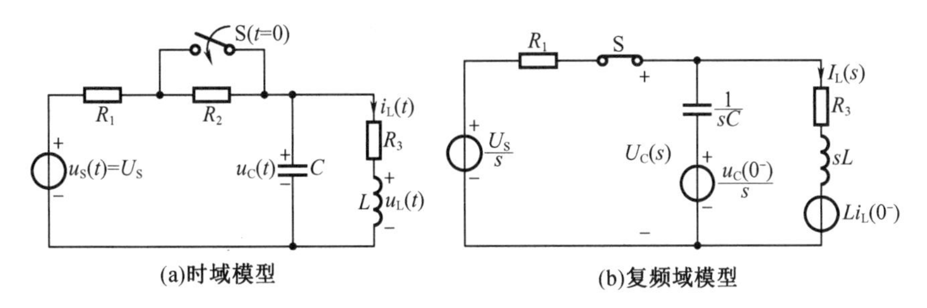

图 10-10　例 10-14 图

电源 $u_S(t)$ 的象函数为

$$U_S(s)=\mathscr{L}\{u_S(t)\}=\frac{U_S}{s}$$

运算电路图如图 10-10(b)所示。

例 10-15　图 10-11(a)所示电路中，已知 $u_S=200\ \text{V}$，$R=20\ \Omega$，$L=0.1\ \text{H}$，$C=10^3\ \mu\text{F}$，电容初始电压 $u_C(0^-)=100\ \text{V}$，开关 S 在 $t=0$ 时闭合，求电流 $i_1(t)$。

解　电源 u_S 的象函数为

$$\mathscr{L}\{u_S\}=\frac{u_S}{s}=\frac{200}{s}$$

在 $t<0$ 时，电感相当于短路，因此有

$$i_1(0^-)=\frac{u_S}{R}=\frac{200}{20}\ \text{A}=10\ \text{A}$$

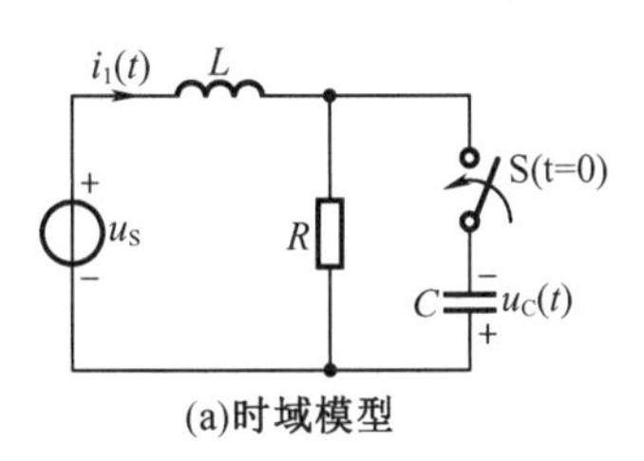

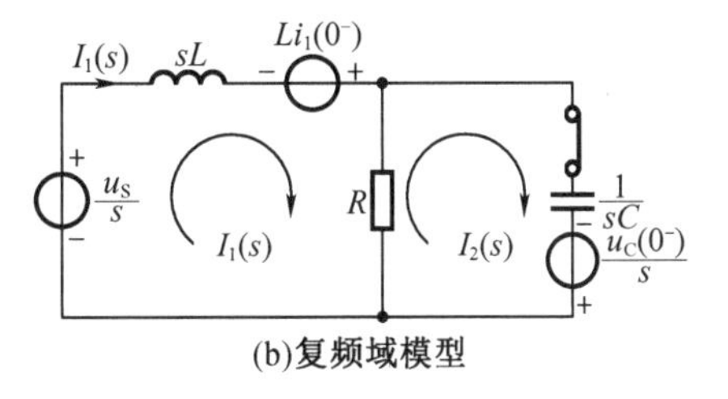

图 10-11　例 10-15 图

运算电路如图 10-12(b)所示。

设回路电流 $I_1(s)$ 和 $I_2(s)$ 的绕行方向如图所示，回路电流方程

$$\begin{cases}(R+sL)I_1(s)-RI_2(s)=\dfrac{u_S}{s}+Li_1(0^-)\\[2ex]-RI_1(s)+(R+\dfrac{1}{sC})I_2(s)=\dfrac{u_C(0^-)}{s}\end{cases}$$

代入已知条件，化简得

$$\begin{cases}(20+0.1s)I_1(s)-20I_2(s)=\dfrac{200}{s}+1\\[2ex]-20I_1(s)+(20+\dfrac{1\ 000}{s})I_2(s)=\dfrac{100}{s}\end{cases}$$

则

$$I_1(s)=\frac{10}{s}+\frac{3\ 000}{s^2+50s+10\ 000}$$

设
$$I_1(s)=\frac{10}{s}+\frac{N(s)}{D(s)}$$

令 $D(s)=s^2+50s+10\ 000=0$,其根为

$$s_{1,2}=-25\pm \mathrm{j}96.82=\sigma\pm \mathrm{j}\omega$$

则共轭复根 s_1 和 s_2 对应的待定系数为

$$A_1=\bar{A}_2=\left.\frac{N(s)}{D'(s)}\right|_{s=s_1}=\left.\frac{3\ 000}{2s+50}\right|_{s=-25+\mathrm{j}96.82}=15.49\mathrm{e}^{-\mathrm{j}90^\circ}=\rho\mathrm{e}^{\mathrm{j}\theta}$$

于是,象函数 $I_1(s)$ 的时域表达式为

$$\begin{aligned}i_1(t)&=10+A_1\mathrm{e}^{s_1t}+A_2\mathrm{e}^{s_2t}\\&=10+2\rho\mathrm{e}^{\sigma t}\cos(\omega t+\theta)\\&=\{10+30.98\mathrm{e}^{-5t}\cos(96.82t-90^\circ)\}\ \mathrm{V}\\&=\{10+30.98\mathrm{e}^{-5t}\sin 96.82t\}\ \mathrm{V}\quad(t>0)\end{aligned}$$

例 10－16 电路如图 10－12(a)所示,求 $u_C(t)$。

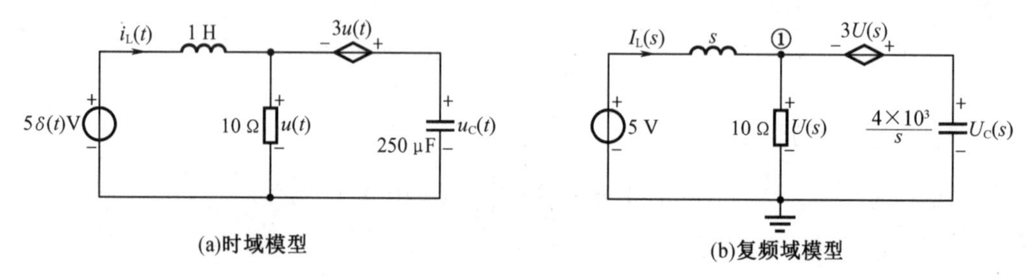

图 10－12 例 10－16 图

解 冲激电源的象函数为 $\mathscr{L}\{5\delta(t)\}=5$。

$t<0$ 时,由图 10－12(a)可知,$i_L(0^-)=0, u_C(0^-)=0$。

运算电路图如图 10－12(b)所示。

对节点①列写节点电压方程为

$$\left(\frac{1}{s}+\frac{1}{10}+\frac{s}{4\times10^3}\right)U(s)=\frac{5}{s}-\frac{s}{4\times10^3}\times3U(s)$$

因为 $U_{①}(s)=U(s)$,所以

$$U(s)=\frac{5}{s}\times\frac{1}{\frac{1}{s}+\frac{1}{10}+\frac{s}{1\ 000}}=\frac{5}{\frac{1}{1\ 000}s^2+\frac{1}{10}s+1}$$

由图 10－12(b)可知,电容电压为

$$U_C(s)=3U(s)+U(s)=4U(s)=\frac{20\times10^3}{s^2+100s+1\ 000}$$

令 $s^2+100s+1\ 000=0$,则有

$$s_{1,2}=\frac{-100\pm\sqrt{100^2-4\times10\ 000}}{2}\approx-50\pm38.73$$

待定系数为

$$A_1=\frac{N(s)}{D'(s)}\bigg|_{s=s_1}=\frac{20\times10^3}{2s+100}\bigg|_{s=-11.27}\approx258.2$$

$$A_2=\frac{N(s)}{D'(s)}\bigg|_{s=s_2}=\frac{20\times10^3}{2s+100}\bigg|_{s=-88.73}\approx-258.2$$

因此

$$u_C(t)=A_1e^{s_1t}+A_2e^{s_2t}=(258.2e^{-11.27t}-258.2e^{-88.73t})\text{ V}$$
$$=258.2\times(e^{-11.27t}-e^{-88.73t})\text{ V}\quad(t>0)$$

例 10－17　图 10－13(a)所示电路中，已知 $u_S(t)=e^{-2t}\varepsilon(t)$ V，$R_1=R_2=1\ \Omega$，$L_1=L_2=0.1$ H，$M=0.05$ H，求 $i_1(t)$ 及 $i_2(t)$。

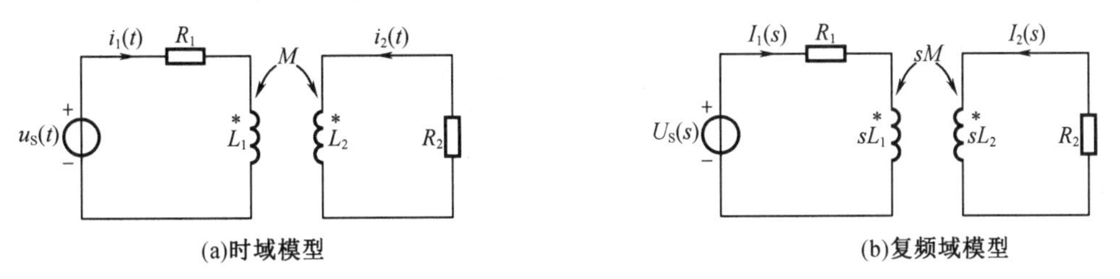

图 10－13　例 10－11 图

解　电源 $u_S(t)$ 的象函数为

$$U_S(s)=\mathscr{L}\{u_S(t)\}=\mathscr{L}\{e^{-2t}\varepsilon(t)\}=\frac{1}{s+2}$$

$t<0$ 时，$i_1(0^-)=i_2(0^-)=0$ A，运算电路图如图 10－13(b)所示。

用支路电流法列写电路方程，即

$$\begin{cases}(R_1+sL_1)I_1(s)+sMI_2(s)=U_S(s)\\ sMI_1(s)+(R_2+sL_2)I_2(s)=0\end{cases}$$

代入已知条件，得

$$\begin{cases}(1+0.1s)I_1(s)+0.05sI_2(s)=\dfrac{1}{s+2}\\ 0.05sI_1(s)+(1+0.1s)I_2(s)=0\end{cases}$$

解方程得

$$I_1(s)=\frac{1+0.1s}{(s+2)\times(0.0075s^2+0.2s+1)}$$

$$I_2(s)=\frac{-0.05s}{(s+2)\times(0.0075s^2+0.2s+1)}$$

求时域解 $i_1(t)$，令 $D(s)=(s+2)\times(0.0075s^2+0.2s+1)=0$，其根为

$$s_1=2,s_2=-6.67,s_3=-20$$

由于 $D'(s)=0.0225s^2+0.43s+1.4$，因此待定系数分别为

$$A_1=\frac{N(s)}{D'(s)}\bigg|_{s=s_1}=\frac{1+0.1s}{0.0225s^2+0.43s+1.4}\bigg|_{s=-2}\approx1.27$$

$$A_2=\frac{N(s)}{D'(s)}\bigg|_{s=s_2}=\frac{1+0.1s}{0.0225s^2+0.43s+1.4}\bigg|_{s=-6.67}\approx-0.713$$

$$A_3=\frac{N(s)}{D'(s)}\bigg|_{s=s_3}=\frac{1+0.1s}{0.0225s^2+0.43s+1.4}\bigg|_{s=-20}\approx-0.556$$

则 $i_1(t)$ 的时域解为

$$i_1(t)=A_1e^{s_1t}+A_2e^{s_2t}+A_3e^{s_2t}=(1.27e^{-2t}-0.713e^{-6.67t}-0.55e^{-20t})\text{A}\quad(t>0)$$

例 10－18 图 10－14(a)所示电路中,已知 $u_S=10\ \text{V}$,$R=2\ \Omega$,$C_1=0.2\ \text{F}$,$C_2=0.3\ \text{F}$,开关 S 在 $t=0$ 时闭合,求 $u_{C_2}(t)$。

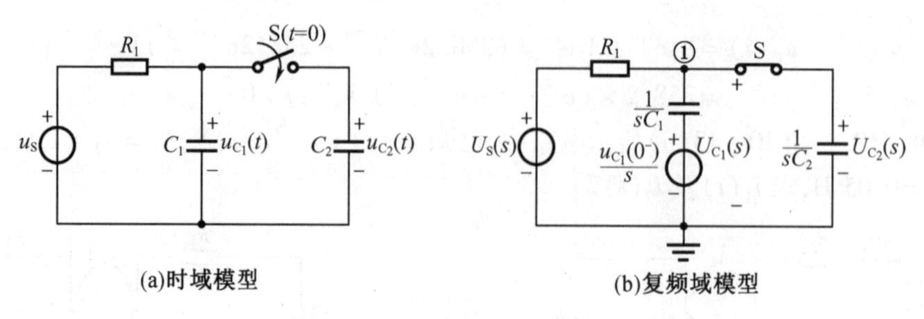

图 10－14 例 10－18 图

解 电源 u_S 的象函数为

$$U_S(s)=L[u_S]=\frac{u_S}{s}=\frac{10}{s}$$

$t<0$ 时,有 $u_{C_1}(0^-)=10\ \text{V}$ 及 $u_{C_2}(0^-)=0\ \text{V}$,运算电路图如图 10－14(b)所示。

对节点①,列写节点电压方程为

$$\left(\frac{1}{R}+sC_1+sC_2\right)U_{①}(s)=\frac{U_S(s)}{R}+sC_1\frac{u_{C_1}(0^-)}{s}$$

$$U_{①}(s)=U_{C_2}(s)$$

代入已知条件,得

$$U_{C_2}(s)=\frac{U_S(s)/R+C_1u_{C_1}(0^-)}{\frac{1}{R}+sC_1+sC_2}=\frac{5/s+2}{0.5+0.5s}=\frac{4s+10}{s(s+1)}$$

求时域解 $u_{C_2}(t)$,令 $s(s+1)=0$,其根为 $s_1=0$,$s_2=-1$,待定系数为

$$A_1=s\times\left.\frac{4s+10}{s(s+1)}\right|_{s=0}=10$$

$$A_2=(s+1)\times\left.\frac{4s+10}{s(s+1)}\right|_{s=-1}=-6$$

则

$$u_{C_2}(t)=A_1e^{s_1t}+A_2e^{s_2t}=10-6e^{-t}\ \text{V}\quad(t>0)$$

本节思考与练习

10.4 节
思考与练习
参考答案

10－4－1 运算电路是对应换路前还是换路后的电路?为什么?

10－4－2 画出在原、副边均具有初始电流的互感元件的运算电路图。

10－4－3 题 10－4－3 图所示电路原已稳定,$t=0$ 时开关 K 打开,画出换路后的运算电路图。

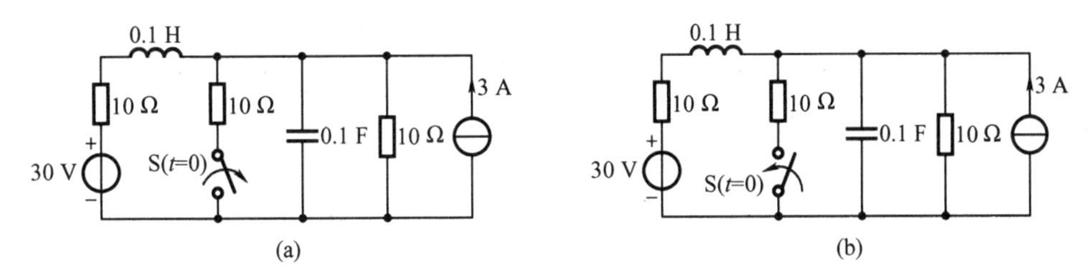

题 10 -4 -3 图

10 -4 -4　画出题 10 -4 -4 图换路后的运算电路图。

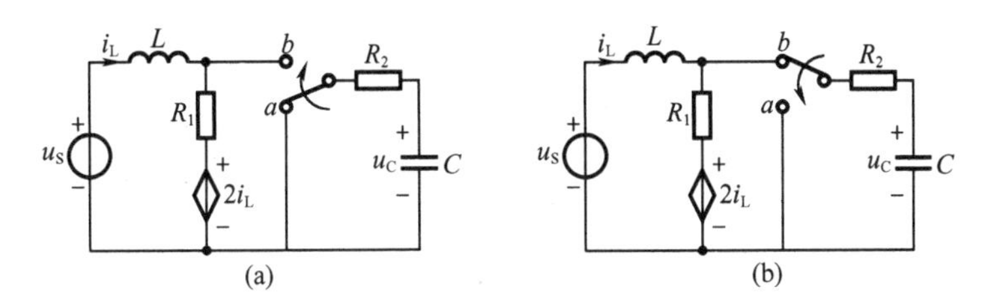

题 10 -4 -4 图

10 -4 -5　画出题 10 -4 -5 图换路后的运算电路图。

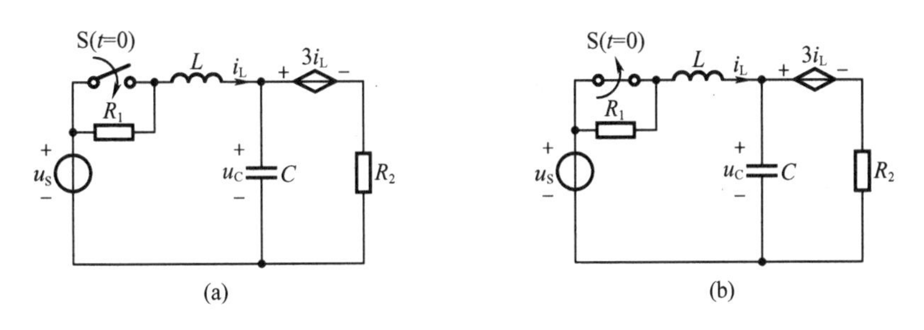

题 10 -4 -5 图

10.5　网络函数与网络特性*

10.5.1　网络函数

如图 10 -15 所示,若线性网络内部无独立源且初始状态为零,在仅有一个激励源 $e(t)$ 作用下的零状态响应为 $r(t)$,且激励源 $e(t)$ 和零状态响应 $r(t)$ 的象函数分别为 $E(s)$ 和 $R(s)$,则网络的零状态响应的象函数 $R(s)$ 与激励的象函数 $E(s)$ 之比定义为网络函数(network function),用 $H(s)$ 表示,即

$$H(s) = \frac{R(s)}{E(s)} \tag{10-33}$$

由上式可以写出在任一激励作用下,网络的零状态响应的复频域解为

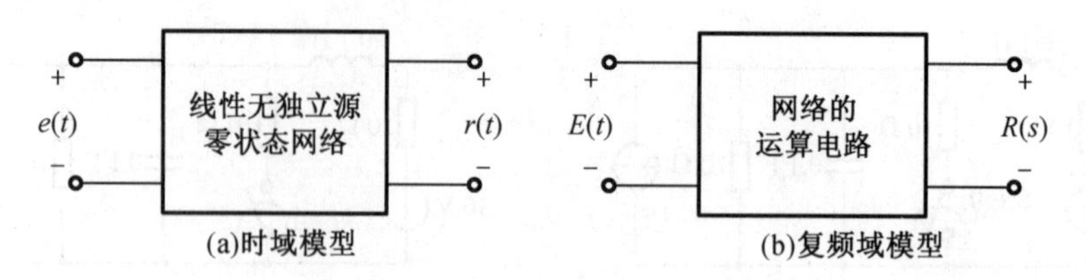

图10-15 网络函数的意义

$$R(s)=H(s)E(s) \tag{10-34}$$

当激励为单位冲激函数$\delta(t)$时,响应为单位冲激响应$h(t)$,故由式(10-34)得

$$R(s)=H(s)=L[h(t)] \tag{10-35}$$

上式表明,网络函数$H(s)$与单位冲激响应$h(t)$之间构成拉氏变换对。网络函数可以通过已知的单位冲激响应求出,单位冲激响应可以通过求已知网络函数的拉氏反变换求出。因此,网络函数不仅能够表征一个线性网络的特性,而且为求取网络对任意激励作用下的响应提供了一条便捷的途径。

在网络中,激励与响应可以分别独立地取为电压或电流,因此,网络函数可能具有阻抗、导纳、电流比和电压比的形式。由于激励与响应所处的位置不同,网络函数又有策动点函数(driving point function)和转移函数(transfer function)之分。策动点函数指激励与响应属于同一端口的情况;转移函数是指激励与响应属于不同端口的情况。归纳上述情况,网络函数有六种形式,即策动点阻抗、策动点导纳、转移阻抗、转移导纳、转移电流比和转移电压比。

10.5.2 网络函数的零、极点与时域响应

通常,一个线性动态电路的网络函数可以写成下列形式

$$H(s)=\frac{N(s)}{D(s)}=\frac{b_m s^m+b_{m-1}s^{m-1}+\cdots+b_1 s+b_0}{a_n s^n+a_{n-1}s^{n-1}+\cdots+a_1 s+a_0} \tag{10-36}$$

式中,a与b为实常数,$N(s)$和$D(s)$为关于s的多项式。

求出$H(s)$的分子、分母多项式的根,将上式进一步地按根因式分解,即

$$H(s)=H_0\frac{\prod_{j=1}^{m}(s-z_j)}{\prod_{i=1}^{n}(s-p_i)} \tag{10-37}$$

式中,$H_0=b_m/an$。

$z_j(j=1,2,\cdots,m)$为分子多项式$N(s)$的根,称为网络函数的零点(zero point);$p_i(i=1,2,\cdots,n)$为分母多项式的根,称为网络函数的极点(pole point)。在复频率平面上用“○”符号表示网络函数的零点,用“×”符号表示网络函数的极点,称为网络函数的零极点分布图(zero-and-pole-point position plot)。

例10-19 已知网络函数$H(s)=\dfrac{s+3}{(s+2)(s+2s+5)}$,画出其零、极点分布图。

解 $$H(s)=\frac{s+3}{(s+2)(s+2s+5)}=\frac{s+3}{(s+2)(s+1-\mathrm{j}2)(s+1+\mathrm{j}2)}$$

极点、零点分别为

$$p_1=-2,p_2=-1+\mathrm{j}2,p_3=-1-\mathrm{j}2;z_1=-3$$

画出零、极点分布图如图 10－16 所示。

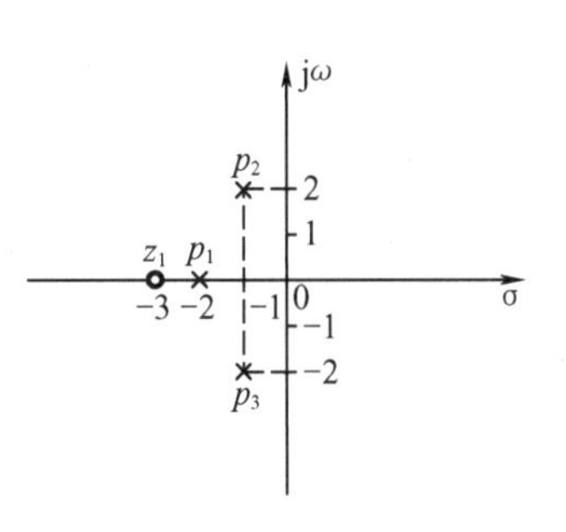

图 10－16　零、极点分布图

为便于分析，设 $H(s)$ 为真分式且分母具有单根，将式(10－36)所示的网络函数展开为部分分式

$$H(s) = \sum_{k=1}^{n} \frac{A_k}{s - s_k}$$

对上式进行拉氏反变换，便可得到与网络函数 $H(s)$ 相对应的冲激响应

$$h(t) = L^{-1}[H(s)] = \sum_{k=1}^{n} A_k e^{s_k t} \quad (t > 0)$$

由上式可知，网络函数的极点决定了冲激响应的变化规律，如图 10－17 所示。

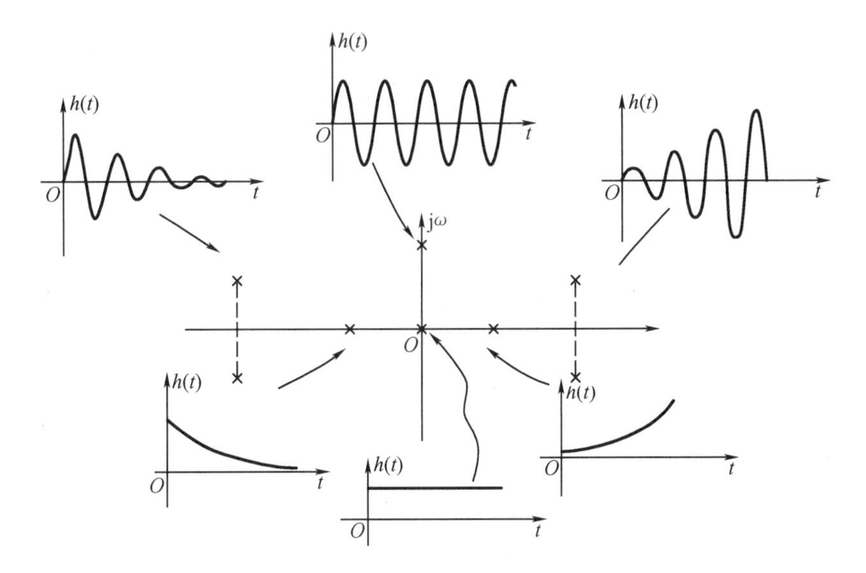

图 10－17　极点分布与冲激响应的关系

从图 10－17 可知，当网络函数 $H(s)$ 的极点位于 s 平面的右半平面时，它的时域响应 $h(t)$ 将是发散的，即呈指数规律振荡式的或单调式的增长；当 $H(s)$ 的极点位于虚轴上的有限频率处时，它的时域响应 $h(t)$ 将呈现等幅振荡；当 $H(s)$ 的极点位于 s 平面的左半平面时，它的时域响应 $h(t)$ 将是收敛的，即呈指数规律振荡式的或单调式的衰减；当 $H(s)$ 的极点位于原点时，它的时域响应将呈现阶跃函数的特性，即呈现直流特性。

当电路网络函数 $H(s)$ 的全部极点都位于复平面的左半平面时，$h(t)$ 必随时间增长而衰减，则电路是稳定的。

将式(10－36)写成下列形式

$$R(s) = H(s)E(s) = \frac{N(s)}{D(s)} \cdot \frac{P(s)}{Q(s)} \tag{10-38}$$

式中，$P(s)$ 与 $Q(s)$ 为外加激励 $E(s)$ 的分子与分母多项式。

为求网络响应的时域解 $r(t)$，首先对 $R(s)$ 按极点进行部分分式展开。$R(s)$ 有两类极点，一类为网络函数 $H(s)$ 的极点 $p_i(i=1,2,\cdots,n)$，另一类为外加激励 $E(s)$ 的极点 $p_j(j=1,2,\cdots,m)$，假设它们都是单阶极点。

于是将式(10-38)展开成部分分式和的形式

$$R(s)=\sum_{i=1}^{n}\frac{K_i}{s-p_i}+\sum_{j=1}^{m}\frac{K_j}{s-p_j} \tag{10-39}$$

待定系数由下式确定

$$K_i=(s-p_i)H(s)E(s)\big|_{s=p_i}$$

及

$$K_j=(s-p_j)H(s)E(s)\big|_{s=p_j} \tag{10-40}$$

式中,$i=1,2,\cdots,n;j=1,2,\cdots,m$。由部分分式展开法求出网络的时域响应 $r(t)$ 为

$$r(t)=\sum_{i=1}^{n}K_i\mathrm{e}r_it+\sum_{j=1}^{m}K_j\mathrm{e}^{p_jt} \tag{10-41}$$

从上式可知,网络的时域响应由两部分组成。第一部分的变化规律取决于网络函数 $H(s)$ 的极点 p_i,p_i 称为网络的固有频率或自然频率,这一部分所代表的为 $r(t)$ 的自由分量。第二部分的变化规律取决于外加激励 $E(s)$ 的极点,这一部分所代表的为 $r(t)$ 的强制分量,与外加激励具有相同的变化规律。由式(10-40)可知,网络函数的零点对网络响应的影响将表现在 K_i 及 K_j 值的确定上。

10.5节
思考与练习
参考答案

本节思考与练习

10-5-1　求题10-5-1图所示电路的网络函数 $H(s)=I_1(s)/I_S(s)$。

10-5-2　线性不含独立源二端网络,网函数 $H(s)$ 的零极点分布图如题10-5-2图所示,已知 $h(t)\big|_{t=0^+}=4$,求该网络的 $H(s)$ 及其单位冲激响应 $h(t)$。

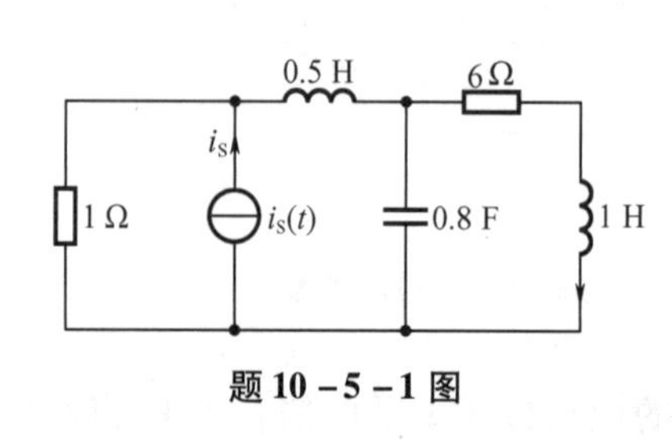

题10-5-1图

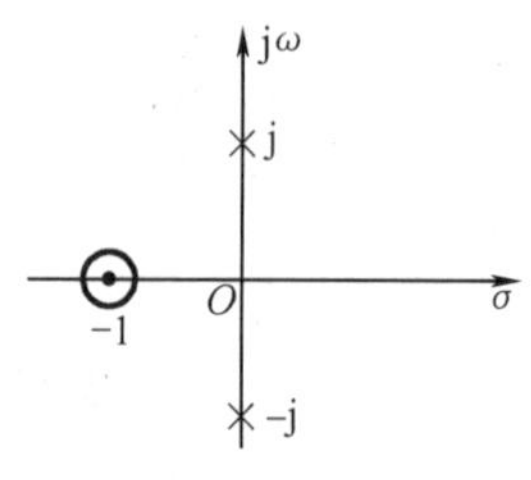

题10-5-2图

本章习题

第10章
习题参考答案

10-1　题10-1图所示电路原已稳定,$t=0$ 时开关S打开,求电流 $i(t)$。

10-2　题10-2图所示电路中,$R_1=R_2=10\ \Omega$,$C_1=C_2=100\ \mu\mathrm{F}$,$u_{C_1}(0^-)=100\ \mathrm{V}$,$u_{C_2}(0^-)=50\ \mathrm{V}$,$u_{C_3}(0^-)=30\ \mathrm{V}$,$t=0$ 时开关 S_1 及 S_2 同时闭合,求 $i_1(t)$ 和 $i_2(t)$。

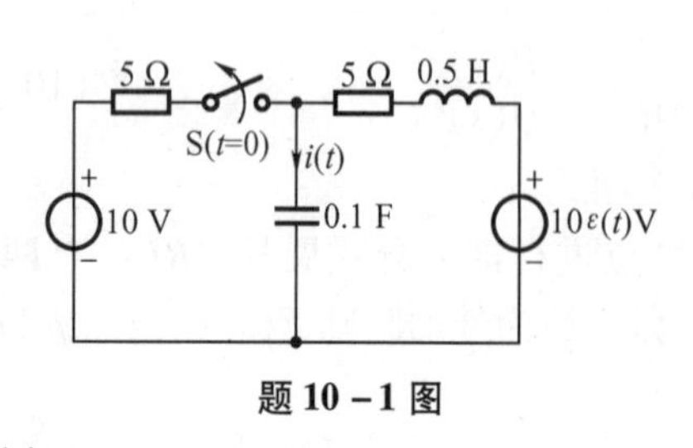

题10-1图

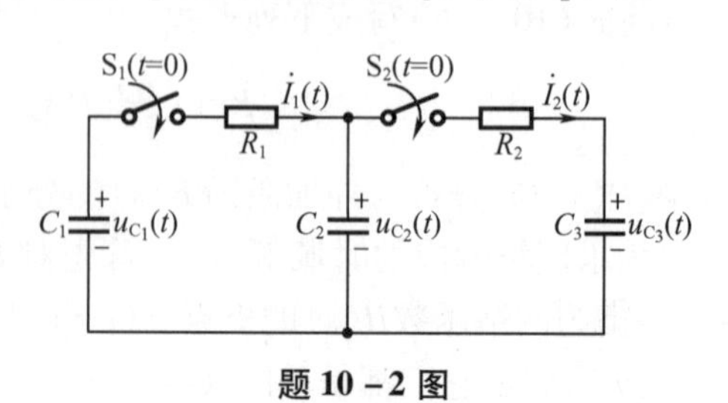

题10-2图

10－3　求题 10－3 图所示电路中的 $u_C(t)$。

10－4　题图 10－4 所示电路原已稳定，且知 1 F 电容电压相等，2 F 电容初始无电压。$t=0$ 时开关闭合，求电流 $i_1(t)$ 和 $i_2(t)$。

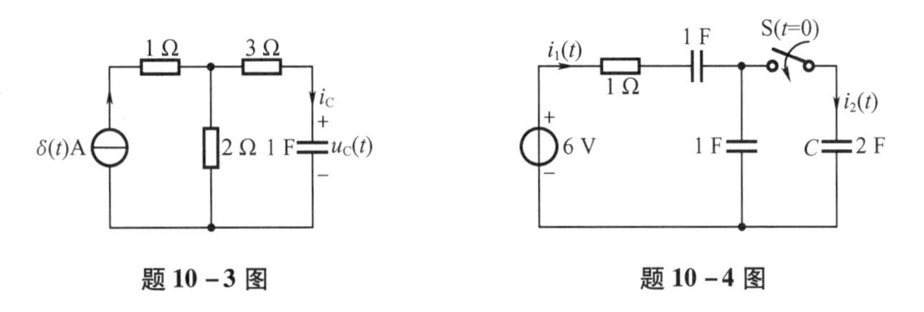

题 10－3 图　　**题 10－4 图**

10－5　题 10－5 图所示电路，(1) 当 $u_S(t)=2e^{-2t}\varepsilon(t)$ V 时，求 $u(t)$；(2) 当 $u_S(t)=5t\varepsilon(t)$ V 时，求 $u(t)$。

10－6　题 10－6 图所示电路原已稳定，$t=0$ 时开关 S 闭合，$R_1=R_2=10\ \Omega$，$L=0.15$ H，$C=250\ \mu$F，$U_S=15$ V。画出换路后的运算电路图，求电感电压象函数 $U_L(s)$。

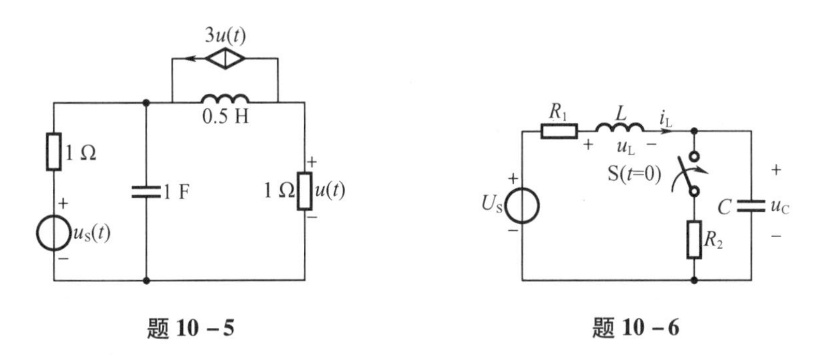

题 10－5　　**题 10－6**

10－7　题 10－7 图所示电路原已稳定，$t=0$ 时开关 S 打开，$R_1=R_2=6\ \Omega$，$R_3=3\ \Omega$，$L=2$ H，$C=\dfrac{1}{6}$ F，$U_1=24$ V。画出换路后的运算电路图，求电压象函数 $U_S(s)$。

10－8　题 10－8 图所示电路原已稳定，$t=0$ 时开关 S 打开，$R_1=6\ \Omega$，$R_2=3\ \Omega$，$L_1=3$ H，$L_2=\dfrac{3}{4}$ H，$U_1=12$ V，$U_2=9$ V。画出换路后的运算电路图，求电压象函数 $U_S(s)$。

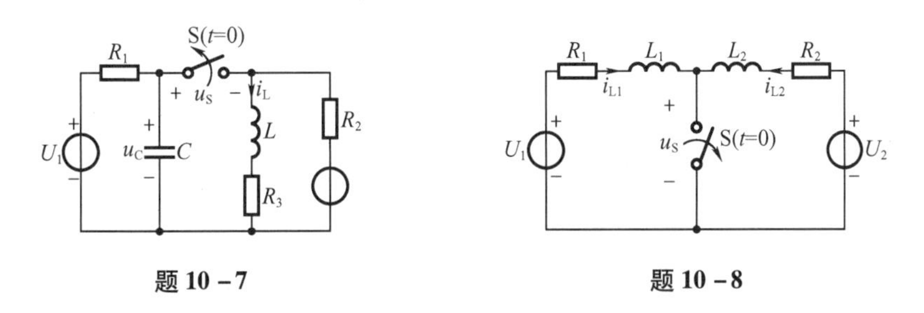

题 10－7　　**题 10－8**

10－9　题 10－9 图所示电路原已稳定，$t=0$ 时开关 S 打开，$R_1=R_2=2\ \Omega$，$L=2$ H，$C=1$ F，$U_S=4$ V。画出换路后的运算电路图，求电感电流象函数 $I_L(s)$。

10－10　题 10－10 图所示电路原已稳定，$t=0$ 时开关 S 打开，$R_1=3\ \Omega$，$R_2=2\ \Omega$，

$L=1$ H, $C=\dfrac{1}{6}$ F, $U_S=10$ V。画出换路后的运算电路图,求电感电流象函数 $I_L(s)$。

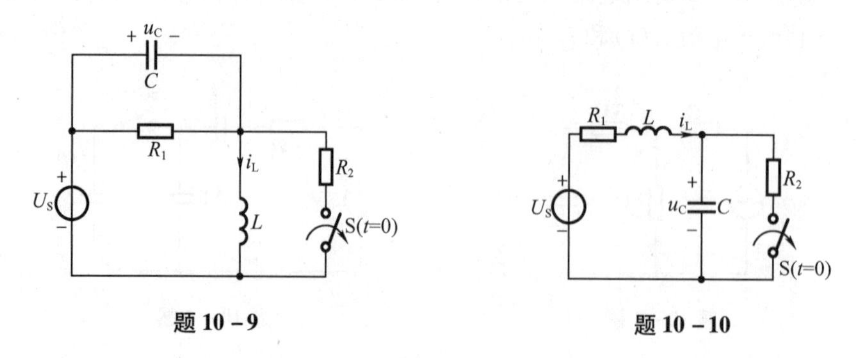

题 10-9　　题 10-10

10-11　题 10-11 图所示电路原已稳定,$t=0$ 时开关 S 由 a 合向 b,$R_1=1\ \Omega$,$R_2=R_2=12\ \Omega$,$L=2$ H,$C=1$ F,$U_S=4$ V,$I_S=2A$。画出换路后的运算电路图,求电压象函数 $U(s)$。

10-12　题 10-12 图示电路原已稳定,$t=0$ 时开关 S 闭合,$R_1=R_2=10\ \Omega$,$L=0.15$ H,$C=250\ \mu$F,$U_1=15$ V,$U_2=10$ V。画出换路后的运算电路图,求电感电压象函数 $U_L(s)$。

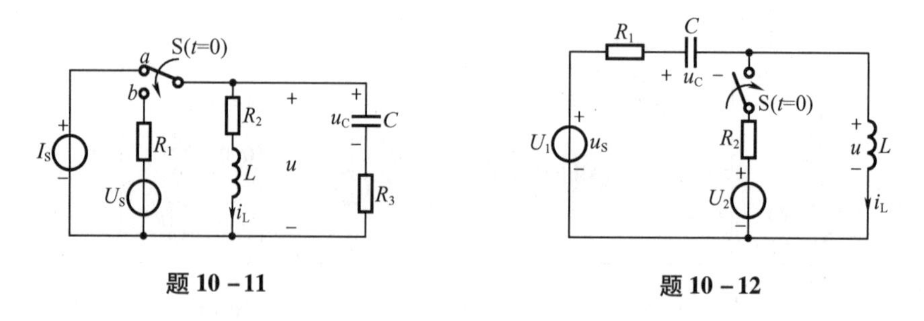

题 10-11　　题 10-12

10-13　题 10-13 图所示电路原已稳定,$t=0$ 时开关 S 打开,$R_1=8\ \Omega$,$R_2=2\ \Omega$,$R_3=10\ \Omega$,$L=2$ H,$C=2$ F,$U_S=10$ V,$I_S=5$ A。画出换路后的运算电路图,求电容电流象函数 $I_C(s)$。

10-14　题 10-14 图所示电路原已稳定,$t=0$ 时开关 S 闭合,$R_1=1\ \Omega$,$R_2=R_3=2\ \Omega$,$L=0.1$ H,$C=0.5$ F,$U_S=10$ V。画出换路后的运算电路图,求电容电流象函数 $I_C(s)$。

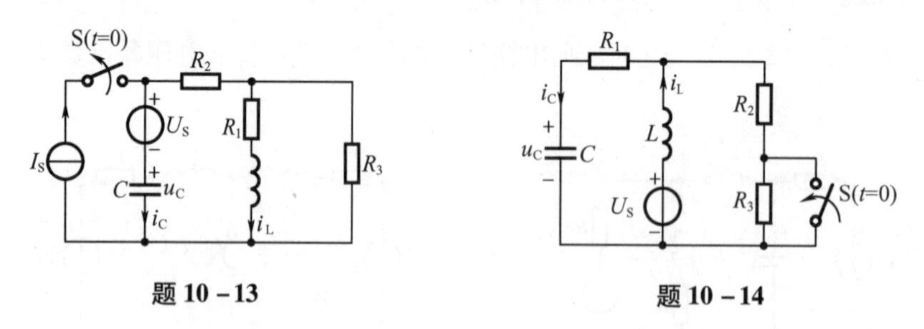

题 10-13　　题 10-14

10-15　题 10-15 图所示电路原已稳定,$t=0$ 时开关 S 闭合,$R_1=R_2=1\ \Omega$,$L=1$ H,$C=1$ F,$U_S=10$ V。画出换路后的运算电路图,求电流象函数 $I_S(s)$。

10-16　题 10-16 图所示电路原已稳定,$t=0$ 时开关 S 由 a 合向 b,$R_1=10\ \Omega$,$R_2=20\ \Omega$,$R_3=5\ \Omega$,$L=1$ H,$C=0.05$ F,$U_S=30$ V,$I_S=6$ A。画出换路后的运算电路图,求电容电压象函数 $U_S(s)$。

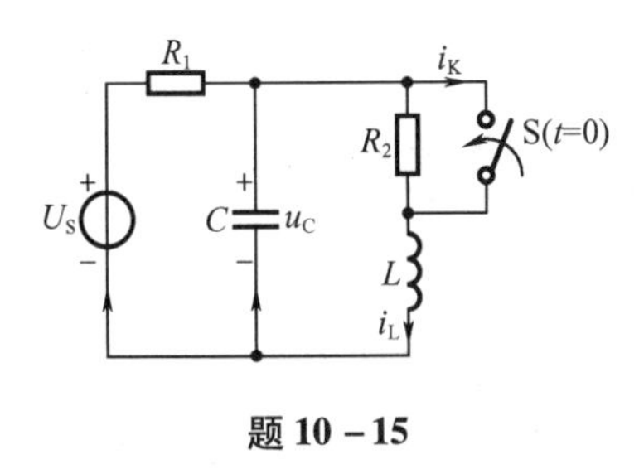

题 10－15

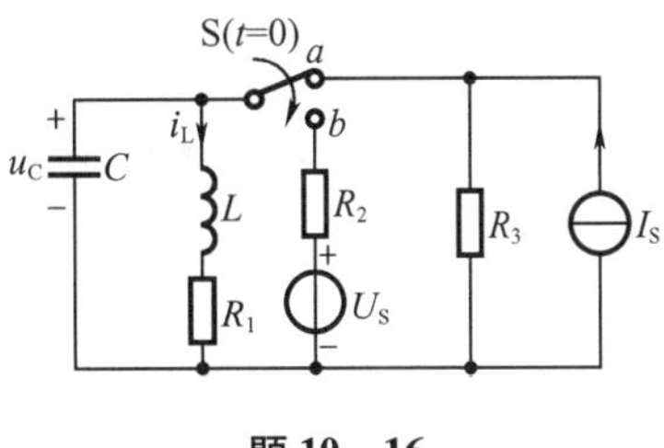

题 10－16

10－17　题 10－17 图所示电路原已稳定，$t=0$ 时开关 S 闭合，$R_1=1\ \Omega$，$R_2=2\ \Omega$，$L=0.1\ \mathrm{H}$，$C=0.5\ \mathrm{F}$，$U_1=10\ \mathrm{V}$，$U_2=1\ \mathrm{V}$。画出换路后的运算电路图，求电感电流象函数 $I_L(s)$。

10－18　题 10－18 图所示电路原已稳定，$t=0$ 时开关 S 由 a 合向 b，$R=10\ \Omega$，$L=10\ \mathrm{H}$，$C=0.5\ \mathrm{F}$，$U_1=2\ \mathrm{V}$，$U_2=5\ \mathrm{V}$。画出换路后的运算电路图，求电感电流象函数 $I_L(s)$。

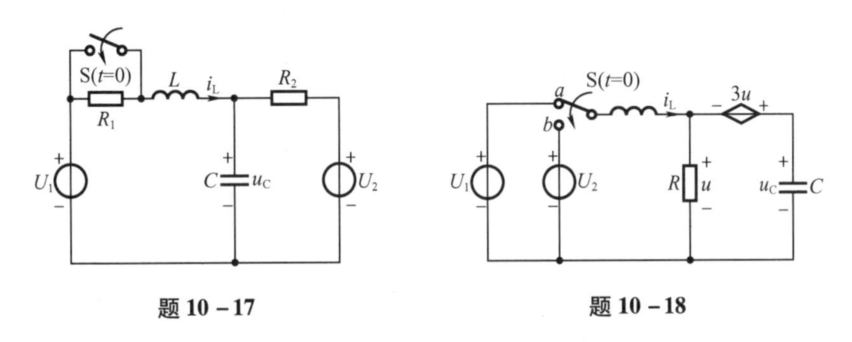

题 10－17　　题 10－18

10－19　题 10－19 图所示电路原已稳定，$t=0$ 时开关 S 打开，$R_1=10\ \Omega$，$R_2=5\ \Omega$，$L=1\ \mathrm{H}$，$C=0.04\ \mathrm{F}$，$U_S=16\ \mathrm{V}$。画出换路后的运算电路图，求电容电压和电感电流象函数 $U_C(s)$，$I_L(s)$。

10－20　题 10－20 图所示电路原已稳定，$t=0$ 时开关 S 打开，$R_1=1\ \Omega$，$R_2=R_3=2\ \Omega$，$L=1\ \mathrm{H}$，$C=0.5\ \mathrm{F}$，$U_S=10\ \mathrm{V}$。画出换路后的运算电路图，求电容电压和电感电流象函数 $U_C(s)$。

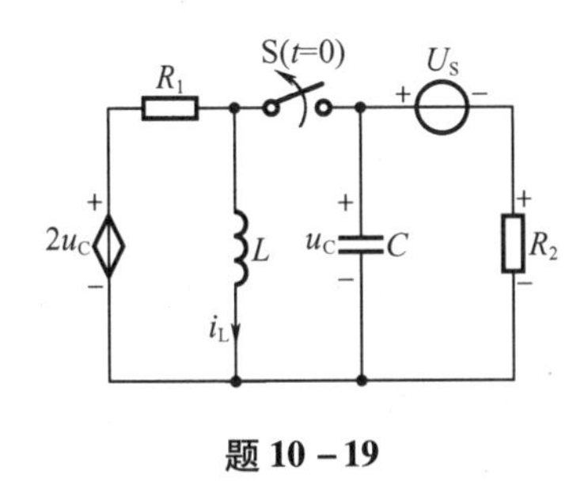

题 10－19

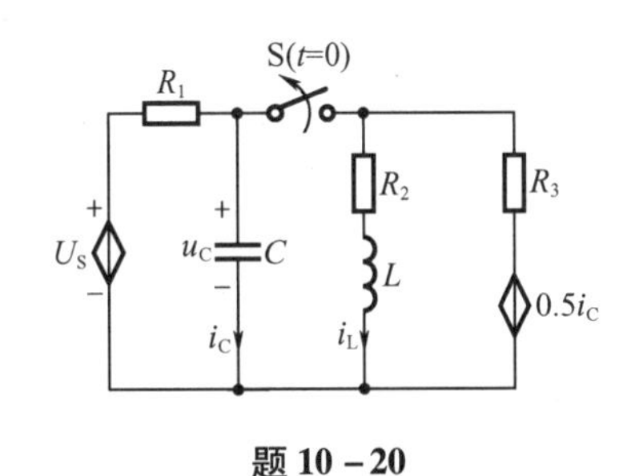

题 10－20

第 11 章　双 口 网 络

为了方便复杂电网络的分析、设计和调试，常将复杂电网络分解为若干简单的子网络。双口网络是常见的子网络，对于复杂电网络中的双口网络，通常更多关注的是其外部的电压、电流的约束关系，而不把注意力放在对双口网络内部的分析上。

本章以不含独立源，且电容、电感处于零状态的线性双口网络为研究对象，依次介绍了双口网络方程及参数、双口网络的互联、双口网络的开路阻抗和短路阻抗、对称双口网络的特性阻抗、双口网络的等效电路、回转器和负阻抗变换器。

11.1　双口网络概述

在网络分析中，当需要研究一个网络的输入 - 输出特性时，人们常把被分析的网络用一个方框和一组对应于网络的输入和输出的端子来表示。在实际应用中，网络的这些对外引出端子经常被成端对地使用。当电流能从端对的一个端子流入从另一个端子全部流出时，称其为一个端口（port），而组成该端口的端子电流间的关系被称为端口条件（relationship of port）。显然，图 11 - 1 就是一个有 n 个端对均满足端口条件的 n 端口网络（n-port network）。

根据上述讨论可知，一个双口网络（two-port network）实际上就是一个满足端口条件的四端网络。在电路中，我们把双口网络用如图 11 - 2 所示的电路符号来表示，并把 1 - 1′端称为双口网络的输入端口（input port），即入口；把 2 - 2′端称为双口网络的输出端口（output port），即出口。

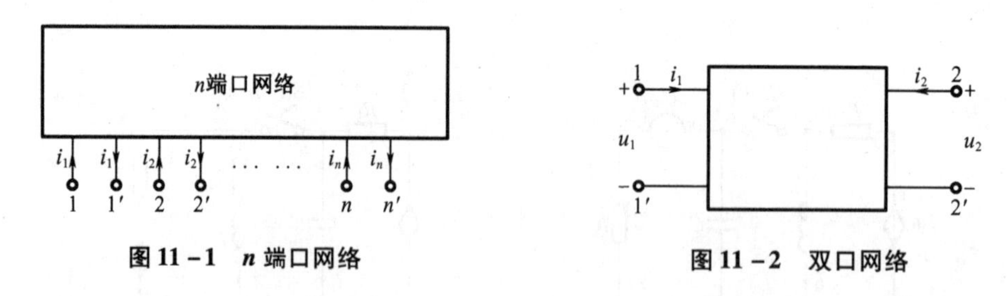

图 11 - 1　n 端口网络　　　　图 11 - 2　双口网络

双口网络的电路符号类似于一个“黑箱”，它不能为我们提供网络内部的任何信息，即元件及其相互间的连接均不可见，因此，我们只能用一个双口网络的端口电压和端口电流来描述它的电特性。

实际应用的大多数电路及系统，常以双口网络的形式出现，如传输线（图 11 - 3（a））、空芯变压器（图 11 - 3（b））、无源 LC 滤波器（图 11 - 3（c））和光电耦合器（图 11 - 3（d））等就是这样的例子。

一个双口网络的内部连接结构可能性很多，但是，就一般情况而言，如果一个双口网络的内部结构不同，则它们具有的外部特性也会不同。

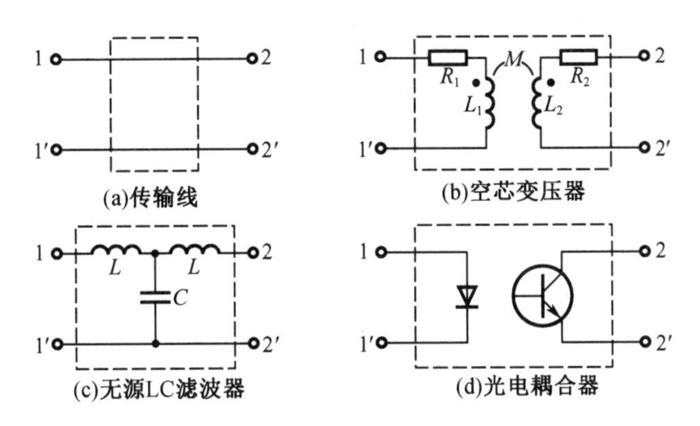

图 11－3　常见的双口网络

双口网络有线性、非线性和含源、无源之分。当一个双口网络内部仅含有线性元件时，称为线性双口网络；反之，称为非线性双口网络。当一个双口网络作为整体能对外部提供能量时，称为端口含源双口网络；反之，称为端口无源双口网络。端口无源双口网络对内部有无电源没有限制，但要求对外部不能有能量输出。当一个双口网络内部不含有独立电源以及由初始条件引起的附加电源时，称为无独立源双口网络；反之，称为有独立源双口网络。当一个双口网络内部既无独立源也无受控源时，称为无源双口网络；反之，称为含源双口网络。本章主要讨论线性无独立源的双口网络问题。这里所提到的不含附加电源的意思是指双口网络内部的储能元件具有零初始条件的情况。

11.2　双口网络的方程及参数

不论双口网络的内部情况可见或不可见，都可以使用其端口电压和端口电流之间的关系来表征它的电特性，这些关系被称为双口网络方程（two-port network equation）。由图 11－2 可知，一个双口网络共有四个端口变量，即入口的电压 u_1 与电流 i_1 和出口的电压 u_2 与电流 i_2。如果在建立双口网络方程的时候，采用其中的任意两个来表示另外两个的话，那么可构成的方程数量为 $C_4^2=6$ 个。因此，从这些双口网络方程出发，可以定义六种双口网络参数（two-port network parameter）。由于每一种双口网络参数都与一个双口网络方程相对应，故双口网络参数在表征双口网络的电特性方面与双口网络方程具有完全等同的作用，也就是说，一旦确定了这些参数，与之对应的双口网络方程也就随之确定了。

为便于考虑双口网络含有电容和电感的情况，下面的分析和讨论将在正弦稳态的情况下采用相量法来进行。

11.2.1　导纳参数方程与阻抗参数方程

1. 导纳参数方程

首先考虑图 11－4 所示的一个线性无源双口网络。图中，$\dot{U}_{S1}$ 和 $\dot{U}_{S2}$ 分别为该双口网络的入口和出口的外加独立电压源相量；端口电压相量 $\dot{U}_1$、$\dot{U}_2$，和端口电流相量 $\dot{I}_1$、$\dot{I}_2$ 的参考方向如图 11－4 所示。

注意图 11 - 4 所示的电路是线性电路,且仅含有两个外加独立电压源,即 $\dot{U}_{S1}$ 和 $\dot{U}_{S2}$。因此,由叠加定理可知,入口电流 $\dot{I}_1$ 和出口电流 $\dot{I}_2$ 分别等于两个独立电压源各自单独作用时所产生的电流贡献的代数和,即

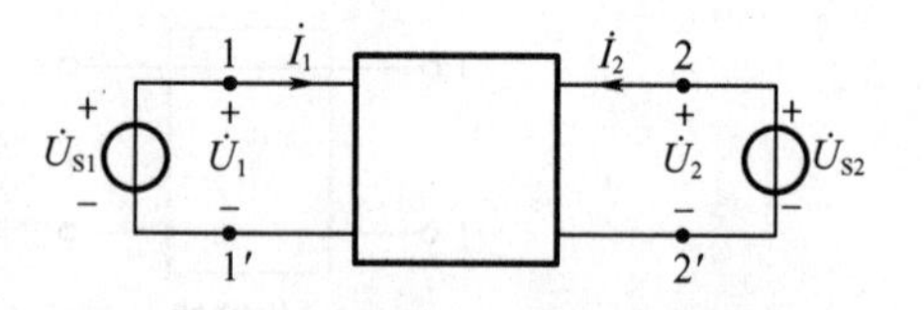

图 11 - 4　外部加有独立电压源的线性无独立源双口网络

$$\begin{cases} \dot{I}_1 = y_{11}\dot{U}_{S1} + y_{12}\dot{U}_{S2} \\ \dot{I}_2 = y_{21}\dot{U}_{S1} + y_{22}\dot{U}_{S2} \end{cases} \tag{11-1}$$

因为

$$\dot{U}_{S1} = \dot{U}_1, \quad \dot{U}_{S2} = \dot{U}_2$$

所以

$$\begin{cases} \dot{I}_1 = y_{11}\dot{U}_1 + y_{12}\dot{U}_2 \\ \dot{I}_2 = y_{21}\dot{U}_1 + y_{22}\dot{U}_2 \end{cases} \tag{11-2}$$

式中,y_{11}、y_{12}、y_{21}、y_{22}均为复常数,仅由双口网络的内部结构和元件参数所决定,具有导纳量纲(单位为西门子(S)),称为双口网络的 Y 参数(Y-parameter),相应地,称式(11 - 2)为双口网络的导纳参数方程(admittance parameter equation),或简称之 Y 参数方程(Y-parameter equation)。

把式(11 - 2)写成矩阵形式,可得到

$$\begin{bmatrix} \dot{I}_1 \\ \dot{I}_2 \end{bmatrix} = \begin{bmatrix} y_{11} & y_{12} \\ y_{21} & y_{22} \end{bmatrix} \begin{bmatrix} \dot{U}_1 \\ \dot{U}_2 \end{bmatrix} \tag{11-3}$$

写成更简洁的形式为

$$\dot{I} = Y\dot{U} \tag{11-4}$$

式中

$$\boldsymbol{Y} = \begin{bmatrix} y_{11} & y_{12} \\ y_{21} & y_{22} \end{bmatrix}$$

称为导纳参数矩阵(admittance parameter matrix)。这里 Y 参数所起的作用,从数学的角度看,实质上是把双口网络的端口电压($\dot{U}_1$,$\dot{U}_2$)映射成为端口电流($\dot{I}_1$,$\dot{I}_2$)的一种线性变换。

下面给出 Y 参数的定义。根据式(11 - 2)可知,当出口短路(即 $\dot{U}_2 = 0$)时,有

$$\begin{cases} y_{11} = \left.\dfrac{\dot{I}_1}{\dot{U}_1}\right|_{\dot{U}_2=0} \\ y_{21} = \left.\dfrac{\dot{I}_2}{\dot{U}_1}\right|_{\dot{U}_2=0} \end{cases} \tag{11-5}$$

当入口短路(即 $\dot{U}_1 = 0$)时,有

$$\begin{cases} y_{12} = \left.\dfrac{\dot{I}_1}{\dot{U}_2}\right|_{\dot{U}_1=0} \\ y_{22} = \left.\dfrac{\dot{I}_2}{\dot{U}_2}\right|_{\dot{U}_1=0} \end{cases} \tag{11-6}$$

由于式(11－5)和式(11－6)分别是在出口短路和入口短路的情况下给出的，因此Y参数又被称为短路导纳参数(short-circuit admittance parameter)。其中y_{11}为出口短路时入口的输入导纳，y_{12}为入口短路时入口对出口的转移导纳，y_{21}为出口短路时出口对入口的转移导纳，y_{22}为入口短路时出口的输入导纳。有时也把y_{11}和y_{22}分别称为入口的策动点导纳和出口的策动点导纳(或入端导纳)。

显然，根据式(11－5)和式(11－6)，我们既可以从一个已知内部结构和元件参数的双口网络求取Y参数，也可以通过实验测量来确定一个内部结构未知的双口网络的Y参数。

例11－1 求图11－5(a)所示的双口网络的Y参数。

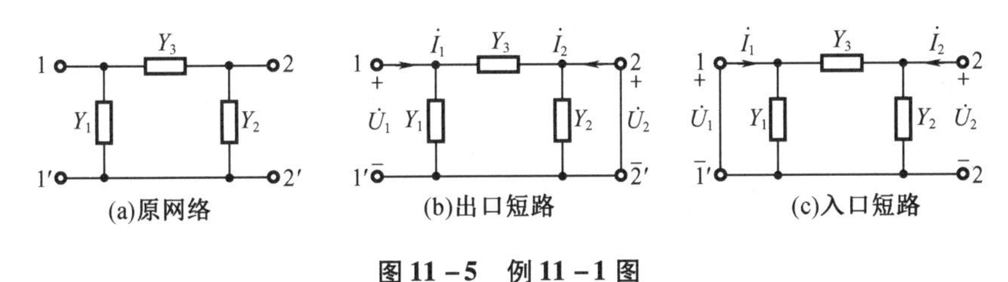

图11－5 例11－1图

解 由于该双口网络的内部结构已知，故根据式(11－5)和式(11－6)来求Y参数。首先，把出口短路($\dot{U}_2=0$)，电路如图11－5(b)所示，对其直接分析可得

$$\begin{cases} y_{11} = \left.\dfrac{\dot{I}_1}{\dot{U}_1}\right|_{\dot{U}_2=0} = Y_1 + Y_3 \\ y_{21} = \left.\dfrac{\dot{I}_2}{\dot{U}_1}\right|_{\dot{U}_2=0} = -Y_3 \end{cases}$$

然后，把入口短路($\dot{U}_1=0$)，电路如图11－5(c)所示，同样，用直接分析可得

$$\begin{cases} y_{12} = \left.\dfrac{\dot{I}_1}{\dot{U}_2}\right|_{\dot{U}_1=0} = -Y_3 \\ y_{22} = \left.\dfrac{\dot{I}_2}{\dot{U}_2}\right|_{\dot{U}_1=0} = Y_2 + Y_3 \end{cases}$$

由计算结果得

$$y_{12} = y_{21} \tag{11-7}$$

根据互易定理1不难证明，对于任意线性无源双口网络而言，总有$y_{12}=y_{21}$成立。当一个双口网络的Y参数存在上述关系时，称为互易性双口网络。由式(11－7)知，一个线性无

源(或互易性)双口网络的 Y 参数中仅有三个参数是独立的。

如果一个线性无源双口网络的电特性存在对称性,那么它的 Y 参数还将存在

$$y_{11} = y_{22} \tag{11-8}$$

的关系。此时,双口网络被称为线性无源对称性双口网络。显然,线性无源对称性双口网络的 Y 参数中只有两个参数是独立的。这表明若将线性无源对称性双口网络的入口与出口互换位置,它的电特性不会改变。

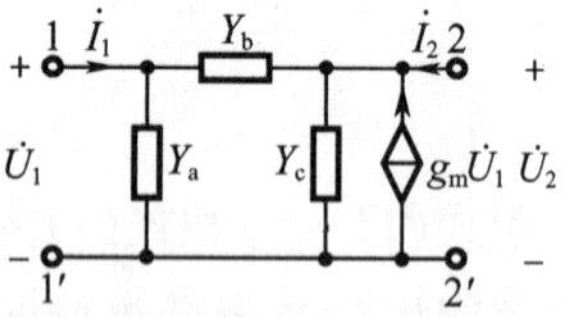

图 11-6 例 11-2 图

例 11-2 求图 11-6 所示的双口网络的 Y 参数。

解 下面采用比较方程系数的方法求 Y 参数。首先,对图 11-6 直接列写 KCL 方程如下

$$\begin{cases} \dot{I}_1 = Y_a\dot{U}_1 + Y_b(\dot{U}_1 - \dot{U}_2) \\ \dot{I}_2 = Y_c\dot{U}_2 + Y_b(\dot{U}_2 - \dot{U}_1) - g_m\dot{U}_1 \end{cases}$$

整理后,得

$$\begin{cases} \dot{I}_1 = (Y_a + Y_b)\dot{U}_1 - Y_b\dot{U}_2 \\ \dot{I}_2 = -(Y_b + g_m)\dot{U}_1 + (Y_b + Y_c)\dot{U}_2 \end{cases}$$

与 Y 参数方程进行比较,可得出

$$y_{11} = Y_a + Y_b \qquad y_{12} = -Y_b$$

$$y_{21} = -Y_b - g_m \qquad y_{22} = Y_b + Y_c$$

由此可见,$y_{12} \neq y_{21}$。这是由于本例中的双口网络存在受控电源所造成的。这表明双口网络内部存在受控电源时其 Y 参数一般不满足$y_{12} = y_{21}$。

2. 阻抗参数方程

如果把图 11-4 所示的线性无源双口网络的外加电压源改变为独立电流源 $\dot{I}_{S1}$ 和 $\dot{I}_{S2}$,并保持端口电压和电流相量的参考方向不变,如图 11-7 所示,那么由叠加定理可写出用端口电流表示端口电压的方程如下

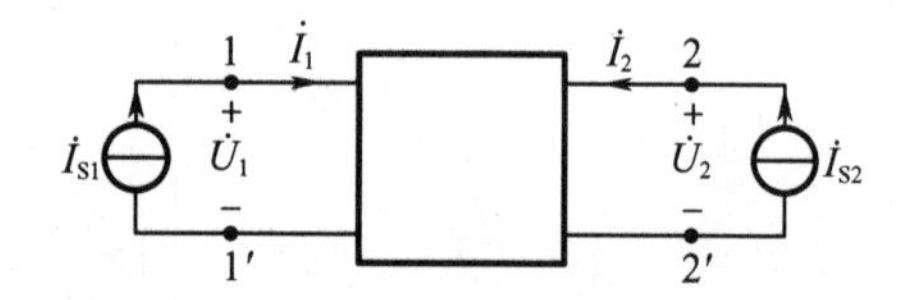

图 11-7 外部加有独立电流源的线性无独立源双口网络

$$\begin{cases} \dot{U}_1 = z_{11}\dot{I}_1 + z_{12}\dot{I}_2 \\ \dot{U}_2 = z_{21}\dot{I}_1 + z_{22}\dot{I}_2 \end{cases} \tag{11-9}$$

式中,z_{11}、z_{12}、z_{21}、z_{22}均为复常数,仅由双口网络的内部结构和元件参数所决定,具有阻抗量纲(单位为欧姆(Ω)),称为双口网络的 Z 参数(Z-parameter)。相应地,称式(11-9)为双口网络的阻抗参数方程(impedance parameter equation),或简称之 Z 参数方程(Z-parameter equation)。

把式(11-9)写成矩阵形式,可得到

$$\begin{bmatrix} \dot{U}_1 \\ \dot{U}_2 \end{bmatrix} = \begin{bmatrix} z_{11} & z_{12} \\ z_{21} & z_{22} \end{bmatrix} \begin{bmatrix} \dot{I}_1 \\ \dot{I}_2 \end{bmatrix} \tag{11-10}$$

写成更简洁的形式为

$$\dot{\boldsymbol{U}} = \boldsymbol{Z}\dot{\boldsymbol{I}} \tag{11-11}$$

式中

$$\boldsymbol{Z} = \begin{bmatrix} z_{11} & z_{12} \\ z_{21} & z_{22} \end{bmatrix}$$

称为阻抗参数矩阵(impedance parameter matrix)。这里 Z 参数所起的作用,从数学的角度看,实质上是把双口网络的端口电流($\dot{I}_1, \dot{I}_2$)映射成为端口电压($\dot{U}_1, \dot{U}_2$)的一种线性变换。

下面给出 Z 参数的定义。

根据式(11 -9)可知,当出口开路(即 $\dot{I}_2 = 0$)时,有

$$\begin{cases} z_{11} = \left.\dfrac{\dot{U}_1}{\dot{I}_1}\right|_{\dot{I}_2=0} \\ z_{21} = \left.\dfrac{\dot{U}_2}{\dot{I}_1}\right|_{\dot{I}_2=0} \end{cases} \tag{11-12}$$

当入口开路(即 $\dot{I}_1 = 0$)时,有

$$\begin{cases} z_{12} = \left.\dfrac{\dot{U}_1}{\dot{I}_2}\right|_{\dot{I}_1=0} \\ z_{22} = \left.\dfrac{\dot{U}_2}{\dot{I}_2}\right|_{\dot{I}_1=0} \end{cases} \tag{11-13}$$

由于式(11 -12)和式(11 -13)分别是在出口开路和入口开路的情况下给出的,因此 Z 参数又被称为开路阻抗参数(open-circuit impedance parameter)。其中 z_{11} 为出口开路时入口的输入阻抗,z_{12} 为入口开路时入口对出口的转移阻抗,z_{21} 为出口开路时出口对入口的转移阻抗,z_{22} 为入口开路时出口的输入阻抗。有时也把 z_{11} 和 z_{22} 分别称为入口的策动点阻抗和出口的策动点阻抗(或入端阻抗)。

根据互易定理 2 容易证明,如果一个双口网络是线性无源的,则一定有

$$z_{12} = z_{21} \tag{11-14}$$

如果一个线性双口网络既是无源的又是对称的(电特性的对称),那么它的 Z 参数一定存在

$$z_{11} = z_{22} \tag{11-15}$$

的关系。

综合上述讨论可知,Y 参数和 Z 参数是从两个不同的方面描述了同一个双口网络的电特性。因此,二者之间必然存在着某种关系。把式(11 -4)代入式(11 -11)中可看到,若 Y 和 Z 参数同时存在,则必有

$$Z = Y^{-1} \tag{11-16}$$

或

$$Y = Z^{-1} \tag{11-17}$$

这表明如果已知一个双口网络的 Y 参数,那么只要它的 Z 参数存在就可以利用式(11－16)求出;反之,Y 参数可以用式(11－17)来求出。

例 11－3 求图 11－8 所示的双口网络的开路阻抗参数矩阵。

解 根据 Z 参数的定义,令出口开路($\dot{I}_2 = 0$),可得

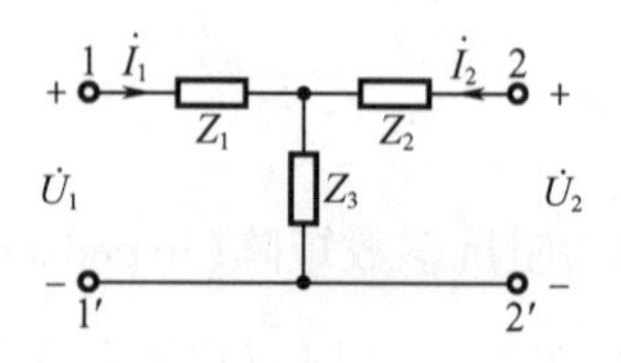

图 11－8 例 11－3 图

$$z_{11} = \left.\frac{\dot{U}_1}{\dot{I}_1}\right|_{\dot{I}_2=0} = Z_1 + Z_3$$

$$z_{21} = \left.\frac{\dot{U}_2}{\dot{I}_1}\right|_{\dot{I}_2=0} = Z_3$$

再令入口开路($\dot{I}_1 = 0$),可得

$$z_{12} = \left.\frac{\dot{U}_1}{\dot{I}_2}\right|_{\dot{I}_1=0} = Z_3$$

$$z_{22} = \left.\frac{\dot{U}_2}{\dot{I}_2}\right|_{\dot{I}_1=0} = Z_2 + Z_3$$

于是得到

$$\mathbf{Z} = \begin{bmatrix} z_{11} & z_{12} \\ z_{21} & z_{22} \end{bmatrix} = \begin{bmatrix} Z_1 + Z_3 & Z_3 \\ Z_3 & Z_2 + Z_3 \end{bmatrix}$$

11.2.2 混合参数方程

当采用双口网络的入口电流和出口电压来表示其入口电压和出口电流时,所得到的方程就是反映双口网络的端口电压与电流关系的混合参数方程。它的表示形式为

$$\begin{cases} \dot{U}_1 = h_{11}\dot{I}_1 + h_{12}\dot{U}_2 \\ \dot{I}_2 = h_{21}\dot{I}_1 + h_{22}\dot{U}_2 \end{cases} \tag{11-18}$$

式中,h_{11}、h_{12}、h_{21}、h_{22}均为复常数,仅由双口网络的内部结构和元件参数所决定。其中 h_{11} 具有阻抗量纲(单位为欧姆(Ω)),h_{22}具有导纳量纲(单位为西门子(S)),而 h_{21} 和 h_{12} 均为无量纲的量。由于这四个参数的量纲不同,故称之为混合参数(hybrid parameter)或 H 参数(H-parameter),相应的方程也称之为 H 参数方程(H-parameter equation)。在模拟电子电路中,H 参数经常被用于表示双极型晶体三极管的低频小信号等效电路模型。

有关式(11－18)的正确性,可以通过用叠加定理分析图 11－9 所示的电路来证明。因分析方法与建立 Y 参数方程的情况相类似,故在此处略去。

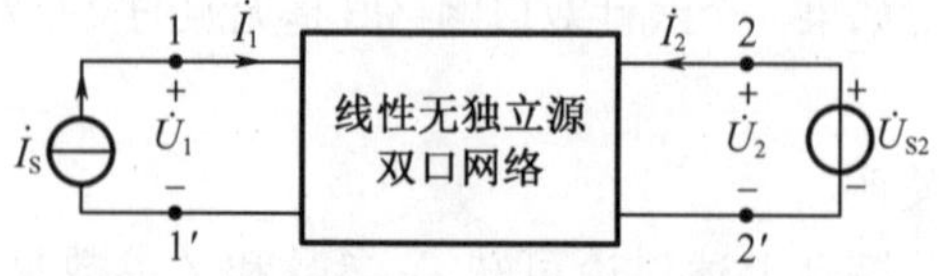

图 11－9 加有外部电源的线性无独立源双口网络

下面给出 H 参数的定义。

根据式(11－18)可知,当出口短路(即 $\dot{U}_2=0$)时,有

$$\begin{cases} h_{11}=\left.\dfrac{\dot{U}_1}{\dot{I}_1}\right|_{\dot{U}_2=0} \\ h_{21}=\left.\dfrac{\dot{I}_2}{\dot{I}_1}\right|_{\dot{U}_2=0} \end{cases} \tag{11-19}$$

当入口开路(即 $\dot{I}_1=0$)时,有

$$\begin{cases} h_{12}=\left.\dfrac{\dot{U}_1}{\dot{U}_2}\right|_{\dot{I}_1=0} \\ h_{22}=\left.\dfrac{\dot{I}_2}{\dot{U}_2}\right|_{\dot{I}_1=0} \end{cases} \tag{11-20}$$

式中,h_{11}为出口短路时入口的输入阻抗,h_{12}为入口开路时入口与出口的电压比,h_{21}为出口短路时出口与入口的电流比,h_{22}为入口开路时出口的输入导纳。

例 11－4 试用线性无源双口网络的 Y 参数来表示 H 参数。

解 线性无源双口网络的 Y 参数方程为

$$\begin{cases} \dot{I}_1=y_{11}\dot{U}_1+y_{12}\dot{U}_2 \\ \dot{I}_2=y_{21}\dot{U}_1+y_{22}\dot{U}_2 \end{cases}$$

由上述联立方程中的第一方程得

$$\dot{U}_1=\frac{1}{y_{11}}\dot{I}_1-\frac{y_{12}}{y_{11}}\dot{U}_2$$

把上式代入联立方程中的第二方程,得

$$\dot{I}_2=\frac{y_{21}}{y_{11}}\dot{I}_1+\frac{\Delta y}{y_{11}}\dot{U}_2$$

式中,$\Delta y=y_{11}y_{22}-y_{12}y_{21}$。

于是,把上述结果同式(11－18)比较,可得到

$$h_{11}=\frac{1}{y_{11}} \qquad h_{12}=-\frac{y_{12}}{y_{11}}$$

$$h_{21}=\frac{y_{21}}{y_{11}} \qquad h_{22}=\frac{\Delta y}{y_{11}}$$

由此可见,H 参数可用 Y 参数表示。由于线性无源双口网络的 Y 参数存在 $y_{12}=y_{21}$ 的关系,故知 H 参数存在

$$h_{12}=-h_{21} \tag{11-21}$$

的关系。如果一个线性双口网络既是无源的又是对称的(电特性的对称),那么它的 H 参数间一定存在

$$h_{11}h_{22}-h_{12}h_{21}=1 \tag{11-22}$$

的关系。这是因为线性无源对称性双口网络的 Y 参数存在 $y_{11}=y_{22}$ 的缘故。

把混合参数方程写成矩阵形式为

$$\begin{bmatrix}\dot{U}_1\\\dot{I}_2\end{bmatrix}=\begin{bmatrix}h_{11}&h_{12}\\h_{21}&h_{22}\end{bmatrix}\begin{bmatrix}\dot{I}_1\\\dot{U}_2\end{bmatrix}=\boldsymbol{H}\begin{bmatrix}\dot{I}_1\\\dot{U}_2\end{bmatrix}\tag{11-23}$$

式中,$\boldsymbol{H}=\begin{bmatrix}h_{11}&h_{12}\\h_{21}&h_{22}\end{bmatrix}$称为混合参数矩阵(hybrid parameter matrix)或 H 参数矩阵。由 H 参数方程可见,H 参数所实现的是把端口变量($\dot{I}_1,\dot{U}_2$)映射成为另一端口变量($\dot{U}_1,\dot{I}_2$)的一种线性变换。

混合参数方程还有一种反向表示形式,即用入口电压和出口电流来表示入口电流和出口电压。其方程为

$$\begin{bmatrix}\dot{I}_1\\\dot{U}_2\end{bmatrix}=\begin{bmatrix}g_{11}&g_{12}\\g_{21}&g_{22}\end{bmatrix}\begin{bmatrix}\dot{U}_1\\\dot{I}_2\end{bmatrix}=G\begin{bmatrix}\dot{U}_1\\\dot{I}_2\end{bmatrix}\tag{11-24}$$

式中,$\boldsymbol{G}=\begin{bmatrix}g_{11}&g_{12}\\g_{21}&g_{22}\end{bmatrix}$称为反向混合参数矩阵(inverse hybrid parameter matrix)或 G 参数矩阵。相应的式(11-24)被称为 G 参数方程(G-parameter equation)。把式(11-23)代入式(11-24)得到 G 参数与 H 参数间存在

$$\boldsymbol{G}=\boldsymbol{H}^{-1}\tag{11-25}$$

或

$$\boldsymbol{H}=\boldsymbol{G}^{-1}\tag{11-26}$$

的关系。

11.2.3 传输参数方程

在实际应用中,为了便于描述信号的传输情况,还需要建立能用出口电压和电流表示入口电压和电流的双口网络方程,即

$$\begin{cases}\dot{U}_1=t_{11}\dot{U}_2+t_{12}(-\dot{I}_2)\\\dot{I}_1=t_{21}\dot{U}_2+t_{22}(-\dot{I}_2)\end{cases}\tag{11-27}$$

式(11-27)就是双口网络的传输参数方程(transmission parameter equation)或 T 参数方程(T-parameter equation)。方程中的 t_{11}、t_{12}、t_{21}、t_{22} 均为复常数,仅由双口网络的内部结构和元件参数所决定,称为传输参数(transmission parameter)。其中 t_{11} 和 t_{22} 均为无量纲的量,而 t_{12} 和 t_{21} 分别具有阻抗量纲(单位为欧姆(Ω))和导纳量纲(单位为西门子(S))。在 T 参数方程中,采用 $-\dot{I}_2$ 作为端口变量,其目的是为了保持与人们把"传输"之意常理解为电流沿双口网络的入口方向向前流动的习惯相一致。

下面从 Y 参数方程出发来说明式(11-27)(即 T 参数方程)的合理性。

假定线性无源双口网络的 Y 参数方程为

$$\begin{cases}\dot{I}_1=y_{11}\dot{U}_1+y_{12}\dot{U}_2\\\dot{I}_2=y_{21}\dot{U}_1+y_{22}\dot{U}_2\end{cases}$$

由上述联立方程中的第二方程得

$$\dot{U}_1 = -\frac{y_{22}}{y_{21}}\dot{U}_2 - \frac{1}{y_{21}}(-\dot{I}_2) \tag{11-28}$$

代入联立方程中的第一方程，得

$$\dot{I}_1 = y_{11}\left(-\frac{y_{22}}{y_{21}}\dot{U}_2 + \frac{1}{y_{21}}\dot{I}_2\right) + y_{12}\dot{U}_2 = -\frac{\Delta y}{y_{21}}\dot{U}_2 - \frac{y_{11}}{y_{21}}(-\dot{I}_2) \tag{11-29}$$

式中，$\Delta y = y_{11}y_{22} - y_{12}y_{21}$。

令

$$t_{11} = -\frac{y_{22}}{y_{21}} \qquad t_{12} = -\frac{1}{y_{21}}$$

$$t_{21} = -\frac{\Delta y}{y_{21}} \qquad t_{22} = -\frac{y_{11}}{y_{21}}$$

代入式(11－28)和式(11－29)，可得到

$$\begin{cases} \dot{U}_1 = t_{11}\dot{U}_2 + t_{12}(-\dot{I}_2) \\ \dot{I}_1 = t_{21}\dot{U}_2 + t_{22}(-\dot{I}_2) \end{cases}$$

由此可见，把双口网络的传输参数方程表示为式(11－27)的形式具有合理性。

把传输参数方程写成矩阵形式，有

$$\begin{bmatrix} \dot{U}_1 \\ \dot{I}_1 \end{bmatrix} = \begin{bmatrix} t_{11} & t_{12} \\ t_{21} & t_{22} \end{bmatrix} \begin{bmatrix} \dot{U}_2 \\ -\dot{I}_2 \end{bmatrix} = \boldsymbol{T} \begin{bmatrix} \dot{U}_2 \\ -\dot{I}_2 \end{bmatrix} \tag{11-30}$$

式中，$\boldsymbol{T} = \begin{bmatrix} t_{11} & t_{12} \\ t_{21} & t_{22} \end{bmatrix}$被称为传输参数矩阵(transmission parameter matrix)或 T 参数矩阵。由式(11－30)可见，T 参数所实现的就是把端口变量 $(\dot{U}_2, -\dot{I}_2)$ 映射成为另一端口变量 $(\dot{U}_1, \dot{I}_1)$ 的一种线性变换。

下面给出 T 参数的定义。

当出口开路(即 $\dot{I}_2 = 0$)时，有

$$\begin{cases} t_{11} = \left.\dfrac{\dot{U}_1}{\dot{U}_2}\right|_{\dot{I}_2=0} \\ t_{21} = \left.\dfrac{\dot{I}_1}{\dot{U}_2}\right|_{\dot{I}_2=0} \end{cases} \tag{11-31}$$

当出口短路(即 $\dot{U}_2 = 0$)时，有

$$\begin{cases} t_{12} = \left.\dfrac{\dot{U}_1}{-\dot{I}_2}\right|_{\dot{U}_2=0} \\ t_{22} = \left.\dfrac{\dot{I}_1}{-\dot{I}_2}\right|_{\dot{U}_2=0} \end{cases} \tag{11-32}$$

由上式可见,t_{11}为出口开路时入口与出口的电压比,t_{21}为出口开路时入口对出口的转移导纳,t_{12}为出口短路时入口与出口的转移阻抗,t_{22}为出口短路时入口与出口的电流比。

对于线性无源双口网络,T 参数之间存在一个约束关系,即

$$t_{11}t_{22} - t_{12}t_{21} = \left(-\frac{y_{22}}{y_{21}}\right)\left(-\frac{y_{11}}{y_{21}}\right) - \left(-\frac{1}{y_{21}}\right)\left(-\frac{\Delta y}{y_{21}}\right) = \frac{y_{12}}{y_{21}} = 1 \qquad (11-33)$$

这表明线性无源双口网络的 T 参数仅有三个是独立的。

如果一个线性双口网络既是无源的又是对称的,那么还存在着

$$t_{11} = t_{22} \qquad (11-34)$$

的关系。这是因为线性无源对称性双口网络的 Y 参数存在 $y_{11} = y_{22}$ 的缘故。此时的 T 参数仅有两个是独立的。

例 11-5 分别求出在图 11-10 中的两个双口网络的传输参数矩阵。

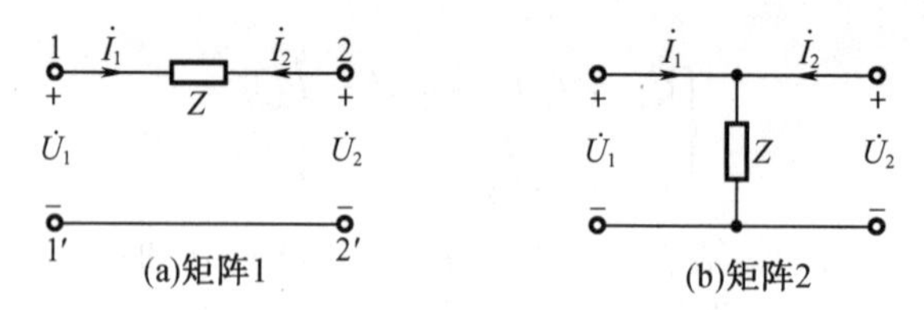

图 11-10 例 11-5 图

解 根据图 11-10(a),可以列写方程如下:

$$\begin{cases} \dot{U}_1 = \dot{U}_2 - Z\dot{I}_2 \\ \dot{I}_1 = -\dot{I}_2 \end{cases}$$

由上述方程可得

$$\boldsymbol{T} = \begin{bmatrix} 1 & Z \\ 0 & 1 \end{bmatrix}$$

根据图 11-10(b),可以列写方程如下:

$$\begin{cases} \dot{U}_1 = \dot{U}_2 \\ \dot{I}_1 = \dfrac{1}{Z}\dot{U}_2 - \dot{I}_2 \end{cases}$$

于是,有

$$\boldsymbol{T} = \begin{bmatrix} 1 & 0 \\ \dfrac{1}{Z} & 1 \end{bmatrix}$$

由本例可见,图 11-10(a)中的双口网络仅含一个串臂元件,它的 T 参数矩阵为一个对角线元素均为 1 的上三角矩阵,上三角矩阵中对角线元素之外的非 0 元素为元件的阻抗值 Z;图 11-10(b)中的双口网络仅含一个并臂元件,它的 T 参数矩阵为一个对角线元素均为 1 的下三角矩阵,下三角矩阵中对角线元素之外的非 0 元素为元件的导纳值 $1/Z$。由于上述特点,称它们为双口网络的基本节。基本节有简化求取复杂双口网络参数的计算的作用,在下一节中可见到有关的例子。

传输参数方程还有一种反向表示形式，即用入口的电压和电流来表示出口的电压和电流。其方程为

$$\begin{bmatrix} \dot{U}_2 \\ -\dot{I}_2 \end{bmatrix} = \begin{bmatrix} t'_{11} & t'_{12} \\ t'_{21} & t'_{22} \end{bmatrix} \begin{bmatrix} \dot{U}_1 \\ \dot{I}_1 \end{bmatrix} = \boldsymbol{T}' \begin{bmatrix} \dot{U}_1 \\ \dot{I}_1 \end{bmatrix} \tag{11-35}$$

式中，$\boldsymbol{T}' = \begin{bmatrix} t'_{11} & t'_{12} \\ t'_{21} & t'_{22} \end{bmatrix}$称为反向传输参数矩阵或 T′参数矩阵。相应地，式(11－35)被称为反向传输参数方程(inverse transmission parameter equation)或 T′参数方程。把式(11－35)代入式(11－30)可得到 T 参数与 T′参数间存在

$$\boldsymbol{T}' = \boldsymbol{T}^{-1} \tag{11-36}$$

或

$$\boldsymbol{T} = \boldsymbol{T}'^{-1} \tag{11-37}$$

的关系。

综上所述，本书已经给出了双口网络的六种方程及其参数的表示形式。显然，在这些方程或参数之间存在着互为表示的关系。这说明同一双口网络的方程与方程或参数与参数之间存在线性相关性，即互相之间不独立。因此，若知道了它们当中的任意一种参数，就可以由其导出所需要的其他参数。当然，被导出的这种参数必须是实际存在的。同理，对双口网络的方程也一样，即双口网络的方程也可以互相转换。

为便于双口网络参数间的互换，我们把双口网络的六种参数的转换关系列于表 11－1 中，供查阅使用。

表 11－1　同一双口网络的参数矩阵互换表

	$\boldsymbol{Z}$	$\boldsymbol{Y}$	$\boldsymbol{T}$	$\boldsymbol{T}'$	$\boldsymbol{H}$	$\boldsymbol{G}$
$\boldsymbol{Z}$	$\begin{matrix} z_{11} & z_{12} \\ z_{21} & z_{22} \end{matrix}$	$\begin{matrix} \frac{y_{22}}{\Delta y} & -\frac{y_{12}}{\Delta y} \\ -\frac{y_{21}}{\Delta y} & \frac{y_{11}}{\Delta y} \end{matrix}$	$\begin{matrix} \frac{t_{11}}{t_{21}} & \frac{\Delta t}{t_{21}} \\ \frac{1}{t_{21}} & \frac{t_{22}}{t_{21}} \end{matrix}$	$\begin{matrix} -\frac{t'_{22}}{t'_{21}} & -\frac{1}{t'_{21}} \\ -\frac{\Delta t'}{t'_{21}} & -\frac{t'_{11}}{t'_{21}} \end{matrix}$	$\begin{matrix} \frac{\Delta h}{h_{22}} & \frac{h_{12}}{h_{22}} \\ -\frac{h_{21}}{h_{22}} & \frac{1}{h_{22}} \end{matrix}$	$\begin{matrix} \frac{1}{g_{11}} & -\frac{g_{12}}{g_{11}} \\ \frac{g_{21}}{g_{11}} & \frac{\Delta g}{g_{11}} \end{matrix}$
$\boldsymbol{Y}$	$\begin{matrix} \frac{z_{22}}{\Delta z} & -\frac{z_{12}}{\Delta z} \\ -\frac{z_{21}}{\Delta z} & \frac{z_{11}}{\Delta z} \end{matrix}$	$\begin{matrix} y_{11} & y_{12} \\ y_{21} & y_{22} \end{matrix}$	$\begin{matrix} \frac{t_{22}}{t_{12}} & -\frac{\Delta t}{t_{12}} \\ -\frac{1}{t_{12}} & \frac{t_{11}}{t_{12}} \end{matrix}$	$\begin{matrix} -\frac{t'_{11}}{t'_{12}} & \frac{1}{t'_{12}} \\ \frac{\Delta t'}{t'_{12}} & -\frac{t'_{22}}{t'_{12}} \end{matrix}$	$\begin{matrix} \frac{1}{h_{11}} & -\frac{h_{12}}{h_{11}} \\ \frac{h_{21}}{h_{11}} & \frac{\Delta h}{h_{11}} \end{matrix}$	$\begin{matrix} \frac{\Delta g}{g_{22}} & \frac{g_{12}}{g_{22}} \\ -\frac{g_{21}}{g_{11}} & \frac{1}{g_{22}} \end{matrix}$
$\boldsymbol{T}$	$\begin{matrix} \frac{z_{11}}{z_{21}} & \frac{\Delta z}{z_{21}} \\ \frac{1}{z_{21}} & \frac{z_{22}}{z_{21}} \end{matrix}$	$\begin{matrix} -\frac{y_{22}}{y_{21}} & -\frac{1}{y_{21}} \\ -\frac{\Delta y}{y_{21}} & -\frac{y_{11}}{y_{21}} \end{matrix}$	$\begin{matrix} t_{11} & t_{12} \\ t_{21} & t_{22} \end{matrix}$	$\begin{matrix} \frac{t'_{22}}{\Delta t'} & -\frac{t'_{12}}{\Delta t'} \\ -\frac{t'_{21}}{\Delta t'} & \frac{t'_{11}}{\Delta t'} \end{matrix}$	$\begin{matrix} -\frac{\Delta h}{h_{21}} & -\frac{h_{11}}{h_{21}} \\ -\frac{h_{22}}{h_{21}} & -\frac{1}{h_{21}} \end{matrix}$	$\begin{matrix} \frac{1}{g_{21}} & \frac{g_{22}}{g_{21}} \\ \frac{g_{11}}{g_{21}} & \frac{\Delta g}{g_{21}} \end{matrix}$
$\boldsymbol{T}'$	$\begin{matrix} \frac{z_{22}}{z_{12}} & -\frac{\Delta z}{z_{12}} \\ -\frac{1}{z_{12}} & \frac{z_{11}}{z_{12}} \end{matrix}$	$\begin{matrix} -\frac{y_{11}}{y_{12}} & \frac{1}{y_{12}} \\ \frac{\Delta y}{y_{12}} & -\frac{y_{22}}{y_{12}} \end{matrix}$	$\begin{matrix} \frac{t_{22}}{\Delta t} & -\frac{t_{12}}{\Delta t} \\ -\frac{t_{21}}{\Delta t} & \frac{t_{11}}{\Delta t} \end{matrix}$	$\begin{matrix} t'_{11} & t'_{12} \\ t'_{21} & t'_{22} \end{matrix}$	$\begin{matrix} \frac{1}{h_{12}} & -\frac{h_{11}}{h_{12}} \\ -\frac{h_{22}}{h_{12}} & \frac{\Delta h}{h_{12}} \end{matrix}$	$\begin{matrix} -\frac{\Delta g}{g_{12}} & \frac{g_{22}}{g_{12}} \\ \frac{g_{11}}{g_{12}} & -\frac{1}{g_{12}} \end{matrix}$

表 11－1(续)

	Z	**Y**	**T**	**T′**	**H**	**G**
H	$\begin{matrix}\frac{\Delta z}{z_{22}} & \frac{z_{12}}{z_{22}} \\ -\frac{z_{21}}{z_{22}} & \frac{1}{z_{22}}\end{matrix}$	$\begin{matrix}\frac{1}{y_{11}} & -\frac{y_{12}}{y_{11}} \\ \frac{y_{21}}{y_{11}} & \frac{\Delta y}{y_{11}}\end{matrix}$	$\begin{matrix}\frac{t_{12}}{t_{22}} & \frac{\Delta t}{t_{22}} \\ -\frac{1}{t_{22}} & \frac{t_{21}}{t_{22}}\end{matrix}$	$\begin{matrix}-\frac{t'_{12}}{t'_{11}} & \frac{1}{t'_{11}} \\ -\frac{\Delta t'}{t'_{11}} & -\frac{t'_{21}}{t'_{11}}\end{matrix}$	$\begin{matrix}h_{11} & h_{12} \\ h_{21} & h_{22}\end{matrix}$	$\begin{matrix}\frac{g_{22}}{\Delta g} & -\frac{g_{12}}{\Delta g} \\ -\frac{g_{21}}{\Delta g} & \frac{g_{11}}{\Delta g}\end{matrix}$
G	$\begin{matrix}\frac{1}{z_{11}} & -\frac{z_{12}}{z_{11}} \\ \frac{z_{21}}{z_{11}} & \frac{\Delta z}{z_{11}}\end{matrix}$	$\begin{matrix}\frac{\Delta y}{y_{22}} & \frac{y_{12}}{y_{22}} \\ -\frac{y_{21}}{y_{22}} & \frac{1}{y_{22}}\end{matrix}$	$\begin{matrix}\frac{t_{21}}{t_{11}} & -\frac{\Delta t}{t_{11}} \\ \frac{1}{t_{11}} & \frac{t_{12}}{t_{11}}\end{matrix}$	$\begin{matrix}-\frac{t'_{21}}{t'_{22}} & -\frac{1}{t'_{22}} \\ \frac{\Delta t'}{t'_{22}} & -\frac{t'_{12}}{t'_{22}}\end{matrix}$	$\begin{matrix}\frac{h_{22}}{\Delta h} & -\frac{h_{12}}{\Delta h} \\ -\frac{h_{21}}{\Delta h} & \frac{h_{11}}{\Delta h}\end{matrix}$	$\begin{matrix}g_{11} & g_{12} \\ g_{21} & g_{22}\end{matrix}$
线性无源双口网络满足的条件	$z_{12}=z_{21}$	$y_{12}=y_{21}$	$\Delta t=t_{11}t_{22}-t_{12}t_{21}=1$	$\Delta t'=t'_{11}t'_{22}-t'_{12}t'_{21}=1$	$h_{12}=-h_{21}$	$g_{12}=-g_{21}$

11.2节
思考与练习
参考答案

本节思考与练习

11－2－1　求出题11－2－1图所示双口网络的Y参数矩阵。

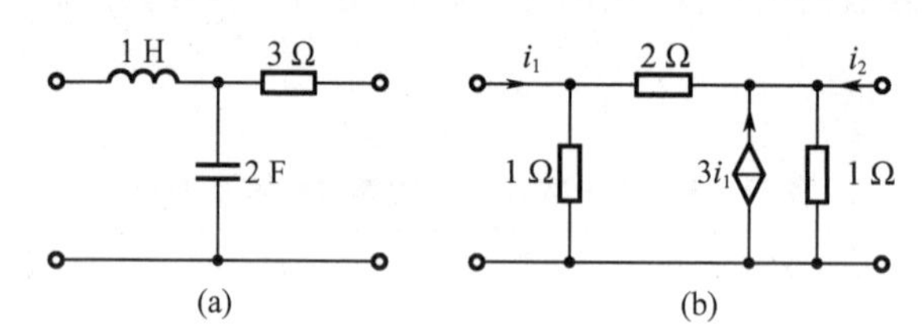

题 11－2－1 图

11－2－2　求出题11－2－2图所示双口网络的Z参数矩阵。

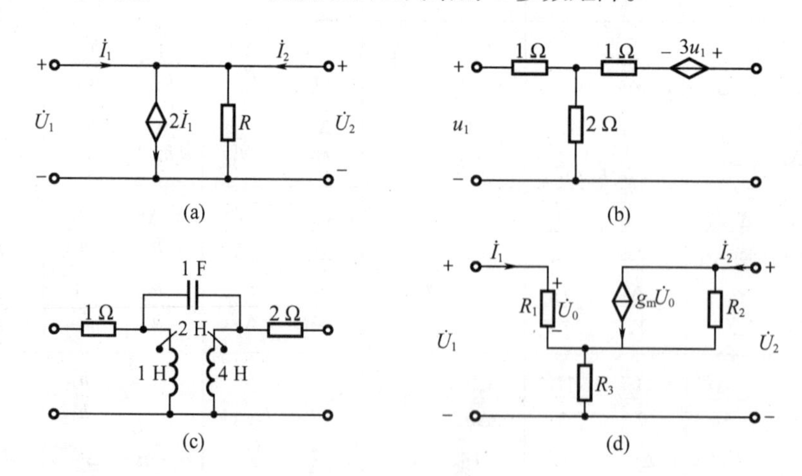

题 11－2－2 图

11－2－3　求出题11－2－3图(a)的短路导纳矩阵及图(b)的开路阻抗矩阵,并指出图(a)的Z参数矩阵及图(b)的Y参数矩阵是否存在?

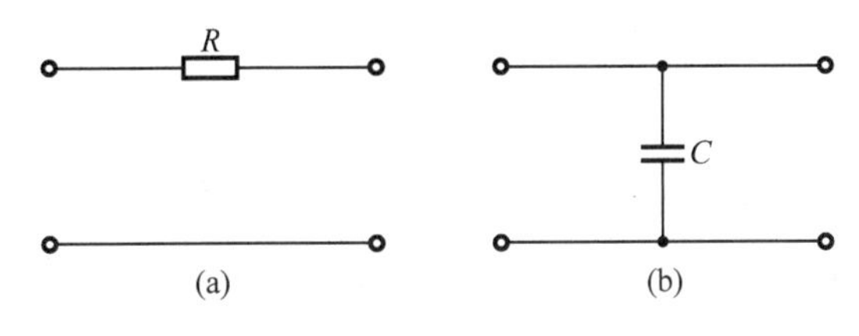

题11－2－3图

11－2－4　求题11－2－4图所示双口网络的H参数矩阵。

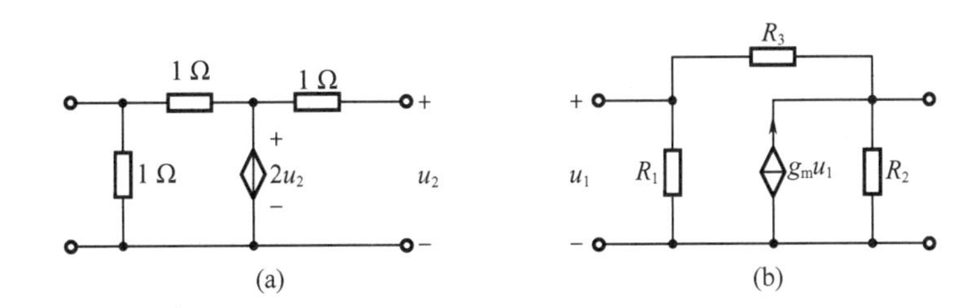

题11－2－4图

11－2－5　求题11－2－5图所示双口网络的T参数矩阵。

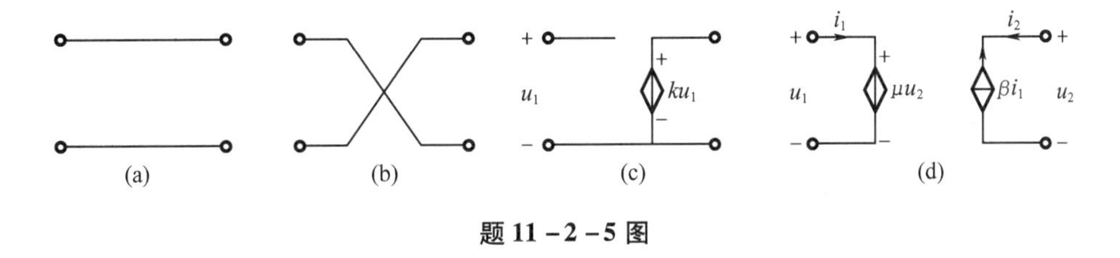

题11－2－5图

11.3　双口网络的互联

在电路设计和分析过程中,常会遇到双口网络的互联问题。设计电路常从简单双口网络入手,然后将其互相连接构成复杂的系统。当网络较复杂时,也可以通过分解成若干个简单的相互连接的双口网络来分析。双口网络间互相连接的方式有很多种,本节主要介绍三种常见的连接方式:级联(cascade connection)、串联和并联。

11.3.1　级联

如图11－11所示,把前一个双口网络的出口与后一个双口网络的入口连接起来,称为双口网络的级联。

由图11－11可见,将若干个简单的双口网络级联将得到一个更为复杂的双口网络;反之,某些复杂的双口网络也可以通过划分成为若干个简单的双口网络的级联而使对其的分析计算得到简化。

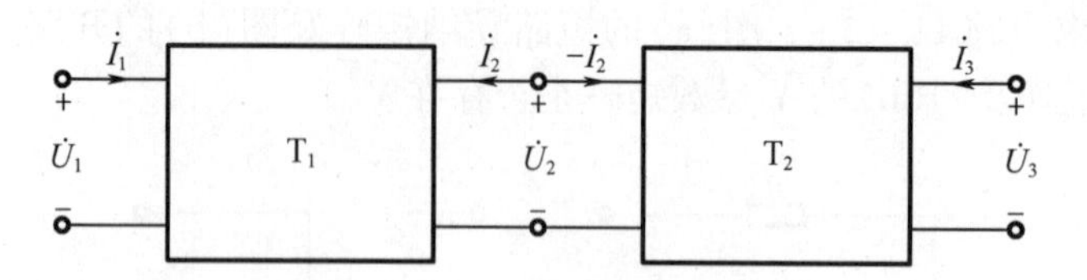

图 11-11　两个双口网络的级联

下面来推导双口网络级联的计算公式。考虑到双口网络级联时用传输参数矩阵表示其电特性最为方便,设图 11-11 中的两个双口网络的传输参数矩阵 $\boldsymbol{T}_1$ 和 $\boldsymbol{T}_2$ 均为已知,则有

$$\begin{bmatrix}\dot{U}_1\\ \dot{I}_1\end{bmatrix}=\boldsymbol{T}_1\begin{bmatrix}\dot{U}_2\\ -\dot{I}_2\end{bmatrix}$$

和

$$\begin{bmatrix}\dot{U}_2\\ -\dot{I}_2\end{bmatrix}=\boldsymbol{T}_2\begin{bmatrix}\dot{U}_3\\ -\dot{I}_3\end{bmatrix}$$

把后式代入前式,可得到级联后的双口网络的传输参数方程为

$$\begin{bmatrix}\dot{U}_1\\ \dot{I}_1\end{bmatrix}=\boldsymbol{T}_1\boldsymbol{T}_2\begin{bmatrix}\dot{U}_3\\ -\dot{I}_3\end{bmatrix}=\boldsymbol{T}\begin{bmatrix}\dot{U}_3\\ -\dot{I}_3\end{bmatrix}\tag{11-38}$$

式中,

$$\boldsymbol{T}=\boldsymbol{T}_1\cdot\boldsymbol{T}_2\tag{11-39}$$

为级联后的双口网络的传输参数矩阵。由式(11-39)可见,级联后的双口网络的传输参数矩阵等于被级联的各个双口网络的传输参数矩阵的乘积。

如果有 n 个双口网络级联,那么就有

$$\boldsymbol{T}=\boldsymbol{T}_1\cdot\boldsymbol{T}_2\cdot\cdots\cdot\boldsymbol{T}_n\tag{11-40}$$

例 11-6　求如图 11-12 所示的双口网络的传输参数矩阵。

解　把图 11-12 所示的双口网络划分成两个简单双口网络的级联。由于这两个简单双口网络分别为双口网络的基本节,因此,有

$$\boldsymbol{T}=\boldsymbol{T}_1\cdot\boldsymbol{T}_2=\begin{bmatrix}1 & \mathrm{j}\omega L\\ 0 & 1\end{bmatrix}\begin{bmatrix}1 & 0\\ \mathrm{j}\omega C & 1\end{bmatrix}=\begin{bmatrix}1-\omega^2LC & \mathrm{j}\omega L\\ \mathrm{j}\omega C & 1\end{bmatrix}$$

例 11-7　求如图 11-13 所示的双口网络的 T 参数矩阵。

解　由于图 11-13 中的双口网络由三个基本节经级联组成,因此,有

$$\boldsymbol{T}=\boldsymbol{T}_1\cdot\boldsymbol{T}_2\cdot\boldsymbol{T}_3=\begin{bmatrix}1 & Z_1\\ 0 & 1\end{bmatrix}\begin{bmatrix}1 & 0\\ \dfrac{1}{Z_3} & 1\end{bmatrix}\begin{bmatrix}1 & Z_2\\ 0 & 1\end{bmatrix}$$

$$=\begin{bmatrix}1+\dfrac{Z_1}{Z_3} & Z_1\\ \dfrac{1}{Z_3} & 1\end{bmatrix}\begin{bmatrix}1 & Z_1\\ 0 & 1\end{bmatrix}$$

$$
=\begin{bmatrix} 1+\dfrac{Z_1}{Z_3} & Z_1+Z_2+\dfrac{Z_1Z_2}{Z_3} \\ \dfrac{1}{Z_3} & 1+\dfrac{Z_2}{Z_3} \end{bmatrix}
$$

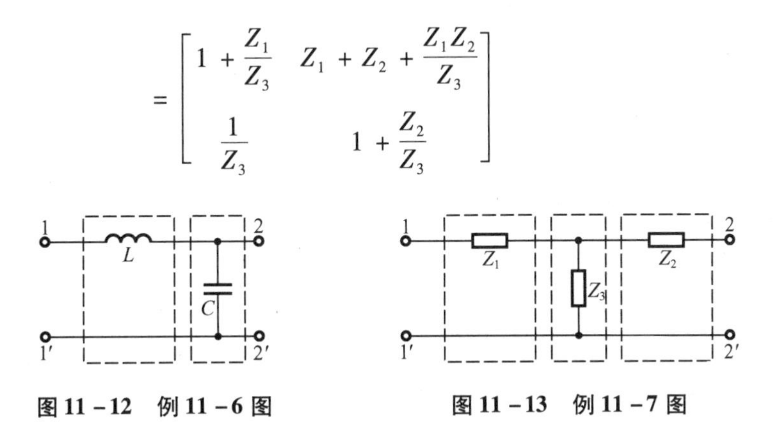

图 11－12　例 11－6 图　　　　图 11－13　例 11－7 图

由以上例子可见,双口网络的基本节在级联的计算中具有非常重要的作用。

双口网络除了级联外,也有串并联的连接形式。因为双口网络的入口和出口均可以进行串并联连接,所以,组合后的不同接法共有四种。下面分别进行介绍。

11.3.2　串－串联

如图 11－14 所示,分别把两个双口网络的入口相串联、出口相串联的连接方式,称为双口网络的串－串联,简称串联(series connection)。

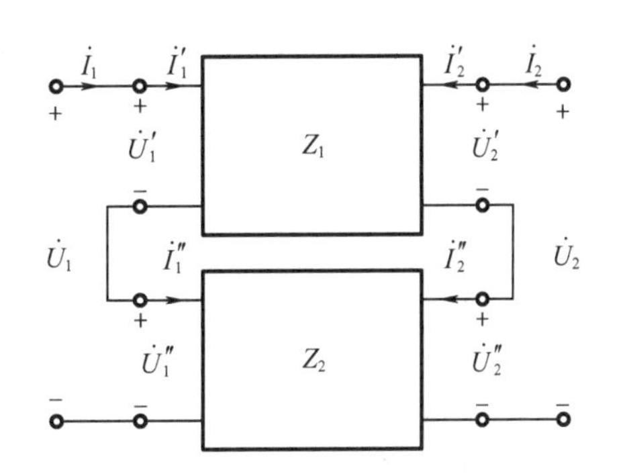

图 11－14　两个双口网络的串联

下面来推导双口网络串联的计算公式。考虑到双口网络串联时用开路阻抗参数矩阵表示其电特性最为方便,设图 11－14 中的两个双口网络的开路阻抗参数矩阵 Z_1 和 Z_2 均为已知,则有

$$
\begin{bmatrix} \dot U_1' \\ \dot U_2' \end{bmatrix} = Z_1 \begin{bmatrix} \dot I_1' \\ \dot I_2' \end{bmatrix}
$$

和

$$
\begin{bmatrix} \dot U_1'' \\ \dot U_2'' \end{bmatrix} = Z_2 \begin{bmatrix} \dot I_1'' \\ \dot I_2'' \end{bmatrix}
$$

于是,可得到串联后双口网络的阻抗参数方程为

$$
\begin{bmatrix} \dot U_1 \\ \dot U_2 \end{bmatrix} = \begin{bmatrix} \dot U_1' + \dot U_1'' \\ \dot U_2' + \dot U_2'' \end{bmatrix} = \begin{bmatrix} \dot U_1' \\ \dot U_2' \end{bmatrix} + \begin{bmatrix} \dot U_1'' \\ \dot U_2'' \end{bmatrix} = Z_1 \begin{bmatrix} \dot I_1' \\ \dot I_2' \end{bmatrix} + Z_2 \begin{bmatrix} \dot I_1'' \\ \dot I_2'' \end{bmatrix}
$$

根据端口条件可知

$$
\begin{bmatrix} \dot I_1 \\ \dot I_2 \end{bmatrix} = \begin{bmatrix} \dot I_1' \\ \dot I_2' \end{bmatrix} = \begin{bmatrix} \dot I_1'' \\ \dot I_2'' \end{bmatrix}
$$

所以
$$\begin{bmatrix}\dot{U}_1\\\dot{U}_2\end{bmatrix}=\{Z_1+Z_2\}\begin{bmatrix}\dot{I}_1\\\dot{I}_2\end{bmatrix}=Z\begin{bmatrix}\dot{I}_1\\\dot{I}_2\end{bmatrix}\tag{11-41}$$

式中
$$Z=Z_1+Z_2\tag{11-42}$$
为串联后的双口网络的开路阻抗参数矩阵。由式(11－42)可见,串联后的双口网络的开路阻抗参数矩阵等于被串联的各个双口网络的开路阻抗参数矩阵的和。

上述结果推广到 n 个双口网络串联时也成立,即
$$Z=Z_1+Z_2+\cdots+Z_n\tag{11-43}$$

11.3.3 并－并联

如图11－15所示,分别把两个双口网络的入口相并联、出口相并联的连接方式,称为双口网络的并－并联,简称并联(parallel connection)。

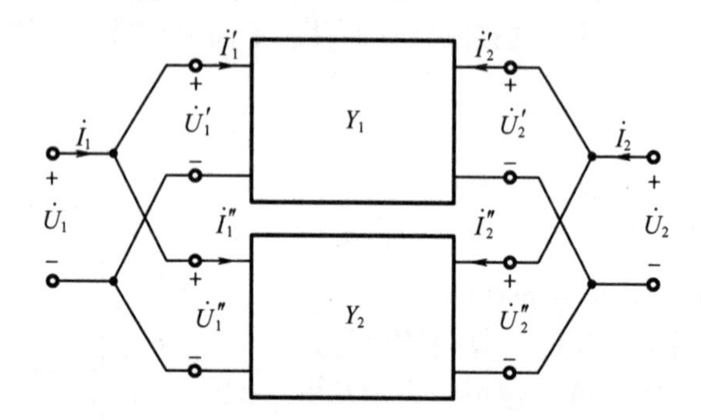

图11－15 两个双口网络的并联

下面来推导双口网络的并联计算公式。考虑到双口网络并联时用短路导纳参数矩阵表示其电特性最为方便,设图11－15中的两个双口网络的短路导纳参数矩阵 Y_1 和 Y_2 均为已知,则有

$$\begin{bmatrix}\dot{I}_1'\\\dot{I}_2'\end{bmatrix}=Y_1\begin{bmatrix}\dot{U}_1'\\\dot{U}_2'\end{bmatrix}$$

和
$$\begin{bmatrix}\dot{I}_1''\\\dot{I}_2''\end{bmatrix}=Y_2\begin{bmatrix}\dot{U}_1''\\\dot{U}_2''\end{bmatrix}$$

于是,可得到并联后双口网络的导纳参数方程为

$$\begin{bmatrix}\dot{I}_1\\\dot{I}_2\end{bmatrix}=\begin{bmatrix}\dot{I}_1'+\dot{I}_1''\\\dot{I}_2'+\dot{I}_2''\end{bmatrix}=\begin{bmatrix}\dot{I}_1'\\\dot{I}_2'\end{bmatrix}+\begin{bmatrix}\dot{I}_1''\\\dot{I}_2''\end{bmatrix}=Y_1\begin{bmatrix}\dot{U}_1'\\\dot{U}_2'\end{bmatrix}+Y_2\begin{bmatrix}\dot{U}_1''\\\dot{U}_2''\end{bmatrix}$$

根据端口条件可知

$$\begin{bmatrix}\dot{U}_1\\\dot{U}_2\end{bmatrix}=\begin{bmatrix}\dot{U}_1'\\U_2'\end{bmatrix}=\begin{bmatrix}\dot{U}_1''\\\dot{U}_2''\end{bmatrix}$$

所以
$$\begin{bmatrix}\dot{I}_1\\ \dot{I}_2\end{bmatrix}=\{Y_1+Y_2\}\begin{bmatrix}\dot{U}_1\\ \dot{U}_2\end{bmatrix}=Y\begin{bmatrix}\dot{U}_1\\ \dot{U}_2\end{bmatrix}\tag{11-14}$$

式中
$$Y=Y_1+Y_2\tag{11-15}$$
为并联后的双口网络的短路导纳参数矩阵。由式(11-15)可见，并联后的双口网络的短路导纳参数矩阵等于被并联的各个双口网络的短路导纳参数矩阵的和。

上述结果推广到 n 个双口网络并联时也成立，即
$$Y=Y_1+Y_2+\cdots+Y_n\tag{11-46}$$

11.3.4 串-并联

如图 11-16 所示，分别把两个双口网络的入口串联、出口并联的连接方式，称为双口网络的串-并联(series and parallel connection)。

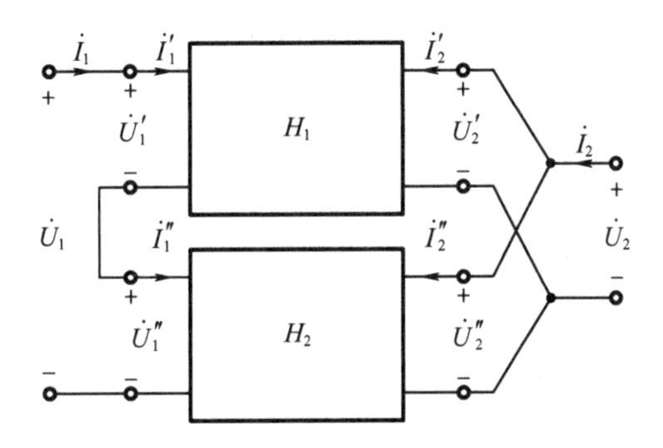

图 11-6 两个双口网络的串-并联

如果两个双口网络的 H 参数已知，则仿照前面的推导方法不难推出下列关系
$$H=H_1+H_2\tag{11-47}$$
由此可见，两个双口网络串-并联后的 H 参数矩阵等于被连接的各个双口网络的 H 参数矩阵的和。

上述结果推广到 n 个双口网络串-并联时也成立，即
$$H=H_1+H_2+\cdots+H_n\tag{11-48}$$

11.3.5 并-串联

如图 11-17 所示，分别把两个双口网络的入口并联、出口串联的连接方式，称为双口网络的并-串联(parallel and series connection)。

如果两个双口网络的 G 参数已知，则仿照前面的推导方法不难推出下列关系
$$G=G_1+G_2\tag{11-49}$$
可见，两个双口网络并-串联后的 G 参数矩阵等于被连接的各个双口网络的 G 参数矩阵的和。

上述结果推广到 n 个双口网络并-串联时也成立，即
$$G=G_1+G_2+\cdots+G_n\tag{11-50}$$
最后指出，本节内给出的经各种串并连接后的复合双口网络的参数矩阵间的关系，都

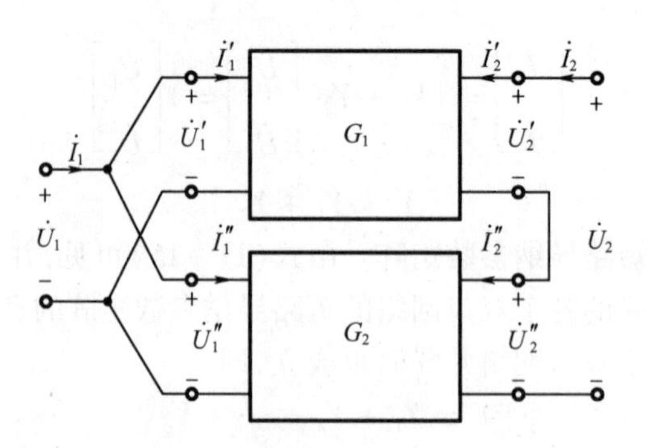

图 11-17　两个双口网络的并-串联

必须是在串并连接后没有破坏双口网络的端口条件的情况下才成立。为保证这一点,须进行端口有效性试验。因端口有效性试验的内容已超出了本书的范畴,故这里不再做深入讨论。

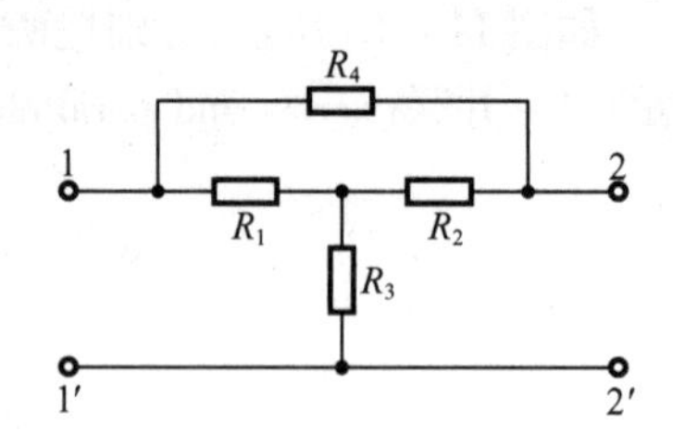

图 11-18　例 11-8 图

例 11-8　双口网络如图 11-18 所示,(1)试用串联法求 Z 参数矩阵;(2)试用并联法求 Y 参数矩阵。

解　首先,把图 11-18 中的双口网络分别用串联法和并联法重画,如图 11-19 所示。

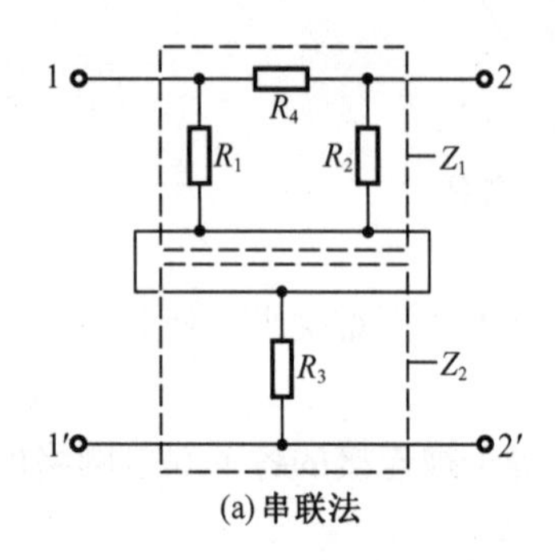

(a) 串联法

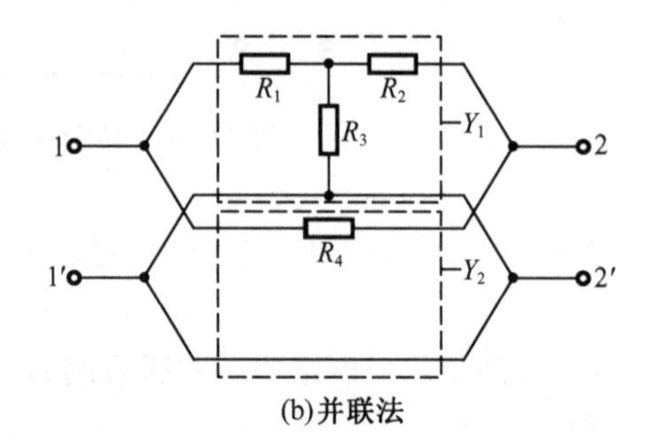

(b) 并联法

图 11-19　经重画后的例 11-8 图

然后,采用串联法求 Z 参数矩阵。根据图 11-19(a)可得出

$$\boldsymbol{Y}_1 = \begin{bmatrix} \dfrac{1}{R_1} + \dfrac{1}{R_4} & -\dfrac{1}{R_4} \\ -\dfrac{1}{R_4} & \dfrac{1}{R_2} + \dfrac{1}{R_4} \end{bmatrix}$$

$$\boldsymbol{Z}_1 = \boldsymbol{Y}_1^{-1} = \begin{bmatrix} \dfrac{1}{R_1} + \dfrac{1}{R_4} & -\dfrac{1}{R_4} \\ -\dfrac{1}{R_4} & \dfrac{1}{R_2} + \dfrac{1}{R_4} \end{bmatrix}^{-1} = \frac{1}{\Delta Y_1} \cdot \begin{bmatrix} \dfrac{1}{R_2} + \dfrac{1}{R_4} & \dfrac{1}{R_4} \\ \dfrac{1}{R_4} & \dfrac{1}{R_1} + \dfrac{1}{R_4} \end{bmatrix}$$

式中

$$\Delta Y_1 = \frac{R_1 + R_2 + R_4}{R_1 R_2 R_4}$$

而且

$$Z_2 = \begin{bmatrix} R_3 & R_3 \\ R_3 & R_3 \end{bmatrix}$$

因此

$$Z = Z_1 + Z_2 = \begin{bmatrix} R_3 + \dfrac{R_1R_4 + R_1R_2}{R_1 + R_2 + R_4} & R_3 + \dfrac{R_1R_2}{R_1 + R_2 + R_4} \\ R_3 + \dfrac{R_1R_2}{R_1 + R_2 + R_4} & R_3 + \dfrac{R_2R_4 + R_1R_2}{R_1 + R_2 + R_4} \end{bmatrix}$$

进一步,采用并联法求 Y 参数矩阵。根据图 11 - 19(b)可得出

$$Z_1 = \begin{bmatrix} R_1 + R_3 & R_3 \\ R_3 & R_2 + R_3 \end{bmatrix}$$

$$Y_1 = Z_1^{-1} = \begin{bmatrix} R_1 + R_3 & R_3 \\ R_3 & R_2 + R_3 \end{bmatrix}^{-1} = \frac{1}{\Delta Z_1} \cdot \begin{bmatrix} R_2 + R_3 & -R_3 \\ -R_3 & R_1 + R_3 \end{bmatrix}$$

式中,
$$\Delta Z_1 = R_1R_2 + R_2R_3 + R_1R_3$$

而且

$$Y_2 = \begin{bmatrix} \dfrac{1}{R_4} & -\dfrac{1}{R_4} \\ -\dfrac{1}{R_4} & \dfrac{1}{R_4} \end{bmatrix}$$

因此

$$Y = Y_1 + Y_2 = \begin{bmatrix} \dfrac{1}{R_4} + \dfrac{R_2 + R_3}{R_1R_2 + R_2R_3 + R_1R_3} & -\dfrac{1}{R_4} - \dfrac{R_3}{R_1R_2 + R_2R_3 + R_1R_3} \\ -\dfrac{1}{R_4} - \dfrac{R_3}{R_1R_2 + R_2R_3 + R_1R_3} & \dfrac{1}{R_4} + \dfrac{R_1 + R_3}{R_1R_2 + R_2R_3 + R_1R_3} \end{bmatrix}$$

本节思考与练习

11.3 节
思考与练习
参考答案

11 - 3 - 1　求题 11 - 3 - 1 图所示复杂双口网络的 T 参数矩阵,假设双口网络 N 的 T 参数矩阵已知为 $T = \begin{bmatrix} t_{11} & t_{12} \\ t_{21} & t_{22} \end{bmatrix}$。

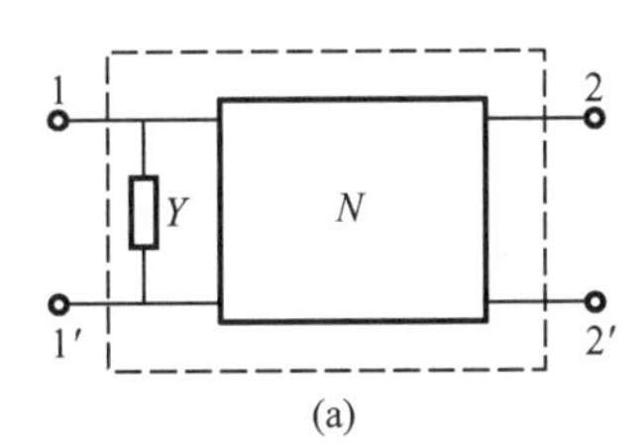

(a)

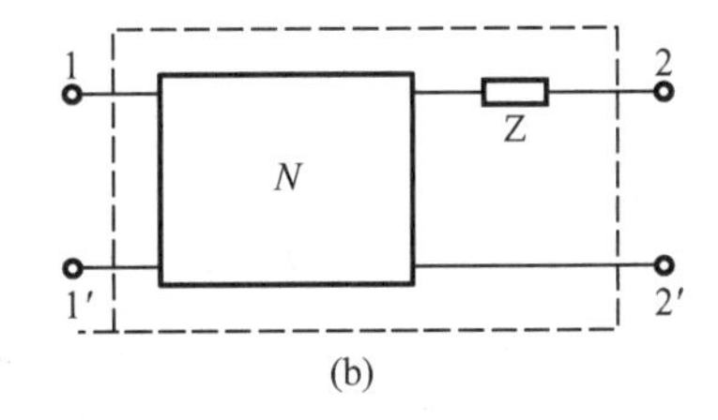

(b)

题 11 - 3 - 1 图

11 - 3 - 2　求题 11 - 3 - 2 图所示二端口的 T 参数矩阵。

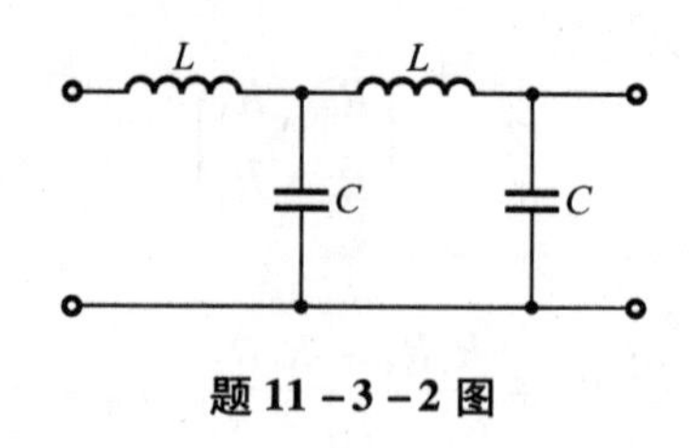

题11-3-2图

11-3-3　求题11-3-3图所示的正弦交流网络中电流相量 $\dot{I}_3$ 与电压相量 $\dot{U}_1$ 之比 $\dot{I}_3/\dot{U}_1$。(电源角频率为 ω)。

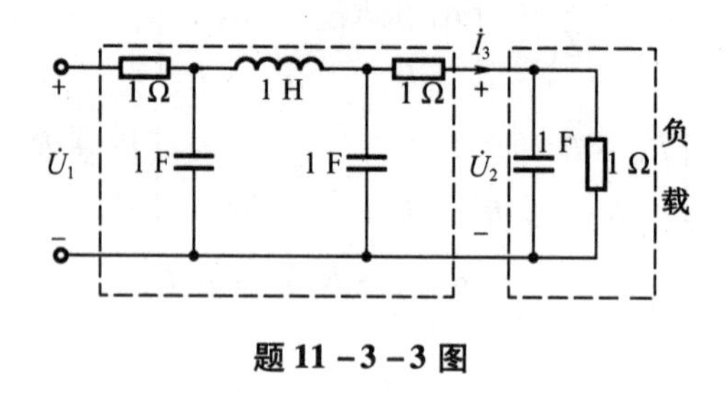

题11-3-3图

11-3-4　写出题11-3-4图所示的二端口网络的传输参数矩阵 $\boldsymbol{T}$,并验证关系式: $t_{11}t_{22}-t_{12}t_{21}=1$。

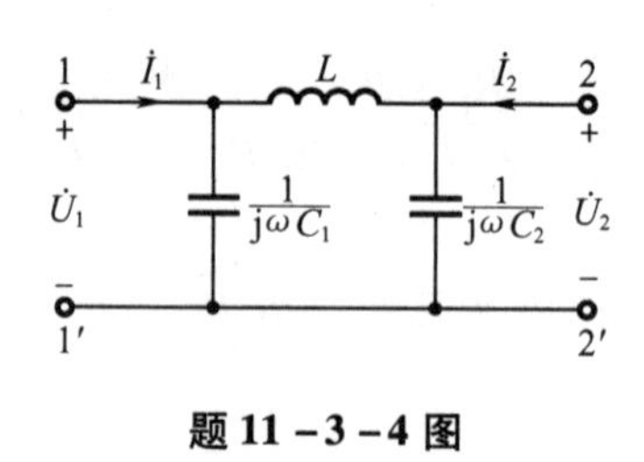

题11-3-4图

11.4　双口网络的开路阻抗和短路阻抗

根据双口网络参数的定义,求双口网络参数有两条途径。一是理论计算法,这需要知道双口网络的内部结构与元件的参数值;二是实验测取法,在双口网络的内部结构与元件参数未知的情况下,这是获取双口网络参数的唯一手段。

由双口网络参数的定义式可知,实验既要测出同一端口处的电压和电流的有效值及相位差,也要测出不同端口处的电压和电流的有效值及相位差。测量同一端口处的电压和电流的相位差容易做到。但是,要测出不同端口处的电压和电流的相位差实施起来就有很大的困难,特别是在电路上没有公共接地点(或参考点)的情况下。

为解决上述问题,在此引入双口网络的开路阻抗和短路阻抗的概念。下面分别给出它们的定义。

在双口网络的一个端口开路的情况下,从另一个端口处所测得的电压与电流的比定义为双口网络的开路阻抗(opencircuit impedance)。如果用 Z_{OC1} 表示出口开路时入口的入端阻抗,用 Z_{OC2} 表示入口开路时出口的入端阻抗,则它们的定义分别为

$$Z_{OC1} = \left.\frac{\dot{U}_1}{\dot{I}_1}\right|_{\dot{I}_2=0}$$

和

$$Z_{OC2} = \left.\frac{\dot{U}_2}{\dot{I}_2}\right|_{\dot{I}_1=0}$$

同理,在双口网络的一个端口短路的情况下,从另一个端口处所测得的电压与电流的比定义为双口网络的短路阻抗(short-circuit impedance)。如果用 Z_{SC1} 表示出口短路时入口的入端阻抗,用 Z_{SC2} 表示入口短路时出口的入端阻抗,则它们的定义分别为

$$Z_{SC1} = \left.\frac{\dot{U}_1}{\dot{I}_1}\right|_{\dot{U}_2=0}$$

和

$$Z_{SC2} = \left.\frac{\dot{U}_2}{\dot{I}_2}\right|_{\dot{U}_1=0}$$

根据上述开、短路阻抗的定义,可以建立它们与双口网络传输参数之间的关系为

$$Z_{OC1} = \left.\frac{\dot{U}_1}{\dot{I}_1}\right|_{\dot{I}_2=0} = \frac{t_{11}}{t_{21}}$$

$$Z_{OC2} = \left.\frac{\dot{U}_2}{\dot{I}_2}\right|_{\dot{I}_1=0} = \frac{t_{22}}{t_{21}}$$

$$Z_{SC1} = \left.\frac{\dot{U}_1}{\dot{I}_1}\right|_{\dot{U}_2=0} = \frac{t_{12}}{t_{22}}$$

$$Z_{SC2} = \left.\frac{\dot{U}_2}{\dot{I}_2}\right|_{\dot{U}_1=0} = \frac{t_{12}}{t_{11}}$$

由此可见,由上式可通过实验方法确定双口网络的传输参数。进一步由双口网络参数间的互换关系,可求出任意一种我们需要的双口网络参数。

因为开路阻抗和短路阻抗间存在着下列关系

$$\frac{Z_{OC1}}{Z_{SC1}} = \frac{Z_{OC2}}{Z_{SC2}} = \frac{t_{11}t_{22}}{t_{12}t_{21}} \tag{11-51}$$

故知开路阻抗和短路阻抗中仅有三个是独立的。因此,实验测量只须对它们进行即可;对求解中缺少的方程,可把线性无源双口网络传输参数所满足的约束关系作为补充方程,即

$$t_{11}t_{22} - t_{12}t_{21} = 1$$

如果一个双口网络既是无源的也是对称的,那么由 $t_{11} = t_{22}$ 又得到

$$Z_{OC1} = Z_{OC2} = Z_{OC}$$

及

$$Z_{SC1} = Z_{SC2} = Z_{SC}$$

此时,仅有两个开、短路阻抗是独立的,故实验只需在双口网络的任意一个端口处进行。

11.5 对称双口网络的特性阻抗

为讨论对称双口网络的特性阻抗,考虑出口处接入负载 Z_{L2} 的双口网络,电路如图 11-20 所示。

引用正向传输参数方程,可把入口的入端阻抗表示为

$$Z_{in}=\frac{\dot{U}_1}{\dot{I}_1}=\frac{t_{11}\dot{U}_2-t_{12}\dot{I}_2}{t_{21}\dot{U}_2-t_{22}\dot{I}_2}$$

把负载 Z_{L2} 的元件约束关系 $\dot{U}_2=-Z_{L2}\dot{I}_2$ 代入上式,可得到

$$Z_{in}=\frac{\dot{U}_1}{\dot{I}_1}=\frac{t_{11}Z_{L2}+t_{12}}{t_{21}Z_{L2}+t_{22}} \tag{11-52}$$

由式(11-52)可见,双口网络具有阻抗变换能力,但一般情况下,$Z_{in}\neq Z_{L2}$。

进一步考虑在入口处接入负载 Z_{L1},电路如图 11-21 所示。

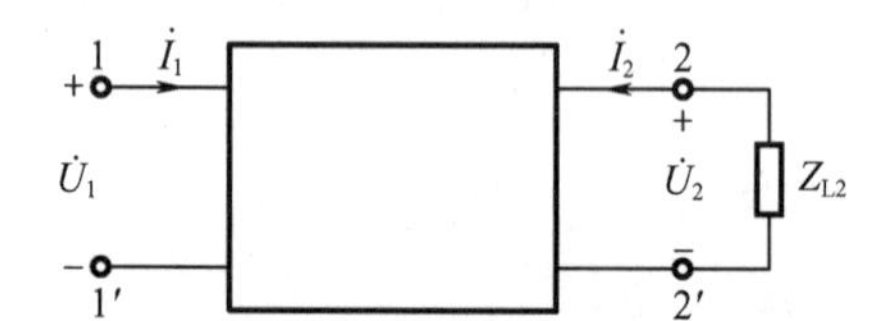

图 11-20 出口接入负载的双口网络

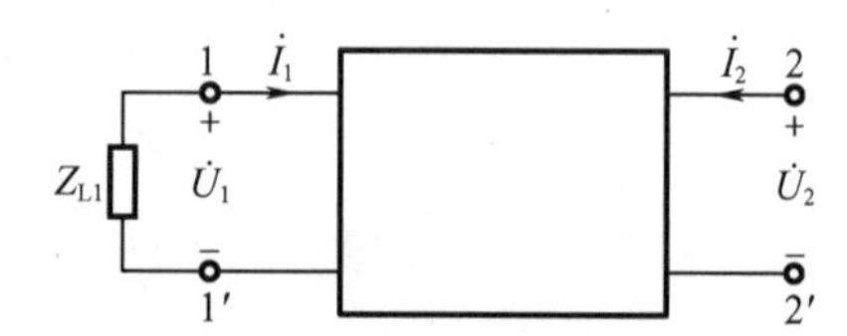

图 11-21 入口接入负载的双口网络

引用反向传输参数方程,最终可把出口的入端阻抗表示为

$$Z_{out}=\frac{\dot{U}_2}{\dot{I}_2}=\frac{t_{22}Z_{L1}+t_{12}}{t_{21}Z_{L1}+t_{11}} \tag{11-53}$$

由式(11-52)和式(11-53)可知,尽管取 $Z_{L1}=Z_{L2}$,但一般情况下不能得到 $Z_{in}=Z_{out}$。

现在考虑对称性双口网络的特殊情况。显然,若取 $Z_{L1}=Z_{L2}$,则必然有

$$Z_{in}=Z_{out}=\frac{\dot{U}_2}{\dot{I}_2}=\frac{t_{11}Z_{L1}+t_{12}}{t_{21}Z_{L1}+t_{11}}$$

进一步,令 $Z_{in}=Z_{out}=Z_{L1}=Z_{L2}=Z_C$,就有

$$Z_C=\frac{t_{11}Z_C+t_{12}}{t_{21}Z_C+t_{11}}$$

于是,求解方程可得

$$Z_C=\sqrt{\frac{t_{12}}{t_{21}}} \tag{11-54}$$

由此可见,Z_C 仅由双口网络的参数所决定,也就是说,他反映的是双口网络的固有性质,故称之为线性无源对称双口网络的特性阻抗(characteristic impedance)。这里,特性阻抗 Z_C 所代表的物理含义可用图 11-22 示出。

由图可见,当对称双口网络的任一端口接入特性阻抗 Z_C 时,从另一端口所看到的入端

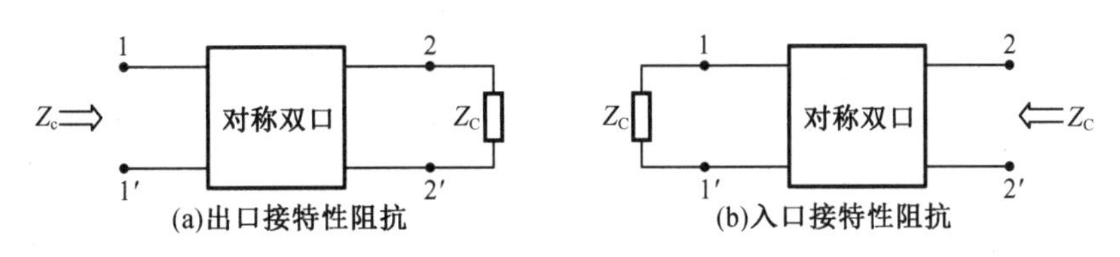

图 11－22 特性阻抗的物理含义解释

阻抗仍为 Z_C。对称双口网络的这一特性在 Cable TV 信号传输、射频功率放大、无线电天线系统中有着广泛的应用。

例 11－9 求线性无源对称双口网络的特性阻抗 Z_C 的 Z 参数表示式和 Y 参数表示式。

解 首先,求 Z_C 的 Z 参数表示式。由双口网络传输参数与 Z 参数间的互换关系得

$$t_{12}=\frac{\Delta z}{z_{21}}$$

和

$$t_{21}=\frac{1}{z_{21}}$$

式中,

$$\Delta z=z_{11}z_{22}-z_{12}z_{21}$$

代入特性阻抗计算公式,得

$$Z_C=\sqrt{\frac{t_{12}}{t_{21}}}=\sqrt{\frac{\Delta z/z_{21}}{1/z_{21}}}=\sqrt{\Delta z} \tag{11-55}$$

然后,求 Z_C 的 Y 参数表示式。由双口网络传输参数与 Y 参数间的互换关系得

$$t_{12}=-\frac{1}{y_{21}}$$

和

$$t_{21}=-\frac{\Delta y}{y_{21}}$$

式中,

$$\Delta y=y_{11}y_{22}-y_{12}y_{21}$$

代入特性阻抗计算公式,得

$$Z_C=\sqrt{\frac{t_{12}}{t_{21}}}=\sqrt{\frac{-1/y_{21}}{-\Delta y/y_{21}}}=\sqrt{\frac{1}{\Delta y}} \tag{11-56}$$

本节思考与练习

11.5 节
思考与练习
参考答案

11－5－1 如果由实验测得某双口网络的开路入端阻抗为 $Z_{OC1}=\mathrm{j}30\ \Omega$,$Z_{OC2}=\mathrm{j}8\ \Omega$,短路入端阻抗为 $Z_{SC1}=\mathrm{j}25.5\ \Omega$,求此双口网络的等效 T 型网络。

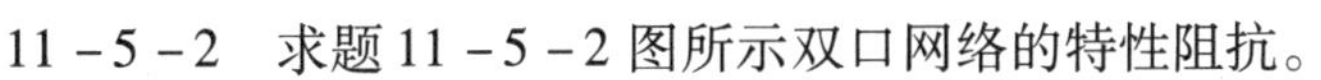

11－5－2 求题 11－5－2 图所示双口网络的特性阻抗。

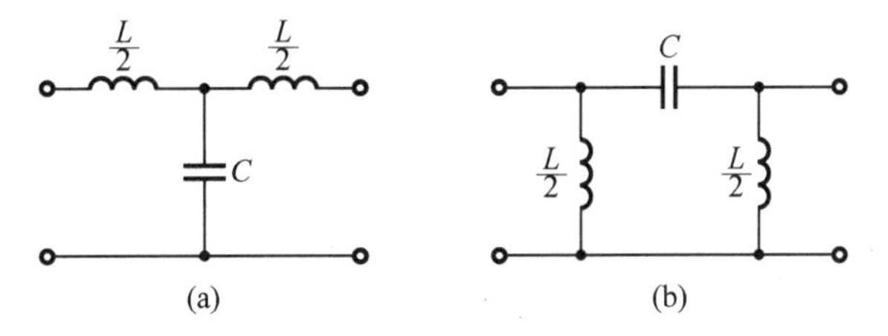

题 11－5－2 图

11－5－3　已知无源双口网络如图所示。当出口接入一阻值等于其特性电阻 R_C 的负载时，从入口的每一节看入的输入电阻都相同，求特性电阻 R_C。

11－5－4　已知线性无源对称双口网络的开、短路入端阻抗分别为 Z_{OC} 和 Z_{SC}，试证明该双口网络的特性阻抗为 $Z_C=\sqrt{Z_{OC}\cdot Z_{SC}}$。

11－5－5　试用题11－5－4的结论求图示电路的特性阻抗 Z_C。

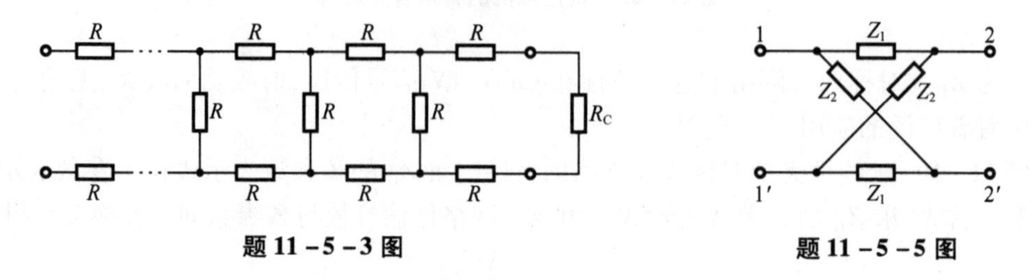

题11－5－3图　　题11－5－5图

11.6　线性无源双口网络的等效电路

类似于线性无独立源二端网络可用一个电阻等效的情况，线性无独立源双口网络也存在着等效的电路结构。当线性无独立源双口网络内部不存在受控源时，它的任何一种双口参数表示形式中都仅有三个参数是独立的。因此，用一个仅有三个独立元件组成的双口网络完全可以等效一个线性无源双口网络的外部端口特性，这意味着该线性无源双口网络和其等效电路之间必须具有相同的双口网络参数。

具有三个独立元件的最简双口网络，有T型和π型两种结构，如图11－23所示。

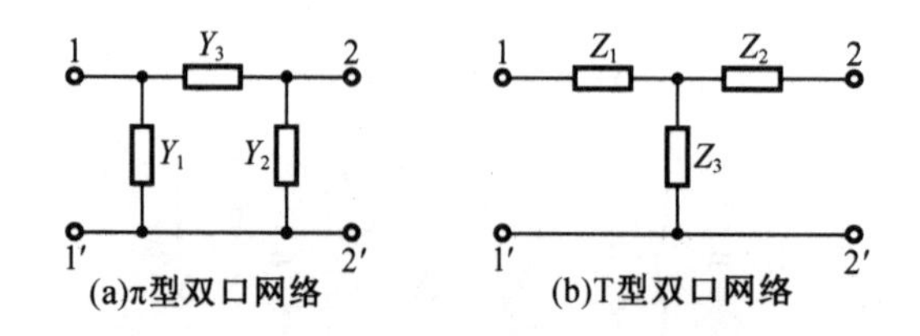

图11－23　仅有三个独立元件的双口网络

由Y－△变换可知，图11－23中的T型双口网络和π型双口网络可互为等效。因此，只须建立其中之一的元件值与线性无源双口网络参数间的关系即可，而另一等效电路中的元件值可通过Y－△变换求出。

根据例11－1，π型双口网络的Y参数可用其内部元件值表示为

$$y_{11}=Y_1+Y_3$$

$$y_{21}=Y_2+Y_3$$

$$y_{12}=y_{21}=-Y_3$$

反过来，π型双口网络的内部元件可用其Y参数表示为

$$\begin{cases} Y_1 = y_{11} + y_{12} \\ Y_2 = y_{22} + y_{12} \\ Y_3 = -y_{12} = -y_{21} \end{cases} \tag{11-57}$$

由此可见,一旦线性无源双口网络的 Y 参数已知,便可由式(11－57)确定 π 型双口网络内部元件的导纳值。于是可获得双口网络的 π 型等效电路。

同理,根据例 11－3,若已知一个线性无源双口网络的 Z 参数,则 T 型双口网络内部元件的阻抗可用 Z 参数表示为

$$\begin{cases} Z_1 = z_{11} - z_{12} \\ Z_2 = z_{22} - z_{12} \\ Z_3 = z_{12} = z_{21} \end{cases} \tag{11-58}$$

若已知一个线性无源双口网络的 T 参数,则 π 型双口网络内部元件的导纳可用 T 参数表示为

$$\begin{cases} Y_1 = \dfrac{t_{22} - 1}{t_{12}} \\ Y_2 = \dfrac{t_{11} - 1}{t_{12}} \\ Y_3 = \dfrac{1}{t_{12}} \end{cases} \tag{11-59}$$

除了 T 型和 π 型等效电路外,有时还采用受控源型的等效电路。这种等效电路可以根据双口网络的参数方程直接得到。例如,已知一个双口网络的 Y 参数方程为

$$\begin{cases} \dot{I}_1 = y_{11}\dot{U}_1 + y_{12}\dot{U}_2 \\ \dot{I}_2 = y_{21}\dot{U}_1 + y_{22}\dot{U}_2 \end{cases}$$

获得该双口网络的受控源型等效电路的步骤是:

(1)把方程中的 $y_{21}\dot{U}_1$ 和 $y_{12}\dot{U}_2$ 项分别视为由 $\dot{U}_1$ 和 $\dot{U}_2$ 控制的压控流源;

(2)画出如图 11－24 所示的等效电路。

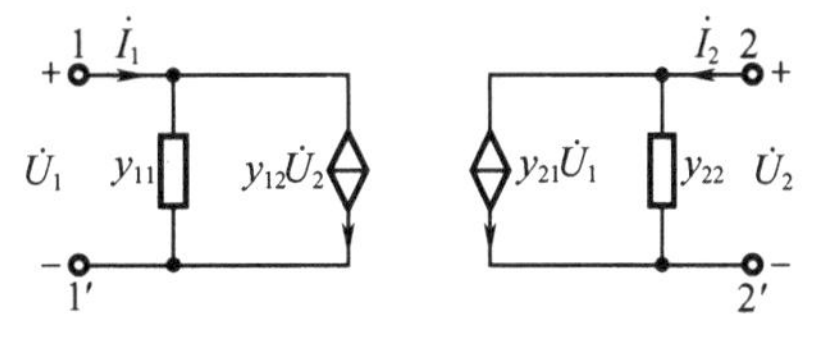

图 11－24　受控源型的等效电路

最后需要指出,T 型和 π 型等效电路只适用于不含受控源的双口网络,而受控源型的等效电路对含受控源的双口网络和不含受控源的双口网络都适用。

例 11－10　已知某双口网络的 Y 参数矩阵为

$$\boldsymbol{Y} = \begin{bmatrix} 3 & -2 \\ -2 & 4 \end{bmatrix}$$

求它的 T 型等效电路。

解　采用两种方法来求取 T 型等效电路。

方法一　根据 $\boldsymbol{Z} = \boldsymbol{Y}^{-1}$,可得

$$\boldsymbol{Z} = \begin{bmatrix} 3 & -2 \\ -2 & 4 \end{bmatrix}^{-1} = \frac{1}{8} \times \begin{bmatrix} 4 & 2 \\ 2 & 3 \end{bmatrix} = \begin{bmatrix} 0.5 & 0.25 \\ 0.25 & 0.375 \end{bmatrix}$$

则

$$Z_1 = z_{11} - z_{12} = 0.25\ \Omega$$

$$Z_2 = z_{22} - z_{12} = 0.125\ \Omega$$

$$Z_3 = z_{12} = z_{21} = 0.25\ \Omega$$

于是可画出如图11－25所示的T型等效电路。

方法二 根据已知的Y参数可求出

$$Y_1 = y_{11} + y_{12} = 1\ \mathrm{S}$$

$$Y_2 = y_{22} + y_{12} = 2\ \mathrm{S}$$

$$Y_3 = -y_{12} = -y_{21} = 2\ \mathrm{S}$$

于是可画出如图11－26(a)所示的π型等效电路。

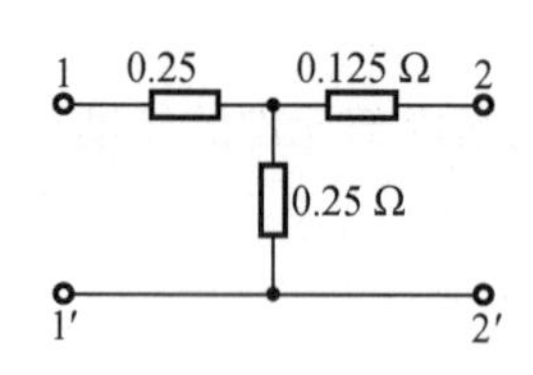

图11－25 T型双口网络等效电路

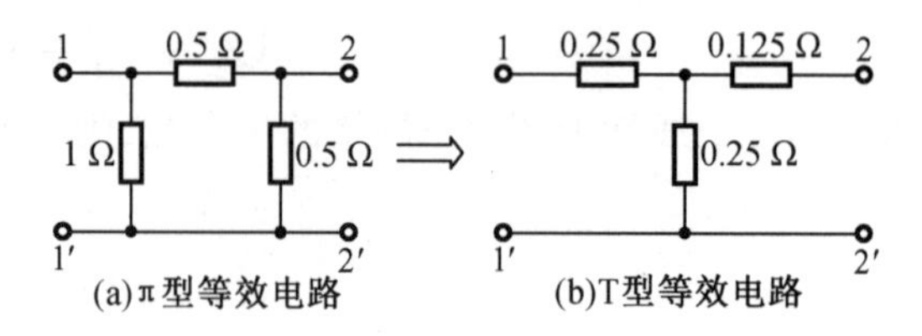

图11－26 Y－△变换前、后的电路

再对图11－26(a)所示的π型等效电路使用Y－△变换，可求出图11－26(b)所示的T型等效电路中的元件值分别为

$$Z_1 = z_{11} - z_{12} = 0.25\ \Omega$$

$$Z_2 = z_{22} - z_{12} = 0.125\ \Omega$$

$$Z_3 = z_{12} - z_{21} = 0.25\ \Omega$$

可见，两种解法得出的结果完全相同。

11.6节思考与练习参考答案

本节思考与练习

11－6－1 某双口网络的Z参数矩阵已知，分别在$\boldsymbol{Z}$取$\begin{bmatrix} 3 & 1 \\ 1 & 2 \end{bmatrix}\Omega$和$\begin{bmatrix} 3 & 2 \\ -4 & 4 \end{bmatrix}\Omega$的情况下，求该双口网路的等效电路。

11－6－2 已知双口网络参数矩阵为(a)$\boldsymbol{Z} = \begin{bmatrix} 60/9 & 40/9 \\ 40/9 & 100/9 \end{bmatrix}$，(b)$\boldsymbol{Y} = \begin{bmatrix} 5 & -2 \\ 0 & 3 \end{bmatrix}$，试问该二端口是否含有受控源，并求出它的等效电路。

11－6－3 试画出对应于短路导纳矩阵$\boldsymbol{Y} = \begin{bmatrix} 10 & 0 \\ -5 & 20 \end{bmatrix}$的任意一种等效二端口网络模型，并标出各端口电压、电流的参考方向。

11－6－4 试求如题11－6－4图所示的网络的开路阻抗参数，并用这些参数求出该而二端网络的T形等效模型。

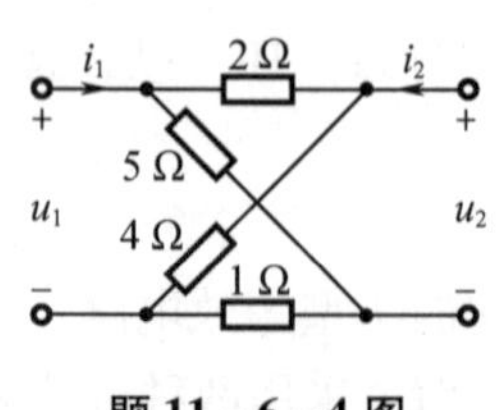

题11－6－4图

11.7　回　转　器

回转器(gyrator)是一种双口元件,它的电路符号如图 11-27 所示。图中,箭头“→”表示回转方向(direction of gyration);r 称为回转电阻(gyration resistance)。

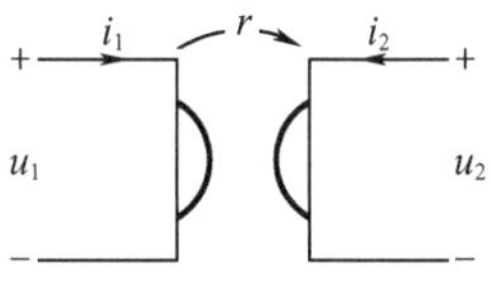

图 11-27　回转器的电路符号

回转器的端口电压、电流关系可定义为

$$\begin{aligned} u_1 &= -ri_2 = -\frac{1}{g}i_2 \\ i_1 &= \frac{1}{r}u_2 = gu_2 \end{aligned} \tag{11-60}$$

把回转器的定义式写成矩阵形式,则为

$$\begin{bmatrix} u_1 \\ i_1 \end{bmatrix} = \begin{bmatrix} 0 & r \\ \frac{1}{r} & 0 \end{bmatrix}\begin{bmatrix} u_2 \\ -i_2 \end{bmatrix} = \begin{bmatrix} 0 & \frac{1}{g} \\ g & 0 \end{bmatrix}\begin{bmatrix} u_2 \\ -i_2 \end{bmatrix} = T\begin{bmatrix} u_2 \\ -i_2 \end{bmatrix} \tag{11-61}$$

式中,$g=\frac{1}{r}$称为回转电导(gyration conductance),与回转电阻 r 一样都是表示回转器特性的参数。显然,式(11-61)具有传输参数方程的形式,而且 $\boldsymbol{T}=\begin{bmatrix} 0 & r \\ \frac{1}{r} & 0 \end{bmatrix}$或$\begin{bmatrix} 0 & \frac{1}{g} \\ g & 0 \end{bmatrix}$,称为回转器的传输参数矩阵。

根据式(11-60)可知,回转器实际上是一个能把入口处的电流转换成出口处的电压,而同时又能把出口处的电流转换成入口处的电压的电阻性双口元件。

在任意瞬时,输入回转器的功率为

$$p_1+p_2=u_1i_1+u_2i_2=-ri_1i_2+ri_1i_2=0$$

这表明回转器是一个既不产生能量也不消耗能量的理想双口元件。由于

$$\det\boldsymbol{T}_g=0-r\cdot\frac{1}{r}=-1$$

这表明回转器还是一个非互易的双口元件。

需要指出,以上给出的仅是正向回转器的定义。当把它的入口和出口交换后,又能定义出另外一种回转器,即反向回转器。反向回转器的电路符号如图 11-28 所示,其端口电压、电流关系可用传输参数方程表示为

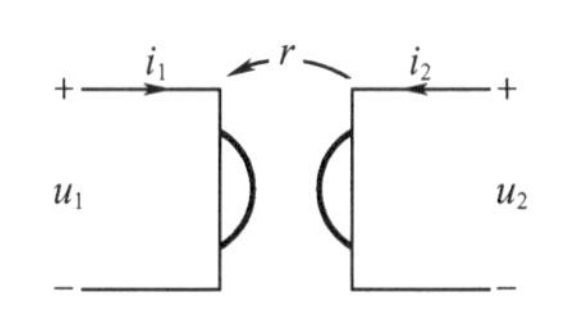

图 11-28　反向回转器的电路符号

$$\begin{bmatrix} u_1 \\ i_1 \end{bmatrix} = \begin{bmatrix} 0 & -r \\ -\frac{1}{r} & 0 \end{bmatrix}\begin{bmatrix} u_2 \\ -i_2 \end{bmatrix} \tag{11-62}$$

为了避免混淆,约定除非特殊说明,否则今后提到的回转器均指正向回转器。

回转器作为一种双口元件的重要性在于它具有特殊的阻抗变换作用,即能够把一个电容“回转”为一个电感的能力。下面采用相量法来讨论回转器的这一性质。

假设在回转器的出口接入一个阻抗为 Z_L 的负载,如图 11－29 所示,那么回转器的输入阻抗为

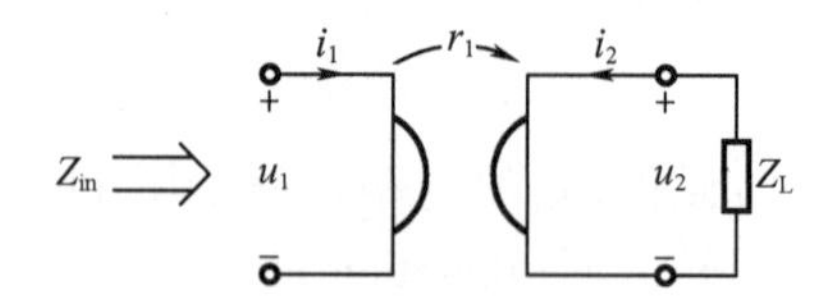

图 11－29　出口接有负载的回转器电路

$$Z_{in}=\frac{\dot{U}_1}{\dot{I}_1}=\frac{-r\dot{I}_2}{\dot{I}_1}=\frac{r\dot{U}_2/Z_L}{\dot{I}_1}=\frac{r^2}{Z_L} \tag{11-63}$$

可见,回转器的输入阻抗与出口所接负载阻抗成反比。若取 Z_L 为电容元件,即 $Z_L=1/j\omega C$, 则有

$$Z_{in}=\frac{r^2}{Z_L}=j\omega(r^2C)=j\omega L \tag{11-64}$$

式中,$L=r^2C$,称为回转器的等效输入电感。这说明回转器具有把出口接入的电容元件回转为电感元件的能力。反之,若取 Z_L 为电感元件,即 $Z_L=j\omega L$,则有

$$Z_{in}=\frac{r^2}{Z_L}=\frac{1}{j\omega L/r^2}=\frac{1}{j\omega C} \tag{11-65}$$

式中,$C=\frac{L}{r^2}$,称为回转器的等效输入电容。这说明回转器具有把出口接入的电感元件回转为电容元件的能力。回转器能把一个电容"回转"为一个电感的特性在集成电路的电感制造中有重要的应用。因为在体积微小的硅晶片上制造电容比制造电感容易得多,所以可用带有电容负载的回转器来制造所需要的电感。

上面介绍的回转器电路所能实现的是一端接地的电感,使用中只有一端允许随意与其他电路连接。若要得到两端均可自由接线的浮地电感,则可采用如图 11－30 所示的回转器电路。

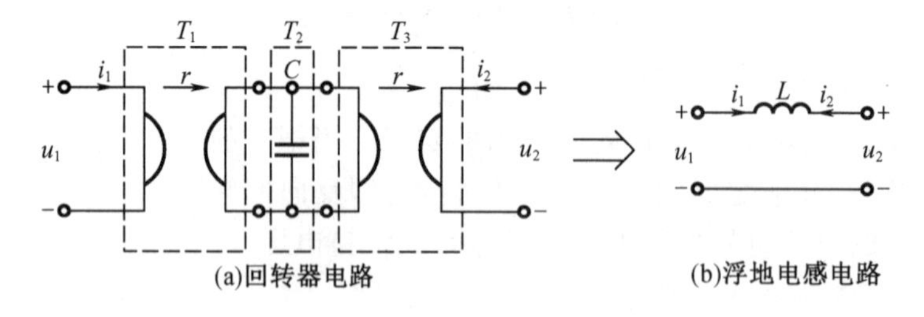

(a)回转器电路　　(b)浮地电感电路

图 11－30　浮地电感实现原理

图 11－30(a)中的回转器电路可划分为三个简单双口网络的级联,因此其传输参数矩阵为

$$T=T_1\cdot T_2\cdot T_3=\begin{bmatrix}0 & r\\ \frac{1}{r} & 0\end{bmatrix}\begin{bmatrix}1 & 0\\ j\omega C & 1\end{bmatrix}\begin{bmatrix}0 & r\\ \frac{1}{r} & 0\end{bmatrix}=\begin{bmatrix}1 & j\omega r^2C\\ 0 & 1\end{bmatrix}=\begin{bmatrix}1 & j\omega L\\ 0 & 1\end{bmatrix}$$

式中，$L = r^2C$。容易验证，回转器电路与浮地电感电路具有相同的传输参数矩阵。这表明回转器电路相当于一个串臂电感为 L 的双口网络，其串臂电感的两端可自由地与外部电路连接。

本节思考与练习

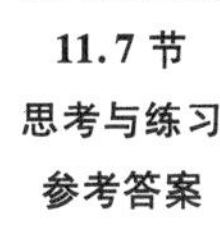

11.7 节
思考与练习
参考答案

11 -7 -1　求题 11 -7 -1 图所示双口网络的 H 参数矩阵。

11 -7 -2　求题 11 -7 -2 图示双口网络的传输参数矩阵。

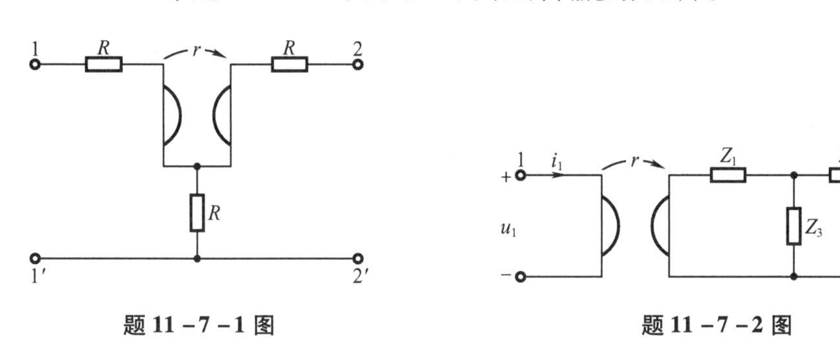

题 11 -7 -1 图　　题 11 -7 -2 图

11 -7 -3　回路器的回转电阻为 R，求题 11 -7 -3 图所示电路的入端阻抗 Z_{in}。

11 -7 -4　试求 $R_{in} = 4R_L$ 时回转器的回转电阻间应该满足的关系。

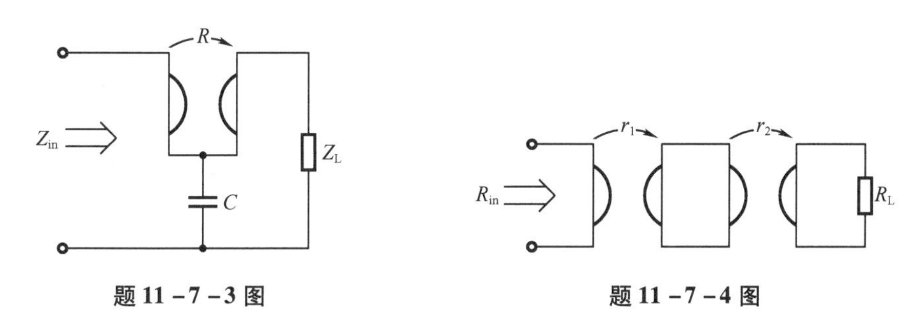

题 11 -7 -3 图　　题 11 -7 -4 图

11.8　负阻抗变换器

负阻抗变换器（negative impedance converter，NIC）是一种有源双口元件，它具有把在其出口接入的正阻抗元件变换成为负阻抗元件的能力。负阻抗变换器分电流反相型和电压反相型两种。下面分别进行介绍。

11.8.1　电流反相型负阻抗变换器

电流反相型负阻抗变换器简称为 CINIC（current invert negative impedance converter）。它的电路符号如图 11 -31 所示。

电流反相型负阻抗变换器的端口电压、电流关系定义为

$$\begin{aligned} u_1 &= u_2 \\ i_1 &= i_2 \end{aligned} \qquad (11-66)$$

写成矩阵形式为

$$\begin{bmatrix} u_1 \\ i_1 \end{bmatrix} = \begin{bmatrix} 1 & 0 \\ 0 & -1 \end{bmatrix} \begin{bmatrix} u_2 \\ -i_2 \end{bmatrix} \tag{11-67}$$

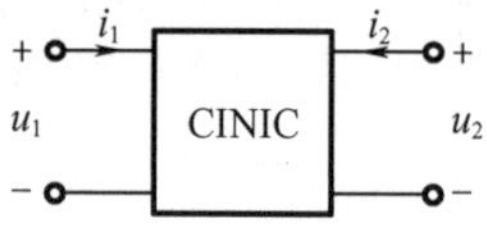

图 11-31　负阻抗变换器的电路符号

可见,电流反相型负阻抗变换器的传输参数矩阵为

$$\boldsymbol{T} = \begin{bmatrix} 1 & 0 \\ 0 & -1 \end{bmatrix}$$

由于　$\det\boldsymbol{T} = 1 \times (-1) - 0 = -1$

因此,电流反相型负阻抗变换器是一个非互易双口元件。

当在 CINIC 的出口接入一个阻抗为 Z_L 的负载时,电路如图 11-32 所示,其入口的输入阻抗为

$$Z_{in} = \frac{\dot{U}_1}{\dot{I}_1} = \frac{\dot{U}_2}{\dot{I}_2} = \frac{-Z_L \dot{I}_2}{\dot{I}_2} = -Z_L \tag{11-68}$$

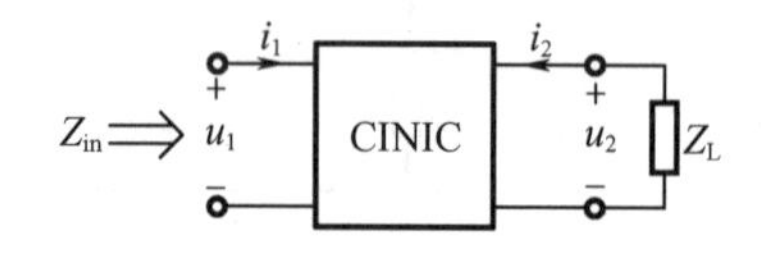

图 11-32　出口接有负载的电流反相型负阻抗变换器

可见,电流反相型负阻抗变换器的入口输入阻抗等于其出口所接元件复阻抗的负值,也就是说,CINIC 具有把正阻抗元件转换成为负阻抗元件的能力。

11.8.2　电压反相型负阻抗变换器

电压反相型负阻抗变换器简称为 VINIC(voltage invert negative impedance converter)。它的电路符号如图 11-33 所示。

电压反相型负阻抗变换器的端口电压、电流关系定义为

$$\begin{aligned} u_1 &= -u_2 \\ i_1 &= -i_2 \end{aligned} \tag{11-69}$$

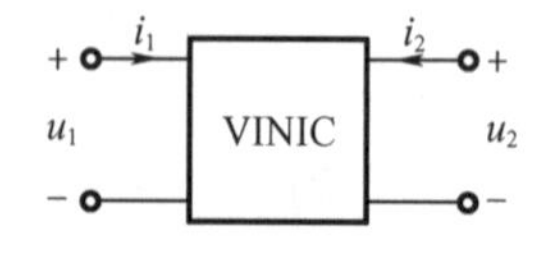

图 11-33　电压反相型负阻抗变换器的电路符号

写成矩阵形式为

$$\begin{bmatrix} u_1 \\ i_1 \end{bmatrix} = \begin{bmatrix} -1 & 0 \\ 0 & 1 \end{bmatrix} \begin{bmatrix} u_2 \\ -i_2 \end{bmatrix} \tag{11-70}$$

可见,电压反相型负阻抗变换器的传输参数矩阵为 $\boldsymbol{T} = \begin{bmatrix} -1 & 0 \\ 0 & 1 \end{bmatrix}$。

由于　$\det\boldsymbol{T} = (-1) \times 1 - 0 = -1$

因此,电压反相型负阻抗变换器是一个非互易双口元件。

当在 VINIC 的出口接入一个阻抗为 Z_L 的负载时,仿照对 CINIC 的分析方法,同样可得 VINIC 的入口输入阻抗为

$$Z_{in} = -Z_L \tag{11-71}$$

由上述讨论可知,无论是电流反相型还是电压反相型负阻抗变换器,它们的阻抗变换作用都是相同的。此外,由一个负阻抗变换器所能实现的只能是一端接地的负阻抗元件,使用中只有一端允许随意与其他电路连接。若要得到两端均可自由接线的浮地负阻抗元件,则可采用如图 11-34 所示的电路。

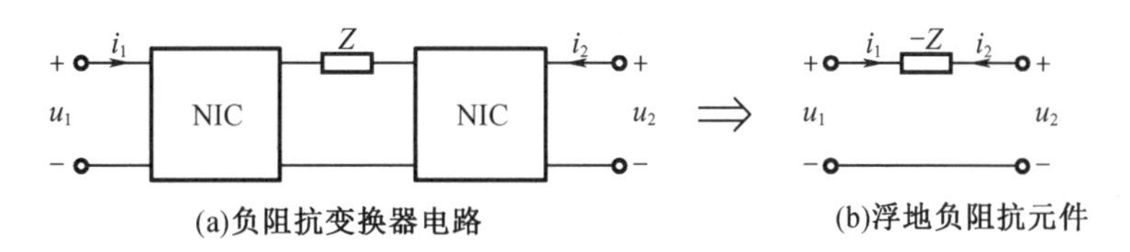

图 11 - 34　浮地负阻抗元件实现原理

图 11 - 34 中，NIC 须同取 CINIC 或 VINIC。

根据双口网络的级联公式知，图 11 - 34(a) 所示电路的传输参数矩阵为

$$\boldsymbol{T}=\begin{bmatrix}\pm1 & 0\\0 & \mp1\end{bmatrix}\begin{bmatrix}1 & Z\\0 & 1\end{bmatrix}\begin{bmatrix}\pm1 & 0\\0 & \mp1\end{bmatrix}=\begin{bmatrix}\pm1 & \pm Z\\0 & \mp1\end{bmatrix}\begin{bmatrix}\pm1 & 0\\0 & \mp1\end{bmatrix}=\begin{bmatrix}1 & -Z\\0 & 1\end{bmatrix}$$

可见，该电路可等效为一个串臂元件的复阻抗为 $-Z$ 的双口网络，如图 11 - 34(b) 所示，其串臂元件的两端可自由地与外部电路连接。

本节思考与练习

11.8 节
思考与练习
参考答案

11 - 8 - 1　求题 11 - 8 - 1 图所示双口网络的传输参数矩阵，并说明它具有什么特征。

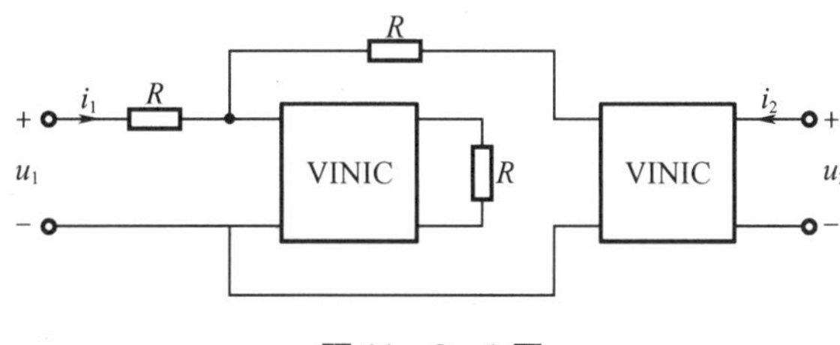

题 11 - 8 - 1 图

11 - 8 - 2　求题 11 - 8 - 2 图所示电路的出口与入口电压比 $\dot{U}_2/\dot{U}_1$。

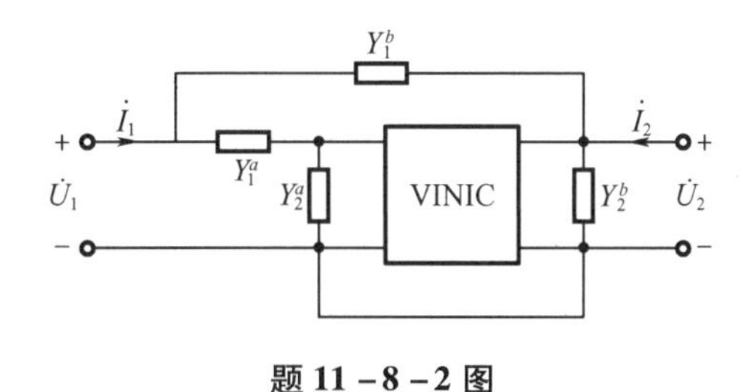

题 11 - 8 - 2 图

本章习题

第 11 章
习题参考答案

11 - 1　在题 11 - 1 图所示电路中，已知由晶体三极管等效电路所构成的双口网络混合参数矩阵为 $\boldsymbol{H}=\begin{bmatrix}h_{11} & h_{12}\\h_{21} & h_{22}\end{bmatrix}=\begin{bmatrix}300 & 0.2\times10^{-3}\\100 & 0.1\times10^{-3}\end{bmatrix}$。如果激励源电压 $\dot{U}_S=10$ mV，内阻抗 $Z_S=1$ kΩ，负载导纳 $Y_L=10^{-3}$ S，试求负载端电压 $\dot{U}_2$。

11-2　求题11-2图所示网络中1 V电压源输出的功率和10 Ω电阻消耗的功率。

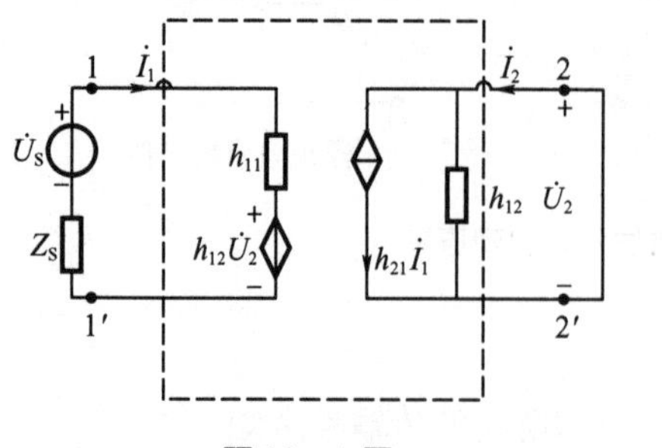

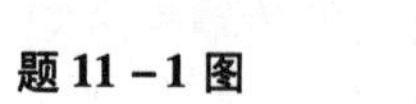

题 11-1 图

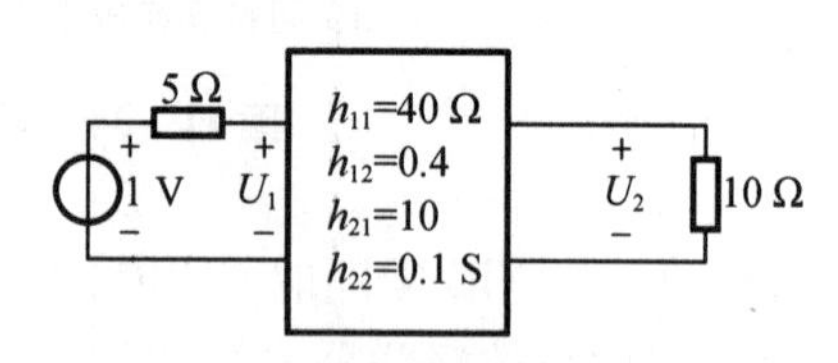

题 11-2 图

11-3　题11-3图所示的是线性电阻双口网络,当$R_L=\infty$时,$U_2=7.5$ V,当$R_L=0$ Ω时,$I_1=3$ A,$I_2=-1$ A。

(1)求双口网络的Y参数;

(2)求双口网络的三角形(π型)等效电路;

(3)R_L为多少时,R_L可获得最大功率,并求最大功率P_{max}。

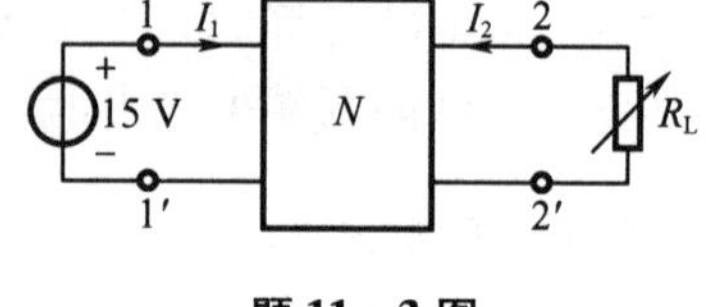

题 11-3 图

11-4　如题11-4图所示,线性电阻无源双口网络N_R,其传输方程$\begin{cases}U_1=2U_2-30I_2\\I_1=0.1U_2-2I_2\end{cases}$,一电阻并联在输出端时输出电阻等于该电阻并联在输入端时输入电阻6倍,求该电阻值。

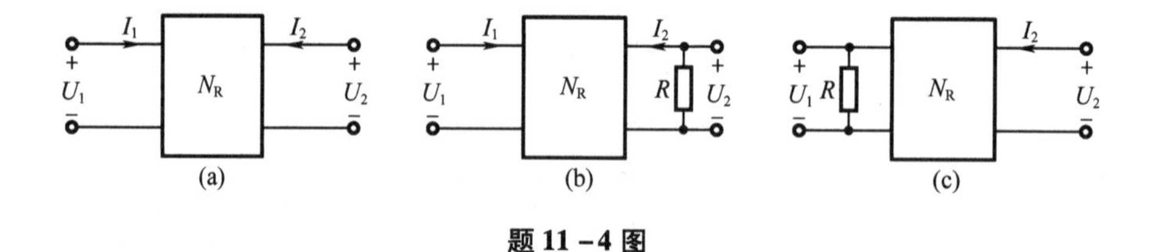

题 11-4 图

11-5　如题11-5图所示,N为对称二端口网络,已知$\dot{U}_1=15\angle 0°$ V时,2-2′端口的开路电压$\dot{U}_2=7.5$ V,2-2′端口的短路电流$\dot{I}_2=1\angle 180°$ A。现将N的1-1′端口接戴维南支路,如图(b)所示,试求图(b)所示2-2′端口的开路电压。

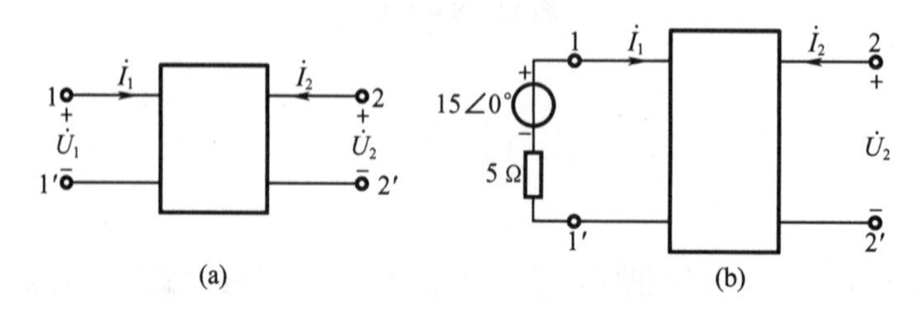

题 11-5 图

附录A　非线性电路

本附录简要介绍非线性电阻元件以及分析非线性电路的一些常用方法，如图解分析法、小信号分析法和分段线性分析法；然后介绍一阶分段线性电路的分析方法；最后给出自激振荡和混沌的初步概念。

A.1　非线性电阻元件及其约束关系

关联参考方向下，线性电阻元件的伏安特性可用欧姆定律 $u=Ri$ 表示，即 $u-i$ 特性是通过坐标原点的一条直线，非线性电阻元件的伏安特性不满足欧姆定律而遵循某种特定的非线性函数关系。非线性电阻元件图形符号如图A-1所示。

图A-1　非线性电阻元件图形符号

非线性电阻元件，一般可分为电流控制型电阻(current-controlled resistor)、电压控制型电阻(voltage-controlled resistor)和严格单调型电阻三类。

A.1.1　电流控制型电阻

其两端的电压是其电流的单值函数，即

$$u=f(i)$$

式中，每一个给定的电流值 i，有且只有一个电压值 u 与之相对应。充气二极管(gas diode)是具有这种伏安特性的一种典型器件，它的 $u-i$ 关系是

$$u=f(i)=a_0 i+a_1 i^2+a_2 i^3$$

式中，a_0、a_1、a_2均为系数。其图形符号和 $u-i$ 特性曲线如图A-2所示。

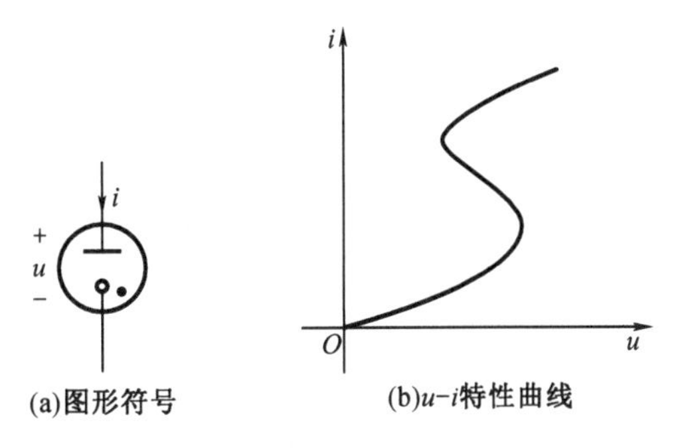

(a)图形符号　　(b)u-i特性曲线

A-2　充气二极管

A.1.2 电压控制型电阻

其两端的电流是其电压的单值函数,即

$$i=g(u)$$

式中,每一个给定的电压值 u,有且只有一个电流值 i 与之相对应;隧道二极管(tunnel diode)是具有这种伏安特性的一种典型器件,它的 $u-i$ 关系为

$$i=g(u)=a_0u+a_1u^2+a_2u^3$$

式中,a_0、a_1、a_2均为系数。其图形符号和 $u-i$ 特性曲线如图 A-3 所示。

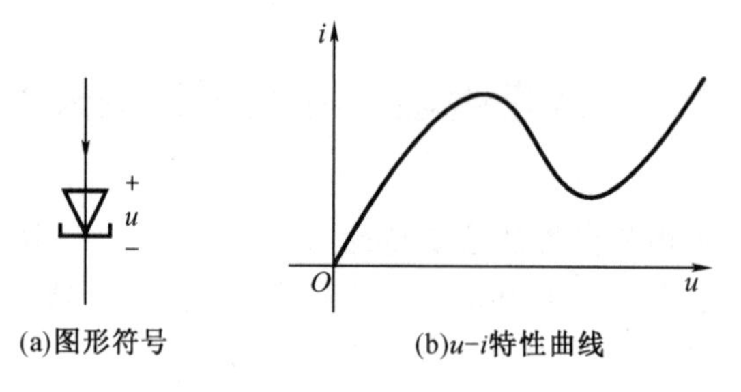

(a)图形符号　　(b)u-i特性曲线

图 A-3 隧道二极管

A.1.3 严格单调型电阻

它两端的电压是其电流的单值函数,其两端的电流是其电压的单值函数,也就是说它既是电流控制的又是电压控制的。PN 结(P-N junction)二极管是具有这种伏安特性的一种典型器件,它的 $u-i$ 关系为

$$i=I_S(e^{\frac{qu}{kT}}-1)$$

式中,I_S 为一常数,称为反向饱和电流;q 是电子的电荷(1.6×10^{-19}C);k 是玻尔兹曼常数(1.38×10^{-23} J/K);T 为热力学温度。其图形符号和 $u-i$ 特性曲线如图 A-4 所示。

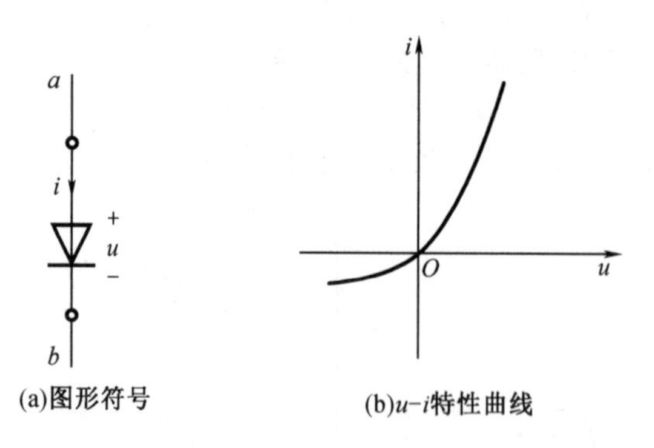

(a)图形符号　　(b)u-i特性曲线

A-4 PN 结二极管

无论何种非线性电阻元件,其端电压 u 和端电流 i 之间的关系总可用非线性代数方程 $f(u,i)=0$ 来描述。与线性电阻相比,非线性电阻有更为丰富的电气特性,因而具有广泛的应用价值。

例 A-1 非线性电阻的 $u-i$ 关系为 $u=f(i)=50i+0.5i^3$,用 $i_1=2$ A,$i_2=10$ A 来验证

该电阻是否满足齐次性和可加性。

解 根据齐次性和可加性的定义有

$i_1=2$ A时，$u=50\times2+0.5\times2^3=104$ V。

$i_2=10$ A时，$u=50\times10+0.5\times10^3=1\ 000\ \text{V}\neq104\times5$，因此不满足齐次性。

$i=i_1+i_2=12$ A时，$u=50\times12+0.5\times12^3=1\ 464\ \text{V}\neq104+1\ 000$，因此不满足可加性。

非线性电阻不满足齐次性和可加性，因此叠加定理对非线性电阻电路不再适用。

A.2 非线性电阻元件的串联与并联

在非线性电路中，基尔霍夫电压定律和电流定律依然适用，非线性电阻也可以进行串联和并联。图A－5(a)就表示两个非线性电阻元件的串联。设它们的伏安特性分别为$u_1=f_1(i_1)$，$u_2=f_2(i_2)$。根据KCL和KVL，有

$$i=i_1=i_2$$

$$u=u_1+u_2=f_1(i_1)+f_2(i_2)=f(i)$$

式中，$u=f(i)$表示此串联组合的等效电阻的伏安特性。等效的非线性电阻元件模型如图A－5(b)所示。

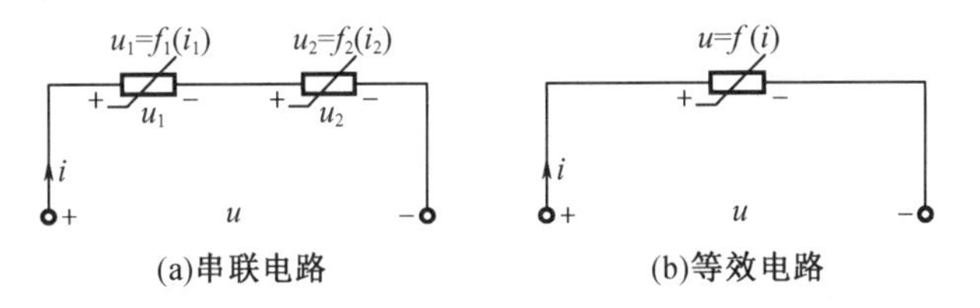

(a)串联电路 (b)等效电路

图A－5 非线性电阻元件的串联

可以用图解法分析非线性电阻的串联电路。把在同一电流值下的u_1、u_2相加，即得到电压u。取不同的i值，可逐点求出$u-i$特性$u=f(i)$，如图A－6所示。

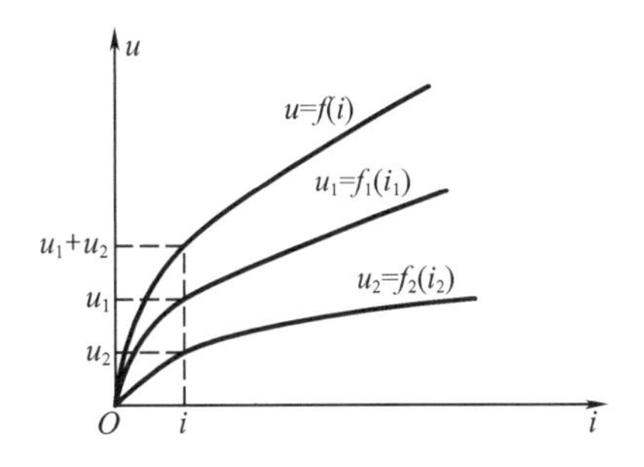

图A－6 非线性电阻元件的串联的$u-i$特性曲线

图A－7(a)表示两个非线性电阻元件的并联。设它们的伏安特性分别为$i_1=f_1(u_1)$，$i_2=f_2(u_2)$。根据KCL和KVL，有

$$u=u_1=u_2$$

$$i=i_1+i_2=f_1(u_1)+f_2(u_2)=f(u)$$

式中，$i=f(u)$表示此并联组合的等效电阻的伏安特性。等效的非线性电阻元件模型如图A－7(b)所示。

同理，也可以用图解法分析非线性电阻的并联电路。把在同一电压值下的i_1、i_2相加，即得到电流i。取不同的u值，可逐点求出$u-i$特性$i=f(u)$，如图A－8所示。

对于若干个非线性电阻元件的串联或并联时，只有所有电阻元件的控制类型相同，才有可能得出其等效电阻伏安特性的解析表达式。但可以运用图解法依次求出等效的$u-i$特性曲线。另外，对于由非线性电阻元件串联和并联组成的混联电路，上述方法同样适用。

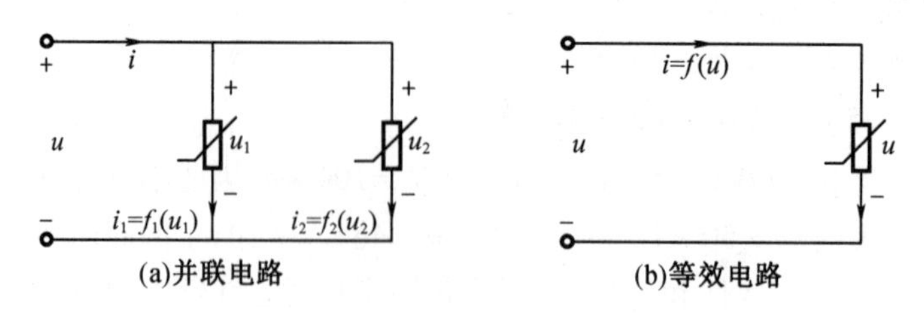

(a)并联电路　　(b)等效电路

图 A-7　非线性电阻元件的并联

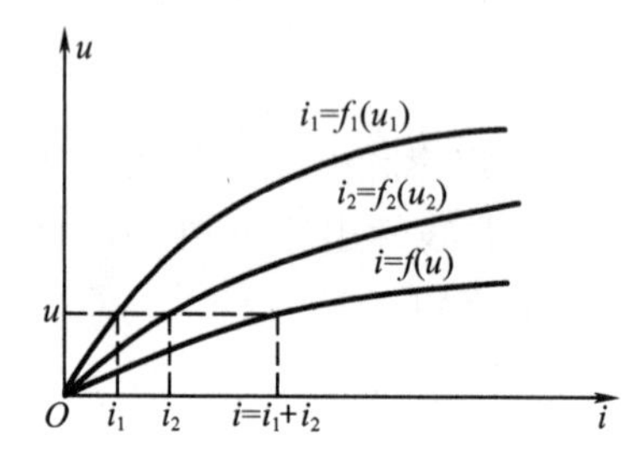

图 A-8　非线性电阻元件的并联的 $u-i$ 特性曲线

A.3　非线性电阻电路的图解分析法

上一节我们利用图解法可以得到串并联电路的等效伏安特性。所谓图解法,其实就是利用图解来消去未知量的方法。由于非线性代数方程式的求解步骤烦琐,因此当精度要求不高,且电路结构又不太复杂时,可采用图解法。

考察图 A-9(a)所示简单的由 PN 结二极管和电源构成的非线性电阻电路。

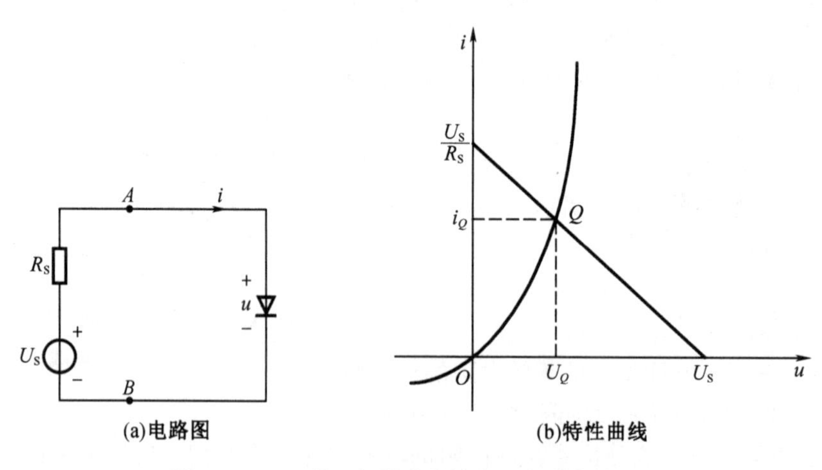

(a)电路图　　(b)特性曲线

图 A-9　PN 结二极管非线性电阻电路及其图解

从图 A-9(a)中,根据 KVL 可以列出 $u-i$ 关系为

$$u = U_S - R_S i \tag{A-1}$$

式中,非线性电阻元件为 P－N 结二极管模型的 $u-i$ 关系为

$$i = I_S(e^{\frac{qu}{kT}} - 1) \tag{A-2}$$

将式(A－2)代入式(A－1),得

$$u = U_S - R_S I_S(e^{\frac{qu}{kT}} - 1)$$

这是一个非线性代数方程,采用图解法求解。在 $u-i$ 平面上,绘出图 A－9(a)中 $A-B$ 右边的非线性电阻元件的 $u-i$ 特性曲线,它是一条曲线。$A-B$ 左边有伴电压源的 $u-i$ 特性曲线,是一条直线,此直线在纵轴上的截距为$\frac{U_S}{R_S}$,其斜率为 $-\frac{1}{R_S}$。两线的交点确定了该电路中非线性电阻两端的电压和流经非线性电阻的电流。通常称该点为静态工作点(quiescent point)或 Q 点(Q-point),如图 A－9(b)所示。

图 A－9(b)中非线性电阻的 $u-i$ 特性曲线是根据其函数关系画出的。实际情况中往往还存在着另外一种情况,即并不清楚非线性电阻的工作机理,只是通过测量接线端的电压电流获得了一条 $u-i$ 特性曲线。根据前面的讨论可知,如果此时电路中只有一个非线性电阻,就可以先求从非线性电阻看入的戴维南等效电路,然后在同一坐标轴下画出非线性电阻的 $u-i$ 特性曲线和戴维南等效电路的 $u-i$ 特性曲线,二者的交点即确定了该非线性电阻两端的电压和流经非线性电阻的电流。这种方法就称为非线性电阻电路的图解法。

图解法不仅适用于简单电路,也可用以求解仅含有一个非线性电阻元件而结构复杂的电阻电路。它最大的优点是直观、简便,因此在电子线路中得到广泛应用。

A.4　非线性电阻电路及其解的存在唯一性

一般来讲,负载中包含非线性元件的电路列写的方程为非线性方程,是非线性电路(nonlinear circuit)。

线性电阻电路的求解对应着线性代数方程组的求解。对于有 n 个节点,b 条支路的电路来说,可以找到 $n-1$ 个独立的方程和 $b-n+1$ 个独立的 KVL 方程,再加上 b 个元件约束,可以列写出 $2b$ 个独立线性代数方程,从而求出所有支路量的唯一解。与线性电阻电路不同,非线性电阻电路对应着非线性代数方程组,可能有多个解或者没有解。

图 A－10(a)就是包含隧道二极管的多解电路。由图 A－10(b)所示的关系可以看出,该电路可能存在这 3 个解。

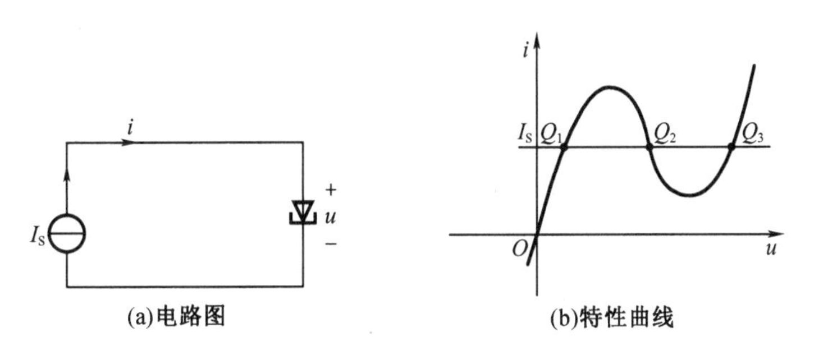

图 A－10　包含隧道二极管的多解电路

另一方面,非线性电阻也可能无解。图 A-11(a)就是包含整流二极管的无解电路。由图 A-11(b)所示的 $u-i$ 关系可以看出,该电路无解。

由于非线性电阻电路存在无解和多解的可能,因此研究非线性电阻电路解的存在性和唯一性就成为很重要的问题。关于这方面有很多专门的讨论,本书只介绍其中的一个充分条件。

首先需要定义严格递增电阻。如果一个电阻的 $u-i$ 特性曲线上找任意2点(u_1,i_1) 和 (u_2,i_2) 都满足

$$(u_2-u_1)\times(i_2-i_1)>0$$

则该电阻称为严格递增电阻。图 A-12 给出了一个严格递增电阻的例子。为不失一般性,在图中设 $u_2>u_1$。

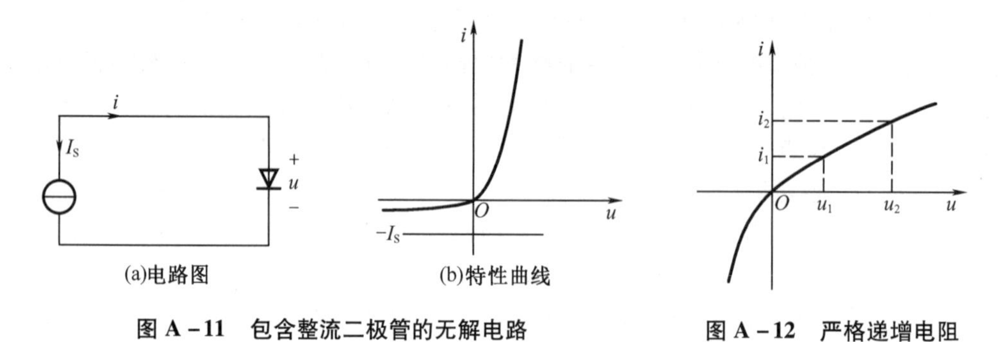

图 A-11 包含整流二极管的无解电路

图 A-12 严格递增电阻

非线性电阻电路存在唯一解的一个充分条件是:电路中的每个电阻都是严格递增电阻,而且每个电阻的电压 $u\to\infty$ 时,相应的电流 $i\to\infty$,同时电路中不存在仅由独立电压源构成的回路和仅由独立电流源链接而成的节点。

A.5 小信号分析法

在实际工程中,非线性电阻电路不仅存在直流电源,同时还存在小的扰动,在这种电路中,就不得不考虑小扰动引起的响应。这时我们采用小信号分析法来分析。

在图 A-13 所示电路中,U_S是理想直流独立电压源,电阻 R_S为电源的内阻,它是线性电阻,图中的非线性电阻是一个 PN 结二极管,$\Delta u_S(t)$ 表示足够小的扰动,即 $|\Delta u_S(t)|\ll U_S$,可看作小信号。

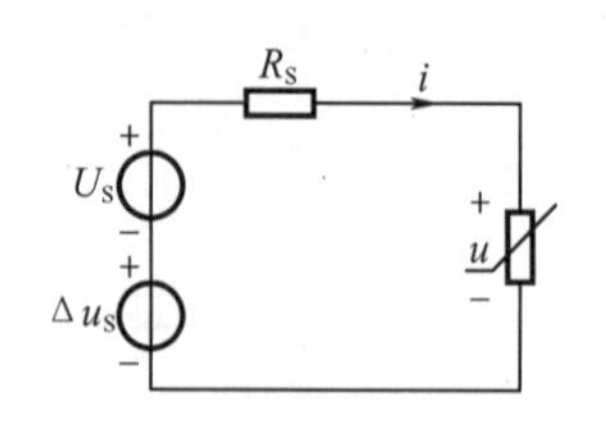

图 A-13 具有小扰动激励的非线性电路

首先根据 KVL 列电路方程,得到

$$\begin{cases}U_S+\Delta u_S(t)=R_Si+u\\ i=I_S(e^{\frac{qu}{kT}}-1)\end{cases}\tag{A-3}$$

在式(A-3)中,当 $\Delta u_S(t)=0$ 时,即只有直流电压源单独作用时,根据上节介绍的图解法可以得到这个非线性方程的解,即静态工作点,记作 $Q(U_Q,I_Q)$,当激励由 U_S变为 $U_S+\Delta u_S(t)$ 时,由于$|\Delta u_S(t)|\ll U_S$,因此电路的解必在静态工作点(U_Q,I_Q) 附近变动

$$\begin{cases} u(t) = U_Q + \Delta u(t) \\ i(t) = I_Q + \Delta i(t) \end{cases} \tag{A-4}$$

式中，U_Q、I_Q已经求得；$\Delta u(t)$、$\Delta i(t)$为待求量。这就是由扰动信号$\Delta u_S(t)$引起的偏差。在任何时刻t，$\Delta u(t)$、$\Delta i(t)$相对U_Q、I_Q都是很小的量。将二极管的$u-i$关系在工作点$Q(U_Q,I_Q)$附近进行泰勒级数展开，有

$$i = I_S(e^{\frac{q(U_Q+\Delta u(t))}{kT}} - 1) = I_Q + \left.\frac{\mathrm{d}i}{\mathrm{d}u}\right|_{u=U_Q} \Delta u(t) + \frac{1}{2}\left.\frac{\mathrm{d}^2 i}{\mathrm{d}u^2}\right|_{u=U_Q} [\Delta u(t)]^2 + \frac{1}{3!}\left.\frac{\mathrm{d}^3 i}{\mathrm{d}u^3}\right|_{u=U_Q} [\Delta u(t)]^3 + \cdots$$

由于$|\Delta u_S(t)| \ll U_S$，因此可以假定$[\Delta u(t)]^2$、$[\Delta u(t)]^3$及更高次项是可以忽略的，从而有

$$i \approx I_Q + \left.\frac{\mathrm{d}i}{\mathrm{d}u}\right|_{u=U_Q} \Delta u(t) \tag{A-5}$$

将式(A-5)和式(A-4)代入式(A-3)，并化简得到

$$\begin{cases} \Delta u_S(t) = R_S \Delta i(t) + \Delta u(t) \\ \Delta i(t) = \left.\frac{\mathrm{d}i}{\mathrm{d}u}\right|_{u=U_Q} \Delta u(t) = G_d \Delta u(t) \end{cases} \tag{A-6}$$

式中，$\left.\frac{\mathrm{d}i}{\mathrm{d}u}\right|_{u=U_Q} = G_d = \frac{1}{R_d}$称为非线性电阻在静态工作点$Q$处的动态电导，并且是对应工作点处的切线的斜率。所以从式(A-6)可以看出，由小信号电压$\Delta u_S(t)$产生的电压$\Delta u(t)$和电流$\Delta i(t)$之间的关系是线性的。由于式(A-4)中只包含了小信号激励及响应，由此可以做出给定非线性电阻在静态工作点Q处的小信号等效电路，如图A-14所示，它是一个线性电阻电路。

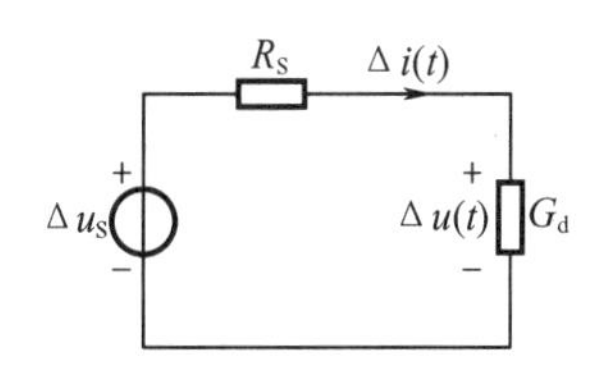

图A-14 图A-5的小信号电路

最终得到非线性电阻电路的解为

$$\begin{cases} u(t) = U_Q + \Delta u(t) \\ i(t) = I_Q + \Delta i(t) \end{cases} \tag{A-7}$$

用小信号分析法求解非线性电阻电路，步骤总结如下：

(1)不考虑小信号的作用，求出非线性电阻的静态工作点Q；

(2)在静态工作点附近用泰勒级数展开求非线性电阻的小信号响应；

(3)将工作点和小信号解合成得到最终解。

例A-2 图A-15所示电路，其中直流电流源$I_S=10$ A，非线性电阻元件的$i-u$特性为

$$i = g(u) = \begin{cases} u^2 & (u > 0) \\ 0 & (u < 0) \end{cases}$$

小信号电流源$\Delta i_S(t) = 0.05\cos t$。求电压$u$和电流$i$。

解 由于$\Delta i_S(t) = 0.05\cos t$，其值在$+0.05$和$-0.05$之间变动，使总电流$I_S+\Delta i_S$自其标称值10 A变动低于10%，因而可以用小信号分析法来求解。

(1)静态求工作点。电路如图A-15(c)所示。

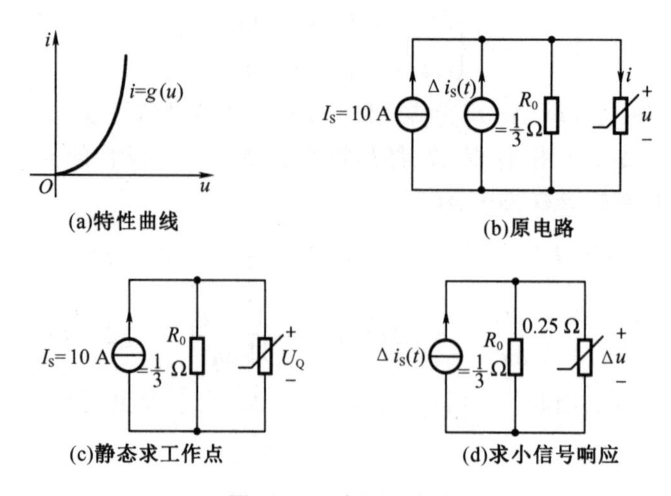

图 A－15　例 A－2 图

列节点电压方程为

$$I_S - \frac{U_Q}{R_0} - U_Q^2 = 0, \quad u > 0$$

代入已知数据,得

$$10 - 3U_Q - U_Q^2 = 0, \quad u > 0$$

解得 $U_Q = 2$ V,其中 $U_Q = -5$ V,不合题意,舍去。

对应工作点的电流为 $I_Q = 4$ A。

(2)求小信号响应。小信号电路如图 A－15(d)所示,其中非线性电阻元件的小信号电阻为

$$R_d = \frac{1}{\left.\frac{di}{du}\right|_{u=U_Q}} = \frac{1}{2u\big|_{U_Q=2}} = 0.25\ \Omega$$

根据式(A－6)得到

$$\begin{cases} \Delta u = \dfrac{0.05}{7}\cos t \text{ V} = (0.007\ 14\cos t)\text{ V} \\ \Delta i = \dfrac{0.2}{7}\cos t \text{ A} = (0.028\ 6\cos t)\text{ A} \end{cases}$$

(3)将工作点和小信号解合成得到最终解。求原电路中的电压 u 和电流 i,根据式(A－7),可知

$$u = U_Q + \Delta u = (2 + 0.007\ 14\cos t)\text{ V}$$

$$i = I_Q + \Delta i = (4 + 0.028\ 6\cos t)\text{ A}$$

A.6　分段线性化方法

非线性电阻的图解法虽然比较直观且比较简单,但却不能处理复杂的网络,同时在制图的过程中还可能出现误差。本节要讨论一种分段线性化方法,它可以分析复杂电路。这

种方法把非线性电阻的伏安特性近似地用一些直线段或折线来逼近。

在采用折线来表示电阻元件的伏安特性后，对于每一段折线，都可以用直线的斜率和表征该直线有效区域的电压或电流值来确定。例如图 A－16 中虚线为隧道二极管的伏安特性，此特性可用图 A－16 中的 3 段折线来近似地表示。假设这 3 段折线的斜率分别为

$$G=\left.\frac{\mathrm{d}i}{\mathrm{d}u}\right|_{0<u<u_{b1}}=G_a, 0<u<u_{b1}\text{（区域 1）}$$

$$G=\left.\frac{\mathrm{d}i}{\mathrm{d}u}\right|_{u_{b1}<u<u_{b2}}=G_b, u_{b1}<u<u_{b2}\text{（区域 2）}$$

$$G=\left.\frac{\mathrm{d}i}{\mathrm{d}u}\right|_{u>u_{b2}}=G_c, u>u_{b2}\text{（区域 3）}$$

式中，u_{b1}、u_{b2}分别为区域 1 与区域 2 和区域 2 与区域 3 之间转折点的电压值。

这种用有限个直线段来近似代替非线性元件的伏安特性进而简化分析的方法称为非线性电路的分段线性化分析法。至于一个元件的实际伏安特性究竟要用多少段折线来表示，要由对分析精度的要求来决定。自然，划分的段数越多，折线特性将越接近于实际情况。但分析的工作量也随之增加。

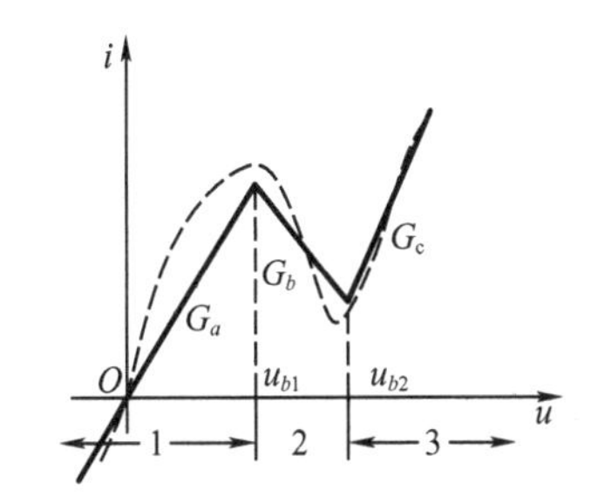

图 A－16　隧道二极管的伏安特性的分段线性近似

在用折线表示电阻元件的伏安特性后，对于每一直线段都可以用戴维南或诺顿电路代替。如图 A－16 中的第二段直线可表示为图 A－17（a）所示的戴维南电路，第三段直线可表示为图 A－17（b）所示诺顿电路。图中的电压源 U_{S1} 的大小是其直线在横轴（电压轴）上的截距，电流源 I_{S1} 的大小是其直线在纵轴（电流轴）上的截距，R 是相对应的直线段的斜率。

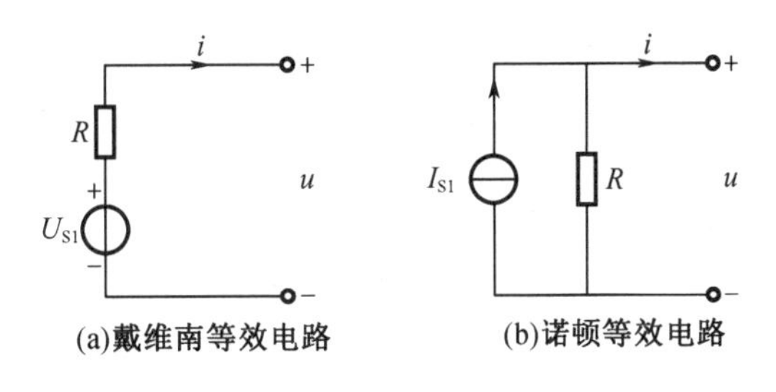

图 A－17　分段近似的戴维南和诺顿等效电路

若研究的非线性电路中所有非线性元件的伏安特性都是分段线性化表示的，则非线性电路的求解过程可以通过用各个线性区段内的戴维南或诺顿等效电路来代替，把原非线性元件的求解化为一系列线性电路的求解过程。用这种分段线性化方法分析电路时，先做出非线性电路的分段线性化的等效电路，其拓扑结构应与原来的电路相同，而等效参数则取决于各段直线的斜率和在坐标轴上的截距。通常在电路求解开始时，并不知道各电路元件的确切的工作区域，往往需要用基于“假设－检验”的方法分析。具体做法是，先任意假设某非线性元件工作于某折线段，应用该段的线性等效模型，使得原电路成为线性电路，求解该电路得到线性模型的接线端电压和电流，判断接线端电压和电流是否满足该段的条件。如果满足条件，则假设成立，求解完毕；如果不满足条件，则假设不成立，再假设其工作于另

一段,继续上述过程,直至求解完毕为止。用这种基于“假设-检验”的方法分析求解含分段线性模型的非线性电阻电路十分有效。需要强调的是应用这种“假设-检验”的方法,前提是假设非线性电阻电路本身存在唯一解,分段线性模型覆盖了非线性电阻的所有工作范围。因为非线性电阻电路本身可能多解或无解,另外用分段线性模型来代替原来的非线性模型也可能产生多解或无解,从而使得上述“假设-检验”过程可能得出该非线性元件满足多个区段条件或不满足任何区段条件的情况。对于这种情况的讨论超出了本书的范围。

例 A-3 如图 A-18 所示,已知非线性电阻当 $i<1$ A 时 $u=2i$,$i>1$ A 时 $u=i+1$,求 u。

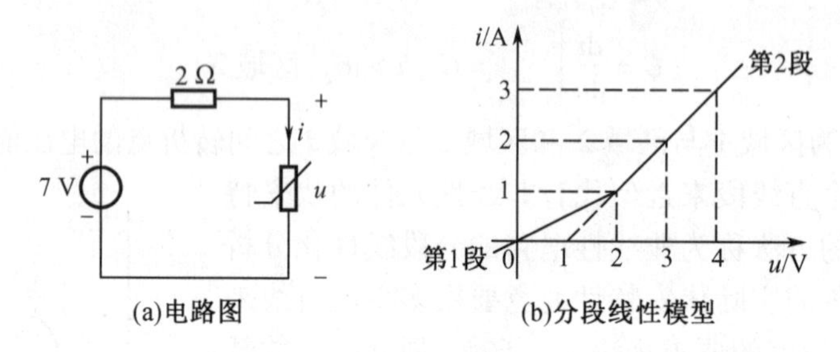

图 A-18 例 A-3 电路和非线性电阻的分段线性模型

解 用假设—检验的方法求解,首先假设非线性电阻工作在第 1 段,条件是 $i<1$ A。从第 1 段的斜率看,它可以等效为一个阻值为 2 Ω 的电阻。得到的线性电阻电路如图 A-19(a)所示。求得 $i=1.75$ A >1 A。因此假设错误。

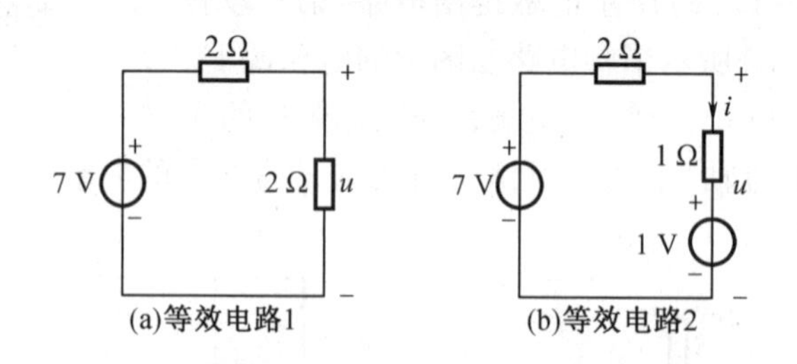

图 A-19 例 A-3 电路在两段中的等效电路

再假设非线性电阻工作在第 2 段,条件是 $i>1$ A。将第 2 段线段延长至横轴,和横轴交点为 1 V,斜率为 1。则得到的线性电阻电路如图 A-19(b)所示。求得 $i=2$ A >1 A。因此假设正确。

$$u=(1+2\times1)\ \text{V}=3\ \text{V}$$

如果一个电路有 n 个非线性元件,第 i 个非线性元件有 m_i 个工作区段,那么从存在工作点的可能性来看,就需要把所有可能组合都算出来以获得最后的结论,即需要对电路进行 $\prod_{i=1}^{n} m_i$ 次分析。在电路比较复杂,非线性元件个数较多,并且元件特性含有较多的折线时,用分段线性化方法对电路进行分析将需要很大的计算工作量。但因为它是运用线性电路的分析方法来分析非线性电路,该方法的优点也是明显的,并且可以求出电路的所有可能解。

A.7　一阶分段线性电路

非线性动态电路的分析常采用图解法、小信号分析法和分段线性化法。本节讨论一阶分段线性电路的分析方法。图 A－20 所示一阶电路中电容 C 是线性元件，N 是电阻性二端网络，其中既含有线性电阻元件，又含有非线性电阻元件。假设该网络内的非线性电阻元件都是可以分段线性化的，以致电阻性二端网络 N 可用一分段线性端口特性来描述，如图 A－20(b) 所示。

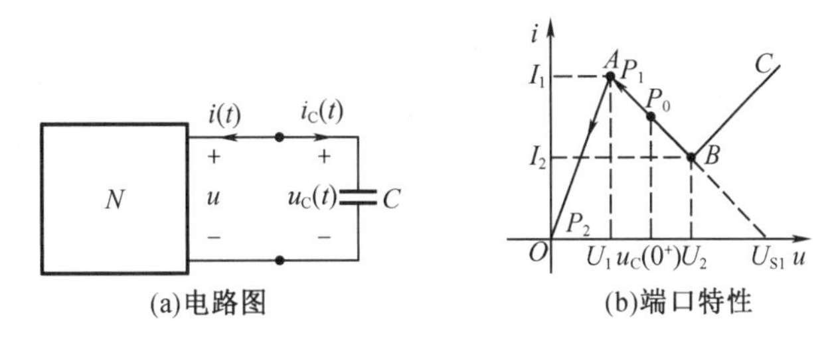

图 A－20　一阶分段线性电路及二端网络 N 的端口特性

研究这个电路的目的在于寻求给定初始状态下的电容电压 $u_C(t)$。由于二端网络 N 的端口变量 $u(t)$ 和 $i(t)$ 必然位于该网络的端口特性曲线上，$u(t)$ 和 $i(t)$ 的演变可以设想为端口特性曲线上的一点自一给定的初始点出发，沿着端口特性曲线的移动。又因为端口特性是分段线性的，求解端口变量 $u(t)$ 和 $i(t)$ 可以先行确定反映端口变量特性曲线演变的点移动的"路径"和"方向"，也就是动态路径（dynamic route）。动态路线一旦确定，可借"观察法"求得沿端口特性曲线的每一个直线段的解。

例 A－4　设图 A－20(a) 中二端网络 N 的电压控分段线性端口特性如图 A－20(b) 所示。若已知电容元件 $C=0.5\ \mu\text{F}$，初始电压 $u_C(0^+)=2.5\ \text{V}$，$U_{S1}=3.25\ \text{V}$，$U_1=2\ \text{V}$，$U_2=3\ \text{V}$，$I_1=10\ \text{mA}$，$I_2=2\ \text{mA}$，求 $t\geqslant 0^+$ 时的电容电压 $u_C(t)$。

解　按下列步骤求解：

(1) 确定初始点

设电路的初始状态为 $u_C(0^+)$，因为对于所有的时刻 t，$u(t)=u_C(t)$，因此在初始时刻 $t=0$ 时，$u(0^+)=u_C(0^+)=2.5\ \text{V}$，所以位于二端网路 N 的端口特性曲线上电容初始值 $u_C(0^+)$ 对应的点 P_0 就是初始点，如图 A－20(b) 所示。

(2) 确定动态路径

图 A－20(a) 的电路方程为

$$\frac{\mathrm{d}u(t)}{\mathrm{d}t}=\frac{i_C(t)}{C}=-\frac{i(t)}{C}$$

因 $u(t)=u_C(t)$，故有

$$\frac{\mathrm{d}u_C(t)}{\mathrm{d}t}=\frac{\mathrm{d}u(t)}{\mathrm{d}t}=-\frac{i(t)}{C}$$

当 $i(t)>0$ 时，电压 $u(t)$ 总是减小的，因而自 P_0 出发的动态路径必然总是沿着 $u-i$ 曲线中

u 减小的方向移动,即从 P_0 点移到 P_1 点,然后到 P_2,如图 A－20(b)所示。动态路径终止于 P_2,因为此时有 $i=0$,从而$\frac{\mathrm{d}u(t)}{\mathrm{d}t}=0$,即电容电压将不再变化。整个过程电容始终处于放电过程,但从 P_0 点到 P_1 点电流在增加,在 P_1 点处电流达到最大值 I_1 后,电容电压就逐渐减小到零。

(3)对 $i-u$ 曲线的每一个直线段分别求解

动态路径由 P_0 点移到 P_1 点这个区段时,端口 N 的伏安特性是用线段$\overline{AB}$表示的,所以 N 可用图 A－21(a)的等效电路代替,其中直流电压源的电压 $U_{S1}=3.25\ \mathrm{V}$,而线性电阻 R_1 为该折线斜率的倒数,即

$$R_1=\frac{U_1-U_2}{I_1-I_2}=-125\ \Omega$$

由图 A－20(b)可以看出 $R_1<0$,它是一个负电阻。根据三要素法写出电容电压由 P_0 点移到 P_1 点这个区段的解析解为

$$u_C(t)=[u_C(0^+)-U_{S1}]e^{-\frac{t}{\tau_1}}+U_{S1}$$

式中,时间常数 $\tau_1=R_1C=-125\times0.5=-62.5\ \mu s$。由于 $R_1<0$,故 τ_1 为负值,所以 $u_C(t)$ 的曲线为一段经过 $u_C(0^+)$ 并当 $t\to-\infty$ 时渐近地趋向 U_{S1},如图 A－21(c)虚线所示。但 $[u_C(0^+)-U_{S1}]$ 为负值,所以 $u_C(t)$ 中有一个随时间增长而增长的负分量。事实上,$u_C(t)$ 随时间的增长而下降,当 $u_C(t)$ 达到 U_1 时(对于时间为 t_1)便进入另一线性段。

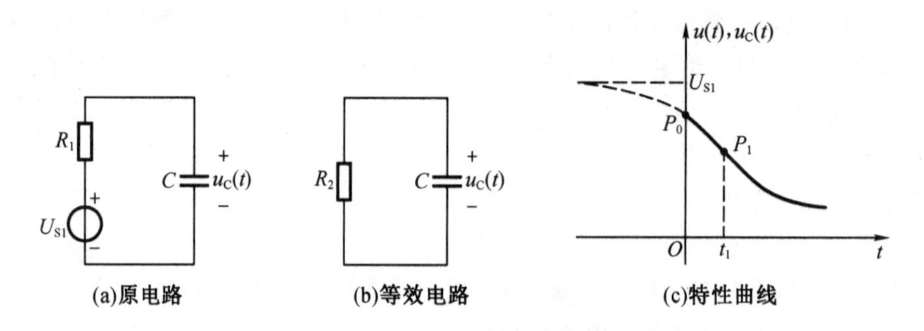

图 A－21 计算图 A－20 电路的等效电路

$$u_C(t)=[u_C(0^+)-U_{S1}]e^{-\frac{t}{\tau_1}}+U_{S1}=(3.25-0.75e^{t/62.5})\ \mathrm{V}\quad 0^+\leqslant t\leqslant31.9\ \mu s$$

式中,31.9 μs 是对应于 $u_C(t)=2\ \mathrm{V}$ 的时刻。

动态路径由 P_1 点移到 P_2 区段时,端口 N 的伏安特性对应的线段是$\overline{AO}$,可用图 A－21(b)等效,其中线性电阻 $R_2=\frac{U_1}{I_1}=200\ \Omega$,对应的电容电压可根据图 A－21(b)计算

$$u_C(t)=U_1e^{\frac{-(t-t_1)}{\tau_2}}=2e^{-(t-31.9)/100}\ \mathrm{V}\quad t>31.9\ \mu s$$

式中,$\tau_2=R_2C=100\ \mu s$。电容电压随时间变化的曲线如图 A－21(c)所示。

A.8　非线性振荡电路

本节通过实例介绍一种典型非线性振荡电路，即范德波尔振荡电路。从原理上它是由一个线性电感、一个线性电容和一个非线性电阻组成的，如图 A－22(a)所示。非线性电阻的伏安特性曲线有一段为负电阻性质，它的伏安特性可用下式表示(属电流控制型)，其伏安特性曲线如图 A－22(b)所示。

$$u_R = \frac{1}{3}i_R^3 - i_R$$

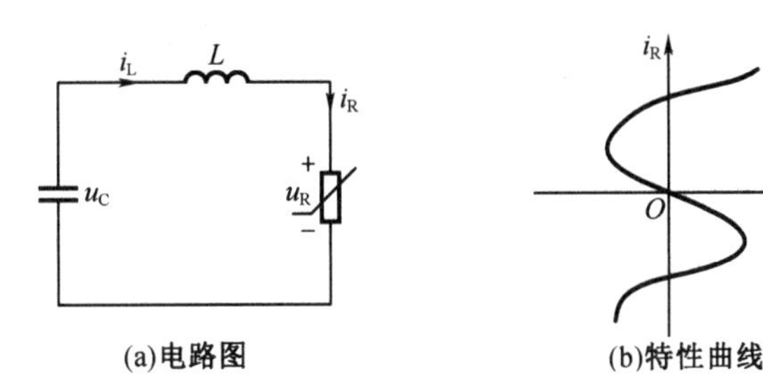

图 A－22　范德波尔电路

电路的状态方程可写为(注意 $i_L = i_R$)

$$\begin{cases} \dfrac{\mathrm{d}u_C}{\mathrm{d}t} = -\dfrac{i_L}{C} \\ \dfrac{\mathrm{d}i_L}{\mathrm{d}t} = \dfrac{u_C - \left(\dfrac{1}{3}i_L^3 - i_L\right)}{L} \end{cases}$$

式中，u_C 和 i_L 为状态变量。令 $\tau = \dfrac{1}{\sqrt{LC}}t$，$\tau$ 的量纲为 1。这样

$$\begin{cases} \dfrac{\mathrm{d}u_C}{\mathrm{d}t} = \dfrac{\mathrm{d}u_C}{\mathrm{d}\tau}\dfrac{\mathrm{d}\tau}{\mathrm{d}t} = \dfrac{1}{\sqrt{LC}}\dfrac{\mathrm{d}u_C}{\mathrm{d}\tau} \\ \dfrac{\mathrm{d}i_L}{\mathrm{d}t} = \dfrac{\mathrm{d}i_L}{\mathrm{d}\tau}\dfrac{\mathrm{d}\tau}{\mathrm{d}t} = \dfrac{1}{\sqrt{LC}}\dfrac{\mathrm{d}i_L}{\mathrm{d}\tau} \end{cases} \tag{A－8}$$

式(A－8)可改写为

$$\begin{cases} \dfrac{\mathrm{d}u_C}{\mathrm{d}\tau} = -\dfrac{1}{\varepsilon}i_L \\ \dfrac{\mathrm{d}i_L}{\mathrm{d}\tau} = \varepsilon\left[u_C - \left(\dfrac{1}{3}i_L^3 - i_L\right)\right] \end{cases} \tag{A－9}$$

式中，$\varepsilon = \sqrt{\dfrac{C}{L}}$。

式(A－9)中仅有一个参数即 ε。对应不同的 ε 值，可以画出该方程不同的相图。图 A－23 画出了 $\varepsilon = 0.1$ 时的相图的示意图。从图中可以看出有半径为 20 的单一的闭合曲线存在。这种单一或孤立的闭合曲线称为极限环，与其相邻的相轨道都是卷向它的。所以不

管相点最初在极限环外或是极限环内,最终都将沿着极限环运动。这说明不管初始条件如何,在所研究电路中最终将建立起周期性振荡。这种在非线性自治电路产生的持续振荡是一种自激振荡。

再令 $x_1 = i_L, x_2 = \frac{di_L}{d\tau}$,则式(A-9)可写成

$$\begin{cases} \frac{dx_1}{d\tau} = x_2 \\ \frac{dx_2}{d\tau} = \varepsilon(1 - x_1^2)x_2 - x_1 \end{cases} \qquad (A-10)$$

如果令式(A-10)中的 $x_1 = x$,该方程可写为含有一个变量的二阶非线性微分方程

$$\frac{d^2x}{dt^2} - \varepsilon(1 - x^2)\frac{dx}{dt} + x = 0$$

上式就是范德波尔方程。

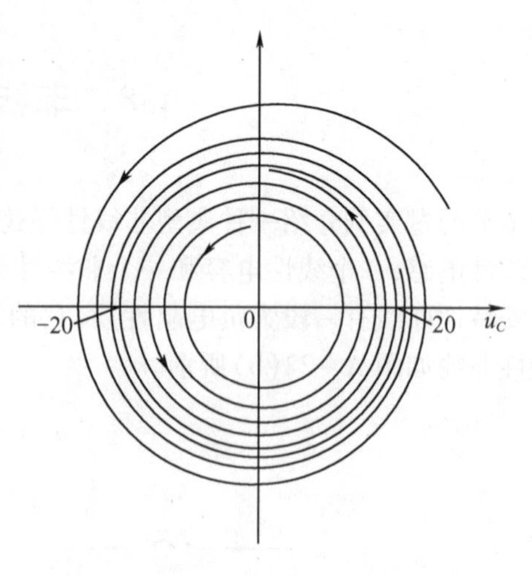

图A-23 范德波尔振荡电路的相图

A.9 混沌现象与混沌电路

长期以来,人们认为对于非线性系统,确定性激励只能引起确定性响应,随机性激励只能引起随机性响应。混沌(chaos)现象的发现使人们惊奇地看到,确定性激励或确定性系统竟然可以引起或产生某种随机性响应。随着其他学科中混沌现象的发现和深入研究,非线性电路中的混沌研究始于20世纪80年代初。

粗略地讲,非线性电路系统的混沌解或混沌振荡,是指确定的电路系统中产生的不确定、类似随机的输出。所谓确定的电路系统,是指电路的参数都为定值,没有随机因素。所谓不确定,类似随机的输出,是指电路的输出既不是周期的,又不是拟周期的,既不趋于无穷,又不趋于静止(平衡点),而是在一定区域内永不重复地振荡输出,这种性质的输出与平衡点,周期解与拟周期解相比有如下几个特征。

1. 不确定性

即在给定的初始状态下,不能精确预测它的任一分量的长期行为。

2. 对初值的极端敏感性

两个从任意靠近初值出发的轨线,在一定的时间间隔内将会以指数率分离。也即是初值的极其微小的改变,可以使振荡的输出产生本质的差异。这种差异绝不是计算误差形成的,而是非线性系统的固有特性。

3. 谱的区别

周期或者拟周期信号的频谱是离散谱。混沌振荡输出信号则是在一定的频率范围内的类似噪声的连续谱。

4. 庞加莱映射的不同反应

周期或者拟周期信号的庞加莱映射,在庞加莱截面上的表现是点或无限填充的封闭的

椭圆线。但混沌振荡对应的庞加莱映射，在庞加莱截面上的表现则是杂乱无章的点的集合。

5. 在相空间的表现

混沌解在相空间的表现是在一定区域内无限填充或具分数维结构的一个不变集合。

1983 年，在日本，蔡少棠目睹了试图在基于洛伦兹方程的模拟电路中产生混沌现象的试验，于是他也试图提出一个能够产生混沌的电子电路。他意识到在分段线性电路中，如果能够提供至少两个不稳定的平衡点（一个提供伸长，另一个折叠轨迹），就可以产生混沌。他系统地证明了那些含有简单的由电压控制的非线性电阻的三阶分段线性电路能够产生混沌现象和电压控制非线性电阻 R 的驱动点特征应符合至少有两个不稳定平衡点的要求。于是，他发明了蔡氏电路。

蔡氏电路是在非线性电路中产生复杂动力学行为的最有效而简单的电路，也是混沌和混沌通信研究中最常用的电路。它的结构简单，而且具有自同步性。它的模型是一个三阶线性自治动力学系统。蔡氏电路的理论模型如图 A－24 所示。

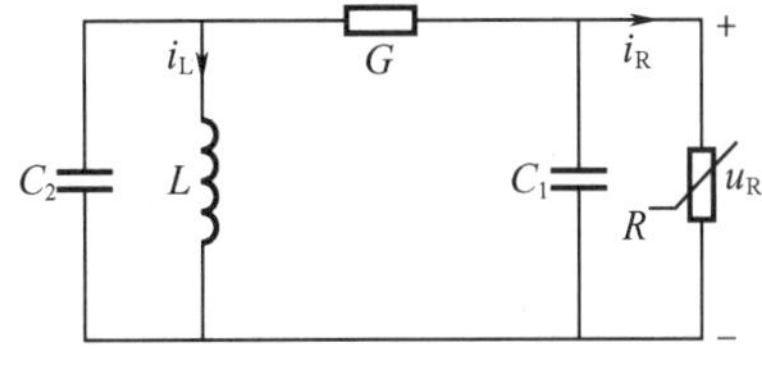

图 A－24　蔡氏电路图

其电路方程为

$$\begin{cases}\dfrac{\mathrm{d}u_{C1}}{\mathrm{d}t} = (G/C_1)(u_{C2} - u_{C1}) - (1/C_1)g(u_R) \\ \dfrac{\mathrm{d}u_{C2}}{\mathrm{d}t} = (G/C_2)(u_{C1} - u_{C2}) - (i_L/C_2) \\ \dfrac{\mathrm{d}i_L}{\mathrm{d}t} = -(1/L)u_{C2}\end{cases} \tag{A-11}$$

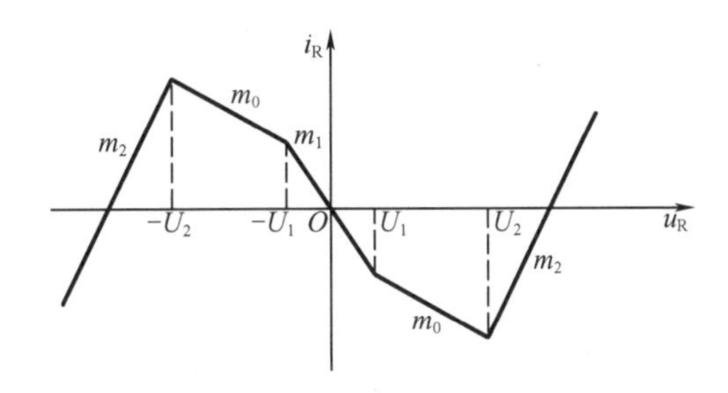

图 A－25　非线性电阻的伏安特性曲线

图 A－24 所示电路中含有 2 个线性电容，1 个线性电感，1 个线性电阻和 1 个非线性电阻（也称为蔡氏二极管）组成的动态电路。其中 u_{C1} 为电容 C_1 两端的电压，u_{C2} 为电容 C_2 两端的电压，i_L 为流过电感 L 的电流。电阻 R 为分段线性电阻，图 A－25 是它的伏安特性曲线。其中 m_0、m_1 和 m_2 分别表示相应折线的斜率。

这是一个三阶非线性自治系统。这个电路在不同参数值条件下会发生丰富多样的动态过程，并有混沌出现，同时方程的解对初始条件十分敏感。

如果令式（A－11）中的 $x = u_{C1}$，$y = u_{C2}$，$z = i_L$，该方程可写为无量纲的形式的正规化状态方程：

$$\dot{x} = a_1[y - k(x)]$$
$$\dot{y} = x - y + z$$
$$\dot{z} = a_2 y$$

式中,a_1 和 a_2 是参数;$k(x)$是非线性函数,满足如下方程:

$$k(x) = \begin{cases} m_1 x + (m_0 - m_1), x \geq 1 \\ m_0 x, |x| < 1 \\ m_1 x - (m_0 - m_1), x \leq -1 \end{cases}$$

用 MATLAB 对蔡氏电路进行仿真,选取适当的初始值,即可出现有趣的双涡卷吸引子的现象,如图 A-26 所示。

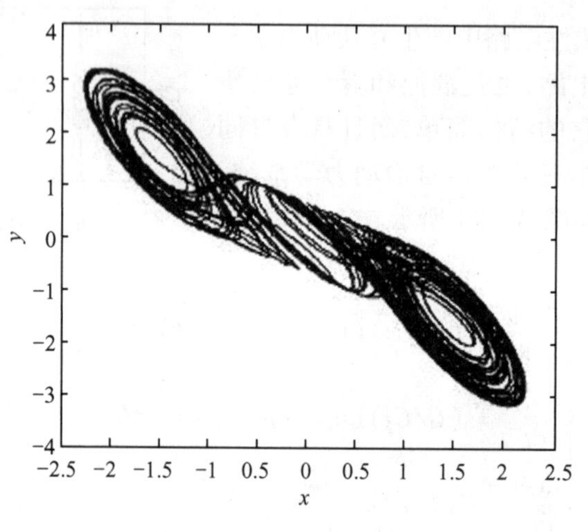

图 A-26 x-y 相平面图

本章习题

附录 A
习题参考答案

A-1 设有一非线性电阻,其伏安特性为 $u = f(i) = 100i + i^3$。(1)试分别求出 $i_1 = 2$ A, $i_2 = 10$ A, $i_3 = 10$ mA 时对应的电压 u_1、u_2、u_3 的值;(2)求 $i = 2\sin(314t)$ A 时对应的电压 u 的值;(3)设 $u_{12} = f(i_1 + i_2)$,试问 u_{12} 是否等于 $u_1 + u_2$?

A-2 设题 A-2 图所示电路中二极管的伏安特性可用下式表示:$i_d = 10^{-6}(e^{40u_d} - 1)$ A,式中 u_d 为二极管的电压。已知 $R_1 = 0.5\ \Omega$, $R_2 = 0.5\ \Omega$, $R_3 = 0.75\ \Omega$, $U_S = 2$ V。试用图解法求出工作点 Q。

A-3 题 A-3 图所示电路中,$U_S = 2$ V, $R_1 = R_2 = 2\ \Omega$,非线性电阻元件的特性用 $i_3 = 2u_3^2$ 表示,i、u 的单位分别为 A、V。试用图解法求非线性电阻元件的端电压 u_3 和电流 i_3,并进而求出电流 i_1 和 i_2。

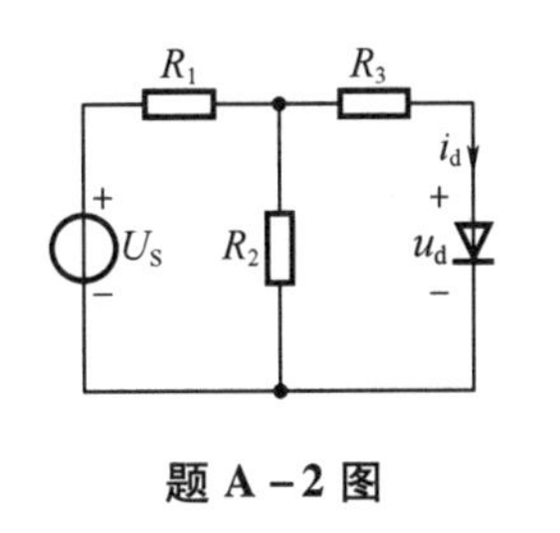

题 A－2 图

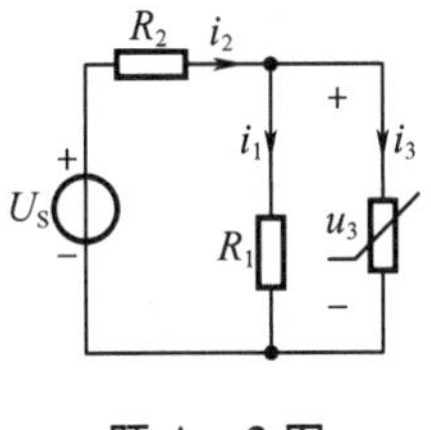

题 A－3 图

A－4　题 A－4 图所示电路中，非线性电阻元件特性的表达式为 $i=2u^2(u>0)$，设 $i_S=10\ \text{A}$，$\Delta i_S=\cos t\ \text{A}$，$R_1=1\ \Omega$。试用小信号分析法求非线性电阻元件的端电压 u。

A－5　题 A－5 图所示电路中，非线性电阻元件特性的表达式为 $u=\frac{1}{5}i^3-2i$，设 $u_S=25\ \text{V}$，$\Delta u_S=\sin t\ \text{V}$，$R=2\ \Omega$。试用小信号分析法求电流 i。

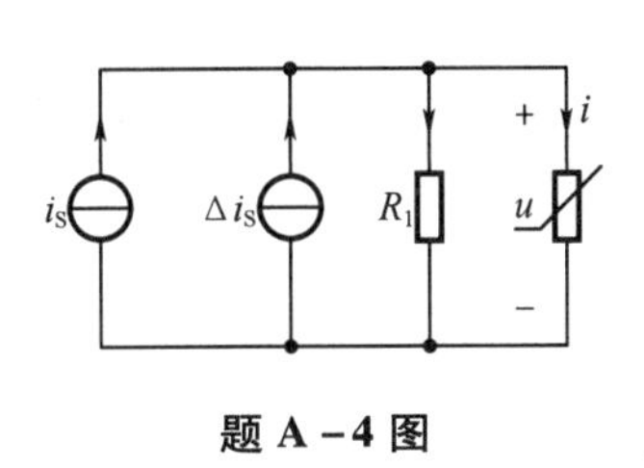

题 A－4 图

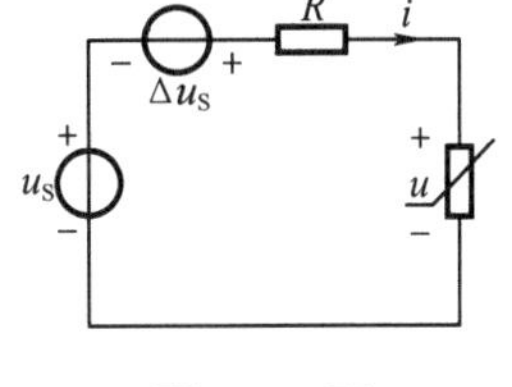

题 A－5 图

A－6　题 A－6 图所示电路中，直流电压源 $U_S=3.5\ \text{V}$，$R=1\ \Omega$，非线性电阻的伏安特性曲线如题 A－6 图(b)所示。(1)试用图解法求静态工作点；(2)如将曲线分成 OC、CD 和 DE 三段折线，试用分段线性化方法求静态工作点，并与(1)的结果相比较。

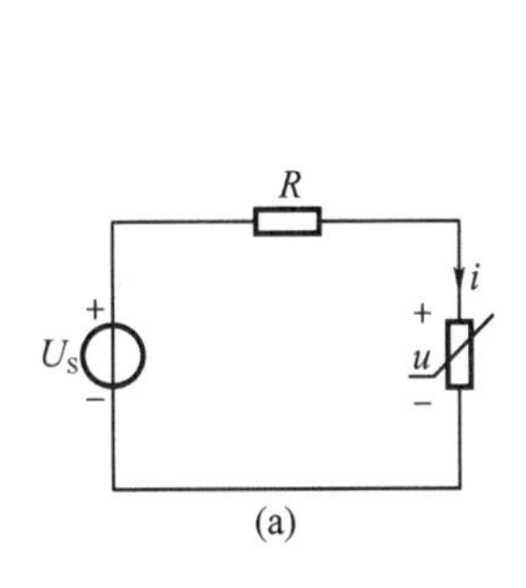

(a)

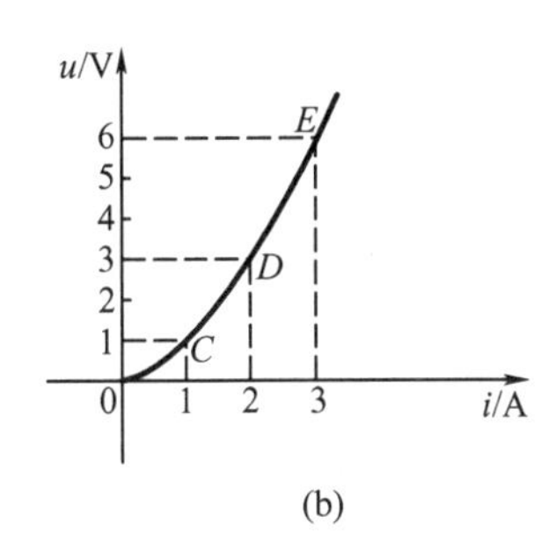

(b)

题 A－6 图

A－7　非线性电阻的伏安特性曲线如题 A－7 图(b)所示，试用分段线性化法给出相应直线段的线性化模型，并求静态工作点。

A－8　题 A－8 图(a)中电阻性二端网络 N 的分段线性端口特性如题 A－8 图(b)所示。若电容元件的初始电荷 $q(0^+)=-12\times10^{-6}\ \text{C}$，试求 $t\geqslant0^+$ 时的电容电压 $u_C(t)$ 和电流 $i_C(t)$，并绘出这两个时间函数的图形。

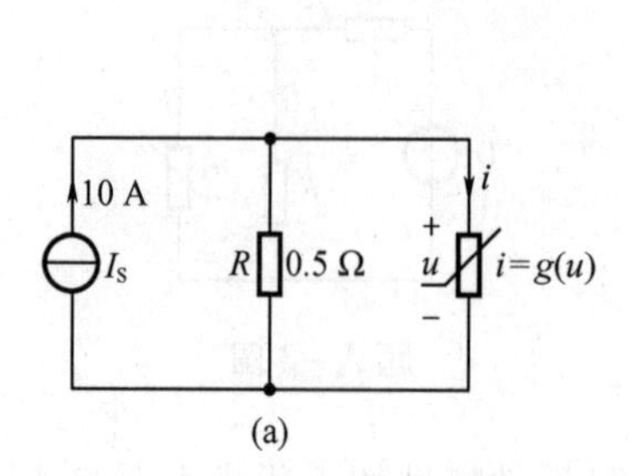

(a)

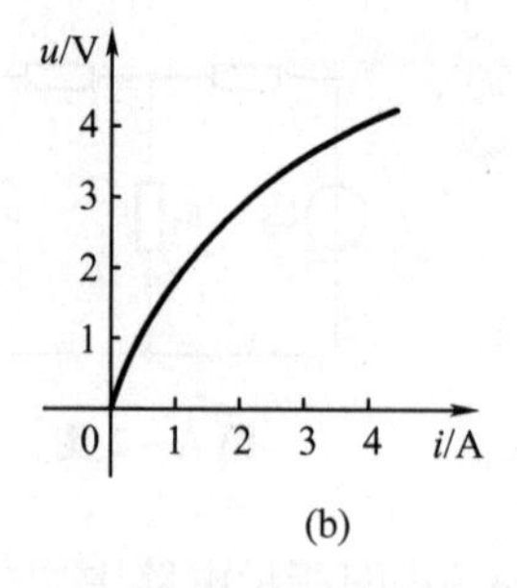

(b)

题 A－7 图

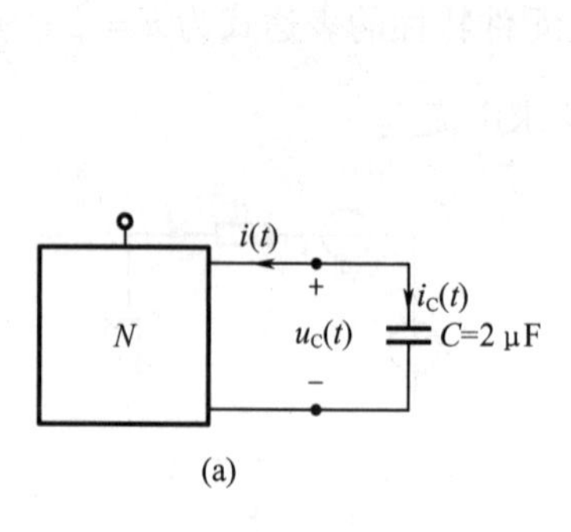

(a)

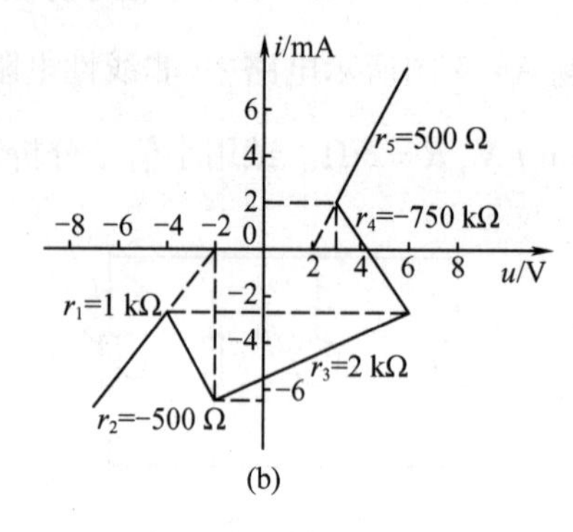

(b)

题 A－8 图

附录 B　电阻、电容、电感元件值的国家标准和标识

B.1　电阻元件值的国家标准和电阻器色码

B.1.1　标称阻值和允许误差

大多数电阻上都标有电阻的数值，这就是电阻的标称阻值。由于制造中产生的误差，电阻的标称阻值往往和它的实际阻值不完全相符，有的阻值大一些，有的阻值小一些。电阻的实际阻值和标称阻值的偏差，除以标称阻值所得的百分数，称为电阻的误差。表 B-1 列出了符合国家标准 GB/T 2471—1995 规定的常用电阻允许误差的等级。

表 B-1　常用电阻允许误差的等级

允许误差	±0.5%	±1%	±2%	±5%	±10%	±20%
级别	005	01	02	Ⅰ	Ⅱ	Ⅲ

国家标准 GB/T 2471—1995 规定出一系列的阻值作为产品的标准。不同误差等级的电阻有不同数目的标称值。误差越小的电阻，标称值越多。表 B-2 列出了符合国家标准 GB/T 2471—1995 规定的普通电阻的标称阻值系列。表中的标称值可以乘以 10，100，1 k 和 1M 及其倍数。

表 B-2　普通固定电阻标称阻值系列

允许误差	标称阻值系列
E24(±5%)	1.0　1.1　1.2　1.3 1.5　1.6　1.8　2.0　2.2　2.4　2.7　3.0　3.3　3.6　3.9 4.3　4.7　5.1　5.6　6.2　6.8　7.5 8.2　9.1
E12(±10%)	1.0　1.2　1.5　1.8　2.2　2.7　3.3　3.9　4.7　5.6　6.8　8.2
E6(±20%)	1.0　1.5　2.2　3.3　4.7　6.8

B.1.2　电阻的色标法

普通电阻器大多用四个色环表示其阻值和允许误差。第一、二环表示有效数字，第三环表示倍率(乘数)，与前三环距离较大的第四环表示精度。

精密电阻器采用五个色环标志，第一、二、三环表示有效数字，第四环表示倍率，与前四环距离较大的第五环表示精度。表 B-3 列出了符合国家标准 GB/T 2691—1994 规定的电

阻色码标注的定义。图 B-1 所示为上述两种色环电阻的标注图。

表 B-3 色码标注各位色环代表的意义

颜色	有效数字	倍率(乘数)	允许误差/%
黑	0	10^0	
棕	1	10^1	±1
红	2	10^2	±2
橙	3	10^3	—
黄	4	10^4	—
绿	5	10^5	±0.5
蓝	6	10^6	±0.25
紫	7	10^7	±0.1
灰	8	10^8	—
白	9	10^9	—
金	—	10^{-1}	±5
银	—	10^{-2}	±10
无色	—		±20

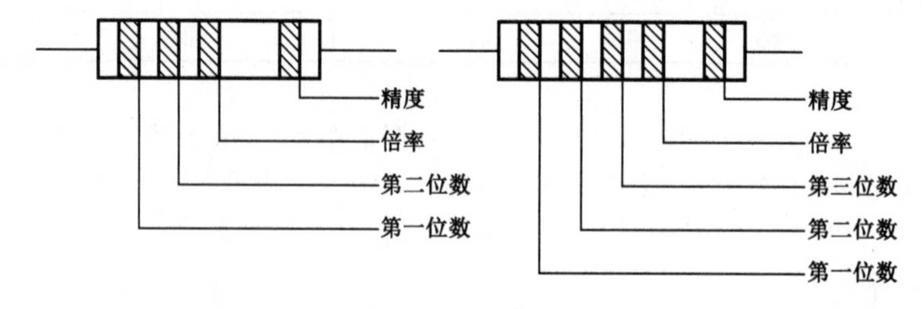

图 B-1 两种色环电阻的标注图

例如标有蓝、灰、橙、金四个色环的电阻,其阻值大小为:$68\times10^3\ \Omega=68\ 000\ \Omega$(68 kΩ),允许误差为 ±5%。标有棕、黑、绿、棕、棕五环标注的电阻,其阻值大小为:$105\times10\ \Omega=1\ 050\ \Omega$(1.05 kΩ),允许误差为 ±1%。

B.2 电容元件值的国家标准和电容器色码

B.2.1 标称电容量和允许误差

标称电容量是标在电容器上的电容量。电容器实际电容量与标称电容量的偏差称为误差,允许的偏差范围称为精度。国家标准 GB/T 2471—1995 规定的电容器允许误差的等级见表 B-4。

表 B-4 电容器允许误差的等级

允许误差	±1%	±2%	±5%	±10%	±20%	+20% ~10%	+50% ~20%	+50% ~30%
级别	00(01)	0(02)	Ⅰ	Ⅱ	Ⅲ	Ⅳ	Ⅴ	Ⅵ

通常,一般电容器采用的精度等级是Ⅰ、Ⅱ和Ⅲ,电解电容器采用的精度等级是Ⅲ、Ⅳ和Ⅴ级。

国家标准 GB/T 2471—1995 对电容器标准电容量的规定与电阻元件相同,详见表 B-5。

表 B-5 电容器标称电容量

允许误差	标称阻值系列
E24(±5%)	1.0 1.1 3.3 3.6 1.2 1.3 3.9 4.3 1.5 1.6 4.7 5.1 1.8 2.0 5.6 6.2 2.2 2.4 6.8 7.5 2.7 3.0 8.2 9.1
E12(±10%)	1.0 1.2 1.5 1.8 2.2 2.7 3.3 3.9 4.7 5.6 6.8 8.2
E6(±20%)	1.0 1.5 2.2 3.3 4.7 6.8

注:表中的标称值可以乘以 10×10^n 来表示电容器的标称电容量,可以根据需要 n 可为正或负整数。

B.2.2 电容器代码与色码

电容器采用字母和数字代码表示标称电容量。表 B-6 给出了符合国家标准 GB/T 2691—1994 规定的电容量代码标志的示例。

表 B-6 电容量代码标志的示例

电容量	代码标志	电容量	代码标志
0.1 pF	P10	1 pF	1p0
0.15 pF	P15	1.5 pF	1p5
0.332 pF	P332	3.32 pF	3p32
0.590 pF	P59	5.90 pF	5p9
1 nF	1n0	10μF	10u
1.5 nF	1n5	15 μF	15u
3.32 nF	3n32	33.2μF	33u2
59.0 nF	5n9	59.0μF	59u
10 pF	10p	100μF	100u
15 pF	15p	150 μF	150u
33.2 pF	33p2	332 μF	332u
59.0 pF	59p	590 μF	590u
100 pF	100p	1 μF	1u0

表 B-6(续)

电容量	代码标志	电容量	代码标志
150 pF	150p	1.5 μF	1u5
332 pF	332p	3.32 μF	3u32
590 pF	590p	5.90 μF	5u9
10 nF	10n	1 mF	1m0
15 nF	15n	1.5 mF	1m5
33.2 nF	33n2	3.32 mF	3m32
59.0 nF	59n	5.90 mF	5m9
100 nF	100n	10 mF	10m
150 nF	150n	15 mF	15m
332 nF	332n	33.2 mF	33m2
590 nF	590n	59.0 mF	59m

注:用四位有效数字表示电容量时,其标志如下所示:

电容量	代码标志
68.01 pF	68p01
680.1 pF	680p1
6.801 nF	6n801
68.01 nF	68n01

…

电容器色码只用于表示标称电容量的精度等级,表示方法与电阻元件相同,色码含义详见表 B-3。小型电解电容器的耐压也有用色标法的,位置靠近正极引出线的根部,所表示的意义见表 B-7。

表 B-7　电容器色码对应表

颜色	黑	棕	红	橙	黄	绿	蓝	紫	灰
耐压/V	4	6.3	10	16	25	32	40	50	63

B.3　电感元件值的国家标准和电感线圈色码

B.3.1　电感线圈标称电感量

电感线圈的标称电感量及误差等级与电阻元件相同,详见表 B-2。

B.3.2　电感线圈色码

电感线圈采用色环或色点标注表示电感线圈的电感量，基本单位一般为 μH，用色环或色点标注其含义是相同的。表 B－8 给出了有关色环标注含义的说明。

表 B－8　电感线圈色环标注含义对应表

颜色	1 色环	2 色环	3 倍率	4 允许偏差/%
黑	0	0	1	±20
棕	1	1	10	—
红	2	2	100	—
橙	3	3	1 000	—
黄	4	4	—	—
绿	5	5	—	—
蓝	6	6	—	—
紫	7	7	—	—
灰	8	8	—	—
白	9	9	—	—
金	—	—	0.1	±5
银	—	—	0.01	±10

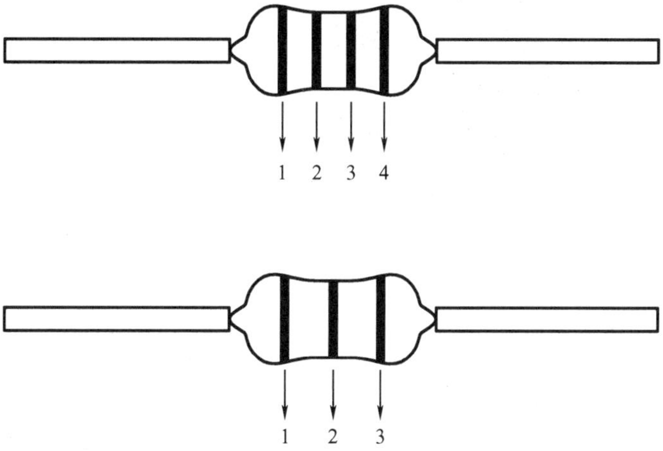

例如标有蓝、灰、橙、金四个色环的电感线圈，其电感量大小为：68×10^{3} μH＝68 000 μH（68 mH），允许误差为 ±5％。

B.4　常用贴片电阻封装及标识

B.4.1　贴片电阻简介

片式固定电阻器（Chip Fixed Resistor）俗称贴片电阻（SMD Resistor），是金属玻璃铀电阻器的一种，是将金属粉和玻璃铀粉混合，采用丝网印刷法印在基板上制成的电阻器。其具有体积小、质量小、成本低、机械强度高、高频特性优越等特点。应用贴片电阻可大大节约电路空间成本，使设计更精细化。

B.4.2　贴片电阻的封装及尺寸

贴片电阻常见封装有 9 种，用两种尺寸代码来表示。一种尺寸代码是由 4 位数字表示的 EIA（美国电子工业协会）代码，前两位与后两位分别表示电阻的长与宽，以英寸为单位。

我们常说的0603封装就是指英制代码。另一种是公制代码,也由4位数字表示,其单位为毫米(注:1 in = 25.4 mm)。常用贴片电阻实物与封装如图B-2、图B-3所示。表B-9列出贴片电阻封装英制和公制的关系及详细的尺寸。

图B-2 常用贴片电阻实物图

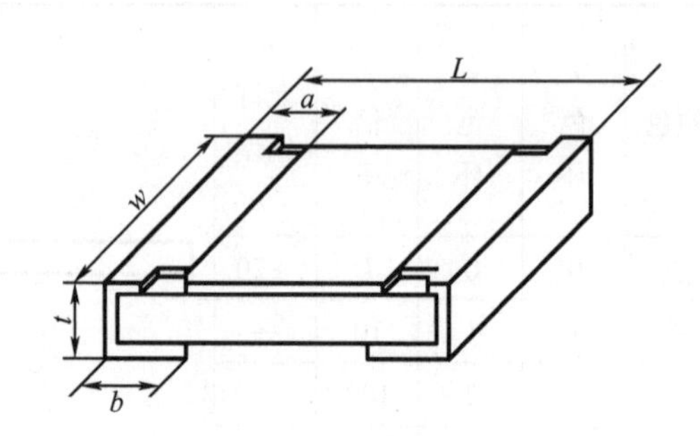

图B-3 贴片电阻封装图

表B-9 贴片电阻封装英制和公制尺寸表

英制 /in	公制 /mm	长(L) /mm	宽(W) /mm	高(t) /mm	a /mm	b /mm
0201	0603	0.60 ±0.05	0.30 ±0.05	0.23 ±0.05	0.10 ±0.05	0.15 ±0.05
0402	1005	1.00 ±0.10	0.50 ±0.10	0.30 ±0.10	0.20 ±0.10	0.25 ±0.10
0603	1608	1.60 ±0.15	0.80 ±0.15	0.40 ±0.10	0.30 ±0.20	0.30 ±0.20
0805	2012	2.00 ±0.20	1.25 ±0.15	0.50 ±0.10	0.40 ±0.20	0.40 ±0.20
1206	3216	3.20 ±0.20	1.60 ±0.15	0.55 ±0.10	0.50 ±0.20	0.50 ±0.20
1210	3225	3.20 ±0.20	2.50 ±0.20	0.55 ±0.10	0.50 ±0.20	0.50 ±0.20
1812	4832	4.50 ±0.20	3.20 ±0.20	0.55 ±0.10	0.50 ±0.20	0.50 ±0.20
2010	5025	5.00 ±0.20	2.50 ±0.20	0.55 ±0.10	0.60 ±0.20	0.60 ±0.20
2512	6432	6.40 ±0.20	3.20 ±0.20	0.55 ±0.10	0.60 ±0.20	0.60 ±0.20

注意:俗称的封装是指英制。

B.4.3 贴片电阻的标识

贴片电阻上面的印字绝大部分标识其阻值大小。各个厂家的印字规则虽然不完全相同,但绝大部分遵照一定规则。常见的印字标注方法有“常规3位数标注法”“常规4位数标注法”“3位数乘数代码标注法”“R表示小数点位置”“m表示小数点位置 ”。0201,0402由于面积太小,通常上面都不印字。0603,0805,1206,1210,1812,2010,2512上面印有3位数或者4位数。

1. 常规3位数标注法

$XXY = XX * 10^Y$,前两位XX代表2位有效数,后1位Y代表10的几次幂。多用于E-24系列。精度为±5%(J),±2%(G),部分厂家也用于±1%(F)。3位数标注法见表B-10。

表 B－10 3位数标注法

实际标注	算法	实际值
100	$100=10*10^0=10*1=10$	10 Ω
181	$181=18*10^1=18*10=180$	180 Ω
272	$272=27*10^2=27*100=2.7$ k	2.7 kΩ
333	$333=33*10^3=33*1\ 000=33$ k	33 kΩ
434	$434=43*10^4=43*10\ 000=430$ k	430 kΩ
565	$565=56*10^5=56*100\ 000=5.6$ M	5.6 MΩ
206	$206=20*10^6=20*1\ 000\ 000=20$ M	20 MΩ

2. 常规4位数标注法

$XXXY=XXX*10^Y$，前三位XXX代表3位有效数，后1位Y代表10的几次幂。多用于E－24，E－96系列，精度为±1%（F），±0.5%（D）。常规4位数标注法见表B－11。

表 B－11 常规4位数标注法

实际标注	算法	实际值
0100	$0100=10*10^0=10*1=10$	10 Ω
1000	$1000=100*10^0=100*1=100$	100 Ω
1821	$1821=182*10^1=182*10=1.82$ k	1.82 kΩ
2702	$2702=270*10^2=270*100=27$ k	27 kΩ
3323	$3323=332*10^3=332*1\ 000=332$ k	332 kΩ
4304	$4304=430*10^4=430*10\ 000=4.3$ M	4.3 MΩ
2005	$2005=200*10^5=200*100\ 000=20$ M	20 MΩ

3. 3位数乘数代码（Multiplier Code）标注法

具体案例如表B－12所示。$XXY=XXX*Y$ 等式左端前两位XX指有效数的代码，具体值从E－96阻值代码表（表B－13）查找，转换为等式右端XXX；后一位Y指10的几次幂的代码，具体指从E－96乘数代码表（表B－14）查找，转换为Y。

表 B－12 3位数乘数代码标注法

实际标注	算法	实际值
51X	$51X=\frac{332}{51}*\frac{10^{-1}}{X}=332*0.1=33.2$	33.2 Ω
18A	$18A=\frac{150}{18}*\frac{10^0}{A}=150*1=150$	150 Ω
02C	$02C=\frac{102}{02}*\frac{10^2}{C}=102*100=10.2$ k	10.2 kΩ
36D	$36D=\frac{332}{36}*\frac{10^3}{D}=332*1\ 000=232$ k	232 kΩ

表B-13　E-96阻值代码表

代码	阻值	代码	阻值	代码	阻值	代码	阻值
01	100	25	178	49	316	73	562
02	102	26	182	50	324	74	576
03	105	27	187	51	332	75	590
04	107	28	191	52	340	76	604
05	110	29	196	53	348	77	619
06	113	30	200	54	357	78	634
07	115	31	205	55	365	79	649
08	118	32	210	56	374	80	665
09	121	33	215	57	383	81	681
10	124	34	221	58	392	82	698
11	127	35	226	59	402	83	715
12	130	36	232	60	412	84	732
13	133	37	237	61	422	85	750
14	137	38	243	62	432	86	768
15	140	39	249	63	442	87	787
16	143	40	255	64	453	88	806
17	147	41	261	65	464	89	825
18	150	42	267	66	475	90	845
19	154	43	274	67	487	91	866
20	158	44	280	68	499	92	887
21	162	45	287	69	511	93	909
22	165	46	294	70	523	94	931
23	169	47	301	71	536	95	953
24	174	48	309	72	549	96	976

表B-14　E-96乘数代码表

代码	A	B	C	D	E	F	G	H	X	Y	Z
乘数	10^0	10^1	10^2	10^3	10^4	10^5	10^6	10^7	10^{-1}	10^{-2}	10^{-3}

4. R表示小数点位置

单位为Ω时,R表示小数点位置,如表B-15所示。

表 B－15 R表示小数点位置

实际标注	算法	实际值	精度
10R	10R＝10.0	10 Ω	5%
1R2	1R2＝1.2	1.2 Ω	
R01	R01＝0.01	0.01 Ω	
R12	R12＝0.12	0.12 Ω	
100R	100R＝100.0	100 Ω	1%
12R1	12R1＝12.1	12.1 Ω	
4R70	4R70＝4.70	4.70 Ω	
R051	R051＝0.051	0.051 Ω	
R750	R750＝0.750	0.750 Ω	

（5）m表示小数点位置

单位为MΩ时，m表示小数点位置，如表B－16所示。

表 B－16 m表示小数点位置

实际标注	算法	实际值	精度
36m	36m＝36 MΩ	36 MΩ	5%
5m1	5m1＝5.1 MΩ	5.1 MΩ	
100m	100m＝100 MΩ	100 MΩ	1%
47m0	47m0＝47.0 MΩ	47.0 MΩ	
5m10	5m10＝5.10 MΩ	5.10 MΩ	

B.5 常用贴片电容封装及标识

B.5.1 常用贴片电容简介

常用贴片电容全称为多层（积层，叠层）片式陶瓷电容器，也称为贴片电容，片容（图B－4）。英文全称为Multiplayer Ceramic Chip Capacitors。

图B－4 贴片式陶瓷电容实物图

B.5.2 贴片电容封装及尺寸

贴片电容有两种尺寸表示方法，一种是以英寸（in）为单位来表示，另一种是以毫米（mm）为单位来表示，贴片电容的系列型号有0402，0603，0805，1206，1210，1808，1812，2010，2225，2512，这些是英寸表示法，04表示长度是0.04 in,02表示宽度0.02 in,其他类同型号尺寸(mm)。常用贴片电容封装如图B-5所示。尺寸见表B-17。

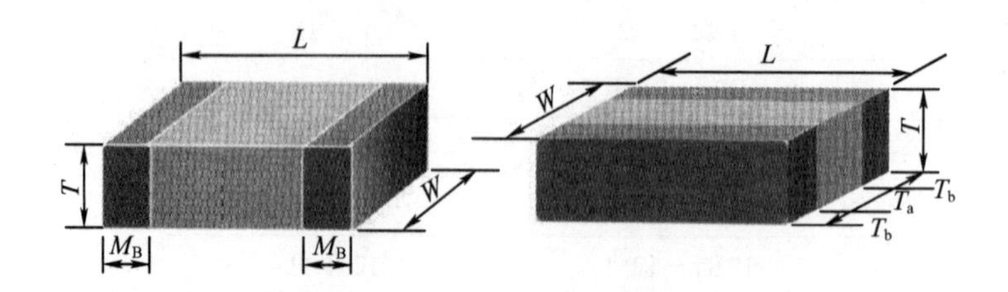

图B-5 常用贴片电容封装

表B-17 贴片电容封装尺寸表

封装	(L)长度 公制(mm) 英制(in)	(W)宽度 公制(mm) 英制(in)	(T)高度 公制(mm) 英制(in)
0201	0.60 ± 0.03 (0.024 ± 0.001)	0.30 ± 0.03 (0.011 ± 0.001)	0.15 ± 0.05 (0.006 ± 0.002)
0402 (1005)	1.00 ± 0.10 (0.040 ± 0.004)	0.50 ± 0.10 (0.020 ± 0.004)	0.25 ± 0.15 (0.010 ± 0.006)
0603 (1608)	1.60 ± 0.15 (0.063 ± 0.006)	0.81 ± 0.15 (0.032 ± 0.006)	0.35 ± 0.15 (0.014 ± 0.006)
0805 (2012)	2.01 ± 0.20 (0.079 ± 0.008)	1.25 ± 0.20 (0.049 ± 0.008)	0.50 ± 0.25 (0.020 ± 0.010)
1206 (3216)	3.20 ± 0.20 (0.126 ± 0.008)	1.60 ± 0.20 (0.063 ± 0.008)	0.50 ± 0.25 (0.020 ± 0.010)
1210 (3225)	3.20 ± 0.20 (0.126 ± 0.008)	2.50 ± 0.20 (0.098 ± 0.008)	0.50 ± 0.25 (0.020 ± 0.010)
1812 (4532)	4.50 ± 0.30 (0.177 ± 0.012)	3.20 ± 0.20 (0.126 ± 0.008)	0.61 ± 0.36 (0.024 ± 0.014)
1825 (4564)	4.50 ± 0.30 (0.177 ± 0.012)	6.40 ± 0.40 (0.252 ± 0.016)	0.61 ± 0.36 (0.024 ± 0.014)
2225 (5764)	5.72 ± 0.25 (0.225 ± 0.010)	6.40 ± 0.40 (0.252 ± 0.016)	0.64 ± 0.39 (0.025 ± 0.015)

B.5.3 常用片式陶瓷电容器标识

常用片状陶瓷电容容量的标识码经常由一个或两个字母及一位数字组成。当标识码是两个字母时,第一个字母标识生产厂商代码。例如,当第一个字母是K时,表示此片状陶瓷电容是由 KEMET 公司生产的。三位代码的第二个字母或两位代码的第一个字母代表电容器容量中的有效数字，字母与有效数字的对应关系见表 B－18。代码中最后的数字代表有效数字后乘以 10 的次方数，最后计算结果得到的电容量单位为 pF。例如，当贴片电容上的标识是 S3 时，查表 B－18 可知“S”所对应的有效数字为 4.7，代码中的“3”表示倍率为 10^3，因此，S3 表示此电容的容量为 4.7×10^3 pF 或 4.7 nF，而制造厂商不明。再如，某贴片电容上的标识为 KA2，K 表示此电容由 KEMET 公司生产，A2 表示容量为 1.0×10^2 pF，即 100 pF。

B－18　电容的标识字母与有效数字的对应关系

字母	代表的有效数字	字母	代表的有效数字
A	1.0	T	5.1
B	1.1	U	5.6
C	1.2	V	6.2
D	1.3	W	6.8
E	1.5	X	7.5
F	1.6	Y	8.2
G	1.8	Z	9.1
H	2.0	a	2.5
J	2.2	b	3.5
K	2.4	d	4.0
L	2.7	e	4.5
I	3.0	f	5.0
N	3.3	m	6.0
p	3.6	n	7.0
Q	3.9	t	8.0
R	4.3	y	9.0
S	4.7		

有些片状陶瓷电容的容量采用 3 位数标识，单位为 pF，前两位为有效数，后一位为有效数字乘以 10 的幂次。若有小数点，则用 P 表示。如 1P5 表示 1.5 pF，100 表示 10×10^0 pF 等。贴片电容的允差（即允许误差）用字母表示，C 为 ±0.25 pF，D 为 ±0.5 pF，F 为 ±1%，J 为 ±5%，K 为 ±10%，M 为 ±20%，I 为 －20% ~80%。

B.6　常用贴片电感封装及标识

B.6.1　贴片电感简介

贴片电感（Chip inductors），又称为功率电感、大电流电感和表面贴装高功率电感，具有小型化、高品质、高能量储存和低电阻等特性。

B.6.2 贴片电感封装及尺寸

常用贴片电感封装如图 B-6 所示。尺寸见表 B-19。

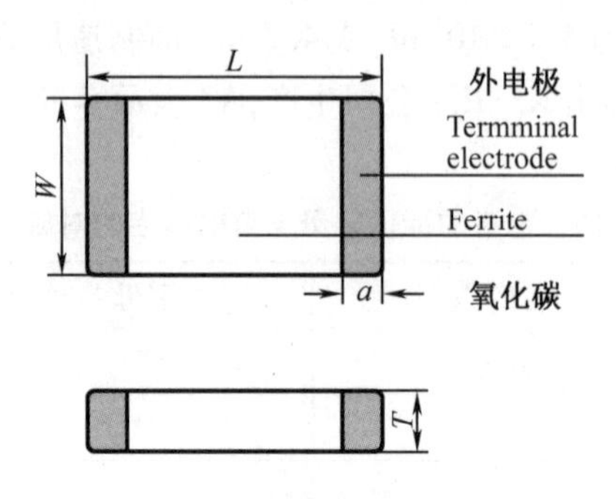

图 B-6 常用贴片电感封装

表 B-19 贴片电感封装尺寸列表(单位:mm)

TYPE	L	W	T	a
1005(0402)	1.0 ±0.1	0.5 ±0.1	0.5 ±0.1	0.2 ~0.1
1608(0603)	1.6 ±0.15	0.8 ±0.15	0.8 ±0.15	0.1 ~0.5
2012(0805)	2.0 ±0.2	1.25 ±0.2	—	0.2 ~0.8
3216(1206)	3.2 ±0.2	1.6 ±0.2	—	0.4 ~1.0
3225(1210)	3.2 ±0.2	2.5 ±0.2	—	0.6 ~1.0
4532(1812)	4.5 ±0.2	3.2 ±0.2	—	0.6 ~1.0

一般 0805、1206 尺寸较多。

B.6.3 贴片电感的标识

(1)字母表示法:电感单位一般为 μH 或 nH(1 μH = 1 000 nH),用 uH 做单位时,用"R"表示小数点;用 nH 做单位时,用"N"表示小数点。如 R47 表示电感量为 0.47 μH,4R7 表示 4.7 μH。10N 表示 10 nH。

(2)数字表示法:用三位数字来表示电感量。前两位数字表示有效数字,最后一位表示在有效数字后加的 0 的个数,其中单位为 μH。如 $330 = 33 \times 10^0 = 33$ μH。$331 = 33 \times 10^1 = 330$ μH。

(3)电感精度:一般用字母表示,J 为 ±5%, K 为 ±10%,M 为 ±20%。如在电感值最后加上 K 表示精度为 ±10%。R33K 表示 0.33 μH,精度为 ±10%。

附录 C　Multisim 10 应用简介

C.1　Multisim 10 仿真软件简介

Electronics Workbench (EWB)是加拿大 IIT 公司于 20 世纪 80 年代末、90 年代初推出的用于电路仿真与设计的 EDA 软件,又称为“虚拟电子工作台”。IIT 公司从 EWB 6.0 版本开始,将专用于电路仿真与设计模块更名为 Multisim,大大增强了软件的仿真测试和分析功能,扩充了元件库中的仿真元件数量,使仿真设计更精确、可靠。Multisim 意为“万能仿真”,被美国 NI 公司收购后,更名为 NI Multisim,而 V 10.0 是其最常用版本。

NIMultisim 10.0(简称 Multisim 10)用软件的方法虚拟电子与电工元器件,虚拟电子与电工仪器和仪表,实现了“软件即元器件”“软件即仪器”。Multisim 10 是一个原理电路设计、电路功能测试的虚拟仿真软件,其操作界面如图 C-1 所示。

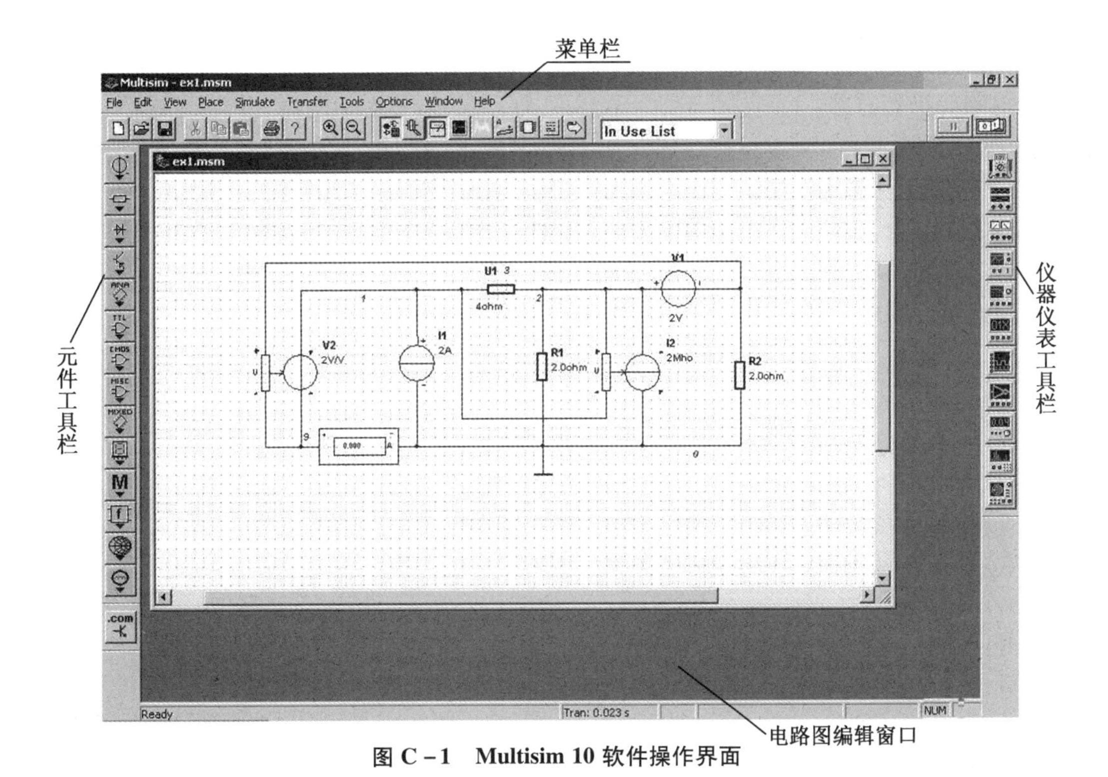

图 C-1　Multisim 10 软件操作界面

Multisim 10 的元器件库提供数千种电路元器件供实验选用,同时也可以新建或扩充已有的元器件库,而且建库所需的元器件参数可以从生产厂商的产品使用手册中查到,因此很方便在工程设计中使用。

Multisim 10 的虚拟测试仪器仪表种类齐全,有一般实验用的通用仪器,如万用表、函数信号发生器、双踪示波器、直流电源;而且还有一般实验室少有或没有的仪器,如波特图仪、逻辑分析仪、逻辑转换器、失真仪、频谱分析仪和网络分析仪等。

Multisim 10 具有较为详细的电路分析功能,可以完成电路的瞬态分析和稳态分析、时域和频域分析、器件的线性和非线性分析、电路的噪声分析和失真分析、离散傅里叶分析、电路零极点分析笔交直流灵敏度分析等电路分析方法,帮助设计人员分析电路的性能。

C.1.1 菜单

图 C-2 为菜单栏操作界面。

File Edit View Place Simulate Transfer Tools Options Window Help

图 C-2 菜单栏操作界面

1. 文件(File)菜单:用于管理由 Multisim 生成的仿真文件,包括 Open(打开)、New(新建)、Save(保存)和 Print(打印)等操作命令。

2. 编辑(Edit)文件:包括最基本的编辑操作命令,如 Cut(剪切)、Copy(复制)、Paste(粘贴)和 Undo(取消)等命令;该菜单还为用户提供了元件的位置操作命令,如 Orientation 命令可以对电路图中的元件进行旋转或实现翻转变换。

3. 窗口显示(View)菜单:调整视图窗口,用于添加或隐藏工具条、元件库和状态栏。

4. 放置(Place)菜单:在电路图编辑窗口中放置节点、元器件、总线、输入/输出端、文本、子电路等操作对象。

5. 仿真(Simulate)菜单:包括一些与电路仿真相关的选项,如仿真运行、暂停和停止,分析方法的选择及参数的设置。

6. 文件传输(Transfer)菜单:将所搭电路及分析结果传输给其他应用程序,如 PCB 和 Excel 等。

7. 工具(Tools)菜单:用于实现元件的创建、编辑、复制及删除等功能。

8. 选项(Options)菜单:实现对程序的运行和界面进行设置。

C.1.2 元件工具栏

图 C-3 为元件工具栏操作界面,对应图标意义如下:

(1)电源库(Sources)。

(2)基本元件库(Basic)。

(3)二极管库(Diodes Components)。

(4)晶体管库(Transistors Components)。

(5)模拟元件库(Analog Components)。

(6)TTL 元件库(TTL)。

(7)CMOS 元件库(CMOS)。

(8)其他数字元件库(Misc Digital Components)。

(9)混合芯片库(Mixed Components)。

(10)指示器件库(Indicators Components)。

(11)其他器件库(Misc Components)。

(12)控制器件库(Control Components)。

(13)射频器件库(RF Components)。

(14)机电类器件库(Elector-Mechanical Components)。

由于本软件涉及元件及仪器仪表很多,篇幅所限不能一一介绍。本书只对电路分析中涉及的基础的元件及仪器仪表加以说明,其他元件及仪器仪表的使用方法可参考其 help(帮助)菜单。

1. 电源库

电源库中共有 30 个电源器件,如图 C-4 所示,分别是:

- 接地端
- 数字接地端
- VCC 电压源
- VDD 数字电压源
- 直流电压源
- 直流电流源
- 正弦交流电压源
- 正弦交流电流源
- 时钟电压源
- 调幅信号源
- 调频电压源
- 调频电流源
- FSK 信号源
- 电压控制正弦波电压源
- 电压控制方波电压源
- 电压控制三角波电压源
- 电压控制电压源
- 电压控制电流源
- 电流控制电压源
- 电流控制电流源
- 电流控制电压源
- 电流控制电流源
- 脉冲电压源
- 脉冲电流源图
- 指数电压源
- 指数电流源
- 分段线性电压源
- 分段线性电流源
- 压控分段电压源
- 受控单脉冲
- 多项式电源
- 非线性相关电源

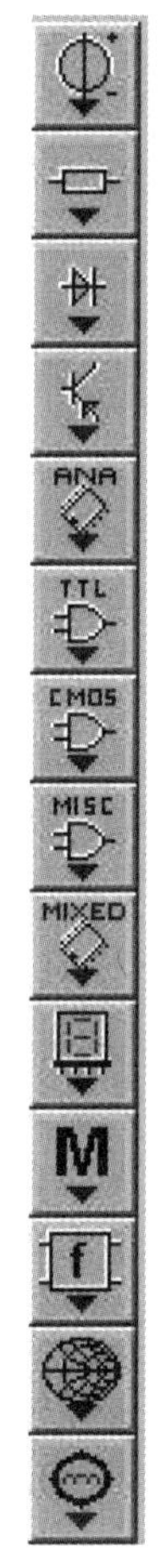

图 C-3　元件工具栏操作界面

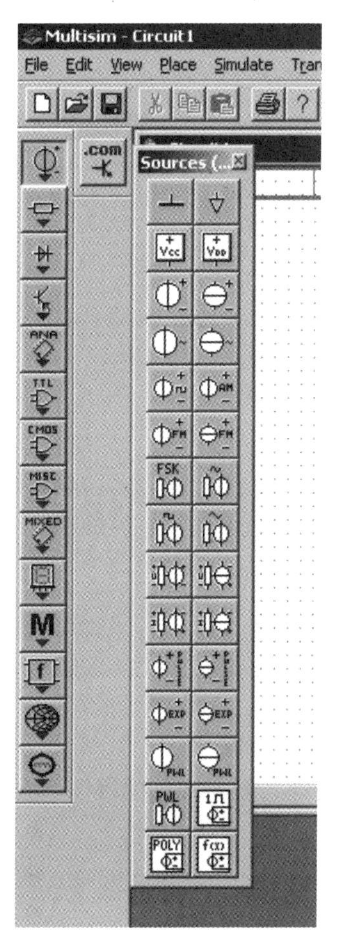

图 C-4　电源库操作界面

下面举例说明典型元件的设置。

例 C－1　接地端

特别说明:利用 Multisim 10 创建仿真电路时,电路中必须有接“地” 端,接地端的符号是“⊥”

例 C－2　直流电压源

图 C－5 为直流电压源参数设置界面。

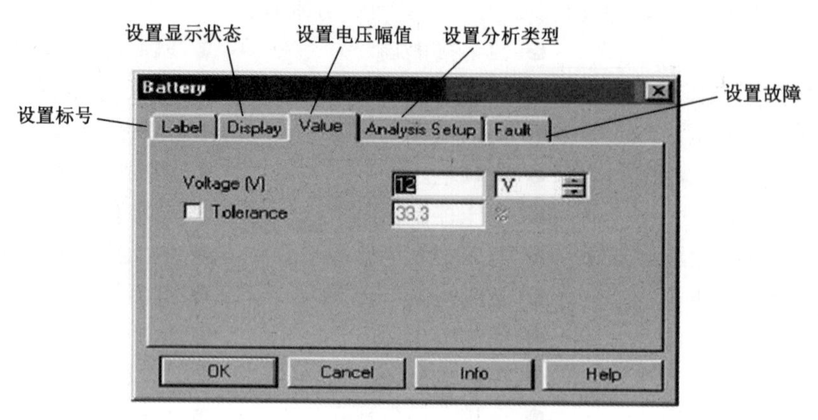

图 C－5　直流电压源参数设置界面

例 C－3　交流电压源

图 C－6 为交流电压源参数设置界面。

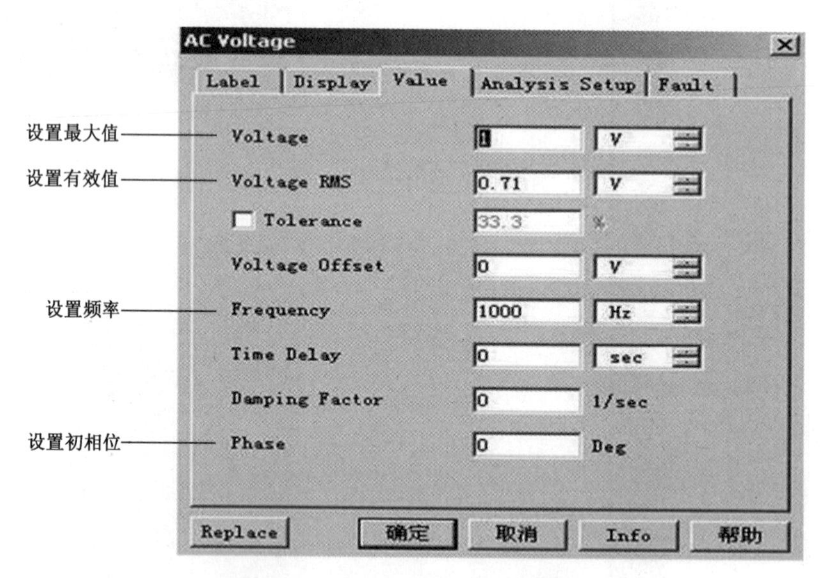

图 C－6　交流电压源参数设置界面

2. 基本元件库

图 C－7 为基本元件库操作界面。

- 电阻
- 电容
- 电解电容
- 电感
- 虚拟电阻
- 虚拟电容
- 上拉电容
- 虚拟电感

- 电位器
- 虚拟电位器
- 可变电容
- 虚拟可变电容
- 可变电感
- 虚拟可变电感
- 开关
- 继电器
- 变压器
- 非线性变压器
- 磁芯
- 无芯线圈
- 连接器
- 插座
- 半导体电阻
- 半导体电容
- 封装电阻
- SMT 电阻
- SMT 电容
- SMT 电解电容
- SMT 电感

3. 指示器件库

图 C－8 为指示器件库操作界面。

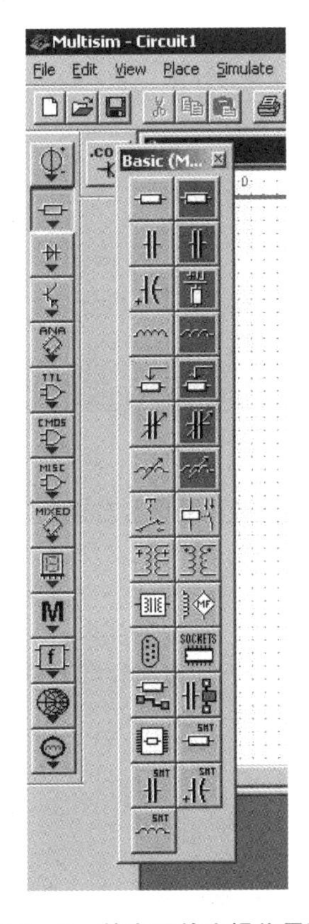

图 C－7　基本元件库操作界面

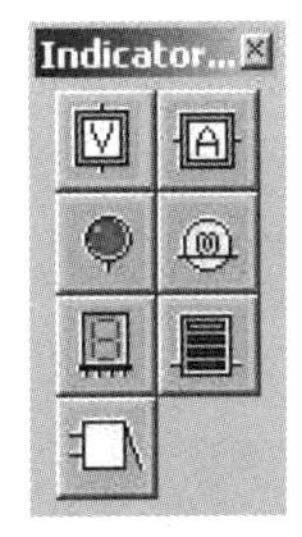

图 C－8　指示器件库操作界面

特别强调: 电路中常用的电压表、电流表不在“仪器库”里,而在“指示器件库”中。

- 电压表
- 电流表
- 探测器
- 灯泡
- 十六进制显示器
- 条形光柱
- 蜂鸣器

图 C－9 显示的是内阻为 10 MΩ 的直流电压表,直流模式时要注意电压表的正负及电流表电流的流入端。

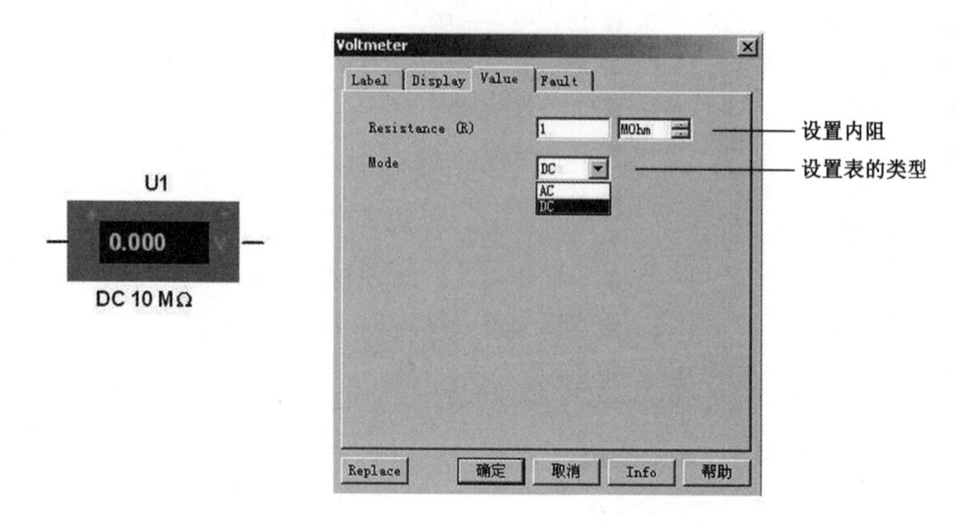

图 C－9　直流电压及其参数设置操作界面

C. 1. 3　仪器仪表工具栏

图 C－10 从左到右分别是数字万用表、函数发生器、示波器、波特图仪、字信号发生器、逻辑分析仪、瓦特表、逻辑转换仪、失真分析仪、网络分析仪、频谱分析仪。

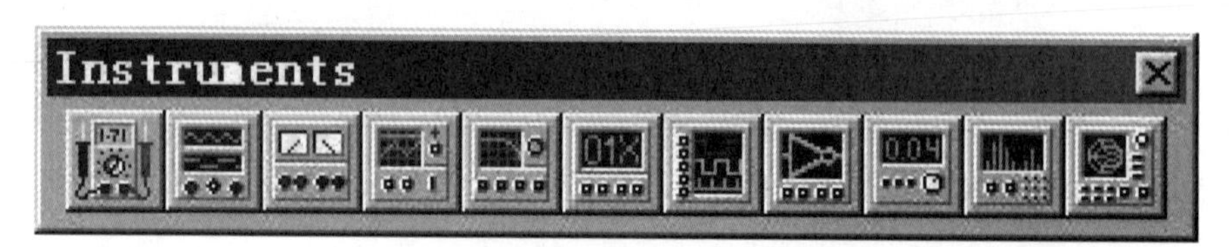

图 C－10　仪器仪表工具栏操作界面

注意:电压表和电流表在指示器件库,而不是仪器库中选择。

1. 数字万用表

图 C－11 为数字万用表及其设置界面。

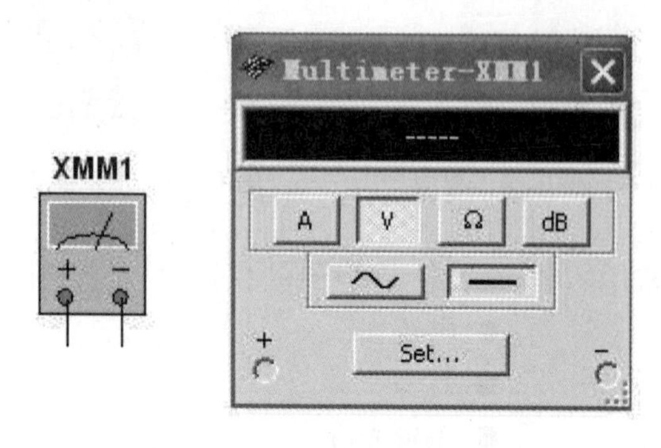

图 C－11　数字万用表及其设置界面

数字万用表可测量直流和交流的电压、电流、电阻及分贝电压。如图 C－12 将其调至直流电压挡测量直流电压,显示为 4.687 V。

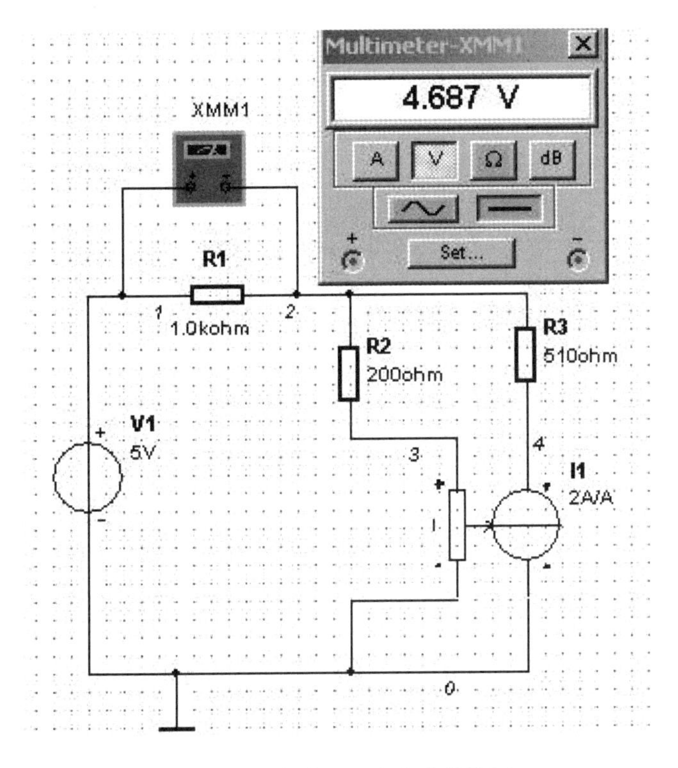

图 C－12　数字万用表仿真接线图

2. 函数信号发生器

(略)。

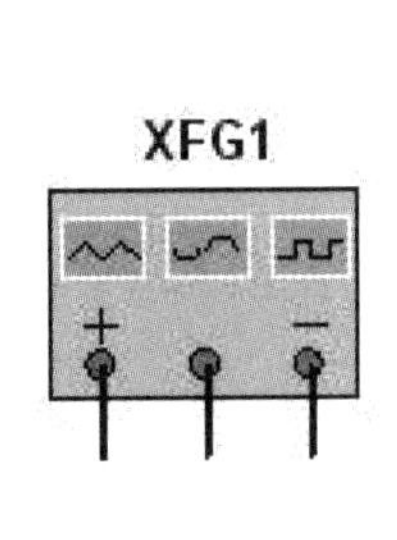

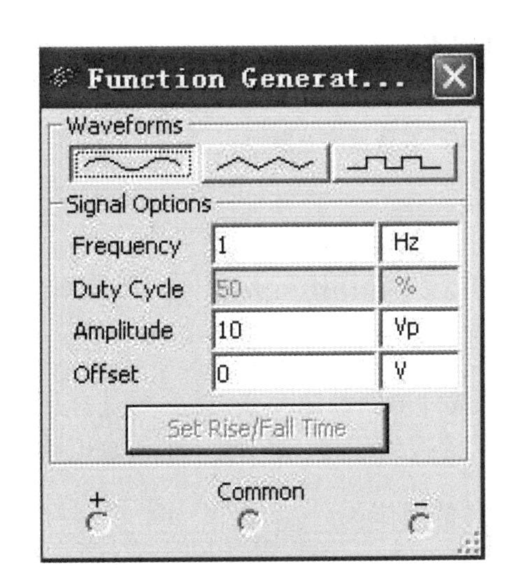

图 C－13　函数信号发生器及其设置界面

3. 瓦特表

瓦特表有两对(四个)接线端子,分别是一对电压端子,需并联在所测元件两端,一对电流端子,需串联在所测元件支路中。如图 C-13 所示,即测量 RLC 串联电路功率的连线方法。Power Factor 栏中显示的为此电路的功率因数。图 C-14 则为其仿真接线图。

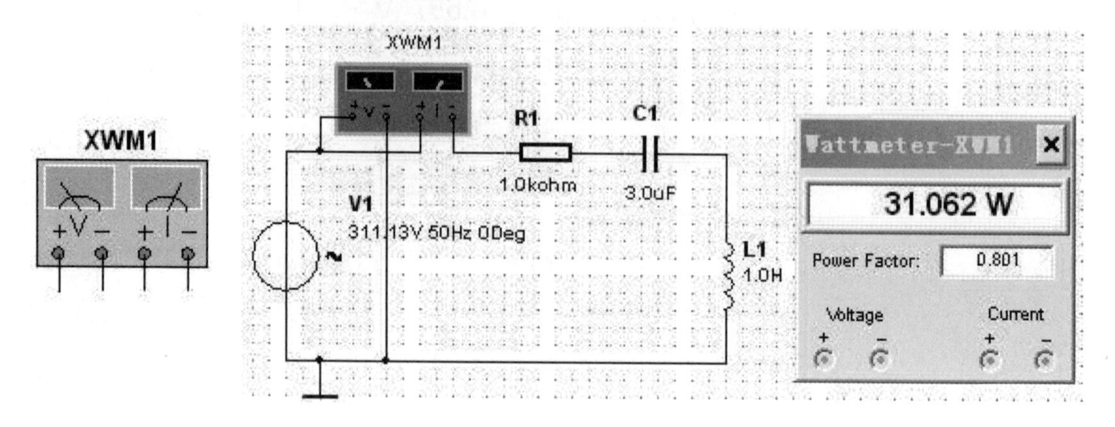

图 C-14 函数信号发生器及其仿真接线图

4. 示波器

双通道示波器如图 C-15 所示,可同时检测两路信号。

四通道示波器如图 C-16 所示,可同时检测四路信号,A、B、C、D 四通道,G 是接地端,T 为触发端。

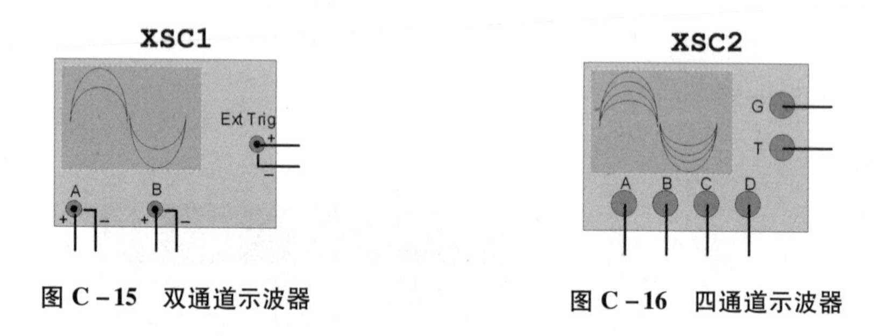

图 C-15 双通道示波器

图 C-16 四通道示波器

C.2 Multisim 创建仿真电路的基本操作

仿真电路图是设计电路的第一步,首先要选择所需要的元件,然后将它们放置到所希望的位置,并将它们连接到一起,就完成一个仿真电路图的创建。

C.2.1 元器件的操作

1. 元器件的选用

选用元器件时,首先在元器件库栏中用鼠标点击包含该元器件的图标,打开该元器件库,然后从选中的元器件库对话框中(如图 C-17 所示电容库对话框),用鼠标点击将该元器件,最后点击“OK”,用鼠标拖曳该元器件到电路图编辑窗口的适当地方即可。

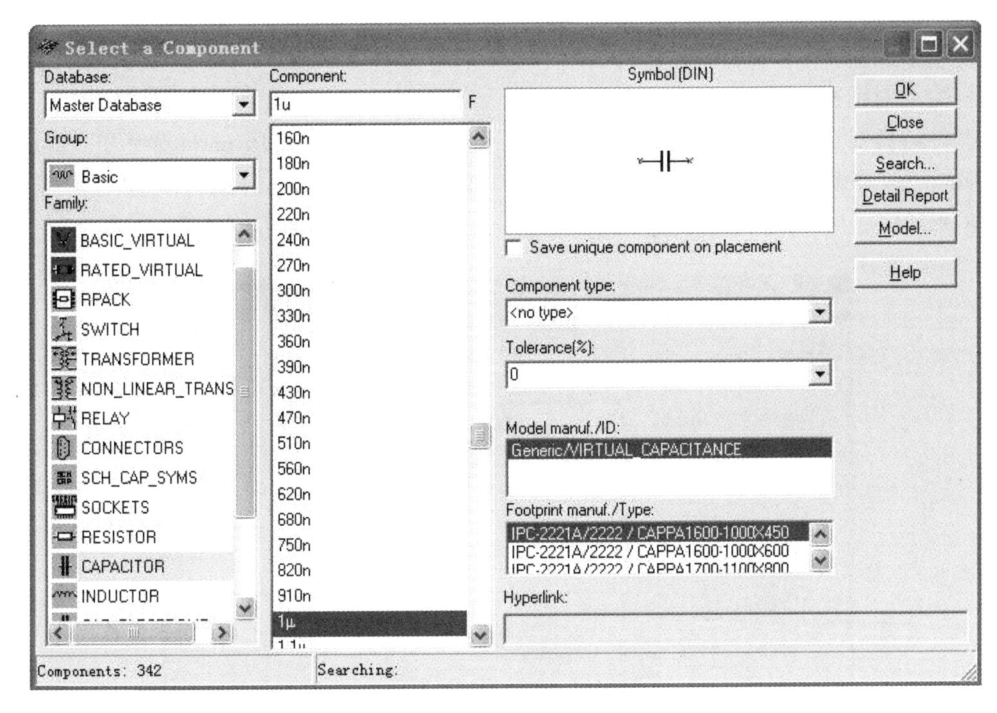

图 C－17　电容库对话框

2. 选中元器件

在连接电路时，要对元器件进行移动、旋转、删除、设置参数等操作，这就需要先选中该元器件。要选中某个元器件可使用鼠标的左键单击该元器件。被选中的元器件的四周出现 4 个黑色小方块（电路工作区为白底），便于识别。对选中的元器件可以进行移动、旋转、删除、设置参数等操作。用鼠标拖曳形成一个矩形区域，可以同时选中在该矩形区域内包围的一组元器件。要取消某一个元器件的选中状态，只需单击电路工作区的空白部分即可。

3. 元器件的移动

用鼠标的左键点击该元器件（左键不松手），拖曳该元器件即可移动该元器件。要移动一组元器件，必须先用前述的矩形区域方法选中这些元器件，然后用鼠标左键拖曳其中的任意一个元器件，此时所有选中的部分就会一起移动。元器件被移动后，与其相连接的导线就会自动重新排列。选中元器件后，也可使用箭头键使之做微小的移动。

4. 元器件的旋转与反转

对元器件进行旋转或反转操作，需要先选中该元器件，然后单击鼠标右键会弹出菜单；选择菜单中的 Flip Horizontal（将所选择的元器件左右旋转）、Flip Vertical（将所选择的元器件上下旋转）、90 Clockwise（将所选择的元器件顺时针旋转 90°）等菜单栏中的命令。

5. 元器件的复制、删除

对选中的元器件，进行元器件的复制、移动、删除等操作，可以单击鼠标右键或者使用菜单 Edit→Cut（剪切），Edit→Copy（复制），Edit→Paste（粘贴）和 Edit→Delete（删除）等菜单命令实现元器件的复制、移动、删除等操作。

6. 元器件标签、编号、数值、模型参数的设置

在选中元器件后,双击该元器件,或者选择菜单命令 Edit→Properties(元器件特性)会弹出相关的对话框,可供设置相关参数。

器件特性对话框具有多种选项可供设置,包括 Label(标识)、Display(显示)、Value(数值)、Fault(故障设置)、Pins(引脚端)、Variant(变量)等内容。电容器件特性对话框如图 C-18 所示。

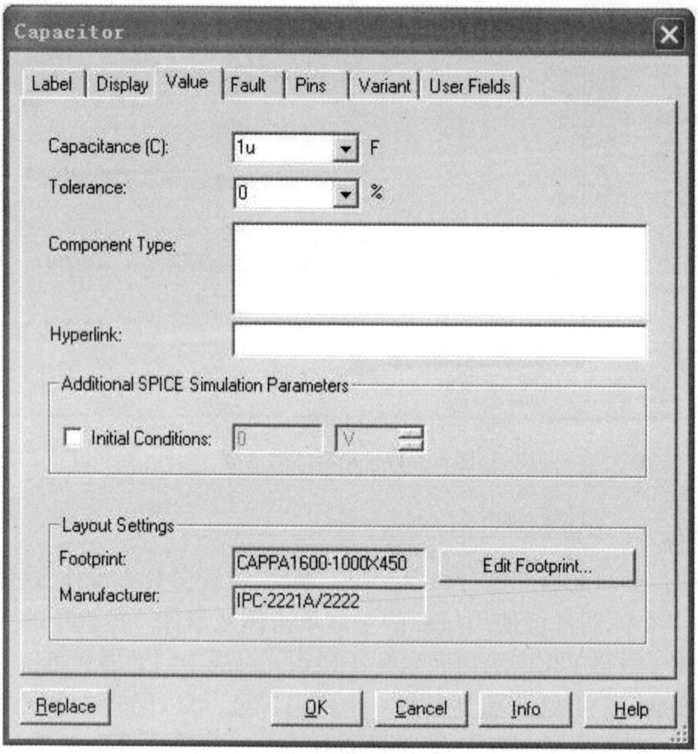

图 C-18　电容器件特性对话框

(1) Label(标识)

Label(标识)选项的对话框用于设置元器件的 Label(标识)和 RefDes(编号)。RefDes(编号)由系统自动分配,必要时可以修改,但必须保证编号的唯一性。注意,连接点、接地等元器件没有编号。在电路图上是否显示标识和编号可由 Options 菜单中的 Global Preferences(设置操作环境)的对话框设置。

(2) Display(显示)

Display(显示)选项用于设置 Label、RefDes 的显示方式。该对话框的设置与 Options 菜单中的 Global Preferences(设置操作环境)的对话框的设置有关。如果遵循电路图选项的设置,则 Label、RefDes 的显示方式由电路图选项的设置决定。

(3) Value(数值)

点击 Value(数值)选项,出现 Value(数值)选项对话框。

(4) Fault(故障)

Fault(故障)选项可供人为设置元器件的隐含故障。例如在三极管的故障设置对话框

中,E、B、C 为与故障设置有关的引脚号,对话框提供 Leakage(漏电)、Short(短路)、Open(开路)、None(无故障)等设置。如果选择了 Open(开路)设置,应设置引脚 E 和引脚 B 为 Open(开路)状态,尽管该三极管仍连接在电路中,但实际上隐含了开路的故障。这可以为电路的故障分析提供方便。

C.2.2　导线的操作

1. 导线的连接

在两个元器件之间,首先将鼠标指向一个元器件的端点使其出现一个小圆点,按下鼠标左键并拖曳出一根导线,拉住导线并指向另一个元器件的端点使其出现小圆点,释放鼠标左键,则导线连接完成。连接完成后,导线将自动选择合适的走向,不会与其他元器件或仪器发生交叉。

2. 连线的删除与改动

将鼠标指向元器件与导线的连接点使出现一个圆点,按下左键拖曳该圆点使导线离开元器件端点,释放左键,导线自动消失,完成连线的删除。也可以将拖曳移开的导线连至另一个接点,实现连线的改动。

3. 改变导线的颜色

在复杂的电路中,可以将导线设置为不同的颜色。要改变导线的颜色,用鼠标指向该导线,点击右键可以出现菜单,选择 Change Color 选项,出现颜色选择框,然后选择合适的颜色即可。

4. 在导线中插入元器件

将元器件直接拖曳放置在导线上,然后释放即可插入元器件在电路中。

5. 从电路删除元器件

选中该元器件,按下 Edit→Delete 即可,或者点击右键可以出现菜单,选择 Delete 即可。

6. "连接点"的使用

"连接点"是一个小圆点,点击 Place Junction 可以放置节点。一个"连接点"最多可以连接来自四个方向的导线。可以直接将"连接点"插入连线中。

7. 节点编号

在连接电路时,multisim 自动为每个节点分配一个编号。是否显示节点编号可由 Options→Sheet Properties 对话框的 Circuit 选项设置。选择 RefDes 选项,可以选择是否显示连接线的节点编号。

C.3　Multisim 电路分析方法及实例

在 Multisim 10 软件中完成仿真电路的原理图后,虽然可以利用连接在电路中的仪器仪表对关心的物理量的数值及波形进行测量和观测,但在反映电路的整体性能方面,还存在一定的局限性。利用 Multisim 10 提供的软件分析功能不仅可以完成对电路中电压、电流、波形等物理量的测量,还能够完成对电路动态性能及参数的全面分析。本节通过对几个简单的电路进行仿真分析,介绍几种常用的的仿真分析功能的使用方法。

C.3.1 仿真界面简介

Multisim 10 共为用户提供了18种仿真分析方法,在菜单栏的 Simulate 选项上单击鼠标左键,在弹出的下拉菜单中再用鼠标单击选择 Analysis 选项,弹出的操作界面如图 C－19 所示。我们通过3个仿真范例简要介绍图 C－19 给出的前3个分析方法,它们分别是直流工作点分析方法(DC Operating Point)、交流分析方法(AC Analysis)和瞬态分析方法(Transient Analysis)。

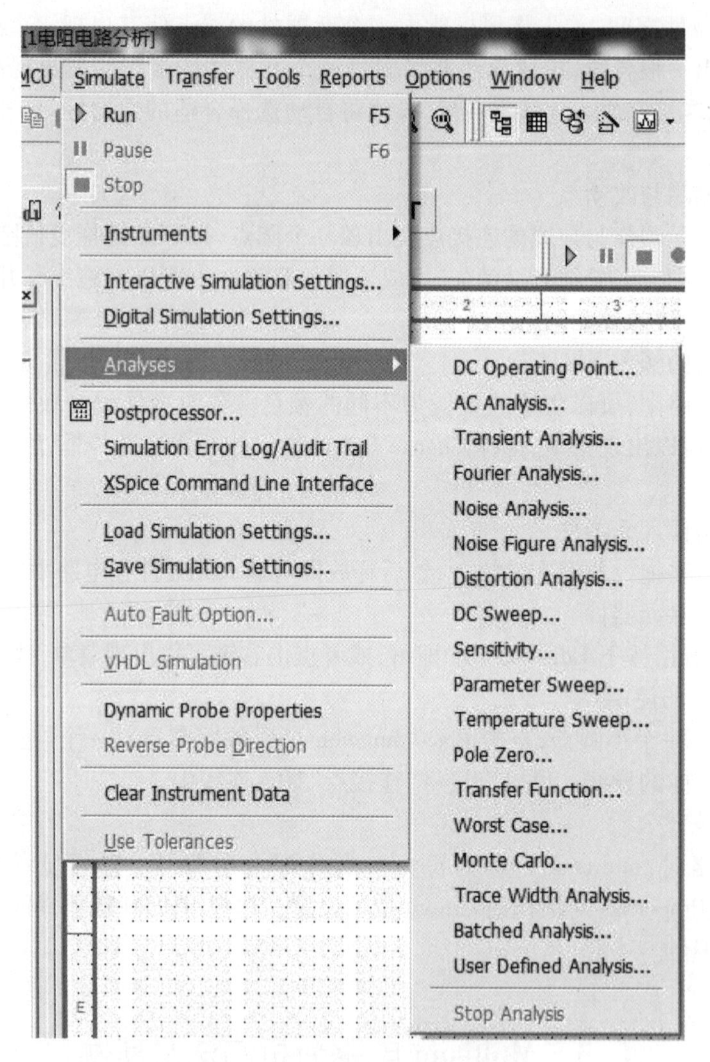

图 C－19 仿真分析操作界面

C.3.2 直流工作点分析

直流工作点分析方法可以用来测量直流电路的工作状态,或者用来确定交流电路的静态工作点,此时电路中的电容元件被视为开路,电感元件被视为短路,交流电源处于零输出状态,即电路处于稳定状态。

首先通过上节介绍的方法连接直流电阻电路仿真原理图,如图 C－20 所示。

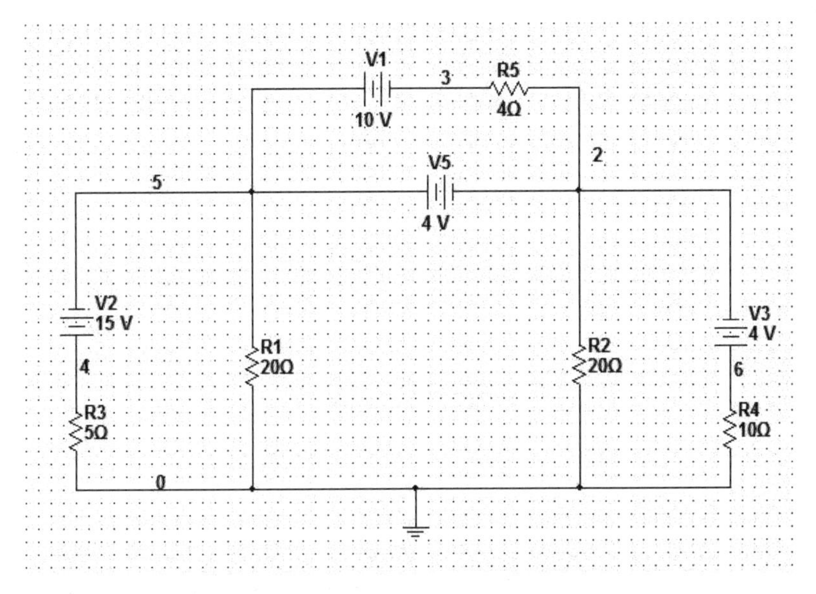

图 C－20　直流电阻电路实验原理图

在仿真操作界面中用鼠标左键单击 DC Operating Point 选项,弹出直流工作点分析的参数设置对话框,如图 C－21 所示。

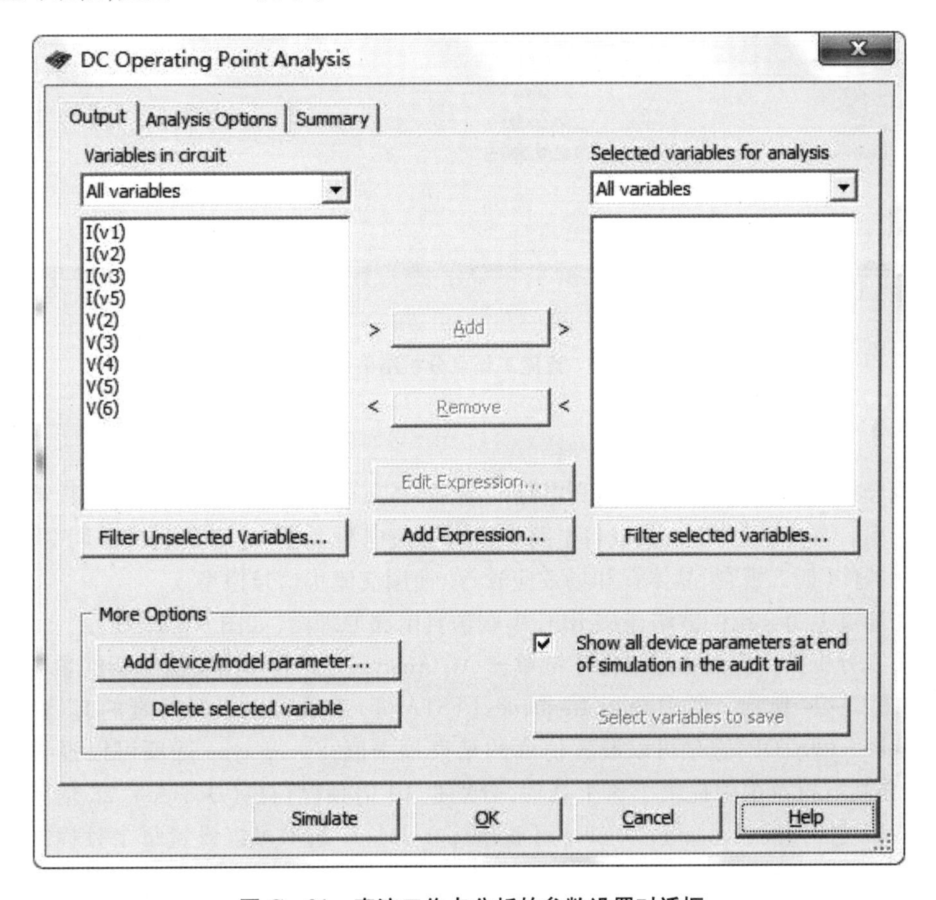

图 C－21　直流工作点分析的参数设置对话框

直流工作点分析的参数设置方法非常简单，用户只需要在参数设置对话框给出的Output子菜单中，利用鼠标左键单击选中位于对话框左侧的分析参数备选栏(Variables in circuit)中的待分析物理量，然后用鼠标左键单击对话框中的Add按钮将其添加到对话框右侧的分析栏(Selected variables for analysis)中即可。

完成上述设置后，用鼠标左键单击参数设置对话框中的Simulate按钮，软件自动进行仿真分析，其分析结果以图C-22的窗口形式给出，其中显示了图C-20中各独立节点的电位值和各支路的独立电流值。如果用鼠标左键单击参数设置对话框中的OK按钮，则只保存分析设置而不给出分析结果。

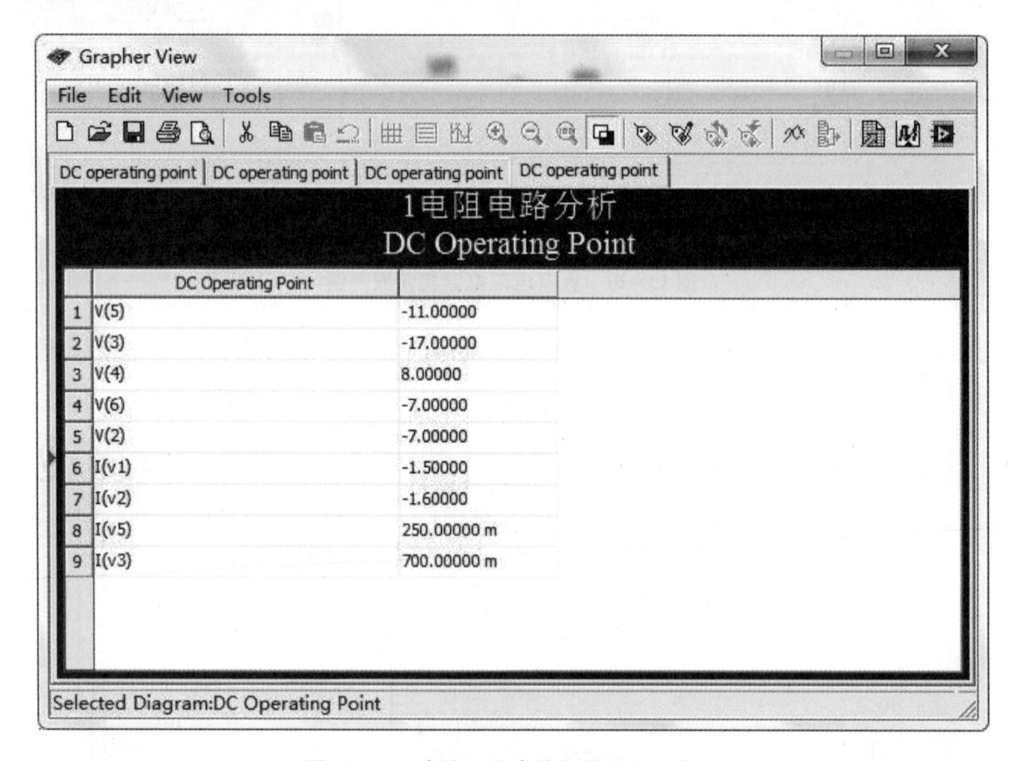

图C-22 直流工作点分析结果显示窗口

C.3.3 交流分析方法

交流分析方法主要用于确定仿真电路的频率响应，分析的结果以电路的幅频特性和相频特性给出。在交流分析中，系统将电路中所有直流电源置零，电容和电感采用交流模型，非线性元器件(如二极管、晶体管和场效应管等)使用交流小信号模型。

首先通过上节介绍的方法连接RLC串联仿真电路原理图，如图C-23所示。

在仿真分析操作界面中用鼠标左键单击AC Analysis选项，弹出交流分析的参数设置对话框，如图C-24所示。图中Start frequency(FSTART)选项可以设置仿真的起始频率值；Stop frequency(FSTOP)选项可以设置仿真的结束频率值；Sweep type选项可以设置频率扫描方式，在其下拉菜单中提供了3个选项，分别是10倍频程扫描(Decade)、28倍频程扫描(Octave)和线性扫描(Linear)；Number of pointsper decade选项可以设置每个频程的取点数量，点数越多，仿真精度越高，但仿真时间会相应加长；Vertical scale选项可以设置纵坐标数值的显示模式，在其下拉菜单中提供了4个选项，分别是线性(Linear)、对数(Logarithmic)、分贝(Decibel)和倍数(Octave)。

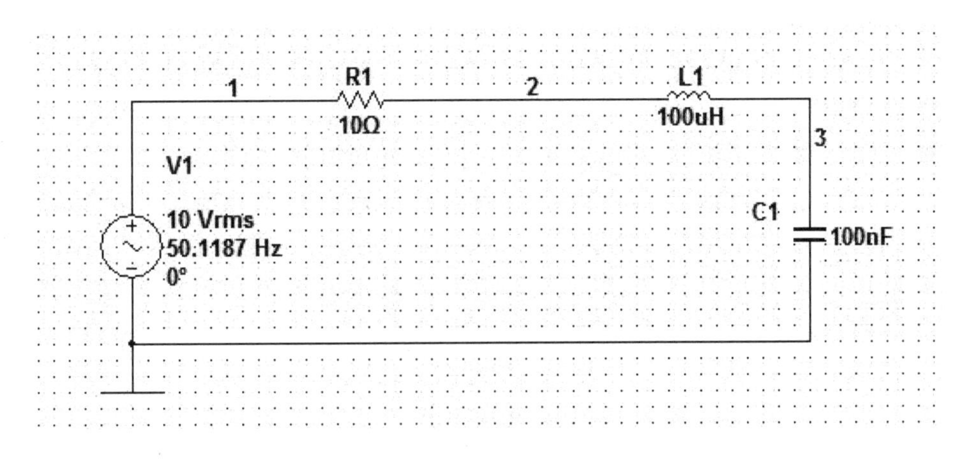

图 C－23　交流分析实验电路原理图

进行仿真分析前,还要在 Output 菜单中选择需要分析的节点,操作方法与直流工作点分析介绍的内容相同,对于图 C－23 所示的仿真电路,我们设置节点 3 的电压作为分析对象。

完成上述操作后,用鼠标左键单击图 C－24 对话框中的 Simulate 按钮,得到的分析结果如图 C－25 所示。

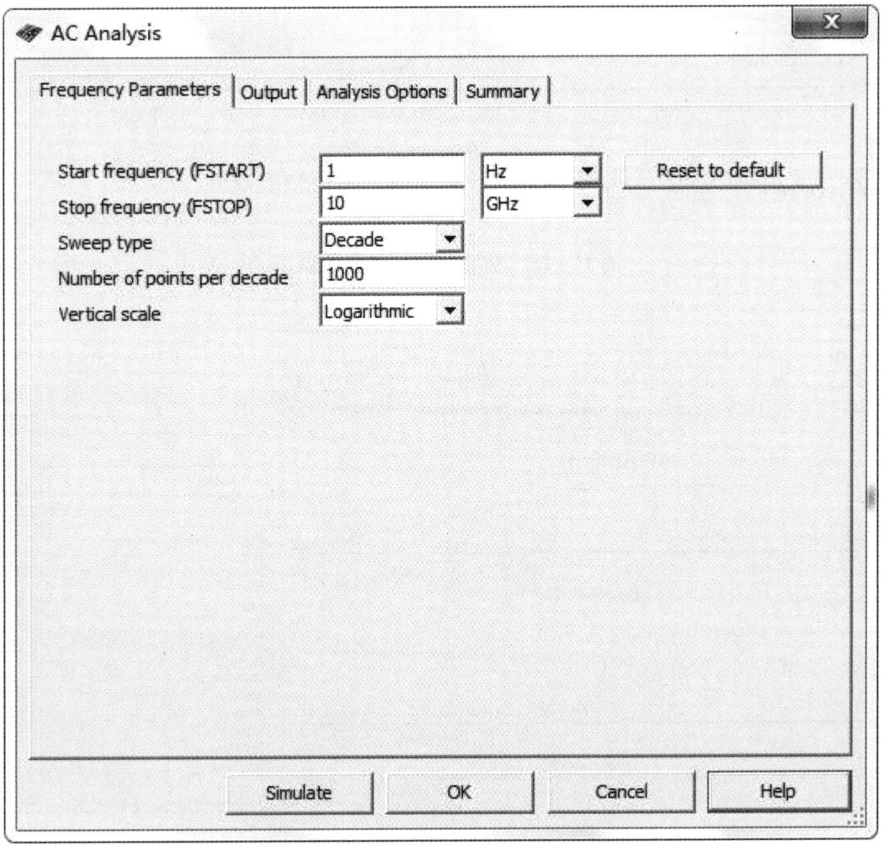

图 C－24　交流分析的参数设置对话框

在图 C-25 给出的交流分析结果曲线图中,位于上方的曲线描述了图 C-23 中节点 3 的电压的幅频特性,位于下方的曲线描述的是节点 3 的电压的相频特性。用鼠标左键单击位于图 C-25 窗口中的 Show/Hide Cursors 图标按钮,可以打开数据显示窗口,其中显示交流分析对象(此处为图 C-23 中节点 3 的电压的幅频特性)的相应数据,同时在交流分析结果显示窗口中的幅频特性曲线上显示两个可以移动的数据指针,如图 C-26 所示。

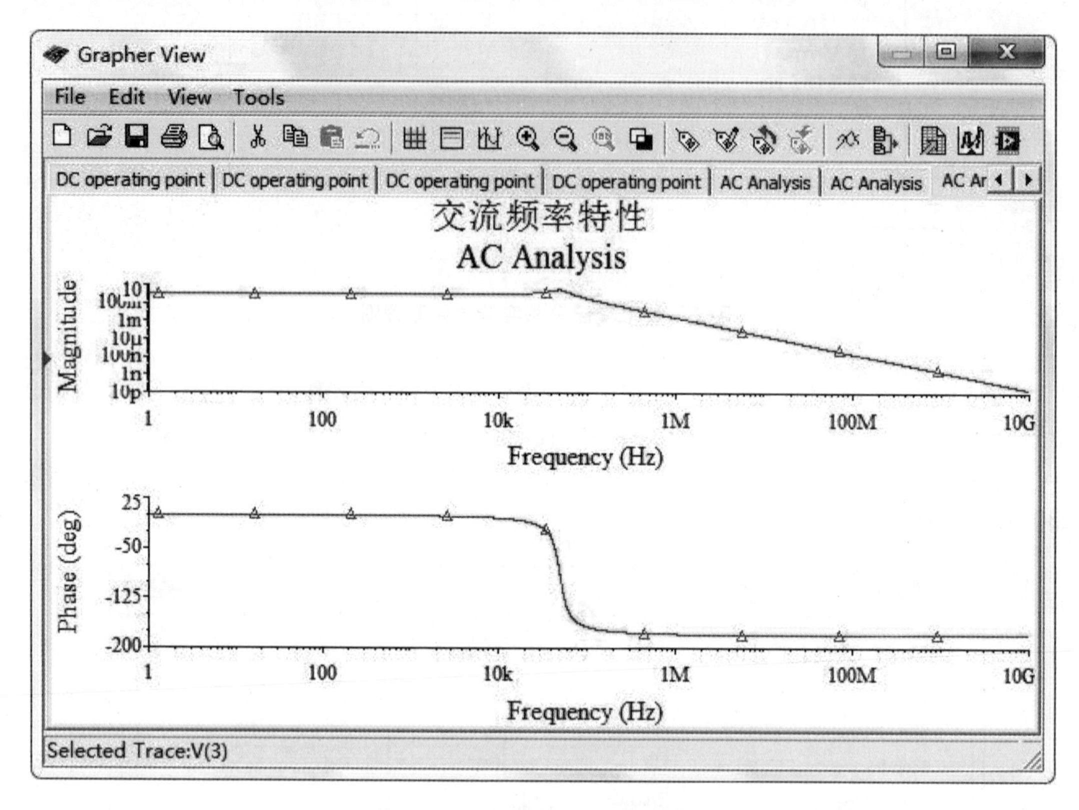

图 C-25 交流分析结果显示窗口

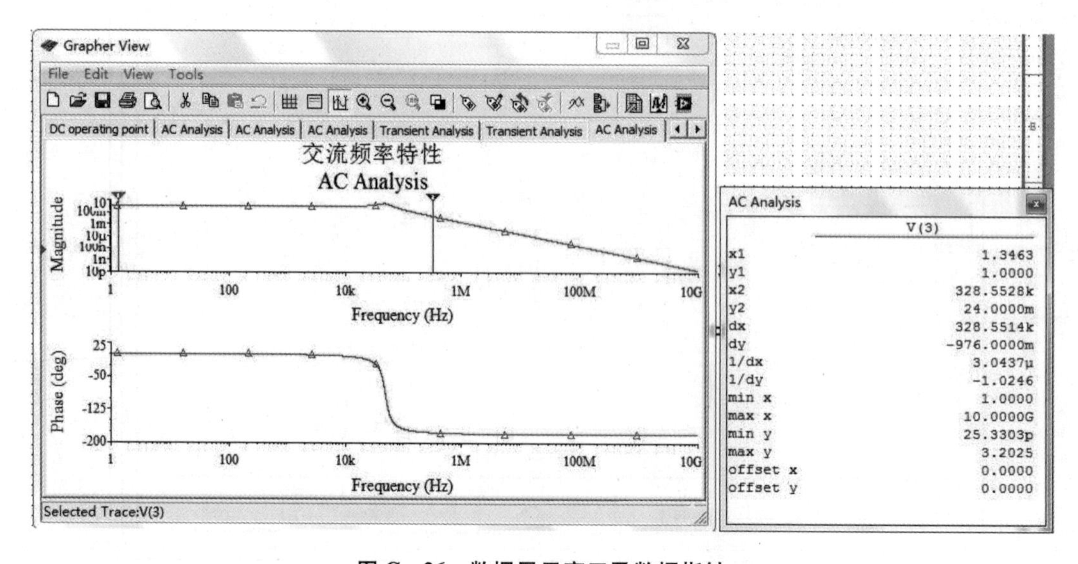

图 C-26 数据显示窗口及数据指针

用户可以按下鼠标左键并拖曳某个数据指针在图 C－26 显示的幅频特性曲线上移动，在移动指针的过程中，位于图 C－26 右侧的数据显示窗口中相应的数据会随其变化，用此方法可以测量相应数据，例如将数据指针 2 移动到幅频特性曲线的最大值位置上，对应的相频特性曲线上其相位值近似为零，此时对应的频率值即为 RLC 串联电路的谐振频率。

C.3.4 瞬态分析(Transient Analysis)方法

瞬态分析方法用于分析电路的时域响应，分析的结果是电路中指定物理量与时间的函数关系。

首先通过上节介绍的方法连接一阶 RC 串联电路仿真验原理图，如图 C－27 所示，其中，电容可以选择虚拟电容，其初值电压设置为 10V。

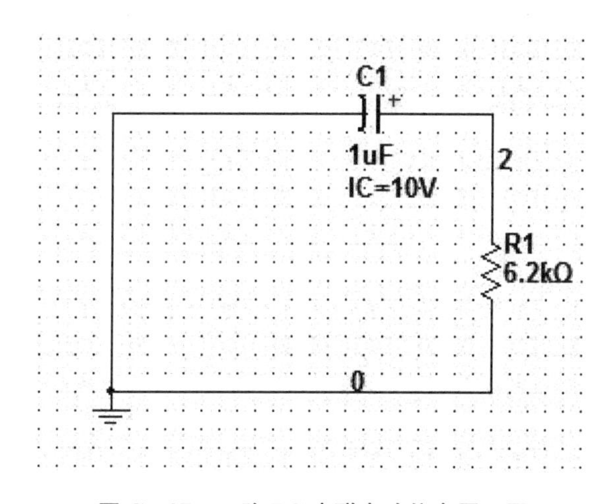

图 C－27 一阶 RC 串联电路仿真原理图

在图 C－19 中用鼠标左键单击 Transient Analysis 选项，弹出瞬态分析的参数设置对话框，如图 C－28 所示。

在图 C－28 界面中的 Initial Conditions(初始条件)的下拉菜单中，选择 User－defined(用户定义的条件)选项；在 Start time(仿真的起始时间)选项设置其值为 0 s，在 End time(仿真的结束时间)选项设置其值为 0.05 s。在 Output 菜单中选择需要分析的对象，此电路中默认为节点 1 的电压值。本次实验中其他参数选择默认状态即可。

完成上述操作后，用鼠标左键单击图 C－28 中的 Simulate 按钮，得到的分析结果如图 C－29 左侧窗口所示；由图可知，电容电压的放电曲线近似为 e 的指数形式，与理论分析相结合。

按照上节介绍的方法打开数据显示窗口，在图 C－29 左侧的瞬态分析结果显示窗口中，用鼠标拖曳数据指针 2，使得数据窗口中 y2 的数值显示为 3.673 0 V(近似为电容最大电压的 36.8%)，此时数据窗口中的 dx 值(6.204 4)即为本次实验获得的 RC 一阶电路的时间常数($\tau = R_1 C_1$)值。

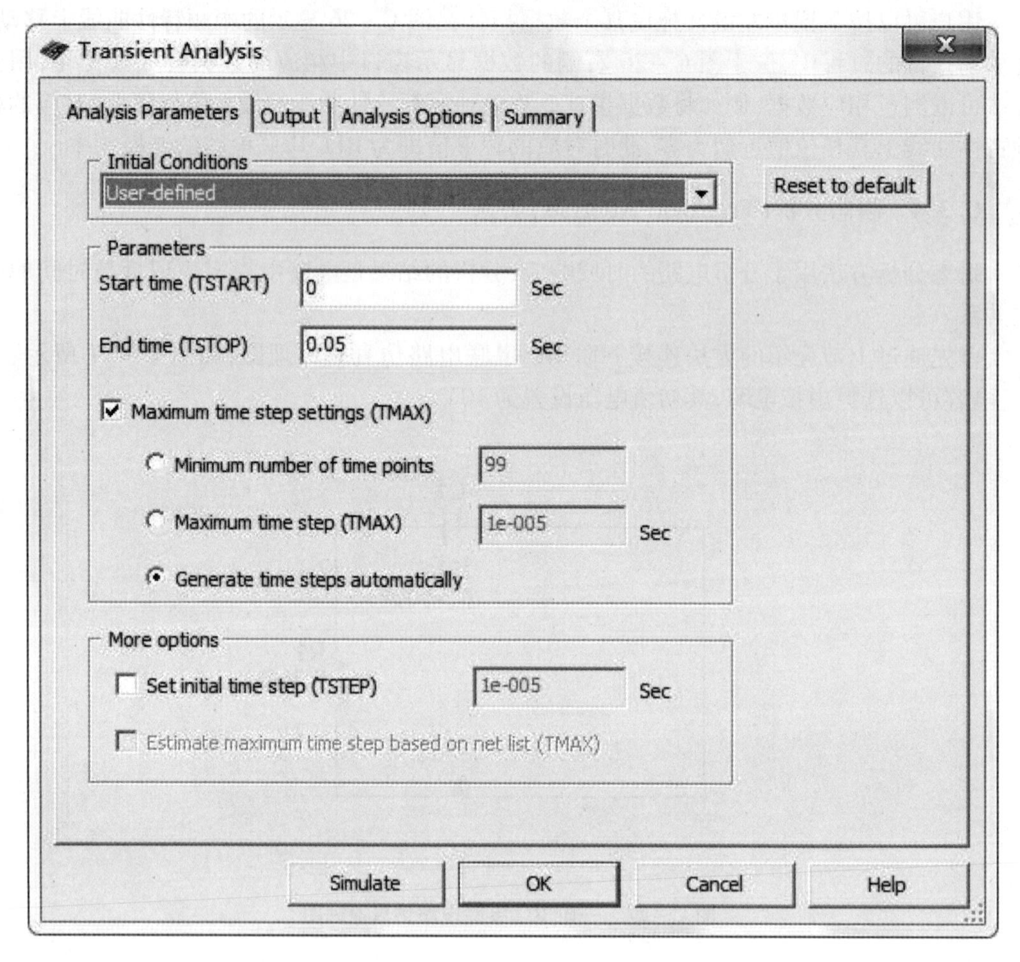

图 C-28　瞬态分析的参数设置对话框

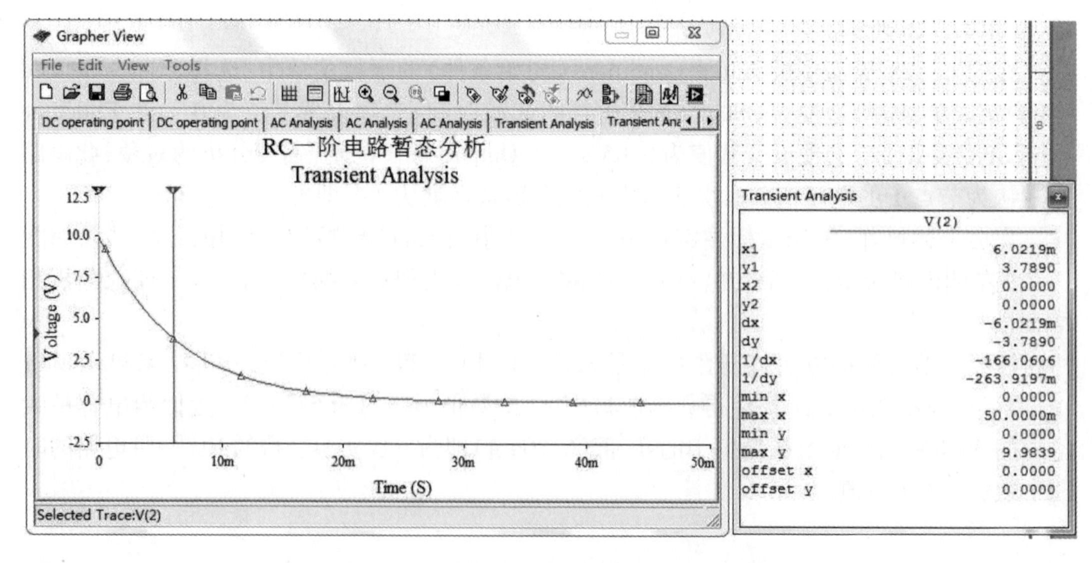

图 C-29　瞬态分析结果及其数据显示窗口

参考文献

[1] 付永庆. 电路基础:上册[M]. 北京:高等教育出版社,2008.
[2] 付永庆. 电路基础:下册[M]. 北京:高等教育出版社,2008.
[3] 姜钧仁. 电路基础[M]. 哈尔滨:哈尔滨工程大学出版社,2002.
[4] 席志红. 电工理论基础[M]. 北京:电子工业出版社,2015.
[5] 邱关源,罗先觉. 电路[M]. 5 版. 北京:高等教育出版社,2006.
[6] 陈晓平,殷春芳. 电路原理试题库与题解[M]. 北京:机械工业出版社,2009
[7] 江缉光,刘秀成. 电路原理[M]. 北京:清华大学出版社,2007.
[8] 燕庆明. 电路分析教程[M]. 北京:高等教育出版社,2003.
[9] JAMES W N,SUSAN A R. 电路[M]. 9 版. 周玉坤,译. 北京:电子工业出版社,2012.
[10] FAWWAZ T U,MICHEL M M. 电路[M]. 于歆杰,译. 北京:高等教育出版社,2014.
[11] 王冠华. Multisim 11 电路设计及应用[M]. 北京:国防工业出版社,2010.
[12] 张志涌. MATLAB 教程 R2010a[M]. 北京:北京航空航天大学出版社,2010.